책 머리에...

지금 우리사회는 모든 [illegible] 도약을 하고 있습니다. 그러나 산업현장에서는 아직도 끼임(협착)·떨어짐(추락)·넘어짐(전도) 등 반복형 재해와 화재·폭발 등 중대산업사고, 유해화학물질로 인한 직업병 문제 등으로 하루에 약 6명, 일 년이면 2,100여 명의 근로자가 귀중한 목숨을 잃고 있으며 연간 약 9만여 명의 재해자와 연간 17조원의 경제적 손실을 초래하고 있습니다.

산업재해를 줄이지 않고는 선진사회가 될 수 없습니다. 그러므로 각 기업체에서 안전관리의 역할은 커질 수밖에 없는 상황이고 산업안전은 더욱더 강조될 수밖에 없는 상황입니다.

산업안전지도사 시험은 1996년 1회 시험 이후 시험이 없다가 다시 2012년에 처음 시행된 시험입니다. 그래서 시험에 대한 정보 및 수험서가 없기 때문에 많은 어려움이 있었습니다. 이 수험서가 시험을 준비하는 수험생들에게 조금이나마 도움이 되었으면 하는 마음과 재해 감소와 앞으로 안전관련 업무에 조금이나마 보탬이 되기를 희망하는 마음으로 집필하였습니다.

산업안전지도사는 기계, 전기, 화공, 건설 4개 분야로 이루어져 있습니다. 1차 시험은 공통과목으로 산업안전보건법령, 산업안전일반, 기업진단·지도 3과목으로 이루어져 있습니다. 특히, 1차 시험의 3번째 과목인 기업진단·지도는 이번에 새로 추가된 과목입니다.

이 책은 기존에 집필한 **산업안전기사, 건설안전기사, 산업위생관리기사, 산업안전보건법령집 등을 바탕**으로 시험과목을 체계적으로 정리하여 처음 자격시험을 준비하는 수험생들도 어려움 없이 접근할 수 있도록 내용을 구성하였습니다.

산업안전지도사 자격시험을 준비하기 위한 수험서로서 본서의 특징은 다음과 같습니다.

1. 각 과목의 이론내용을 충실히 하여 시험에 나오는 거의 모든 문제가 이론내용에 포함되도록 하였고, 시험에 출제될 가능성이 높은 이론은 굵은 글씨로 하여 수험생들의 집중도를 높였습니다.
2. 수험생들의 이해도를 높이기 위하여 최대한 그림 및 삽화를 넣어서 책의 이해도를 높였습니다.
3. 안전보건분야의 오랜 현장경험을 가지고 있는 최고의 전문가가 집필하여 책의 완성도를 높였습니다.

개정판을 내면서

산업안전지도사 시험이 예상했던 것보다 어렵게 출제되었습니다. 산업안전지도사는 안전분야에서 기술사와 동급 또는 그 이상의 자격증입니다. 그만큼 많은 준비와 공부가 필요한 시험이 될 것이라 예상됩니다.
개정판을 준비하면서 그동안 미흡했던 이론을 보충하고, 새로운 문제를 추가하였습니다.
앞으로 계속 수정 및 보완을 통해 수험생들한테 한발 더 가까이 가는 수험서가 되도록 노력하겠습니다.

저 자 일동

산업안전지도사 시험에서 각 과목별 특징

산업안전보건법령

산업안전보건법령 과목은 산업안전보건법, 시행령, 시행규칙, 산업안전보건기준에 관한 규칙으로 구성되어 있습니다. 산업안전보건법령의 주요 제도를 알기 쉽게 풀이하였고, 안전보건규칙에서는 기계, 전기, 화공, 건설, 보건과 관련된 부분을 추려내어 정리하였습니다. 비전공자도 쉽게 이해할 수 있도록 최대한 그림과 삽화를 많이 넣었습니다.

산업안전일반

산업안전일반은 산업안전교육론, 안전관리 및 손실방지론, 신뢰성공학, 시스템안전공학, 인간공학, 산업재해 조사 및 원인 분석으로 이루어져 있습니다. 산업안전 분야에 입문하는 수험생이 기초적으로 알아야 할 안전관리론과 인간공학에 대하여 정리하였습니다.

기업진단 · 지도

기업진단 · 지도는 경영학, 산업심리학, 산업위생개론 3개 분야로 이루어져 있습니다. 경영학에서는 인적자원관리, 생산관리, 조직관리 파트로 정리하였습니다. 특히, 경영학과 산업위생개론은 처음 접해보는 분야이므로 최대한 쉽게 설명하였습니다.

효과적으로 산업안전지도사 책을 보는 방법

- 먼저 머리말 **부분을 잘 읽어**봅니다. 보통 수험생들이 잘 읽어보지 않는데, 실제 이 부분에서 책이 어떤 내용으로 구성되어 있는지, 어떤 부분을 집중해서 보아야 하는지 요약적으로 설명해 놓았습니다.
- **출제영역을 전체적으로 한번 살펴**봅니다. 출제영역을 보면 어떻게 공부를 해야 하는지 전체적인 윤곽을 잡을 수 있습니다.
- 제3과목 기업진단 · 지도를 처음부터 차례대로 책을 보시면 됩니다. 이때 처음 책을 보실 때는 **최대한 빨리 한번 다 보는 것이 중요**합니다. 이해가 잘 되지 않는 부분이 있어도 그냥 넘어 가시면 됩니다. 이해가 되지 않은 **어려운 부분은 단순 암기**하거나 계산문제 같은 경우는 답만 보고 넘어가시면 됩니다.
- **이론 내용을 보실 때 굵은 글씨로 표시해 놓은 부분은 집중**해서 보시면 되겠습니다. 시험에 출제될 가능성이 높은 부분은 모두 굵은 글씨로 해 놓았습니다.

- 각 **과목 뒤쪽에 파트별로 예상문제**를 배치해 놓았습니다. **가장 중요한 부분**입니다. 예상문제를 풀면서 꼭 이론부분과 연관시켜 보셔야 됩니다.
- 빠르게 한번 보고 그 **다음 보실 때는 정독**하여 보시면 되겠습니다.

산업안전지도사 자격시험은 **과락(40점 미만) 없이 평균 60점 이상이면 합격**입니다. 그래서 자격증 시험을 준비할 때 70점 정도로 목표로 해서 공부하시면 무난히 합격하리라 생각됩니다.

출제기준

■1차 시험

구분	산업안전지도사		산업보건지도사	
	과 목	출제영역	과 목	출제영역
공통 필수	산업안전 보건법령 (Ⅰ)	「산업안전보건법」, 「산업안전보건법」 시행령, 「산업안전보건법」 시행규칙, 「산업안전보건기준에 관한 규칙」	산업안전 보건법령 (Ⅰ)	산업안전지도사와 동일
	산업안전 일반 (Ⅱ)	산업안전교육론, 안전관리 및 손실방지론, 신뢰성공학, 시스템안전공학, 인간공학, 산업재해 조사 및 원인 분석 등	산업위생 일반 (Ⅱ)	산업위생개론, 작업관리, 산업위생보호구, 건강관리, 산업재해조사 및 원인분석 등
	기업 진단 · 지도 (Ⅲ)	경영학(인적자원관리, 조직관리, 생산관리), 산업심리학, 산업위생개론	기업 진단 · 지도 (Ⅲ)	경영학(인적자원관리, 조직관리, 생산관리), 산업심리학, 산업위생개론

■2차 시험

<table>
<tr><th>구분</th><th colspan="2">산업안전지도사</th><th colspan="3">산업보건지도사</th></tr>
<tr><td rowspan="5">전공
필수</td><td>과 목</td><td>출제범위</td><td>과 목</td><td>출제범위</td><td>시험방법</td></tr>
<tr><td>기계
안전
공학</td><td>• 기계 · 기구 · 설비의 안전 등(위험기계 · 양중기 · 운반기계 · 압력용기 포함)
• 공장자동화설비의 안전기술 등
• 기계 · 기구 · 설비의 설계 · 배치 · 보수 · 유지기술 등</td><td rowspan="2">직업
환경
의학</td><td rowspan="2">• 직업병의 종류 및 인체발병경로, 직업병의 증상 판단 및 대책 등
• 역학조사의 연구방법, 조사 및 분석방법, 직종별 산업의학적 관리대책 등
• 유해인자별 특수건강진단 방법, 판정 및 사후관리대책 등
• 근골격계질환, 직무스트레스 등 업무상 질환의 대책 및 작업관리방법 등</td><td rowspan="4">주관식
(논술형, 단답형)</td></tr>
<tr><td>전기
안전
공학</td><td>• 전기기계 · 기구 등으로 인한 위험 방지 등(전기방폭설비 포함)
• 정전기 및 전자파로 인한 재해예방 등
• 감전사고 방지기술 등
• 컴퓨터 · 계측제어 설비의 설계 및 관리기술 등</td></tr>
<tr><td>화공
안전
공학</td><td>• 가스 · 방화 및 방폭설비 등, 화학장치 · 설비안전 및 방식기술 등
• 정성 · 정량적 위험성 평가, 위험물 누출 · 확산 및 피해 예측 등
• 유해위험물질 화재폭발방지론, 화학공정 안전관리 등</td><td rowspan="2">산업
위생
공학</td><td rowspan="2">• 산업환기설비의 설계, 시스템의 성능검사 · 유지관리기술 등
• 유해인자별 작업환경측정 방법, 산업위생통계 처리 및 해석, 공학적 대책 수립기술 등
• 유해인자별 인체에 미치는 영향 · 대사 및 축적, 인체의 방어기전 등
• 측정시료의 전처리 및 분석방법, 기기 분석 및 정도관리기술 등</td></tr>
<tr><td>건설
안전
공학</td><td>• 건설공사용 가설구조물 · 기계 · 기구 등의 안전기술 등
• 건설공법 및 시공방법에 대한 위험성 평가 등
• 추락 · 낙하 · 붕괴 · 폭발 등 재해요인별 안전대책 등
• 건설현장의 유해 · 위험요인에 대한 안전기술 등</td></tr>
</table>

■ 3차 시험

시험과목	평정내용	시험방법
면접시험	• 전문지식과 응용능력 • 산업안전 · 보건제도에 대한 이해 및 인식 정도 • 지도 · 상담 능력	평정내용에 대한 질의응답

■ 시험시간

구분	시험과목	입실	시험시간	문항수	시험방법
제1차 시험	1 공통필수 I 2 공통필수 II 3 공통필수 III	13 : 00	13 : 30~15 : 00 (90분)	과목별 25문항	객관식 5지 선택
제2차 시험	• 전공필수	13 : 00	13 : 30~15 : 10 (100분)	과목별 9문항 (필요시 증감 가능)	논술형(4문항) (3문항 작성, 필수 2/택 1) 및 단답형(5문항)
제3차 시험	• 전문지식과 응용능력 • 산업안전 · 보건제도에 대한 이해 및 인식 정도 • 상담 · 지도 능력	수험자 1명당 20분 내외		-	면접

■ 합격자 결정(산업안전보건법 시행령 제105조)

- 필기시험

  매 과목 100점을 만점으로 하여 과목당 40점 이상, 전 과목 평균 60점 이상을 득점한 사람을 합격자로 결정

- 면접시험

  면접시험은 평정요소별 평가하되, 10점 만점에 6점 이상 득점한 사람을 합격자로 결정

■ 출제영역

과목명	주요항목	세부항목
기업진단・지도	1. 경영학(인적자원관리, 조직관리, 생산관리)	1. 인적자원관리의 개념 및 관리방안에 관한 사항 2. 노사관계관리에 관한 사항 3. 조직관리의 개념에 관한 사항 4. 조직행동론에 관한 사항 5. 생산관리의 개념에 관한 사항 6. 생산시스템의 설계, 운영에 관한 사항 7. 생산관리 최신 이론에 관한 사항
	2. 산업심리학	1. 산업심리 개념 및 요소 2. 직무수행과 평가 3. 직무태도 및 동기 4. 작업집단의 특성 5. 산업재해와 행동 특성 6. 인간의 특성과 직무환경 7. 직무환경과 건강 8. 인간의 특성과 인간관계
	3. 산업위생개론	1. 산업위생의 개념 2. 작업환경노출기준 개념 3. 작업환경 측정 및 평가 4. 산업환기 5. 건강검진과 근로자건강관리 6. 유해인자의 인체영향

■ 수험자 유의사항

1 · 2차 시험 공통 유의사항

1) 수험원서 또는 제출서류 등의 **허위작성, 위 · 변조, 기재오기, 누락** 및 **연락불능의 경우**에 발생하는 **불이익**은 **수험자의 책임**입니다.
   ※ 큐넷의 회원정보를 최신화하고 반드시 연락 가능한 전화번호로 수정
   ※ 알림 서비스 수신 동의 시에 시험실 사전 안내 및 합격축하 메시지 발송
2) 수험자는 시험 시행 전에 시험장소 및 교통편을 확인한 후**(단, 시험실 출입은 불가)** 시험 당일 교시별 입실시간까지 **신분증, 수험표, 지정 필기구를 소지**하고 해당 시험실의 지정된 좌석에 착석하여야 합니다.
   ※ **매 교시** 시험 시작 이후 입실 불가
   ※ **수험자 입실완료시간 20분 전 교실별 좌석배치도 부착함**
   ※ **신분증 인정 범위** : 주민등록증, 운전면허증, 여권, 공무원증 등
   ※ **'신분증 미확인자 각서' 제출 후 지정 기일까지 신분증을 지참하고 공단 방문하여 신분 확인을 받지 아니할 경우 시험** 무효처리
   ※ 시험 전일 18 : 00부터 산업안전/보건지도사 홈페이지(큐넷)[마이페이지 – 진행 중인 접수내역]에서 시험실을 사전 확인하실 수 있습니다.
3) 본인이 원서접수 시 선택한 시험장이 아닌 **다른 시험장**이나 **지정된 시험실 좌석** 이외에는 응시할 수 없습니다.
4) 시험시간 중에는 화장실 출입이 불가하고 종료 시까지 퇴실할 수 없습니다.
   ※ **'시험포기각서' 제출 후 퇴실한 수험자는 다음 교(차)시 재입실 · 응시 불가 및 당해 시험** 무효처리
   ※ **단, 설사/배탈 등 긴급사항 발생으로 중도퇴실 시 해당 교시 재입실이 불가하고, 시험시간 종료 전까지 시험본부에 대기**
5) 일부 교시 결시자, 기권자, 답안카드(지) 제출불응자 등은 당일 **해당 교시 이후 시험에는 응시할 수 없습니다.**
6) 시험 종료 후 감독위원의 **답안카드(답안지) 제출지시에 불응**한 채 계속 답안카드(답안지)를 작성하는 경우 **당해 시험은 무효처리**하고, 부정행위자로 처리될 수 있으니 유의하시기 바랍니다.
7) 수험자는 감독위원의 지시에 따라야 하며, 시험에서 **부정한 행위**를 한 **수험자, 부정한 방법**으로 시험에 **응시한 수험자**에 대하여는 **당해 시험**을 **정지** 또는 **무효**로 하고, 그 처분을 한 날로부터 **5년간 응시자격**이 **정지**됩니다.
8) 시험실에는 벽시계가 구비되지 않을 수 있으므로 **손목시계를 준비**하여 시간관리를 하시기 바라며, **스마트워치** 등 전자 · 통신기기는 시계 대용으로 사용할 수 없습니다.
   ※ **시험시간은 타종에 따라 관리되며, 교실에 비치되어 있는 시계 및 감독위원의 시간 안내는 단순 참고 사항이며 시간 관리의 책임은 수험자에게 있음**
   ※ **손목시계는 시각만 확인할 수 있는 단순한 것을 사용하여야 하며, 손목시계용 휴대폰 등 부정행위에 활용될 수 있는 일체의 시계 착용을 금함**

9) 시험시간 중에는 **통신기기** 및 **전자기기**[휴대용 전화기, 휴대용 개인정보단말기(PDA), 휴대용 멀티미디어 재생장치(PMP), 휴대용 컴퓨터, 휴대용 카세트, 디지털 카메라, 음성파일 변환기(MP3), 휴대용 게임기, 전자사전, 카메라펜, 시각표시 외의 기능이 부착된 시계, 스마트워치 등]를 일체 휴대할 수 없으며, **금속(전파)탐지기** 수색을 통해 시험 도중 관련 장비를 휴대하다가 적발될 경우 실제 사용 여부와 관계없이 **부정행위자로 처리**될 수 있음을 유의하기 바랍니다.

※ 휴대폰은 배터리 전원 OFF(또는 배터리 분리) 하여 시험위원 지시에 따라 보관

10) 전자계산기는 필요시 1개만 사용할 수 있고 공학용 및 재무용 등 데이터 저장기능이 있는 전자계산기는 수험자 본인이 반드시 메모리(SD카드 포함)를 제거, 삭제(리셋, 초기화)하고 시험위원이 초기화 여부를 확인할 경우에는 협조하여야 합니다. 메모리(SD카드 포함) 내용이 제거되지 않은 계산기는 사용 불가하며 사용 시 부정행위로 처리될 수 있습니다.

※ 단, 메모리(SD카드 포함) 내용이 제거되지 않은 계산기는 사용 불가

※ 시험일 이전에 리셋 점검하여 계산기 작동 여부 등 사전확인 및 재설정(초기화 이후 세팅) 방법 숙지

11) 시험 당일 시험장 내에는 **주차공간이 없거나 협소**하므로 **대중교통을 이용**하여 주시고, 교통 혼잡이 예상되므로 미리 입실할 수 있도록 하시기 바랍니다.

12) 시험장은 전체가 금연구역이므로 흡연을 금지하며, 쓰레기를 함부로 버리거나 시설물이 훼손되지 않도록 주의 바랍니다.

13) 가답안 발표 후 의견제시 사항은 반드시 정해진 기간 내에 제출하여야 합니다.

14) 응시편의 제공을 요청하고자 하는 수험자는 큐넷 산업안전/보건지도사 홈페이지를 확인하여 주기 바랍니다.

※ 편의제공을 요구하지 않거나 해당 장애 등 증빙서류를 제출하지 않은 수험자는 일반수험자와 동일한 조건으로 응시하여야 함(응시편의 제공 불가)

15) 접수취소 시 시험 응시 수수료 환불은 정해진 기간 이외에는 환불받을 수 없음을 유의하시기 바랍니다.

16) 기타 시험일정, 운영 등에 관한 사항은 해당 자격 큐넷 홈페이지의 시행공고를 확인하시기 바라며, 미확인으로 인한 불이익은 수험자의 귀책입니다.

1차(객관식) 시험 수험자 유의사항

1) 답안카드에 기재된 '수험자 유의사항 및 답안카드 작성 시 유의사항'을 준수하시기 바랍니다.

2) 수험자교육시간에 감독위원 안내 또는 방송(유의사항)에 따라 답안카드에 수험번호를 기재 마킹하고, 배부된 시험지의 인쇄상태 확인 후 답안 카드에 형별을 기재 마킹하여야 합니다.

3) 답안카드는 국가전문자격 공통 표준형으로 문제번호가 1번부터 125번까지 인쇄되어 있습니다. 답안 마킹 시에는 반드시 시험문제지의 문제번호와 **동일한 번호에 마킹**하여야 합니다.

※ 답안카드 견본을 큐넷 자격별 홈페이지 공지사항에 공개

4) 답안카드 기재·마킹 시에는 **반드시 검정색 사인펜을 사용**하여야 합니다.

5) 채점은 전산 자동 판독 결과에 따르므로 유의사항을 지키지 않거나 수험자의 부주의(답안카드 기재・마킹 착오, 불완전한 마킹・수정, 예비마킹, 형별착오 마킹 등)로 판독불능, 중복판독 등 불이익이 발생할 경우 **수험자 책임**으로 이의제기를 하더라도 받아들여지지 않습니다.
   ※ 답안을 잘못 작성했을 경우, 답안카드 교체 및 수정테이프 사용 가능(단, 답안 이외 수험번호 등 인적사항은 수정 불가)하며 재작성에 따른 시험시간은 별도로 부여하지 않음
   ※ 수정테이프 이외 수정액 및 스티커 등은 사용 불가

2차(주관식) 시험 수험자 유의사항

1) 국가전문자격 주관식 답안지 표지에 기재된 **'답안지 작성 시 유의사항'**을 준수하시기 바랍니다.
2) 수험자 인적사항・답안지 등 작성은 반드시 **검정색 필기구만 사용**하여야 합니다. (그 외 연필류, 유색 필기구 등으로 작성한 **답항은 채점하지 않으며 0점 처리**)
   ※ 필기구는 본인 지참으로 별도 지급하지 않음
3) **답안지의 인적사항 기재란 외의 부분에 특정인임을 암시하거나** 답안과 관련 없는 특수한 표시를 하는 경우, **답안지 전체를 채점하지 않으며 0점 처리**합니다.
4) 답안 정정 시에는 반드시 정정 부분을 두 줄(=)로 긋고 다시 기재하여야 하며, 수정테이프(액) 등을 사용했을 경우 채점상의 불이익을 받을 수 있으므로 사용하지 마시기 바랍니다.

3차(면접) 시험 수험자 유의사항

1) 수험자는 일시・장소 및 입실시간을 정확하게 확인 후 신분증과 수험표를 소지하고 시험당일 입실시간까지 해당 시험장 수험자 대기실에 입실하여야 합니다.
2) 소속 회사 근무복, 군복, 교복 등 제복**(유니폼)**을 착용하고 시험장에 입실할 수 없습니다. **(특정인임을 알 수 있는 모든 의복 포함)**

시험안내

■ 시험의 일부면제(산업안전보건법 시행령 제104조)

다음 각 호의 어느 하나에 해당하는 사람에 대한 시험의 면제는 해당 분야의 업무영역별 지도사 시험에 응시하는 경우로 한정함

1) 「국가기술자격법」에 따른 건설안전기술사, 기계안전기술사, 산업위생관리기술사, 인간공학기술사, 전기안전기술사, 화공안전기술사 : 별표 32에 따른 전공필수 · 공통필수Ⅰ 및 공통필수Ⅱ 과목

   ※ 인간공학기술사는 공통필수Ⅰ 및 공통필수Ⅱ 과목만 면제하고 전공필수(제2차 시험)는 반드시 응시

2) 「국가기술자격법」에 따른 건설 직무분야(건축 중 직무분야 및 토목 중 직무분야로 한정한다), 기계 직무분야, 화학 직무분야, 전기 · 전자 직무분야(전기 중 직무분야로 한정한다)의 기술사 자격 보유자 : 별표 32에 따른 전공필수 과목
3) 「의료법」에 따른 직업환경의학과 전문의 : 별표 32에 따른 전공필수 · 공통필수Ⅰ 및 공통필수Ⅱ 과목
4) 공학(건설안전 · 기계안전 · 전기안전 · 화공안전 분야 전공으로 한정한다), 의학(직업환경의학 분야 전공으로 한정한다), 보건학(산업위생 분야 전공으로 한정한다) 박사학위 소지자 : 별표 32에 따른 전공필수 과목
5) 제2호 또는 제4호에 해당하는 사람으로서 각각의 자격 또는 학위 취득 후 산업안전 · 산업보건 업무에 3년 이상 종사한 경력이 있는 사람 : 별표 32에 따른 전공필수 및 공통필수Ⅱ 과목

   ※ 산업안전 · 보건업무는 다음의 업무에 한하여 인정

① 안전 · 보건 관리자로 실제 근무한 기간
② 산업안전보건법에 따라 지정 · 등록된 산업안전 · 보건 관련 기관 종사자의 실제 근무한 기간
   ※ 안전 · 보건관리전문기관, 재해예방지도기관, 안전 · 보건진단기관, 작업환경측정기관, 특수건강진단기관 등(지정서로 확인)
③ 기업체에서 실제 안전관리 또는 보건관리 업무를 수행한 기간
   ※ 품질 · 환경 업무, 시설(안전)점검 등 산업안전보건법상의 안전 · 보건관리 업무와 무관한 경력기간은 제외하고, 경력증명서상에 '안전관리' 또는 '보건관리'라고 기재되어 있으며 수행기간이 구체적으로 기재되어 있을 경우에 한해 인정

6) 「공인노무사법」에 따른 공인노무사 : 별표 32에 따른 공통필수Ⅰ 과목
7) 산업안전(보건)지도사 자격 보유자로서 다른 지도사 자격 시험에 응시하는 사람 : 별표 32에 따른 공통필수Ⅰ 및 공통필수Ⅲ 과목
8) 산업안전(보건)지도사 자격 보유자로서 같은 지도사의 다른 분야 지도사 자격 시험에 응시하는 사람 : 별표 32에 따른 공통필수Ⅰ, 공통필수Ⅱ 및 공통필수Ⅲ 과목

제1차 또는 제2차 필기시험에 합격한 사람에 대해서는 다음 회의 자격시험에 한정하여 합격한 차수의 필기시험을 면제한다.

경력 및 면제요건 산정 기준일 : 서류심사 마감일

■ 자격개요

▶ 개요

행정규제 완화방침에 따라 사업장 내의 자율안전관리가 취약해질 우려가 있고, 생산설비의 노후화 등으로 대형 산업사고 발생 가능성이 높아지고 있으나, 사업장 내의 위험성을 평가하고 대처할 수 있는 전문인력이 거의 없기 때문에 산업안전 · 보건지도사 제도를 도입하게 되었다.

▶ 시행처

한국산업인력공단(www.hrdkorea.or.kr)

▶ 진로 및 전망

지도사는 일종의 개인사업면허로 자신의 전문지식에 따라 보수 등에서 큰 차이를 보인다. 앞으로는 대기업에서의 자율적인 안전 · 보건관리 체계가 정착되도록 고도의 기술을 요하는 사업을 지원하는데 지도사의 역할이 부각될 전망이며, 사업장안전 · 보건관리자로도 취업이 가능할 것이다.

■ 지도사의 직무

▶ 산업안전지도사는 다음 각 호의 직무를 한다.

1. 공정상의 안전에 관한 평가 · 지도
2. 유해 · 위험의 방지대책에 관한 평가 · 지도
3. 제1호 및 제2호의 사항과 관련된 계획서 및 보고서의 작성
4. 안전보건개선계획서의 작성
5. 산업안전에 관한 사항의 자문에 대한 응답 및 조언

▶산업보건지도사는 다음 각 호의 직무를 한다.

1. 작업환경의 평가 및 개선 지도
2. 작업환경 개선과 관련된 계획서 및 보고서의 작성
3. 근로자 건강진단에 따른 사후관리 지도
4. 직업성 질병 진단(「의료법」에 따른 의사인 산업보건지도사만 해당한다) 및 예방 지도
5. 산업보건에 관한 조사·연구
6. 그 밖에 산업보건에 관한 사항으로서 대통령령으로 정하는 사항

■응시자격

제한 없음(누구나 응시 가능)

■통계자료

2014년		1차			2차			3차		
		대상	응시	합격	대상	응시	합격	대상	응시	합격
소계		508	423	119	42	38	12	87	87	66
안전	기계	97	77	27	10	9	5	22	22	17
	전기	66	53	22	10	10	2	14	14	11
	화공	74	62	21	8	6	2	14	14	10
	건설	271	231	49	14	13	3	37	37	28
2015년		1차			2차			3차		
		대상	응시	합격	대상	응시	합격	대상	응시	합격
소계		612	498	44	30	29	12	25	25	19
안전	기계	147	116	7	5	5	3	4	4	4
	전기	86	72	3	3	5	2	2	2	2
	화공	79	64	14	9	9	4	9	9	6
	건설	300	246	20	13	12	3	10	10	7
2016년		1차			2차			3차		
		대상	응시	합격	대상	응시	합격	대상	응시	합격
소계		608	499	140	91	86	22	69	69	33
안전	기계	169	133	39	27	27	5	16	16	8
	전기	77	64	14	10	10	4	8	8	6
	화공	94	83	31	21	20	7	16	16	7
	건설	268	219	56	33	29	6	29	29	12

2017년		1차			2차			3차		
		대상	응시	합격	대상	응시	합격	대상	응시	합격
소계		720	629	43	29	29	17	29	29	23
안전	기계	201	173	15	12	12	6	9	9	6
	전기	82	73	5	3	3	2	3	3	2
	화공	117	104	10	7	7	5	8	8	7
	건설	320	279	13	7	7	4	9	9	8
2018년		1차			2차			3차		
		대상	응시	합격	대상	응시	합격	대상	응시	합격
소계		846	697	236	116	110	41	171	169	88
안전	기계	227	187	59	38	36	6	33	32	16
	전기	94	76	25	15	13	8	18	18	9
	화공	119	97	45	35	33	17	30	30	9
	건설	406	337	107	28	28	10	90	89	54
2019년		1차			2차			3차		
		대상	응시	합격	대상	응시	합격	대상	응시	합격
소계		1,172	1,018	454	266	239	71	341	335	187
안전	기계	256	219	106	83	75	14	62	60	25
	전기	101	83	39	29	26	4	27	27	20
	화공	127	113	63	48	43	8	43	42	33
	건설	688	603	246	106	95	45	209	206	109

차 례

제3과목 | 기업진단 · 지도

제1장 경영학

제2장 산업심리학

제3장 산업위생 개론

부록 산업안전지도사 기출문제

Chapter

경영학 01

Chapter

제1장 경영학

Industrial Safety

01 인적자원관리

Section

1. 인적자원관리의 본질

1) 인적자원관리의 개념

인적자원관리(Human Resource Management)란 조직과 종업원의 목표를 만족시키기 위해서 인적자원을 효과적으로 관리하기 위한 기능으로 인적자원의 확보, 활용, 개발, 보상, 유지 등의 관리활동을 말한다. 인적자원관리는 HRP(Human Resource Planning : 인적자원계획), HRD(Human Resource Development : 인적자원개발), HRU(Human Resource Utilization : 인적자원활용)의 3가지 측면으로 되어 있지만, 채용·선발·배치부터 조직설계·개발, 교육·훈련까지를 포괄하는 광범위한 활동에 있어 종래의 인사관리의 틀을 넘어선, 보다 포괄적인 개념이다.

(1) 인적자원 확보

조직의 목표를 달성하는 데 필요한 역량을 갖춘 인적자원을 일정한 계획에 따라 조직 외부와 내부에서 모집 및 선발을 통해 확보하는 것

(2) 인적자원 활용

배치와 인사이동 등을 통하여 구성원에게 가장 적합한 직무를 부여하거나 일정한 직무에 가장 적합한 역량을 갖춘 사람을 이동·배치하고, 이들이 자신의 직무에서 최대의 성과를 발휘할 수 있도록 동기를 유발하고 이끄는 과정

(3) 인적자원 개발

인적자원이 조직의 목표달성에 필요한 역량을 갖출 수 있도록 교육 및 훈련시키고 개인의 잠재력을 발견하여 그것을 실현하도록 만드는 과정

(4) 인적자원 보상

구성원이 조직의 목표달성에 공헌한 대가로 적정하고 공정한 직접적·간접적 급부를 제공하는 것

(5) 인적자원 유지

조직이 이미 확보하고 개발시킨 인적자원의 육체적 · 정신적 상태를 지속시켜 조직에 기여하도록 유도하는 과정

2) 전통적 인사관리와 현대적 인적자원관리의 비교

전통적 인사관리	현대적 인적자원관리
① 환경을 고려하지 않음	① 환경을 고려함
② 단기적 안목	② 장기적 안목
③ 기능적	③ 전략적
④ 종업원 활용 중심	④ 종업원 개발 중심
⑤ 조직목표의 강조	⑤ 개인목표와 조직목표의 조화
⑥ 비인본주의적	⑥ 인본주의적
⑦ 노조와 대립적	⑦ 노조와 협조적
⑧ (성, 학력 등에 대한) 차별	⑧ (성, 학력 등에 대한) 차별 없음
⑨ 국내 지향	⑨ 세계 지향

3) 인적자원관리의 환경

외부환경	내부환경
① 경기상황	① 사업전략
② 노동시장	② 조직문화
③ 법규 및 규제	③ 조직구조
④ 노동조합	④ 생산기술

4) 인적자원관리의 접근방법

(1) 인적자원 접근법

① 인간성과 생산성의 고차원적 통합을 통한 양자의 조화로운 실현을 목표로 하는 제3기의 인적자원관리(즉, 생산성과 인간성의 동시 추구 시대)는 행동과학이론을 배경으로 한다.

② 맥그리거(D. McGregor)의 Y이론적 인간관이 존중되고 인간의 무한한 잠재능력이 인정되어 지속적인 능력개발과 동기부여가 중시된다.

③ 의욕개발과 능력개발을 통한 조직과 개인 목표달성을 기하고자 한다.

④ 종업원을 잠재적인 자원으로 파악하고 있다.

(2) 과정 접근법

① 인적자원관리의 여러 기능과 조직 내에서의 인력의 흐름을 기초로 하여 주요 연구과제를 설정・분석하는 것

② 대표적인 학자 : 플리포(E. B. Flippo)

③ 플리포의 관리기능에는 계획・조직・지휘・통제기능이 있고, 업무기능에는 인적자원의 확보・개발・보상・통합・유지・이직기능이 있다.

(3) 시스템 접근법

① 인적자원관리를 시스템의 관점에서 보아 하나의 전체적인 모형으로서 인적자원관리 시스템을 설계하려는 노력으로서 하위시스템을 구성하여 전체적인 연결을 갖도록 하려는 것

② 대표적인 학자 : 피고스(P. Pigors), 마이어스(C. A. Myers), 데슬러(G. Dessler) 등

(4) 과정-시스템 접근법

① 시스템 접근법과 과정 접근법을 통합한 과정-시스템 접근법도 인적자원관리에 적용되고 있음

② 대표적인 학자 : 프렌치(W. French)

2. 인적자원관리의 전개과정

1) 생산성 중시 시대 : 과학적 관리법

(1) 테일러(F. W. Taylor)의 과업관리

① 테일러(F. W. Taylor)는 1880년대부터 노동자 간에 빈번하게 일어난 조직적인 태업(Sabotage)을 해결하기 위해서는 과학적인 관리의 개발이 필요하다는 인식하에 새로운 과업관리(Task Management)를 주장하였다.

② 테일러는 조직적 태업의 원인을 임금률 설정의 불합리성에 있다고 보고 그 합리화를 관리의 과제로 보았다. 당시 기업들은 성과급 제도를 실시하고 있었는데, 경영자들은 능률이 향상되면 인건비를 절약하기 위하여 임금률을 절하함으로써 근로자들의 조직적 태업을 유발하여 기업의 성과와 근로자들의 근로의욕이 모두 저하되는 악순환이 계속되었다.

③ 직무를 세분하고, '과업'(작업자의 1일 표준작업량)을 설정하여, 이를 기준으로 업무수행-직무수행을 규격화(표준화)함으로써 생산성을 향상시킨다.

④ 이에 따라 요소시간을 위주로 하는 작업연구, 즉 시간・동작연구를 바탕으로 과학적 관리 또는 과업관리가 성립되었다.

(2) 포드(H. Ford)의 동시관리

작업조직의 철저한 합리화에 의하여 작업의 동시적 진행을 기계적으로 실현하고 관리를 자동적으로 전개하려는 것

- 3S원리 : 포드사의 컨베이어 시스템에 의한 이동조립방법에서 부품의 표준화 · 제품의 단순화 · 작업의 전문화를 통한 생산의 극대화

(3) 테일러와 포드의 차이점

① 테일러의 강조점은 작업의 과학화와 개별 생산관리인 데 반해, 포드는 이를 공정 전체로 확대

② 테일러가 동작 · 시간연구 등을 통해 인간노동의 기계화를 시도한 데 반해, 포드는 인간노동을 기계로 대체하고 인간이 기계의 보조역할을 할 것을 요구했다.

(4) 생산성 중시 시대의 역기능

생산성을 중시하고, 인간을 기계의 일부분으로 인식함으로써 인간성 소외라는 역기능 발생

2) 인간성 중시 시대 : 인간관계론

(1) 메이요(E. Mayo)의 인간관계론

① 메이요(E. Mayo)를 중심으로 한 호손(Hawthorne)공장에서의 일련의 실험은 인간성의 중요성을 부각시킨 인간관계론을 성립시켰다.

② 과학적 관리법의 반성과 개선의 필요에 따라 '인간관계론'의 등장

과학적 관리법이 업무의 '분업화(分業化)'를 통해 생산능률을 높일 수 있었으나, 종업원을 생산의 한 부품으로 간주하였기 때문에 일에 대한 자긍심을 상실시켜 '인간성 상실'로까지 이르게 함.

- 종업원의 동기부여, 근로의욕이 핵심으로, 경영자가 종업원들의 사기를 높이고 기업의 생산성을 향상시키기 위한 인사관리

③ 메이요의 감정 논리의 수립에 기초한 사회인(社會人) 가설에서는 단순한 경제적 · 합리적 인간관에 대신하여, 다면적이고 복잡한 존재로서의 인간, 비합리적 인간으로서의 측면이 인식되었다.

(2) 새로운 제도의 도입

이 시기에 제안제도나 면접제도, 인사상담, 복지후생시설의 충실화, 사내보(社內報) 등의 커뮤니케이션 시책, 감독자 · 관리자의 교육훈련 등이 새로이 실시되었다.

3) 생산성과 인간성의 동시 추구시대

① 메이요 이후 급격한 발전을 본 행동과학과 조직행위론에서의 모티베이션(Motivation)이론, 리더십이론 등은 조직에서의 인간문제를 이해하고 해결하는 데 큰 도움이 되었다. 이와 함께 직무확대 · 직무충실화 · 목표에 의한 관리 등도 많이 채택되기 시작하였고, 급변하는 환경에의 적응을 위한 동태적(動態的) 조직구조의 도입이나 조직개발 · 조직변화의 모형도 공헌을 하였다.

② 현대의 가장 중요한 발전은 인적 자원의 중요성이 인식되기 시작하였고, 조직목표와 개인목표의 조화문제가 부각되기 시작하였다는 점이다.

인간관계론의 내용에 관한 설명으로 옳은 것은? ③
① 인간 없는 조직이란 비판을 들었다.
② 과학적 관리법과 유사한 이론이다.
③ 메이요와 뢰슬리스버거를 중심으로 호손실험을 거쳐 정리되었다.
④ 심리요인과 사회요인은 생산성에 영향을 주지 않는다.
⑤ 비공식집단을 인식했으나 그 중요성을 낮게 평가했다.

3. 인적자원관리의 개념모형

1) 개념모형의 설계

(1) 개념모형의 정의

인적자원관리의 개념모형은 인적자원관리조직의 목표달성을 위한 인적자원의 확보 → 개발 → 활용 → 보상 → 유지를 계획 · 조직 · 통제하는 관리체계

(2) 인적자원관리의 개념 모형

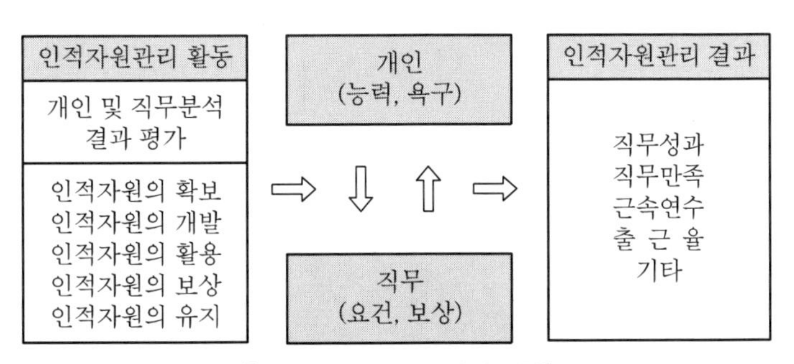

[인적자원관리의 개념모형]

2) 인적자원관리활동

기업의 인적자원관리활동은 인적자원관리의 지원적 활동과 기능적 활동 등 크게 두 가지로 나눌 수 있다. 이 중 인적자원관리의 지원적 활동은 기능적 활동을 지원하는 역할을 하므로 기능적 활동이 인적자원관리활동의 핵심이라고 할 수 있다.

지원적 활동	**기능적 활동**
① 개인 및 직무분석 ② 결과평가 ③ 인적자원계획	① **인적자원의 확보** ② **인적자원의 개발** ③ **인적자원의 활용** ④ **인적자원의 보상** ⑤ **인적자원의 유지**

3) 개인과 직무의 결합

(1) 직무요건과 직무보상

① 직무요건 : 조직의 관점에서 볼 때 직무를 수행하기 위하여 요청되는 기능

② 직무보상 : 직무수행에서 얻게 되는 '만족스럽다'거나 '그렇지 않다'는 결과를 말함

(2) 직무만족과 직무성과

개인의 능력과 욕구가 직무의 요건 및 보상과 각각 상호작용을 하는 속에서 인사관리 결과로서 직무만족 · 직무성과 등이 좌우된다.

(3) 개인과 직무의 조화

개인의 능력과 욕구, 직무의 요건과 보상 간의 관계를 충실히 이해하여 양자의 적합성 관계를 모색하도록 인적자원관리 활동이 이루어져야만 조직이 원하는 방향으로 개인이 행동하고 이로써 조직의 목표달성 정도를 높일 수 있다.

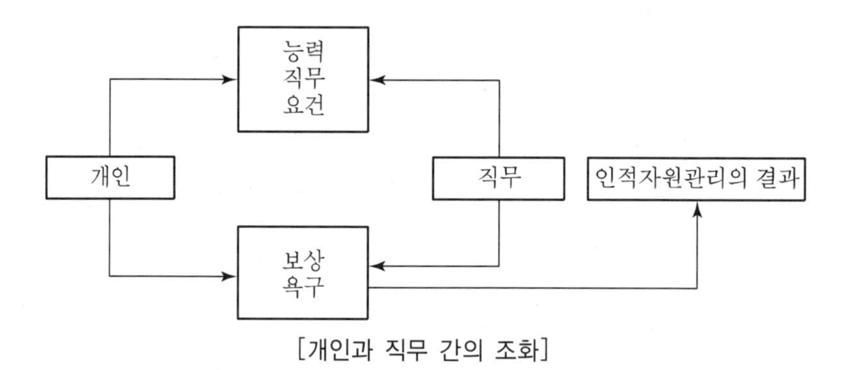

[개인과 직무 간의 조화]

4) 인적자원관리의 결과

인적자원관리의 결과(Personnel Outcomes)는 종업원의 유효성 기준이나 지표를 대표한다. 이러한 인적자원관리의 결과는 직무성과 · 직무만족 · 근속기간 · 출근율 등을 포함한다.

(1) 직무성과(Job Performance)

① 종업원 유효성의 중요한 기준이다.

② 종업원들은 조직을 위한 과업을 수행하기 위해서 고용되며, 보다 더 능률적으로 일을 할수록 조직에 대한 공헌도가 그만큼 커진다.

(2) 직무만족(Job Satisfaction)

① 직무만족의 경우에 개인은 직무와 관련된 보상을 추구함으로써 충족시키고자 하는 특정한 욕구를 가지고 있다는 것을 전제로 한다.

② 조직의 관점에서 직무만족은 여러 측면에서 조직목표에 기여할 수 있다.

(3) 출근율과 근속연수

① 높은 출근율과 근속연수는 직무와 조직에 대한 지속적 몰입(Commitment)을 나타내 주며, 중단 없이 과업의 수행을 가능하게 한다.

② 높은 출근율과 근속기간을 확보하지 못할 경우에 과다한 간접비용을 초래할 수 있다.

5) 인적자원관리의 목표와 이념

(1) 인적자원관리의 목표

현대적 인적자원관리의 목표로는 생산성 목표와 유지 목표, 근로생활의 질 충족, 조직의 목표 및 개인 목표의 조화 등을 들 수 있다.

① 생산성 목표와 유지 목표 : 생산성 목표 또는 과업 목표는 구성원의 만족과 같은 인간적인 측면보다 과업 그 자체를 달성하기 위한 조직의 목표이고, 유지 목표는 조직의 과업과는 별도로 조직 자체의 유지 또는 인간적 측면에 관계된 목표이다.

② 근로생활의 질(QWL) 충족 : 근로생활의 질은 산업화에 따른 작업의 단순화, 전문화에 파생되는 소외감, 단조로움, 인간성의 상실에 대한 반응 또는 새로운 기술의 등장으로 인한 작업환경의 불건전성에 대한 반응으로서 나타난 것이다. 이것은 근로자의 작업환경과의 관계를 광범위하게 포괄하는 것이다. 현대기업의 인적자원관리자는 근로생활의 질을 충족시킴으로써 기업의 목표와 개인의 목표를 동시에 추구할 수 있어야 한다.

(2) 인적관리의 이념

인적관리의 이념은 경영자가 인간을 다루는 기본적인 사고방식을 말한다. 즉, 경영자가 종업원을 경영목적에 결합시키기 위한 경영활동에서 나타나는 일관된 성향을 말한다. 현대적 인적관리의 이념은 다음과 같다.

① 오늘날 개인주의사상이 발전해 감에 따라 경영에서의 근본문제는 조직과 개인을 어떻게 통합하느냐 하는 것인데, 그 근본적인 해결은 새로운 경영이념에 의해서 가능하다. 이러한 현대적인 경영이념 및 인적관리의 이념은 민주적인 유형이어야 하며, 맥그리거의 Y이론, 리커트의 관리시스템 4형을 지향하는 것이어야 한다.

② 건전하고 적극적인 인적자원관리의 이념은 경영자 개인의 것이 아니라 경영목적 달성을 위해 적극적 협력관계를 이루기 위한 경영자와 종업원 상호 간의 공통된 신념이다.

③ 인적자원관리의 이념은 객관적 타당성을 갖는 주관적 신념이어야만 더욱 수용성이 높아진다.

④ 인적자원관리의 이념은 먼저 개인의 목적, 현재와 장래의 생활안정, 사회적 안정, 그리고 자기 이상의 실현 등의 동기가 조직 속에서 어느 정도 실현된다는 확신을 종업원에게 주어야 한다.

4. 직무분석 및 직무평가

1) 직무분석

(1) 직무분석(Job Analysis)의 의의

특정 직무의 내용(또는 성격)을 분석해서 그 직무가 요구하는 조직구성원의 지식 · 능력 · 숙련 · 책임 등을 명확히 하는 과정을 말한다. 즉, 특정 직무의 성격에 관련된 모든 중요한 정보를 수집하고 이들 정보를 관리목적에 적합하게 정리하는 체계적인 과정이다. 따라서 직무분석은 조직이 요구하는 일의 내용 또는 요건을 정리 · 분석하는 과정이라고 말할 수 있다.

(2) 직무분석의 내용 및 요건

① 내용분석 : 직무분석과정에서 파악하여야 하는 내용은 직무내용, 직무목적, 작업장소, 작업방법, 작업시간, 소요기술 등이다.

② 수행요건분석 : 직무수행에 필요한 요건을 분석하는 것으로 그 내용은 전문지식 · 교육훈련 등 숙련도, 육체적 · 정신적 노력, 책임, 위험이나 불쾌조건, 작업조건 등이다.

(3) 직무분석의 목적

직무분석의 목적은 궁극적으로 직무기술서와 직무명세서를 작성하여 직무평가(Job Evaluation)를 하려는 것이지만, 직무분석을 통해서 얻은 정보는 인적자원관리 전반을 과학적으로 관리하는 데 기초자료를 제공한다.

① 조직구조의 설계 : 직무분석은 조직의 합리화를 위한 조직구조의 설계와 업무개선의 기초가 된다.

② 인적자원계획 수립 : 직무분석은 인적자원의 수요 및 공급을 예측하고 인적자원의 채용, 배치, 이동・승진, 훈련 및 개발 등의 기준을 만드는 기초가 된다.

③ 직무평가 및 보상 : 직무분석은 직무평가의 기초가 되고, 특정 직무에 대해 어느 정도 보상을 해주어야 할지 결정하는 데 활용된다. 즉, 인사고과와 직무급 도입을 위한 기초가 된다.

④ 경력계획 : 직무분석은 경력개발 계획의 기초자료가 된다.

⑤ 기타 : 이 외에도 직무분석은 노사관계 해결, 직무설계, 인사상담, 안전관리, 정원산정, 작업환경 개선 등의 기초자료가 된다.

(4) 직무분석의 방법

① **관찰법(Observation Method)** : 훈련된 직무분석자가 직접 직무수행자를 집중적으로 관찰함으로써 정보를 수집하는 방법이다. 가장 간단하고 실시하기 쉽기 때문에 육체적 활동과 같이 관찰이 가능한 직무에 적절히 사용될 수 있다. 그러나 지식 업무나 고도의 능력을 필요로 하는 직무일 경우 관찰이 어렵고, 비반복적인 직무일 경우 관찰에 너무 많은 시간이 소요되어 비효율적일 수 있다. 체크리스트 혹은 작업표로 기록되며 관찰자가 관찰할 수 있는 자질과 역량을 갖추었는가가 가장 중요한 관건이 된다.

② **면접법(Interview Method)** : 기술된 정보, 기타 사내의 기존 자료나 실무분석을 위해 특별히 제작된 조직도, 업무흐름표(Flow Chart), 업무분담표 등을 자료로 하여 담당자(또는 감독자, 부하, 기타 관계자)를 개별적으로 혹은 집단적으로 면접하여 필요한 분석항목의 정보를 획득하는 방법이다. 면접을 통해 직접 직무정보를 얻기 때문에 정확하지만, 많은 시간이 소요될 수 있다.

③ **질문지법(Questionnaire Method)** : 표준화되어 있는 질문지를 통하여 직무담당자가 직접 직무에 관련된 항목을 체크하거나 평가하도록 하는 방법. 비교적 단시일에 직무정보를 수집할 수 있다.

④ **실제수행법 또는 경험법(Empirical Method)** : 직무분석자가 분석대상 직무를 직접 수행해 봄으로써 직무에 관한 정보를 얻는 방법이다.

⑤ **중요사건법(Critical Incidents Method)** 또는 중요사건서술법 : 직무수행과정에서 직무수행자가 보였던 보다 중요하거나 가치가 있는 행동을 기록해 두었다가 이를 취합하여 분석하는 방법이다. 직무의 성공적인 수행에 필수적인 행위들을 유사한 범주별로 분류하고 이를 중요도에 따라 점수를 부여하며 직무행동과 직무성과 간의 관계를 직접적으로 파악할 수 있다. 인사고과 척도의 개발이나 교육훈련의 내용을 선정하는 데 유용하게 활용된다.

⑥ **워크샘플링법(Work Sampling Method)** : 단순한 관찰법을 보다 세련되게 개발한 것으로서 전체 작업 과정 동안 무작위적인 간격으로 많은 관찰을 행하여 직무행동에 관한 정보를 얻는 방법이다.

⑦ 기타의 방법

- 앞의 방법들 중에서 두 가지 이상을 결합하여 정보를 수집하는 종합적인 방법(Combination Method)
- 작업수행자에게 작업일지를 작성하게 한 다음 직무사이클(Job Cycle)에 따른 작업일지의 내용을 분석하는 작업일지법(Job Diary Method) 등이 있다.

(5) 직무분석의 절차

① 준비작업 및 배경정보의 수집 : 직무분석의 준비작업과 기초자료의 수집은 예비조사의 단계에서 대부분 이루어진다. 조직도, 업무분담표, 과정도표와 이미 존재하는 직무기술서 및 직무명세서와 같은 이용가능한 배경정보를 수집한다.

② 대표직무의 선정 : 모든 직무를 분석할 수도 있지만 시간과 비용의 문제가 있기 때문에 일반적으로 대표적인 직무를 선정하여 그것을 중점적으로 분석한다.

③ 직무정보의 획득 : 이 단계를 보통 직무분석이라고 한다. 여기서 직무의 성격, 직무수행에 요구되는 구성원의 행동, 인적요건 등 구체적으로 직무를 분석한다. 이 단계에서 면접법 · 관찰법 · 중요사건법 · 워크샘플링법 · 질문지법 등이 사용된다.

④ 직무기술서의 작성 : 앞에서 얻은 정보를 토대로 직무기술서를 작성하는 단계이다. 직무기술서는 직무의 주요한 특성과 함께 직무의 효율적 수행에 요구되는 활동들에 관하여 기록된 문서를 말한다.

⑤ 직무명세서의 작성 : 이 단계에서는 직무기술을 직무명세서로 전환시킨다. 이는 직무수행에 필요한 인적 자질, 특성, 기능, 경험 등을 기술한 것을 말한다. 이것은 독립된 하나의 문서일 수도 있으며 직무기술서에 같이 기술될 수도 있다.

(6) 직무기술서와 직무명세서

직무기술서와 직무명세서는 직무분석의 산물이며, 직무분석은 직무기술서와 직무명세서의 기초가 된다. 직무기술서는 과업중심적인 직무분석에 의하여, 직무명세서는 사람 중심적인 직무분석에 의하여 얻는다. 즉, 직무기술서는 과업 요건에 초점을 둔 것이며, 직무명세서는 인적 요건에 초점을 둔 것이다.

구 분	직무기술서(Job Description)	직무명세서(Job Specification)
의의	**직무분석을 통해 얻은 직무의 성격과 내용, 직무의 이행방법과 직무에서 기대되는 결과 등 과업요건을 중심으로 정리해 놓은 문서**	**직무를 만족스럽게 수행하는 데 필요한 작업자의 지식 · 기능 · 능력 및 기타 특성 등을 정리해 놓은 문서**
목적	인적자원관리의 일반목적을 위해 작성	인적자원관리의 구체적이고 특정한 목적을 위해 세분화하여 작성
작성 시 유의사항	**직무내용과 직무요건에 동일한 비중을 두고, 직무 자체의 특성을 중심으로 정리**	**직무내용보다는 직무요건을, 또한 직무요건 중에서도 인적요건을 중심으로 정리**
포함되는 내용	**직무명칭, 직무개요, 직무내용, 장비 · 환경 · 작업활동 등 직무(수행)요건, 직무표식(직무의 명칭 및 직무번호)**	**직무표식(직무의 명칭 및 직무번호), 직무개요, 직무내용, 작업자의 지식 · 기능 · 능력 및 기타 특성 등(구체적인) 직무의 인적요건**
특징	속직적 기준, 직무행위의 개선점 포함	속인적 기준, 직무수행자의 자격요건 명세서

Point

직무를 수행하는 데 필요한 기능, 능력, 자격 등 직무수행요건(인적요건)에 초점을 두어 작성한 직무분석의 결과물은? ②

① 직무평가　② 직무명세서　③ 직무표준서
④ 직무기술서　⑤ 직무지침서

(7) 직무설계

① 직무설계의 의의

직무분석을 실시하여 직무기술서와 직무명세서가 작성되면 이러한 정보를 활용하여 직무를 설계(Job Design)하거나 재설계(Redesign)할 수 있다. 즉, 직무분석을 통해 얻은 정보는 구성원들의 만족과 성과를 증대시키는 방향으로 직무요소와 의무 그리고 과업 등을 구조화시키는 직무설계에 활용될 수 있다. 또한 직무설계를 통해서 구성원들의 욕구와 조직의 목표를 통합시킬 수 있다.

② 직무설계의 목적

직무를 설계하는 근본적인 목적은 직무성과(Job Performance)를 높임과 동시에 직무만족(Job Satisfaction)을 향상시키기 위한 것이다. 조직의 입장에서 볼 때 직무성과와 직무만족을 동시에 높일 수 있다면 가장 이상적이겠지만, 양자는 어느 정도 상충관계(Trade-Off)에 있으므로 두 목표 간에 상충이 가장 적게 일어나는 대안을 선택해야만 할 것이다.

③ 직무설계방안

ⓐ 과학적 관리법에 의한 직무설계

직무분화(Job Differentiation) : 직무를 단순화 · 표준화하여 조직구성원이 세분화된 직무에서 전문화되도록 하는 방안. 일의 분업을 통해 한 구성원에게 세분된 직무를 맡겨 생산의 효율성을 이루는 직무전문화 기법

ⓑ 과도기적 접근방법 : 과학적 관리법에 의한 직무설계는 많은 부작용이 초래되어, 대안으로서 직무순환과 직무확대가 제시

㉠ 직무순환(Job Rotation) : 조직구성원에게 돌아가면서 여러 가지 직무를 수행하도록 하여 직무수행에서 지루함이나 싫증을 덜 느끼게 하려는 직무설계방안

㉡ 직무확대(Job Enlargement) : 한 직무에서 수행되는 과업의 수를 증가(직무가 보다 다양하고 흥미 있도록 하기 위해 직무에 포함되어 있는 기존의 과업들에 또 다른 과업들을 추가)시키는 것

ⓒ 현대적 접근방법 : 직무분화, 직무순환, 직무확대 등이 기본적으로 작업자들의 욕구를 충족시키지 못하는 것이 밝혀지자 작업자들의 동기부여에 초점을 맞춘 직무충실이론과 직무특성이론 등이 등장

㉠ **직무충실화(Job Enrichment)**

- **전통적인 직무설계방법과는 달리 직무성과가 직무수행에 따른 경제적 보상보다도 개인의 심리적 만족에 달려 있다는 전제하에 직무수행의 내용과 환경을 재설계하는 방법**
- **특히 다양한 작업내용이 포함되고 보다 높은 수준의 지식과 기술이 요구되며 작업자에게 자신의 성과를 계획하고 통제할 수 있는 자주성과 책임이 보다 많이 부여되고 개인적 성장과 의미 있는 작업경험에 대한 기회를 제공할 수 있도록 직무의 내용을 재편성하는 것을 의미**
- **직무충실화의 이론적 근거는 동기유발이론에서 찾아볼 수 있는데, 특히 매슬로의 욕구단계이론 중 상위수준의 욕구와 허즈버그의 2요인이론 중 동기유발요인 그리고 맥클랜드의 세 가지 욕구 중 성취욕구 등이 중시된다.**

㉡ 직무특성모형(Job Characteristic Model) : 조직구성원들의 상위계층의 욕구를 충족시키는 데 초점을 맞추어 동기를 유발시키고 직무만족을 경험하게 하는 직무의 특성을 개념화한 것. 핵심 직무 차원, 중요 심리상태, 개인 및

직무성과의 세 부분으로 이루어짐. 개인 및 직무성과는 중요 심리상태에서 얻게 되며, 중요 심리상태는 핵심직무 차원에서 만들어진다는 것

ⓒ 직무교차(Overlapped Workplace) : 직무의 일부분을 다른 조직구성원과 공동으로 수행하도록 짜여 있는 수평적 직무설계 방식

ⓔ 준자율적 직무설계(Semi-Autonomous Workgroup) : 기업의 업무가 전산화됨에 따라, 몇 개의 직무들을 묶어 하나의 작업집단을 구성하고, 이들에게 어느 정도의 자율성을 허용해 주는 방식. 준자율적 작업집단 구성원들은 자신들이 수립한 집단규범에 따라 직무를 스스로 조정·통제할 수 있다.

ⓜ 경영혁신화(Business Reengineering) : 현대적 직무설계에서, '고객 중심'으로 제품과 서비스를 제공하기 위해 직무를 '프로세스 중심'으로 설계하는 방식

ⓑ 역량중심(Competency) : 현대적 직무설계에서, 역량모델을 구축하여 역량중심 직급에 따라 업무를 수행할 수 있도록 설계하는 방식

ⓓ 집단수준의 직무설계

㉠ 팀접근법(Team Approach) : 작업이 집단에 의해서 수행되기도 하여, 이때는 팀을 대상으로 한 작업설계 필요. 개인수준의 직무설계와 달리 집단과업의 설계, 집단구성원의 구성, 집단규범 등이 집단수준의 작업설계의 특징

㉡ QC서클(Quality Control Circle) : 10명 이내의 한 작업단위의 종업원들이 자발적으로 정기적인 모임을 갖고 제품의 질과 문제점을 분석하고 제안하는 분임조 활동. 기업 내에서 참여적 분위기를 조성하며 일종의 소집단활동이 된다.

동기부여적 직무설계 방법에 관한 설명으로 옳지 않은 것은? ③

① 직무 자체 내용은 그대로 둔 상태에서 구성원들로 하여금 여러 직무를 돌아가면서 번갈아 수행하도록 한다.
② 작업의 수를 증가시킴으로써 작업을 다양화한다.
③ 직무세분화, 전문화, 표준화를 통하여 직무의 능률을 향상시킨다.
④ 직무내용의 수직적 측면을 강화하여 직무의 중요성을 높이고 직무수행으로부터 보람을 증가시킨다.
⑤ 작업배정, 작업스케줄 결정, 능률향상 등에 대해 스스로 책임을 지는 자율적 작업집단을 운영한다.

2) 직무평가

(1) 직무평가(Job Evaluation)의 의의와 목적

① 직무평가의 의의

직부분석을 기초로 하여 각 직무가 지니고 있는 상대적인 가치를 결정하는 방법이다. 즉, 기업이나 기타의 조직에 있어서 각 직무의 중요성 · 곤란도 · 위험도 등을 평가하여 다른 직무와 비교한 직무의 상대적 가치를 정하는 체계적 방법이다.

② 직무평가의 특징

㉠ 직무평가는 직무분석에 의해 작성된 직무기술서와 직무명세서를 기초로 하여 이루어진다.

㉡ 직무평가는 일체의 속인적인 조건을 떠나서 객관적인 직무 그 자체의 가치를 평가하는 것이다. 직무상의 인간을 평가하는 것이 아니다.

㉢ 동일한 가치를 가진 직무에 대하여는 동일한 임금을 적용하고 더 높은 가치가 인정되는 직무에 대하여는 더 많은 임금을 책정하는 직무급 제도의 기초가 된다.

③ 직무평가의 목적

직무평가는 '동일노동에 대하여 동일임금'이라는 직무급 제도를 확립하는 데 그 목적이 있으며, 나아가 인적자원관리 전반의 합리화를 이루고자 한다. 이를 통해 임금(직무급)의 결정, 인력의 확보와 배치, 종업원의 역량개발을 진행한다.

④ 평가요소

직무평가는 직무의 상대적 가치를 결정하는 것이므로 직무의 공헌도에 의해서 결정된다. 직무의 공헌도는 일반적으로 몇가지 요소를 기준으로 파악한다. 즉, ㉠ 숙련(Skill), ㉡ 노력(Effort), ㉢ 책임(Responsibility), ㉣ 작업조건(Working Condition) ㉤ 지식 ㉥ 경험 등이다.

⑤ 직무평가의 절차

직무평가는 다음의 순서로 이루어진다.

㉠ 직무에 관한 지식 및 자료의 수집 : 직무분석

㉡ 수집된 지식 및 자료의 정리 : 직무기술서, 직무명세서

㉢ 평가요소의 선정 : 숙련, 노력, 책임, 작업조건

㉣ 평가방법의 선정 : 서열법, 분류법, 점수법, 요소비교법

㉤ 직무평가

Point

조직 내 직무 간의 상대적 가치를 평가하는 직무평가 요소가 아닌 것은? ④
① 지식　② 숙련　③ 경험　④ 성과　⑤ 노력

(2) 직무평가의 방법

직무평가의 방법은 우선 비양적 방법(Non-quantitative Method)과 양적 방법(Quanti-tative Method)의 두 가지로 구분된다.

구 분	비양적 방법 (Non-quantitative Method)	양적 방법 (Quantitative Method)
의의	직무수행에서 난이도 등을 기준으로 포괄적 판단에 의하여 직무의 가치를 **상대적**으로 평가하는 방법. 종합적 평가 방법	직무분석에 따라 직무를 기초적 요소 또는 조건으로 분석하고 이들을 양적으로 계측하는 분석적 판단에 의하여 평가하는 방법. 분석적 평가방법
종류	서열법(등급법), 분류법	점수법, 요소비교법

	계급적(구간 有)	계열적(구간 無)	
비양적 (점수화 ×)	분류법	서열법	전체적 (예:A직무가 B직무보다 더 중요하다.)
양적 (점수화 ○)	점수법	요소비교법	분석적 (예:A직무는 기능, 노력의 측면에서 B직무보다 낫지만 책임의 측면에서는 B보다 덜 중요함)
	직무 대 기준	직무 대 직무	

[직무평가방법]

① 서열법(Ranking Method)

㉠ 전체적이고 포괄적인 관점에서 평가자가 종업원의 직무수행에 있어서 요청되는 지식, 숙련, 책임 등에 비추어 상대적으로 가장 단순한 직무를 최하위에 배정하고 가장 중요하고 가치가 있는 직무를 최상위에 배정함으로써 순위를 결정하는 방법(등급법)

㉡ 신속하고 간편하게 직무등급을 설정할 수 있지만 직무등급을 정하는 일정한 표준이 없으므로 평가결과의 객관화가 곤란하다.

㉢ 서열법의 유형

- 일괄서열법 : 최상위 직무와 최하위 직무를 먼저 선정하고, 그 다음 나머지 직무의 서열을 상대적으로 정하여 서열을 정하는 방법
- 쌍대서열법 : 각 직무들을 두 개씩 짝을 지어 다른 직무와 비교하여 서열을 정하는 방법
- 위원회서열법 : 평가위원회를 설치하여 다수의 위원들이 서열을 결정하는 방법으로, 평가자 1인이 실시하는 것보다 편견이 적고 객관성도 더 높다고 할 수 있다.

② **분류법**(Job-classification Method)

㉠ 서열법이 좀 더 발전한 것으로 어떠한 기준에 따라서 사전에 직무등급을 결정해 놓고 각 직무를 적절히 판정하여 분류하는 직무평가 방법

㉡ 강제배정의 특성이 있으므로 정부기관이나 학교, 서비스업체 등에서 많이 이용된다.

㉢ 간단하고 이해하기 쉬우며 비용이 적게 소요되지만 직무등급 분류의 정확성을 기하기가 어렵다는 단점이 있다. 따라서 서열법이나 분류법 모두 직무의 수가 많아지고 복잡해지면 적용이 어렵다.

③ **점수법**(Point Rating Method)

㉠ 직무를 평가요소로 분해하고 각 요소별로 그 중요도에 따라 숫자에 의한 점수를 준 후 이 점수를 총계하여 각 직무의 가치를 평가하는 방법

㉡ 각 직무에 대한 평가치인 총점수를 상호 비교하고 점수의 크기에 따라 각 직무의 상대적 가치가 결정되는 것

㉢ 평가요소는 각 직무에 공통적인 것, 과학적인 객관성을 가지고 있는 것, 노사 쌍방이 납득할 수 있는 것, 그리고 직무내용을 구성하는 중요한 요소일 것 등 4가지 조건을 갖추어야 한다. 따라서 평가요소는 숙련요소 · 노력요소 · 책임요소 · 작업조건요소 등으로 구분할 수 있다.

㉣ 양적 · 분석적 방법을 이용하므로 직무의 상대적 차이를 명확하게 정할 수 있고 구성원들에게 평가결과에 대하여 이해와 신뢰를 얻을 수 있다는 장점이 있다. 그러나 평가요소 및 가중치의 산정이 매우 어려워 고도의 숙련도가 요구되며 많은 준비시간과 비용이 소요된다.

평가요소		단계				
		I	II	III	IV	V
숙련 (250점)	지식 경험 솔선력	14 22 14	28 44 28	42 66 42	56 88 56	70 110 70
노력 (75점)	육체적 노력 정신적 노력	10 5	20 10	30 15	40 20	50 25
책임 (100점)	기기 또는 공정 자재 또는 제품 타인의 안전 타인의 직무수행	5 5 5 5	10 10 10 10	15 15 15 15	20 20 20 20	25 25 25 25
직무조건 (75점)	작업조건 위험성	10 5	20 10	30 15	40 20	50 25

④ **요소비교법(Factor - comparison Method)**

㉠ 기업이나 조직에서 가장 핵심이 되는 몇 개의 기준직무를 선정하고 각 직무의 평가요소를 기준직무의 평가요소와 결부시켜 비교함으로써 모든 직무의 가치를 결정하는 방법

㉡ 직무의 상대적 가치를 임금액으로 평가하는 것이 특징이다. 말하자면 임금액을 가지고 바로 평가하여 점수화할 수 있다는 것이다. 이와 같은 방법은 점수법을 개선한 것으로 점수법이 각 평가요소의 가치에 따라서 점수를 부여하는 데 반하여 요소비교법은 각 평가요소별로 직무를 등급화하게 된다.

㉢ 절차는 몇 개의 기준직무 선정 → 평가요소의 선정 → 평가요소별로 기준직무의 등급화 및 임금분배 → 평가직무와 기준직무의 비교평가의 순이다.

㉣ 점수법이 주로 공장의 기능직에 국한하여 사용되는 데 비해 요소비교법은 기능직은 물론이고 사무직 · 기술직 · 감독직 · 관리직 등 서로 다른 직무에도 널리 이용 가능하다.

㉤ 직무평가의 기준이 구체적이기 때문에 직무 간의 비교가 용이하고 점수법보다 합리적이라는 장점이 있지만, 기준 직무의 선정과 평가요소별 임금배분에 정확성을 기하기 어렵고 시간과 비용이 많이 든다는 단점이 있다.

직무기준	평가요소 임금(천원)	정신적 노력	숙련	육체적 노력	책임	작업조건
A	1,016	(1) 452	(6) 156	(9) 60	(1) 300	(9) 48
B	1,012	(2) 380	(3) 184	(5) 132	(2) 240	(5) 76
C	984	(3) 360	(4) 180	(4) 156	(3) 204	(4) 84
D	768	(4) 340	(5) 176	(8) 72	(4) 120	(7) 60
E	764	(5) 232	(7) 84	(3) 240	(5) 74	(6) 64
F	744	(6) 200	(1) 276	(7) 96	(6) 60	(2) 112
G	672	(7) 180	(2) 260	(6) 108	(7) 72	(8) 52
H	652	(8) 160	(9) 64	(1) 284	(8) 36	(3) 108
I	604	(9) 120	(8) 72	(2) 264	(9) 24	(1) 124

평가요소 임금(천원)	정신적 노력	숙련	육체적 노력	책임	작업조건
480					
	A				
440					
	Ⓚ				
400					
	B				
360	C				
	D				
320			Ⓜ	A	
			H	Ⓜ	
280	Ⓙ	F	I		
		G	E	B	
240	E	Ⓚ		Ⓚ	Ⓙ
		Ⓙ			Ⓚ
			Ⓛ	C	
200	F	B, C, D			
			Ⓚ	Ⓙ	
	G	A			
160	H		C	E	Ⓛ
	Ⓜ		B		I
120	I	Ⓜ	G	D	F
			F	Ⓛ	H
100			D	G	C
		E	A	F	B
80	Ⓛ	I			
			Ⓙ		A, D, E, G
		H			
40					
				H	
0		Ⓛ		I	Ⓜ

(3) 직무평가의 유의점

① 기술적 측면의 한계

구성원과 경영자 간의 가치상 갈등과 관련해서 발생한다. 즉 경영자의 입장에서 직무평가요소를 기능과 책임 · 노력 및 작업조건으로 분류하는 데 반해, 구성원들은 감독의 유형 · 다른 구성원에 대한 적응도 · 작업에 대한 성실성 · 초과작업시간 · 인센티브 · 기준의 엄격성 등을 추가하고자 한다.

② 인간관계적 측면의 유의점

직무평가가 과학적이며 논쟁의 여지가 없다는 보장이 없기 때문에 임금결정과정에서 구성원들의 반발과 노동조합의 영향을 고려해야 한다.

③ 직무평가계획상의 유의점

이는 직무평가의 대상이 다수이거나 서로 상이할 때 발생하는 문제점으로, 모든 직무에 하나의 평가계획을 설정하느냐, 아니면 상이한 구성원 집단에 다수의 평가계획을 설정하느냐 하는 것이다. 예컨대, 생산에 관한 직무의 평가에 사용하는 요소와 척도가 영업이나 관리직의 평가에는 적당한 표준척도가 되지 못한다.

④ 직무평가위원회 조직

직무평가를 실시할 때 직무평가위원회 조직을 구성해야 하는데, 여기에 참가하는 경영자를 선정하는 과정에서 문제점이 있게 된다. 조직 내에서 광범위한 이해나 구성원의 동의를 얻기 위해서는 구성원에게 영향을 미치는 많은 수의 경영자들이 참가하는 것이 필요하다. 반면에 위원회가 너무 많은 수의 참가자로 구성될 때 경비가 많이 들 뿐만 아니라 오히려 비능률을 초래할 수 있다. 따라서 직무평가위원회를 구성할 때에는 이러한 양면을 동시에 고려하여야 한다.

⑤ 직무평가의 결과와 노동시장평가의 불일치

직무의 종류에 따라서는 노동시장의 특수한 상황과 결부되어 노동시장에서의 현행 임금과 직무평가에서 결정된 직무의 상대적 가치가 일치하지 않을 경우가 있다. 따라서 경영자는 임금결정과정에서 이와 같은 직무들에 대한 특별한 고려가 있어야 한다. 즉, 임금조사나 그 결과에 대한 임금체계의 조정이 직무평가 실시 후에도 뒤따라야 한다.

⑥ 평가빈도

급격한 환경변화에 창조적으로 적응하고자 하는 기업 내의 종업원들이 담당하는 직무의 성격은 환경과 더불어 변화할 뿐만 아니라, 새로운 성격의 직무도 생겨날 수 있다. 이러한 직무의 성격변화와 관련된 문제점으로서 직무를 평가하는 횟수, 즉 빈도(Frequency)를 적절히 정하는 것이 필요하며, 새로운 성격의 직무에 대한 문제점에는 직무평가 절차와 방법을 선정하는 것이 필요하다.

(4) 직무분류

구 분	직무분류(Job Classification)
의의	동일 또는 유사한 역할 또는 능력을 가진 직무의 집단, 즉 직무군(Job Family)으로 분류하는 것
특징	직무군은 하나 또는 둘 이상의 능력승진의 계열을 가지며 각각 간단히 대체될 수 없는 전문지식, 기능의 체계를 가지는 것
목적	직무분류를 통하여 동일한 기초능력이나 적성을 요하는 직무들을 하나의 무리로 묶어 이를 직종 또는 직군으로 함으로써 이들 직무 내에서 단계적으로 승진하도록 한다든가 이동하도록 하여 보다 쉽게 새로운 직무에 관한 학습이 가능하게 된다.
유용성	오늘날 기업은 채용한 사람들에게 하나의 직무만을 무기한으로 맡기는 것이 아니라, 여러 가지 유사한 직무를 맡길 수 있는 것이 기업에도 유리하고 개인에게도 좋은 경우가 많다. 따라서 선발 시에도 장기고용을 전제로 하는 경우에는 직무단위가 아니라 직군단위의 공통적인 기초능력이나 적성을 기준으로 평가하게 된다.

5. 인적자원의 확보활동

기업의 생산성은 우수한 인력의 확보로부터 시작된다. 우수한 인력의 확보를 위해서는 먼저 직무관리와 인적자원계획이 선행되어야만 한다.

1) 인적자원계획

(1) 인적자원계획의 의의

근본적으로 조직체에서 필요로 하는 인적자원을 적시에 확보하기 위한 인적자원관리 기능을 말한다. 이러한 인적자원계획을 기업현장에서는 흔히 인력계획(Manpower Planning), 인사계획(Personnel Planning)이라고도 한다.

(2) 인적자원계획의 과정

인적자원계획은 조직의 장기적 목표를 달성하기 위한 전략적 계획과 연결되어야 한다. 전략적 계획은 기업의 기본적인 장기적 목표의 결정, 행동과정의 선택, 목표의 달성에 필요한 제 자원의 할당과 밀접한 관련을 지니고 있기 때문에 인적자원계획 담당자는 기업의 전략적 경영계획의 범위와 그 내용을 명확히 알고 있어야 할 뿐 아니라, 인적자원과 관련된 기업환경의 변화양상에 대해서도 분석능력을 지니고 있어야 한다.

(3) 인적자원의 예측기법

① 인적자원의 수요예측

구 분	내용
거시적 방법	기업 전체 또는 어떤 직장단위의 인적자원 예측을 하는 것을 흔히 거시적 인적자원 예측이라고 하고, 그 성격상 하향적 인적자원계획이라고 함
미시적 방법	상향적인 방식으로 인적자원을 예측하는 미시적 방법은 직무 또는 작업 단위별로 계산된 인적자원을 합산하여 소요 인적자원을 집계하는 방식

㉠ 인적자원 수요예측 방법

ⓐ 판단적 방법

- 전문가 예측법 : 인적자원관리에 전문적인 식견을 가진 전문가가 자신의 경험이나 직관, 판단 등에 의존하여 조직이 필요로 하는 인적자원의 수요를 예측하는 방법으로 조직의 규모가 작고 조직의 전략적 목표달성에 관련된 변수들을 파악할 수 있는 경우에 일반적으로 활용
- 델파이 기법 : 집단토론을 거치지 않고 전문가의 의견을 개별적으로 종합하여 미래상황을 예측하는 방법

ⓑ 수리적 기법

- 생산성비율 : 한 해 동안 직접적인 노동인력이 생산한 제품의 평균수량으로 인력수요 예측
- 추세분석 : 과거 일정기간의 고용추세가 미래에도 계속될 것이라는 가정하에 인적자원에 대한 수요를 예측하는 것

ⓒ 회귀분석

일반적으로 조직의 고용수준(종속변수)과 관련이 있는 여러 독립변수, 예컨대 매출액, 생산량, 수익, 설비투자액 등과 같은 변수 사이의 상관관계 분석을 통한 수요예측

② 인적자원의 공급예측

인적자원의 수요예측과 함께 공급예측을 실시하여 순(純)부족 인적자원을 외부에서 고용하는 것을 원칙으로 하는 것이 현대 인적자원관리의 방법이다. 인적자원의 공급예측은 먼저 사내 인적자원의 현재 및 장래의 상태에 관한 예측을 해야 한다.

ⓐ 내부 공급 예측

㉠ 기능목록 : 종업원의 경험, 교육수준, 특별한 능력 등과 같은 직무 관련 정보를 분석 · 검토하여 요약한 자료

㉡ 대체도 : 승진도표라고도 하며, 인적자원의 결원 시 특정한 직급, 직무를 대체할 인력의 흐름도를 정리해 놓은 것으로 현원의 상태를 그 능력 등을 고

려하여 내부인력의 변화를 예측하고 대응하는 방법

ⓒ 마르코프 모형(Markov Model) : 시간이 경과함에 따라 한 직급에서 다른 직급으로 이동해 나가는 확률을 기술함으로써 인적자원계획에 사용되는 모델

ⓑ 외부 공급 예측

㉠ 외부노동시장의 총체적 분석 : 미래 일정시점에서 '국가의 경제활동인구 동향'에 대한 분석. 인구구조, 실업률, 교육수준, 사회 · 문화적 성취동기 수준 등 특정 해당 분야에 공급될 수 있는 인력에 대한 정보수집 필요

㉡ 외부노동시장의 구체적 분석 : 기업 내부에서 인력을 충원할 수 없는 경우, 신입사원 · 경력사원 · 비정규직사원 등의 형태로 확보. 외부노동시장을 구체적으로 확보하기 위해서는, 첫째, 산업별 취업자 동향 분석, 둘째, 직종별 동향 분석, 셋째, 특수한 개별분야 분석을 해야 한다.

2) 채용관리

기업의 목적달성을 위해 필요한 인력을 조직 내로 유인하여 적재적소에 배치하는 과정을 채용관리라고 한다. 따라서 채용관리는 '모집 → 선발 → 배치'의 과정을 말하는 것이다. 조직 내부로부터의 채용은 승진이나 재배치에 의해 수행되며, 조직 외부로부터의 채용은 모집과 선발에 의해 수행된다.

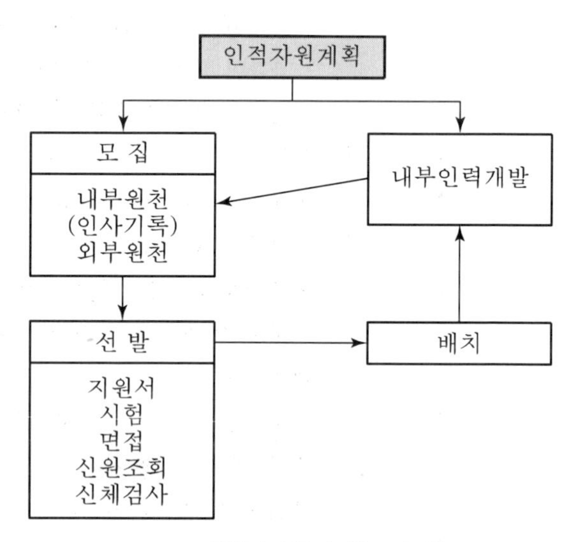

[인적자원의 확보과정]

(1) 모집

① 내부모집

㉠ 기업이 잠재력이 있고 필요한 지식과 능력을 가진 인력을 모집하여 인재를 육성하는 인재양성전략(Making Policy)으로 하위 직급의 인력에서부터 잠재력이 있고 우수한 인력을 조기에 확보하여 지속적인 이동과 승진 및 교육훈련 등을 통해 필요로 하는 인재를 양성하는 방법이다.

㉡ 조직구성원들의 높은 충성심과 팀워크를 기대할 수 있으나, 외부환경변화에 대한 유연성이 떨어지고, 기업의 인건비가 점차 가중되기도 한다.

② 외부모집

㉠ 기업이 필요한 인력을 외부로부터 모집하는 인재구매전략(Buying Policy)이다. 외부에서 양성된 인력 중 기업에 부합되는 인력을 적기에 모집하는 것으로, 전 직급에 걸쳐 현재 필요한 자질과 능력이 갖추어진 경력사원을 채용한다.

㉡ 인력관리를 신축적으로 운영할 수 있어서 시장 환경변화에 빠르게 대응할 수 있다는 장점이 있으나, 조직구성원들이 고용에 불안을 느끼며 충성도가 약해질 수 있다.

(2) 선발

① 시험

② 면접

구 분	내 용
정형적 면접	• 구조적 면접 또는 지시적 면접으로 불리며 직무명세서를 기초로 하여 미리 질문의 내용 목록을 준비해 두고 이에 따라 면접자가 차례로 질문해 나가며 이에 벗어나는 질문은 하지 않는 방법 • 이 방법은 훈련받지 않은 면접자가 활용하는 데 도움
비지시적 면접	• 피면접자에게 의사표시 자유를 주고 그 가운데서 응모자에 대한 폭넓은 정보를 얻는 방법 • 면접자의 고도의 질문기법과 훈련이 필요 • 이 방법은 대개 지시적 방법과 혼용
스트레스 면접	• 면접자가 아주 공격적 태도를 취하여 피면접자를 거의 무시하고 좌절하게 만듦으로써 피면접자의 스트레스 상태에서의 감정의 안정성과 좌절에 대한 인내도 등을 관찰하는 방법 • 선발되지 않는 응모자에게는 회사의 부정적인 이미지를 갖게 하기 쉽고 채용하려 해도 때로는 입사를 거부하는 사례가 나타나는 것이 문제점
패널면접	• 다수의 면접자가 하나의 피면접자를 평가하는 방법 • 면접 후 면접자들 간의 의견 교환으로 광범위한 조사가 가능하지만 매우 공식적이기 때문에 피면접자가 긴장감을 느끼게 되어 자연스러운 반응을 하지 않게 된다. • 다수의 면접자를 활용하므로 비용이 많이 들기 때문에 관리직이나 전문직 같은 고급 직종의 선발면접에만 주로 사용
집단면접	• 각 집단단위별로 특정 문제에 따라 자유토론을 할 수 있는 기회를 부여하고 토론과정에서 개별적으로 적격 여부를 심사 판정하는 기법 • 시간의 절약이 가능하고 다수인의 우열비교를 통해 리더십이 있는 인재를 발견할 수 있다는 장점이 있다.

구 분	내 용
평가센터법	• 평가자와 다수의 지원자가 특정 장소에 며칠간 합숙하면서 여러 종류의 선발도구를 동시에 적용하여 지원자를 평가하는 방법 • 선발도구는 면접, 집단토의, 특정 주제에 대한 발표, 각종 시험 등 • 지원자의 자질이나 지식, 능력을 파악하는 데 우수하며, 중간이상의 관리자, 경영자를 선발할 때 사용

Point

인력 모집과 선발에 관한 설명으로 옳지 않은 것은? ⑤

① 클로즈드 숍(closed shop)제도의 경우 신규종업원 모집은 노동조합을 통해서만 가능하다.
② 사내공모제는 승진기회를 제공함으로써 기존구성원에게 동기부여를 제공한다.
③ 외부모집을 통해 조직에 새로운 관점과 시각을 가진 인력을 선발할 수 있다.
④ 내부모집방식에서는 모집범위가 제한되고 승진을 위한 과다 경쟁이 생길 수 있다.
⑤ 집단면접은 다수의 면접자가 한 명의 응모자를 평가하는 방법이다.

③ 선발도구의 합리적 조건

선발시험이나 면접 등과 같은 선발도구를 가지고 선발하게 되지만 오류를 범할 수 있다. 이러한 오류를 범하지 않고 올바른 결정이 되기 위해서는 선발도구의 신뢰성과 타당성 및 선발비율이 고려되어야 한다.

구 분	내용
신뢰성 (Reliability)	동일한 사람이 동일한 환경에서 어떤 시험을 몇 번이고 다시 보았을 때 그 측정 결과가 서로 일치하는 정도를 뜻하는 것으로 일관성, 안정성, 정확성 등을 나타낸다. 선발결정의 근거자료가 신뢰하기 어렵다면 효과적인 선발도구로 사용될 수 없는 것이다.
타당성 (Validity)	**시험이 당초에 측정하려고 의도하였던 것을 얼마나 정확히 측정하고 있는 가를 밝히는 정도를 말한다. 즉, 시험에서 우수한 성적을 얻은 사람이 근무성적 또한 예상대로 우수할 때 그 시험은 타당성이 인정된다.**
선발비율	선발비율은 선발예정자 수를 총 지원자 수로 나눈 값으로 선발비율이 1.0(지원자가 전원 고용된 경우)에 가까이 접근해 갈수록 조직의 관점에서 볼 때에는 바람직하지 못하다고 할 수 있다. 역으로 선발비율이 0(지원자가 아무도 고용되지 않는 경우)에 가까이 접근해 갈수록(선발비율이 낮을수록) 조직의 입장에서는 선택할 여유가 있기 때문에 바람직하다고 볼 수 있다.

(3) 배치

① 적정배치란 어떤 직장 또는 직무에 어떠한 자질을 가진 종업원이 어떻게 배치되는 것이 가장 합리적인가를 결정하는 과정이다. 즉, 적재적소의 원칙을 실현하는 구체적인 과정이라 할 수 있으며 이러한 적정배치가 이루어지면 다음과 같은 이점을 찾아볼 수 있다.

㉠ 종업원 개개인의 인격을 존중한다.

㉡ 종업원의 성취욕구를 어느 정도 충족시켜준다.

㉢ 종업원으로 하여금 참여와 자발적 노력을 발휘하도록 한다.

㉣ 종업원들에게 능률을 높일 수 있는 활로를 열어준다.

㉤ 이직률과 결근율을 낮춘다.

㉥ 기업의 목표달성을 촉진시킨다.

② 배치(Placement)의 원칙

적재적소주의, 실력주의, 인재육성주의, 균형주의 등

6. 인적자원의 개발활동

인적자원의 개발활동은 종업원 개개인의 잠재능력을 개발할 수 있도록 하는 동시에 현재의 직무를 보다 원활히 수행할 수 있도록 조직차원에서 지원하는 활동으로 이해할 수 있다. 이를 위해서는 무엇보다 먼저 종업원이 현재 보유하고 있는 능력 및 개발할 수 있는 잠재능력이 어느 정도인가를 알아야 하며, 종업원이 어떤 경우에 일에서 보람을 느끼고 있는지도 파악해야 한다.

1) 교육훈련

(1) 교육훈련의 본질

교육훈련은 종업원들의 잠재적 능력을 최대한도로 발휘하게 하고, 자격요건이 갖추어진 모든 종업원들을 직장의 환경에 빨리 적응하게 하며 직무에 대한 보다 많은 지식이나 기술을 습득하게 하여 효과적인 직무활동을 수행할 수 있도록 해준다.

(2) 교육훈련의 체계와 형태

① 교육훈련의 체계와 형태

구분	체계 및 형태
주체	직장 내 교육(OJT) • 직장 내 훈련 : 직장의 상사 및 선배 등 타인에 의한 지도 • 교육 스태프에 의한 훈련 • 전문가, 외부강사에 의한 훈련

구분	체계 및 형태
주체	직장 외 교육(Off-JT) • 파견교육훈련 : 관공서, 본사에 의한 위탁, 대학, 해외파견 • 외부교육훈련기관 훈련 : 강좌, 세미나, 기타 자기개발교육(SD) • 자기개발 : 자기성장 욕구에 의한 자기훈련 • 지도를 수반한 능력개발 향상 : 평생교육, e-learning
대상	• 신입자교육 : 입직훈련(Orientation), 기초훈련, 실무훈련 • 현직자교육(계층교육) : 일반종업원훈련, 감독자훈련(TWI), 관리자 훈련(NMTP), 경영자훈련(AMP, Advanced Management Program)
내용	• 직능별 교육 : 생산부문, 마케팅부문, 인사부문, 재무부문, 전략부문 • 정신개발교육 : 자기개발훈련, 교양교육, 노사관계, 극기훈련 • 능력개발교육 : 어학연수, 컴퓨터교육, 자격취득훈련, 대인관계훈련
방법	• 강의실 : 직접강의, TV강의, 인터넷강의 • 토론식 : 회의식, 담화, 자유토론, 분반토의 • 시청각 : 영어, PPT, 컴퓨터, TV, 인터넷 기반 교육 • 참여식 : 역할연기, 감수성훈련, 비즈니스게임, 인바스켓훈련 등 • 사례연구 : 토론과 발표

② 교육훈련의 방법

피교육자의 직위 · 직종 · 직장교육과 직장 외 교육 · 사내교육과 사외교육 등에 따라서 달라진다. 주요한 교육훈련방법은 훈련대상자인 종업원, 즉 일반종업원, 감독경영층 · 중간경영층 · 최고경영층에 따라서 나눌 수 있고, 훈련에 사용되는 기법에 따라 강의식 교육 · 시청각 교육 · 사례연구법 · 회의식 교육 등이 있다.

구 분	내 용
시청각 응용교육	• 강의식 교육의 보조적 역할을 한다. • 보다 많은 흥미를 느끼게 한다. • 영화 · 슬라이드 · 텔레비전 · 태도 · 모형 · 사진 · 그래프 등을 이용한다.
사례연구법 (Case Study)	• 일상적인 사무에서 발생하는 실제문제를 중심으로 교재를 준비하여 이를 토의자료로 사용한다. • 사례연구법의 단계는 사례의 제시 해결을 위한 자료 · 정보의 수집, 해결책을 세우기 위한 연구와 준비, 집단토의를 통한 해결책의 발견과 검토 등으로 이루어진다. • 문제점을 파악하여 해결하는 능력을 배양시킨다. 즉, 경영에 있어서의 창조력과 분석력 및 통찰력을 발휘하도록 기회를 부여한다. • 이 사례연구법은 1871년 Harvard 대학교 법과대학 교수 C. C. Langdell에 의하여 창안되었다.

구 분	내 용
회의식 교육 (토의식 교육)	• 감독자가 직장관리에서의 여러 문제를 해결하고자 할 때와 특정의 교육과제가 있을 때 관계자들의 토의를 통해 의견을 들음으로써 소기의 목적을 달성하는 방식이다. 따라서 이것을 '토의식 교육'이라고도 한다. • 이 방식에서는 피교육자가 교육내용에 대한 지식과 경험이 있어야 한다. • 교육이 끝난 후에도 피교육자 상호 간의 신뢰관계가 계속되며, 관계자 상호 간의 이해를 깊게 하는 장점이 있다. • 산업 내 교육에서 그 사용의 전형을 찾을 수 있다. 그런데 위와 같은 여러 교육훈련 방법 중에서 두 가지 이상을 병용하는 것이 통례이다.

③ 훈련대상자별 분류

구 분	내 용	
신입사원 훈련	**입직훈련 (Orientation Training)**	**신입사원이 직장에 적응하기 위한 훈련. 조직 전체에 대한 개괄, 직무와 개별 종업원과의 관계, 조직의 일원으로 필요한 기본 정신과 자세 등 입문교육 실시**
일선종업원 훈련	**직장 내 교육훈련 (OJT ; On the Job Training)**	**직장에서 구체적인 직무를 수행하는 과정에서 직속상사가 부하에게 직접적으로 개별 지도하고 교육훈련을 시키는 방식이다. 이와 같이 OJT는 현장의 직속상사를 중심으로 하는 라인(Line) 담당자를 중심으로 해서 이루어진다.**
	직장 외 교육훈련 (Off - JT ; Off the Job Training)	**교육훈련을 담당하는 전문스태프의 책임하에 집단적으로 교육훈련을 실시하는 방식이다. 이 훈련은 기업 내의 특정한 교육훈련시설을 통해서 실시되는 경우도 있고, 기업 외의 전문적인 훈련기관에 위탁하여 수행되는 경우도 있다. 이 방법은 현장작업과 관계없이 계획적으로 훈련할 수 있다고 하는 장점을 가지고 있으나 훈련결과를 직무현장에서 곧 활용하기 어렵다고 하는 단점을 가지고 있다.**
감독경영층(하위경영층) 훈련	감독자의 직장 외 교육훈련 중 대표적인 것으로 TWI(Training Within Industry)를 들 수 있다. 이것은 주로 생산부문의 일선 감독자를 조직적으로 훈련시키기 위한 단기훈련방법으로서 작업지도, 작업개선, 부하직원 통솔 등의 세 개의 기능부문에 관한 것이 주된 교육내용이다.	

구 분	내 용
중간경영층 훈련	중간경영층을 위한 직장 외 교육훈련으로서 MTP(Management Training Program)를 들 수 있다. 이것은 TWI에서 다른 세 개 기능부문에 관한 교육내용 이외에 추가적으로 관리의 기본적 사고방식, 조직의 원칙, 조직검토 등의 보다 높은 수준의 직책을 수행하는 데 필요한 영역을 다룬다.
최고경영층 훈련	최고경영층에 관한 직장 외 교육훈련으로서는 ATP(Administrative Training Program)를 들 수 있다. ATP는 강의방식으로 진행되며 15명 내외의 인원으로 구성된 피교육자를 대상으로 실시한다. 교육내용은 최고경영자로서 갖추어야 될 자질을 함양하는 데 필요한 경영계획, 조직화, 조정 및 운영분야 등을 포함하고 있다.

2) 경력개발

(1) 경력개발의 본질

① 경력이란 한 개인이 일생 동안 직업에 관련된 일련의 활동, 행동, 태도, 가치관 및 열망을 경험하는 것을 말하며, 경력개발은 경력목표, 경력계획, 경력관리의 3요소로 구성되어 있다.

경력개발의 3요소	
경력목표	개인이 경력상 도달하고 싶어 하는 미래의 직위
경력계획	한 개인이 자신을 파악하고, 경력기회 및 제한을 알아 경력선택 및 결과를 경험하는 과정으로서 구체적인 경력목표를 달성하기 위해 경력에 관련된 목표설정, 경험하는 과정으로서 구체적인 경력목표를 달성하기 위해 경력에 관련된 목표설정, 직무 및 교육설계, 그리고 관련된 경력발전을 경험하는 것을 포함
경력관리	개인의 경력관리를 계획하고 실행하고 감시하는 지속적인 과정으로서, 개인 스스로 수행하거나 또는 조직 내 경력관리제도와 연결하여 수행함

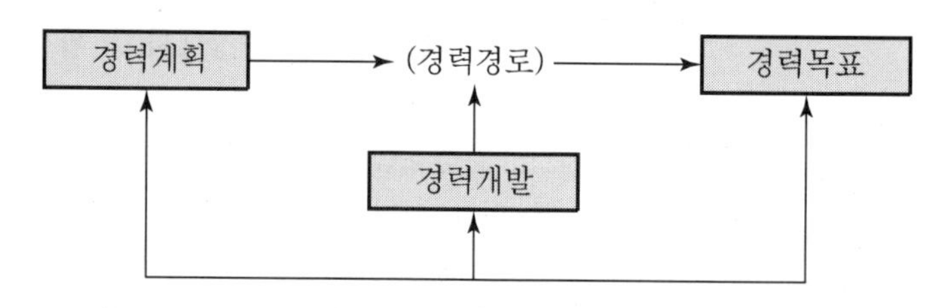

[경력개발계획(CDP)의 기본체계]

② 경력개발의 목적

기본적으로 개인의 능력을 최대한으로 개발시킴으로써 개인의 경력욕구를 충족시키는 것이고, 경력기회를 제공하는 조직 측에서는 적시에 조직의 적소에서 개인의 능력을 활용함으로써 조직의 유효성을 높이고자 하는 것이다.

플리포(E. B. Flippo)는 종업원의 경력을 개발해야 할 필요성은 경제적 · 사회적 환경으로부터 나온다고 하면서, 구체적으로 다음과 같은 세 가지 이유를 제시하였다.

㉠ 조직이 변화하는 환경 속에서 성장 · 발전하기 위해서는 조직 내의 인적자원을 지속적으로 개발해야 하기 때문이다. 조직 내에서 인적자원을 일정한 계획하에 개발하게 되면, 갑자기 인력이 필요할 때 외부에서 긴급하게 조달할 필요 없이 인력을 공급할 수 있다.

㉡ 종업원들의 경력개발에 대하여 조직이 관심을 기울여주지 않을 때 많은 종업원들은 그 직무를 그만두기 때문이다.

㉢ 직업이라는 것이 종업원들의 일생을 통하여 추구할 수 있는 유일한 가치로서의 위치를 잃어가고 있기 때문이다. 더욱이 오늘날 종업원들의 직업욕구는 개인의 성장욕구, 자기 가족의 기대, 그리고 사회의 윤리적 요구와 함께 효율적으로 통합되어야 한다.

(2) 경력개발의 원칙

경력개발의 원칙	
적재적소 배치의 원칙	종업원의 적성, 지식, 경험 및 기타 능력과 조직의 목표달성에 필요한 직무가 조화되도록 해야 한다. 이를 위해서는 직무의 자격요건과 종업원의 적성, 능력, 선호에 대한 정보를 충분히 파악하는 등의 직무분석 및 직무평가가 선행되어야 하며, 선발절차의 신뢰성과 타당성이 요구된다. 또한 인사정보시스템을 적극적으로 개발 · 적용하여야 할 것이다.
승진경로의 원칙	경력개발은 명확한 승진경로의 확립을 그 원칙으로 한다. 이 원칙은 기업의 모든 직위는 계층적인 승진경로가 형성되고 정의되며, 기술되고 평가되어야 한다는 입장이다.
후진양성의 원칙	경력개발은 기업 내부에서 후진양성의 확립을 원칙으로 하여 자체적으로 유능한 인재를 확보하는 것은 원칙으로 한다. 즉, 경력관리는 인재확보를 외부에서 스카우트하는 방법보다는 내부에서 자체적으로 양성하는 것을 원칙으로 삼는다. 또한 이는 종업원에게 성장의 동기부여를 하고 종업원을 기업에 밀착시키도록 함으로써 인재를 확보할 수 있고 경영초보자로 인한 기업의 손실을 방지할 수 있다.

경력개발의 원칙	
경력기회개발의 원칙	승진의 기회가 많지 않은 종업원들일지라도 그들은 경력개발기회를 갖기 원한다. 따라서 기업은 승진경로가 어떠한 부서에만 국한되지 않도록 기회를 확장시켜야 한다.

(3) 전환배치

① 전환배치는 종업원이 한 직무에서 다른 직무로 이동하는 것을 말한다. 개인에 따라 지금까지 수행하던 직무에서 다른 직무로 바꾸는 데에는 수평적 이동과 수직적 이동이 있다.

㉠ 수평적 이동은 새로 맡을 직무와 기존를 직무와 비교해 볼 때 권한, 책임, 그리고 보상 측면에서 별다른 변화가 없는 경우를 말하는데, 이를 전환배치라고 한다.

㉡ 수직적 이동 중 상향적 이동은 승진을 말하는데, 이는 배치된 직무가 기존의 직무에 비해 권한, 책임, 그리고 보상이 증가하는 경우를 말한다.

㉢ 하향적 이동은 강등이라고 하며 승진과 반대되는 개념이다.

② 경력개발의 실천활동으로서의 전환배치는 당연히 이미 설정된 경력 경로에 부합되어야 하며, 이를 위해 지켜야 하는 몇 가지 원칙이 있다.

㉠ 적재적소주의　　㉡ 능력주의

㉢ 인재육성주의　　㉣ 균형주의

③ 전환배치 유형

㉠ 순환근무 : 종업원들이 직무순환(Job Rotation)하면서 근무하는 형태

㉡ 전문역량배양근무 : 전문가 양성을 위한 근무형태

㉢ 교대근무 : 업무의 내용을 변화시키지 않고, 근무시간만 바뀌는 형태

㉣ 교정이동근무 : 종업원이 처음 배치된 직무에 대해 적성이 맞지 않을 때, 또는 작업집단 내에 인간관계가 원만치 않을 때 이동시키는 형태

(4) 승진관리

① 승진의 의의

승진은 이동의 한 형태로 종업원의 기업 내에서 보수 · 권한 · 책임이 함께 수반되는 직무서열 또는 자격서열의 상승을 의미하는 것으로, 종업원의 2대 관심사(신분과 보수)의 하나인 신분을 성취하는 것이다.

㉠ 승진은 조직에서 개인의 목표와 조직의 목표를 일치시켜주는 역할을 한다.

㉡ 승진은 종업원에 대한 가장 유효한 커뮤니케이션 수단이 된다.

㉢ 합리적인 승진기준과 승진제도는 조직의 인사적체현상을 해결할 수 있다.

② 승진의 정책

㉠ 연공주의, ㉡ 능력주의, ㉢ 절충주의

〈연공주의와 능력주의 비교〉

승진정책 / 비교내용	연공주의	능력주의
합리성 여부	비합리적 기준	합리적 기준
사회행동의 가치기준	전통적 기준, 정의적 기준	가치적 기준
승진기준	사람 중심(신분 중심)	직무 중심(직무능력 중심)
승진제도	연공승진제도	직계승진제도
승진요소	근무연수, 경력, 학력, 연령	직무수행능력, 업적(성과)
장·단점	• 집단중심의 연공질서의 형성 • 적용이 용이 • 승진관리의 안정성 • 객관적 기준	• 개인중심의 경쟁질서의 형성 • 적용이 어려움 • 승진관리의 불안정 • 능력평가의 객관성 확보가 어려움

③ 승진제도의 유형

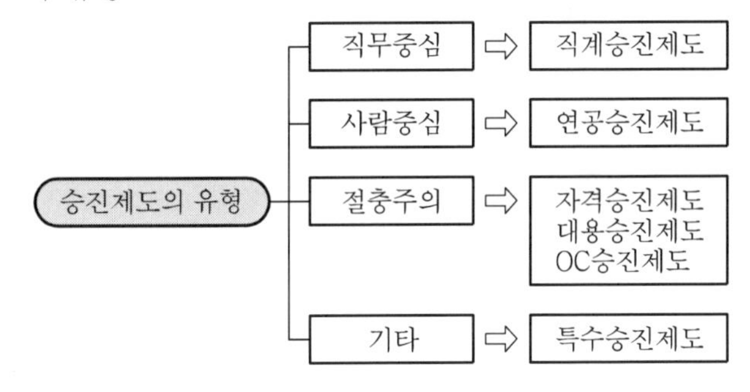

㉠ 직계승진제도 : 직무주의적 능력주의에 입각에 따른 승진

㉡ 연공승진제도 : 개인적인 연공과 신분에 따른 승진

㉢ 자격승진제도 : 일정한 자격 취득에 따른 승진

㉣ 대용승진제도 : 직무 중심의 체제에서 경직성을 제거하고 융통성 있는 인사를 확립하려는 데서 비롯된 것

㉤ OC(Organization Change, 조직변화) 승진제도 : 승진 대상은 많지만 승진의 기회가 주어지지 않으면 사기저하·이직 등으로 인하여 유능한 인재를 놓칠 가능성이 있는 경우 경영조직을 변화시켜 승진의 기회를 마련해 주는 승진제도

ⓑ 특수승진제도 : 특별한 인재의 우대나 고령인력의 퇴직과 같은 특별한 상황에 적용될 수 있는 제도

• 고속승진제도 : 특출한 역량이 검증된 핵심 인재들을 고속으로 승진시켜 동기를 부여하는 제도
• 하향이동제도 : 고령인력의 축적된 경험을 활용할 수 있도록 직급이나 임금을 삭감하면서 고용기간을 늘려 근무하게 하는 제도

④ 승진의 형태

㉠ 수직적 승진과 수평적 승진

승진의 형태는 '협의의 승진'과 '배치전환'으로 구분되며, 수직적 승진은 전자를, 수평적 승진은 후자를 의미

㉡ 실질적 승진과 형식적 승진

실질적 승진은 노동활동영역의 향상, 즉 담당 직무내용의 중요성이 증대되는 것을 의미하는 데 비해, 형식적 승진은 이와 관계없이 오로지 직위와 사회적 위신의 향상을 의미한다. 보통 승진은 양자가 동시에 이루어지게 되나, 대용승진의 경우는 후자만을 취하는 것

Point

연공주의의 장점을 모두 고른 것은? ①

ㄱ. 이직과 노동이동이 감소한다.
ㄴ. 직무수행의 성과와 직무난이도가 잘 반영된다.
ㄷ. 근로자들의 생활이 안정된다.
ㄹ. 고급인력의 확보와 유지가 용이하다.
ㅁ. 임금계산이 객관적이고 용이하다.

① ㄱ, ㄷ, ㅁ
② ㄱ, ㄷ, ㄹ
③ ㄴ, ㄷ, ㅁ
④ ㄱ, ㄴ, ㄹ, ㅁ
⑤ ㄴ, ㄷ, ㄹ, ㅁ

3) 인사고과

(1) 인사고과의 의의와 목적

① 인사고과의 의의

인사고과란 첫째, 종업원의 태도, 성격, 적성 등을 판정하며, 둘째, 종업원의 직무수행상의 업적(성과)을 측정하고, 셋째, 종업원의 능력(현재능력과 잠재능력)을

파악하는 제도라고 정의할 수 있다. 즉, 인사고과는 태도고과, 업적평가, 능력고과로 구성되어 있다고 볼 수 있다. 이러한 인사고과는 구체적으로 다음과 같은 성격을 지니고 있다.

㉠ 인사고과는 기업 내의 사람을 대상으로 한다.
㉡ 인사고과는 사람과 직무의 비교를 원칙으로 한다.
㉢ 인사고과는 상대적 평가이다.
㉣ 인사고과는 조직체에서 조직의 구성원인 사람을 평가하는 방법을 제도화한 것이다.

② 인사고과의 목적

㉠ 공정평가　　㉡ 적정배치
㉢ 능력개발　　㉣ 공정처우
㉤ 근로의욕 증진

(2) **인사고과의 기법**

인사고과의 기법		내용
전통적 고과기법	**서열법 (Ranking Method)**	• **피고과자의 능력과 업적에 대하여 서열 또는 순위를 매기는 방법. 성적순위법, 순위비교법이라고도 한다. 종합적으로 순위를 매기는 방법과 각 요소마다 성적을 매겨 이를 종합하는 방법이 있다.** • 피고과자들을 서로 비교하여 그 순위를 정하면서 그들을 평가하는 방법으로 단순서열법, 교대서열법 등이 있다. – 단순서열법(simple or straight ranking method) : 포괄적 성과수준을 기준으로 피고과자들의 순위를 정하는 방법 – 교대서열법(alternation ranking method) : 가장 우수한 사람을 뽑고 이어 가장 열등한 사람을 뽑고 나머지 사람들 중에서 우열한 사람을 교대로 뽑아 나가는 방법 • **장점 : 간단하여 실시가 용이하고 비용이 적게 들며 관대화 경향이나 중심화 경향 등의 규칙적 오류를 예방할 수 있다.** • **단점 : 동일한 직무에 대해서만 적용이 가능하고 부서 간의 상호 비교가 불가능하다는 점, 피고과자의 수가 많으면 서열결정이 어렵다는 점 등이다.**
	쌍대비교법 (Paired Comparison Method)	• 모든 피고과자를 교대로 두 사람씩 쌍을 지어 기준점수로 서로를 비교한 후 쌍대비교에서 우열판정을 받은 수를 기준으로 하여 고과자들의 서열을 정하는 방법. 직원들의 수가 많을 때 서열을 정하기 편리한 방법이다.

<table>
<tr><td rowspan="4">전통적 고과기법</td><td>강제할당법 (Forced Distribution Method)</td><td>• 사전에 정해 놓은 비율에 따라 피고과자를 강제로 할당하여 고과하는 방법으로 피고과자의 수가 많을 때 서열법의 대안으로 주로 사용. 이 평가방법은 피고과자의 수가 많으면 평가결과가 정규분포를 이룰 수 있다는 가정에 근거
• 장점 : 관대화 경향이나 중심화 경향 같은 규칙적 오류 방지 가능
• 단점 : 정규분포를 가정하고 있으므로 피고과자의 수가 적을 때에는 타당성이 결여된다. 실제로 피고과자들의 능력과 업적 등이 정규분포곡선과 일치하지 않을 수 있다.</td></tr>
<tr><td>평정척도법 (Rating Scales Method)</td><td>• 피고과자의 능력과 업적을 각 평가요소별로 연속척도 또는 비연속척도에 의하여 평가하는 방법. 단계식 평정척도법과 도식 평정척도법이 있다.
－단계식 평정척도법 : 고과요소의 척도를 몇 등급으로 구분하여 평가하는 방법
－도식 평정척도법 : 각 평가요소에 강약도의 등급을 매긴 연속적인 수치(등급)를 도식화하고, 해당하는 곳에 체크함으로써 평가하는 방법. 사무 · 관리직에서는 직무지식, 판단력, 지도력 등이 큰 비중을 차지. 생산직에서는 직무의 양, 직무의 질 등이 큰 비중을 차지
• 장점 : 피고과자를 전체적으로 평가하지 않고 각 평가요소를 분석적 · 계량적으로 평가하므로 평가의 타당성이 높아진다.
• 단점 : 각 평가요소에 인위적으로 점수를 부여하므로 관대화 경향이나 중심화 경향 등의 규칙적 오류가 나타날 수 있고, 헤일로 효과 같은 심리적 오류도 발생할 수 있으며 평가요소의 선정에 주관이 개입될 수 있다.</td></tr>
<tr><td>대조법, 체크리스트법 (Check－list Method)</td><td>• 직무상의 표준행동을 구체적으로 표현한 문장을 리스트로 만들어 평가자가 해당사항을 체크하여 피고과자를 평가하는 방법
• 여기에는 체크만 하는 프로브스트(Probst)식과 체크를 한 후에 그 이유를 기록하는 오드웨이(Ordway)식이 있다.
• 장점 : 고과요인이 실제 직무와 밀접하여 판단하기가 쉽고 평가결과의 신뢰성과 타당성이 높다.
• 단점 : 직무를 전반적으로 포함한 표준행동의 선정이 어렵다.</td></tr>
<tr><td>기타</td><td>• 등급할당법 : 몇 개의 범주에 평가대상 인물을 할당하는 방법
• 표준인물 비교법 : 판단의 기준이 되는 구성원을 설정하고 그를 기준으로 다른 구성원을 평가하는 표준인물 비교법</td></tr>
</table>

전통적 고과기법	기타	• 성과기준 고과법 : 각 구성원의 직무수행 결과가 사전에 정해놓은 성과기준에 도달하였는가의 여부에 의해서 평가하는 방법 • 기록법 : 구성원의 근무성적을 정해 놓고 기록하는 방법 • 직무보고법 : 피고과자가 자기의 직무상의 업적을 구체적으로 보고해서 평가를 받는 방법 • 강제선택법 : 종업원들의 직무기술서 항목 내용을 평가, 종업원들을 가장 적절히 표현하는 척도에 강제적으로 체크하고 각 항목의 척도를 합산하여 평가결과 도출, 관대화 오류 감소 • 자유기술법 : 피평가자의 인상, 직무행동, 직무성과 등을 자유롭게 기술하는 방법. 가장 단순한 방법 • 도표척도법 : 항목별 평가된 점수를 선으로 이으면, 피평가자의 특성을 시각적으로 파악할 수 있다. 정기적으로 측정하여 시간이 흐름에 따라 특성변화를 알 수 있다.
현대적 고과 기법	중요사건서술법 (CIAM)	• 피고과자의 효과적이고 성공적인 업적뿐만 아니라 비효과적이고 실패한 업적까지 구체적인 행위와 예를 기록하였다가 이 기록을 토대로 평가하는 방법 • 장점 : 구성원에게 피드백이 가능하므로 개발목적에 유용하고 객관적인 증거에 기초를 두고 평가하므로 타당성이 높아진다. • 단점 : 고과자의 지나친 간섭이나 관찰이 행해지면 업무수행에 지장을 초래할 수 있고 어떤 사건을 기록해야 하는가의 판단에 문제가 있다.
	인적평정센터법 (HACM)	• 중간관리층을 최고 경영층으로 승진시키기 위한 목적 • 평가를 전문적으로 하는 평가센터를 만들고 여기에서 다양한 자료를 활용하여 고과하는 방법 • 피고과자의 재능을 나타내는 데 동등한 기회를 가질 수 있고 개인이 미래에 얼마나 성과 있게 잘 행동할 것인가를 예측하는 데 유용하다.
	목표에 의한 관리 (MBO, Management By Objective)	• 목표설정과 결과에 대한 평가에 종업원이 참여하여 평가하는 기법 • 각 업무담당자가 첫째, 상급자로부터 각종 정보를 제공받아 자신의 목표를 측정가능 목표로 설정하고, 둘째, 상위자가 협의하여 조직목표와 비교 · 수정하여 목표를 확정하며, 셋째, 업무를 수행하여 기말에 업무수행과정과 결과를 목표와 비교 · 평가하고, 넷째, 상황적 요인을 검토하고 문제점 및 개선점을 공동으로 검토하여 다음 기의 목표를 설정하는 4단계로 설명할 수 있다.

현대적 고과 기법	목표에 의한 관리 (MBO, Management By Objective)	• **장점 : 자신에게 기대되는 것이 무엇이고, 어떻게 평가를 받는지, 목표의 기준을 정확히 알 수 있어, 동기부여, 자기계발 유도** • **단점 : 종업원의 신뢰가 없는 경영환경에서는 효과적인 평가방법이 되지 않는다. 일방적인 의사결정과 외부환경에 대한 지나친 의존은 실패하기 쉽고, 목표관리과정을 유지하고 실행하는 데 많은 시간이 필요**
	균형성과 평가제도 (BSC, Balanced Score Card)	• 로버트 카플란과 데이비드 노턴이 제안한 조직의 성과 평가 방식. 일반적으로 조직의 성과는 재무적인 성과, 매출액, 순수익 등으로 평가하는데, 이는 과거의 정보이며, 사후적 결과만을 강조하기 때문에 미래 경쟁력의 지표로 활용되기 힘들며 고객과의 관련성이 없고, 단기적 성과에 불과하다. • 조직의 장 · 단기성과를 종합적으로 평가하는 BSC는 핵심적인 성능 지표(KPI)를 네 가지 측면(재무, 고객, 내부 프로세스, 학습과 성장)으로 균형 있게 평가하는 성과측정기록표이다. • BSC평가는 조직의 성과측정, 정보시스템의 품질을 평가하는 모델로 인사평가시스템 구축 시 부서평가나 팀 평가 시에도 많이 적용한다. • **전략 모니터링 또는 전략 실행을 관리하기 위한 도구로** 활용하는 경우에는 성과평가 결과를 보상에 연계시키지 않는 것이 바람직하다는 견해가 있다.
	행위기준고과법 (BARS, Behaviorally Anchored Rating Scale)	• **구성원이 실제로 수행하는 구체적인 행위에 근거하여 구성원을 평가함으로써 신뢰도와 평가의 타당성을 높인 고과방법으로 평정척도법의 결점을 시정하기 위한 시도에서 개발되었다.** • **BARS는 직무 중심으로 작성된 것이기 때문에 평가될 모든 성과의 차원은 관찰 가능한 행위 위에 기초하고 있고, 평가될 직무에 적합한 것이어야 한다.** • **구체적인 직무수행에 있어 구성원들에게 행위의 지침을 마련해 주므로 개발목적에 유용하다.**
	인적자원회계 (HRA)	• **인적자원을 기업의 자산으로 파악하여 평가하는 방법** • **인적자원을 대차대조표와 손익계산서에 나타내는 과정에서 고과하는 것이다.**
	생산성평가 시스템	생산성을 객관적으로 평가하여 종업원 생산성 향상을 목적으로 함. 생산성에 대한 개인적 정보 피드백 강조
	기타	• 자기고과법 • 토의식 고과법(현장토의법, 면접법, 위원회 지명법) 등

Point

목표에 의한 관리(MBO)의 주요 특성이 아닌 것은? ⑤
① 상사와 부하 간의 협의를 통한 목표설정
② 목표달성 기간의 명시
③ 목표의 구체성
④ 실적에 대한 피드백
⑤ 다면평가

① 인사고과 평가 분류
㉠ 상대평가 : 서열법, 쌍대비교법, 강제할당법, 표준인물법
㉡ 절대평가 : 평정척도법, 체크리스트법, 강제선택법, 자유기술법, 중요사건서술법, 행위기준고과법
㉢ 결과평가 : 목표에 의한 관리(MBO), 생산성평가시스템

reference

1. 균형성과 평가제도(BSC) 특징
(1) 지표 간의 균형
① 재무적 지표와 비재무적 지표의 균형 : BSC는 재무성과지표에 과도하게 의존하는 결점을 미래 성과동인들 간의 균형을 통해 극복하기 위해 고안되었다.
② 조직 내부요소와 외부요소 간의 균형 : BSC에 있어서 주주와 고객은 외부요소를 대표하며, 직원과 내부 프로세스는 내부요소를 대표한다. BSC는 전략을 효과적으로 실행할 수 있도록 이러한 구성요소들 간의 상충하는 요구에 균형을 이루게 한다.
③ 선행지표와 후행지표 간의 균형 : 후행지표들은 과거 성과를 나타낸다. 고객만족, 매출 등이 전형적인 예이다. 이러한 지표들은 객관적이고 쉽게 접근할 수 있지만 미래를 예측하는 능력이 결여되어 있다. 선행지표들은 이러한 후행지표들을 달성할 수 있게 해주는 성과동인이다. 예를 들어 적시배송은 고객만족이라는 후행지표의 선행지표가 된다. 이러한 자료들은 미래에 대해서 예견할 수 있으나 그 연관성이 주관적이며 자료수집이 어려울 수 있다. 선행지표가 없는 후행지표는 목표가 어떻게 달성될 수 있는지 알려줄 수 없다. 반대로 후행지표가 없는 선행지표들은 단기적 관점의 개선을 이룰 수는 있지만 이러한 개선이 고객과 주주가치를 어떻게 향상시키는지 보여줄 수 없다.

(2) 전략과의 연계

조직의 전략으로부터 도출되어, 조직의 비전 및 전략을 이행하기 위한 목표를 기반으로 한다. 잘 설계된 BSC는 조직의 전략에 대해 잘 설명해 줄 뿐만 아니라 명확하고 객관적인 성과지표를 통해 막연하고 불분명한 비전과 전략을 구체화시키는 역할을 한다. 예를 들어 '월등한 서비스'라는 추상적인 비전과 전략을 가진 기업에서 '월등한 서비스'가 95%의 적시배송을 의미하는 것으로 정의내림으로써 직원들 간에 '월등한 서비스'라는 개념에 대하여 의문을 갖거나 논쟁하는 대신에 적시배송이라는 명쾌한 목표에 초점을 맞출 수 있다. 전략을 해석하는 BSC의 틀을 통해 조직은 직원들을 명확한 방향으로 행동하게 이끌 수 있다.

(3) 전략에 대한 의사소통

BCS를 통해 전략에 대한 조직구성원 간의 의사소통이 원활해지고 공통의 목표를 지향하게 한다. 단순히 기업의 전략을 이해하는 것만으로도 직원들은 조직이 어느 곳을 향해 가고 있으며 그 과정에서 그들이 어떻게 기여할 수 있는지를 알게 됨으로써 조직의 숨겨진 역량을 파악할 수 있다.

2. BSC의 구성요소

BSC는 비전과 전략, 관점, 핵심성공요인, 핵심성과지표, 인과관계, 목표, 피드백으로 구성된다.

(1) 비전 : 기업이 추구하는 장기적인 목표와 바람직한 미래상으로 전략의 방향을 설정하고, 구성원들에게는 동기를 부여한다. 기업의 장기적인 존재이유와 기업의 목적, 사업영역 및 경쟁우위 창출의 측면에서 명확하게 표현한다.

(2) 전략 : 전략의 핵심은 고객지향성과 경쟁우위의 창출에 있으며 한정된 자원을 어떻게 효율적으로 활용하여 기업의 가치를 증대시킬 것인지에 대한 의사결정이 필요하다.

(3) 관점 : 기업의 가치 창출 근원에 대한 시각을 제시하는 것으로 재무적 관점에서는 다른 관점들의 결과로 인해 재무적인 성과가 나타나게 된다는 인과적 해석을 한다. 고객관점에서는 기업 가치 창출의 가장 큰 원천으로 기업에게 수익을 가져다 줄 수 있는 고객을 파악해내고, 이들을 위한 고객지향적 프로세스를 만든다. 내부 비즈니스 프로세스 관점은 성과를 극대화하기 위하여 기업의 핵심 프로세스 및 핵심 역량을 규명하는 과정을 말하며, 학습과 성장 관점은 가장 미래 지향적인 관점으로 회사의 장기적인 잠재력에 대한 투자가 기업 성장에 얼마나 영향을 미칠 수 있는지를 파악하고 다른 3가지의 관점의 성과를 이끌어내는 원동력이다.

(4) 핵심성공요인 : 기업이 속한 산업 내에서 지속적으로 생존하고 번영하기 위해 가장 중요한 요소들 또는 기업 혹은 단위사업 영역의 존재 목적을 달성하고 목표시장에서 만족할 만한 성과를 거둘 수 있도록 하는 요소 및 요구조건들을 의미하며, 고객들이 원하는 것을 제공해야 하며 경쟁자들보다 우위를 가져야 한다.
(5) 핵심성과지표 : 핵심성과지표는 기업의 전략적 의미가 담겨 있는 것으로 성과에 대한 책임을 분명히 하고 미래 예측을 가능하게 하는 정보를 제공한다.
(6) 인과관계 : 조직구성원들에게 어떻게 조직의 비전과 전략이 그들의 일상 업무에 연계되는지를 이해시키는 것을 말한다.
(7) 목표 : 평가의 기준이 되는 잣대를 말한다.
(8) 피드백 : 성과를 검토하여 성과에 대한 보상을 하고 새로운 전략을 수립하거나 경영목표를 변경하는 일련의 과정을 말한다.

〈BSC의 주요 용어〉

용어	내용
미션 (Mission)	기관의 존재이유, 우리가 왜 존재하는지에 대한 정의
비전 (Vision)	미션을 위한 가치와 의미를 포함하고 있는 장·단기적인 목표
관점 (Perspective)	전략이 분해되는 요소를 말함. 각 관점은 특정 이해관계자에 의해 요구되는 전략목표들의 조합이며, 모든 관점이 합해지면 하나의 전략을 이루고, 전략과 관련된 스토리를 말해 준다. 일반적으로 재무, 고객, 내부 프로세스, 학습과 성장 관점으로 구성되지만, 전략적 필요에 따라 다른 관점이 추가 혹은 대체되기도 함
전략목표 (Strategic objective)	전략을 달성하고자 하는 것, 전략의 성공적 이행을 위해 중요한 것 등의 구체적인 요소를 명시한 간략한 문장. 전략목표의 전략이 실현되기 위한 방향을 제시함. 전략목표는 조직의 전체적인 전략이라는 구조물을 구성하는 벽돌의 역할을 함
전략맵 (Strategy Map)	조직의 전략 및 전략을 실행하는 데 필요한 프로세스와 시스템에 대한 시각적 표현, 전략맵은 조직구성원들의 일이 조직의 전체적인 전략목표와 어떻게 연관되는지를 보여줌
목표치 (Target)	목표치는 각 성과지표에 대한 정량화된 목표임. 각 목표치의 합은 조직의 전체적인 목표치가 됨. 목표치는 조직이 성과를 높이기 위한 기회를 제공하고, 전략적 목표에 대한 진척도를 모니터링하게 하며, 조직의 성패 예측에 대한 의사소통을 할 수 있게 함

용어	내용
가중치 (Weighting)	조직의 전략목표 및 전반적 성과달성에 대한 상대적 중요도. 상위요소에 대한 하위요소의 상대적 중요도
기준선 (Green zone)	목표치 초과 달성 여부를 판단하는 기준
하한선 (Red zone)	목표치 대비 부진 여부를 판단하는 기준
이니셔티브 (Initiative)	조직의 성과달성을 위한 활동프로그램. 전략적 성과가 달성되기 위해 집중해야 하는 활동. 조직에서 진행 중인 모든 이니셔티브들은 BSC상의 전략의 정렬되어야 함. 하나의 전략목표에는 반드시 하나 이상의 이니셔티브가 할당되어야 함
캐스케이딩 (Cascading)	BSC의 효과를 극대화하려면 전 조직에 걸쳐 조직의 전략이 공유되고 정렬되어야 함. 캐스케이딩은 전 조직에 걸쳐 조직의 BSC를 전개하는 과정임. 전사적인 전략목표를 하부조직의 전략목표, 성과지표로 정렬하는 절차

Point

카플란(R. Kaplan)과 노튼(D. Norton)이 주창한 BSC(Balance Score Card)에 관한 설명으로 옳은 것은? ⑤

① 균형성과표로 생산, 영업, 설계, 관리부문의 균형적 성장을 추구하기 위한 목적으로 활용된다.

② 객관적인 성과 측정이 중요하므로 정성적 지표는 사용하지 않는다.

③ 핵심성과지표(KPI)는 비재무적 요소를 배제하여 책임소재의 인과관계가 명확한 평가가 이루어지도록 한다.

④ 기업문화와 비전에 입각하여 BSC를 설정하므로 최고경영자가 교체되어도 지속적으로 유지된다.

⑤ BSC의 실행을 위해서는 관리자들이 조직에서 어느 개인, 어느 부서가 어떤 지표의 달성에 책임을 지는지 확인하여야 한다.

Point

BSC(Balanced Score Card)에 관한 설명으로 옳지 않은 것은? ④

① 내부 프로세스 관점과 학습 및 성장 관점도 평가의 주요 관점이다.

② 재무적 관점 이외에 고객관점도 평가의 주요 관점이다.

③ 로버트 카플란(R. Kaplan)과 노튼(D. Norton)이 제안한 성과 평가 방식이다.

④ 균형잡힌 성과 측정을 위한 것으로 대개 재무와 비재무지표, 결과와 과정, 내부와 외부, 노와 사 간의 균형을 추구한 도구이다.
⑤ 전략 모니터링 또는 전략 실행을 관리하기 위한 도구로 활용하는 경우에는 성과평가 결과를 보상에 연계시키지 않는 것이 바람직하다는 결해견해가 있다.

(3) 인사고과의 오류

인사고과에서 발생하는 오류를 완전히 제거한다는 것은 거의 불가능하므로 어느 정도의 오류를 인정하고 그러한 오류를 최소화할 수 있는 방법을 모색해야 한다.
인사고과에서 흔히 나타나기 쉬운 오류로는 다음과 같은 심리적 경향을 들 수 있다.

① **헤일로 효과(Halo Effect) / 후광오류**
㉠ 어느 한 분야에서의 어떤 사람에 대한 호의적인 또는 비호의적인 인상이 그 사람에 대한 다른 분야의 평가에 영향을 주는 경향을 말한다.
㉡ 헤일로 효과는 첫째, 지각된 특성(Trait)을 충성심 · 협동심 · 친절함 · 학습의욕 등으로 제시하여 그 행동적 표현이 불분명하거나 애매모호한 경우, 둘째, 지각자가 별로 많이 접해 보지 못한 특성일 경우, 셋째, 특성에 도덕적 의미가 포함되어 있는 경우에 많이 나타난다.
㉢ 헤일로 효과를 줄이기 위해서는 평가항목을 줄이거나 여러 평가자가 동시에 평가하도록 해야 한다.

② **상동적 태도(Stereotyping)**
㉠ 헤일로 효과와 유사하지만 헤일로 효과가 어떤 한 가지 특성에 근거한 데 반해 상동적 태도는 한 가지 범주에 따라 판단하는 오류이다. 즉, 상동적 태도는 그들이 속한 집단의 특성에 근거하여 다른 사람을 판단하는 경향을 말한다.
㉡ 예컨대, '한국인은 매우 부지런하고, 미국인은 개인주의적이며, 흑인은 운동소질이 있고, 이탈리아인은 정열적'이라고 판단하는 것 등이다.

③ **항상오차(Constant Errors)**
고과평정자가 실제로 평정을 할 경우에 일어나기 쉬운 가치판단상의 심리적 오차이다. 가장 많이 나타나는 것으로는 관대화 경향과 중심화 경향 등을 들 수 있다.
㉠ 관대화 경향(Leniency Tendency) : 인사고과를 할 때 실제의 능력과 성과보다 높게 평가하려는 것으로서 평가결과의 집단분포가 점수가 높은 쪽으로 치우치는 경향을 뜻한다. 첫째, 우수한 사람이 많아 서열을 매기기 곤란하거나, 둘째, 고과평정자가 남달리 부하를 아끼는 경우, 셋째, 나쁜 점수를 주면 상사의 통솔력이 부족하다는 오해를 받을 것을 염려하는 경우에 발생할 수 있다.
㉡ 중심화 경향(Centralization Tendency) : 인사고과를 할 때 대부분 '중간' 또는

'보통'으로 평가하여 평균치에 집중하는 경향을 뜻한다.

㉢ 가혹화 경향(Harsh Tendency) : 관대화 경향에 대비되는 것으로 고과평정자가 평가점수를 전체적으로 평균보다 낮게 평가하는 경향을 말한다.

㉣ 항상오차의 해결 : 항상오차를 피하기 위해 정규분포를 기준으로 피평가자의 평가 등급 또는 점수를 일정 비율로 강제 할당하는 방법을 사용할 수 있다.

④ **논리오차(Logic Errors)**

각각의 고과요소 간에 논리적인 상관관계가 있다면 그 양자 안에 있는 요소 중에서 어느 하나가 특출할 경우에 다른 요소도 그러하다고 속단하는 경향을 뜻한다. 예를 들어 키가 190cm인 사람은 몸무게가 70kg 이상 나갈 것이라고 확신하는 경우가 이에 해당한다.

⑤ **대비오차(Contrast Errors)**

인사고과에 있어서 고과평정자가 깔끔한 성격인 경우에는 피평정자가 약간만 허술해도 매우 허술하게 생각하는 경향을 말한다. 즉, 고과평정자인 자신과 비교해서 대체로 정반대의 경향으로 평가하는 경향을 의미한다.

⑥ **귀인(Attribution)상의 오류**

어떤 사람이 어떤 잘못된 행동을 했을 때 그 행동의 원인을 찾아보고 그것이 의도적이었다면 그에 대해 심한 감정을 가질 수도 있고 그것이 의도적이 아니었다면 덜 비판적이거나 온정적으로 판단하려는 경향을 말한다.

7. 임금관리

1) 임금과 임금관리

(1) 임금(Wage)의 의의

① 임금은 근로자에게 있어서 경제적인 면에서는 생계를 유지하는 수입의 원천이다.

② 사회적으로는 근로자의 사회적 신분을 구성하는 동시에 부장 · 과장 · 계장 등의 직위와 같이 기업을 통한 조직상의 지위와 관계가 깊다. 즉, 그것은 사회적 위신을 표시하는 것이다.

③ 기업의 측면에서 볼 때 임금은 제품원가를 구성하는 비용으로서, 노무비에 속한다. 노무비를 줄이면 원가의 절감을 가져오므로 임금정책이 중요시된다.

(2) 임금관리의 목적

임금관리는 기업과 종업원 간에 상반되는 이해관계를 조정하여 상호 이익이 되는 방향으로 임금제도를 형성함으로써 노사관계의 안정을 도모하고 이를 바탕으로 노사협력에 의한 기업의 생산성 증진과 근로자들의 생활향상을 달성하는 데 그 목적이 있다.

2) 임금관리의 내용

(1) 임금관리의 방향

임금관리는 기업과 종업원 양자의 요구를 절충시키면서 기업과 종업원에게 가장 큰 만족을 줄 수 있는 방향으로 진행되어야 한다.

(2) 임금관리의 원리

이러한 임금관리의 내용과 목적은 취급하는 의도에 따라 달라지겠지만, 그 기본적인 사고로서 적정성과 공정성 · 합리성을 들 수 있으며, 이에 따라 임금관리의 체계도 임금수준, 임금체계, 임금형태의 순으로 나누어 파악할 수 있다.

(3) 임금관리의 내용

① 임금수준의 관리 : 종업원들에게 제공하는 임금의 크기와 관련된 것으로 가장 기본적이면서도 적정한 임금수준은 종업원의 생계비 수준, 기업의 지불능력, 사회 일반의 임금수준을 충분히 고려하면서 관리되어야 한다.

② **임금체계의 관리 : 임금수준의 관리가 기업 전체의 입장에서는 임금을 총액, 즉 평균의 개념으로 이해하지만, 각 개인에게 이 총액을 배분하여 개인 간의 임금격차를 가장 공정하게 설정함으로써 종업원들이 이를 이해하고 만족하며 동기유발이 되도록 하는 데 그 내용의 중점이 있다. 임금체계를 결정하는 기본적 요인으로는 필요기준, 담당 직무기준, 능력기준, 성과기준 등을 들 수 있는데, 이는 임금체계의 유형인 연공급, 직능급, 직무급 체계와 관련된다.**

③ 임금형태의 관리 : 임금의 계산 및 지불방법에 관한 것으로서, 종업원의 작업의욕 향상과 직접적으로 관련되고 있어서 그 적용에 합리성이 요구된다. 임금형태로는 시간급, 성과급 이외에 이러한 구분에 해당되지 않는 특수임금제의 형태로, 주로 집단자극임금제, 순응임금제, 이윤분배제, 성과분배제도를 들 수 있다.

3) 임금수준의 관리

(1) 임금수준의 의의

보통 임금수준의 논의는 기업 전체의 임금수준, 즉 일정한 기간 동안에 특정 기업 내의 모든 종업원에게 지급되는 평균임금으로 이해하는 것이 타당하다. 임금수준은 기업의 인건비로서 제품원가와 관련이 있고, 근로자의 생계비와 관련이 있다.

(2) 임금수준 결정의 3요소

생계비, 기업의 지불능력 및 사회 일반의 임금 수준 등의 3가지와 행정적 요인을 그 환경요인으로 고려해 볼 수 있다.

(3) 임금수준결정의 3전략

① 고임금전략(선도전략－Leading Policy) : 경쟁기업의 일반적인 임금수준보다 높게 정하여 선도적인 위치를 차지하려는 전략으로서, 높은 수익률을 가진 제품을 생산하는 자본집약적 산업에 채택되고 있다.

② 시장임금전략(동행전략－Match Policy) : 임금수준이 경쟁기업과 비슷한 수준의 임금을 지불하는 전략이다. 낮은 수익률을 가지고 경쟁시장에서 분화되지 않는 제품을 생산하는 기업에 사용되는 전략이다. 가장 많이 쓰이는 전략으로, 주로 노동집약적 산업에 사용되고 있다.

③ 저임금전략(추종전략－Lag Policy) : 임금수준을 경쟁기업보다 낮게 지불하는 전략으로, 인건비를 줄이기 위해 사용되고 있다.

(4) 최저임금제도

최저임금제도는 근로자에게 지급되는 임금의 최저액을 정하는 제도이다.

① 순기능

㉠ 저소득층 근로자들에게 사람다운 생활을 할 수 있는 임금수준의 보장

㉡ 임금을 삭감하기보다 기업의 합리적인 운영 유도

㉢ 저소득층 근로자의 구매력을 높여주게 되어 경기회복에 도움

② 역기능

㉠ 고용을 억제하여 실업 유발

㉡ 제품가격 상승

㉢ 국가 노동비용의 상승으로 기업을 다른 나라로 이전하도록 만듦
(기업공동화 현상)

(5) 임금수준의 조정

임금수준의 조정이란 상향조정, 즉 임금인상을 말하는 것으로 이해해도 좋을 만큼 대부분의 기업에서 행해진다. 그리고 조정의 방법에 따라 세 가지를 생각해 볼 수 있는데, 첫째는 승급이고, 둘째는 전반적인 베이스 업(Base Up), 그리고 셋째는 위의 양자를 병행하는 방법이다.

① 승급과 승격

승급이란 광의의 개념으로 이해할 때에는 급내승급과 승격승급으로 구분된다. 그러나 일반적으로 급내승급은 승급으로, 승격승급은 승격 또는 승진으로 부른다.

㉠ 승급은 급내승급이라는 표현대로 동일직급 내에서의 임금수준의 변화이므로, 종업원이 담당하고 있는 직무와 직능의 질은 변하지 않되, 같은 정도의 일 속에서 기능이나 능력이 향상되어가기 때문에 발생하는 것이다. 따라서 임금수준의 상승폭은 그리 크지 않다.

㉡ 승격은 직무나 직능의 질이 향상된 것을 이유로 해서 행해지는 것을 뜻한다. 승격은 본래 근로활동영역, 즉 담당하는 작업내용의 향상과 직위의 사회적 위치의 상승을 수반하는 것으로 이해된다. 그런데 이러한 승격은 동시에 급여수준의 향상을 수반하는 것으로서 일반적으로 승급과는 달리 매년 실시되는 것은 아니며 흔히 승진과 관련되어 실시된다.

② 승급과 베이스 업

㉠ 승급이란 기업 내에서 미리 정해진 임금기준선에 따라 연령, 근속연수, 또는 능력의 신장, 직무의 가치증대 등에 의하여 기본급이 증액되어 나가는 것을 뜻한다.

㉡ 반면 베이스 업은 연령, 근속연수, 직무수행능력이라는 관점에서 동일조건에 있는 자에 대한 임금의 증액을 뜻한다.

㉢ 승급이 일정한 임금곡선상에서의 상향이동인데 비해 베이스 업은 임금곡선 자체를 전체적으로 상향이동시키는 것이 된다.

기업에서 종업원에 대한 임금수준의 결정요인이 아닌 것은? ③

① 종업원의 생계비
② 기업의 지불능력
③ 개인 간 임금형태
④ 동종기업의 임금수준
⑤ 노동조합의 단체교섭력

4) 임금체계

(1) 임금체계(Wage Structure)의 의의

임금체계란 일반적으로 임금의 구성내용을 의미한다.

① 넓은 의미 : 한 개인이 받는 임금을 포괄적으로 해석하여 전체의 구성 내용이 어떻게 되어 있는가를 이해하는 것이다.

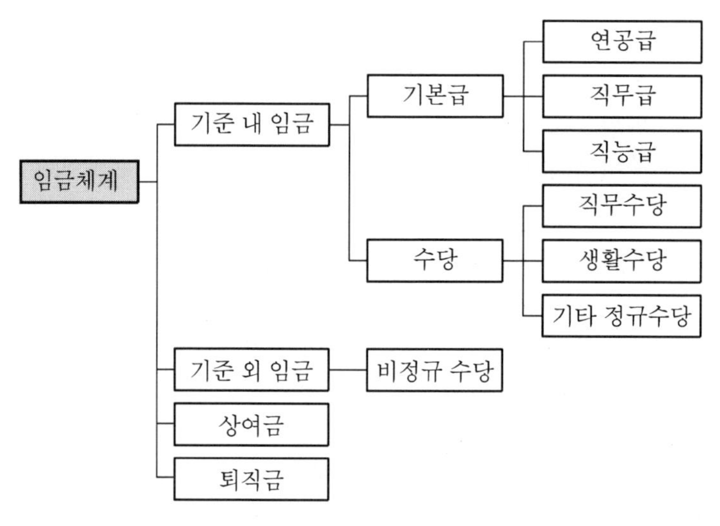

[임금체계의 단순한 예]

② 좁은 의미 : 주로 표준적인 근무에 대한 임금으로서 임금의 기본적인 부분을 구성하는 기준 내 임금, 즉 기본급 부분이 어떠한 원리로 지급되는가에 초점을 맞춘 것이다. 이는 연공급, 직무급, 직능급이 그 내용이 된다.

(2) 임금체계의 결정요인

① 임금체계의 의의

임금체계란 개별임금을 결정하는 기준을 말하며, 좀 더 구체적으로 말하면 사내의 개별 임금 간의 격차를 결정하는 기준에 관한 것이다.

② 임금체계결정의 원칙

임금체계의 결정에는 기본적으로 고려해야 될 두 가지 원칙이 있다. 이는 생계보장의 원칙과 노동대응의 원칙이다.

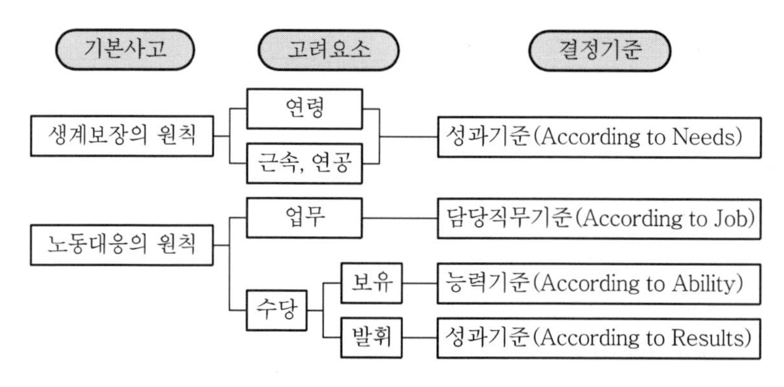

[임금체계의 결정요인]

(3) 임금체계의 종류

① **연공급**(Seniority-based pay)

연공급이란 임금이 근속을 중심으로 변화하는 것으로 기본적으로는 생활급적 사고원리에 따른 임금체계라고 할 수 있다. 장기간의 훈련이 필요한 직종에서 연공에 따라 임금이 승급되고, 따라서 임금격차가 연공에 의하여 정해지는 과정을 거치는 것이 '연공=능력=업적' 등의 논리와 어느 기간까지는 일치되는 면이 있다.

㉠ 연공급의 장점

- 연공서열형 임금체계로, 근로자의 수명주기에 부합되어 높은 애사의식을 갖게 함
- 근로자의 근로생활 안정에 기여
- 인력관리가 쉬우며, 적용이 간편함

㉡ 연공급의 단점

- 복지부동, 무사안일의 근무자세로, 조직의 비능률을 초래할 수 있음
- 종업원 능력에 의한 임금 지급이 아니므로 조직구성원들의 불만 존재 가능성
- 기업의 전문 기술 인력 확보 어려움
- 기업의 인건비 부담 가중

② **직능급**(Competency-based pay)

㉠ 직능급 체계는 직무수행능력에 따라 임금의 사내격차를 만드는 체계이며, 능력급 체계의 대표적인 것이다. 이는 직능을 어떻게 결정하고 이에 따라 임금의 차이를 어떻게 내느냐에 따라 여러 가지 형식이 있다. 가장 전형적인 것은 직무분석을 실시하여 직무평가에 따라 직무수행능력을 계층별로 정의한 후 사원 개개인을 이와 같이 결정된 각 직무 등급에 배분하는 방법이다.

㉡ 이 방법에 의하면 직무급 제도에서 평가요인을 능력요인에 한정하는 경우에 해당된다. 직능급은 개개인의 직무배치에 따라 임금의 차이가 나는 것이 아니라, 그의 능력이 어떤 수준으로 평가되느냐에 따라 임금이 결정된다는 점에서 직무급과 다른 것이다.

㉢ 직능급의 장점

- 자기개발을 통한 전문역량의 향상으로, 경영성과 증진에 이바지
- 근로의욕의 향상
- 유능한 인재의 이직 방지

㉣ 직능급의 단점

- 형식적인 자격기준에만 집중하여, 실질적으로 실무에 필요한 능력개발을 소홀히 할 가능성 존재

- 직무성격이나 사회적 제약 등으로 직능급이 적절하지 않은 직종 존재 (의사, 간호사, 조리사, 운전기사, 디자이너 등)

③ **직무급(Job-based pay)**

㉠ 직무급 체계란 직무의 중요성과 곤란도 등에 따라서 각 직무의 상대적 가치를 평가하고, 그 결과에 의거 임금액을 결정하는 체계이다.

㉡ 직무급은 기업 내의 각자가 담당하는 직무의 상대적 가치(질과 양의 양면)를 기초로 하여 지급되는 임금이므로 먼저 직무의 가치서열이 확립되어야 하고, 이 가치서열의 확립을 위하여 직무평가가 이루어져야 한다.

㉢ **이는 동일한 직무에 대하여는 동일한 임금을 지급한다는 원칙에 입각한 것**으로서, 적정한 임금수준의 책정과 더불어 각 직무 간에 공정한 임금격차를 유지할 수 있는 기반이 된다.

㉣ 직무급의 장점
- 직무에 상응하는 임금지급이므로, 인적자원관리의 합리화에 기여
- 인건비의 효율성 증대
- 능력위주의 인사풍토 조성

㉤ 직무급의 단점
- 직무가치에 대한 객관적인 평가기준 설정의 어려움
- 종신고용을 어렵게 하고, 인사관리의 융통성을 발휘할 수 없도록 함

기업 내 직무들 간의 상대적 가치를 기준으로 임금을 결정하는 유형은? ②

① 연공급　　② 직무급
③ 역량위주의 임금　　④ 스킬위주의 임금
⑤ 개인별 인센티브

5) 임금형태의 관리

(1) 임금형태(Method Of Wage Payment)의 의의

기업의 임금정책에 있어서 임금형태는 임금수준의 결정, 임금체계의 구성과 더불어 매우 중요한 대상이 된다. 임금형태는 특히 종업원의 작업의욕 향상과 직접적으로 관련된다. 여기서 임금형태는 임금의 계산 및 종업원에게 지급하는 방식에 관한 것이다. 임금형태 중에서 가장 중심이 되는 것은 시간급제와 성과급제이고 이와 함께 다양한 형태의 특수임금제가 있다.

(2) 시간급(고정급)제

시간급제(Time Payment, Time-rate Plan)는 수행한 작업의 양과 질에는 관계없이 단순히 근로시간을 기준으로 하여 임금을 산정·지불하는 방식이다. 예컨대, 일급, 주급, 월급, 연봉 등이 그것이다. **시간급제에는 단순시간급제, 복률시간급제, 계측일급제 등이 있다.**

① 시간급제의 장점과 단점

㉠ 장점 : 시간급제는 근로자의 입장에서 보면 일정액의 임금이 확정적으로 보장되어 있다는 것이 장점이다. 또 기업의 견지에서는 근로 일수나 근로시간 수가 산출되면 임금계산에 관한 업무는 간단히 처리될 수 있으므로 임금산정의 간편과 공정을 기할 수 있고, 제품의 생산에 시간적 제약을 받지 않으므로 품질의 조악을 방지할 수 있다는 장점이 있다.

㉡ 단점 : 작업수행의 양과 질에 관계없이 임금이 지불되므로 근로자를 자극할 수 없어 작업능률이 오르지 않는다는 것과 단위시간당의 임금계산이 용이하지 않다는 등의 단점이 있다.

② 시간급제가 유용한 경우

시간급제는 실제로 다음과 같은 경우에 성과급제를 대신하여 사용되고 있다.

㉠ 생산단위가 명확하지 않거나 측정될 수 없는 경우

㉡ 작업자가 생산량을 통제할 수 없을 경우, 즉 작업자의 노력과 생산량과의 관계가 없으며 기계에 의해 작업속도가 결정될 경우

㉢ 작업지연이 빈번하고 작업자가 그것을 통제할 수 없을 경우

㉣ 작업의 질이 특히 중요할 경우

㉤ 감독이 철저하고 감독자가 공정한 과업의 양을 잘 알고 있는 경우

㉥ 생산단위당 원가 중 노무비의 통제가 필요하지 않은 경우

(3) 성과급(변동급)제

성과급제(Output Payment, Piece-rate Plan)는 노동성과를 측정하여 측정된 성과에 따라 임금을 산정·지급하는 제도이다. 따라서 이 제도에서 임금은 성과와 비례한다. 왜냐하면 작업수행에 소요된 작업시간은 고려하지 않고 작업성과 수량만 계산하여 이에 일정한 임률을 적용하여 임률계산을 하기 때문이다. 이 제도에서는 임금수령액은 각자의 성과에 따라 증감한다. 이와 같은 성과급제를 일명 자극급제라고도 한다.

① 성과급제의 장점과 단점

㉠ 장점 : 성과급제에 있어서는 작업성과와 임금이 정비례하므로 근로자에게 합리성과 공평감을 준다. 작업능률을 크게 자극할 수 있어 생산성 제고·원가절감·근로자의 소득증대에 효과가 있다. 직접노무비가 일정하므로 시간급제보다 원가계산이 용이하다.

㉡ 단점 : 표준단가의 결정과 정확한 작업량의 측정이 어렵다. 임금액을 올리고자 무리하게 노동한 결과 심신의 과로를 가져오기 쉽고 조직적 태업을 유발할 가능성이 있다. 임금액이 확정적이지 못하여 근로자의 수입이 불안정하고 미숙련자에게는 불리하고 작업량에만 치중하므로 제품품질이 조악하게 되며 기계설비의 소모가 심하다는 단점 등이 있다.

② 성과급제가 유용한 경우

실제로 성과급제의 임금형태를 채택하는 경우에는 그 생산과정이나 대상작업이 여기에 합당한 제반조건을 갖추고 있어야 한다. 즉, 다음과 같은 경우가 전제되어야 한다.

㉠ 생산단위의 측정이 가능할 경우

㉡ 작업자의 노력과 생산량의 관계가 명확할 경우

㉢ 직무가 표준화되어 있고 작업의 흐름이 정규적일 경우

㉣ 생산의 질이 생산량보다 덜 중요하거나 그 질이 일정할 경우

㉤ 각 작업자에 대한 감독을 철저히 할 수 있는 경우

㉥ 경쟁적이어서 사전에 단위생산비 중 노무비가 결정되어 있는 경우

6) 특수임금제도

특수임금제도란 시간급제와 성과급제의 어느 것에도 속하지 않는 임금지급 방법을 통칭하는 것으로서, 집단자극제, 순응임률제, 이익분배제, 집단성과급제 및 임금피크제 등이 있다.

(1) 집단자극제(집단자극임금제)

집단자극제(Group Incentive Plan) 또는 집단자극임금제는 근로자 개개인을 중심으로 임금을 책정하여 지급하는 개인임금제도에 대립되는 것으로서, 일정한 근로자 집단별로 임금을 산정하여 지급하는 방식이다.

① 집단자극제의 장점과 단점

장 점	단 점
• 집단의 구성원은 기술적으로 매우 곤란한 작업에 배치되는 경우라도 개인임금제에서와 같이 전적으로 손해를 보지 않는다. • 작업배치에 있어 작업의 난이도에 따른 불만을 감소시킨다. • 집단의 구성원은 각자의 소득이 그가 소속되어 있는 집단의 성과에 달려 있으므로 신입구성원의 훈련에 적극적이며 작업의 요령이나 노하우를 집단 내 다른 구성원에게 감추려 하지 않는다. • 집단 내의 팀워크와 협동심이 육성된다.	• 개개인의 노력과 성과가 직접적인 관계에 놓여 있지 않다. • 임금지급기준의 설정이 정확한 시간연구에 의하지 않고 과거의 실적에 의거했을 경우, 향상된 성과가 관리방식의 개선에 의한 것인지 또는 작업자의 향상된 기술이나 노력에 의한 것인지 구별이 어렵다.

② 집단자극제가 유용한 경우

집단자극제는 특히 동종·동일한 제품을 대량 생산하는 유동작업의 경우 근로자 상호 간의 긴밀한 연결을 필요로 하며, 전체적인 조화를 이루어 팀워크가 잘 유지되어야 하므로 작업 전체와 공장 전체의 능률을 올리기 위하여 집단자극임금제도가 효과적이다.

(2) 순응임률제(Sliding Scale Wage Plan)

순응임률제는 임률을 설정할 때 특정한 대상기준을 정해 놓고 그 기준이 변할 때에는 거기에 순응하여 임금률도 자동적으로 변동·조정되도록 하는 제도이다.

① 순응임률제의 종류

순응임률제는 임금률을 설정할 때의 대상기준이 무엇이냐에 따라 다음과 같이 세 가지로 나누어진다.

종 류	내 용
생계비 순응임률제	물가가 상승할 때에는 일정한 임금만으로 생활을 유지할 수 없다. 그러므로 생계비에 순응하여 임금률을 자동적으로 변동·조절하자는 제도
판매가격 순응임률제	• 제품가격과 임금률을 관련시켜 제품의 판매가격 변동에 따라 임금률도 변동되도록 하는 제도 • 기업이 생산하는 제품의 판매가격을 표준으로 하여 판매가격이 일정액 이하인 경우는 기준율 또는 최저율을 지급하고 일정액 이상으로 오른 때에는 그 상승률에 따라 임금률을 높이는 것
이익순응임률제	이윤과 임금을 결부시키는 것으로서, 산업의 이익지수가 변동한 때에는 거기에 순응하여 임금률을 변동·조정시키는 제도

(3) 이익분배제(Profit－sharing Plan)

이익분배제는 기본적인 보상 이외에 각 영업기마다 결산이익의 일부를 종업원에게 부가적으로 지급하는 제도를 말한다. 그 목적은 노동관계의 개선, 작업능률의 증진, 근로자의 생활안정 등에 있다.

① 성과급제와의 차이

이익분배제는 종업원의 능률을 자극하는 효과적인 제도라고 할 수 있지만 임금형태에 있어서는 성과급제와는 구별되어야 한다. 성과급제는 개인의 작업능률과 직결된 임금계산방법인 데 반하여, 이익분배제도는 기업의 이익과 관련되어 사전적으로 그 실시가 공표된 종업원의 이익배당참여제도라는 점에서 차이가 있다.

② 이익분배제의 효과

㉠ 기업과 종업원의 협동정신을 함양·강화하여 노사관계의 개선에 도움된다.

㉡ 종업원은 자기의 이익배당액을 증가시키려고 작업에 열중하게 되고 따라서 능률증진을 기할 수 있다.

㉢ 종업원의 이익배당 참여권과 분배율을 근속연수와 관련시킴으로써 종업원의 장기근속을 장려하게 된다.

(4) 집단성과급제(성과분배제도)

집단성과급제(Wage Payment By Group Output) 또는 성과분배제도는 집단의 성과와 관련하여 기업에 이익의 증가나 비용의 감소가 있을 경우 근로자에게 정상임금 이외의 부가적 급여를 제공하는 제도이다. 집단성과급제의 대표적인 것으로는 스캔론 플랜과 럭커 플랜 등이 있다.

① **스캔론 플랜(Scanlon Plan)**

스캔론 플랜은 1940년대 초에 스캔론이 종업원의 참여의식을 높이기 위해 고안한 성과분배제도의 하나이다. 이 제도는 매상고, 즉 생산물의 판매가치를 기준으로 한 상여결정방식과 위원회를 통한 집단적 제안제도를 중심으로 한 경영참가가 가장 핵심적인 내용이다.

② **럭커 플랜(Rucker Plan)**

럭커(A.W. Rucker)가 주장한 성과분배방식이다. 럭커플랜이 스캔론 플랜과 다른 것은 성과분배의 기초를 스캔론 플랜은 생산의 판매가치에 둔 데 비해, 럭커 플랜은 생산가치, 즉 부가가치를 그 기초로 하고 있다는 점이다.

③ 스캔론 플랜과 럭커 플랜의 유사점

㉠ 성과분배방식으로서 비용 절감 인센티브 제도

㉡ 노무비용의 절감에 초점

㉢ 과거 성과에 기초한 표준성과와 현재 성과의 비교방식

㉣ 종업원이 의사결정과정에 참여함으로써 참여의식 고취

④ 기타 집단성과급제

㉠ 임프로셰어 플랜(Improshare Plan) : 단위당 소요되는 표준작업시간과 실제작업시간을 비교하여 절약된 작업시간에 대한 생산성 이득을 노사가 각각 50 : 50의 비율로 배분하는 임금제도

㉡ 윈셰어링 플랜(Win Sharing Plan) : 이익분배제와 성과배분제를 결합한 방식으로 이익 외에도 품질, 생산성, 고객 가치 등의 집단목표를 설정하고 목표가 달성되면 보너스를 지급하는 제도이다.

㉢ 링컨 플랜(Lincoln Plan) : 기업이 얻은 성과를 종업원에게 분배하는 이윤분배제도와 성과급제를 결합한 형태로 1934년 미국의 링컨전기회사에서 처음 도입하였다. 노동자의 협력을 증진시키고 생산성의 향상을 목적으로 한다.

㉣ 프렌치 시스템(French System) : 작업집단 전체의 능률향상을 목표로 하여 근로자들의 노력에 대해 자극을 부여하는 방식이다. 스캔론 플랜과 럭커플랜은 임금절감에 관심이 있지만, 프렌치 시스템은 모든 비용의 절감에 관심이 있다.

㉤ 카이저 플랜(Kaiser Plan) : 종업원의 노력에 의해 이루어진 비용절감액을 종업원에게 분배하는 방식으로, 카이저철강회사가 도입한 제도이다.

Point

단위당 소요되는 표준작업시간과 실제작업시간을 비교하여 절약된 작업시간에 대한 생산성 이득을 노사가 각각 50:50의 비율로 배분하는 임금제도는? ②

① 스캔론 플랜 ② 임프로셰어 플랜
③ 럭커 플랜 ④ 메리크식 복률성과급
⑤ 테일러식 차별성과급

(5) 임금피크(Salary Peak)제도

임금피크제도란 일감 나누기, 즉 워크 셰어링(Work Sharing)의 한 형태이다. 일정 연령에 이른 근로자의 임금을 삭감하는 대신 정년까지 고용을 보장하는 제도를 말한다. 즉, 근로자의 계속 고용을 위해 노사 간의 합의를 통해 일정 연령을 기준으로 임금을 조정하여 하락시키는 대신 소정의 기간 동안 고용을 보장하는 제도이다.

① 임금피크제가 도입된 배경

㉠ 세계화로 기업 간 · 국가 간의 경쟁이 심화되고 있다.

㉡ 급속한 고령화로 인해 기업의 인건비 부담이 증가하고 있다.

㉢ 일자리가 늘지 않는 성장, 저성장시대에 돌입하고 있다.

㉣ 경직된 임금체계가 근로자의 고용불안요인으로 작용하고 있다.

㉤ 전반적인 임금수준의 상승으로 단기적인 임금인상보다는 고용연장을 선호하는 현상이 나타나고 있다.

㉥ 고용근로자의 계속적 경제활동방안 마련이 시급한 과제가 되고 있다.

② 임금피크제도 도입의 전제조건

임금피크제도의 도입을 위해서는 명확한 목표설정, 경영정보 공개와 공감대 형성 등 사전준비가 필요하다. 임금피크제도의 설계를 위해서는 다음과 같은 사항들에 대한 결정이 필요하다.

㉠ 적용대상 근로자의 범위설정

㉡ 임금조정기준연령(임금피크연령)의 설정

㉢ 임금조정방법의 결정

㉣ 직무조정방법의 결정
㉤ 고용보장기간의 설정
㉥ 단체협약 또는 취업규칙의 변경
㉦ 퇴직금 중간정산 여부의 결정

(6) 연봉제(年俸制)

복잡한 임금의 구성항목을 연봉이라는 항목으로 통합하고, 임금을 1년 단위로 계산하여 지급하는 임금형태의 한 종류. 개개인의 임금수준이 연공서열이 아닌 구성원의 실제 업무성과와 능력에 따라 차별적으로 결정되고 개인별로 계약의 형식을 통해 매년 개별적으로 조정되어 지급되는 임금체계

8. 복지후생관리

1) 복지후생의 의의와 성격

(1) 복지후생의 의의

기업에서 복지후생이란 종업원의 생활수준 향상을 위하여 시행하는 임금 이외의 간접적인 모든 급부를 말한다.

(2) 복지후생의 성격

복지후생의 성격을 보다 명확히 파악하기 위해서는 임금과 비교해 보는 것이 바람직하다.

복지후생	임 금
원칙적으로 노동의 질 · 양 · 능률과 무관	노동의 질 · 양 · 능률에 따라 다름
집단적 보상	개별적 보상
필요성에 입각하여 지급	당위성에 입각하여 지급
필요성과 구체적 내용에 따라 용도가 한정	지출용도가 종업원의 의사
현물 · 서비스 · 시설물의 이용 등 다양한 형태	현금 지급
종업원의 생활수준을 안정화시키는 기능	종업원의 생활수준을 상승시키는 기능

2) 복지후생의 유형

(1) 제공 주체에 의한 분류

좁은 의미의 복지후생은 기업이 주체가 되는 경우만 가리키며 국가나 지방공공단체가 행하는 사회보장, 노동조합이 행하는 것은 노동복지라고 분류하기도 한다.

(2) 임의성에 의한 분류

구 분	내 용
법정 복지후생	사회보험 등 종업원을 고용하는 경우, 기업에 대하여 법률로 의무화시키고 있는 복지후생으로서의 국민건강보험, 연금보험, 재해보험, 고용보험 등
법정 외 복지후생	기업의 임의에 의해 독자적인 입장에서 제공하는 사택, 급식, 의료보건, 공제, 오락시설 등

(3) 성격과 내용에 따른 분류

종업원의 복지후생시설을 구체적인 성격과 내용에 따라 경영관계시설, 경영관계제도, 경제관계제도의 세 가지로 구분할 수도 있다.

3) 복지후생의 효율적 관리

(1) 복지후생관리의 3원칙

① 적정성의 원칙
② 합리성의 원칙
③ 협력성의 원칙

(2) 복지후생의 3가지 전략

① 복지후생 선행전략(Pacesetter Benefits Strategy)
종업원이 원하는 새로운 복지후생 프로그램을 선도적으로 제공하는 전략
② 복지후생 동행전략(Comparable Benefits Strategy)
해당기업과 유사한 업종의 경쟁기업에서 실시하는 수준의 복지후생 프로그램을 제공하는 전략
③ 복지후생 최소전략(Minimum Benefits Strategy)
법정 복지후생을 먼저 실시하고, 재정이 허용될 경우 종업원이 가장 선호하거나 비용이 적게 드는 복지후생 프로그램을 제공하는 전략

(3) 복지후생의 설계원칙

① 종업원의 욕구를 충족시키도록 설계하여야 한다.
② 종업원의 참여에 의하여 설계하여야 한다.
③ 원칙적으로 대상범위가 넓은 제도를 우선적으로 채택한다.
④ 현재와 미래의 복지후생비를 지불할 수 있는 능력이 평가되어야 한다. 지불능력을 벗어난 과도한 복지후생비의 부담은 바람직하지 않다.

(4) 복지후생관리상의 유의점

① 효과적인 커뮤니케이션 필요
② 창출적 효과 강구
③ 종업원 참여의 조직 운영
④ 복지후생비용의 파악

(5) 법정 복지후생제도

국민연금보험(1988년), 건강보험(1977년), 고용보험(1995년), 산재보험(1964년)의 실시로 4대 사회보험체제 구축

① 국민연금

㉠ 노령연금 : 가입자가 노령으로 인하여 소득이 없을 경우 생계를 지원해주는 연금

㉡ 장해연금 : 가입자가 질병이나 부상으로 인하여 장해가 발생할 경우에 장해 정도에 따라 지급되는 연금

㉢ 유족연금 : 가입기간이 1년 이상인 가입자나 노령연금 수급권자가 사망하였을 때 유족이 받는 연금

㉣ 반환일시금 : 가입기간이 연금수급 자격에 미치지 못할 경우에 일정액의 이자를 가산하여 지급하는 금액

② 건강보험

㉠ 직장건강보험 : 상시근로자가 1인 이상인 사업장에 종사하는 피보험자(근로자) 및 그의 피부양자로 구성되며, 사용자 본인이 원하는 경우에 구성된다. 다만, 1개월 미만의 일용근로자나 3개월 이내의 기간근로자 등 비정규직 근로자 대부분은 직장건강보험 의무적용대상자에서 제외

③ 고용보험

1인 이상의 근로자를 고용하는 모든 사업 또는 사업자를 대상으로 한다. 단, 건설업은 자본금 2천만원 이상 기업에 적용

④ 산재보험(산업재해보상보험)

근로자의 업무상 재해 및 질병에 대해서 치료 및 보상급여를 제공하는 제도로서, 사회보장제도 중 가장 오래된 역사를 가지고 있다. 요양급여 · 휴업급여 · 장해급여 · 유족급여 등이 있다.

복리후생에 관한 설명으로 옳지 않은 것은? ④

① 의무와 자율, 관리복잡성 등의 특성이 있다.

② 구성원의 직무만족 및 기업공동체의식 제고를 위해서 임금 이외에 추가적으로 제공하는 보상이다.

③ 경제적 · 사회적 · 정치적 · 윤리적 이유가 있다.
④ 통근차량 지원, 식당 및 탁아소 운영, 체육시설 운영 등의 법정복리후생이 있다.
⑤ 합리성, 적정성, 협력성, 공개성 등의 관리 원칙이 있다.

9. 인간관계관리

1) 인간관계관리의 의의

(1) 인간관계(Human Relation)의 의의

인간관계란 단순히 사람과 사람의 관계가 아니라 사람을 인격적 · 감정적 존재로 이해하고 관리한다는 철학과 제도, 그리고 기법을 의미한다.

(2) 인간관계관리의 필요성

① 사람들이 일생의 대부분을 조직 속에서 보내게 됨에 따라 조직 내에서의 인간관계가 보다 중시되지 않을 수 없다.
② 조직이 대규모화되고 복잡하게 됨에 따라 많은 조직구성원 상호 간의 협동관계를 이룩하는 것이 중요한 과제로 대두되었다.
③ 조직이 확보하고 보상하고 개발한 인력을 계속적으로 조직 속에 머무르게 하고 조직에 공헌하게 하는 활동으로서 인간관계관리가 필요한 것이다.

2) 인간관계론의 전개과정

• 과학적 관리론과 인간관계론의 차이점

과학적 관리론	인간관계론
• 합리성	• 비합리성
• 경제적 측면	• 비경제적 측면
• 공식 조직	• 비공식 조직
• 능률과 민주적 목표의 부조화	• 능률과 민주적 목표의 조화
• 인간의 기계화	• 인간은 감정적 존재
• 합리적 · 경제적 인간관	• 사회적 인간관
• 기계적 능률성	• 사회적 능률성
• 경제적 자극	• 비경제적(인간적) 자극

3) 인간에 대한 여러 모형

경제적인 모형은 과학적 관리론 시대의 인간관이며, 인적자원적 모형은 행태론 시대의 인간관이다.

(1) 경제적 모형

인간은 합리적이고 경제적이라는 주장에 따르면 인간은 스스로의 이익을 극대화하도록 행동한다고 한다. 과학적 관리론에서는 이를 토대로 한 인간관리를 시도하였다.

① 종업원 행동에 대한 이 모형의 가정

㉠ 종업원은 주로 경제적인 유인에 의해 동기화된다.

㉡ 경제적인 유인이 조직의 통제하에 있기 때문에 종업원은 근본적으로 조직에 의해 조직되고 동기화되며 통제되는 수동적인 존재이다.

㉢ 감정이란 비합리적이기 때문에 통제되어야 하며, 조직은 이를 통제할 수 있는 방향으로 설계되어야 한다.

② 평가

이와 같은 가정들은 맥그리거의 X이론과 일치하는 것들이며, 오늘날에 여전히 중요하게 여겨지고 그 나름대로 타당한 근거를 가지고 있다. 그러나 인간을 단순히 경제적 동물로 파악하는 것만으로 복잡한 조직의 문제를 해결할 수 없다는 것이 호손실험에 의해 명백하게 되었다.

(2) 사회인 모형

① 메이요는 호손실험을 통해 획일화된 산업사회가 인간생활에서 근로의 의미를 빼앗았고, 종업원들의 기본적인 욕구에 갈등을 주었다는 점을 확인하고, 인간본능에 관한 새로운 견해를 발전시켰다.

㉠ 사회적인 욕구는 인간행동의 가장 근본적인 동기요인이며, 대인관계는 자아에 의미를 부여하는 중요한 요인이다.

㉡ 유인제도나 통제보다 동료집단의 관계가 종업원들에게 더 큰 영향을 미친다.

㉢ 종업원들은 그들의 사회적 욕구가 충족되는 범위 내에서 경영층의 활동에 반응한다.

② 평가

메이요처럼 조직 내에서의 인간의 행동이 사회인 모형에 의한 것이라는 주장은 오늘날 리더십과 모티베이션에 관한 연구에 의해 지지를 받는다.

(3) 인적자원 모형

인간관계론에 이어 인간행동에 관한 폭 넓은 연구가 이루어졌고 인적자원의 관점에서 여러 가지 인간모형이 제시되었다.

① 특징

㉠ 일반적으로 인간이 상호 관련을 갖는 여러 욕구들로 복잡하게 구성되어 동기화된다고 본다. 즉, 경제인 혹은 사회인 모형은 다양한 인간욕구가 매우 복잡한 과정을 거쳐 행동으로 나타난다는 점을 간과했다고 본다.

㉡ 인간이 조직에서의 역할을 능동적으로 수행하려고 한다고 가정하고 있다. 과거 모형에서 인간은 수동적이라고 보았으나 최근 모형에 의하면 인간은 스스로 무엇인가를 하고자 한다고 본다. 이러한 관점에서 자기실현인의 모형이 대두되는 것이다.

㉢ 일이란 불유쾌한 것이 아니라고 가정한다. 특히, 상위욕구를 충족시켜야 하는 경우에는 직무의 수행이 만족의 원칙이 될 수 있다.

㉣ 인간은 의미 있는 결정과 책임을 원하고 또한 능력이 있다고 본다.

② 평가

인적자원 모형에서 볼 때 인간의 욕구와 동기와 복잡성을 먼저 이해해야 하며 여러 가지 개인차를 고려하여 종업원 개인의 목표를 조직의 목표와 통합하도록 관리하는 것이 매우 중요하다. 또한 종업원에게 많은 재량권과 책임을 부여하고 참여를 확대하는 것이 바람직하다.

10. 인간관계관리제도

1) 제안제도

제안제도(Suggestion System)란 조직체의 운영이나 작업의 수행에 필요한 여러 가지 개선안을 일반종업원으로 하여금 제안하도록 하고 그것을 심사하여 우수한 제안에 대하여 적절한 보상을 하는 제도이다.

(1) 제안제도의 목적

① 경영 내에 있어서 종업원의 창의력을 개발시킨다.

② 종업원은 경영참가의 의식이 깊어지므로 작업의욕을 높이고 능률향상을 기할 수 있게 된다.

③ 제품의 원가절감을 실현함으로써 경영에 경제적 이익을 가져온다.

④ 노사 쌍방의 이해가 증진됨으로써 노사관계가 원활하게 된다.

⑤ 종업원의 사기와 인간관계가 개선된다.

(2) 제안제도의 조건

① 각 종업원은 관리자 또는 감독자의 구속을 받지 않고 자유로이 제안을 할 수 있도록 되어 있어야 한다.

② 심사를 거쳐 채택된 제안에 대하여서는 충분한 보상을 하여야 한다. 또한 채택되지 않은 제안에 대해서도 보상이 고려될 필요가 있다.
③ 제안을 장려 · 지도하는 방식이 제도화되어 있어야 한다.
④ 제안의 처리 및 심사는 신속하고도 공평하여야 한다.
⑤ 종업원에게 이 제도의 의도를 충분히 이해시켜 두어야 한다.

2) 종업원 상담제도

종업원 상담제도(Employee Counselling) 또는 인사상담제도는 스스로 해결할 수 없는 어려운 문제를 가지고 있는 종업원에게 상담을 통하여 전문적인 조언을 받고, 문제해결에 도움을 줌으로써 인격성장을 촉진하고 아울러 직장에서의 사기를 앙양시키고자 하는 제도이다.

• 상담의 기본요소
① 통상 두 사람으로 한다.
② 주로 말을 주고받는다.
③ 전문적 조언이 되어야 한다.
④ 상담요청자의 인격적 성장을 촉진시킨다.

3) 사기조사

종업원의 사기를 앙양시켜 작업의 의욕을 높이고 경영을 건전하게 발전시키기 위해서는 무엇 때문에 종업원의 사기가 저조하며 그 기업의 건전성을 저해하는 요인이 무엇인가를 구명할 필요가 있다. 그리고 그 수단으로서 사기조사가 이용된다.

• 사기조사의 방법
① 통계조사
㉠ 노동이동률에 의한 측정
㉡ 1인당 생산량에 의한 측정
㉢ 결근율 및 지각률에 의한 측정
㉣ 사고율에 의한 측정
㉤ 고충 · 불평의 빈도
② 태도조사
종업원들의 심리 · 감정적 상태를 조사하여 그들의 의견과 희망사항을 듣고 불평불만의 모든 원인과 그 소재를 파악하는 방법이다. 이러한 태도조사의 방법에는 면접법, 질문지법, 참여관찰법 등이 있다.

4) 고충처리제도

고충처리제도는 주로 근로자들의 직장생활에서의 애로사항이나 불만사항 등을 수시로 호소하게 함으로써 이를 근로자 측 대표와 사용자 측 대표로 구성되는 고충처리위원들의 협력으로 그때그때 해결하도록 하기 위한 제도이다.

5) 기타

문호개방정책, 이윤분배제도, 종업원지주제도 등

11. 노사관계관리

1) 노사관계

(1) 노사관계의 등장 배경

① 노동수요의 적정선 유지
② 효율적인 노동시장의 개발
③ 훈련 · 조직 · 동기 부여
④ 임금의 결정과 근로소득
⑤ 경영성과의 배분
⑥ 예상위험으로부터의 보호
⑦ 최저생활수준의 보장

(2) **노사관계(Industrial Relations)의 개념과 특징**

① 노사관계의 개념

노사관계는 원래 근로자와 사용자(고용주)의 고용관계를 중심으로 전개되는 관계를 말하며 개별적 노사관계와 집단적 노사관계로 나누어 파악할 수 있다. 현대적 의미의 노사관계는 근로자 조직과 경영자 간의 갈등처리뿐만 아니라 임금, 생산성, 고용보장, 고용관행, 노동조합의 정책 및 노동문제에 대한 정부의 행동을 포괄한 모든 영역을 포함하는 것

② 노사관계의 특징

㉠ 협동적 관계와 대립적 관계
㉡ 경제적 관계와 사회적 관계
㉢ 종속적 관계와 대등적 관계
㉣ 공식적 관계와 비공식적 관계

(3) 노사관계의 이념과 목표

이 념	목 표
① 인간평등사상 ② 근로생활의 질 향상 ③ 분배의 정의실현 ④ 경영참가의 확대	① 올바른 이념 정립 ② 노사질서의 확립 ③ 노사관계 인정

2) 노사관계의 발전과정

(1) 전제적 노사관계　(2) 온정적 노사관계
(3) 완화적 노사관계　(4) 민주적 노사관계

3) 유형론적 노사관계의 형태 : 커(C. Kerr)

(1) 절대적 노사관계　(2) 친권적 노사관계
(3) 계급투쟁적 노사관계　(4) 경쟁적 노사관계

4) **노사관계관리**

- 노사관계관리의 개념

① 개념
근로자와 사용자(고용주)의 노사관계는 실질적으로는 노동조합 및 기업, 이에 영향을 미치는 정부와 관련되는 각종 문제들을 대상으로 하며, 노사협조와 산업평화를 목적으로 한다. 이때 중요한 것은 근로자의 자주적 단체인 노동조합의 법적 지위가 확립되어야 하는 것이지만 자주적 노동조합은 민주적 질서의 테두리를 전제로 해야 한다.

② 목표
노사관계관리의 기본목표는 노사 간 질서의 확립, 올바른 이념의 정립, 노사관계의 안정 등에 두어야 한다.

③ 방향
현대적 노사관계관리는 종래의 대립적 노사관계를 안정적이고 협력적인 노사관계로 유도하고 발전시켜 나가는 관리활동을 통하여, 궁극적으로 노사의 공존공영과 경영민주화를 통한 상생의 산업민주화를 실현
㉠ 미시적 차원 : 기업의 생산성 향상을 통한 성과증대와 기업의 유지 · 발전 추구, 성과의 공정한 분배와 노동의 인간화를 통한 노동자들의 보람 있는 근로생활 실현
㉡ 거시적 차원 : 산업평화의 유지와 국가경제 발전에 기여

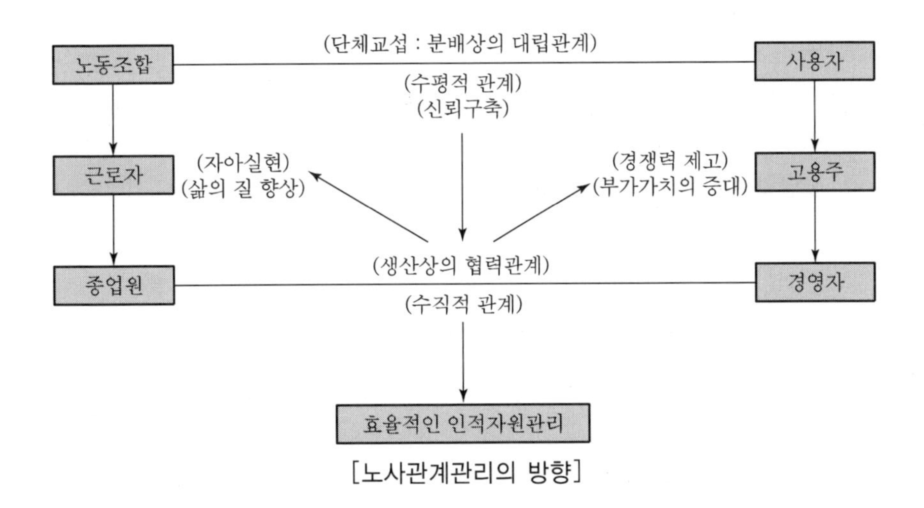

[노사관계관리의 방향]

12. 노동조합(노사관계와 조직)

1) 노동조합의 의의와 목표

노동조합이란 근로자가 주체가 되어 자주적으로 단결하여 근로조건의 유지·개선 기타 근로자의 경제적·사회적 지위의 향상을 목적으로 조직하는 단체 또는 그 연합단체를 말하며, 근로자의 임금 및 근로조건의 개선을 가장 중요한 목표로 삼고 있다.

2) 노동조합의 기능

(1) 기본적 기능(조직 기능)

노동조합을 조직하기 위하여 비조합원인 근로자를 조직화하는 1차적 기능과 노동조합을 조직한 후에 그 조합원들을 관리하는 2차적 기능으로 구분된다.

(2) 집행기능

① 단체교섭기능
② 경제활동기능
③ 정치활동기능

(3) 참모기능

참모기능은 기본적 기능과 집행기능을 보조하는 기능이다. 노동조합의 간부 및 조합원에 대한 교육훈련, 연구조사활동, 사회사업활동 등이 포함된다.

3) 복수노조

우리나라는 전통적으로 한 기업에 한 노조만 허용하고 있으나, 2011년 7월 1일 이후에는 복수노조를 허용하였다. 복수노조 허용이란 하나의 사업 또는 사업장에 두 개 이상의 노조를 설립할 수 있게 하는 것이다.

4) 노동조합의 조직형태

조직형태	내 용
직업별 노동조합 (Craft Union)	• 같은 직종 또는 직업에 종사하는 근로자가 조직하는 노동조합 • 장점 : 단체교섭사항과 내용이 명확하고 조직의 단결력이 공고하며 실업자의 조합 가입이 가능하고 조합원 실업 예방 가능 • 단점 : 조직대상이 한정(숙련 근로자)되어 있고 미숙련 근로자의 반발로 전체 근로자의 분열을 가져올 수 있다는 점과 사용자와의 관계가 희박
일반노동조합 (General Union)	• 모든 근로자들을 대상으로 하고 있으며 주로 미숙련 근로자가 중심이 되어 전국에 걸쳐 만든 단일 노동조합 • 장점 : 광범위한 근로자들의 최저생활에 필요한 조건(안정된 고용, 노동시간의 최고한도규제, 임금의 최저한도규제 등)을 확보 가능 • 단점 : 노동시장의 통제 곤란, 중앙집권적 관료체제에 의한 조합민주주의의 저해, 의견의 조정 및 통일 곤란, 단체교섭기능의 약화 등
산업별 노동조합 (Industrial Union)	• 동일한 산업에 종사하는 모든 근로자가 하나의 노동조합을 구성하는 형태 • 장점 : 조합원 수에서 볼 때 거대조직이라는 점에서 단결력을 강화할 수 있다는 것과 산업별로 교섭력이 통일화된다는 것 • 단점 : 직종 간에 이해관계가 대립되고 형식적 단결에 그칠 경우 교섭력이 약화된다는 문제점이 있음
기업별 노동조합 (Company Union)	• 동일한 기업에 종사하는 근로자로 구성되는 노동조합의 형태 • 현재 우리나라의 대부분 기업이 기업별 노동조합을 결성 • 단점 : - 노동시장에 대한 지배력이 전혀 없고 조직역량이 약하다. - 기업 내 각 직종 간의 요구조건의 공평한 처리가 어렵다. - 어용화될 가능성과 직종 간의 반목과 대립이 우려된다. - 중기업 이하인 경우 조합기능의 약화를 가져오게 된다.
단일조직과 연합체조직	• 단일조직 : 근로자 개개인이 개인자격으로 중앙조직의 구성원이 되는 형태(산업별 조합과 일반노동조합) • 연합체조직 : 각 지역이나 기업 또는 직종별 조합이 단체의 자격으로 지역적 내지 전국적 조직이 구성원이 되는 형태로 우리나라에는 각 산업별 노조연맹과 한국노총, 민주노총이 있다.(직업별 조합과 기업별 조합)

5) 노동조합의 안정과 독립

(1) 숍 시스템(Shop System)

노동조합의 가입방법으로서 숍 시스템은 조합비 징수제도인 체크오프 시스템과 함께 노동조합의 안정을 유지하기 위한 제도이다. 따라서 단체협약의 중요한 내용이 된다. 숍 시스템은 노동조합의 가입과 취업을 관련시키는 것으로 조합원에 대한 통제력 강화를 목적으로 하는 제도이다.

• 숍 시스템의 유형 및 특징

조직형태		내 용
기본적 제도	오픈 숍 (Open Shop)	**• 조합원, 비조합원 모두 고용이 가능하다. 즉, 노동조합 가입이 고용조건이 아니다. 노동조합 가입유무에 상관없이 종업원 고용이 가능하며 노조 가입 여부는 종업원의 전적인 의사에 달려 있다.** **• 우리나라 대부분의 노동조합에서 채택하고 있다.**
	유니언 숍 (Union Shop)	• 사용자가 자유롭게 채용할 수 있으나, 채용 후 일정기간이 지나면 반드시 조합에 가입하여야 한다. 만일 일정기간이 지나도 종업원이 조합에 가입하지 않을 경우 그 종업원은 자동으로 해고된다. • 우리나라에서는 근로자의 3분의 2 이상을 대표하는 노동조합의 경우 단체협약을 통해 제한적인 유니언 숍이 인정되나 이때에는 조합이 제명하였다고 해서 회사에서 해고되는 조항은 실시되지 않고 있다.
	클로즈드 숍 (Closed Shop)	• 결원보충이나 신규채용에 있어서는 반드시 조합원에서 충원한다. • 노동조합가입이 고용의 전제조건이다. • 노동조합의 노동통제력이 가장 강력하다. (노동조합이 노동공급의 유일한 원천이 됨) • 미국의 태프트-하틀리법(Taft-Hartley Act)에 의해 불법화되었다. 건설업, 해운업, 인쇄업 등에서 현실적으로 인정되고 있으며, 우리나라의 경우에도 현실적으로 항만노동조합에서 적용되고 있다.
변형적 제도	에이전시 숍 (Agency Shop)	• 조합원이 아니더라도 모든 종업원에게 노동조합이 조합비를 징수하는 제도이다. • 대리기관 숍제도라고도 한다.
	프리퍼런셜 숍 (Preferential Shop)	우선 숍제도라고 하며 채용에 있어서 조합원에게 우선권을 주는 제도이다.
	메인터넌스 숍 (Maintenance Shop)	조합원 유지 숍제도라고 하며 조합원이 되면 일정기간 동안 조합원으로 머물러 있어야 하는 제도이다.

Point

조합원 및 비조합원 모두에게 조합비를 징수하는 shop 제도는? ④

① Closed shop ② Open shop

③ Preferential shop ④ Agency shop

⑤ Maintenance shop

(2) 체크오프 시스템(COS ; Check Off System)

조합원의 급여에서 조합비를 일괄적으로 공제하는 제도. 조합비의 확보를 통해 노동조합의 안정을 유지하기 위한 제도로 조합비 일괄 공제제도라고 한다. 즉, 조합비를 징수할 때 사용자가 노동조합의 의뢰에 의하여 조합비를 급료계산 시에 일괄공제하여 전달해 주는 방법이다.

(3) 노동3권

노동법은 근로자들에게 자주적으로 근로조건 등을 향상시킬 수 있도록 '노동3권'을 보장하고 있다.

① 단체조직권 : 근로자들이 노동조합을 만들 수 있는 권리를 말한다. 단체조직권은 '단결권'이라고도 한다.

② 단체교섭권 : 노동조합이 사용자와 공동으로 근로조건에 관한 협약의 체결을 위해 집단적 타협을 모색하고, 협약을 관리할 수 있는 권리를 말한다.

③ 단체행동권 : 노동조합이 사용자에게 근로조건이나 임금 등에 관한 사항의 이행이나 단체협약을 요구하였으나, 이견과 분쟁으로 해결되지 않을 때, 일정한 과정을 거쳐 행동으로 항의할 수 있는 권리를 말한다. 노동조합의 단체행동이란 '태업이나 파업' 등 노동쟁의를 의미한다.

(4) 부당노동행위(ULP ; Unfair Labor Practices)

① 부당노동행위제도는 사용자의 노동조합 방해행위인 노동3권의 침해로부터 신속하게 노동3권을 보호 · 회복시키기 위한 행정적 구제제도이다.

② 부당노동행위의 유형

㉠ 단체교섭의 거부

㉡ 황견계약의 체결

㉢ 노동조합의 조직 · 가입 · 활동에 대한 불이익 대우

㉣ 노동조합의 조직 · 운영에 대한 지배 · 개입과 경비 원조

㉤ 단체행동에의 참가 기타 노동위원회와의 관계에 있어서 행위에 관한 보복적 불이익 대우

③ 황견계약(Yellow Dog Contract)
근로자가 노동조합에 가입하지 아니할 것 또는 탈퇴할 것을 고용조건으로 하거나 특정 노동조합원이 될 것을 고용조건으로 하는 행위이다.

Point

노사관계에 관한 설명으로 옳은 것은? ①
① 숍(Shop)제도는 노동조합의 규모와 통제력을 좌우할 수 있다.
② 체크오프(Check off)제도는 노동조합비의 개별납부제도를 의미한다.
③ 경영참가 방법 중 종업원 지주제도는 의사결정 참가의 한 방법이다.
④ 준법투쟁은 사용자 측 쟁위행위의 한 방법이다.
⑤ 우리나라 노동조합의 주요 형태는 직종별 노동조합이다.

13. 노사협력제도(노사관계와 조직)

1) 단체교섭

(1) 단체교섭의 의의와 특징

① 단체교섭은 근로자들이 노동조합이라는 교섭력을 바탕으로 임금을 비롯한 근로자의 근로조건의 유지·개선과 복지증진 및 경제적·사회적 지위의 향상을 위하여 사용자와 교섭하는 것이다.
② 단체교섭은 노동조합과 사용자 대표 간, 대등한 위치에서의 쌍방적 결정이다.
③ 단체교섭은 그 자체가 목적이나 귀결점이 아닌 단체협약을 향해 나아가는 과정이다.
④ 단체교섭은 노사가 상반되는 주장에 타결점을 찾으려는 정치적 과정이다.

(2) 단체교섭의 기능

구 분	기 능
근로자 측	• 근로조건의 유지·향상 • 구체적인 노조활동의 자유 획득
사용자 측	• 노조와의 대화의 채널 • 노사관계의 안전장치 • 노사문제의 일반적 해결기구
정부 측	• 개별 기업들에 대한 평등한 경쟁조건 마련 • 임금인상을 통한 구매력 증대로 시장 확대 • 노동생산성 향상을 통한 산업구조의 고도화

(3) 단체교섭의 유형

구 분	방법	환경	단점	장점
기업별 교섭	기업의 단위노조와 사용자 간의 교섭	• 기업 간의 격차가 큰 경우 • 기업의 노동운동이 횡단적 단계에 미달할 때	교섭력이 취약	개별기업의 특수성 반영
집단 교섭	여러 개의 단위노조와 사용자가 집단을 형성하여 교섭	• 노조상부단체가 없는 경우 • 기업별 교섭의 약점을 보완할 때	각 기업들의 요구사항 조정이 어렵다.	각 기업들과 동일한 수준의 결정
통일 교섭	산업별 노조나 연합체노조가 사용단체와 교섭	산업별, 지역별로 강력한 통제력이 있는 경우	각 기업들의 요구사항 조정이 어렵다.	산업별, 지역별로 동일한 수준의 결정
대각선 교섭	단위노조의 상부단체가 개별기업과 교섭	• 사용자단체가 없는 경우 • 각 기업에 특수한 사정이 있는 경우	기업의 특수 사정에 대한 이해가 어렵다.	연합체이므로 교섭력이 강하다.
공동 교섭	단위조합이 상부단체와 공동으로 참가하여 사용자 측과 교섭	대각선교섭의 단점을 보완할 때	단위노조와 상부단체 간의 조정시간 소요	단위노조의 의사반영 가능

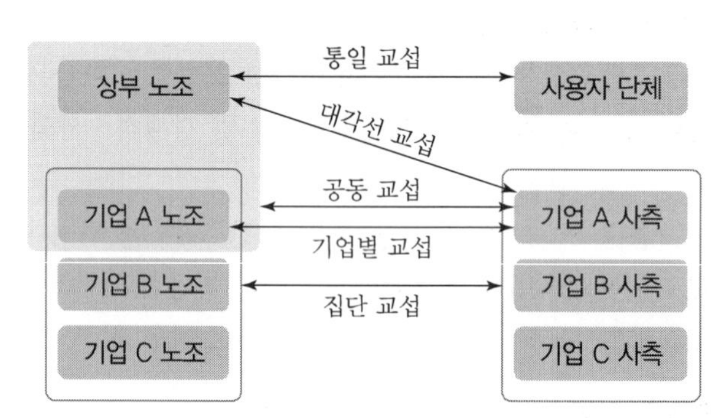

[단체교섭의 유형]

Point

산업별 노동조합이 개별기업 사용자와 개별적으로 행하는 경우의 단체교섭 방식은? ③

① 공동 교섭 ② 통일 교섭
③ 대각선 교섭 ④ 집단 교섭
⑤ 기업별 교섭

2) 단체협약

단체협약(Collective Agreement)은 노동조합 또는 그 연합체와 사용자 또는 사용자단체 간에 체결되는 개별적 근로관계 및 당사자의 집단적 근로관계에 대한 계약이다. 단체협약은 근로조건을 개선하는 기능과 산업평화를 이루는 기능을 한다.

(1) 단체협약의 성격

단체협약의 성격	내 용
형식적인 면에서의 특징	단체협약은 노사 양측에 의한 단체적인 약속, 합의이다.
내용 면에서의 특징	• 규범적 부분 : 주로 임금과 근로조건에 관한 부분으로 강제적 효과이다. • 채무적 부분 : 노동조합과 사용자 사이의 관계에 대한 약속에 관한 부분(단체협약의 이중성)이다.
사회 면에서의 특징	단체협약은 노사 간의 일시적 합의, 즉 휴전조약의 성격을 갖는다.

(2) 단체협약의 당사자

① 노동조합 측의 당사자 : 『노동조합 및 노동관계조정법』상의 노동조합(적격조합)

② 사용자 측의 당사자 : 사용자 또는 사용자 단체

③ 단체협약의 방식(형식)

㉠ 단체협약은 서면으로 작성하며, 당사자 쌍방이 서명 날인하여야 한다.

㉡ 단체협약의 당사자는 단체협약의 체결일로부터 15일 이내에 행정관청에 신고해야 한다.

㉢ 행정관청은 단체협약 중 위법한 내용이 있는 경우에는 노동위원회의 의결을 얻어 그 시정을 명할 수 있다.

(3) 단체협약의 관리

① 고충처리제도

㉠ 고충 : 근로조건이나 직장환경, 관리자의 불공평한 대우 또는 단체협약이나 취업규칙의 해석, 적용에 관하여 갖고 있는 불평·불만

㉡ 고충처리위원회 : 모든 사업 또는 사업장에는 근로자의 고충을 청취하고 이를 처리하기 위하여 고충처리위원을 두어야 한다.(상시 30인 미만의 근로자를 사용하는 사업 또는 사업장 제외)

② 중재제도

㉠ 중재 : 중재는 조정과는 달리, 중재위원회에서 내리는 중재재정이 관계 당사자를 구속한다는 점에 있어서 자주적 해결의 원칙이 적용되지 않는 조정제도

• 임의중재 : 관계 당사자의 신청 시 중재절차가 개시된다.

• 강제중재 : 관계 당사자의 신청 없이 강제적으로 개시된다.

㉡ 중재기관 : 공익위원 3인으로 중재위원회를 구성한다.

㉢ 중재재정의 효력 : 단체협약과 동일한 효력이 있다.

3) 노동쟁의와 그 조정

(1) 노동쟁의(Labor Disputes)

노동조합과 사용자 또는 사용자단체, 즉 노동관계 당사자 간에 임금 · 근로시간 · 복지 · 해고 및 기타 대우 등 근로조건의 결정에 관한 주장의 불일치로 인하여 발생한 분쟁상태를 말한다.

① 쟁의조정의 원칙

㉠ 자주적 해결의 원칙 : 노사 간의 자주적 해결이 원칙

㉡ 신속한 처리의 원칙, 공정성의 원칙 : 정부는 노동관계 당사자가 자주적으로 조정할 수 있도록 노력하여 노동쟁의의 신속 · 공정한 해결에 노력한다.

㉢ 공익성의 원칙 : 국민경제에 중대한 영향을 주거나 공익을 해친다고 인정될 때에는 국가가 개입한다.

㉣ 우리나라의 경우 임의조정제도가 기본이다.

② 쟁의조정의 유형

㉠ 조정 : 노동위원회에 설치된 조정위원회가 관계 당사자의 의견을 청취한 뒤 조정안을 작성하여 노사 쌍방에게 그 수락을 권고하는 형식의 조정방법

㉡ 중재 : 노동위원회에 설치된 중재위원회가 노동쟁의의 해결조건을 정한 해결안(중재재정)을 작성하고 당사자는 무조건 그 해결안에 구속되는 조정방법

(2) 노동쟁의조정의 절차

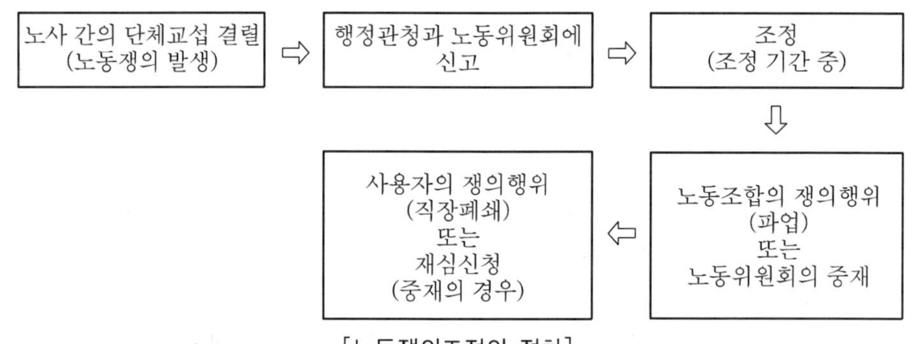

[노동쟁의조정의 절차]

(3) 노동쟁의조정의 방법

① **조정(Mediation)**

㉠ 조정의 요건과 개시 : 관계 당사자의 일방이 노동쟁의조정을 신청한 때, 고용노동부장관이 긴급조종의 결정을 한 때

㉡ 일반사업에 있어서는 10일, 공익사업에 있어서는 15일

㉢ 조정서의 효력 : 조정서는 단체협약과 같은 효력을 지닌다. 그리고 조정위원회 또는 단독조정인이 제시한 해석 또는 이행방법에 관한 견해는 중재지정과 동일한 효력을 가진다.

② **중재(Arbitration)**

㉠ 임의중재
- 관계 당사자의 쌍방이 함께 중재를 신청한 때
- 관계 당사자의 일방이 단체협약에 의하여 중재를 신청한 때
- 임의중재는 일반사업과 공익사업의 구별 없이 모두 적용

㉡ 강제중재 : 필수공익사업에 있어서 노동위원회 위원장이 특별조정위원회의 권고에 의하여 중재에 회부한다는 결정을 한 때

㉢ 중재위원회
- 중재위원회는 공익대표위원 3인으로 구성
- 중재위원회는 구성원 전원의 출석으로 개의, 출석위원 과반수의 찬성으로 의결

③ **긴급조정(고용노동부장관의 결정에 의한 강제개시)**

긴급조정의 요건	
실질적 요건	• 긴급조정은 당해 쟁의행위가 공익사업에 관한 것이거나, 그 규모가 크거나, 그 성질이 특별한 것이어야 한다. • 긴급조정은 이상의 요건을 갖춘 것으로서 현저히 국민경제를 해하거나 국민의 일상생활을 위태롭게 할 위험이 현존하는 때에 한한다.
형식적 요건	고용노동부장관이 긴급조정의 결정을 하고자 할 때에는 미리 중앙노동위원회 위원장의 의견을 들어야 하며 그 의견에 구속되지 아니한다.

(4) 쟁의행위

① 근로자 측 쟁의행위

쟁의행위	내 용
동맹파업 **(General Strike)**	근로자가 단결하여 근로조건의 유지 · 개선을 위하여 집단적으로 노무의 제공을 거부하는 쟁의행위
태업	• 근로자들이 단결해서 의식적으로 작업능률을 저하시키는 것 • **사보타주(Sabotage)** : 생산 또는 사무를 방해하는 행위로서 단순한 태업에 그치지 않고 적극적으로 생산설비를 파괴하는 행위까지 포함하는 개념(정당성이 결여된 쟁의행위)
준법투쟁 **(Work to Rule)**	일반적으로 준수하게 되어 있는 보안 · 안전 · 근무규정 등을 필요 이상으로 엄정하게 준수함으로써 의식적으로 저하시키는 행위
불매동맹 **(Boycott)**	• 1차적 불매운동 : 사용자에 대하여 사용자의 제품의 구매 또는 시설을 거부함으로써 압력을 가하는 것 • 2차적 불매운동 : 사용자와 거래관계에 있는 제3자에게 사용자와의 거래를 단절할 것을 요구하고 이에 응하지 않을 경우 제품의 구입이나 시설의 이용 또는 노동력의 공급을 중단하겠다는 압력을 가하는 것
생산관리 (직장점거)	근로자들이 단결하여 사용자의 지휘 · 명령을 거부하고 사업장 또는 공장을 점거함으로써 조합 간부의 지휘하에 노무를 제공하는 투쟁행위
피케팅 (Picketing)	파업을 효과적으로 수행하기 위하여 근로희망자(파업 비참가자)들의 사업장 또는 공장의 출입을 저지하고 파업 참여에 협력할 것을 요구하는 행위

② 사용자 측 대항행위

대항행위	내 용
대체고용 (조업계속)	• 동맹파업 시 사용자는 노동조합원 이외의 근로자(비노조원)들로서 이미 근로관계에 있는 종업원이나 노동조합원을 사용해서 조업 계속 가능 • 노동조합이 쟁의행위를 행하고 있는 단계에서 신규로 근로자를 채용해서 조업 계속 불가능
직장폐쇄 **(Lock-Out)**	사용자가 자기의 주장을 관철하기 위하여 근로자집단에 대해 생산수단에의 접근을 차단하고 근로자의 노동력 수령을 조직적 · 집단적 일시적으로 거부하는 행위

③ 직장폐쇄

구 분	내 용
성립요건	노무의 수령 거부의 사실행위 • 사업장의 문을 폐쇄하는 행위 • 사업장에 노무자의 출입을 저지하는 행위 • 사업장의 시설을 근로자가 이용하여 작업을 할 수 없도록 하는 행위
정당성	• 당사자, 목적, 수단에 있어서 정당한 범위 내에서 행사될 것 • 휴업수당의 지급을 면하기 위한 직장폐쇄는 부당 • 쟁의행위를 제한, 금지하는 법규에 위반하는 직장폐쇄는 부당 • 단체협약의 평화의무 또는 평화조항을 위반하는 쟁의행위는 부당
효력	정당한 직장폐쇄의 경우 사용자는 임금의 지불의무를 지지 않고 조합원 근로자들은 직장폐쇄구역 내의 출입이 금지

14. 근로자의 경영참가

1) 경영참가

(1) 개념

근로자의 경영참가는 종업원들이 기업의 여러 계층의 의사결정에 참가하여 영향력을 행사하는 과정. 자본참가, 기업의 경영성과에 참여하는 성과참가도 포함

(2) 경영참가의 종류

① 자본참가

근로자들이 주식을 소유함으로써 자본의 출자자로서 기업에 참가하는 동시에 경영에 주주로서 발언권을 행사하는 것. 주된 형태는 종업원지주제와 노동주제도가 있다.

㉠ 종업원지주제 : 근로자에게 특전이나 혜택을 제공함으로써 자발적으로 자사주를 취득·보유하도록 권장하는 제도로서 일정한 기준에 따라 주식을 배분하는 것

㉡ 노동주제도 : 근로자가 제공한 노동을 일종의 노무 출자로 보고 그들에게 주식을 주는 제도

② 이익참가

기업의 생산성 향상에 근로자 내지 노동조합을 적극적으로 참여시켜 경영성과인 이윤의 일부를 임금 이외의 다른 형태로 근로자에게 배분하는 방식. 이익분배제도 또는 성과분배제도라고 한다. 미국의 스캔론 플랜(Scanlon Plan)이 대표적임

③ 공동결정제도
노사 공동으로 경영에 관한 의사결정에 참여하는 제도. 독일에서 운영

④ 노사협의제도
단체교섭에서 취급하지 않는 경영상의 제문제에 관한 협의와 단체협약상의 의견 조정, 기타 근로조건에 관한 사항을 협의하는 제도

Point

조직구성원들의 경영참여와 관련이 없는 것은? ④
① 제안제도 ② 분임조
③ 성과분배제도 ④ 전문경영인제도
⑤ 종업원지주제도

02 생산관리

Section

1. 생산관리의 의의

1) 생산관리

제품이나 서비스를 창출하는 생산 시스템의 설계 및 운영에 관한 의사결정 문제를 담당하는 활동이며, 생산시스템은 자재, 자본, 정보, 노동력, 에너지와 같은 투입물을 제품이나 서비스와 같은 산출물로 변환시키는 과정

▷ 생산활동

① 기업의 가장 기본적 활동으로 자원을 활용하여 고객들이 원하는 제품이나 서비스를 창출하는 활동
② 사용가능한 모든 자원을 이용하여 고객이 원하는 제품이나 서비스를 창출하도록 생산시스템을 계획하고 실행하고 통제하는 활동

2) 생산관리의 정의

① chase(2004) : 생산관리는 기업의 가장 중요한 제품과 서비스를 창출하고, 공급사는

시스템을 설계, 운영, 개선하는 것

② Ritzman Krajewski(2004) : 생산관리는 투입물을 제품이나 서비스로 변화시키는 프로세스를 지휘하고 통제하는 것

③ APICS : 생산관리는 투입물을 완성된 제품이나 서비스로 변환하는 활동을 계획하고, 일정을 수립하고, 통제하는 것

④ 생산운영관리 : 시스템 내에서 유형재화나 무형재화를 산출하는 데 요구되는 변환 과정에 필요한 투입물과 자원의 가장 효과적인 운영을 연구하는 학문

⑤ 투입물(Input) : 원자재나 고객 또는 고객과 관련되어 처리되는 정보나 제품

⑥ 자원(Resources) : 유형재화 또는 무형재화를 산출하기 위해 수행되는 변환과정에 들어가는 요소

⑦ 자본(Capital) : 장기적이며 고정된 자원으로서 생산을 하는 데 필요한 기계, 토지, 건물, 설비, 장비, 공구, 산업로봇 등을 포함

⑧ 변환과정(Transformation Process) : 투입물을 원래의 가치보다 높은 가치를 지닌 산출물로 전환시키는 과정

⑨ 산출물(Output) : 변환과정의 결과로서 유형재화와 무형재화로 나뉜다.

3) 생산관리의 역사적 발전

(1) 과학적 관리법(Scientific Management)

현대적 의미의 생산관리는 1911년 테일러(Frederick W. Taylor)의 과학적 관리법으로부터 태동되었다고 볼 수 있다. 과학적 방법이 작업을 연구하는 데에도 사용될 수 있다는 개념에 근거하고 있다.

• 과학적 관리법 4단계

㉠ 현재의 작업 방법의 관찰

㉡ 과학적 측정과 분석을 통한 개선된 방법의 개발

㉢ 새로운 방법에 대한 작업자 훈련

㉣ 작업과정에 대한 계속적인 피드백 및 관리

(2) 이동조립라인(Moving Assembly Line)

1913년 포드는 자동차의 대량생산을 가능케 한 획기적인 기술혁신인 이동조립라인을 도입하였다. 포드는 제품의 3S 개념에 착안하여 자동차를 설계, 각 작업자로 하여금 세분된 작업을 정해진 표준시간에 컨베이어 벨트(Conveyor Belt)를 따라 동시에 수행하게 하였다. 이동조립라인의 개념은 자동차뿐만 아니라 다수의 부품으로 조립되는 제품의 신속한 대량생산을 가능케 하였다.

• 포드의 '3S 개념'

㉠ 제품의 단순화(Simplification)

㉡ 부품의 표준화(Standardization)

㉢ 작업의 전문화(Specialization)

(3) 인간관계론(Human Relations)

작업설계에 있어 동기부여(Motivation)와 인간적인 요소 강조. 1930년대 메이요(Elton Mayo)와 동료들은 웨스턴 전기회사에서 실시한 유명한 호손실험을 통해 작업자에 대한 동기부여가 생산성 향상에 결정적인 요소임을 지적

Point

인간관계론의 호손실험에 관한 설명으로 옳지 않은 것은? ③

① 종업원의 작업능률에 영향을 미치는 요인을 연구하였다.

② 조명실험은 실험집단과 통제집단을 나누어 진행하였다.

③ 작업능률향상은 작업장에서 물리적 작업조건 변화가 가장 중요하다는 것을 확인하였다.

④ 면접조사를 통해 종업원의 감정이 작업에 어떻게 작용하는가를 파악하였다.

⑤ 작업능률은 비공식조직과 밀접한 관련이 있다는 것을 발견하였다.

(4) 의사결정모형(Decision Model)

생산시스템을 수학적인 형태로 나타내는 데 사용되는 것으로, 여러 제약조건하에서 생산시스템의 성과를 최대화하는 결정변수의 값을 구하는 것

(5) 컴퓨터와 자재소요계획(MRP)

1970년대부터 생산관리에 컴퓨터가 본격적으로 사용되기 시작

① IBM의 올리키와 컨설턴트인 와이트는 종속수요품목(원자재, 부품, 구성품 등)의 재고관리를 위한 자재소요 계획 프로그램 개발

② MRP를 이용함으로써 수많은 부품으로 이루어지는 최종 제품의 수요 변화에 대처하여 생산일정계획을 수립하고 재고 및 구매 관리가 가능해짐

(6) 적시생산시스템(JIT), 린(Lean) 제조, 총체적 품질관리(TQC) 및 공장자동화

1980년대에는 생산철학과 생산기술에 큰 변혁이 일어남. 또한 CAD, CAM, FMS, CIM 등 각종 공장자동화 기술도 1980년대부터 생산관리에 큰 영향을 미치기 시작함

① 적시생산시스템 : 일본 도요타 자동차회사에서 시작된 것으로, 제품이나 부품을 필요할 때 적시에 생산함으로써 재고수준을 최소화하고 생산 전반에 걸쳐 낭비를 줄이는 생산시스템

② 린 제조 또는 린 시스템 : 일본의 적시생산시스템(JIT) 생산방식이 세계화되어 모든 기업에 있어 가치를 부가하지 않는 낭비 활동을 제거하는 보다 넓은 개념으로 진화·발전

③ 총체적 품질관리 : 제품의 불량 원인을 전사적인 노력을 통해 적극적으로 제거하는 품질 관리방식

(7) 생산전략 패러다임

1970년대 말과 1980년대 초에 걸쳐 스키너(Wickham Skinner) 등의 하버드 경영대학원 교수들은 생산기능이 기업의 경쟁우위를 달성하기 위한 전략적인 무기로 활용되어야 함을 강조

(8) 서비스의 품질 및 생산성

표준화된 패스트푸드 서비스를 대량으로 신속하게 전달하는 맥도널드(Mc-Donald's)를 벤치마킹하여 서비스업에서도 품질 및 생산성 향상을 위한 개념과 기법이 1970년대 이후 본격적으로 도입되기 시작

(9) 총체적 품질경영(TQM) 및 국제품질인증제도

① 1990년대에는 품질관리의 개념이 제품 차원의 총체적 품질관리에서 조직시스템 차원의 총체적 품질경영으로 전환되었다.

② 국제적으로 경쟁력을 갖춘 품질의 확보를 목표로, 고객 지향의 제품개발 및 품질보증체계를 중요시한다.

③ 국제표준화기구의 ISO 9000 시리즈, ISO 14000 시리즈와 같은 국제품질인증제도와 미국의 말콤 볼드리지 국가품질상과 같은 세계 각국의 국가품질상 제도 등으로 TQM의 확산에 기여

(10) 비즈니스 프로세스 리엔지니어링(BPR)

① 1990년대에 들어 세계경제의 불황 속에서 경쟁력을 유지하기 위해 기업의 업무 프로세스를 근본적으로 혁신하고자 등장

② 정보기술의 발달과 관련되어, 기존의 업무 프로세스를 재설계하되 가치를 부여하지 않는 단계는 모두 제거하고 나머지 단계들은 전산화하자는 내용

(11) 식스-시그마 품질(Six-Sigma Quality)

① 1980년대 총체적 품질경영(TQM)의 한 부분으로 모토롤라에 의해 개발

② 기업 내 모든 프로세스에서 일관되게 높은 품질을 얻기 위한 체계적인 품질향상운동

③ 식스 시그마 품질이란 제품 백만 개 중 3.4개의 불량품에 해당하는 높은 품질수준을 의미

④ 품질뿐만 아니라 기업 전반의 프로세스를 지속적으로 개선하는 체계적인 방법으로, 기업의 종합적인 품질전략이라고 할 수 있음

(12) 공급사슬관리(Supply Chain Management)

공급사슬관리는 원자재의 공급자로부터 생산, 배급을 거쳐 최종 고객에 이르기까지 자재, 서비스 및 정보의 흐름을 전체 시스템의 관점에서 관리하는 것

Point

생산관리의 전형적인 목표(과업)로 옳지 않은 것은? ②

① 품질향상　　② 촉진강화
③ 원가절감　　④ 납기준수
⑤ 유연성제고

(13) 전자상거래(Electronic Commerce)

1990년대 후반부터 인터넷(Internet)과 월드 와이드 웹(WWW : World Wide Web)의 급속한 확산과 활용으로, 생산관리자가 생산 및 배급 기능을 실행하고 조정하는 방법이 바뀌기 시작함. 인터넷 등의 정보통신기술과 비즈니스 모델을 접목시킨 e-비즈니스가 발전하여, 기업 사이(B2B), 기업과 소비자 사이(B2C) 전자상거래가 크게 증가함

(14) 서비스과학(Service Science)

서비스산업의 변화와 혁신을 이루기 위해 경영학, 사회과학, 산업공학, 컴퓨터과학 등 이미 확립된 분야의 학문을 상호 접목하고 응용하여 서비스산업을 새롭게 탐구하려는 과학적인 접근법이다.

4) 생산관리의 목표

생산관리부서의 목표는 원가, 품질, 시간 또는 납기, 유연성의 네 가지로 요약할 수 있다.

생산관리 목표	내 용
원가 (Cost)	• 제품이나 서비스의 생산시설에 투입되는 설비투자비용과 이 시설을 운영하기 위해 필요한 비용을 포함한다. • 생산원가에는 재료비, 노무비 및 간접비가 포함된다. • **생산부문의 목표 중 최우선적으로 관심을 두어야 하는 것**
품질 (Quality)	높은 품질을 생산부문의 목표로 삼고자 하는 경우 품질수준은 경쟁사의 제품보다 현격히 높거나 또는 판매가격을 상대적으로 높게 유지하더라도 충분히 팔릴 수 있는 정도가 되어야 함

생산관리 목표	내 용
시간(Time) 또는 납기(delivery)	제품이나 서비스의 공급에 소요되는 시간의 단축과 설계소요시간의 단축이 있다. 전자의 경우 생산공정의 단순화, 낭비의 제거 등을 통해 자재와 정보흐름의 속도를 높임으로써 가능하고 후자의 경우 설계, 제조, 구매, 마케팅 등 여러 부문의 전문가들이 한 팀을 이루어 개발에 참여해야 함
유연성 (Flexibility)	생산량 조절 측면에 있어서 유연성과 제품 설계 면에서의 유연성 등 두 가지를 고려해 볼 수 있다. 시장이 급격히 변화하거나 주문량이 일정하지 않더라도 이러한 변화를 효율적으로 대처할 수 있는 능력을 갖추고 있거나 신제품 개발 및 고객의 설계변경 요구 등을 쉽게 수용할 수 있을 때 생산부문의 신축성은 상당히 높다고 할 수 있다.

• 생산전략 수립 시 경쟁우위의 변화(발전) 과정

원가 → 품질 → 시간(납기) · 유연성 → 서비스

5) 신제품 개발

(1) 신제품 도입전략

① 시장 지향적 전략 : 기업은 시장의 요구에 의해 제품을 만들어야 한다는 전략. 신제품은 기존의 기술과는 거의 관계없이 시장에 의해 결정되며, 고객의 요구가 신제품 도입의 주요 또는 유일한 근거가 된다.

② 기술 지향적 전략 : 기업이 만들어야 하는 제품의 주요 결정요소를 기술이라고 본다. 적극적인 연구개발과 우수한 기술을 통해 시장 우위를 차지하는 혁신적인 제품을 만드는 것을 목표로 함

③ 기능 간 협력 전략 : 제품이 시장의 요구에 맞으면서, 기술적인 우위도 가져야 한다는 전략. 이 목적에 맞는 신제품을 개발하기 위해서는 기업 내 모든 기능(마케팅, 엔지니어링, 생산 등)이 상호 긴밀히 협력해야 한다. 이를 위해 신제품 개발을 책임지는 여러 기능이 함께 참여하는 신제품 개발팀을 조직하여 사용하게 된다.

(2) 신제품 개발과정 3단계

① 개념개발 : 신제품에 대한 아이디어를 산출하고, 이를 평가하는 단계

② 제품설계 : 신제품을 물리적으로 설계하는 것으로, 이 단계의 마지막에는 신제품의 원형 제작과 시험이 가능하도록 제품 명세와 엔지니어링 설계도면이 완성됨

③ 파일럿 생산/시험 : 신제품 생산 전에, 원형(Prototype)을 만들어 시험을 거치는 단계로, 원형의 시험은 마케팅 및 기술상의 성능을 확인할 수 있다. 이 단계에서는 생산공정도 최종적으로 결정됨

(3) 동시공학

신제품 개발 과정을 신속히 하기 위하여, 신제품의 개념 개발, 제품과 공정의 상세 엔지니어링, 시험생산, 생산 및 시장도입에 이르기까지의 제품 개발 단계를 기능 간 통합과 제품 및 공정의 동시개발을 강조

① 동시공학 특징

㉠ 신제품 도입과 관련된 여러 단계들을 동시에 병행하여 진행함으로써 신제품 도입시간을 상당히 단축할 수 있다.

㉡ 동시개발을 통해 각 단계에서의 실수를 줄일 수 있다.

② 동시공학 장단점

㉠ 장점 : 개발기간 단축 → 비용절감

㉡ 단점 : 과업이 병렬적으로 수행 · 일정계획 복잡

(4) 가치공학(VE ; Value Engineering)과 가치분석(VA ; Value Analysis)

① VE/VA 개요

㉠ 가치분석 및 가치공학은 원가절감과 가치개선을 목적으로 도입되고 있는 기법이다. 즉, 불필요한 코스트를 발굴하고 제거하기 위한 문제해결시스템으로 소비자가 요구하는 다양한 기능들을 효과적으로 설계에 반영하고자 함이다.

㉡ 최저의 라이프 사이클 코스트로 필요한 기능, 품질, 신뢰성 등을 저하시키지 않고 필수기능을 달성하기 위해서 품질이나 서비스의 기능분석에 기울이는 조직적인 노력이다.

② VE와 VA의 차이점

㉠ VE는 생산단계 이전에 제품이나 공정의 설계분석에 관심

㉡ VA는 생산되고 있는 제품에 대한 구매품에 관심

(5) 제품설계 방식

① 품질기능전개(QFD ; Quality Function Development)

㉠ 고객의 요구를 제품이나 서비스의 설계명세에 반영하는 체계적인 방법

㉡ 품질의 집(House of Quality)이라는 기본적인 설계 도구에서, 시장조사를 통해 고객의 요구사항을 파악하고 설계에 반영

② 모듈러 설계(Modular Design)

㉠ 제품의 다양성은 높이면서도 동시에 제품 생산에 사용되는 구성품의 다양성은 낮추는 제품설계 방법

㉡ 각 제품을 개별적으로 설계하는 것이 아니라 표준화된 기본 구성품, 즉 모듈을 중심으로 제품설계

③ 로버스트 설계(Robust Design)

㉠ 제품의 성능 특성이 제조 및 사용 환경의 변화에 영향을 덜 받도록 제품을 설계하는 방법

㉡ 제품 생산 전에 계획된 실험을 통해 제품설계의 여러 변수가 되는 값들이 제품의 성능 특성에 미치는 영향을 분석함으로써, 제조 및 사용 환경 변화에 가장 둔감한 공정설계의 변수 값을 구한다.

④ 에코 설계(Eco-Design)

제품이나 서비스의 설계 및 개발 시 환경을 고려하는 설계방법

6) 생산시스템의 유형

생산시스템은 원자재와 부품이 가공되어 완성품으로 만들어지는 생산공정의 패턴에 따라 개별생산, 묶음생산, 조립라인생산, 계속생산으로 나눌 수 있다.

생산시스템 유형	내 용
개별생산 (Job Shop)	우리나라의 중소제조기업에서 많이 볼 수 있는 생산형태로 주로 고객의 주문에 따라 생산이 이루어진다. 일단 생산이 완료되면 같은 제품을 생산하는 경우가 많지 않다.
묶음생산 (Batch Process)	다양한 품목의 제품을 범용설비를 이용하여 생산한다는 면에서는 개별생산제와 유사하나 생산품목의 종류가 어느 정도 제한되어 있으며 개별생산제에서처럼 특정품목의 생산이 1회에 한정되어 있지 않고 주기적으로 일정량만큼을 생산한다는 점에서 차이가 있다.
조립생산 (Assembly Process)	조립라인의 형태를 취하는 제조시스템에서는 제품생산을 위한 작업이 여러 단계로 나뉘어 각 가공단계가 하나의 작업장을 이루고 있으며 품목에 관계없이 원자재에서 완제품에 이르기까지 작업순서가 거의 일정하다.
계속생산 (Continuous Process)	석유화학, 제지, 비료, 시멘트 등 장치산업에서 흔히 볼 수 있는 제조형태로 일단 원자재가 투입되면 막힘 없이 완제품에 이르기까지 거의 자동적으로 생산이 이루어진다. 일반적으로 대규모 설비투자가 요구되며 생산할 수 있는 품목이 몇 가지 안 되는 것이 특징이다.
프로젝트 생산 (Project Process)	유일하거나 독창적인 제품 생산에 사용된다. 동일한 제품이 이전에 만들어진 적이 없기 때문에 생산계획 및 일정관리가 어렵다. 자동화가 어려우며, 노동인력의 숙련도가 높아야 한다. 프로젝트의 예는 빌딩, 도로, 교량, 댐 등의 건설, 대형 비행기의 제작 등이다.

라인밸런싱

① 라인밸런싱의 의의

라인밸런싱(Line Balancing)이란 생산라인을 구성하는 각 공정(작업장)의 능력이 전반적으로 균형을 이루도록 하는 것이다. 즉, 각 공정의 소요시간이 균형을 이루도록 작업장이나 작업순서를 배열하는 것이 목적인 것으로, 제품별 배치에서 필요한 분석이다.

② 라인밸런싱의 효율성

라인밸런싱에서 효율성(능률)은 작업가능시간에 대한 실제 작업시간의 비율로 측정한다.

효율성=총과업시간/(실제작업장의 수×주기시간)

7) 새로운 생산시스템의 유형

구분	내용
셀 제조시스템 (CMS)	다품종 소량생산에서 부품설계 · 작업준비 · 가공 등을 유사한 가공물들을 집단으로 가공함으로써 생산효율을 높이는 기법. 주문생산(Job Shop)에서 생산설비들을 셀로 집단화하고 각 셀에 작업을 할당하여, 자재흐름을 유연하게 하는 것
적시 생산 시스템 (JIT)	일본 도요타 자동차회사에서 시작된 것으로, 제품이나 부품을 필요할 때 적시에 생산함으로써 재고수준을 최소화하고 생산 전반에 걸쳐 낭비를 줄이는 생산시스템 • **푸시 시스템(Push System) : 작업이 생산의 첫 단계에서 방출되고 차례로 재공품을 다음 단계로 밀어내어 최종 단계에서 완성품이 나온다.** • **풀 시스템(Pull System) : 필요한 시기에 필요로 하는 양만큼을 생산해 내는 시스템으로, 수요변동에 의한 영향을 감소시키고 분권화에 의해 작업관리의 수준을 높인다.**
유연생산 시스템 (FMS)	다품종 소량의 제품을 빠르게 생산하기 위하여, 컴퓨터에 의해 제어되고 조절됨으로써 변화하는 작업 스케줄에 신속하게 반응할 수 있는 유연성을 가진 생산시스템
동시생산 시스템(SMS) [최적 생산 기법(OPT)]	최적생산기법은 일정한 계획에 대한 시뮬레이션 기법으로, 동시생산시스템으로도 불린다. 제품이 만들어지는 것을 보여주기 위해 '제품네트워크'를 활용하며, 각 자원들의 세부내역은 '자원 명세서'에 의한다. 최적생산기법의 목표는 효율증가, 재고 감소 및 운영비용 절감 등을 동시에 달성하는 것이다.

구분	내용
컴퓨터통합 생산시스템(CIMS)	제조활동을 중심으로 하여 기업의 전체 기능을 관리 및 통제하는 기술 등을 통합시킨 것. 제조기술 및 컴퓨터 기술의 발달로 인해 종합적이면서 광범위한 개념으로 발달되었다.
모듈러 생산 시스템 (MPS)	다양하게 조립할 수 있는 부품을 표준화하여 대량으로 만들어 두고, 최소종류의 부품으로 최다 종류의 제품을 만들어낼 것을 목표로 하는 생산방식. 다품종 소량생산의 비효율성을 피하고 대량생산의 이점을 채택하려는 것이다. 자동차 부품, 전기부품, 공작기계 등의 생산에 응용되고 있다.

Point

JIT(Just In Time) 시스템의 특징에 관한 설명으로 옳은 것은? ④

① 수요예측을 통해 생산의 평준화를 실현한다.
② 팔리는 만큼만 만드는 Push 생산방식이다.
③ 숙련공을 육성하기 위해 작업자의 전문화를 추구한다.
④ Fool proof 시스템을 활용하여 오류를 방지한다.
⑤ 설비배치를 U라인으로 구성하여 준비교체 횟수를 최소화한다.

2. 생산시스템의 설계

생산관리활동은 ① 생산기술의 선택, 설비의 배치, 입지의 선정, 작업장의 설계 등과 같은 생산시스템의 설계와 ② 생산계획, 재고관리, 품질관리와 같은 생산시스템의 운영에 관한 문제로 나누어 볼 수 있다.

1) 공정의 분석과 설비의 배치

(1) 공정의 분석

① 새로운 기계설비를 배치하거나 기존 공정의 재배치를 통해 공정의 효율성을 개선하고자 하는 경우에도 반드시 거쳐야 할 과정이다. 공정의 분석을 효과적으로 도모하기 위해서는 제품의 특징과 구조에 관한 전반적인 자료를 갖추어야 하는데, 이 같은 용도에 사용할 수 있는 대표적인 기법으로 흐름공정표를 들 수 있다.

② 흐름공정표(Flow process chart)

㉠ 생산에 필요한 작업뿐만 아니라 제조공정 또는 서비스공정에서 발생할 수 있는

운반, 검사, 대기, 저장 등의 활동까지 기호를 이용하여 그림으로 나타낸 것이다.

㉡ 흐름공정표는 제조공정 전체를 나타내는 데 이용하기도 하지만 공정의 한 부분만을 자세히 나타내고, 대기시간, 운반시간 등을 상세히 기록함으로써 부분적인 공정개선에 이용되는 경우도 많다.

③ 공정 분석 시 검토사항

㉠ 불필요한 작업들은 없는지, 단순화할 수 있는지 여부

㉡ 작업 자체를 재설계함으로써 소요시간을 단축할 수 있는지 여부

㉢ 설비배치를 변경함으로써 운반시간을 줄일 수 있는지 여부

(2) 설비배치의 유형

설비배치의 유형은 작업처리과정의 특징에 따라 크게 공정별 배치, 제품별 배치, 제품그룹별 배치로 나누어 볼 수 있다.

설비배치 유형	내 용
공정별 (기능별) 배치 (Process Layout)	**개별생산제에서 흔히 볼 수 있는 배치형태로 같은 기능을 수행하는 기계설비가 한 작업장에 모여 있는 형태이며 제품의 종류가 다양하고 일회 생산량이 적은 다품종 소량생산 시스템에 알맞으며 일반적으로 범용기계설비의 배치에 이용된다.** **• 설비투자액이 적게 든다.** **• 제품의 수정과 수요변동에 신축적으로 대응할 수 있다.** **• 주문생산에 의한 단속생산 시스템에 자주 사용되는 형태이다.** **• 유사한 작업을 수행하는 기계와 활동을 유형별로 모아 놓은 것으로서 다품종 소량생산에 적합하다.** **• 일정계획을 수립하기 어려워 공정관리가 복잡한 단점이 있다.** **• 여러 품목을 동시에 생산할 수 있기 때문에 다른 배치형태보다 설비가 동률이 높다.**
제품별 배치 (Product Layout)	석유화학, 제지공장 등과 같은 계속공정이나 자동차, 전기 전자 등의 조립공정에 주로 이용되는 형태로 일반적으로 생산라인이라 불리는 제조시스템에서 볼 수 있는 배치형태이며 특정품목을 생산하는 데 필요한 기계설비가 작업 순서대로 배치되어 있어 표준화된 제품을 반복 생산하는 경우에 주로 이용된다. **• 연속적인 대량생산, 한정품 생산에 적합** **• 생산순서별로 기계설비가 배치되어 있어, 작업장 간의 이동시간이 짧아지고 대기시간 역시 현격히 줄어든다.** **• 소품종 대량생산체제에 적합하며 생산계획 및 통제가 용이하다.** **• 설비공정 중에 부분 운휴가 생기면 전체 생산라인이 중단되는 단점이 있다.**

설비배치 유형	내 용
제품별 배치 (Product Layout)	• **라인밸런싱(Line balancing) - 생산라인을 구성하는 각 공정(작업장)의 능력이 전반적으로 균형을 이루도록 하는 것이다. 각 공정의 소요시간이 균형을 이루도록 작업장이나 작업순서를 배열하는 것이 목적** 라인밸런싱은 제품별 배치에서 필요한 분석이다.
제품그룹별 배치	제품별 배치의 특징을 공정별 배치에 가미하여 자재의 운반, 대기시간을 줄이는 한편 다양한 품목을 생산할 수 있도록 고안된 설비배치의 형태로, 그룹별 배치는 생산공정 또는 제품구조의 특성에 따라 생산품목을 몇 개의 그룹으로 나누어 각 그룹별로 생산설비를 배치하는 방법

(3) 배치유형의 선택

① 일반적으로 개별, 묶음, 조립, 계속생산제 등으로 분류될 수 있는 생산공정의 유형이 결정되면 선택할 수 있는 배치유형의 종류는 제한된다. 개별생산 시스템에 제품별 배치 형태를 도입할 수 없고, 조립공정에 공정별 배치형태를 취하는 것도 무리이다.

② 생산하고자 하는 품목수가 적고, 작업장 간의 재공품 이동이 용이하며, 필요생산량이 상대적으로 많은 경우에는 제품별 배치가 적절할 것이며, 다양한 품목을 소량 생산하고자 하는 경우에는 공정별 배치가 적합하다.

③ 제품그룹별 배치는 공정별 배치와 제품별 배치의 중간형태로 이들 두 배치형태의 장점만을 취하고자 하는 배치유형이므로 공정별 배치를 취할 만큼 품목수가 많지도 않으나, 제품별 배치를 선택할 만큼 1회 생산량이 많지 않은 경우에 이용될 수 있다.

Point

공정별 배치의 장점에 관한 설명으로 옳지 않은 것은? ①

① 생산시스템의 계획 및 통제가 단순하다.

② 다양한 생산공정으로 신축성이 크다.

③ 범용설비는 비교적 저렴하므로 초기 투자비용이 크지 않다.

④ 하나의 기계가 고장나도 전체시스템은 크게 영향을 받지 않는다.

⑤ 종업원들에게 다양한 과업을 제공해 줄 수 있어서 직무의 권태감을 줄일 수 있다.

2) 작업의 설계와 시간의 측정

(1) 작업환경 및 작업방법의 설계

인간의 물리적 수행능력을 고려하여 작업장, 작업대, 작업도구, 기계 등을 설계함으로써 생산성을 증가시키고자 하는 데 중점을 두는 연구 분야로 인간공학을 들 수 있다. 인간공학의 목적은 작업의 속도, 정확성, 안전성을 향상시켜 작업에 따른 피로감을 줄임과 동시에 작업능률을 향상시키며 기술습득에 소요되는 시간과 비용을 줄이고 인간의 실수에 의한 사고를 방지하려는 데 있다.

(2) 작업시간의 측정

① 표준작업시간의 중요성

작업방법에 대한 설계가 완성되면 이를 실제 작업에 도입할 때 예상되는 작업시간을 측정해야 한다. 표준작업시간은 작업자의 성과 측정, 임금 결정, 설비투자계획에서 일정계획의 수립까지 중요하게 쓰인다.

② 작업시간 측정의 목적

작업자의 성과측정 및 임금결정, 생산계획의 수립, 제조원가의 결정, 생산목표의 달성을 위해 필요한 작업자 수와 설비능력의 결정으로 요약해 볼 수 있다.

③ 작업시간 측정방법

작업시간을 측정하는 방법으로는 크게 과거자료의 이용, 시간연구, 워크샘플링, 그리고 표준자료를 통한 측정법 등을 들 수 있다.

측정방법	내 용
과거자료의 이용	• 과거에 수집된 자료를 통계적으로 분석함으로써 작업시간을 추정하는 방법 • 이 방법에 의해 결정된 작업시간은 표준시간이 될 수 없다. • 감독자나 조장들이 실제 소요된 작업시간을 기록 · 수집하기 때문에 전문요원이 동원될 필요가 없으나 어떤 표준이 존재하지 않기 때문에 상당한 오류를 범할 가능성이 높다.
시간연구 (Time Study)	• 스톱워치나 비디오테이프를 이용해 작업을 관찰하고 분석함으로써 표준시간을 도출해 내고자 하는 방법 • 작업을 여러 개의 기본요소로 구분해 놓고 각 요소에 소요되는 시간을 여러 번 측정한 뒤 개인적인 차이, 피로, 여유시간 등을 감안하여 표준시간을 산정
워크샘플링 (Work Sampling)	• 시간연구에서와 같이 작업 자체를 계속적으로 관찰하는 것이 아니라 관측시점을 무작위로 선정하여 순간적으로 관찰한 뒤 그 상황을 추정하는 방법 • 즉, 어떤 특정작업을 100번 관측했을 때 기계를 사용하고 있는 경우가 40번으로 기록되었다면 총 사이클 시간의 40%는 바로 이 작업요소에 소요된다는 것이다. • 일반적으로 비반복적인 성격을 띤 작업에 주로 적용되며, 시간연구에서와 같이 시간과 비용이 많이 소요된다는 것이 문제점으로 지적된다.

측정방법	내 용
표준자료 측정법	• 주어진 작업을 세밀히 분석하여 여러 개의 기본 동작요소로 나눈 다음, 각 동작요소의 소요시간을 합산하여 표준작업시간으로 이용하는 방법 • 여기서 각 기본동작의 소요시간은 그 기업 내의 과거자료를 이용하여 추정할 수도 있고 MTM(Method Time Measurement)과 같이 각 동작에 대해 미리 결정된 표준시간을 이용하여 측정할 수도 있다. • MTM은 기본동작의 성격과 조건에 따라 다양한 표준시간차를 결정해 놓고 이를 이용하는 방법으로 주어진 작업을 세부적인 기본동작으로 분해할 수만 있다면 작업의 표준시간은 MTM의 자료목록에서 직접 계산해 낼 수 있다.

3) 생산능력

(1) 생산능력의 개념

① 설계능력

이상적인 조건하에서 일정기간 동안에 달성할 수 있는 최대의 생산량으로 설비의 설계명세서에 명시되어 있는 생산능력을 말한다.

② 유효능력

주어진 품질표준, 일정상의 제약여건하에서 일정기간 동안에 달성 가능한 최대의 생산량을 말한다. 정상적인 작업조건을 반영하여 설계능력을 감소시킨 것으로 일반적으로 설계능력보다는 적다.

③ 실제생산량

일정기간 동안에 생산설비가 실제로 달성한 생산량을 말하는 것으로 일반적으로 설계능력이나 유효능력보다는 적다.

설계능력 ≥ 유효능력 ≥ 실제 생산량

(2) 생산시스템의 효과성 평가

① 생산능력 효율성

유효능력에 대한 실제 생산량을 나타내는 것으로, 기업이 생산시스템을 얼마나 잘 이용하고 있는가에 대한 척도이다. 시스템 능률이라고도 한다.

생산능력 효율성=실제 생산량/유효능력

② 생산능력 이용률

설계능력에 대한 실제 생산량을 나타내는 것으로, 기업이 설계능력(최적조업도)에 가깝게 생산능력을 이용하고 있는가를 나타내준다.

> 생산능력 이용률=실제 생산량/설계능력

(3) 최적조업도

최적조업도(Best operating level)는 공정을 설계하는 시점에서의 목표생산능력 수준으로, 단위당 평균원가를 최소로 하는 산출량이다.

3. 수요예측

기업의 활동과 관련된 여러 가지 유형의 장 · 단기 계획을 수립하는 데 필수적인 기초자료를 제공한다.

1) 수요에 영향을 미치는 주요 요인

① 경기변동

수요는 회복기, 호황기, 후퇴기, 불황기 등의 4국면을 거치는 경기변동에서 경제가 어떤 시기에 있느냐에 따라 달라진다.

② 제품수명주기

㉠ 하나의 제품이 시장에 도입되어 폐기되기까지의 과정을 말한다. 도입기 · 성장기 · 성숙기 · 쇠퇴기의 과정으로 나눌 수 있다.

㉡ 제품이나 서비스는 처음 도입되어 시간이 경과함에 따라 제품수명주기(PLC : Product Life Cycle)를 거치는데, 제품이 어느 단계에 있느냐에 따라 수요가 영향을 받는다.

③ 기타 요인

광고, 판매활동, 품질, 경쟁업체의 가격, 소비자의 신뢰와 태도 등이 있다.

(주)한국산업의 공장은 한 작업자가 1시간에 20개의 제품을 생산하도록 설계되어 있다. 이번 달 가동률은 80%이며, 생산량은 8,000개였다. 작업자가 5명이고, 하루 8시간, 한 달에 25일 작업한다고 할 때, 이 공장의 생산효율은? ③

① 30% ② 40% ③ 50%
④ 70% ⑤ 80%

2) 수요예측의 방법

예측 기법	내 용
정성적 기법	개인의 주관이나 판단 또는 여러 사람 의견에 의하여 수요를 예측하는 방법. 신제품이 처음으로 출시될 때처럼, 과거의 자료가 충분하지 않거나 신뢰할 수 없는 경우에 유용하다. 델파이법, 패널 동의법, 역사적 유추법, 시장조사법 등이 있다.
정량적 기법	수치로 측정된 통계자료에 기초하여 계량적으로 예측하는 방법. 인과형 모델과 시계열 분석이 있으며, 주로 단기 예측에 많이 사용된다.

(1) 정성적 기법

① **델파이법(Delphi Method)**

㉠ 예측하고자 하는 대상의 전문가 집단을 선정한 다음 이들에게 여러 차례 설문지를 돌려 의견을 수렴하여 예측한다.

㉡ 시간과 비용이 많이 드는 단점이 있으나, 불확실성이 크거나 과거의 자료가 없는 경우에 사용된다. 생산능력, 설비계획, 신제품 개발, 시장 전략 등을 위한 장기예측이나 기술예측에 적합하다.

② **패널 동의법(Panel Consensus)**

오랜 경험과 전문적인 지식을 갖춘 전문가들이 의견을 교환하여 일치된 예측결과를 얻는 방법. 단기간에 저렴한 비용으로 예측결과를 얻을 수 있다.

③ **역사적 유추법(Historical Analogy)**

㉠ 신제품과 비슷한 기존 제품의 제품 수명주기인 도입기, 성장기, 성숙기, 쇠퇴기의 단계에서 수요변화에 관한 과거의 자료를 이용하여 수요의 변화를 유추하는 방법. 수명주기 유추법 또는 자료 유추법이라고도 한다.

㉡ 중·장기 수요예측에 적합하며, 비용이 적게 든다. 단, 신제품과 비슷한 기존 제품을 어떻게 선정하는가에 따라서 예측결과에 큰 차이가 있다.

④ **시장 조사법(Market Research)**

㉠ 시장에 대해 조사하려는 내용의 가설을 세운 뒤에 설문지, 직접 인터뷰, 전화조사, 시제품 발송 등을 통해 소비자 의견을 조사하여, 가설을 검증한다.

㉡ 정성적 기법 중 가장 시간과 비용이 많이 들지만, 비교적 정확하다는 장점이 있다.

⑤ **판매망 활용 예측법**

㉠ 제품이나 서비스를 구입하고 사용하는 고객과 직접 접촉하는 일선판매망(Grass Roots) 혹은 판매요원의 개별 예측치들을 합성하여 예측치를 구하는 방법

㉡ 부서 또는 판매담당자들의 예측치를 계측적으로 합성하여 예측치를 구하기 때문에 예측의 오류가 누적되어 실제와 편차가 커질 위험성이 있다.

㉢ 현장에서의 고객들의 반응을 효과적으로 반영할 수 있고, 예측의 신속성과 용이성이 높아 현실적으로 널리 활용되고 있다.

(2) 정량적 기법

① **시계열 분석법**(Time Series Analysis)

㉠ 과거의 역사적 수요에 입각하여 미래의 수요를 예측하는 방법. 과거의 패턴이 미래에도 계속될 것이라는 가정하에서 과거의 패턴을 분석하여 수요를 예측한다.

㉡ 단, 과거의 수요 패턴이 장기간 계속적으로 유지된다고 보기는 힘들기 때문에 주로 단기와 중기 예측에 쓰인다.

㉢ 추세변동(T), 순환변동(C), 불규칙변동(R), 계절변동(S) 등으로 구성되는데, 여기서 불규칙변동은 시계열의 고려대상에서 제외한다.

㉣ 시계열 분석법에는 이동평균법(단순 이동평균법, 가중 이동평균법), 지수평활법 등이 있다.

② **단순 이동평균법**(Simple Moving Average Method)

최근 몇 기간 동안의 시계열 관측치의 평균을 다음 기간의 예측치로 사용하는 방법

③ **가중 이동평균법**(Weight Moving Average Method)

최근 몇 기간 동안의 시계열 관측치에서, 오래된 값보다 최근의 값에 가중치를 좀 더 주어 가중 평균한 값을 예측치로 사용하는 방법

④ **지수 평활법**(Exponential Smoothing)

㉠ 가장 최근의 값에 가장 많은 가중치를 두고, 자료가 오래될수록 가중치를 급격하게 감소시키면서 예측하는 방법으로, 단기예측에 유용한 기법이다.

㉡ 가중 이동평균법의 단점을 해소하기 위해 평활상수를 이용해 현재에서 과거로 갈수록 더 적은 비중을 주는 방법을 채택하고 있다.

㉢ 평활상수를 α로 표시하면 지수평활법에 의한 예측(C)은 다음의 식으로 구할 수 있다.

$$C = \alpha \times \text{전기의 실적치} + (1-\alpha) \times \text{전기의 예측치}$$

⑤ **인과형 예측기법**

㉠ 과거의 자료에서 수요와 밀접하게 관련되어 있는 변수들을 찾고, 수요와 이들 변수 간의 인과관계를 분석하여 미래수요를 예측한다.

㉡ 회귀분석, 계량경제모형, 투입-산출모형, 시뮬레이션 모형 등이 있다.

⑥ **회귀분석법**

종속변수의 예측에 관련된 독립변수를 파악하여 종속변수와 독립변수의 관계를 방정식으로 나타내는 것이다. 과거의 수요 자료가 어떤 변수와 선형의 관계가 있다고 가정하고 관계를 찾아 미래의 수요를 예측하려는 방법이다. 인과형 예측기법의 대표적인 기법이다.

4. 생산계획의 수립과 통제

생산계획이란 수요예측을 기초로 하여 언제 어떤 제품을 얼마만큼 생산할 것인가를 결정하는 과정으로 계획기간의 길이에 따라 총괄생산계획, 기준생산계획, 일정계획으로 나눌 수 있다.

1) 총괄생산계획(Aggregate Production Planning)

① 수요예측의 정확도가 떨어지는 계획 초기에는 총괄생산계획을 수립하게 되는데 이는 작업자, 생산모델, 제품 등을 개별적으로 구별하여 고려하지 않고 제품과 생산공정의 특징에 따라 하나 또는 몇 개의 제품그룹으로 나누어 수립하는 계획이다.

② 총괄생산계획은 총생산비를 최소로 하는 생산율, 노동력 규모 및 재고수준의 최적의 조합을 찾는 것을 목적으로 하고 있다.

③ 보통 6개월에서 1년까지의 기간을 대상으로 하는 중기 또는 중·단기계획으로, 기업의 생산능력을 거시적으로 파악하여 수요예측에 따른 생산목표를 효율적으로 달성할 수 있도록 생산시스템의 능력, 즉 생산율(생산능력 및 하청), 고용수준, 재고수준 등을 총괄적으로 결정하고 조정하려는 계획이다.

④ 중기 또는 중·단기 계획이므로 공장시설과 같은 유형의 시설은 일정한 것으로 전제한다. 따라서, **총괄생산계획에서 수요의 변동은 근로자의 고용이나 해고, 잔업 또는 조업단축, 재고의 증감 및 하청 등의 통제 가능한 변수에 의존하게 된다.**

⑤ **생산능력계획과 같은 장기계획의 영향을 받고, 일정계획이나 자재소요계획(MRP)같은 단기계획에 영향을 준다.**

⑥ **총괄생산계획에서 고려해야 할 생산전략**

㉠ 평준화 전략 : 생산율과 고용수준을 일정하게 유지시키고 재고를 사용하여 수요의 변화를 흡수한다.

㉡ 추종전략(수요추구전략) : 수요의 변화에 대응하기 위하여 채용이나 해고를 통해 노동력 규모를 변화시켜 생산율을 조절하고 재고는 안전재고 수준만을 보유한다.

㉢ 잔업과 유휴시간 이용 : 노동력 규모를 유지시키고 대신 잔업이나 단축노무 등으로 생산시간을 조절하여 생산율을 변동시킴으로써 수요의 변화에 대응한다.

㉣ 하청 이용 : 생산율과 고용수준은 일정하게 유지하고 하청을 이용하여 수요의 변화에 대응한다.

⑦ 총괄생산계획에서의 비용요소

㉠ 기본 생산비 : 일정 기간 동안 정상적 생산 활동을 통해 일정량을 생산할 때 발생하는 공정비 및 공정생산비로 정규작업대금 및 기계준비비 등이 포함된다.

㉡ 생산율 변동비용 : 기존 생산율을 변동시킬 경우에 발생하는 비용으로 고용 · 해고비용, 하청비용, 잔업비용 등이 포함된다.

㉢ **재고비용**

- 재고유지비 : 보유 중인 재고유지를 위한 창고운영비, 세금, 보험금, 감가상각비 등이 포함된다.
- 기회손실비 : 자본이 재고에 묶임으로 인해 상대적으로 취득할 수 있는 기회이익의 손실을 의미한다.

㉣ 재고부족비용 : 수요에 대응할 재고가 없을 경우에 발생하는 판매수익의 손실, 미납주문, 신뢰도 상실 등을 의미한다.

2) 기준생산계획(MPS : Master Production Schedule)

① 기준생산계획은 자재관리, 작업자관리, 부품 및 원자재 생산, 그리고 구매계획의 결정 등에 중요한 역할을 하게 되며 매일의 일정계획의 작성에도 지대한 영향을 미치게 된다.

② 총괄생산계획에서 제품으로 한 단계 세밀하게 계획을 세우는 것으로, 어떤 모델을 언제, 몇 개 만들겠다는 계획을 세운다.

③ 일반적으로 제조기업에서의 생산계획이란 바로 이 기준생산계획을 의미하는 경우가 많다.

④ 기준생산계획의 수립방법은 계획생산이냐, 주문생산이냐 또는 주문조립생산이냐에 따라 다소 달라진다.

구 분	내 용
계획생산 (Make to Stock)	• 소비재를 생산하는 기업이 주로 이에 해당한다. • 생산준비시간을 절감하고 생산성을 높이기 위해 유사한 품목들을 묶어서 같이 생산하기도 한다.

구 분	내 용
주문생산 (Make to Order)	• 대개 완제품 재고를 가지고 있지 않으며 고객의 주문이 확정되어야만 생산에 들어간다. • 고객의 요구사항을 미리 정확히 예측하기 어렵기 때문에 제품을 주문한 고객은 상당시간 기다릴 것을 예상한다. 이 경우 주 생산일정계획은 고객의 주문을 구성하는 최종 품목들의 수량으로 정의한다.
주문조립생산 (Assemble to Order)	자동차 조립과 같이 다수의 기본적인 부품과 반제품을 조립하여 다양한 제품을 만드는 경우 최종제품에 대한 주 생산일정계획을 수립하기 보다는 엔진, 기어, 몸체 등과 같이 중요 부품에 대해서만 주 생산일정계획을 작성하고 최종작업과정인 자동차조립은 최종 조립스케줄을 통해 별도로 운영한다.

3) 일정계획

(1) 일정계획 개요

① 생산능력이나 자원(장비, 노동력 및 공간)을 시간에 따라 주문, 활동, 작업 또는 고객에 할당하는 단기의 생산능력계획이다. 구체적으로 무엇이, 언제, 누구에 의해, 어떤 장비를 사용하여 이루어지는가를 나타낸다. 일정계획은 대상 기간이 몇 달, 몇 주, 며칠 또는 몇 시간인 단기계획이다.

② 사용 가능한 인적·물적 자원이 한정되어 있다는 전제하에 처리해야 할 작업들의 순서를 결정하는 과정이다.

③ 생산설비가 제한되어 있다 하더라도 생산할 품목이 단 하나라면 일정계획의 대상이 되지 못한다.

(2) 간트차트(Gantt chart)에 의한 일정계획

① 간트차트의 의의

도표에 의한 일정계획 및 통제기법으로 시간 차원에서 생산할 양을 작업별·기계별·작업자별 등 여러 가지 관점에서 작업의 순위와 할당결과를 나타내어, 이들을 실적과 대비하여 통제할 수 있도록 하는 기법이다.

② 간트차트의 원리

계획량과 실적이 모두 직선으로 표시되고, 직선으로 시간의 길이와 작업의 진척도를 표시한다. 따라서 직선 하나로 시간의 동일성, 작업계획량의 변화, 작업실적의 변화를 나타낼 수 있다. 간트차트는 단순한 상호관계만 있는 작업에 대해서만 일정계획 수립 및 통제가 가능하다.

(3) LOB(Line of balance)법

연속생산시스템의 통제에 유용한 기법으로 부분품과 반제품의 생산실적을 도표화하여 작업진척별 예상납기일을 최종제품의 납기일과 비교함으로써 납기지체를 발생시킨 작업장에 대해 조치를 취하려는 기법이다. 납기불이행을 제공한 작업장을 중점관리하는 기법이다.

(4) 작업우선순위의 결정

① 하나의 작업장을 거치는 경우

㉠ 선착순 규칙 : 작업은 작업장에 도착한 순서대로 처리한다.

㉡ 최단처리시간 규칙 : 처리시간이 짧은 순서대로 작업순서를 결정한다.

㉢ 최소납기일 규칙 : 납기일이 가까운 순서대로 작업순서를 결정한다.

㉣ 최고여유시간 규칙 : 여유시간이란 납기일까지 남아있는 시간에서 잔여처리시간을 뺀 시간으로, 여유시간이 가장 짧은 작업부터 우선 처리한다.

㉤ 긴급률 규칙 : 긴급률이란 현재부터 납기일까지 남아 있는 시간을 잔여처리시간으로 나눈 비율을 의미하며, 긴급률이 가장 낮은 작업부터 우선적으로 처리한다.

② 작업순서의 효율성 평가기준

㉠ 총완료시간 : 모든 작업이 완료되는 시간으로, 총완료시간은 짧을수록 좋다.

㉡ 평균완료시간 : 평균완료시간은 짧을수록 좋다.

㉢ 시스템 내 평균작업수 : 작업장 내에 머무는 작업수가 많을수록 보관 장소가 더 많이 필요하고 작업장 내부가 혼잡해지므로 효율성이 떨어진다.

㉣ 평균납기지연 : 평균납기지연은 짧을수록 좋다.

㉤ 유휴시간 : 작업장, 기계 또는 작업자의 유휴시간은 짧을수록 좋다.

5. 재고관리

재고란 미래의 생산에 사용하거나 또는 판매를 하기 위해 보유하는 원자재, 재공품(제조공정에 투입되었으나 아직 완제품의 형태를 띠지 못하는 반가공상태의 제품), 완제품, 부품 등과 조직의 운영을 위해 보유하는 소모품까지도 포괄하는 개념이다.

1) 재고의 기능(목적)

① 계속적인 수요에 대비하여 재고를 비축하는 경우

② 구매비용이나 생산준비비용을 줄이기 위해 많은 양의 제품을 구매 또는 생산하는 경우

③ 물건의 조달기간 또는 그 기간 동안 수요가 불확실한 경우를 대비하여 재고를 비축하여 예상 외의 경우에 대비하는 경우

④ 여러 단계의 제조 공정을 거치는 제품의 경우 기계설비의 고장이나 사고에 대비하여 각 제조공정에 어느 정도의 재공품을 보유하는 경우

2) 재고의 공정의 진행 상태에 따른 분류

① 원재료(Raw Materials) : 외부공급업체로부터 조달받아서 공정에 투입하기 전의 상태에 있는 재고

② 재공품(WIP ; Work-In-Process)재고 : 생산프로세스에 투입되어 가공이나 조립이 진행 중인 상태에 있는 재고

③ 완성품(Finished Goods) : 공정의 전과정을 마쳐서 유통센터로 보낼 수 있는 상태의 재고

3) 재고의 기능에 따른 분류

① **안전재고**(Safety Stock Inventory) : 완충재고라고도 하며, 일반적으로 수요와 공급의 변동에 따른 불균형을 방지하기 위해 유지하는 계획된 재고 수량. 제품 수요, 리드타임, 공급업체의 불확실성에 대비하는 재고

② **운송재고**(Pipeline inventory) : 현재 수송 중에 있는 품목들에 대한 재고, 운송 중인 재고

③ **예비재고** : 수요의 상승을 기대하여 의도적으로 사전에 비축하여 대비하는 재고. 계절적 수요 대응, 계획적인 공장 가동 중지를 대비하여 자재나 제품을 사전에 준비하는 경우에 발생. 예상재고, 계절재고라고도 함

④ **주기재고**(Cycle inventory) : 재고품목을 주기적으로 일정한 로트단위로 발주하여 발생되는 재고. 경제적 구매를 위하여 필요량보다 많은 양을 구입하거나 생산하여 주문, 생산 준비회수를 줄임으로써 주문비용을 절감하고자 한다. 통상적인 수요충족을 위해 보유하는 재고로 단위량의 크기가 증가할 경우, 평균적인 사이클 재고의 크기는 늘어나게 된다.

⑤ **분리재고** : 생산을 동일하게 맞춰 나갈 수 없는 이웃하는 공정이나 작업들 사이에 필요한 재고이다.

⑥ **투기재고** : 원자재의 부족 내지는 고갈이나 인플레이션 등에 따른 가격인상에 대비하여 미리 확보해두는 재고이다.

⑦ **운전재고** : 한번 주문(생산)한 양으로 다시 주문할 때까지 이용하는 동안에 재고가 존재하는데, 이 재고를 운전재고 또는 경제적 주문량(생산량)재고라고 한다.

4) 적정재고량

① 적정재고량의 결정요인

㉠ 고객 수요량(수요 예측) : 어떤 특정 시점에서 소매업체가 결정해야 할 상품별 재고량은 각 상품별 고객 수요량에(예상 판매량)에 근거해야 한다. 고객 수요량은 각 상품의 분기별 · 월별 판매예측치로 표시된다.

㉡ 상품 투하자금 : 투하자금은 재고투자액의 크기를 의미한다. 재고의 증가는 상품 투하자금을 증가시켜 자본효율을 저하시킨다. 상품 회전율(=매출액/평균재고액) 또는 재고자산 회전율은 재고투자의 효율을 건전한 상태로 유지시키는 지표가 된다.

㉢ 재고비용의 경제성 : 재고비용은 재고발주비와 재고유지비의 합계이다. 재고비용이 극소화되도록 구매수량을 결정한다.

② 재고회전율

㉠ 재고회전율이란 평균적으로 보유하고 있는 재고자산이 판매를 통해 특정 기간 동안 회전되는 횟수를 말한다. 효율적인 재고관리를 위한 지표가 된다.

㉡ 재고회전율은 순매출을 평균재고로 나눈 값이며, 평균재고는 각 월의 재고합계를 개월수로 나눈 값이다. 재고회전율이 빠르면 빠를수록 수익성은 향상되며 자금흐름 또한 원활하게 된다.

5) 재고관리

① 재고관리란 수요에 신속히, 경제적으로 적응할 수 있도록 재고를 최적상태로 관리하는 절차를 말한다.

② 재고량을 경제적 관점에서 가능한 최저로 유지하는 것이 바람직한 재고관리이다. 수요를 충족시키면서 총 재고비용을 최소로 하는 것이 재고관리의 기본목표이다.

6) 재고관리비용

① 재고와 관련해서 발생하는 비용으로는 크게 품목비용, 주문비용 또는 생산준비비용, 재고유지비용, 재고부족비용 등을 들 수 있는데, 이들 비용은 기본적으로 재고관리시스템의 선택 및 운영방침에 결정적으로 영향을 미치게 된다.

② **재고보유는 보관비 등의 재고유지비용은 물론 재고준비비용 및 운반비 등의 발주비용(주문비용)을 발생시킨다.**

구 분	내 용
품목비용	재고품목 그 자체의 구매비용 또는 생산비용을 말함. 단가에 구매수량 또는 생산수량을 곱한 값으로 표현
주문비용	재고품목을 외부에 주문과 관련해서 직접적으로 발생되는 비용으로 구매처 및 가격의 결정, 주문에 관련된 서류작성, 물품수송, 검사, 입고 등의 활동에 소요되는 비용. 주문량의 크기와 관계없이 항상 일정하게 발생하는 고정비 성격의 비용으로 간주
재고준비비용	재고품목을 기업 내에서 생산하는 경우에 발생하는 비용. 생산량의 크기와 관계없이 항상 일정하게 발생하는 비용으로 간주
재고유지비용	**재고를 유지 · 보관하는 데 소요되는 비용으로 재고유지비용 중 가장 큰 비중을 차지하는 항목은 이자비용 또는 자본비용으로 현금이나 유가증권 등의 유동자산으로 가지고 있지 않고 재고형태로 자금이 묶임으로써 지출하는 비용이다. 재고유지비용에는 창고사용료, 보험, 세금, 진부화 및 파손 등에 따른 비용도 포함**
재고부족비용	재고 부족으로 인해 발생하는 판매손실 또는 고객의 상실 등을 의미한다. 제조기업인 경우 재고부족비용으로 조업중단이나 납기지연으로 인한 손실액까지 포함

7) ABC분류

① **재고품목수가 너무 많아 효율적인 재고관리를 하기 힘든 경우 ABC분류방식을 사용하면 큰 효과를 볼 수 있다.**

② **ABC분류란 재고품목을 누적매출액과 누적품목수를 기준으로 하여 3개의 그룹으로 나누어 관리하는 방식을 말한다.** ABC분류에서 A품목은 상대적으로 품목수가 적으나 매출액 비율이 높은 품목들이며, C품목은 이와 반대로 품목수가 많으나 매출액 비율이 낮은 품목들이고, B품목은 A와 C 사이에 위치하는 품목들이다.

③ ABC분석의 효용성은 재고관리시스템의 선택 및 운영에 큰 도움을 줄 수 있다는 데에 있다. A품목은 상당한 투자를 요구하는 품목들이므로 재고흐름에 대한 정확한 정보를 지속적으로 수집, 유지할 필요가 있다. 즉, 재고의 입출고, 실사, 주문량의 결정 등에 상당한 주의를 기울여야 한다. 이에 반해 C품목은 주문량의 확대에 따른 가격할인이나 수송비 절감 등을 적극적으로 도모해야 하며 재고실사도 주기적으로 간단히 하면 된다. B품목에 관한 통제는 C품목보다는 관심을 높여야 하겠지만 A품목의 관리만큼 주의를 기울일 필요는 없다. 다시 말해, A품목은 집중적인 재고관리, B품목은 보통수준의 재고관리, C품목은 단순한 재고관리를 한다. ABC분류기법은 모집단특성의 80%는 20%의 구성원에 의해서 결정된다는 소위 '파레토(pareto)의 80~20법칙'을 적용한 것이다.

즉, 전체재고가치의 80%는 일반적으로 전체품목수의 20%에 해당하는 주요 재고품목으로부터 발생한다는 것을 의미한다. ABC분류기법의 개략적인 분류기준은 다음과 같다(Gaither와 Frazier, 2002)

㉠ A등급 : 전체의 20%에 해당하는 재고품목으로서 연간 총재고가치의 75%를 차지하는 품목. 어느 품목의 연간 총재고가치는 단위구매비용에 연간 수요량을 곱하여 산출한다.

㉡ B등급 : 전체의 30%에 해당하는 재고품목으로서 대략 연간 총재고가치의 20%를 차지하는 품목

㉢ C등급 : 전체의 50%에 해당하는 재고품목으로서 대략 연간 총재고가치의 5%를 차지하는 품목

재고 및 재고관리에 관한 설명으로 옳지 않은 것은? ⑤

① 고객의 불확실한 예상수요에 대비하기 위한 재고를 안전재고(Safety Stock)라고 한다.
② 작업의 독립성을 유지하고 생산활동을 용이하게 하기 위해 재고관리가 필요하다.
③ 경제적 주문량모형(EOQ)은 재고모형의 확정적 모형 중 고정주문량모형에 속한다.
④ 고정주문량모형(Q시스템)에서는 재고수준이 미리 정해진 재주문점에 도달하면 일정량 Q만큼 주문한다.
⑤ ABC 재고관리에서는 재고품목을 연간 사용량에 따라 A등급, B등급, C등급의 세 가지 유형으로 분류한다.

8) 재고관리시스템

재고관리시스템은 재고로 보유하는 품목의 수요가 독자적으로 발생하는 독립수요품목이냐 또는 다른 품목의 수요에 의해 결정되는 종속품목의 수요이냐에 따라 그 구조가 상당히 다르다. 독립수요품목이란 그 품목에 대한 수요가 제조조직의 운영과는 상관없이 시장수요에 의해 독자적으로 발생하는 품목을 의미하며 독립수요품목의 관리방식으로는 정기실사제와 계속실사제가 있으며, 종속수요품목의 관리에는 자재소요계획이 많이 쓰인다.

관리방식	내용
정기실사제	• 백화점, 슈퍼마켓 등 많은 품목을 판매하는 기업에서 흔히 볼 수 있는 재고관리시스템으로 미리 날짜를 계획해 두고 주기적으로 재고를 실사한다. • 재고 실사 후, 다음 재고 실사일까지의 수요와 현 재고를 감안하여 필요한 양을 주문하거나 생산하게 되어 주문량은 매번 다른 경우가 많다.
계속실사제	• 재주문점제라고도 불리는 이 시스템에서는 계속적으로 재고를 관찰하여 재고가 미리 결정된 수준으로 떨어지면 일정량을 주문 또는 생산하여 적정수준으로 회복시키게 된다. 여기서 주문의 시점을 결정하게 되는 재고수준을 재주문점이라고 한다. 계속실사제를 사용하기 위해서는 재주문점과 주문량을 결정하는 방법이 설정되어야 한다. 정확한 수요예측이 어려울 때 재고관리를 위한 전통적인 재고모델이다. • 재주문점은 주문한 상품이 도착할 때까지 걸리는 시간 동안에 발생할 수요와 재고부족이나 과잉에 따른 비용을 모두 감안하여 결정한다. 한편 주문량은 재고유지비용과 주문비용을 감안하여 결정한다.
자재소요계획	• 제조기업에서 원자재와 부품의 수급계획에 쓰일 수 있는 대표적인 시스템 • 기본원리는 주 생산일정계획을 토대로 하여 원자재와 부품의 소요량을 정확히 계산한 뒤, 가능한 적정 재고수준에 맞추어 주문량 또는 생산량과 그 발주시기를 결정하는 것이라 할 수 있다. 따라서 시스템을 운영하기 위해서는 어느 제품이 언제 생산되고 어느 원자재, 부품이 언제, 얼마만큼 소요될 것이고 이들의 조달에 얼마나 긴 시간이 소요될 것인가에 대한 정확한 정보를 확보해야 한다.

6. 자재소요계획(MRP), 생산자원계획(MRP II)

1) 자재소요계획(MRP : Material Requirement Planning)

① 완제품의 생산수량 및 일정을 토대로 생산에 필요한 원자재, 부분품 등의 소요량 및 소요시기를 추산하여 주문계획으로 전환

② 최종제품의 수요를 추정하고, 각 구성부품들의 수요를 필요한 때 필요한 양만큼 보유

③ 이를 통해 기존 재고 관리기법에서의 평균재고 개념 때문에 발생하는 과잉재고와 부족재고 현상을 해결하여 재고비용을 극소화시키는 데 목적이 있다.

④ MRP의 기본구조

MRP시스템은 생산일정계획(MPS), 자재명세서(BOM), 재고기록서(Inventory Record

File) 등으로 구성된다. 세 가지 기본요소로부터 최종제품의 소요량 및 시기, 제품의 구조와 재고현황 등에 대한 정보를 얻어 각 부품의 주문계획 및 주문량을 파악하는 것이다.

㉠ 생산일정계획(MPS) : 일정한 기간 동안에 생산해야 하는 최종제품의 수량을 기간별로 나타낸 생산계획

㉡ 자재명세서(BOM) : 제품구조와 조립되는 공정순서 등이 기록된 서류이다. 최종제품의 단계별 구조 및 구성제품의 소요량을 표시

㉢ 재고기록서(Inventory Record File) : 각 부품에 대한 계획입고, 보유재고, 조달기간 등을 기록한 것으로, 순소요량을 계산하기 위한 정보를 제공한다.

2) 생산자원계획(MRPⅡ : Manufacturing Resource Planning Ⅱ)

① 고전적 MRP시스템에 생산계획 및 생산일정 등과 같은 계획기능, 구매활동 등과 같은 실행기능이 덧붙여진 시스템이다.

② MRPⅡ시스템은 계획기능과 실행기능으로 구성된다.

7. 품질경영

1) 품질의 개념과 중요성

① 원가, 유연성, 시간과 함께 생산부문의 전략적 목표 중의 하나이다.

② 제품이나 서비스의 경쟁력은 기본적으로 품질을 기본요소로 한다.

2) 품질관리의 의의

품질관리는 소비자들의 요구에 부흥하는 품질의 제품 및 서비스를 경제적으로 생산 가능하도록 기업 조직 내 여러 부문이 제품에 대한 품질을 유지 · 개선하는 관리적 활동의 체계를 의미한다.

3) 품질관리의 목표 및 효과

① 품질관리의 목표

㉠ 제품시장에 일치시킴으로써 소비자들의 요구를 충족시킨다.

㉡ 다음 공정의 작업을 원활하게 한다.

㉢ 불량, 오작동의 재발을 방지한다.

㉣ 요구품질의 수준과 비교함으로써 공정을 관리한다.

㉤ 현 공정능력에 따른 제품의 적정품질수준을 검토해서 설계시방의 지침으로 한다.
㉥ 불량품 및 부적격 업무를 감소시킨다.

② 품질관리의 효과
㉠ 불량품이 감소되어 제품품질의 균일화를 가져온다.
㉡ 제품원가가 감소되어 제품가격이 저렴하게 된다.
㉢ 생산량의 증가와 합리적 생산계획을 수립한다.
㉣ 기술부문과 제조현장 및 검사부문의 밀접한 협력관계가 이루어진다.
㉤ 작업자들의 제품품질에 대한 책임감 및 관심 등이 높아진다.
㉥ 통계적인 기법의 활용과 더불어 검사비용이 줄어든다.
㉦ 원자재 공급자 및 생산자와 소비자의 거래가 공정하게 이루어진다.

4) 품질비용(Quality Cost)

품질비용은 제품을 처음부터 잘 만들지 않아 발생하는 비용이다.

① 예방비용(Prevention cost : P－cost)
실제로 제품이 생산되기 전에 불량품질의 발생을 방지하기 위하여 발생하는 비용이다. 품질계획, 품질교육, 신제품 설계의 검토 등에 소요되는 비용이다.

② 평가비용(Appraisal cost : A－cost)
생산이 되었지만 아직 고객에게 인도되지 않은 제품 가운데서 불량품을 제거하기 위해 검사에 소요되는 비용이다. 원자재 수입검사, 공정검사, 완제품검사 등에 소요되는 비용이다.

③ 실패비용(Failure cost)
품질이 일정수준에 미달하여 발생하는 비용이다. 내적 실패비용은 폐기물이나 등외품 등 생산공정상에서 발생하는 비용이고, 외적 실패비용은 클레임이나 반품 등 제품이 출하된 후에 발생하는 비용이다.

원자재의 수입(收入)검사, 공정검사, 완제품검사, 품질연구실 운영 등에 소요되는 품질비용을 지칭하는 용어는? ④
① 외부 실패비용(External Failure Cost)
② 내부 실패비용(Internal Failure Cost)
③ 예방비용(Prevention Cost)
④ 평가비용(Appraisal Cost)
⑤ 준비비용(Setup Cost)

5) 품질관리의 기능

① 품질관리는 Plan - Do - Check - Action, PDCA 사이클의 관리과정에 따라 품질관리활동이 수행된다. PDCA 기능은 품질관리 시스템을 구성하는 제품품질의 설계, 공정관리, 품질보증, 품질조사 등 4가지 품질관리 기능이다.

② 순환적인 품질관리는 데밍(W. E. Deming)이 주장하였다고 해서 '데밍 사이클(Deming cycle)'이라고 부르기도 한다. 품질관리도 관리기능을 수행하는 일련의 시스템의 피드백 활동으로서 주요기능인 설계, 조직 및 통제기능의 과정을 통해 이루어진다.

6) 품질관리의 전개

① 품질관리는 '예방의 원칙'을 기반으로 하며, 객관적인 판단을 위해 통계적 고찰 또는 방법 등의 과학적인 수단을 활용하게 되었다. 이와 같이 통계적 기법의 응용을 강조한 품질관리를 통계적 품질관리(SQC : Statistical quality control)라고 한다.

② 현대적 품질관리는 종합적으로 품질관리를 추진해야 한다는 입장으로, 이러한 측면을 강조하는 품질관리를 종합적 품질관리(TQC : Total quality control) 또는 전사적 품질관리(CWQC : Company - Wide Quality Control)라고 한다.

7) 품질관리 기법

(1) 통계적 품질관리

통계적 품질관리는 표본을 추출하여, 모집단의 규격에의 적합성을 추측하기 위한 기법이다.

(2) 종합적 품질관리(TQC)

종합적 품질관리(Total Quality Control)는 고객에게 만족을 주는 경제적인 품질을 생산하고 서비스할 수 있도록 사내 각 부문의 활동을 품질의 개발 · 유지 · 향상을 위해 전사적으로 통합 · 조정하는 시스템이다.

구분	내용
완전무결(ZD) 운동	• 완전무결(Zero Defect) 운동(무결점 운동)은 전 종업원이 주체 • 처음부터 올바르게 일을 하도록 종업원에게 동기부여를 강조 • 불량률을 허용하지 않아 불량품발생은 0으로 함 • 실시요소는 ECR(Error Cause Removal) 제안, 동기부여, 표창 등 3가지 • 품질의 인적 변동요인(종업원의 기술과 작업의욕)을 중시 • 심리적이고 비수리적

구분	내용
QC 서클	• QC 관리자 · 전문가가 주체 • 불량품 발생에 의한 손실과 품질관리비용의 균형을 고려하여 표준치에 대한 불량률 인정 • 품질의 물적 변동요인(작업장과 설비의 기능)을 중시 • 처음부터 작업을 올바르게 할 수 있는 방법을 부여 • 논리적이고 수리적

8) **종합적 품질경영(TQM)**

① 최근에는 생산, 설계, 구매, 마케팅을 모두 포괄하는 광범위한 경영체제로서의 종합적 품질경영(TQM ; Total Quality Management)을 강조하는 추세이다. TQM은 최고경영자의 열의와 리더십을 기반으로 끊임없는 교육훈련과 참여의식에 의해 능력이 개발된 조직구성원이 합리적 · 과학적 관리방식을 활용하여 조직 내의 모든 절차를 표준화하고 지속적으로 개선하는 과정에서 종업원의 욕구를 충족시키고 이를 바탕으로 고객만족과 조직의 장기적 성장을 추구하는 경영시스템이라 정의할 수 있다.

② **TQM은 고객중심의 행정을 중시하지만 형평성이라는 이념을 직접적으로 추구하지 않으며 오히려 기업형 정부나 신공공관리전략에 토대를 두고 있으므로 형평성이나 민주성을 저해할 가능성까지 내포하고 있다.**

③ TQM의 원리

㉠ 소비자부터 시작한다.

㉡ 품질을 측정하고 자료를 정리한다.

㉢ 문제가 발생하면 바로 발생근원에서 해결하도록 한다.

㉣ 표준화는 바람직한 처리방법을 계속 유지시키며 같은 문제가 재발하는 것을 막아준다.

㉤ 실수를 미연에 방지할 수 있도록 작업과 작업환경을 설계한다.

④ 종합적 품질관리(TQC)와 종합적 품질경영(TQM)

구분	내용
종합적 품질관리 (TQC)	• 공급자 위주 • 단위(Unit) 중심 • 생산현장 근로자의 공정관리 개선에 초점 • 기업이익 우선의 공정관리
종합적 품질경영 (TQM)	• 구매자 위주(고객 중시) • 시스템 중심 • 제품설계에서부터 제조 · 검사 · 판매 전과정에서 상호유기적으로 품질향상을 위해 노력 • 고객의 만족을 위한 최고경영자의 품질방침에 따라 실시하는 모든 부문의 총체적 활동

9) 국제품질표준

① ISO 9000 품질표준

㉠ 해당 기업의 품질경영시스템이 ISO 9000 표준에서 요구하는 규격에 적합한가를 심사하여 인증하는 제도

㉡ 국제표준화기구(ISO)가 정한 품질에 관한 국제표준으로, 제품자체에 대한 품질을 보증하는 것이 아니라 제품생산공정 등의 프로세서(품질관리시스템)에 대한 신뢰성 여부를 판단하기 위한 것이다.

㉢ 기업의 고객의 요구를 충족시키는 품질을 제공할 수 있도록 절차, 정책, 훈련 등을 포함한 적절한 품질시스템을 갖추어야 함을 요구

㉣ 이를 위한 품질 매뉴얼 및 세심한 기록시스템이 필요

㉤ 제조업 및 서비스업, 소프트웨어 산업에도 적용됨

㉥ 기본규격의 구성

- ISO 9000 : 품질경영과 품질보증 규격 구분, 사용방법 안내
- ISO 9001 : 설계에서 서비스까지의 품질보증 모델, 가장 종합적인 품질관리
- ISO 9002 : 생산 및 설치의 품질보증 모델
- ISO 9003 : 최종검사 및 시험의 품질보증 모델
- ISO 9004 : 기업의 생산 · 소비활동 전과정에 대한 환경인증

② ISO 14000 환경표준

㉠ 환경경영시스템에 대한 국제표준규격

㉡ 기업 활동으로 인해 발생하는 환경영향을 최소화하고 환경성과를 지속적으로 개선하도록 기업에게 환경경영시스템의 구축을 요구

10) 국가품질상 제도

① 기업의 품질경영을 촉진하기 위해 국가 차원의 품질 관련 시상제도

② 미국의 말콤 볼드리지 국가 품질상, 일본의 데밍상, 유럽연합의 유럽품질상, 우리나라의 국가품질상 등이 있다.

11) 6시그마(Six Sigma)

① 시그마(sigma : σ)는 통계학에서 표준편차를 의미하는 것으로, 제품의 설계, 제조, 서비스의 품질편차를 최소화하여 그 상한과 하한이 품질 중심으로부터 6σ 이내에 있도록 관리한다는 것이다. 이 경우 불량률은 3.4 PPM(제품 1백만 개 중 3.4개) 이내의 수준으로 하고자 하는 기업의 품질경영 전략이다.

② 6시그마 활동은 목표 품질수준의 달성을 위하여 모든 관련 프로세스를 평가하여 품질

개선 활동의 우선순위를 설정하고 이에 따라 체계적이고 효율적으로 프로세스 관리를 수행해 나가는 것을 원칙으로 한다.

8. 프로젝트 관리

1) 프로젝트 관리의 목적

① 프로젝트 관리의 목적은 비용(Cost), 일정(Schedule), 성과(Performance) 세 가지이다.

② 모든 프로젝트는 계획, 일정계획, 통제 및 종료의 네 단계를 거친다.

③ 프로젝트의 일정계획을 위한 방법으로는 고전적인 간트도표(Gantt Chart)와 과학적인 기법인 PERT/CPM이 있다. 간트도표는 프로젝트의 활동들을 막대그림으로 나타내어 프로젝트의 일정계획을 수립하는 방법이다. 간트도표는 작은 프로젝트나 활동 간의 선행관계가 간단한 프로젝트의 일정계획에 유용하다.

2) PERT / CPM

① PERT(Program Evaluation and Review Technique)와 CPM(Critical Path Method)은 프로젝트를 네트워크로 나타내어 체계적으로 일정계획을 수립하는 과학적인 기법이다.

② PERT/CPM은 프로젝트를 네트워크로 나타내어 최단 완료시간과 주공정 그리고 각 활동의 여유시간을 구한다.

㉠ 주공정이란 프로젝트의 최단 완료시간을 지키기 위해 반드시 계획대로 정확히 수행되어야 하는 일련의 활동을 말한다.

㉡ 여유시간이란 전체 프로젝트를 지연시키지 않으면서 각 활동이 지체될 수 있는 시간을 의미한다.

③ PERT/CPM 네트워크에서 최단 완료시간과 주공정을 구하는 방법으로는 열거법과 전진후진계산법이 있다.

㉠ 열거법은 모든 경로를 나열하여 가장 긴 경로를 찾아내는 단순한 방법이다.

㉡ 하지만 열거법은 작은 규모의 프로젝트가 아니면 현실적으로 사용하기가 곤란하다. 따라서 전진후진계산법이 보다 현실적이고 과학적인 방법이다.

④ PERT/CPM 차이점

㉠ PERT는 활동시간을 세 가지로 추정하여 평균시간을 계산하는 일종의 확률적 모형이다. 이는 PERT가 불확실성이 큰 연구개발(R&D) 프로젝트를 대상으로 개발되었기 때문이다. 이에 비해 CPM은 활동시간을 확정적으로 추정하였다.

㉡ PERT는 프로젝트의 시간적 측면만 고려하였으나, CPM은 시간과 비용 둘 다 고려하였다.

Point

다음 중 품질관리의 기법이 아닌 것은? ③

① 100PPM 운동
② ZD 프로그램
③ 간트차트(Gantt Chart)
④ QC 서클
⑤ 식스 시그마(Six Sigma)

9. 생산관리 최신이론

• 공급사슬관리(SCM)

(1) 공급사슬

① 자재와 서비스의 공급자로부터 생산자의 변환과정을 거쳐 완성된 산출물을 고객에게 인도하기까지 공급자, 제조공장, 배급센터/창고, 도매점, 소매점 및 고객으로 상호 연결된 사슬

② 공급사슬에서는 상 · 하류 양 방향으로 자재와 정보가 흘러간다. 공급사슬의 하류로는(공급자로부터 고객으로) 자재와 필요한 정보(사용량, 재고수준, 송장 등)가 흘러가면서 여러 주체들에 의해 자재가 최종 제품으로 변환되어 고객에게 전달되고, 공급사슬의 상류로는(고객으로부터 공급자로) 반환 자재(불량품, 재활용품, 고객의 반환품 등), 정보(수요, 예측치 등) 및 대금 지급이 흘러간다.

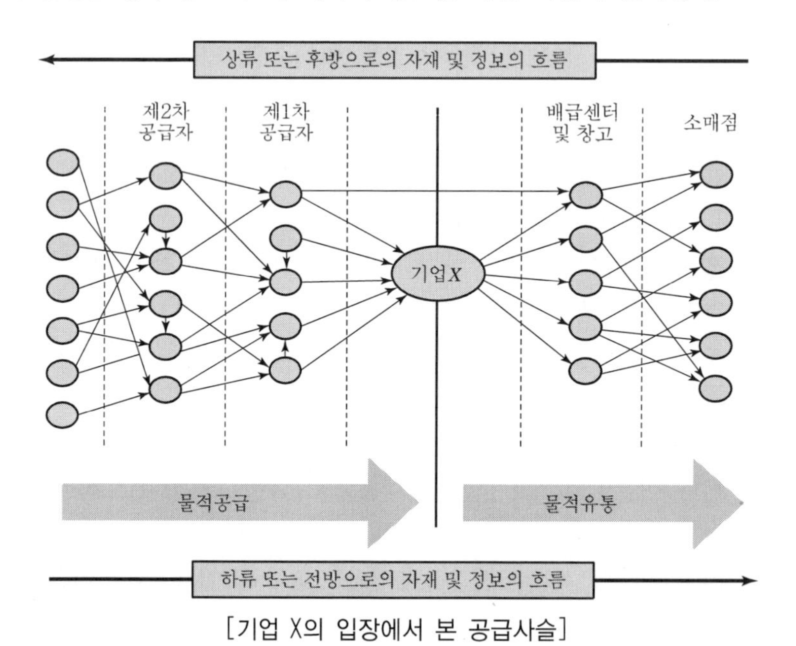

[기업 X의 입장에서 본 공급사슬]

(2) 공급사슬관리(SCM ; Supply chain management)

① 공급자로부터 기업 내 변환과정과 배급망을 거쳐 최종 고객에 이르기까지 자재, 서비스 및 정보의 흐름을 전체 시스템의 관점에서 설계하고 관리하는 것

② 공급사슬관리의 목적은 공급사슬에서 자재, 서비스 및 정보의 흐름을 효과적·효율적으로 관리하고 불확실성과 위험을 줄임으로써 재고수준, 리드타임, 고객서비스 수준을 향상시키는 것이다.

③ 공급사슬 관리의 중요성

㉠ 공급사슬의 총리드타임(자재가 전체 공급사슬을 거치는 총시간)을 줄이면 재고 감소, 유연성 증대, 원가절감 및 납기 단축의 효과

㉡ 내부적으로 효율성을 제고해왔던 기업들이 추가적인 효율성 향상을 위해 공급사슬에서 외부 고객 및 공급자와의 관계에 관심 확대

㉢ 시스템적 사고가 적용되는 공급사슬관리는 기업 내부 부서 간의 프로세스는 물론 기업 외부로 연장되는 프로세스까지도 함께 이해할 수 있는 토대 제공

(3) 공급사슬 채찍효과(Bullwhip effect)

① 공급사슬에서 최종소비자로부터 멀어질수록 불확실성이 확대되면서 불필요한 재고를 쌓는 것을 말한다.

② 정확한 수요를 모를 때나 생산자에 대한 가격 및 생산량 정보가 부족할 때 그 효과는 더욱 커진다. 또한 소비자에게 제품이 공급되기 전 많은 단계를 거칠수록 정보의 왜곡 등으로 인해 변동성이 커진다.

③ 소를 몰 때 긴 채찍을 사용하면 손잡이에서 작은 힘이 가해져도 끝부분에서 큰 힘이 생기듯, 최종소비자의 수요량 변동 폭이 크지 않아도 '소매 → 도매 → 제조 → 부품 → 장비 → 원자재' 등 공급사슬을 거슬러 올라갈수록 수요량이 변동폭이 확대된다.

④ 공급사슬의 채찍효과는 흔히 발생한다. 공급사슬의 상류 주체들(예 : 창고와 공장)은 시장에 가까이 있는 하류 주체들로부터의 부풀려진 주문에 대해 상류에 이보다 더 크게 주문을 한다. 이런 부풀려진 주문들이 시장의 올바른 수요 정보(수량 변화, 변화의 시점 등)를 왜곡한다.

⑤ 설사 공급사슬의 모든 단계에 완전한 정보가 주어지더라도 공급사슬 주체 간의 긴 리드타임 때문에 채찍효과가 발생할 수 있다.

⑥ 공급사슬을 개선하는 최상의 방법은 총리드타임을 단축시키고, 공급사슬의 모든 단계에 실제 수요 정보를 가능한 신속하게 피드백해 주는 것이다.

(4) 공급사슬의 전략적 설계

① 효율적 공급사슬

㉠ 효율적 공급사슬은 식료품점의 주요 상품과 같이 수요의 예측 가능성이 높은 환경에 가장 적합하다. 이 유형의 시장은 제품이나 서비스의 수명이 길고, 신제품 도입이 자주 일어나지 않으며, 제품의 다양성이 낮은 특성을 가지고 있다.

㉡ 자재, 서비스 및 정보의 효율적 흐름과 재고의 최소화에 초점을 둔다.

㉢ 가격이 결정적인 주문획득요인이 되며, 공헌이익은 낮고, 효율성이 중시된다.

㉣ 기업의 경쟁우선순위는 낮은 원가, 일관된 품질 및 정시납품이 된다.

② 반응적 공급사슬

㉠ 시장의 요구와 수요의 불확실성에 신속하게 반응하는 데 초점을 둔다.

㉡ 반응적 공급사슬은 제품이나 서비스가 다양하고 수요의 예측 가능성이 낮은 시장에 가장 적합하다.

㉢ 경쟁력을 유지하기 위해 신제품이나 새로운 서비스를 자주 도입해야 하며, 전형적인 경쟁우선순위는 신제품의 개발 속도, 신속한 납품, 고객화, 수량 유연성, 최고의 품질이다.

〈효율적 공급사슬과 반응적 공급사슬에 적합한 환경〉

요인	효율적 공급사슬	반응적 공급사슬
수요	예측 가능, 낮은 예측오차	예측 불가능, 높은 예측오차
경쟁우선순위	낮은 원가, 일관된 품질, 정시납품	신제품 개발 속도, 신속한 납품, 고객화, 수량 유연성, 최고의 품질
신제품/서비스 도입	가끔	자주
공헌이익	낮음	높음
제품의 다양성	낮음	높음

출처 : Krajewski, Ritzman, and Malhotra(2010)

③ 효율적 및 반응적 공급사슬의 설계

㉠ 효율적 공급사슬에서 생산공정은 표준화된 제품이나 서비스를 대량으로 생산할 수 있도록 라인 흐름(Line flow)을 취한다. 낮은 원가를 달성하기 위해 재고 투자는 적어야 하고, 재고회전율은 높아야 한다. 기업과 공급자는 비용증가를 수반하지 않는 범위 내에서 리드타임을 최대한 줄이도록 노력해야 한다.

㉡ 반응적 공급사슬에서 기업은 유연해야 하고 높은 완충 생산능력을 유지해야

한다. 신속한 납품을 위해 재공품 재고는 유지해야 하지만 값비싼 완제품 재고는 피해야 한다. 기업과 공급자는 리드타임을 최대한 줄이도록 노력해야 한다. 신속한 납품, 고객화된 구성품이나 서비스의 제공 능력, 수량 유연성 및 높은 품질이 강조된다.

〈효율적 공급사슬과 반응적 공급사슬의 설계 특성〉

요인	효율적 공급사슬	반응적 공급사슬
생산전략	재고생산 또는 표준화된 제품이나 서비스 : 대량생산 강조	주문조립생산, 주문생산 또는 고객화된 제품이나 서비스 : 제품의 다양성 강조
완충 생산능력	낮음	높음
재고투자	낮음 : 높은 재고회전율	신속한 납품에 필요한 만큼 유지
리드타임	비용 증가를 수반하지 않는 범위 내에서 단축	최대한 단축
공급자 선택	낮은 가격, 일관된 품질, 정시납품 강조	신속한 납품, 고객화, 다양성, 수량 유연성, 최고의 품질 강조

출처 : Krajewski, Ritzman, and Malhotra(2010)

공급사슬관리가 중요해지는 이유에 해당하는 것은? ②

① 물류비용의 중요성 감소
② 경영활동의 글로벌화에 따른 리드타임과 불확실성의 증가
③ 채찍효과로 인한 예측의 불확실성 감소
④ 기업의 경쟁강도 약화
⑤ 고객맞춤형 서비스의 감소

03 조직관리

Section

1. 조직화

1) 조직의 의의 및 특성

(1) 조직의 의의

① 조직화는 조직을 어떠한 형태로 구성할 것인가를 결정하고 각종 경영자원을 배분하고 지정하는 활동으로 조직은 이런 조직화의 결과이다.

② 조직이란 공통의 목표를 추구하기 위해 여러 역할과 지위들이 환경변화에 적절하게 체계적으로 연결된 여러 개인들의 집합체이다.

③ 조직이 구성되기 위해서는 공동의 목표, 상호작용, 환경변화에 대한 적응, 인간의 사회집단이라는 요소가 갖추어져야 한다.

(2) 조직의 특성

① 공통의 목표를 추구한다는 것은 조직 내의 여러 개인들 간의 목표에 대한 견해 차이에 상관없이 조직이 전체적으로 추구하는 목표가 있다는 뜻이다. 그리고 조직 전체의 목표는 개인의 목표에 우선한다.

② 조직 내에는 개개인들이 수행해야 하는 여러 역할과 지위들이 존재하는데 이 역할과 지위들은 조직의 목표를 달성할 수 있도록 그리고 환경의 변화에 적절히 대응할 수 있도록 체계적으로 설정되어 있어야 한다.

③ 조직이란 여러 사람들의 집합체이다. 따라서 조직은 하나의 사회적 개체로서 이해되어야 한다.

2) 조직구조(Organization Structure)

조직구조는 기업의 기본적 틀로서 하나의 조직을 경영하기 위해 가장 먼저 형성되어야 한다. 조직구조는 처해 있는 환경이나 성취하고자 하는 목표에 따라 매우 다양하지만 다음과 같은 세 가지 측면에서 그 차이를 설명해 볼 수 있다.

(1) 복잡성(Complexity)

업무나 계층이 조직 내에서 얼마나 나누어져 있는가를 의미한다. 예컨대, 노동의 분화가 많이 이루어져 있을수록 복잡한 조직구조라고 말한다. 이는 업무가 세분되어 있음을 의미한다. 분화의 형태로는 수평적 분화, 수직적 분화, 지역적 분산이 있다.

① 수평적 분화

수평적 분화는 동일한 수준에서 상이한 부서의 수를 의미한다. 즉, 구성원의 수,

과업의 성격(양과 질), 그리고 구성원의 교육과 훈련정도에 근거를 둔 부서 간의 분화정도를 말한다. 수평적 분화를 유발하는 대표적인 현상은 직무 전문화와 부문화로, 이 둘은 서로 연관되어 있다.

② 수직적 분화

수직적 분화는 조직 내 계층의 수, 즉 조직계층의 깊이와 관련된 것으로 최고 경영층과 종업원 간에 계층이 많으면 많을수록 조직은 더욱 복잡해진다. 수직적 분화에서 고려해야 하는 것으로 통제 범위 또는 관리 폭(감독 폭)이 있다. 이는 한 명의 관리자가 효율적이고 효과적으로 통제(관리 및 감독)할 수 있는 부하의 수를 의미한다.

③ 지역적 분산

지역적 분산은 조직의 물리적인 시설과 인력이 지역적으로 분산되어 있는 정도를 말한다. 지역적 분산이 점점 더 확대될수록 의사소통, 조정 및 통제가 더 어려워지기 때문에 복잡성도 증가하게 된다.

(2) 공식화(Formalization)

① 업무가 얼마나 표준화되어 있는가를 말한다. 표준화되어 있다는 것은 조직에서 규정해 놓은 규칙이나 법칙에 따라 일을 한다는 의미이다. 이는 마치 설계된 대로 기계가 움직여주는 것과 같다. 따라서 업무에 대한 규정, 여러 가지 조직 내의 규칙, 일의 순서나 과정에 대한 지침 등은 높은 공식화를 의미한다.

② 고도로 공식화된 조직은 조직의 규칙, 직무기술서, 분명하게 정의된 절차 등이 존재하므로 구성원들에게는 최소한의 의사결정권만 주어진다. 공식화된 수준이 낮은 조직은 직무의 수행활동이 상대적으로 정형화되어 있지 못하며 종업원들은 직무수행에서 자신들의 의사대로 재량권을 행사할 수 있다.

(3) 집권화(Centralization)와 분권화(Decentralization)

① 집권화 : 의사결정권한이 조직상층부의 특정 사람이나 집단에 집중되어 있는 정도를 말한다. 최고 경영자 혹은 몇몇 사람들에게 의사결정권한이 집중되어 있을 때 집권화의 정도가 높다고 말한다.

② 분권화 : 집권화의 반대되는 경우로 분권화에서는 의사결정권한이 조직의 중간계층이나 하위계층에 상당부분 양도되어 있어 중간경영자나 일선관리자들이 상당한 자유재량권을 갖는다.

3) 공식조직과 비공식조직

(1) 공식조직(Formal Organization)

① 조직의 공식적 목표를 달성하기 위해 인위적으로 만들어진 분업체제를 말한다.

② 공식조직에서는 구성원 간의 역할·권한에 관한 관계가 명시적으로 제도화되어 있다.

(2) 비공식조직(Informal Organization)

① 취미 · 학연 · 지연 · 혈연 · 경력 등의 인연을 바탕으로 하여 자연발생적으로 생겨난 조직으로 소집단의 성질을 띠며, 조직 구성원은 밀접한 관계를 형성한다.

② 비공식조직의 특징

㉠ 비공식조직의 구성원은 감정적 관계를 가지고 개인적 접촉성을 띤다.

㉡ 집단접촉의 과정에서 저마다 나름대로의 역할을 담당한다.

㉢ 비공식적인 가치관 · 규범 · 기대 · 목표를 가지고 있으며, 조직의 목표달성에 큰 영향을 미친다.

4) 분업구조와 분권화

(1) 개요

① 분업구조는 조직의 목표를 세분화한 것으로 조직단위의 연결 또는 네트워크로 생각할 수 있다.

② 수직적 분화는 계층의 형성을 의미하며, 수평적 분화는 부문화의 형성을 의미

③ 분업은 전문화에 의한 업무의 분화이지만, 통합을 전제로 한다.

④ 의사결정의 권한을 집권화시키거나 하위단위로 분산화시키는 형태도 나타난다. 대표적인 집권화 조직은 베버가 제시하는 관료제이다.

(2) 관료제

① 막스 베버(Max Weber)는 조직의 규모가 커져감에 따라 발전된 합리적 구조를 관료제라고 하였다. 근대적인 합법적인 지배를 기반으로 하고 있다. 직위의 계층적인 배열, 업무의 전문화 및 분업, 비인격적 관계, 추상적인 규칙시스템 등을 특성으로 한다.

② 관료제의 특징

㉠ 명확하게 규정된 권한 및 책임의 범위

㉡ 상하급 관계라는 합리적이고 비인격적인 규칙의 권한체계

㉢ 직무상의 지휘나 명령 계통이 계층을 통해 확립

㉣ 문서에 의한 직무집행 및 기록

㉤ 직무활동을 수행하기 위한 전문적인 훈련

③ 관료제의 역기능

㉠ 규정에 얽매여 목표 및 수단의 전도현상이 발생한다.

㉡ 계층의 구조가 하향식이므로 개인의 창의성 및 참여가 봉쇄된다.

㉢ 전문화된 단위 사이의 갈등을 유발해서 전체목표 달성을 저해한다.

㉣ 수평적인 커뮤니케이션을 공식적으로 인정하지 않는다.

㉤ 단위들 사이의 커뮤니케이션을 저해한다.

5) 조직 유형(민츠버그의 분류)

(1) 조직구조의 5요소

민츠버그는 조직의 구조는 전략적 정점, 중간라인, 핵심활동층, 지원스태프, 테크노스트럭처 등 다섯 가지로 구성되고 있다고 하였다.

① 전략적 정점 : 조직 전체의 운영을 책임지고 있는 최고경영층이다.

② 중간라인 : 전략적 정점 층과 핵심활동층을 연결하는 계층이다. 현장의 정보를 위로 전달하고, 최고경영층의 결정을 실무부문에 전달해 주는 역할을 한다.

③ 핵심활동층 : 조직의 실질적인 산출물을 생산해 내는 계층이다. 예를 들어, 보험회사의 영업부서나 자동차 회사의 조립생산부서 등이다.

④ 지원스태프 : 조직의 기본적인 과업과는 상관없지만 주요과업이 원활하게 이루어질 수 있도록 주변의 여건을 조성해 주는 계층이다. 예를 들어 공장 사원들의 관리, 임금, 후생 등에 관한 스태프들로 구성되어 있다.

⑤ 테크노스트럭처 : 전문・기술지원 부문은 조직 내의 주요과업이 보다 효율적으로 이뤄질 수 있도록 기술적으로 지원하는 계층이다.

(2) 조직 유형

① 단순구조 조직(Simple Structure) : 가장 단순한 형태로 기술인력이나 지원인력 없이 전략적 정점층과 핵심활동층으로만 구성된 것이다. 주인과 종업원 몇 사람으로 이루어진 소규모 기업을 말한다. 가장 단순하며, 의사소통이 원활하다.

② 기계적 관료조직(Machine Bureaucracy) : 기업규모가 어느 정도 대규모화됨에 따라 점차 그 기능에 따라 조직을 구성하게 되고, 테크노스트럭처와 지원스태프가 구분되어 핵심활동층에 대한 정보와 조언, 지원을 담당하는 형태이다.

③ 전문적 관료조직(Professional Bureaucracy)

㉠ 기능에 따라 조직이 형성된 것은 기계적 관료조직의 특성과 같지만, 핵심활동층이 주로 전문직들이라는 것이 특징이다.

㉡ 병원, 대학 등 의사나 교수 등이 핵심활동층을 담당하고 있으며, 다만 핵심활동층의 작업에 대한 질적 통제나 조정 작업이 어렵다.

④ 사업부제(Divisionalized Form) : 조직이 점차 대규모화함에 따라 제품이나 지역, 고객 등을 대상으로 해서 조직을 분할하고 이를 독립채산제로 운영하는 방식이다.

⑤ 애드호크라시(Adhocracy)

㉠ 임시조직 또는 특별조직이라고 할 수 있으며, 평상시에는 조직이 일정한 형태로 움직이다가 특별한 일이나 사건이 발생하면 그것을 담당할 수 있도록 조직을 재빨리 구성하여 업무 처리가 이루어지는 형태이다.

㉡ 업무처리가 완성되면 원래의 형태로 되돌아가는 조직으로, 변화에 대한 적응성이 높은 것이 특징이다.(예 재해대책본부)

6) 조직화 단계

(1) 조직화의 과정

① 조직화 과정은 아래와 같이 6단계의 과정을 거쳐 이루어진다. 실제적인 조직화 단계는 ㉢ 단계에서 ㉥ 단계까지가 해당된다.

㉠ 기업목표의 설정 : 기업이 달성할 목표를 설정하는 단계로서 조직화의 초점은 여기에 맞춰지게 된다. 실제적인 기능은 계획수립 과정에서 이루어진다.

㉡ 자원목표 방침 및 계획의 설정 : 기업목표를 달성하기 위한 구체적인 지원목표와 방침 및 계획을 설정하는 단계로서 실제적으로 계획수립 과정에 해당된다.

㉢ 필요한 활동의 파악 및 분류 : 조직목표를 달성하기 위해서 필요한 일(Works)과 활동(Activities)에 어떠한 것이 있는가를 확인하고 특성을 고려하여 분류한다.

㉣ 활동의 집단화 : 확인된 일과 제 활동이 잘 수행될 수 있도록 집단화를 부문화하고 최선의 사용방안을 마련해 보는 단계이다.

㉤ 권한의 책임 : 할당된 활동을 원활히 수행할 수 있도록 각 지위에 권한을 위임하는 단계로서 각 지위별로 그리고 직위와 직위 간에 상호관계가 설정된다.

㉥ 통합단계 : 권한단계와 정보흐름을 통하여 모든 부문화된 부분들을 수평적, 수직적으로 통합하는 단계이다.

(2) 조직화 단계

조직화 단계		내 용
1단계	해야 할 업무를 구분	• 분업의 원칙 : 업무를 가능한 한 세분하여 단순화 • 전문화의 원칙 : 작업자들을 단순화된 업무에 대해 전문화시키면 기업은 높은 생산성 달성 가능
2단계	업무를 수행할 부서를 결정	부문별 부서화 : 부문별로 업무수행 부서를 결정
3단계	부서에 책임과 권한을 부여	• 부서 또는 구성원에게 업무수행과 관련된 책임과 권한 부여 • 권한을 부서 내에서 어떻게 배분할 것인가 결정 • 권한은 기업이 개인에게 합법적으로 부여한 의사결정권임
4단계	업무와 부서의 전체적 조정	전문화되고 분업화된 개인이나 집단의 작업활동을 상호 연결시키는 활동

7) 조직구조의 유형

(1) 기능별 조직구조

① 기능별 조직구조에서는 하나의 조직이 생산, 마케팅, 재무, 인사 등과 같은 관리적 기능들을 중심으로 여러 부서로 나누어진다.

② 기능별 조직구조의 장점

㉠ 전문성 : 특정기능만을 담당하는 부서에서는 그 부서의 기능에 관련된 전문성을 축적해 나갈 수 있다.

㉡ 업무의 중복을 피할 수 있다. 똑같은 업무가 여러 부서에서 반복되는 비효율성을 피할 수 있는 것이다.

③ 기능별 조직구조의 단점

㉠ 이기주의 : 각 부서 간의 이익이 상충되는 경우 부서의 이익을 지나치게 내세우다 보면 전체의 이익을 망각할 우려가 있다.

㉡ 기업의 성장으로 인하여 규모가 확대되어 구조가 복잡해지면 기업전체의 의사결정이 지연되고, 기업전반의 효율적인 통제가 어려워진다.

㉢ 최고경영자에게 과다하게 업무가 집중되어, 전략적 차원의 의사결정보다는 눈앞의 일상적인 문제에 얽매이게 됨에 따라 "사소한 의사결정이 중요한 의사결정을 몰아낸다"는 의사결정에서의 그레셤의 법칙(Gresham's law)이 발생할 수 있다.

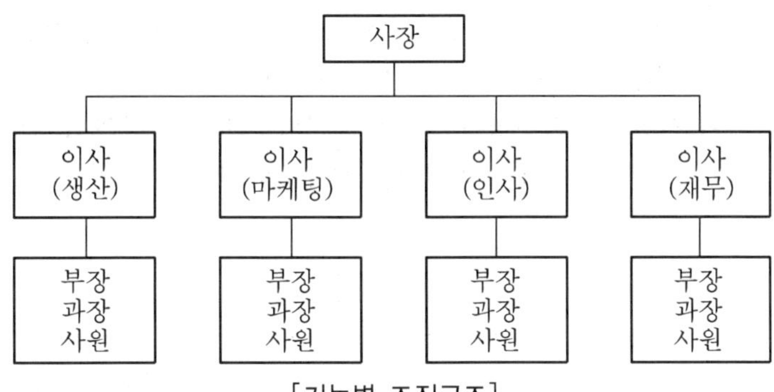

[기능별 조직구조]

Point

조직구조를 설계할 때 고려하는 상황변수가 아닌 것은? ③

① 전략(Strategy) ② 기술(Technology) ③ 제품(Product)
④ 환경(Environment) ⑤ 규모(Size)

(2) 제품별 사업부제 조직구조

① 제품별 사업부제 조직구조에서는 특정한 제품 또는 제품그룹을 중심으로 부서가 이루어진다.

② 제품별 또는 지역별로 제조 및 판매에 따르는 재료의 구매권한까지도 사업부에 부여되어 경영상의 독립성을 인정해 주고, 책임까지 갖게 함으로써 경영활동을 효과적으로 수행할 수 있도록 형성된 조직형태이다.

③ 제품별 사업부제 조직구조의 장점

㉠ 각 부서가 독립적으로 운영됨으로써 책임감을 가지고 경영에 임할 수 있다.

㉡ 각 부서에서 여러 기능에 대한 다양한 지식의 습득이 가능하다.

㉢ 기업 전체의 전략적 결정기능과 관리적 결정기능을 분화시키고, 각 사업본부장에게 사업부의 전략적 결정을 맡겨 분권화시킨다. 이에 따라 최고경영층은 일상적인 업무결정에서 해방되어 기업전체의 전략적 결정에 몰두할 수 있다.

㉣ 의사결정에 대한 책임이 일원화되고 명확해진다. 또한 사업부 내에 관리 · 기술 스태프를 갖게 되므로 합리적인 정보수집 및 분석을 가능하게 해준다.

㉤ 각 사업부는 하나의 이익단위로서 독립적인 시장을 갖고, 독자적인 이익책임을 갖는 사업부로 분할된다.

④ 제품별 사업부제 조직구조의 단점

㉠ 업무의 중복으로 인한 비효율성이 초래된다. 생산기능의 경우를 예로 들면, 각각의 부서에 생산기능이 중복됨으로써 같은 업무가 중복되어 운영된다.

㉡ 각 사업단위는 자기 단위의 이익만을 생각한 나머지 기업 전체적으로는 손해를 미치는 부문 이기주의적 경향을 띤다.

㉢ 각 사업부의 자주성이 지나치면 사업부문 상호 간의 조정이나 기업전체로서의 통일적인 활동이 어려워지는 문제점이 있다.

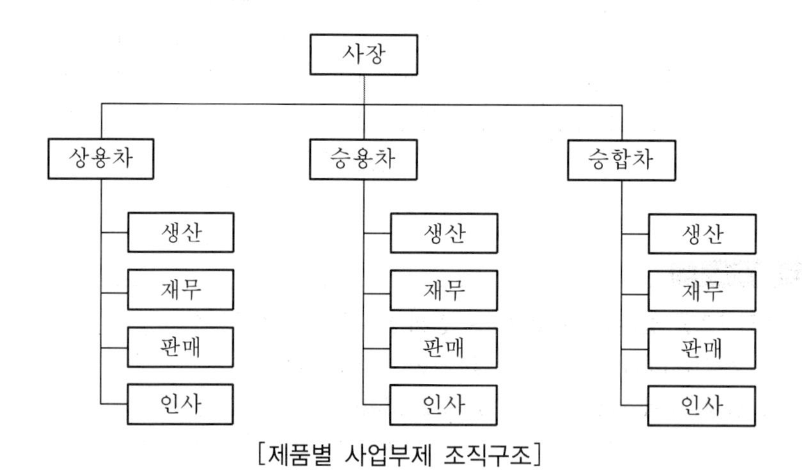

[제품별 사업부제 조직구조]

동일한 제품이나 지역, 고객, 업무과정을 중심으로 조직을 분화하여 만든 부문별 조직(사업부제 조직)의 장점으로 옳지 않은 것은? ④
① 기능부서 간의 조정이 보다 쉽다.
② 책임소재가 명확하다
③ 환경변화에 대해 유연하게 대처할 수 있다.
④ 자원의 효율적인 활용으로 규모의 경제를 기할 수 있다.
⑤ 특정한 제품, 지역, 고객에게 특화된 영업을 할 수 있다.

(3) 지역별 조직구조

지역별 조직구조에서는 부서화가 지역을 중심으로 이루어진다.

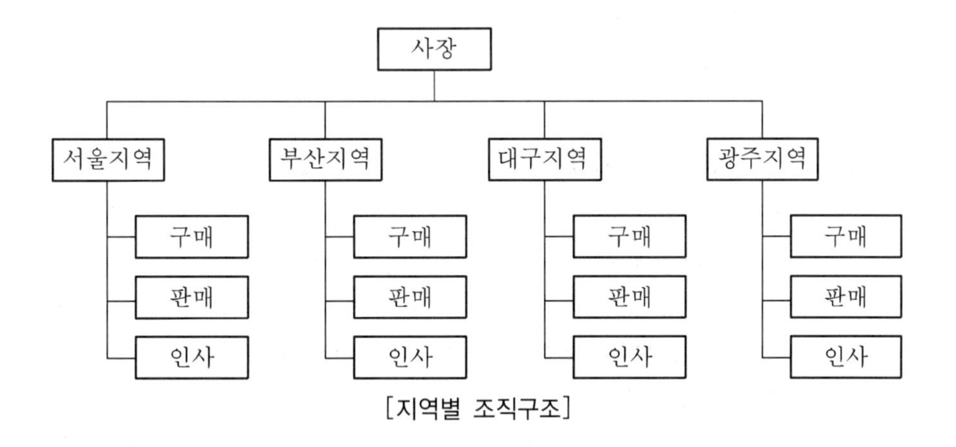

[지역별 조직구조]

(4) 위원회 조직과 프로젝트 조직

① 위원회 조직

㉠ 기능적 조직에서의 각 부문 간의 갈등을 해소하고 조정기능을 수행하기 위한 조직형태이다. 위원회는 합의제 기관으로 일반적으로 보완기능만 수행하고 의사결정이나 집행은 하지 않는다.

㉡ 위원회 조직은 집단 결론이나 브레인 스토밍의 기회를 가지며, 의사소통의 기회가 많아진다. 따라서 인간관계의 효율을 높이며 협동의식을 고조시킨다. 또한 각 부문의 경영방침과 정책 등을 이해할 수 있다. 따라서 경영의 민주화를 이룰 수 있다.

㉢ 단점으로는, 위원회 조직에서는 의견이 너무 많아 의사결정에서 시간의 낭비를 초래한다. 서로의 의견만 주장하여 의견 통일이 어렵고, 논쟁이 심하면 불

화를 일으킬 가능성이 있다.

② 프로젝트 조직

㉠ 프로젝트 조직(Project organization)은 기업환경의 동태적 변화, 기술혁신의 급격한 진행에 따라 구체적인 특정 프로젝트(Project)별로 형성된 조직형태이다.

㉡ 특정 과업수행을 위해 여러 부서에서 파견된 사람들로 구성되어 과업해결 시까지만 존재하는 임시적 · 탄력적 조직, 기동성과 환경적응성이 높은 조직이다. 전문가들 간의 집단문제 해결방식을 통한 임무 수행, 목표지향적인 특징을 지니고 있다.

③ 위원회 조직과 프로젝트 조직의 비교

기준	위원회 조직	프로젝트 조직
영속성	장기	단기(임무완수 때까지)
구성원의 배경	조직 내 역할이나 지위	전문성과 기술
구성원의 안정성	안정적	유동적
업무추진 태도	수동적	적극적

(5) 매트릭스(Matrix) 조직구조

① 매트릭스 조직구조는 새로운 환경변화에 적극적으로 대처하기 위해 시도된 조직으로서 기능별 조직과 같은 효율성 지향의 조직과 프로젝트 조직과 같은 유연성 지향의 조직의 장점, 즉 효율성 목표와 유연성 목표를 동시에 달성하고자 하는 의도에서 발생하였다.**(기능식 조직과 프로젝트 조직의 혼합형태)**

② 매트릭스 조직의 주요 특징

㉠ 첫째, 한 사람은 두 개의 조직에 동시에 소속되며, 따라서 두 사람의 상관으로부터 명령을 받는다.

㉡ 둘째, 기능별 조직구조와 제품별 조직구조를 합한 것

③ **매트릭스 조직구조의 장점**

여러 개의 프로젝트를 동시에 수행할 수 있다는 것이다. 각 프로젝트는 그 임무가 완성될 때까지 자율적으로 운영되며 여러 프로젝트가 동시에 운영될 수 있고 동시에 여러 기능을 담당하는 부서들로 유지될 수 있다.

④ 매트릭스 조직구조의 단점

㉠ 명령계통 간의 혼선이 유발될 수 있다. 가령 기능부서와 프로젝트팀에서 서로 상반되는 지시가 내려질 경우 업무에 지장을 초래할 수 있다.

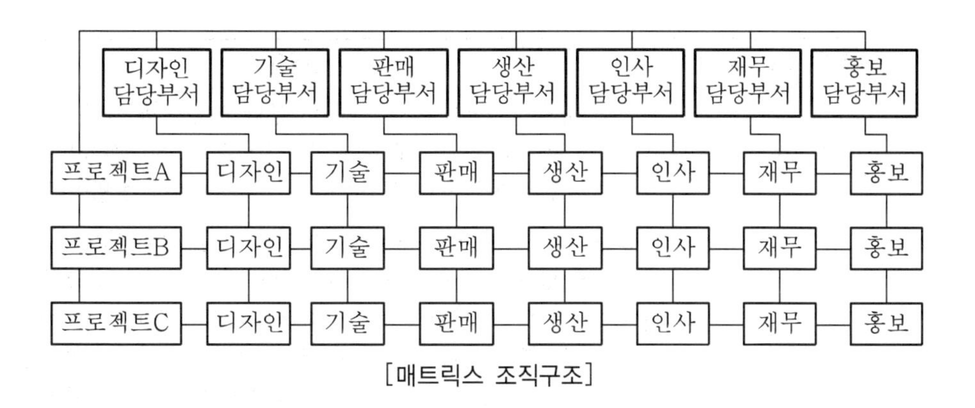

[매트릭스 조직구조]

(6) 조직구조의 선택

① 조직구조는 기업이 처해 있는 환경과 여건에 맞추어 선택해야 한다. 환경에 관계없이 항상 좋은 성과를 낼 수 있는 조직구조는 없다.

② 표준화된 제품을 생산하는 중소기업은 기능별 조직이 적절할 것이며, 대규모 전자회사처럼 다양한 제품을 생산·판매하는 기업은 제품별 조직이 바람직하다. 제약회사처럼 복잡하고 고도의 정밀한 기술을 이용하는 기업은 매트릭스 조직을 선호하고 항공사와 같이 여러 나라에서 영업을 하는 회사는 지역별 조직이 적절할 것이다.

③ 조직의 특성과 조직구조의 선택

조직의 특성	적절한 조직구조
작은 규모	기능별 조직
글로벌한 사업적 특성과 규모	지역별 조직
하이테크 기술에의 높은 의존도	매트릭스 조직
목표로 하는 고객집단이 계속 변할 때	매트릭스 조직
다양한 고객들을 목표로 할 때	제품별 조직
안정적인 고객집단을 대상으로 할 때	기능별 조직
특화된 설비 이용	제품별 조직
전문적인 기술 필요	기능별 조직
원자재 수송비용이 높음	지역별 조직

8) 조직운영의 조정원칙

조직운영과 관련한 조정의 원칙에는 다음의 3가지가 있다.

조직운영의 조정원칙	내용
명령단일화의 원칙	조직 내에서 사람들은 한 사람으로부터 명령을 받는다는 것을 의미한다. 즉, 나에게 명령을 내릴 수 있는 사람은 한 사람뿐이라는 의미로서 명령체계의 통일성과 일관성을 유지하기 위한 방법이다.
명령체계의 원칙	모든 조직구성원들을 대상으로 하여 구성원 간의 상하관계 또는 명령체계를 명확히 해야 한다는 원칙이다. 모든 업무는 명확히 할당되어 중복되거나 불필요하게 분산되지 않도록 한다. 그러나 이 원칙을 지나치게 고수하면 일의 처리가 지연되고 낭비를 초래하는 부작용이 생길 수 있다. 경우에 따라 비공식적인 협조체계를 통해 문제점을 미연에 해소시키는 방안을 모색할 필요가 있다.
통제범위의 원칙	한 사람이 관리하는 부하의 수를 적절하게 제한해야 한다는 원칙이다. 일반적으로 조직구성원의 능력이 뛰어날수록, 그리고 관리하는 일의 성격이 유사할수록 통제범위가 넓어진다. 일을 하는 데 필요한 표준과 절차가 매우 명확한 경우에도 범위가 넓어진다. 표준과 절차 자체가 통제도구의 역할을 하기 때문에 관리자가 신경을 쓸 필요가 줄어든다. 전통적으로 한 사람이 관리해야 하는 부하의 수를 4~12명 정도로 본다. 그러나 1990년대 이후 피라미드식보다는 수평화된 조직구조를 더욱 선호하게 되면서 통제범위가 점차 넓어지고 있는 추세이다.

2. 조직행동론

1) 조직행동론 의의

조직행동론은 조직의 구조와 기능 및 조직 속의 집단과 개인의 행동에 관한 연구이다. 개인차원에서 개인의 심리와 행동을 연구하고, 조직측면에서 조직의 특성과 기능을 이해하고자 하며 효과적인 조직관리의 목표를 가진다.

조직행동론은 크게 미시조직행동론, 거시조직행동론으로 나눌 수 있다.

(1) 미시조직행동론

조직 내에서 개인과 집단의 행동과 상호작용을 나타내며, 중요 이슈로는 리더십, 동기부여, 집단, 의사소통 등이 있다.

(2) 거시조직행동론

조직 자체의 본질과 형태 및 작동원리를 분석하며, 중요 이슈로는 조직구조, 조직변화, 조직을 둘러싼 환경과의 관계 등이 있다.

2) 개인행위

(1) 개인행위 설명모형

① 조직 유효성에 영향을 미치는 개인의 특성

조직의 유효성에 영향을 미치는 개인의 특성은 4가지 심리적 변수이다. 지각, 태도, 학습, 퍼스널리티이다. 조직구성원으로서의 개인은 인간과 사물을 지각하고, 타인이나 조직에 대해서 태도를 형성하며, 일하는 동안에 학습을 할 뿐 아니라 특정한 퍼스널리티 구조를 가진다.

② 개인행위 설명모형

심리적 변수를 중심으로 개인행위를 설명해 줄 수 있는 모형을 만들면 아래 [그림]과 같다. 개인행위의 형성 배경을 파악하기 위해서는 지각·학습·태도·퍼스널리티 등과 같은 요소들을 충분히 이해해야 하며, 이렇게 형성된 개인행위를 목표달성이 가능한 방향으로 유도하기 위해서 강화와 모티베이션의 개념을 이해할 필요가 있다. 강화와 모티베이션은 개인행위를 목표로 유도하는 과정에 영향력을 행사한다.

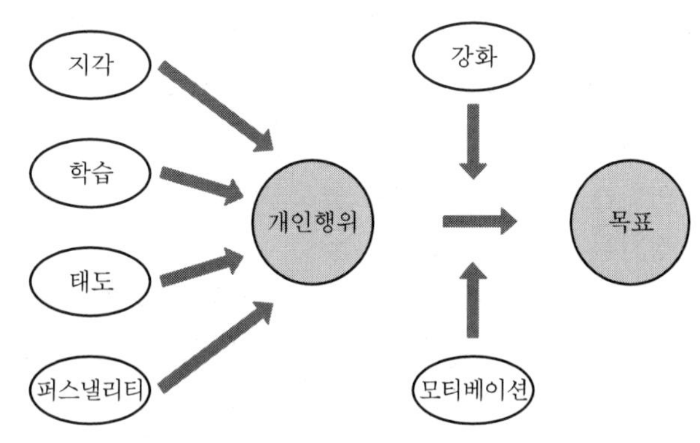

[개인행위의 설명모형]

(2) 가치관(Values)

특정 행위 또는 존재의 양식이 반대인 행위 또는 존재의 양식보다 개인적으로 혹은 사회적으로 더 낫다는 확신을 의미한다.

① 가치관의 특징

- 가치관은 태도와 행동을 유발한다. 즉 개인의 태도와 행동을 보면 지향하는 가치관이 무엇인지 알 수 있다.
- 모든 개인은 서로 다른 경험을 가지고 가치관을 형성하기 때문에 개인의 가치관은 서로 차이가 있다.

② 가치관의 유형

㉠ Rokeach의 가치관 : 가장 바람직한 존재양식과 관련된 궁극적 가치와 선호하는 행동양식 또는 궁극적 가치를 달성하는 수단이 무엇인지와 관련된 수단적 가치로 분류한다.

궁극적 가치 (terminal values)	성취감, 평등, 자유, 행복, 내적조화, 쾌락, 구원, 지혜, 자아존중, 편안한 삶, 즐거운 삶, 안정된 가정, 성숙된 사랑, 아름다운 세상, 사회적 안정, 진정한 우정, 세계평화, 국가안보
수단적 가치 (instrumental values)	근면, 능력, 명랑, 청결, 정직, 상상력, 독립, 지능, 논리, 베풂, 용서, 봉사, 사랑, 순종, 공손, 책임감, 자기통제, 용기

㉡ Allport의 가치관 분류

- 이론적 가치(Theoretical Values) : 진리 및 기본적인 가치를 추구하고 사실 지향적이며 비판적 · 합리적인 접근을 통해 진리를 밝혀내는 데 관심이 크다.
- 경제적 가치(Economic Values) : 유용성과 실용성을 강조하는 것으로 효율성을 극대화하는 데 관심이 높다.
- 심미적 가치(Aesthetic Values) : 예술적 경험들이 추구되어 형식, 조화, 균형, 아름다움에 높은 가치를 부여한다.
- 사회적 가치(Social Values) : 따뜻한 인간관계와 인간애에 높은 가치를 부여하는 것으로 이타심이 높고, 집단 규범을 크게 의식한다.
- 정치적 가치(Political Values) : 개인의 권력과 영향력 획득을 강조한다.
- 종교적 가치(Religious Values) : 우주에 대한 이해와 경험의 통합을 강조하는 것으로 초월적이고 신비적인 경험을 중요시한다.

③ 가치관의 갈등 : 개인의 내적갈등, 개인 간의 가치관 갈등, 개인-조직체 간의 가치관 갈등이 있다.

(3) 태도(Attitude)

① 태도 : 어떤 대상이나 사람에 대해 호의적이라든지 비호의적이라든지 하는 평가적 서술로 어떤 대상이나 사람에 대하여 비교적 일관되게 반응하려는 마음상태이다. 태도는 인지적, 정서적, 행동적 요소로 구성되는데 한 가지 요소만 변화시켜도 태도의 변화는 가능해진다. 태도변화 방법에는 스스로 자기의 태도를 변화시킬 수 있는 개인적 차원과 사람들과의 교류 혹은 리더와의 관계를 통해 변화시킬 수 있는 대인적 차원의 방법이 있다.

② 직무 관련 태도

㉠ 직무만족(Job Satisfaction)

- 직무에 대한 구성원의 일반적인 태도를 나타내는 것으로 종업원이 자신의 직무 평가에서 결과되는 유쾌한 또는 긍정적인 감정상태라 할 수 있다.
- 직무만족의 원천 : 임금, 직무 자체, 작업조건, 동료, 상사 등

㉡ 직무 몰입(Job Involvement)

사람들이 자신의 직무와 동일시하는 정도와 자신의 업적이 자아가치에 중요하다고 생각하는 정도

㉢ 조직 몰입(Organization Commitment)

사람들이 특정조직 및 조직의 목표에 동일시하며 그 조직의 구성원자격을 유지하기를 바라는 상태나 임금이나 지위, 전문적 자유가 증가되고 현재보다 더 우호적인 동료가 있다 하더라도 현재의 조직을 떠나지 않겠다는 의사

(4) 성격(Personality)

한 개인을 독특하게 특징지어 주는 심리적 특질들의 집합이다. 따라서 성격은 한 개인의 사고, 행동, 감정 등을 반영한다.

조직행동론에서 개인의 성격에 관심을 두는 이유는 조직 구성원들이 지닌 성격을 통해 개인 차이를 이해할 수 있고, 차이에 따라 관리함으로써 효율적인 조직 성과를 낼 수 있기 때문이다.

- 성격특성이론 : 성격이 독특한 특성으로 구성되어 개인의 행동을 결정한다고 보는 이론
- 정신분석이론 : 개인의 성격이 내부에 존재하는 상황과 갈등에 의해 발전한다는 것을 전제하는 이론
- 성격발달이론 : 성격이 단계적으로 발달한다는 이론이다.

① 문제해결 스타일

사람들이 문제를 해결하고 의사결정을 하는 데 있어 정보를 수집하고 평가하는 방식

② 내향성 · 외향성

③ 통제의 위치(Locus of Control)

㉠ 사람들이 자신의 삶에서 얻은 결과에 자신이 얼마나 영향을 줄 수 있다고 믿는가를 나타내는 개념이다.

㉡ 통제의 위치가 어디에 있다고 믿는가에 따라 내재론자와 외재론자로 구분된다.

- 내재론자 : 자신이 자신의 운명을 통제한다고 믿는 사람

• 외재론자 : 자신에게 일어난 일들이 자신의 통제권 밖에 있으며, 외부의 요인에 의해 결정된다고 믿는 사람

④ 권위주위(Authoritarianism)

㉠ 전통적인 가치를 엄격하게 준수하고 인정된 권위에 절대 복종하는 경향의 성격이 특징이다. 즉, 조직체의 구성원들 사이에 지위와 권력상의 차이가 존재한다는 믿음을 의미하며 이러한 특징을 지닌 사람은 엄격함과 권력에 관심이 있으며 주관적인 감정을 거부한다.

㉡ 권위주의적인 사람은 권한에 잘 복종하고 규칙을 잘 지킨다. 이와 같은 권위주의자가 리더의 자리에 앉게 되면 자신의 권한에 대한 유사한 존경을 기대한다.

⑤ 마키아벨리아니즘(Machiavellianism)

㉠ 마키아벨리주의는 권위주의와 밀접한 관련을 갖고 있다. 마키아벨리주의는 목적을 위해서는 어떠한 수단도 정당화하며, 단지 개인 이득의 관점에서 타인을 보며 개인의 이득을 위해 타인을 이용하는 성격 특질을 말한다.

㉡ 높은 마키아벨리적 성격의 소유자는 낮은 마키아벨리적 성격의 소유자보다 더욱 조작적이며 승부에서 승리할 가능성이 높고 자신은 타인에게 잘 설득되지 않으나 남들을 설득하려 한다.

⑥ A형 · B형

㉠ A형(Type A) 성격 : 조급함, 성취에 강한 욕구, 완벽주의 등으로 특징지어진다. 매사에 신속하게 처리하려 하고 여러 가지 일을 한꺼번에 하며 항상 빨리 먹고 빨리 걸으며 최대의 능률을 올리려 한다.

㉡ B형(Type B) 성격 : 매사에 태평하며 덜 경쟁적인 것으로 특징지어진다.

A형	B형
• 경쟁적이고 조급함 • 신경질적이고 방해받으면 강하게 반응 • 업무처리 속도가 빠름, 한 번에 두 가지 일을 처리 • 과도한 경쟁, 공격성, 시간의 압박 • 열정적 언변	• 자연스럽고 정상적인 추진력 • 꾸준한 노력 • 작업속도가 일정 • 시간에 얽매이지 않음 • 여유, 휴식을 즐김 • 과업성취를 위해 서두르지 않음

3) 지각과 귀인

(1) 지각(Perception)

지각이란 개인이 접하는 환경에 어떠한 의미를 부여하는 과정이다. 즉, 환경에 대한 영상을 형성하는 데 있어서 외부로부터 들어오는 감각적 자극을 선택 · 조직 · 해석하는 과정이다.

① 선택적 지각(Selective Perception)

환경으로부터 상황이나 자극이 개인의 감각기관에 의해 감지된다. 사람들은 주어진 자극을 모두 받아들이기 보다는 이들 자극을 선택하여 감지한다. 일반적으로 자신에게 관련된 자극이나 자신에게 유리하다고 판단되는 자극만을 선택하여 감지하는 경향이 있는데, 이러한 것을 선택적 지각이라고 한다.

② 조직화(체계화)

환경자극에서 선택된 대상에 대해 사람들은 이를 의미 있는 것으로 하기 위해 조직화한다.

㉠ **대비효과(Contrast Effects)**

- 매우 극단적인 것과 비교하기 때문에 지각대상을 실제보다 더 극단으로 지각하는 것
- **한 피평가자의 평가가 다른 피평가자의 평가에 영향을 주어 발생하는 오류**

㉡ 상동적 태도(Stereotyping)

사람은 그가 속한 집단의 속성을 공유한다고 무의식적으로 판단해 버릴 때 나타나는 것으로 종족, 나이, 성별, 출신지역, 출신학교 등과 관련하여 나타남

㉢ 후광효과(Halo Effect)

어느 한 차원에서의 사물 또는 사건에 대한 지각이 다른 차원에서의 사물 또는 사건의 지각에 영향을 미칠 때 발생하게 되는데, 현혹효과라고도 불린다.

개인의 일부 특성을 기반으로 그 개인 전체를 평가하는 지각경향은? ①

① 후광효과　　② 스테레오타입

③ 최근효과　　④ 자존적 편견

⑤ 대조효과

③ 지각해석

환경자극에서 선택된 대상을 조직화하여 어떤 의미를 부여하는 것을 나타낸다. 해석과정에 흔히 사용되는 방법 중에 투사와 귀인이 있다.

지각해석 방법	내 용
투사 (Projection)	• 지각대상을 설명하는 데 있어 자신의 생각과 느낌을 비추어 보는 것(해석과정에서 자기 자신이 준거의 틀이 되는 것) • 가장 일반적인 현상은 자신의 부정적 또는 긍정적 특성을 타인에게 투사하는 것

지각해석 방법	내 용
귀인 (Attribution)	• 우리는 타인의 행위를 관찰할 때 그 행위의 원인을 추리하려는 경향이 있다. 이러한 행위와 행위 결과의 원인을 추론하는 과정을 귀인이라고 함 • 현재 행위를 이해할 수 있을 뿐만 아니라, 미래의 행위를 예측하고 미래의 행동계획을 수립하는 데 있어 중요하다.

4) 학습이론

(1) 학습

개인행동 형성의 근본적인 과정으로 반복적인 연습이나 경험을 통하여 이루어지는 비교적 영구적인 행동변화를 말한다.

① 고전적 조건화(Classical Conditioning)

심리학자 파블로프가 제시한 이론으로 조건자극을 무조건자극과 관련시킴으로써 조건자극으로부터 새로운 조건반응을 얻어내는 과정을 의미한다. 즉 어떤 반응을 유발하지 않는 중립자극과 반응을 일으키는 다른 자극인 무조건자극을 반복적인 과정을 통해 짝지어 주는 것을 말한다.

② 작동적 조건화(Operant Conditioning)

㉠ 스키너(B. F. Skinner)는 고전적 조건화 이론이 단지 자극에 의해 단순히 유발되는 수동적인 반응 행동만을 설명해 주고 있다고 지적하고 작동적 조건화이론을 개발하여 주변 환경에 대해 능동적으로 영향을 미치는 작동적 행동에 관하여 설명하고 있다.

㉡ 작동적 조건화란 용어는 학습과정이란 환경에 작동하고 있는 사람에 의해 만들어진 결과에 기반하고 있다는 것을 나타내준다. 사람이 환경에 작동한 다음, 즉 어떤 행위를 한 다음에는 환경에서 결과가 주어진다. 이 결과가 미래에 유사한 행위가 나올 가능성을 결정해 준다.

㉢ 작동적 조건화의 일반모형

작동적 자극(S ; Stimulus) → 작동적 반응(R ; Response) → 작동적 결과(C ; Consequences)

③ 인지적 학습(Cognition Learning)

㉠ 자극과 행위 사이에 인지라는 유기체적(Organic) 요소가 매개변수로 존재함을 인정하는 관점. 즉, '자극(S) – 인지(O) – 행위(R) – 결과(C)'의 관계로 나타난다.

㉡ 인지적 학습의 기본전제는 유기체로서의 사람은 과거의 경험한 일련의 사건에 기반을 두어 미래에 대한 기대를 만들어 내고 그들의 행위는 그러한 기대와 가치관에 의존된다는 것이다. 이러한 기대의 기본요소는 '자극 – 반응 – 결과'

의 관계가 일어날 확률과 결과에 대한 가치로 구성된다.

④ 사회적 학습(Social Learning)

사회적 학습이론은 조건화와 인지적 학습을 통합하는 관점으로서 학습이 직접경험뿐만 아니라 다른 사람에게서 일어난 것을 관찰함으로써 또는 단지 듣는 것만에 의해서도 일어난다고 본다. 사회적 학습은 모델링 또는 관찰학습이라고도 불린다.

사회적 학습과정	내 용
주의 (Attention)	인간은 중요한 특징을 지닌 대상을 관찰하고 그것에 주의를 기울인다.
기억 (Retention)	주의집중의 행동을 기억하게 되며 대상의 영향력은 바로 이 기억되는 정도에 의해 결정된다.
재생 (Motor Reproduction)	관찰된 새로운 행동을 실제 행동으로 직접 옮기는 과정이다.
강화 (Reinforcement)	행동한 후에 그 행동에 대하여 보상이 주어지면 그 행동을 계속 반복하고자 한다.

(2) 행위변화

① 강화이론

㉠ 작동적 조건화는 자발적 행위의 학습에 초점을 맞추고 있다. 이는 다양한 종류의 행위반응은 고전적 조건화를 통해서 학습될 수 있다는 것을 의미한다.

㉡ 강화(Reinforcement)란 이러한 자극과 반응 간의 연결을 증대시켜 주는 과정. 즉, S→R 연결체계를 강화하는 과정을 나타내주는 용어이다. 이러한 강화의 원칙은 손다이크(E. L. Thorndike)의 결과의 법칙에 그 근거를 두며, 결과의 법칙이란 유쾌한 결과를 가져오는 행위는 장래에 반복될 가능성이 높다는 것을 의미하며 효과의 법칙이라고도 한다.

㉢ 강화의 종류

강화의 종류	내 용
적극적 강화 (Positive Reinforcement)	사람은 어떤 행위(R)를 한 다음에 유쾌한 결과(C+)가 주어지면 적극적 강화가 이루어진다.
부정적 강화 (Negative Reinforcement)	적극적 강화보다는 덜 쓰이지만 어떤 바람직하지 않은 행위(R) 다음에 자주 불쾌한 결과가 일어나게 하고 새로운 바람직한 행위에 대해서는 불쾌한 결과를 제거하거나 철회해 주는(C-) 방법으로 새로운 바람직한 행위(R)를 유도하는 것

강화의 종류	내 용
소거 (Extinction)	유쾌한 결과 때문에 일어나는 바람직하지 못한 행위(R)에 대해 유쾌한 결과를 철회함으로써(no C) 그 행위가 미래에 덜 일어나게 하는 것이다.
벌 (Punishment)	어떤 바람직하지 못한 행위(R) 후에 불쾌한 결과(C－)를 주어 그 행위가 미래에는 더 적게 나타나도록 하는 것이다.

Point

기존에 제공해 주던 긍정적 보상을 제공해 주지 않음으로써 어떤 행동을 줄이거나 중지하도록 하기 위한 강화(Reinforcement) 방법은? ③

① 부정적 강화　② 긍정적 강화　③ 소거
④ 벌　⑤ 적극적 강화

② 강화의 일정 계획

강화 일정		내 용
연속적 강화		바람직한 행동이 나올 때마다 강화요인(보상)을 제공한다.
단속적 강화	고정 간격법	일정한 시간적 간격을 두고 강화요인 제공
	변동 간격법	불규칙한 시간 간격에 따라 강화요인 제공
	고정 비율법	일정한 빈도(수)의 바람직한 행동이 나타났을 때 강화요인을 제공
	변동 비율법	불규칙한 횟수의 바람직한 행동 후 강화요인을 제공

㉠ 강화물을 제공함에 있어 일정계획에 대한 고려가 필요하다.

㉡ 강화는 연속강화와 단속강화로 구분된다.

- 연속강화(Continuous Reinforcement) : 단속강화보다 바람직한 행위를 보다 빨리 끌어낼 수 있지만, 바람직한 행위가 일어날 때마다 강화물을 주어야 하기 때문에 경제적 자원의 소비를 통한 비용이 증가하고 강화물이 더 이상 존재하지 않을 경우에는 행위가 보다 쉽게 사라진다.
- 단속강화(Intermittent Reinforcement) : 단속강화에 의하여 획득된 행위는 연속강화에 의해 획득된 행위보다 강화가 중단되더라도 오래 지속되는데 이는 간격 또는 비율을 기준으로 구분해 볼 수 있다. 단속강화에서 비율스케줄은 행위자가 몇 개의 반응을 보였는가에 따라 강화물이 부여되는 경우이고, 간격스케줄은 마지막 강화물 부여시기에서 얼마의 시간이 흘렀는가

에 따라 새 강화물이 부여되는 경우이다.

㉢ 강화의 일정계획의 종류

강화의 종류	내 용
고정 간격법 (Fixed Interval Schedule)	바람직한 행위가 일어나고 일정한 시간이 지난 다음에 강화물이 제공되는 것
변동 간격법 (Variable Interval Schedule)	강화물이 일정한 시간이 지난 다음에 주어지는 것은 고정 간격법과 같으나, 고정 간격법과는 다르게 시간 간격이 유동적이다.
고정 비율법 (Fixed Ratio Schedule)	일정한 양의 목표행위가 일어난 후에야 강화요인이 주어지는 것
변동 비율법 (Variable Ratio Schedule)	일정한 양의 행위가 일어난 후에 보상이 주어지는 것은 같으나 보상을 받기 위한 반응의 양이 고정되어 있지 않고 유동적이다.

③ 조직행위 수정(OB－Mod ; Organization Behavior Modification)

조직구성원의 행위를 변화시키는 데 강화이론을 이용한 기법을 말한다. 이 조직행위 수정프로그램은 사람의 행위를 분석하고 변화시키기 위한 효과적 전략을 개발하기 위하여 다음과 같은 5단계를 거친다.

단 계		내 용
1단계	목표행위의 확인	어떤 행위가 강화되어야 하는가를 파악한다. 이것은 주어진 직무의 성공을 위하여 어떤 목표행위가 필요한가를 결정하는 것이다.
2단계	행위의 측정	적극적 강화 프로그램을 실시하기 전에 경영자는 파악된 목표행위의 질과 양의 면에서 개선을 기대하는 것이 현실적인가를 결정하여야 한다.
3단계	행위의 인과분석	성공적 직무수행의 중심이 되는 목표행위가 일단 파악되고 측정되면 이러한 행위들의 원인과 결과들을 결정할 필요가 있다.
4단계	변화전략의 개발	조직행위 수정에서 행위변화 전략을 선택하는 데에는 적극적 강화물이 되는 보상을 찾아내고 또한 바람직한 행위를 한 사람에게 이 강화물을 결속시키는 방법을 만들어내야 한다.
5단계	업적 향상을 확인하기 위한 평가	조직행위 수정에 대한 체계적인 평가의 결과는 그 프로그램의 지속 여부와 개선 여부를 결정하기 위하여 필요하다.

④ 징계(Discipline)

강화이론에서 처벌을 체계적으로 시행하는 것을 의미한다.

5) 동기부여

(1) 동기부여

조직관리에서 개인적 특성을 살펴보는 중요한 이유는 조직인의 동기를 유발해 직무수행 수준을 높임으로써 조직의 효과성을 높이려는 것이다. 인간이 일정한 행동을 하도록 하는 근원이 바로 동기(Motive)이기 때문이다.

(2) 동기부여이론

동기부여에 관한 중요성이 인식되면서부터 많은 학자들에 의해 연구 및 조사가 이루어졌으며, 동기부여이론은 크게 내용이론, 과정이론으로 구분된다.

구분	의의	이론
내용이론 (Content Theories)	어떤 요인이 동기부여를 시키는 데 크게 작용하게 되는가를 연구	욕구단계설, ERG 이론, 2요인이론, 성취동기 이론 등
과정이론 (Process Theories)	동기부여가 어떠한 과정을 통해 발생하는가를 연구	기대이론, 공정성 이론, 목표설정이론, 강화이론, 인지평가이론 등

동기부여의 내용이론에 해당하는 것은? ⑤

① 인지평가이론
② 기대이론
③ 공정성이론
④ 목표설정이론
⑤ 성취동기이론

① 매슬로의 욕구 5단계설

매슬로(Maslow, 1970)는 인간의 욕구가 단계를 이루고 있다고 한다. 그가 제시한 욕구 5단계는 ㉠ 생리적 욕구, ㉡ 안전의 욕구, ㉢ 사회적 욕구, ㉣ 존경의 욕구, ㉤ 자아실현의 욕구인데, 이들은 순차적으로 발현된다. 즉, 생리적 욕구가 어느 정도 충족되어야 안전의 욕구가 나타나는 식으로 차상위의 욕구가 나타나고 충족된다. 생리적 욕구가 가장 하위의 동물적 욕구라면 자아실현의 욕구는 가장 상위의 인간의 욕구다. 그리고 일단 충족된 욕구는 동기유발 요인으로서 의미를 상실한다.

이들 욕구를 간단히 설명하면 아래와 같다.

첫째, 생리적 욕구(Physical Needs)란 인간의 삶을 영위하는 데 가장 필수적인 욕구로서 의식주에 관한 욕구, 호흡·배설·성생활 등에 관한 욕구를 들 수 있다.

둘째, 안전의 욕구(Safety Needs)란 공포나 혼란으로부터 오는 정신적·육체적 위험으로부터의 보호, 경제적·사회적 안정의 지속, 현재 상태의 보전 등과 관련된 욕구다.

셋째, 사회적 욕구 또는 애정의 욕구(Social or Love Needs)란 가족·친구·애인·동료 등 이웃과 친근하게 사랑을 나누면서 살고자 하는 욕구와 어느 집단·조직·사회에 속하고자 하는 욕구다.

넷째, 존경의 욕구(Esteem Needs)란 다른 사람들로부터 인정을 받고자 하고 스스로 긍지나 자존심을 가지려 하는 욕구를 뜻한다.

다섯째, 자아실현의 욕구(Self-actualization Needs)란 자신의 잠재력을 최대한 이용하고 발휘하며 개발하고, 자신의 이상이나 목표를 실현하려는 욕구다.

② ERG 이론

알더퍼(C. P. Alderfer, 1976)는 매슬로의 욕구 5단계를 줄여서 생존 욕구(Existence Needs), 대인관계 욕구(Relatedness Needs), 성장 욕구(Growth Needs)의 세 단계를 제시하고 있다. 이를 'ERG 이론'이라고 한다.

③ 허쯔버그의 욕구충족요인 이원론

허쯔버그(F. Herzberg, 1966)는 조직에서 불만족 요인과 만족 요인을 구분하면서 불만족스러운 요인이 해소되었다고 해서 꼭 만족의 상태에 이르는 것이 아니라고 한다. 그리고 불만족 요인을 위생 요인으로, 만족 요인을 동기부여 요인으로 지칭하기 때문에 그의 이론은 동기위생 요인이론이라 불리기도 한다.

불만족 요인 또는 위생 요인(Dissatisfiers or Hygiene Factors)은 조직구성원의 불만을 야기하는 데 작용하는 요인으로, 대체로 그들이 일하는 근무 환경에 관련되며, 구체적으로는 정책·임금·근로조건·감독자와의 관계·동료와의 관계들이 포함된다. 이 불만 요인들은 양약과 같이 질병을 치료해 주기는 하나 그렇다고 무조건 환자를 건강한 상태로 만들어주는 것은 아니다. 따라서 불만 요인을 제거한다고 해서 만족으로 보장하는 것은 아니다.

만족 요인 또는 동기부여 요인은 그들이 담당하는 직무의 성취·인정·업무 자체·책임·승진 등에 관한 것으로 직무에 흥미를 느끼고 몰입해 그것을 통해 자아실현이나 성취를 해야만 만족에 이른다는 것이다.

④ 브룸의 선호·기대이론(Expectancy theory)

브룸(Vroom, 1965)은 특정한 원인 행위와 결과 행위의 연결 가능성(기대)과 결과 행위에 대한 선호도에 따라서 직무 수행상 동기부여의 정도가 결정된다고 한다. 예컨대 승진을 중요하다고 생각할 때 열심히 일을 하면 승진이 될 것이라는 기대에 따라서 일을 열심히 할 것이냐 말 것이냐가 결정된다는 것이다. 다시 말해, 아무리 열심히 일해도 승진할 가능성이나 기회가 없다면 일할 의욕이 상실된다. 한편 조직인이 승진에 대해 중요하게 생각하지 않는다면 설사 일을 열심히 해서 승진할 가능성이 높다 하더라도 열심히 일할 의욕이 생기지 않는다. 따라서 동기의 강도는 기대(예컨대 직무 수행 노력과 승진 · 전보 · 보수 인상 · 기타 혜택 등 인사 변수의 연결 가능성 정도나 확률)와 선호(위의 인사 변수들에 대한 개인적은 선호도나 가치)에 따라서 좌우되는 것이다. 이를 간략하게 나타내면 다음과 같다.

> 동기의 강도=(결과 행위에 대한) 가치×(원인 행위와 결과 행위 간의) 기대

Point

수단성(Instrumentality) 및 유의성(Valence)을 포함한 동기부여이론은? ②
① 2요인이론(Two factor theory) ② 기대이론(Expectancy theory)
③ 강화이론(Reinforcement theory) ④ 목표설정이론(Goal setting theory)
⑤ 인지평가이론(Cognitive evaluation theory)

⑤ 아담스의 공정성이론(Equity theory)

아담스(J. S. Adams, 1965)는 개인의 행위는 타인과의 관계에서 공정성을 유지하는 방향으로 동기가 부여된다고 하였다. 여기서 공정성(Equity)은 자신의 투입과 산출의 비율을 타인의 그것과 비교해 그들이 대등하면 공정하다고 지각하고, 대등하지 못하면 불공정성을 느끼는 것이다. 이때 타인보다 상대적으로 적게 보상받는 과소 보상의 경우 개인은 부당함을 느끼고, 타인보다 상대적으로 많이 보상받는 과잉 보상의 경우 개인은 일종의 죄책감을 느낀다. 따라서 조직관리자는 조직인들을 공정하게 보상해야 한다는 것이다.

Point

다음 동기부여 이론 중, 페스팅거의 인지부조화 이론과 관련 있는 것은 무엇인가? ③
① 브룸의 기대이론 ② 맥클랜드의 성취동기이론
③ 아담스의 공정성 이론 ④ 매슬로의 욕구단계이론
⑤ 알더퍼의 ERG 이론

(3) 조직의 동기부여 기법

① 직무재설계 방식

㉠ 직무충실화 : 조직구성원이 업무수행에서 성과를 계획, 지시, 통제할 자율과 책임을 느끼고, 동기요인을 제공받게 직무의 내용을 재편성하는 것

㉡ 탄력적 근무시간제 : 핵심 작업을 제외한 나머지 출퇴근 시간을 신축적으로 선택하는 것

② 성과와 보상 프로그램

㉠ 성과와 보상의 결속관계 강화 : 보상은 조직에서 성과를 유도하고 근로 의욕을 갖게 하는 원동력 성과와 보상은 항상 밀접한 관계이어야 한다.

㉡ 임금구조의 공정성 : 임금은 가장 기본적인 보상으로서 구성원들이 업무에 의욕을 가지게 하는 가장 큰 강화요인. 임금구조의 공정성 강화에 따라, 직원들의 동기부여도 높아진다.

㉢ 메리트 임금제도 : 다른 사람들의 주관적인 평가를 토대로 개인의 성과를 보상하는 프로그램 메리트 임금제도는 눈에 잘 띄지 않는 성과를 눈에 보이게 하는 특징이 있고, 도입 시 구성원이 성과와 보상 사이의 강한 연계를 경험하므로, 개인성과가 더욱 높아짐

㉣ 인센티브 시스템 : 객관적인 성과지표를 근거로 개인의 성과에 따라 보상이 정해지는 프로그램. 메리트 임금제도는 주관적인 기준, 인센티브는 객관적인 기준으로 산출한다는 차이점이 있다.

6) 리더십(Leadership)

(1) 리더십 정의

조직구성원으로 하여금 조직의 목적을 달성하기 위해 자발적으로 행동하도록 영향을 주는 조직관리자의 기술이나 과정

• 리더십의 특성

㉠ 지도자와 추종자의 관계에서 나타나는 현상이다.

㉡ 사회적 단위에서 발견할 수 있는 현상이나 개념이다.

㉢ 공동의 목표를 달성하는 데 기여하도록 영향을 주는 기술이나 과정이다.

㉣ 추종자의 자발적인 행동을 전제로 한다.

(2) 리더십 이론

① 리더십의 특성추구이론

리더십에 대한 초기 연구에서는 효과적인 리더에게는 남과 다른 개인적인 특성(신체적 특성, 성격상의 특징, 능력 등)이 있다고 생각하고 그 특성을 찾아내려고

노력하였다. 이를 리더십의 특성추구이론(Trait Theory)이라고 하며 초기의 리더십 연구에서는 효과적인 지도자의 자질을 규명하고 확인하는 데 관심을 두었다. 대부분의 연구는 성공적인 지도자의 지적, 감정적, 정서적, 육체적, 기타 개인적인 자질을 규명하도록 설계한다.(gibson et al.,2000) 이처럼 리더가 갖춰야 할 자격이나 능력, 속성에 연구의 초점을 맞추는 접근방식을 자질론 또는 속성론이라고 한다. 자질론에서는 지도자는 자질을 선천적으로 타고나거나 후천적으로 획득하며, 이러한 자질이 지도자와 추종자를 구별케 한다는 것이다. 지도자가 갖춰야 할 자질이나 속성으로는 지적 능력, 성격이나 태도 등을 들 수 있다.

② 행위이론과 집단이론

㉠ 리더십의 행위이론(Behavioral Theory) : 성과와 리더십 스타일 간의 관계를 규명하는 이론이다. 지도자와 추종자 간의 상호작용을 강조하는 접근방법. 추종자들로 구성된 집단의 종류, 성격이나 내부구조에 따라 지도자와 추종자 간의 관계인 리더십의 내용이나 유형이 달라진다.

㉡ 리더십의 집단이론(Group Theory) : 행위이론의 전개과정 중에, 리더에 못지않게 리더가 이끄는 집단이나 추종자들이 리더십의 발현에 중요한 영향을 미친다는 주장이 등장하였다. 추종자 중심이론(Follower Theory)라고도 한다.

㉢ 관리격자이론(Managerial Grid Theory) : 블레이크(Blake)와 무톤(Mouton)은 고려와 구조주도의 2차원 모형에 대한 연구를 기초로 리더유형을 더욱 구체화하였는데, 고려는 '인간에 대한 관심'으로, 구조주도는 '생산에 대한 관심'으로 대응시켜 구분하고, 리더의 행위를 어떻게 개발하는 것이 가장 효과적인가 하는 점에 대하여 뚜렷하고 체계적인 아이디어를 제시하였다.

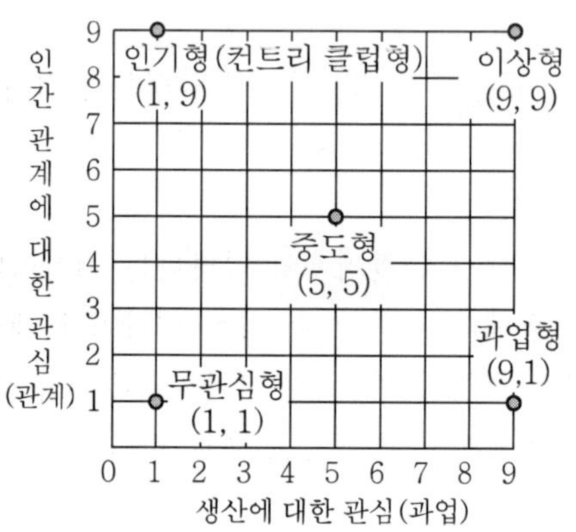

[관리격자이론에 따른 리더의 유형]

ⓐ 무관심형(1－1형) : Impoverished Management
리더의 생산과 인간에 대한 관심이 모두 낮아서 리더는 조직구성원으로서 자리를 유지하기 위해 필요한 최소한의 노력만 한다.

ⓑ 인기형(1－9형) : Country Club Management
리더는 인간에 대한 관심은 매우 높으나 생산에 대한 관심은 매우 낮다. 리더는 부하와의 만족한 관계를 위하여 부하의 욕구에 관심을 갖고, 편안하고 우호적인 분위기로 이끈다.

ⓒ 과업형(9－1형) : Authority Obedience Management
리더는 생산에 대한 관심이 매우 높으나 인간에 대한 관심은 매우 낮다. 리더는 일의 효율성을 높이기 위해 인간적 요소를 최소화하도록 작업 조건을 정비하고 과업수행능력을 가장 중요하게 생각한다.

ⓓ 중도형(5－5형) : Organizational Man Management
리더는 생산과 인간에 대해 적당히 관심을 갖는다. 그러므로 리더는 과업의 능률과 인간적 요소를 절충하여 적당한 수준에서 성과를 추구한다.

ⓔ 이상형 또는 팀형(9－9형) : Team Management
이상형 또는 팀형으로서, 생산과 인간관계의 유지에 모두 지대한 관심을 보이는 유형으로, 종업원의 자아실현욕구를 만족시켜주는 신뢰와 지원의 분위기를 이루는 동시에 과업달성 역시 강조하는 유형이다. 인간과 과업 모두에 대한 관심이 매우 높다. 리더는 구성원과 조직의 공동목표 및 상호 의존 관계를 강조하고, 상호 신뢰적이고 존경적인 관계와 구성원의 몰입을 통하여 과업을 달성한다.

③ 리더십의 상황이론

㉠ 리더십의 상황이론(Contingency Theory)이란 리더십이 추종자와 리더가 맡은 과업을 포함하는 상황의 산물이라는 주장이다. 피들러(Fiedler)의 상황모델은 최초의 리더십 상황이론으로 알려져 있다. 상황이 리더를 만드는 것이어서 가장 효과적인 리더는 상황의 요구에 가장 부합되는 리더라는 것이다. 지도자 개인의 자질과는 관계없이 집단이나 조직의 성격, 직무의 특성, 리더의 권력, 태도와 인지, 시간・장소 등 환경적 요인이나 상황적 요인에 따라 달라진다는 이론으로 인간적 요인보다는 사회적 요인을 더 강조한다.

④ 현대적 리더십이론

㉠ 최근의 급격한 기업경영환경의 변화에 조직구성원들의 조직에 대한 강한 일체감과 적극적인 참여를 유발할 수 있는 새로운 리더십이 요구되고 있다.

㉡ 현대적 리더십 이론은 어떤 상황에서도 효과적인 리더십에 초점을 두고 있다. 이론으로는 리더를 중심으로 하는 변혁적 리더십과 부하를 중심으로 하는 자

율적 리더십이 있다.

㉢ 카리스마 리더십 : 리더가 실제 지닌 특성보다 하급자들이 크게 느낄 때 리더를 믿고 따르므로, 남들이 갖지 못한 천부적인 리더로서의 특성을 소유하고 있다고 느낄 때 발휘 가능한 것으로, 종업원들의 리더에 대한 자각이라고 하는데, 카리스마적 권위에 기초하고 있다.

㉣ 슈퍼 리더십(Super leadership) : 부하들이 능력과 역량을 최대한 발휘하게 하여 부하 스스로 판단하고 행동에 옮기며, 결과에 책임지게 하여 셀프리더로 키우는 리더십이다. 장래 비전, 목표설정, 팀 조직의 활성화와 지도력을 자율적으로 배양해야 하고, 리더 스스로 훌륭한 자아리더의 모델이 되어야 한다.

〈리더십 연구의 전개〉

구분	시기	특징
특성이론	1930~1950년대	리더의 타고난 자질
행위이론	1950~1960년대	리더십 스타일
상황이론	1970~1980년대	리더가 처한 상황
변혁적 이론 자율적 이론	1980년대 이후	리더와 추종자 관계 (변혁, 멘토링, 임파워링 등)

Point

부하들 스스로가 자신을 리드하도록 만드는 리더십은? ②

① 서번트 리더십
② 슈퍼 리더십
③ 카리스마적 리더십
④ 거래적 리더십
⑤ 코칭 리더십

7) 집단차원의 조직행동론

(1) 집단의 본질

① 집단의 정의 및 분류

㉠ 집단의 정의 : 집단이란 공동목표를 달성하기 위하여 모인 상호작용이며 상호의존적인 둘 이상의 사람들의 집합이다. 이러한 정의에는 두 가지 중요한 특징이 포함되어 있는데, 첫째는 공동목표이고, 둘째는 구성원들이 상호작용하며 상호 의존적이라는 것이다.

㉡ 집단의 분류 : 이러한 집단은 일반적으로 공식집단과 비공식집단으로 분류된다.

- 공식집단 : 목표를 달성하기 위해 공식적인 권한으로부터 형성된 집단
- 비공식집단 : 비공식적으로 발생하며 조직의 한 부분으로 공식적으로 형성되지 않은 집단

집단의 분류		내 용
공식 집단	명령집단	조직표상에 나타난 것으로 어떤 특정의 상사와 그에게 직접 보고하도록 되어 있는 하위자로 구성
	과업집단	직무상의 과업을 수행하기 위하여 협력하는 사람들로 구성되어 있으나, 과업집단의 경계는 계층상의 직속 상하위자에 한정되지는 않고 신제품 개발을 위해 각 부서의 전문가가 모인 프로젝트 집단이 이에 속한다.(모든 명령집단은 과업집단이나, 모든 과업집단이 명령집단이 될 수는 없다.)
비공식 집단	이해집단	조직구성원들이 명령관계나 과업에 관계없이 각자가 관심을 가지고 있는 특정의 목적을 달성하기 위해 모인 집단
	우호집단	서로 유사한 성격을 갖는 사람들이 모여 형성하는 집단으로 동창들의 모임이나 비슷한 나이끼리 모인 사교모임 등이 우호집단에 속한다.

② 집단형성의 이유

집단형성의 이유	내 용
목표달성	혼자서는 달성할 수 없거나 협력하여야 할 경우 효과적인 목표를 달성하기 위하여 집단이 형성됨
안전	사람들은 혼자 있을 때보다는 여럿이 있음으로써 안전감을 느끼므로 안전을 확보하기 위해 집단을 형성하거나 집단에 가입하게 된다.(노동조합 결성 등)
신분	다른 사람들로부터 선망의 대상이 되고 있는 집단에 가입하는 것은 안정감과 특정 신분을 얻기 위한 것
대인적 매력	사람들이 유사한 태도와 신념을 갖고 있을 때 서로 매력을 느끼고 함께하고자 하는 집단이 형성됨
경제적 이유	집단으로 일할 때 더 많은 이익을 얻을 수 있고 집단의 협동에 의한 작업은 고성과의 달성에 대한 기대감을 높여줌

③ 집단발전의 단계

집단발전의 단계	내 용
형성단계	집단의 목적, 구조, 리더십 등에 있어서 불확실성이 높은 단계로 구성원들이 어떤 행위가 수용될 수 있는가를 저울질하는 단계
폭풍우단계	집단 내 갈등단계
규범화단계	친밀한 관계가 형성되고 집단이 응집성을 나타내는 단계
수행단계	집단구조가 완전히 기능적이며 받아들여지는 단계
해산단계	집단의 해산을 준비하는 단계

(2) 집단 구조(Group Structure)

집단도 집단구성원의 행위를 정하고 집단 내 개인행위의 상당한 부분뿐만 아니라 집단 그 자체의 성과를 설명하고 예측하는 것을 가능하게 해주는 집단구조를 가지고 있다.

① 역할(Role)

사회적 단위에서 특정의 지위를 차지하고 있는 사람에게 기대되는 행위의 패턴이다.

② 규범(Norms)

집단구성원에 의해 공유되고 있는 집단 내의 수용가능한 행위의 기준이며 규범이 강하게 적용되는 경우는 다음과 같다.

㉠ 규범 집단의 성공을 촉진하거나 집단의 존속을 보장할 때

㉡ 규범이 집단구성원들로 하여금 무슨 행위를 하도록 기대되는가를 분명히 하거나 예측가능하게 할 때

㉢ 규범이 집단 내 특정 구성원의 역할을 강화할 때

㉣ 규범이 집단으로 하여금 난처한 개인 상호 간의 문제를 피할 수 있도록 도울 때

③ 지위(Status)

위신이나 명예에 의한 집단 내에서의 서열, 가치 순위를 나타내는 것

(3) 집단 응집성(Group Cohesiveness)

한 집단의 구성원들이 서로 좋아하고 그 집단의 구성원으로 남고 싶어 하는 정도

(4) 집단역학의 의의

사전적 의미로 그룹 다이내믹스(Group Dynamics)라고도 하며, 이는 집단 운영의 원활화를 도모할 목적으로 집단이라는 장을 중력이나 전자기의 장처럼 힘의 작용으로 생각하여 집단 구성원의 상호 교섭 관계에 작용하는 힘을 연구하는 사회심리학의 의미이다.

• 소시오메트리(Sociometry) 분석

㉠ 개념 : 정신과 의사 모레노(Jacob Moreno)에 의해 고안된 것으로, 인간관계의 그래프나 조직망을 추적하는 이론이다. 이것은 응답자들에게 좋아하는 사람과 좋아하지 않는 사람을 지명하게 하여 사람들을 서열화한다. 이는 비공식집단의 상호 간 감정 상태를 분석하는 기법으로, 집단구성원 간 호의·비호의 관계에 의한 집단분석기법이다. 이는 비공식적 집단의 인간관계 양상을 보여주는 것으로, 비공식적 커뮤니케이션 체계와 분석기법으로 사용되고 있다.

㉡ 기법

ⓐ 소시오그램 : 이는 소시오메트리 구조파악 후 일욕요연하게 그림으로 표현한 것이다. 이미 형성된 비공식적 관계 이후에 파악된다. 이에 반하여 조직도는 공식적 구조에서 커뮤니케이션 경로를 미리 제시한 것으로 구분된다.

ⓑ 소시오매트릭스 : 이는 대규모 조직에서 소시오그램처럼 나타낸 것이다.

8) 의사결정

(1) 합리적 의사결정 모형

① 합리적 의사결정모형

의사결정에 관한 관점 중의 하나가 합리적 의사결정 모형이다. 이 모형의 가장 중요한 가정은 경제적 합리성 또는 사람들은 그들의 경제적 성과를 극대화하려고 한다는 개념이다. 또한, 이 모형에서는 사람들이 일관되게, 논리적으로, 수학적 방법으로 다음의 다섯 단계를 거쳐 경제적 성과의 극대화 목표를 추구할 것이라고 가정하고 있다.

② 의사결정의 단계

의사결정의 단계	내 용
문제의 인식과 정의	현재의 상태와 바람직한 상태 사이의 차이를 문제라 하며 그러한 차이를 지각하는 것을 문제의 인식이라고 함
정보 탐색	의사결정자가 문제와 문제해결방법에 관한 정보 수집
대안창출	앞 단계에서 수집된 정보를 기초로 여러 가지 해결안 창출
대안의 평가와 선택	충분한 대안들이 확인된 후에는 의사결정자가 대안들을 평가하여 선택
실행 및 평가	대안이 선택되면 의사결정자가 의사결정사항 실행

③ 합리적 의사결정을 방해하는 요인

방해 요인	내 용
손실회피 경향	확실한 이득과 위험한 손실 중에서 선택을 하게 될 때 대부분의 사람들은 확실한 손실을 피하고 어떤 것도 잃지 않는 것을 선택하려 한다는 것이다.
입수용이성 경향 (Availability Bias)	사람들은 어떤 일이 일어날 가능성을 자신의 머리에 떠오른 그것에 관한 예를 가지고 쉽게 판단해 버리는 경향이 있다. 이를 입수용이성 경향이라고 하며 의사결정에 영향을 미치는 요인이다.
기초비율 오류 (Base Rate Bias)	의사결정자가 특정 결과가 발생할 객관적인 확률을 무시하고 개별화된 특별한 정보에 더 의존하려는 데서 오는 오류이다.
비이성적 몰입의 증가 (Escalation of Commitment)	잘못된 의사결정임을 알고도 이전의 의사결정을 정당화하기 위해 점점 더 그 의사결정에 집착하는 경향을 비이성적 몰입의 증가라 한다.

(2) 관리적 의사결정모형

사이먼(H. A. Simon)의 관리적 의사결정모형은 조직의 의사결정을 보다 사실에 가깝게 묘사하려고 시도하고 있다. 관리적 의사결정모형을 열거하면 다음과 같다.

① 최적화 대신 만족화

제한된 합리성 때문에 의사결정자는 이상적인 최적의 의사결정보다는 만족스러운 의사결정을 추구한다.

② 대안의 순차적 고려

모든 대안을 동시에 고려하기보다는 대안들을 순차적으로 고려한다.

(3) 쓰레기통 모델(Garbage Can Model)

매우 높은 불확실성을 지니는 조직에서의 의사결정유형을 설명하는 데 적합한 의사결정이론이 쓰레기통 모델이다. 이 모델을 개발한 코헨(M. Cohen), 마치(J. March), 올슨(J. Olsen)은 조직 내 의사결정과정상의 불확실한 상황을 '조직화된 무질서(Organized Anarchy)'라고 하고 있다.

이 상황에서는 일반적인 경우와 달리 권한의 공식적인 체계나 계급 구조적 의사결정규칙이 존재하지 않고 그 대신 다음과 같은 세 가지 특징이 나타난다.

① 우선순위의 불명확성

문제, 대안, 해결방안, 목표가 명확히 정의되지 않고 의사결정의 각 단계들은 서로 명확하게 구분되지 않는다.

② 해결기법에 대한 이해의 부족과 불명확성

의사결정 요인들의 인과관계를 규명하기 어려우며 의사결정에 적용하기 위한 지식이 불분명하다.

③ 의사결정 참여자의 변동

의사 결정과정 중에 참여자가 이직할 수 있고, 조직구성원은 항상 바쁘기 때문에 어떤 특정한 의사결정에 충분한 시간을 할애하지 못한다. 유동적이고 제한된 의사결정에의 참여만 이루어진다.

(4) 집단의사결정

① 집단의사결정의 장·단점

장 점	단 점
• 보다 많은 정보와 대안 • 의사결정의 이해와 수용 • 보다 많은 관여	• 동조압력 • 개인의 지배 • 많은 시간 소요

② 집단의사결정의 분류

샤인(Edgar Schein)은 집단은 다음의 6가지 종류의 의사결정을 한다고 밝히고 있다.

㉠ 신중하지 못한 의사결정
㉡ 권위주의적인 의사결정
㉢ 소수에 의한 의사결정
㉣ 다수에 의한 의사결정
㉤ 합의에 의한 의사결정
㉥ 만장일치에 의한 의사결정

③ 집단의사결정의 오류

㉠ 선택쏠림(Choice Shift) : 집단성원은 개인적 의사결정을 할 때보다 집단의 의사결정을 할 경우에 보다 극단적인 의사결정을 하는 경향이 있는데, 이는 위험쏠림과 신중쏠림으로 나누어진다. 이를 집단시프트(Group Shift)현상이라고 부르는데, 집단의 구성원들이 원래 선호하던 방향으로 자기들의 입장을 극단적으로 추구하는 경향을 말한다.

- 위험쏠림 : 잠재적 이득 사이에 상쇄적 관계에 있는 의사결정에 있어서 개인이 의사결정을 할 때보다 집단이 더 위험한 의사결정을 하는 것
- 신중쏠림 : 잠재적 손실을 가져오는 대안 중에서 선택하는 경우에 개인의 의사결정보다 집단의 의사결정이 더 보수적인 경향을 나타내는 것

㉡ **집단사고** : 집단의사결정에서 흔히 일어나는 오류는 제니스(Irving Janis)에 의해 처음 소개된 집단사고이며 이는 **극도로 응집성이 강한 집단에서 조화와 만장일치에 대한 열망이 지나쳐 집단성원들이 집단의 결정을 현실적으로 평가하려는 노력을 묵살하는 경우에 발생한다.**

▷ 집단사고의 증상

집단사고는 여러 독특한 특성을 지니고 있는데 그것들은 다음과 같다.

집단사고의 증상	내 용
잘못 불가의 환상	절대로 잘못되지 않는다는 의식이 낙관적이게 하며 위험을 부담하게 한다.
합리화	경고를 무시하고 기존의 결정안과 모순되는 정보는 깎아 내릴 목적으로 합리화한다.
도덕성의 환상	집단성원들이 집단의 입장은 옳고 질책의 대상이 될 수 없다고 생각해서 윤리성 또는 도덕성 문제를 논의할 필요가 없다고 느낀다.
적에 대한 상동적 태도	집단 외부의 사람들은 사악하고 나약하며 어리석다고 본다.
동조압력	집단의 입장에 반대되는 주장을 하는 성원은 충성심이 부족하다고 몰아붙여 이탈자를 단속한다.
자기검열	집단에 대한 의심을 표출하지 않고 침묵을 지킨다.
만장일치의 환상	만장일치의 환상은 자기검열에서 나온다. 침묵은 동의로 간주되고 집단성원이 진정으로 동의하고 있는지 알아보려고 하지 않는다.
집단초병	몇몇 성원은 집단의 화목을 깨뜨릴 부정적인 정보로부터 집단을 보호하는 역할을 떠맡게 된다.

▷ 집단사고의 결과 및 방지 방안

집단사고의 결과	집단사고의 방지 방안
• 정보를 탐색하는 데 소홀해진다. • 대안의 탐색을 한정된 수로 제안함으로써 모든 가능한 대안을 고려하지 않는다. • 가장 선호되는 대안의 위험에 대하여 조사하지 않는다. • 처음에 제쳐두었던 대안에 대하여 재평가를 하지 않는다. • 정보를 처리함에 있어 선택적으로 한다.	• 각 집단에 비판적인 시각을 갖고 있는 평가자를 임명한다. • 리더로서 자신이 선호하는 대안을 명백하게 밝히지 않는다. • 동일한 문제를 다루는 소그룹 또는 소위원회를 구성한다. • 집단성원으로 하여금 이용가능한 모든 정보를 활용하도록 요구한다. • 객관적인 관점을 지닌 외부인사를 초빙하여 집단내부와 결과를 평가하도록 한다. • 회의 때마다 악역을 담당할 사람을 임명한다. • 일단 합의에 도달하였더라도 다른 대안을 재검토하고 비교한다.

Point

다음을 설명하는 용어는? ②

대부분의 중요한 의사결정은 집단적 토의를 거치기 마련이다. 이 과정에서 구성원들은 타인의 영향을 받거나 상황 압력 등에 따라 본인의 원래 태도에 비하여 더욱 모험적이거나 보수적인 방향으로 변화될 가능성이 있다.

① 집단사고
② 집단극화
③ 동조
④ 사회적 촉진
⑤ 복종

(5) 효과적인 집단의사결정 기법

① **브레인 스토밍(Brain Storming)**

오스본(Osborn)에 의해 창안된 기법으로서, 다수의 인원이 한 가지 문제를 두고 떠오르는 각종 생각을 자유롭게 무작위적으로 말한다. 집단에서 다른 사람들과 함께 일할 때 나타나는 부정적인 효과를 최소화하면서 아이디어를 창출해 내는 기법

㉠ 특징

- **자유로운 토론을 통해 창조적인 아이디어를 이끌어 내는 창의성 개발기법으로서 질보다는 양을 중요시한다.**
- 타인의 의견을 절대 비판하지 않는다.
- 자유로운 분위기에서 최대한 많은 아이디어를 제시하여 서로 결합하고 개선함으로써 합의점을 도출한다.

㉡ 원칙

- 비판금지의 원칙
- 자유분방의 원칙
- 양 우선의 원칙
- 결합 및 개선의 원칙

② **명목집단법(NGT ; Norminal Group Technique)**

문자 그대로 이름만 집단이며 구성원 상호 간에 대화나 토론을 통한 상호작용을 하지 않는다. 즉, 집단구성원들 간에 실질적인 접촉은 없고 단지 **서면을 통해서 하는 것**으로 모은 정보에 대한 피드백이 강하고 다른 사람의 영향을 받지 않는다.

㉠ 장점 : 집단을 공식적으로 소집하여 한곳에 모이게는 하지만 종래의 전통적인 상호 작용 집단처럼 독립적인 사고를 제약하는 일이 없다.

㉡ 단점 : 이 기법을 이끌어나가는 리더의 훈련이 필요하다는 것과 **한 번에 한 문제밖에 풀어나갈 수 없다.**

③ **델파이법**(Delphi Technique)

우선 한 문제에 대해 몇 명의 전문가들의 독립적인 의견을 우편으로 수집하고 이 의견들을 요약하여 전문가들에게 배부한 다음 일반적인 합의가 이루어질 때까지 서로의 아이디어에 대해 논평하게 하는 방법

④ 창의성 측정방법과 창의성 개발방법

㉠ 창의성 측정방법 : 원격연상 검사법, 토랜스 검사법

㉡ **창의성 개발방법 : 고든법, 브레인 스토밍, 델파이법, 명목집단법, 강제적 관계기법 등**

Point

델파이 기법에 관한 설명으로 옳지 않은 것은? ②

① 많은 전문가들의 의견을 취합하여 재조정과정을 거친다.
② 전문가들을 두 그룹으로 나누어 진행한다.
③ 의사결정 및 의견개진 과정에서 타인의 압력이 배제된다.
④ 전문가들을 공식적으로 소집하여 한 장소에 모이게 할 필요가 없다.
⑤ 미래의 불확실성에 대한 의사결정 및 장기예측에 좋은 방법이다.

9) 갈등관리

(1) 갈등에 관한 기초개념

① 갈등의 정의

정 의	특 징
리터러 (J. Literer)	어떤 개인이나 집단이 다른 사람이나 집단과의 상호작용이나 활동으로 상대적 손실을 지각한 결과 대립 · 다툼 · 적대감이 발생하는 행동의 한 형태
로빈스 (S. Robins)	목적을 달성하고 이익을 계속 추구하는 데 있어서 A가 의도적으로 B에게 좌절을 초래하는 방해행동을 하는 과정
마일즈 (R. Miles)	조직의 한 단위나 단위 전체 구성원들의 목표지향적인 행동이 다른 조직단위 구성원들의 목표지향적인 행동과 기대로부터 방해를 받을 때 표현되는 조건

② 갈등현상의 기본 모형

기본 모형	내 용
득실상황	배분적 관계가 높고 통합적 관계가 낮을 때 일어나며 한편의 이득은 다른 편의 손실이 된다.
혼합상황	배분적 관계와 통합적 관계가 모두 높은 경우에 나타나며 배분적 관계는 흔히 상호 관련 때문에 만들어진 보상의 상대적 분배와 관계된다.
협동상황	통합적 관계가 높고 배분적 관계가 낮은 경우로서 쌍방은 상호 의존적이다.
낮은 상호 의존상황	통합적 관계와 배분적 관계가 모두 낮은 경우에 나타나는데, 쌍방에 거의 의존관계가 없는 경우이다. 그러므로 갈등은 최소화되고 더 이상 갈등 문제가 나타나지 않는다.

③ 갈등의 전제조건

갈등의 전제조건	내 용
상호 의존성	원조, 정보, 피드백 또는 여타 협동적 행위를 위해 다른 당사자에 의존하는 두 당사자 간의 관계 • 집합적 상호 의존성 • 순차적 상호 의존성 • 교호적 상호 의존성
정치적 비결정주의	당사자 사이에 권력관계가 모호하지 않고 안정적이라면 갈등이 일어나기보다는 강력한 권력을 쥐고 있는 쪽의 권한에 의해 문제가 해결된다.
다양성	갈등이 존재하기 위해서는 당사자들이 싸울 만한 가치가 있는 당사자 사이의 차이와 불일치가 있어야 한다.

④ 갈등의 단계

갈등의 단계	내 용
잠재적 갈등단계	불화가 추측될 뿐이며 기껏해야 희미하게 지각되는 정도
지각된 갈등단계	문제가 쉽게 지각되며 갈등에 연루된 모든 사람들이 갈등이 존재함을 안다.
감지된 갈등단계	사람들이 갈등을 느꼈을 때에는 갈등을 인식할 뿐만 아니라 긴장, 걱정, 분노, 동요 등을 느끼게 된다.

(2) 개인적 갈등

개인적 갈등은 둘 이상의 압력이 동시에 주어지기 때문에 생기는 것이다. 이러한 개인적 갈등은 다시 좌절갈등, 목표갈등, 역할갈등으로 구분할 수 있다.

• 개인 간 갈등의 해소방안 : 경쟁, 순응, 회피, 협력, 타협 등

(3) 집단 간 갈등

조직 내에서 흔히 인식되는 갈등이며 집단 간에 자원이나 권력을 획득하기 위하여 부서 간에 야기되는 긴장이다. 이러한 갈등은 대체로 계층 간 갈등, 기능 간의 갈등, 라인과 스태프 간의 갈등, 공식적 및 비공식적 조직 간의 갈등 등의 형태로 나타난다.

① 갈등의 원인

㉠ 업무의 상호 의존성 ㉡ 불균형적 종속성
㉢ 대립적 업무기준 및 보상 ㉣ 부서 간의 차별성
㉤ 공동자원의 분배 ㉥ 지각의 차이

② 집단 간 갈등의 해소방안

㉠ 사회적 접촉 ㉡ 인간관계 훈련
㉢ 협상 또는 경쟁

Point

조직 내 집단 간의 갈등을 유발하는 원인이 아닌 것은? ④
① 업무의 상호의존성 ② 보상구조
③ 지각의 차이 ④ 상위목표
⑤ 한정된 자원의 분배

10) 팀 조직

(1) 팀제 도입의 필요성

팀이란 '상호 보완적인 기술 혹은 지식을 가진 둘 이상의 조직원이 서로 신뢰하고 협조하며 헌신함으로써 공동의 목적을 달성하기 위해 노력하는 자율권을 가진 조직의 단위'이다.

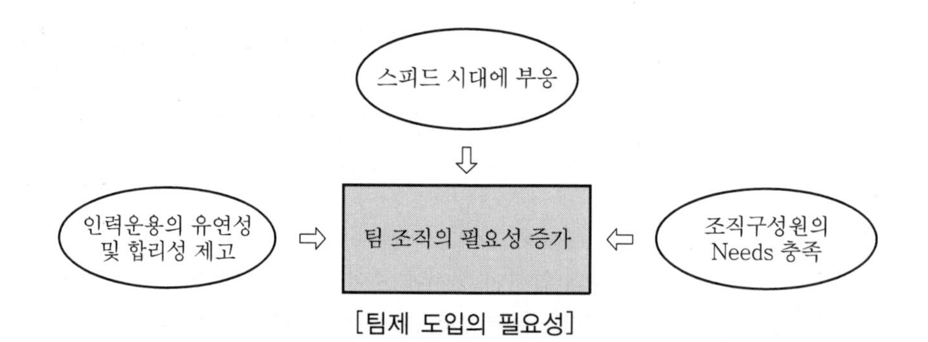

[팀제 도입의 필요성]

(2) 전통적 조직과 팀제 조직의 비교

구분	전통적 조직	팀제 조직
조직구조	수직적 계층 / 부, 과	수평적 팀
조직화의 원리	기능단위	업무프로세스 단위
직무설계	분업화(좁은 범위의 단순과업)	다기능화(다차원적 과업)
권한	권한의 집중	분권화
관리자의 역할	지시 / 집중	코치 / 촉진자
리더십	지시적, 하향적	후원적, 참여적, 설득적
정보의 흐름	통제적, 제한적	개방적, 공유적
보상	개인 / 직위, 근무연수	개인 및 팀 / 성과 및 능력

(3) 팀제의 성공조건

① 과업이 아닌 과정 중심의 조직화
② 계층의 평준화
③ 관리수단으로서의 팀의 활용
④ 고객이 몰아주는 업적
⑤ 팀 업적에 대한 보상
⑥ 공급업자와 고객의 접촉 극대화
⑦ 모든 구성원에 대한 홍보와 훈련

(4) 팀의 종류

팀의 종류	내 용
제안팀	• 특정문제에 대한 한시적 팀으로서 의사결정이나 실시권한은 팀에게 없고 여전히 라인관리자에게 주어진다. • 관리자가 원가절감, 생산성 향상 등의 아이디어를 얻고자 할 때 제안팀이 활용된다.
문제해결팀	• 문제를 파악하고 연구하고 실행가능한 해결책을 개발하기 위해 활용 • 대부분 한사람의 감독자와 5~8명의 구성원으로 만들어진다.
준자율팀	한 사람의 감독자에게 보고의무가 있지만 팀의 일일작업의 계획, 조직, 통제를 스스로 담당한다.
자율관리팀	• 스스로의 업무를 일일 베이스로 관리한다. • 조직의 목표를 고려하여 팀의 목표를 설정하고 목표달성방법을 계획하며 주어진 문제를 정의하고 해결한다.
임파워드팀	• 팀의 사명을 수행하기 위한 책임과 권한을 모두 가지고 있는 팀 • 팀에 대한 주인의식을 가지고 팀 스스로 과업과 과정에 대해 통제해 나간다.

(5) 고성과 팀의 특성

① 참여적 리더십
② 책임감의 공유
③ 목표 일체감
④ 의사소통의 고도화
⑤ 미래 지향성
⑥ 창의적 능력개발
⑦ 신속한 대응력
⑧ 업무수행에 초점

3. 조직문화

1) 조직문화의 중요성

조직문화(Organizational Culture)란 한 조직의 구성원들이 공유하고 있는 가치관, 신념, 이념, 관습 등을 총칭하는 것으로서 조직과 구성원의 행동에 영향을 주는 기본적 요인이다. 조직문화의 개념은 1980년대부터 조직이론에 도입되어 조직개발과 혁신에 응용되고 있다. 조직문화는 조직 활성화를 위한 하나의 도구로 사용되고 있다.

조직문화는 조직의 공식적 · 비공식적 운영과정에 광범위하게 영향을 미칠 수 있기 때문에 중요시된다.

(1) 전략수행에 영향

조직문화는 기업에서의 전략수행에 영향을 끼치는데, 기업 조직이 전략을 수행함에 있어 조직이 지니는 기존의 가정으로부터 벗어난 새로운 가정, 가치관, 운영방식 등을 따라야 한다.

(2) 합병, 매수 및 다각화 등에 영향

기업 조직의 합병, 매수 및 다각화 시도 시 기업 조직의 문화를 고려해야 한다.

(3) 신기술 통합에 영향

조직문화는 신기술의 통합에 영향을 미친다. 기업 조직이 신기술을 도입할 경우에 조직 구성원들은 이에 대해 많은 저항을 하게 되기 때문에 일부 직종별 하위문화를 조화시키고, 더불어 일부의 지배적인 기업 조직의 문화를 변경하는 것이 필요하다.

(4) 집단 간 갈등

조직문화는 기업 조직의 집단 간 갈등에 영향을 끼치는데, 기업 조직의 전체적 수준에서 각 집단의 하위문화를 통합해주는 공통적 문화가 존재하지 못할 경우 각 집단에서는 서로 상이한 문화의 특성으로 인해 심각한 경쟁과 마찰 및 갈등이 발생하게 된다.

(5) 화합 및 의사소통에 영향

기업의 조직문화는 효과적인 화합 및 의사소통에 영향을 끼치는데, 한 기업 조직 내에서 서로 상이한 문화적 특성을 지닌 집단의 경우 상황을 해석하는 방법 및 지각의 내용 등이 달라질 수 있다.

(6) 사회화에 영향

기업의 조직문화는 사회화에 영향을 끼치는데, 기업 조직에 신입이 들어와서 사회화되지 못하는 경우에 불안, 소외감, 좌절감 등을 겪게 되고 그로 인해 이직을 하게 된다.

(7) 생산성에 영향

강력한 기업 조직의 문화는 생산성을 제한하는 방향으로 흐를 수도 있고, 자신의 성장 및 기업의 발전을 동일시하는 경우는 생산성을 향상시키는 방향으로 영향을 미치게 된다.

약한 문화를 가진 조직의 특성에 해당되는 것은? ①

① 다양한 하위문화의 존재를 허용한다.
② 의례의식, 상징, 이야기를 자주 사용한다.
③ 응집력이 강하다.
④ 조직가치의 중요성에 대한 광범위한 합의가 이루어져 있다.
⑤ 조직의 가치와 전략에 대한 구성원의 몰입을 증가시킨다.

2) 환경변화와 조직문화의 중요성

환경변화	조직 문화의 중요성
법 · 정치적 환경변화	• 경영참여 욕구 증대 • 기업의 비판의식 증대
사회 · 문화적 환경변화	• 세대 간의 가치 차이 • 가치관의 다양화
경제 · 기술적 환경변화	• 경쟁의 가속화 • 기술수준의 평준화 • 이미지 차별화의 필요성

3) 조직문화의 구성요소

(1) **파스칼과 피터스의 7S**

파스칼(R. Pascale)과 피터스(T. Peters), 워터맨(R. Waterman) 등은 조직문화의 구성요소로서 7S를 꼽고 있다. 7S란 공유가치, 전략, 구조, 관리시스템, 구성원, 기술 그리고 리더십 스타일을 말한다.

구성요소(7S)	내 용
공유가치 (Shared Value)	기업체 구성원들 모두가 공동으로 소유하고 있는 가치관과 이념, 그리고 전통가치와 기업의 기본목적 등 기업체의 공유가치
전략 (Strategy)	기업체의 장기적인 방향과 기본성격을 결정하는 경영전략으로서 기업의 이념과 목적, 그리고 기본가치를 중심으로 이를 달성하기 위한 기업체 운영에 장기적 방향을 제공
구조 (Structure)	기업체의 전략을 수행하는 데 필요한 조직구조, 직무설계, 그리고 권한관계와 방침 등 구성원들의 역할과 그들 간의 상호 관계를 지배하는 공식요소를 포함
관리시스템 (System)	기업체 경영의 의사결정과 일상운영에 틀이 되는 관리제도와 절차 등 각종 시스템
구성원 (Staff)	구성원들의 가치관과 행동은 기업체가 의도하는 기본가치에 의하여 많은 영향을 받고 있고 인력구성과 전문성은 기업체가 추구하는 경영전략에 의하여 지배
기술 (Skill)	물리적 하드웨어는 물론, 이를 사용하는 소프트웨어 기술을 포함
리더십 스타일 (Style)	구성원들을 이끌어가는 전반적인 조직관리 스타일로서 구성원들의 행동조성은 물론 그들 간의 상호관계와 조직분위기에 직접적인 영향을 주는 중요요소

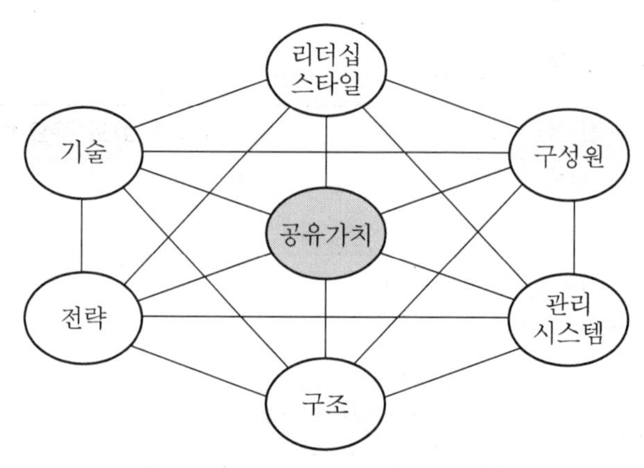

[조직문화의 구성요소(7S 모델)]

(2) 파슨스의 AGIL

① AGIL의 의의

파슨스는 사회의 모든 체제는 체제의 존립과 발전을 위해 적응, 목표, 통합, 정당성 등의 기능을 수행해야 하는데, 전체적인 면에서 균형이 중요하다는 것을 강조한다.

② AGIL의 의미

㉠ 적응 : 사회적 체제는 환경을 인식하고 환경의 변화를 파악한 후에 적절한 조치를 취해야 한다.

㉡ 목표 : 체제의 목표 달성을 위해서는 목표를 구체적으로 정립하고 그것을 달성하기 위한 전략을 수립해야 한다.

㉢ 통합 : 체제 내의 각 하위 요소들은 서로 관계를 가져야 하고, 상호의존성이 파악되어 조직화되어야 하며, 각 요소들의 행동이 조정되어야 한다.

㉣ 정당성 : 사회적 체제가 주변 환경의 여러 요소들로부터 존립의 권한을 부여받아야 한다.

(3) 샤인의 세 가지 수준

에드가 샤인(E. H. Schein)은 조직문화를 가시적 수준, 인식적 수준, 잠재적 수준(또는 불가시적 수준) 등으로 나누고 각 수준에 따라 조직문화의 구성요소가 다르다고 보았다.

① 가시적 수준

㉠ 가시적 수준에는 눈으로 볼 수 있는 물질적 · 상징적 · 행동적인 것들, 즉 인공물 및 창작물이 포함된다. 이는 조직 전체적인 인상과 조직문화 특성을 형성하는 데 결정적인 요소로 작용한다.

㉡ 가시적 수준에 속하는 것들로는 기술과 제품, 기구와 도구, 방침과 규율, 집단의 행사와 의식 및 개개인의 행동패턴, 심볼 등이 있다.

② 인식적 수준

㉠ 인식적 수준에는 창의성에 대한 존중, 개인적 책임 중시, 주요문제에 대한 합의, 개방적 의사소통 등 여러 가치관이 있다. 이것은 행동의 지침이 되며 가시적 수준을 지배한다.

㉡ 가치관은 인지가치와 행위가치로 구분할 수 있다. 인지가치 또는 옹호된 가치는 구성원들이 가치가 있다고 인정하고 수용한 가치이다. 행위가치 또는 내재적인 가치는 구성원들의 실제 행동양식에 반영된 가치이다.

③ 잠재적 수준

㉠ 잠재적 수준 또는 불가시적 수준은 구성원들이 의식하고 있지 않으나 자연스럽게 받아들일 수 있는 기본전제를 의미한다.

㉡ 기본전제는 구성원의 행동을 가이드하고 구성원들이 사물에 대하여 어떻게 지각하고 생각해야 하는지를 말해주는 내재된 신념이다.

㉢ 샤인은 기본전제가 조직문화에 있어서 가장 근본적인 단계로서 조직문화의 핵심이라고 할 수 있다. 또한 어떠한 상황에서도 조직 구성원들의 행동방식을 유지시켜주는 역할을 한다.

(4) 딜과 케네디의 조직문화 구성요소

① 조직문화의 구성요소

딜(T. Deal)과 케네디(A. Kennedy)는 조직문화의 구성요소로서 조직체 환경, 기본가치, 중심인물, 의례와 의식, 그리고 문화망을 들었다.

② 구성요소의 내용

㉠ 조직체 환경 : 조직문화에 가장 영향을 많이 주는 고객, 정부, 기술, 법규 등 외적 환경요소를 가리킨다.

㉡ 기본가치 : 성원 모두가 공유하고 있는 기본적인 신념으로서 포드자동차의 포디즘(Fordism)과 같이 기업의 경영이념에 잘 나타나 있다.

㉢ 중심인물 : 조직의 가치들을 확립하고 구현하는 영웅들로 창업자나 전문 경영자 들이 이에 해당한다. GE의 토머스 에디슨이나 잭 웰치, 애플의 스티브 잡스 등을 말한다.

㉣ 의례와 의식 : 가치의 공식적인 표현양식들로 성원들이 규칙적으로 지켜 나가는 습관이나 행동이다. 조회 · 회의 진행방법, 보고방식, 과업처리방식, 상하 간의 관계 등을 들 수 있다.

㉤ 문화망 : 조직의 기본가치와 중심인물이 추구하는 목적을 전달해 주는 비공식적 매체로서 기업의 가치나 창업자의 업적을 이야기로 만든 일화, 전설, 무용담, 신화, 설화 등을 들 수 있다.

4) 조직문화의 변화 및 장단점 비교

(1) 조직문화 변화 메커니즘

성장단계	조직문화 변화 메커니즘
창립 및 초기 성장단계	• 자연적 발전 • 조직적 치료요법을 통한 자기통제발전 • 혼합을 통한 관리된 발전 • 외부자에 의한 혁신

성장단계	조직문화 변화 메커니즘
조직의 중년기	• 계획적 변화와 조직개발 • 기술적인 동기 • 스캔들이나 신화의 공개를 통한 변화 • 점진주의적 변화
조직의 성숙단계	• 강압적 설득 • 방향전환 • 재조직, 파괴, 재탄생

(2) 조직문화 변화의 계기가 되는 요소들

① 환경적인 위기

갑작스런 경기의 후퇴 및 기술혁신 등으로 인한 심각한 환경의 변화, 시장개방 등으로 인한 위기

② 경영상의 위기

조직의 최고경영층의 변동, 회사에 돌이킬 수 없는 커다란 실수의 발생, 적절하지 못한 전략 등

③ 내적 혁명

기업 조직 내부의 갑작스런 사건의 발생 등

④ 외적 혁명

신 규제조치의 입법화, 정치적인 사건 등

⑤ 커다란 잠재력을 지닌 환경적 기회

신 시장의 발견, 신 기술적 돌파구의 발견, 신 자본조달원 등

(3) 조직문화의 장단점

구분	강한 조직문화	환경적합적 문화	환경적응적 문화
기본 관점	강한 문화가 조직성과를 향상시킴	환경에 적합한 문화가 조직성과를 향상	환경적응력이 있는 문화가 조직성과를 향상
주장	• 강한 조직문화는 구성원들이 목표를 공유하게 함 • 가치 공유를 통한 높은 수준의 동기유발 • 조직에 대한 통제가 용이	• 외부환경이나 조직전략이 적합할 때만 문화가 조직에 긍정적으로 작용함 • 환경변화의 반영과 의사결정의 정확성 제고가 용이	• 조직 외부고객의 가치 실현 중시 • 현상 안주보다는 지속적 변화 및 유연성 추구

구분	강한 조직문화	환경적합적 문화	환경적응적 문화
비판	• 높은 성과가 강한 문화를 형성할 수 있음 • 성과와 역행하는 방향으로 조직을 이끌 가능성	• 급격한 환경 변화 시에 따라 적합하도록 문화를 변화시키기 곤란 • 환경변화에 대한 조직의 능동적 대응방안 제시 미흡	조직문화의 내부적 특성의 중요성 간과

조직문화에 관한 설명으로 옳지 않은 것은? ④

① 조직사회화란 신입사원이 회사에 대하여 학습하고 조직문화를 이해하기 위한 다양한 활동이다.

② 조직의 핵심가치가 더 강조되고 공유되고 있는 강한 문화(Strong Culture)가 조직에 끼치는 잠재적 역기능을 무시해서는 안 된다.

③ 조직문화는 하루아침에 갑자기 형성된 것이 아니고 한번 생기면 쉽게 없어지지 않는다.

④ 창업자의 행동이 역할모델로 작용하여 구성원들의 그런 행동을 받아들이고 창업자의 신념, 가치를 외부화(externalization)한다.

⑤ 구성원 모두가 공동으로 소유하고 있는 가치관과 이념, 조직의 기본목적 등 조직체 전반에 관한 믿음과 신념을 공유가치라 한다.

예상문제 및 해설 1

경영학

인적자원관리

1. 다음 중 노동쟁의 조정방법 중 강제성을 띠고 있는 것은?

① 알선	② 중재
③ 조정	④ 긴급조정

① ①, ②
② ①, ③
③ ①, ④
④ ②, ③
⑤ ②, ④

해설 노동쟁의

강제성을 띠는 것		강제성이 없는 것	
긴급조정	쟁의행위가 국가나 국민에게 위험을 줄 수 있으면 고용노동부장관이 긴급조정을 할 수 있음	조정	노동위원회의 조정위원회에서 담당하며 조정안 수락을 권고하는 것
중재	당사자는 중재결과를 꼭 따라야 하며 중재결정이 위법일 경우 중앙노동위원회에 재심 청구 또는 행정소송 제기 가능	알선	분쟁당사자를 설득하여 관련 당사자 간의 토론에 의해 쟁의 조정을 하는 것

2. 다음은 노동조합의 가입형태 중 노조의 지배력이 약한 것부터 나열한 것은?

① Closed Shop	② Open Shop	③ Union Shop

① ①-②-③
② ②-③-①
③ ③-②-①
④ ①-③-②
⑤ ②-①-③

해설 노동조합 가입형태

가입형태	내 용
Closed Shop	조합원이 아닌 자를 고용할 수 없으며 또한 조합에서 탈퇴하는 경우에는 고용관계가 종료하게 된다.
Open Shop	우리나라의 대부분이 이 제도를 사용하고 있으며 노동조합의 가입 여부는 노동자의 의사에 달려 있다.
Union Shop	입사 후 일정 시간이 지나면 노조에 가입해야 하는 제도

3. 다음 중 노동자들이 자신들의 요구를 실현시키기 위해 집단적으로 업무나 생산활동을 중단시키는 것은?

① 파업(Strike)
② 태업(Sabotage)
③ 불매운동(Boycott)
④ 일시해고(Lay-Off)
⑤ 직장폐쇄(Lock-Out)

해설 쟁의행위

① 근로자 측 쟁의행위

쟁의행위	내 용
동맹파업(General Strike)	근로자가 단결하여 근로조건의 유지 · 개선을 달성하기 위하여 집단적으로 노무의 제공을 거부하는 쟁의행위
태업(Sabotage)	• 근로자들이 단결해서 의식적으로 작업능률을 저하시키는 것 • 사보타지(Sabortage) : 생산 또는 사무를 방해하는 행위로서 단순한 태업에 그치지 않고 적극적으로 생산설비를 파괴하는 행위까지 포함하는 개념(정당성이 결여된 쟁의행위)
준법투쟁(Work to Rule)	일반적으로 준수하게 되어 있는 보안 · 안전 · 근무규정 등을 필요 이상으로 엄정하게 준수함으로써 의식적으로 저하시키는 행위
불매동맹(Boycott)	• 1차적 불매운동 : 사용자에 대하여 사용자의 제품의 구매 또는 시설을 거부함으로써 압력을 가하는 것 • 2차적 불매운동 : 사용자에게 그와 거래관계에 있는 제3자와의 거래를 단절할 것을 요구하고 이에 응하지 않을 경우 제품의 구입이나 시설의 이용 또는 노동력의 공급을 중단하겠다는 압력을 가하는 것
생산관리	근로자들이 단결하여 사용자의 지휘 · 명령을 거부하고 사업장 또는 공장을 점거함으로써 조합 간부의 지휘하에 노무를 제공하는 투쟁행위
피케팅(Picketting)	파업을 효과적으로 수행하기 위하여 근로희망자(파업 비참가자)들의 사업장 또는 공장의 출입을 저지하고 파업 참여에 협력할 것을 요구하는 행위

 정답 3. ①

② 사용자 측 대항행위

대항행위	내 용
대체고용 (조업계속)	• 동맹파업 시 사용자는 노동조합원 이외의 근로자(비노조원)들로서 이미 근로관계에 있는 종업원이나 노동조합원을 사용해서 조업 계속 가능 • 노동조합이 쟁의행위를 행하고 있는 단계에서 신규로 근로자를 채용해서 조업 계속 불가능
직장폐쇄 (Lock-Out)	• 사용자가 자기의 주장을 관철하기 위하여 근로자집단에 대해 생산수단에의 접근을 차단하고 근로자의 노동력 수령을 조직적·집단적·일시적으로 거부하는 행위

4. 조합원뿐만 아니라 비조합원도 채용하며, 비조합원은 일정기간이 지난 후 반드시 노동조합에 가입하여야 하는 제도는?

① 오픈 숍(Open Shop)
② 유니언 숍(Union Shop)
③ 클로즈드 숍(Closed Shop)
④ 에이전시 숍(Agency Shop)
⑤ 체크오프 시스템

해설

조직형태		내 용
기본적 제도	오픈 숍 (Open Shop)	• 조합원, 비조합원 모두 고용이 가능하다. 즉, 조합에의 가입이 고용조건이 아니다. • 우리나라 대부분의 노동조합에서 채택하고 있다.
	유니언 숍 (Union Shop)	• 사용자가 자유롭게 채용할 수 있으나, 채용 후 일정기간이 지나면 반드시 조합에 가입하여야 한다. • 우리나라에서는 근로자의 3분의 2 이상을 대표하는 노동조합의 경우 단체협약을 통해 제한적인 유니언 숍이 인정되나 이때에는 조합이 제명하였다고 해서 회사에서 해고되는 조항은 실시되지 않고 있다.
	클로즈드 숍 (Closed Shop)	• 결원보충이나 신규채용에 있어서는 반드시 조합원에서 충원한다. • 조합 가입이 고용의 전제조건이다. • 조합의 노동통제력이 가장 강력하다. • 미국의 태프트-하틀리법(Taft-Hartley Act)에 의해 불법화되었다. 건설업, 해운업, 인쇄업 등에서 현실적으로 인정되고 있으며, 우리나라의 경우에도 현실적으로 항만노동조합에서 적용되고 있다.

4. ② 정답

조직형태		내 용
변형적 제도	에이전시 숍 (Agency Shop)	• 조합원이 아니더라도 모든 종업원에게 노동조합이 조합비를 징수하는 제도이다. • 대리기관 숍제도라고도 한다.
	프리퍼런셜 숍 (Preferential Shop)	• 우선 숍제도라고 하며 채용에 있어서 조합원에게 우선권을 주는 제도이다.
	메인트넌스 숍 (Maintenance Shop)	• 조합원유지 숍제도라고 하며 조합원이 되면 일정기간 동안 조합원으로 머물러 있어야 하는 제도이다.

※ 체크오프 시스템(COS ; Check Off System)
조합비의 확보를 통해 노동조합의 안정을 유지하기 위한 제도로 조합비 일괄 공제제도라고 한다. 즉, 조합비를 징수할 때 사용자가 노동조합의 의뢰에 의하여 조합비를 급료계산 시에 일괄공제하여 전달해 주는 방법이다.

5. 노동조합제도 중 노조의 통제력이 가장 미약한 형태에서 나타나는 것은?

① 오픈 숍　② 유니언 숍
③ 에이전시 숍　④ 클로즈드 숍
⑤ 메인트넌스 숍

해설 오픈 숍(Open Shop)
• 조합원, 비조합원 모두 고용이 가능하다. 즉, 조합에의 가입이 고용조건이 아니다.
• 우리나라 대부분의 노동조합에서 채택하고 있다.

6. 노사관계에 있어서 Check－Off System의 의미는?

① 출근시간을 점검하는 것이다.
② 작업성적을 평가하여 임금 결정 시 보완하려는 제도이다.
③ 종합적 근무성적을 인사고과에 반영하는 것이다.
④ 회사급여의 계산 시 노동조합비를 일괄공제하여 노조에 인도하는 것이다.
⑤ 회사의 노동계약의 준수 여부를 제도적으로 점검한다.

해설 체크오프 시스템(COS ; Check Off System)
조합비의 확보를 통해 노동조합의 안정을 유지하기 위한 제도로 조합비 일괄 공제제도라고 한다. 즉, 조합비를 징수할 때 사용자가 노동조합의 의뢰에 의하여 조합비를 급료계산 시에 일괄공제하여 전달해 주는 방법이다.

 정답 5. ①　6. ④

7. 다음 중 보기에서 바르게 연결되어진 것은?

① 경제적 측면 검사	㉠ A감사
② 경영적 측면 검사	㉡ B감사
③ 효과적 측면 검사	㉢ C감사

① ①-㉠, ②-㉡, ③-㉢
② ①-㉠, ②-㉢, ③-㉡
③ ①-㉢, ②-㉠, ③-㉡
④ ①-㉡, ②-㉠, ③-㉢
⑤ ①-㉢, ②-㉡, ③-㉠

해설 ABC감사

A감사	관리내용감사	경영 측면의 감사
B감사	예산감사	경제 측면의 감사
C감사	효과감사	효과 측면의 감사

8. 다음 중 직무기술서에 포함되는 내용으로 알맞지 않은 것은?
① 직무내용
② 직무개요
③ 직무요건
④ 직무표식
⑤ 직무의 인적요건

해설 직무기술서

구 분	직무기술서(Job Description)	직무명세서(Job Specification)
의의	직무분석을 통해 얻은 직무의 성격과 내용, 직무의 이행방법과 직무에서 기대되는 결과 등 과업요건을 중심으로 정리해 놓은 문서	직무를 만족스럽게 수행하는 데 필요한 작업자의 지식·기능·능력 및 기타 특성 등을 정리해 놓은 문서
목적	인적자원관리의 일반목적을 위해 작성	인적자원관리의 구체적이고 특정한 목적을 위해 세분화하여 작성
작성 시 유의사항	직무내용과 직무요건에 동일한 비중을 두고, 직무 자체의 특성을 중심으로 정리	직무내용보다는 직무요건을, 또한 직무요건 중에서도 인적요건을 중심으로 정리
포함되는 내용	직무명칭, 직무개요, 직무내용, 장비·환경·작업활동 등 직무(수행)요건, 직무표식(직무의 명칭 및 직무번호)	직무표식(직무의 명칭 및 직무번호), 직무개요, 직무내용, 작업자의 지식·기능·능력 및 기타 특성 등 (구체적인)직무의 인적요건
특징	속직적 기준, 직무행위의 개선점 포함	속인적 기준, 직무수행자의 자격요건 명세서

9. 직무분석의 목적에 따라 인적 특징에 중점을 두어 기술한 문서로 사원의 모집, 선발, 배치에 특히 도움이 되는 자료를 제공하는 것은?

① 직무기술서 ② 직무평가서
③ 직무분석표 ④ 직무명세서
⑤ 균형성과표

해설 직무기술서는 과업 중심적인 직무분석에 따라, 직무명세서는 사람 중심적인 직무분석에 따라 얻는다. 즉, 직무기술서는 과업요건에 초점을 둔 것이며, 직무명세서는 인적요건에 초점을 둔 것이다.

10. 다음 중 모집과 배치의 적정화, 직무의 능률화를 목적으로 작성되며, 직무내용과 직무요건이 동일한 비중을 두고 작성되는 것은?

① 인사고과표 ② 직무명세서
③ 직무분석표 ④ 직무기술서
⑤ 균형성과표

해설 직무기술서

구 분	직무기술서(Job Description)	직무명세서(Job Specification)
의의	직무분석을 통해 얻은 직무의 성격과 내용, 직무의 이행방법과 직무에서 기대되는 결과 등 과업요건을 중심으로 정리해 놓은 문서	직무를 만족스럽게 수행하는 데 필요한 작업자의 지식 · 기능 · 능력 및 기타 특성 등을 정리해 놓은 문서
목적	인적자원관리의 일반목적을 위해 작성	인적자원관리의 구체적이고 특정한 목적을 위해 세분화하여 작성
작성 시 유의사항	직무내용과 직무요건에 동일한 비중을 두고, 직무 자체의 특성을 중심으로 정리	직무내용보다는 직무요건을, 또한 직무요건 중에서도 인적요건을 중심으로 정리
포함되는 내용	직무명칭, 직무개요, 직무내용, 장비 · 환경 · 작업활동 등 직무(수행)요건, 직무표식(직무의 명칭 및 직무번호)	직무표식(직무의 명칭 및 직무번호), 직무개요, 직무내용, 작업자의 지식 · 기능 · 능력 및 기타 특성 등 (구체적인)직무의 인적요건
특징	속직적 기준, 직무행위의 개선점 포함	속인적 기준, 직무수행자의 자격요건 명세서

11. 개인이 혼자 일할 때보다 집단으로 일할 때 다른 사람들을 믿고 노력을 줄이는 현상을 막기 위한 방안으로 알맞지 않은 것은?

① 과업을 전문화시켜 책임소재를 분명하게 한다.
② 개인별 성과를 측정하여 비교할 수 있게 한다.
③ 본래부터 일하려는 동기 수준이 높은 사람을 고용한다.
④ 직무충실화를 통해 직무에서 흥미와 동기가 유발되도록 한다.
⑤ 팀의 규모를 늘려서 각자의 업무 행동을 쉽게 관찰할 수 있게 한다.

정답 9. ④ 10. ④ 11. ⑤

해설 집단으로 일할 때 노력을 덜 하려는 현상은 책임소재가 명확하지 않고 관찰하기가 어렵기 때문에 나타난다. 팀의 규모를 늘린다면 각자의 업무 행동을 관찰하기가 더 어렵고 통제가 어려워져서 노력을 덜 하려는 무임승차 또는 편승의 현상이 더 심화될 것이다.

12. 다음 중 직무 충실화에 대한 설명으로 알맞은 것은?

① 허쯔버그의 2요인에 기초한 수직적 직무 확대
② 반복적인 업무의 단조로움과 지루함을 줄일 수 있다.
③ 높은 수준의 지식과 기술이 필요하다.
④ 직무설계의 전통적 접근방법이다.

① ①, ②
② ①, ③
③ ①, ④
④ ②, ③
⑤ ①, ③, ④

해설 직무설계방안

- 직무순환(Job Rotation) : 조직구성원에게 돌아가면서 여러 가지 직무를 수행하도록 하여 직무수행에서 지루함이나 싫증을 덜 느끼게 하려는 직무설계방안
- 직무확대(Job Enlargement) : 한 직무에서 수행되는 과업의 수를 증가(직무가 보다 다양하고 흥미 있도록 하기 위해 직무에 포함되어 있는 기존의 과업들에 또 다른 과업들을 추가)시키는 것
- 직무충실화(Job Enrichment)
  - 전통적인 직무설계방법과는 달리 직무성과가 직무수행에 따른 경제적 보상보다도 개인의 심리적 만족에 달려 있다는 전제하에 직무수행의 내용과 환경을 재설계하는 방법
  - 특히 다양한 작업내용이 포함되고 보다 높은 수준의 지식과 기술이 요구되며, 작업자에게 자신의 성과를 계획하고 통제할 수 있는 자주성과 책임이 보다 많이 부여되고 개인적 성장과 의미 있는 작업경험에 대한 기회를 제공할 수 있도록 직무의 내용을 재편성하는 것을 의미
  - 직무충실화의 이론적 근거는 동기유발이론에서 찾아볼 수 있는데, 특히 매슬로의 욕구단계이론 중 상위수준의 욕구와 허쯔버그의 2요인 이론 중 동기유발요인, 그리고 맥클랜드의 세 가지 욕구 중 성취욕구 등이 중시된다.
- 직무특성모형(Job Characteristic Model) : 조직구성원들의 상위계층의 욕구를 충족시키는데 초점을 맞추어 동기를 유발시키고 직무만족을 경험하게 하는 직무의 특성을 개념화한 것

13. 다음 글에 대한 설명으로 알맞은 것은?

> 드러커가 창안한 것으로 개인의 성취의욕과 자기개발욕구를 자극하는 데 근본취지가 있는 것으로 인사고과 과정에서 평가자와 피평가자의 참여를 최대화한다.

① 목표관리법
② 자기신고법
③ 행위기준고과법
④ 주요사건서술법
⑤ 인적평정센터법

해설 목표관리법

인사고과의 기법		설명
현대적 고과기법	목표에 의한 관리 (MBO)	• 목표설정과 결과에 대한 평가에 종업원이 참여하여 평가하는 고과하는 기법 • 각 업무담당자가 첫째, 상급자로부터 각종 정보를 제공받아 자신의 목표를 측정가능 목표로 설정하고, 둘째, 상위자가 협의하여 조직목표와 비교 · 수정하여 목표를 확정하며, 셋째, 업무를 수행하여 기말에 업무수행과정과 결과를 목표와 비교 · 평가하고, 넷째, 상황적 요인을 검토하고 문제점 및 개선점을 공동으로 검토하여 다음 기의 목표를 설정하는 4단계로 설명할 수 있다.

14. 평가자와 피평가자를 평가함에 있어서 속한 사회적 집단에 대한 지각을 기초로 평가하려는 경향이 있는데, 이것을 무엇이라고 하는가?

① 상동적 태도
② 논리적 오류
③ 대비오류
④ 현혹효과
⑤ 중심화 경향

해설 상동적 태도(Stereotyping)

> • 헤일로 효과와 유사하지만 헤일로 효과가 어떤 한 가지 특성에 근거한 데 반해 상동적 태도는 한 가지 범주에 따라 판단하는 오류이다. 즉, 상동적 태도는 그들이 속한 집단의 특성에 근거하여 다른 사람을 판단하는 경향을 말한다.
> • 예컨대, "한국인은 매우 부지런하고, 미국인은 개인주의적이며, 흑인은 운동소질이 있고, 이탈리아인은 정열적이다."라고 판단하는 것 등이다.

15. 다음 글에 대한 설명으로 알맞은 것은?

> 인사고과 방법에서 피평가자의 업적과 능력을 평가요소별 연속척도 및 비연속척도에 의해 평가하는 것으로 분석적 고과를 하여 신뢰도가 높다.

정답 13. ①　14. ①　15. ③

① 대조법 ② 서열법
③ 평정척도법 ④ 강제할당법
⑤ 등급할당법

해설 인사고과의 기법

인사고과의 기법		설명
전통적 고과기법	서열법 (Ranking Method)	• 피고과자의 능력과 업적에 대하여 서열 또는 순위를 매기는 방법 • 장점 : 간단하여 실시가 용이하고 비용이 적게 들며 관대화 경향이나 중심화 경향 등의 규칙적 오류를 예방할 수 있다. • 단점 : 동일한 직무에 대해서만 적용이 가능하고 부서 간의 상호 비교가 불가능하다는 점, 피고과자의 수가 많으면 서열결정이 어렵다는 점 등이다.
	강제할당법 (Forced Distribution Method)	• 사전에 정해 놓은 비율에 따라 피고과자를 강제로 할당하는 방법으로 피고과자의 수가 많을 때 서열법의 대안으로 주로 사용 • 장점 : 관대화 경향이나 중심화 경향 같은 규칙적 오류를 방지 가능 • 단점 : 정규분포를 가정하고 있으므로 피고과자의 수가 적을 때에는 타당성이 결여된다.
	평정척도법 (Rating Scales Method)	• 피고과자의 능력과 업적을 각 평가요소별로 연속척도 또는 비연속척도에 의하여 평가하는 방법 • 장점 : 피고과자를 전체적으로 평가하지 않고 각 평가요소를 분석적 · 계량적으로 평가하므로 평가의 타당성이 높아진다. • 단점 : 각 평가요소에 인위적으로 점수를 부여하므로 관대화 경향이나 중심화 경향 등의 규칙적 오류가 나타날 수 있고, 헤일로 효과 같은 심리적 오류도 발생할 수 있으며 평가요소의 선정에 주관이 개입될 수 있다.
	대조법 (Check-list Method)	• 직무상의 표준행동을 구체적으로 표현한 문장을 리스트로 만들어 평가자가 해당사항을 체크하여 피고과자를 평가하는 방법 • 여기에는 체크만 하는 프로브스트(Probst)식과 체크를 한 후에 그 이유를 기록하는 오드웨이(Ordway)식이 있다. • 장점 : 고과요인이 실제 직무와 밀접하여 판단하기가 쉽고 평가결과의 신뢰성과 타당성이 높다. • 단점 : 직무를 전반적으로 포함한 표준행동의 선정이 어렵다.
	기타	• 등급할당법 : 몇 개의 범주에 평가대상 인물을 할당하는 방법 • 표준인물 비교법 : 판단의 기준이 되는 구성원을 설정하고 그를 기준으로 다른 구성원을 평가하는 표준인물 비교법 • 성과기준 고과법 : 각 구성원의 직무수행 결과가 사전에 정해 놓은 성과기준에 도달하였는가의 여부에 의해서 평가하는 방법 • 기록법 : 구성원의 근무성적을 정해 놓고 기록하는 방법 • 직무보고법 : 피고과자가 자기의 직무상의 업적을 구체적으로 보고해서 평가를 받는 방법

16. 다음 중 직무평가의 방법으로 틀린 것은?

① 비교법
② 서열법
③ 분류법
④ 점수법
⑤ 요소비교법

해설 직무평가 방법
서열법, 분류법, 점수법, 요소비교법 등

17. 인사고과 방법에 대한 다음의 설명 중 옳지 않은 것은?

① 행위기준고과법은 평정척도법과 중요사건서술법을 결합한 방법이다.
② 대조표고과법을 실시할 때 항목의 비중을 고과자에게 비밀로 하는 것이 보통이다.
③ 중요사건서술법은 바람직한 행동이 어떤 것인지를 명확히 해주는 장점이 있다.
④ 강제할당법은 피고과자의 수가 적을 때 타당성이 높아진다.
⑤ 서열법은 동일한 직무에 대해서만 적용이 가능하다.

해설 강제할당법은 피고과자의 수가 많을 때 서열법의 대안으로 주로 사용하는 인사고과의 기법이다.

인사고과의 기법	설명
강제할당법 (Forced Distribution Method)	• 사전에 정해 놓은 비율에 따라 피고과자를 강제로 할당하는 방법으로 피고과자의 수가 많을 때 서열법의 대안으로 주로 사용 • 장점 : 관대화 경향이나 중심화 경향 같은 규칙적 오류 방지 가능 • 단점 : 정규분포를 가정하고 있으므로 피고과자의 수가 적을 때에는 타당성이 결여된다.

18. 다음 중 중간관리층을 더 높은 직급으로 성장시키기 위한 방법은?

① 자율서술법
② 행위기준고과법
③ 인적평정센터법
④ 중요사건서술법
⑤ 목표에 의한 관리법

해설 인적평정센터법

인사고과의 기법		설명
현대적 고과기법	인적평정 센터법 (HACM)	• 중간관리층을 최고 경영층으로 승진시키기 위한 목적 • 평가를 전문적으로 하는 평가센터를 만들고 여기에서 다양한 자료를 활용하여 고과하는 방법 • 피고과자의 재능을 나타내는 데 동등한 기회를 가질 수 있고 개인이 미래에 얼마나 성과 있게 잘 행동할 것인가를 예측하는 데 유용하다.

 정답 16. ① 17. ④ 18. ③

19. 다음 중 평정척도고과법에 대한 설명으로 알맞은 것은?

① 종업원의 능력과 업적에 대하여 순위를 매긴다.
② 인사담당자가 감독자들과 토의에서 얻은 정보를 이용하는 방법이다.
③ 평가를 전문으로 하는 평가센터를 만들고 여기에서 다양한 자료를 활용하여 고과하는 방법이다.
④ 설정된 평가세부일람표에서 따라 체크하는 방법으로 고과자는 평가항목의 일람표에 따라 미리 설정된 장소에 체크만 하고 그에 대한 평가는 인사과에서 한다.
⑤ 인사고과방법 중에서 피고과자의 능력, 업적 등을 각 평가요소별로 연속 또는 비연속적인 척도에 의해 평가하는 방법으로 가장 오래되고 널리 이용되는 방법이다.

해설 ① : 서열법, ② : 현장토의법, ③ : 평가센터법, ④ : 대조표법

평정척도법

인사고과의 기법		설명
전통적 고과기법	평정척도법 (Rating Scales Method)	• 피고과자의 능력과 업적을 각 평가요소별로 연속척도 또는 비연속척도에 의하여 평가하는 방법 • 장점 : 피고과자를 전체적으로 평가하지 않고 각 평가요소를 분석적·계량적으로 평가하므로 평가의 타당성이 높아진다. • 단점 : 각 평가요소에 인위적으로 점수를 부여하므로 관대화 경향이나 중심화 경향 등의 규칙적 오류가 나타날 수 있고, 헤일로 효과 같은 심리적 오류도 발생할 수 있으며, 평가요소의 선정에 주관이 개입될 수 있다.

20. 다음 중 인사고과에 있어서 중심화 경향의 오류를 개선하기 위한 인사고과기법으로 알맞은 것은?

① 서열법
② 서베이법
③ 자기고과법
④ 등급할당법
⑤ 강제할당법

해설 강제할당법

인사고과의 기법		설명
전통적 고과기법	강제할당법 (Forced Distribution Method)	• 사전에 정해 놓은 비율에 따라 피고과자를 강제로 할당하는 방법으로 피고과자의 수가 많을 때 서열법의 대안으로 주로 사용 • 장점 : 관대화 경향이나 중심화 경향 같은 규칙적 오류 방지 가능 • 단점 : 정규분포를 가정하고 있으므로 피고과자의 수가 적을 때에는 타당성이 결여된다.

21. 인사고과 과정의 오류에 대한 설명으로 옳지 않은 것은?

① 지각적 방어는 자신이 보고 싶지 않은 것을 외면해 버리는 오류이다.
② 대비효과는 피고과자의 특성을 고과자 자신의 특성과 비교하는 오류이다.
③ 고과자의 실패감정이나 원인이 부하에게 전가되어 평가가 나빠지는 것을 주관의 객관화라 할 수 있다.
④ 근접오류를 피하기 위해서는 유사한 평가요소의 간격을 좁히면 된다.
⑤ 상동적 태도는 타인이 속한 사회적 집단을 근거로 평가를 내리는 오류이다.

해설 근접효과의 오류
환경적으로 가깝거나 심리적으로 밀접한 관계가 있는 사물이나 사람에 대하여 더 호의적으로 평가함으로써 발생하는 오류이며 이 오류를 줄이기 위해서는 유사한 평가요소의 간격을 넓혀야 한다.

22. 다음 중 성과관리를 위한 평가 방법에 대한 설명으로 알맞지 않은 것은?

① 결과 평가법은 조직 구성원들의 수긍도가 높은 편이다.
② 피드백을 제공하는 데 유용한 것으로 행동평가법이 있다.
③ 행동(역량) 평가법은 개발과 활용하기 쉬우나 평가오류의 가능성이 높다.
④ 특성 평가법은 개발비용이 적게 들고 활용하기 쉬우나 평가오류의 가능성이 높다.
⑤ 결과 평가법은 주로 장기적인 관점을 지향하므로 개발과 활용에 있어서 시간이 적게 든다.

해설 결과 평가법은 바로 눈앞에 보이는 구체적인 성과인 결과를 보고 평가를 하는 것으로 단기적인 관점을 지향한다.

23. 근무성적평정에 있어서 여러 가지 특성으로 나누어서 평정하는 경우 각 특성 간의 내부관계를 분석하면 어떤 특성과 어떤 특성 사이에는 높은 상관관계가 있음을 알게 되는데, 이로 말미암아 나타나는 오차는 어느 것에 해당되는가?

① 규칙적 오차
② 대비오차
③ 논리적 오차
④ 헤일로 효과에 의한 오차
⑤ 관대화의 오차

해설 논리오차(Logic Errors)
각각의 고과요소 간에 논리적인 상관관계가 있다면 그 양자 안에 있는 요소 중에서 어느 하나가 특출할 경우에 다른 요소도 그러하다고 속단하는 경향

정답 21. ④ 22. ⑤ 23. ③

24. 다음 중 직무급의 설명으로 알맞지 않은 것은?

① 직무를 기준으로 임금을 결정하는 방식이다.
② 등급에 따른 임금 수준을 결정하는 방식이다.
③ 동일직무를 하더라도 각자 임금은 다르다.
④ 직무급 실시 전에 직무평가를 실시해야 한다.
⑤ 직무의 중요성과 난이도에 따라 직무의 상대적 가치를 결정한 후 그에 따라 임금을 결정하는 방법이다.

해설 직무급

동일한 직무에 대하여는 동일한 임금을 지급한다는 원칙에 입각한 것

- 직무급 체계란 직무의 중요성과 곤란도 등에 따라서 각 직무의 상대적 가치를 평가하고, 그 결과에 의거 임금액을 결정하는 체계이다.
- 직무급은 기업 내의 각자가 담당하는 직무의 상대적 가치(질과 양의 양면)를 기초로 하여 지급되는 임금이므로 먼저 직무의 가치서열이 확립되어야 하고, 이 가치서열의 확립을 위하여 직무평가가 이루어져야 한다.
- 이는 동일한 직무에 대하여는 동일한 임금을 지급한다는 원칙에 입각한 것으로서, 적정한 임금수준의 책정과 더불어 각 직무 간에 공정한 임금격차를 유지할 수 있는 기반이 된다.

25. 다음 중 기준 외 임금으로 알맞은 것은?

① 연공급
② 직무급
③ 직능급
④ 자격급
⑤ 상여금

해설

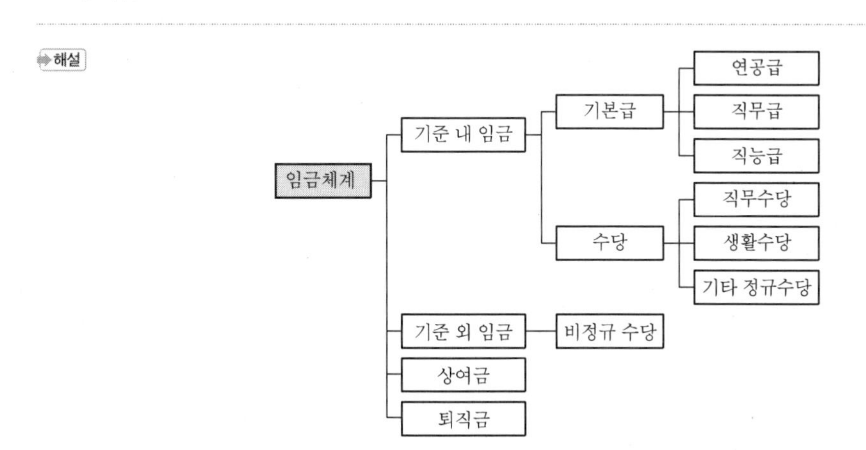

26. 다음 중 기업 내에서 임금체계가 의미하는 것은?

① 임금의 산출방법
② 임금의 대체적인 수준
③ 임금의 차액조정
④ 임금명세서의 내용
⑤ 임금의 지급방법

해설 임금체계의 관리

임금수준의 관리가 기업 전체의 입장에서는 임금을 총액, 즉 평균의 개념으로 이해하지만, 각 개인에게 이 총액을 배분하여 개인 간의 임금격차를 가장 공정하게 설정함으로써 종업원들이 이를 이해하고 만족하며 동기유발이 되도록 하는 데 그 내용의 중점이 있다. 임금체계를 결정하는 기본적인 요인으로는 필요기준, 담당 직무기준, 능력기준, 성과기준 등을 들 수 있는데, 이는 임금체계의 유형인 연공급, 직능급, 직무급 체계와 관련된다. 따라서 임금체계는 임금명세서의 내용을 의미하는 것으로 이해할 수 있다.

27. 비용절감액을 배분하는 것으로 협동적 집단 인센티브 제도는?

① 럭커 플랜
② 링컨 플랜
③ 카이저 플랜
④ 프렌치 시스템
⑤ 스캔론 플랜

해설 카이저 플랜

과도경쟁을 유발하는 개인적 인센티브 대신 협동적 인센티브를 적용한다.

28. 다음 글에 대한 설명으로 알맞은 것은?

노사가 협력하여 달성된 결과물을 부가가치를 기준으로 분배하는 집단성과급제도이다.

① 럭커 플랜
② 링컨 플랜
③ 카이저 플랜
④ 프렌치 시스템
⑤ 스캔론 플랜

해설 럭커 플랜(Rucker Plan)

럭커(A.W. Rucker)가 주장한 성과분배방식이다. 럭커 플랜이 스캔론 플랜과 다른 것은 성과분배의 기초를 스캔론 플랜이 생산의 판매가치에 둔 데 비해, 럭커 플랜은 생산가치, 즉 부가가치를 그 기초로 하고 있다는 점이다.

※ 스캔론 플랜과 럭커 플랜의 유사점

- 성과분배방식으로서 비용 절감 인센티브 제도
- 노무비용의 절감에 초점
- 과거 성과에 기초한 표준성과와 현재 성과의 비교방식
- 종업원이 의사결정과정에 참여함으로써 참여의식 고취

 정답 26. ④ 27. ③ 28. ①

29. 다음 중 인적자원의 선발 시에 행해지는 면접에 대한 설명 중 알맞지 않은 것은?

① 면접은 종업원의 능력과 동기를 평가하는 방법이다.
② 정형적 면접은 미리 정해 놓은 그대로 질문하는 방법이다.
③ 비정형적 면접은 다양한 질문을 하는 방법이다.
④ 집단 면접은 다수의 면접자가 한 명의 피면접자를 평가하는 방법이다.
⑤ 패널면접은 위원회면접이라고도 한다.

해설
• 비정형적인 면접 : 질문의 목록 이외의 다양한 질문을 하는 방법
• 집단면접 : 다수의 면접자가 다수의 피면접자를 평가하는 방법

면접의 종류

구 분	내 용
정형적 면접	• 구조적 면접 또는 지시적 면접으로 불리며 직무명세서를 기초로 하여 미리 질문의 내용 목록을 준비해 두고 이에 따라 면접자가 차례로 질문해 나가며 이에 벗어나는 질문은 하지 않는 방법 • 이 방법은 훈련받지 않은 면접자가 활용하는 데 도움
비지시적 면접	• 피면접자에게 의사표시 자유를 주고 그 가운데서 응모자에 대한 폭넓은 정보를 얻는 방법 • 면접자의 고도의 질문기법과 훈련이 필요 • 이 방법은 대개 지시적 방법과 혼용
스트레스 면접	• 면접자가 아주 공격적 태도를 취하여 피면접자를 거의 무시하고 좌절하게 만듦으로써 피면접자의 스트레스 상태에서의 감정의 안정성과 좌절에 대한 인내도 등을 관찰하는 방법 • 선발되지 않는 응모자에게는 회사의 부정적인 이미지를 갖게 하기 쉽고 채용하려 해도 때로는 입사를 거부하는 사례가 나타나는 것이 문제점
패널면접	• 다수의 면접자가 하나의 피면접자를 평가하는 방법 • 면접 후 면접자들 간의 의견 교환으로 광범위한 조사가 가능하지만 매우 공식적이기 때문에 피면접자가 긴장감을 느끼게 되어 자연스러운 반응을 하지 않게 된다. • 다수의 면접자를 활용하므로 비용이 많이 들기 때문에 관리직이나 전문직 같은 고급 직종의 선발면접에만 주로 사용
집단면접	• 각 집단단위별로 특정 문제에 따라 자유토론을 할 수 있는 기회를 부여하고 토론 과정에서 개별적으로 적격 여부를 심사 판정하는 기법 • 시간의 절약이 가능하고 다수인의 우열비교를 통해 리더십이 있는 인재를 발견할 수 있다는 장점이 있다.
평가센터법	• 평가자와 다수의 지원자가 특정 장소에 며칠간 합숙하면서 여러 종류의 선발도구를 동시에 적용하여 지원자를 평가하는 방법 • 선발도구는 면접, 집단토의, 특정 주제에 대한 발표, 각종시험 등 이용 • 지원자의 자질이나 지식, 능력을 파악하는 데 우수하며, 중간 이상의 관리자, 경영자를 선발할 때 사용

29. ④ 정답

30. 인적자원의 선발 시 면접과 관련된 설명으로 옳지 않은 것은?
① 정형적 면접은 면접자가 주도하는 면접형태인데, 직무명세서를 기초로 하여 미리 질문내역을 준비하고 실시하는 방법이다.
② 비지시적 면접은 응모자에게 최대한 의사표시의 자유를 주는 방법으로 면접자의 고도의 질문기법과 훈련이 요구된다.
③ 스트레스 면접은 피면접자의 스트레스 상태에서의 감정의 안정성과 인내도 등을 관찰하는 방법이다.
④ 패널면접은 한 면접자가 다수의 피면접자를 평가하는 방법이다.
⑤ 집단면접은 특정 문제에 관한 집단별 자유토론을 통해 피면접자를 평가하는 방법이다.

해설 패널면접

구 분	내 용
패널 면접	• 다수의 면접자가 하나의 피면접자를 평가하는 방법 • 면접 후 면접자들 간의 의견 교환으로 광범위한 조사가 가능하지만 매우 공식적이기 때문에 피면접자가 긴장감을 느끼게 되어 자연스러운 반응을 하지 않게 된다. • 다수의 면접자를 활용하므로 비용이 많이 들기 때문에 관리직이나 전문직 같은 고급 직종의 선발면접에만 주로 사용

31. 다음 중 OJT에 대한 설명으로 알맞지 않은 것은?
① 직속상사가 개별 지도한다.
② 특별한 훈련계획을 갖고 있지 않다.
③ 많은 종업원을 훈련시킬 수 없다.
④ 훈련성과가 외부 스태프의 능력에 따라 좌우된다.
⑤ 훈련을 받으면서도 직무를 수행할 수 있다.

해설 훈련성과는 직속상사의 능력에 좌우된다.

OJT와 Off-JT

구 분		내 용
일선 종업원 훈련	직장 내 교육훈련 (OJT : On the Job Training)	직장에서 구체적인 직무를 수행하는 과정에서 직속상사가 부하에게 직접적으로 개별 지도하고 교육훈련을 시키는 방식이다. 이와 같이 OJT는 현장의 직속상사를 중심으로 하는 라인(Line) 담당자를 중심으로 해서 이루어진다.
	직장 외 교육훈련 (Off-JT : Off the Job Training)	교육훈련을 담당하는 전문스태프의 책임하에 집단적으로 교육훈련을 실시하는 방식이다. 이 훈련은 기업 내의 특정한 교육훈련시설을 통해서 실시되는 경우도 있고, 기업 외의 전문적인 훈련기관에 위탁하여 수행되는 경우도 있다. 이 방법은 현장작업과 관계없이 계획적으로 훈련할 수 있다고 하는 장점을 가지고 있으나 훈련결과를 직무현장에서 곧 활용하기 어려운 단점을 가지고 있다.

 정답 30. ④ 31. ④

32. 다음 중 Off JT에 대한 설명으로 알맞은 것은?
① 비용이 적게 드는 편이다.
② 통일된 내용의 훈련이 불가능하다.
③ 원재료의 낭비를 초래하는 경향이 있다.
④ 많은 종업원의 동시교육이 불가능하다.
⑤ 전문가나 스태프의 지원을 받아서 전문가나 스태프 중심으로 실시되는 교육훈련방식

해설 Off JT의 장 · 단점

장 점	단 점
• 전문가가 지도 • 다수 종업원의 통일적 교육 가능 • 훈련에 전념 가능	• 작업시간의 감소 • 경제적 부담 증가 • 훈련결과를 현장에 바로 적용 불가

33. 다음 중 멘토식 교육에 대한 설명으로 알맞은 것은?
① 작업 현장을 떠나서 전문가 또는 전문스태프에게 교육을 받는다.
② 직무 과정 시 직속상사가 부하직원에게 직접적인 지도 및 교육훈련을 시킨다.
③ 신입사원들이 정신적, 업무적으로 상사로부터 행동적 모델로 삼아 영향을 받는 것으로서 깨우쳐 교육이 된다.
④ 이질적인 성향의 낯선 소그룹집단이 일정기간 동안 사회와 격리된 집단생활을 하면서 특정한 주제를 정하지 않고 서로 자유롭게 감정을 표현한다.
⑤ 인간관계 등에 관한 사례를 몇 명의 피훈련자가 나머지 피훈련자들 앞에서 실제의 행동으로 연기하는 것으로 주로 대인관계, 즉 인간관계 훈련에 이용된다.

해설 ① : 직장 외 교육훈련
② : 직장 내 교육훈련
④ : 감수성훈련
⑤ : 역할연기 프로그램

34. 다음 중 일반 종업원의 기초적 기능훈련의 종류로 알맞지 않은 것은?
① 도제훈련
② 직업학교
③ 실습장훈련
④ 경영자훈련
⑤ 프로그램훈련

해설 종업원 기능훈련
직업훈련학교, 도제훈련, 실습장훈련, 프로그램훈련

35. 다음 중 교육훈련의 대상은?

① 신규종업원　　② 최고경영자
③ 재직종업원　　④ 현장감독자
⑤ 구성원 모두

해설 교육훈련의 대상
일선종업원은 물론 최고경영층을 포함한 기업의 모든 구성원을 대상으로 실시

36. 경력개발계획(CDP)에 관한 설명으로 옳지 않는 것은?

① 개인의 목표와 조직의 목표가 일치하도록 개인의 경력경로를 계획적으로 개발하려는 승진제도이다.
② 경력단계는 탐색단계 – 사회화 단계 – 확립단계 – 유지단계 – 쇠퇴탐색의 과정을 거친다.
③ 최고경영자의 승진과정 및 경력을 분석하는 것이다.
④ 효율적인 승진관리를 통해 합리적으로 인사관리를 하는 것이다.
⑤ 샤인(Schein)은 경력추구의 최종 도착점을 경력의 닻모형으로 설명하고 있다.

해설 경력개발계획(CDP)

- 현대 인적자원관리의 관점에서 효율적인 인재 확보 및 배분과 더불어 종업원들의 성취동기 유발을 동시에 추구할 수 있도록 하는 경력관리
- 종합적인 인적자원관리가 가능하다는 취지에서 오늘날 그 중요성 부각
- 종업원을 대상으로 종업원의 성취동기를 유발할 수 있도록 경력관리를 하는 것으로 최고경영자와 무관

37. 다음 중 임금형태의 성격이 가장 상이한 것은?

① 단순성과급　　② 복률성과급
③ 단순시간급　　④ 할증급
⑤ 집단성과급

해설 ①, ②, ④, ⑤ : 성과급
③ : 시간급

 정답 35. ⑤　36. ③　37. ③

생산관리

38. 다음 중 총괄생산계획 실행 시에 고려해야 할 요소로 가장 부적합한 것은?

① 재고유지비용　　② 하청비용
③ 설비확장비용　　④ 주문비용
⑤ 잔업비용

해설 총괄생산계획 실행 시에 고려할 요소로 설비확장비용은 적합하지 않다. 총괄생산계획에서 수요의 변동은 근로자의 고용이나 해고, 잔업 또는 조업단축, 재고의 증감 및 하청 등의 통제 가능한 변수에 의존하게 된다.

39. 다음은 재고에 대한 설명이다. 적절하지 못한 것은?

① 재고관리란 수요에 신속히 경제적으로 대응할 수 있도록 재고를 최적상태로 관리하는 절차를 말한다.
② 재고관리의 목적은 고객의 서비스 수준을 만족시키면서 품절로 인한 손실과 재고유지비용 및 발주비용을 최적화하여 총재고관리비를 최소화하는 것이다.
③ 기업내부의 생산시스템에 원활한 자재공급을 통해서 고객이 요구하는 제품이나 서비스를 경제적으로 제공할 수 있도록 하기 위해서 재고의 보유는 필수적이다.
④ 재고 보유는 보관비 등의 관련비용을 발생시키지만 운반비 등 다른 부문의 비용을 직접적으로 줄일 수 있다.
⑤ 시장에서의 고객 수요를 신속히 수용할 수 있는 생산체제를 갖추고 원재료, 재공품 및 상품 등의 재고량을 경제적 관점에서 최소한으로 유지하는 것이 재고관리의 과제이다.

해설 재고보유는 보관비 등의 재고유지비용은 물론 재고준비비용 및 운반비 등의 발주비용(주문비용)을 발생시킨다.

40. 생산부문의 목표 중 최우선적으로 관심을 두어야 하는 것은?

① 품질　　② 시간
③ 원가　　④ 신축성
⑤ 납기

해설 생산관리 목표

생산관리 목표	내 용
원가 (Cost)	• 제품이나 서비스의 생산시설에 투입되는 설비투자비용과 이 시설을 운영하기 위해 필요한 비용을 포함한다. • 생산부문의 목표 중 최우선적으로 관심을 두어야 하는 것

41. 다음 중에서 생산공정의 유형으로 볼 수 없는 것은?
① 개별생산제 ② 프로젝트형 생산제
③ 조립생산제 ④ 계속생산제
⑤ 묶음생산제

해설 생산시스템의 유형

생산시스템 유형	내 용
개별생산 (Job Shop)	우리나라의 중소제조기업에서 많이 볼 수 있는 생산형태로 주로 고객의 주문에 따라 생산이 이루어진다. 일단 생산이 완료되면 같은 제품을 생산하는 경우가 많지 않다.
묶음생산 (Batch Process)	다양한 품목의 제품을 범용설비를 이용하여 생산한다는 면에서는 개별생산제와 유사하나 생산품목의 종류가 어느 정도 제한되어 있으며 개별생산제에서처럼 특정품목의 생산이 1회에 한정되어 있지 않고 주기적으로 일정량만큼을 생산한다는 점에서 차이가 있다.
조립생산 (Assembly Process)	조립라인의 형태를 취하는 제조시스템에서는 제품생산을 위한 작업이 여러 단계로 나뉘어 각 가공단계가 하나의 작업장을 이루고 있으며 품목에 관계없이 원자재에서 완제품에 이르기까지 작업순서가 거의 일정하다.
계속생산 (Continuous Process)	석유화학, 제지, 비료, 시멘트 등 장치산업에서 흔히 볼 수 있는 제조형태로 일단 원자재가 투입되면 막힘이 없이 완제품에 이르기까지 거의 자동적으로 생산이 이루어진다. 일반적으로 대규모 설비투자가 요구되며 생산할 수 있는 품목이 몇 가지 안 되는 것이 특징이다.

42. 다음 중 공정별 배치에 관한 설명으로 알맞지 않은 것은?
① 작업자가 작업 수행 시 융통성의 발휘가 어렵다.
② 단속생산 시스템에 자주 사용되는 배치형태이다.
③ 주문별로 일정계획이 달라서 공정관리가 부족하다.
④ 범용설비에 이용하므로 진부화의 위험이 적고 설비투자액이 적다.
⑤ 다품종 소량생산에 적합하다.

해설 설비배치의 유형 중 공정별 배치

개별생산제에서 흔히 볼 수 있는 배치형태로 같은 기능을 수행하는 기계설비가 한 작업장에 모여 있는 형태이며 제품의 종류가 다양하고 일회 생산량이 작은 다품종 소량생산 시스템에 알맞으며 일반적으로 범용기계설비의 배치에 이용된다.

- 설비투자액이 적게 든다.
- 제품의 수정과 수요변동에 신축적으로 대응할 수 있다.
- 주문생산에 의한 단속생산 시스템에 자주 사용되는 형태이다.
- 유사한 작업을 수행하는 기계와 활동을 유형별로 모아 놓은 것으로서 다품종 소량생산에 적합하다.
- 일정계획을 수립하기가 어려워 공정관리가 복잡한 단점이 있다.

 정답 41. ② 42. ①

43. 다음 글에 대한 설명으로 알맞은 것은?

제품의 종류가 다양하고 1회 생산량이 적은 다품종 소량생산 시스템에 적당한 설비배치 형태이다.

① 공정별 배치
② 제품별 배치
③ 제품그룹별 배치
④ 고정형 배치
⑤ 라인별 배치

해설 공정별 배치

설비배치 유형	내 용
공정별 (기능별) 배치	개별생산제에서 흔히 볼 수 있는 배치형태로 같은 기능을 수행하는 기계설비가 한 작업장에 모여 있는 형태이며 제품의 종류가 다양하고 일회 생산량이 적은 다품종 소량생산 시스템에 알맞으며 일반적으로 범용기계설비의 배치에 이용된다. • 설비투자액이 적게 든다. • 제품의 수정과 수요변동에 신축적으로 대응할 수 있다. • 주문생산에 의한 단속생산 시스템에 자주 사용되는 형태이다. • 유사한 작업을 수행하는 기계와 활동을 유형별로 모아 놓은 것으로서 다품종 소량생산에 적합하다. • 일정계획을 수립하기가 어려워 공정관리가 복잡한 단점이 있다.

44. 재고품목수가 너무 많아 효율적인 재고관리를 하기 힘든 경우 적용할 수 있는 도구는?

① ABC분류법
② 자재소요계획
③ JIT기법
④ 정기실사제
⑤ Two-bin법

해설 ABC분류

① 재고품목수가 너무 많아 효율적인 재고관리를 하기 힘든 경우 ABC분류 방식을 사용하면 큰 효과를 볼 수 있다.

② ABC분류란 재고품목을 누적매출액과 누적품목수를 기준으로 하여 3개의 그룹으로 나누어 관리하는 방식을 말한다. ABC분류에서 A품목은 상대적으로 품목수가 적으나 매출액 비율이 높은 품목들이며, C품목은 이와 반대로 품목수가 많으나 매출액 비율이 낮은 품목들이고, B품목은 A와 C 사이에 위치하는 품목들이다.

③ ABC분석의 효용성은 재고관리시스템의 선택 및 운영에 큰 도움을 줄 수 있다는 데 있다. A품목은 상당한 투자를 요구하는 품목들이므로 재고흐름에 대한 정확한 정보를 지속적으로 수집, 유지할 필요가 있다. 즉, 재고의 입출고, 실사, 주문량의 결정 등에 상당한 주의를 기울여야 한다. 이에 반해 C품목은 주문량의 확대에 따른 가격할인이나 수송비 절감 등을 적극적으로 도모해야 하며 재고실사도 주기적으로 간단히 하면 된다. B품목에 관한 통제는 C품목보다는 관심을 높여야 하겠지만 A품목의 관리만큼 주의를 기울일 필요는 없다.

43. ① 44. ① 정답

45. 재고관리에 수반되는 비용요소 중 재고유지비용에 해당되지 않는 것은?

① 주문비용　② 재고위험비용
③ 재고서비스비용　④ 자본비용
⑤ 공간비용

해설 재고관리비용

구 분	내 용
주문비용	주문과 관련해서 직접적으로 발생되는 비용으로 구매처 및 가격의 결정, 주문에 관련된 서류작성, 물품수송, 검사, 입고 등의 활동에 소요되는 비용
재고준비비용	주문량 또는 생산량의 크기와 관계없이 항상 일정하게 발생하는 비용으로 간주
재고유지비용	재고를 유지 · 보관하는 데 소요되는 비용이며 재고유지비용 중 가장 큰 비중을 차지하는 항목은 이자비용 또는 자본비용으로 현금이나 유가증권 등의 유동자산으로 가지고 있지 않고 재고형태로 자금이 묶임으로써 지출하는 비용이다. 재고유지비용에는 창고사용료, 보험, 세금, 진부화 및 파손 등에 따른 비용도 포함
재고부족비용	재고부족으로 인해 발생하는 판매손실 또는 고객의 상실 등을 의미한다. 제조기업인 경우 재고부족비용으로 조업중단이나 납기지연으로인한 손실액까지 포함

46. 재고관리모형에 대한 설명으로 틀린 것은?

① ABC 재고관리시스템은 제한자원을 효율적으로 이용하기 위해서 부피가 큰 품목을 집중적으로 관리하는 시스템이다.
② 재고자산이 최소가 되도록 하는 재고자산관리기법은 JIT이다.
③ 투빈시스템(Two-bin System)은 두 개의 용기 중 하나의 용기가 고갈되면 재주문을 하는 정량주문모형이다.
④ 기준재고시스템은 재고의 인출이 있을 때마다 인출량과 동일한 주문량을 주문하는 시스템이다.
⑤ 고정량 주문모형은 재고가 일정수준에 이르면 경제적 주문량을 주문하는 시스템이다.

해설 ABC분류

① 재고품목수가 너무 많아 효율적인 재고관리를 하기 힘든 경우 ABC분류 방식을 사용하면 큰 효과를 볼 수 있다.
② ABC분류란 재고품목을 누적매출액과 누적품목수를 기준으로 하여 3개의 그룹으로 나누어 관리하는 방식을 말한다. ABC분류에서 A품목은 상대적으로 품목수가 적으나 매출액 비율이 높은 품목들이며, C품목은 이와 반대로 품목수가 많으나 매출액 비율이 낮은 품목들이고, B품목은 A와 C 사이에 위치하는 품목들이다.

 정답 45. ① 46. ①

③ ABC분석의 효용성은 재고관리시스템의 선택 및 운영에 큰 도움을 줄 수 있다는 데 있다. A품목은 상당한 투자를 요구하는 품목들이므로 재고흐름에 대한 정확한 정보를 지속적으로 수집, 유지할 필요가 있다. 즉, 재고의 입출고, 실사, 주문량의 결정 등에 상당한 주의를 기울여야 한다. 이에 반해 C품목은 주문량의 확대에 따른 가격할인이나 수송비 절감 등을 적극적으로 도모해야 하며 재고실사도 주기적으로 간단히 하면 된다. B품목에 관한 통제는 C품목보다는 관심을 높여야 하겠지만 A품목의 관리만큼 주의를 기울일 필요는 없다.

47. 다음 중 TQM에 대한 설명으로 옳지 않은 것은?

① 고객지향적인 성격을 띠고 있다.
② 신공공관리론에 입각한 방법이다.
③ 최고관리자의 리더십과 지지가 필요하다.
④ 직원들에게 권한이 부여되어야 한다.
⑤ 형평성 증진을 목표로 한다.

해설 TQM(Total Quality Management, 전사적 품질경영)
고객 중심의 행정을 중시하지만 형평성이라는 이념을 직접적으로 추구하지 않으며 오히려 기업형 정부나 신공공관리전략에 토대를 두고 있으므로 형평성이나 민주성을 저해할 가능성까지 내포하고 있다.

48. 다음은 어떤 배치에 대한 설명인가?

현대의 기업이 원칙으로 하는 소품종 대량생산체제에서 적합하며 라인 밸런싱(Line Balancing) 문제가 주요과제가 되는 설비배치방식이다.

① 제품별 배치
② 공정별 배치
③ 그룹별 배치
④ 위치고정형 배치
⑤ 혼합형 배치

해설 제품별 배치
석유화학, 제지공장 등과 같은 계속공정이나 자동차, 전기 전자 등의 조립공정에 주로 이용되는 형태로 일반적으로 생산라인이라 불리는 제조시스템에서 볼 수 있는 배치형태이며 특정품목을 생산하는 데 필요한 기계설비가 작업 순서순으로 배치되어 있어 표준화된 제품을 반복 생산하는 경우에 주로 이용된다.

- 연속적인 대량생산, 한정량 생산에 적합
- 소품종 대량생산체제에 적합하며 생산계획 및 통제가 용이
- 설비공정 중에 부분 운휴가 생기면 전체 생산라인이 중단되는 단점이 있다.

47. ⑤ 48. ① 정답

조직관리

49. 다음 중 조직구조에 대한 설명으로 틀린 것은?

① 직계참모조직은 라인조직과 스태프조직을 결합시킨 조직이다.
② 라인조직은 명령일원화를 원칙으로 하는 조직이다.
③ 프로젝트 조직은 특정임무의 수행을 위해 임시로 형성된 조직이다.
④ 매트릭스 조직은 기능식 조직과 사업부제 조직의 혼합형태이다.
⑤ 위원회조직은 부문 간의 갈등 조정기능이 우수하다.

해설 매트릭스(Matrix) 조직구조
매트릭스 조직구조는 새로운 환경변화에 적극적으로 대처하기 위해 시도된 조직으로서 기능별 조직과 같은 효율성 지향의 조직과 사업부제, 프로젝트 조직과 같은 유연성 지향의 조직의 장점, 즉 효율성 목표와 유연성 목표를 동시에 달성하고자 하는 의도에서 발생(기능식 조직과 프로젝트 조직의 혼합형태)

50. 다음 중 매트릭스 조직구조의 장점인 것은?

① 명령계통이 확실하다.
② 업무의 중복이 별로 없다.
③ 여러 프로젝트가 자율적으로 동시에 수행될 수 있다.
④ 지역별로 독립적인 운영이 가능하다.
⑤ 조직에 대한 충성심이 강화된다.

해설 매트릭스 조직구조의 장점
여러 개의 프로젝트를 동시에 수행할 수 있다는 것이다. 각 프로젝트는 그 임무가 완성될 때까지 자율적으로 운영이 되며 여러 프로젝트가 동시에 운영될 수 있고 동시에 여러 기능을 담당하는 부서들로 유지될 수 있다.

51. 다음 중 브레인 스토밍에 대한 설명으로 알맞지 않은 것은?

① 다른 사람의 의견을 비판하거나 무시하지 않는다.
② 질보다 양을 중요시한다.
③ 각자의 의견을 자유롭게 제시한다.
④ 창의성 측정방법이다.
⑤ 리더가 제기한 문제를 회의 참가자가 일정한 전제하에서 자유롭게 토론해 가능한 많은 아이디어를 유도해내기 위한 방법이다.

 정답 49. ④ 50. ③ 51. ④

해설 브레인 스토밍의 특징

- 자유로운 토론을 통해 창조적인 아이디어를 이끌어 내는 창의성 개발기법으로서 질보다는 양을 중요시한다.
- 타인의 의견을 절대 비판하지 않는다.
- 자유로운 분위기에서 최대한 많은 아이디어를 제시하여 서로 결합하고 개선함으로써 합의점을 도출한다.

52. 다음 중 창의성 개발기법에 대한 설명으로 알맞지 않은 것은?

① 창의성 개발기법에는 자유연상법, 분석적 기법, 강제적 관계기법 등이 있다.
② 브레인 스토밍과 고든법은 둘 다 질을 중시하는 기법이다.
③ 강제적 기법은 정상적으로 관계가 없는 둘 이상의 물건이나 아이디어를 강제로 연관을 짓게 하는 방법이다.
④ 집단 내에서 창의적이고 의사결정을 증진시키는 방법으로 델파이법과 명목집단법을 범주에 포함시킬 수 있다.
⑤ 브레인 스토밍이란 리더가 하나의 주제를 제시하면 자유롭게 토론하는 것으로 양을 중시한다.

해설 브레인 스토밍은 자유로운 토론을 통해 창조적인 아이디어를 이끌어 내는 창의성 개발기법으로서 질보다는 양을 중요시한다.

53. 다음 중 델파이법에 대한 설명으로 알맞은 것은?

① 리더가 제시한 문제에 대해서 서로 자유롭게 토의한다.
② 자유로운 분위기에서 최대한 많은 아이디어를 제시하여 서로 결합하고 개선함으로써 합의점을 도출하는 방식이다.
③ 가능한 많은 아이디어가 나올수록 좋기 때문에 상대방의 의견을 비판하지 않는다.
④ 특정문제에 대해서 전문가들의 의견을 우편으로 수집한 후 분석, 정리하여 합의가 이루어질 때까지 피드백을 한다.
⑤ 그 자리에서 바로 토론을 하고 의견을 모으기 때문에 짧은 시간 내에 문제의 해결점을 찾는다.

해설 델파이법(Delphi Technique)
우선 한 문제에 대해 몇 명의 전문가들의 독립적인 의견을 우편으로 수집하고 이 의견들을 요약하여 전문가들에게 배부한 다음 일반적인 합의가 이루어질 때까지 서로의 아이디어에 대해 논평하게 하는 방법

52. ② 53. ④ 정답

54. 브레인 스토밍을 수정, 보완, 확장한 기법으로 한 번에 한 문제밖에 해결할 수 없으며 단지 서면을 통해서 아이디어를 제출하는 것은?

① 고든법　　② 서열법
③ 델파이법　　④ 명목집단법
⑤ 휴리스틱기법

해설 **명목집단법(NGT ; Norminal Group Technique)**

문자 그대로 이름만 집단이며 구성원 상호 간에 대화나 토론을 통한 상호작용을 하지 않는다. 즉, 집단구성원들 간에 실질적인 접촉은 없고 단지 서면을 통해서 하는 것으로 모은 정보에 대한 피드백이 강하고 다른 사람의 영향을 받지 않는다.

- 장점 : 집단을 공식적으로 소집하여 한곳에 모이게는 하지만 종래의 전통적인 상호 작용 집단처럼 독립적인 사고를 제약하는 일이 없다.
- 단점 : 이 기법을 이끌어나가는 리더의 훈련이 필요하다는 것과 한 번에 한 문제밖에 풀어나갈 수 없다.

55. 응집력이 높은 집단에서 발생하기 쉬우며 구성원들 간의 갈등을 최소화하기 위해 합의로 쉽게 하려는 심리적 경향은?

① 집단사고　　② 집단갈등
③ 집단규범　　④ 집단응집력
⑤ 집단의 분리

해설 **집단사고**

집단의사결정에서 흔히 일어나는 오류는 제니스(Irving Janis)에 의해 처음 소개된 집단사고이며 이는 극도로 응집성이 강한 집단에서 조화와 만장일치에 대한 열망이 지나쳐 집단성원들이 집단의 결정을 현실적으로 평가하려는 노력을 묵살하는 경우에 발생한다.

56. 다음 중 매트릭스 조직에 대한 설명으로 알맞은 것은?

① 이익중심점으로 구성된 신축성 있는 조직으로 자기통제의 팀워크가 특히 중요한 조직이다.
② 분업과 위계구조를 강조하며 구성원의 행동이 공식적 규정과 절차에 의존하는 조직이다.
③ 특정 프로젝트를 해결하기 위해 구성된 조직으로 프로젝트의 완료와 함께 해체되는 조직이다.
④ 다양한 의견을 조정하고 의사결정의 결과에 대한 책임을 분산시킬 필요가 있을 때 흔히 사용되는 조직이다.
⑤ 일종의 애드호크라시 조직으로 기능식 조직에 프로젝트 조직을 결합한 조직으로 급변하는 시장 변화에 신속히 대응 가능한 조직이다.

정답 54. ④　55. ①　56. ⑤

해설 ① : 사업부제 조직의 성격을 수반한 자유형 혼합조직
② : 관료제 조직
③ : 프로젝트 조직
④ : 위원회 조직

57. 특정한 한 피평가자의 평가가 다른 피평가자의 평가에 영향을 주는 대인지각의 오류를 무엇이라고 하는가?

① 유사효과 ② 상동적 태도
③ 현혹효과 ④ 대비효과
⑤ 주관의 객관화

해설 대비효과
- 매우 극단적인 것과 비교하기 때문에 지각대상을 실제보다 더 극단으로 지각하는 것
- 한 피평가자의 평가가 다른 피평가자의 평가에 영향을 주어 발생하는 오류

58. 다음 중 집단사고의 발생 가능성이 가장 큰 상황은?

① 집단응집성이 높은 때
② 집단의사결정기법으로 델파이법을 사용할 때
③ 집단의사결정형태가 위원회 형태일 때
④ 집단의사결정기법으로 명목집단법을 사용할 때
⑤ 집단의사결정형태가 완전연결 형태일 때

해설 집단사고의 발생가능성이 가장 큰 상황은 집단응집성이 높은 때이다.
집단사고
집단의사결정에서 흔히 일어나는 오류는 제니스(Irving Janis)에 의해 처음 소개된 집단사고이며 이는 극도로 응집성이 강한 집단에서 조화와 만장일치에 대한 열망이 지나쳐 집단성원들이 집단의 결정을 현실적으로 평가하려는 노력을 묵살하는 경우에 발생한다.

59. 다음 중 기업문화의 구성요소인 7S 모델의 구성요소가 아닌 것은?

① 조직구조 ② 고객
③ 구성원 ④ 공유가치
⑤ 기술

57. ④ 58. ① 59. ② 정답

해설 조직문화의 구성요소

구성요소(7S)	내 용
공유가치 (Shared Value)	기업체 구성원들 모두가 공동으로 소유하고 있는 가치관과 이념, 그리고 전통가치와 기업의 기본목적 등 기업체의 공유가치
전략 (Strategy)	기업체의 장기적인 방향과 기본성격을 결정하는 경영전략으로서 기업의 이념과 목적, 그리고 기본가치를 중심으로 이를 달성하기 위한 기업체 운영에 장기적 방향을 제공
구조 (Structure)	기업체의 전략을 수행하는 데 필요한 조직구조, 직무설계, 그리고 권한관계와 방침 등 구성원들의 역할과 그들 간의 상호 관계를 지배하는 공식요소를 포함
관리시스템 (System)	기업체의 경영의 의사결정과 일상운영에 틀이 되는 관리제도와 절차 등 각종 시스템
구성원(Staff)	구성원들의 가치관과 행동은 기업체가 의도하는 기본가치에 의하여 많은 영향을 받고 있고 인력구성과 전문성은 기업체가 추구하는 경영전략에 의하여 지배
기술(Skill)	물리적 하드웨어는 물론 이를 사용하는 소프트웨어 기술을 포함
리더십 스타일 (Style)	구성원들을 이끌어가는 전반적인 조직관리 스타일로서 구성원들의 행동조성은 물론 그들 간의 상호관계와 조직분위기에 직접적인 영향을 주는 중요요소

60. 다음 중 조직개발기법이 아닌 것은?

① 팀 구축법　　② 감수성훈련법
③ 과정자문법　　④ 명목집단법
⑤ 그리드훈련법

해설 명목집단법은 집단의사결정기법으로 창의성 개발방법이다.

예상문제 및 해설 2

경영학

인적자원관리

1. 다음 중 인사감사에 의한 방식인 ABC감사에 관한 설명으로 알맞지 않은 것은?

① 효율적인 인사통제를 수행하기 위한 수단이다.
② B감사는 효과측면의 감사이다.
③ 발생시간의 순서로 본 인사통제과정이 A－B－C의 순으로 이루어짐을 의미한다.
④ A감사는 인사기능을 수행하기 위한 계획과 프로그램화의 적정성에 대한 감사이다.
⑤ 일본노무연구회가 미네소타식의 3종 감사방식을 발전시킨 것이다.

해설 B감사 : 인적자원 관리의 경제적 측면의 감사

2. 다음 중 Closed Shop에 대한 설명으로 알맞은 것은?

① 비조합원을 채용할 수 있다.
② 고용의 전제조건 중 하나가 반드시 조합원이어야 한다.
③ 회사에서 급여를 계산할 때 일괄적으로 조합비를 공제해서 지급한다.
④ 노동조합의 가입여부는 강요가 아니라 전적으로 노동자의 의사에 따라 결정한다.
⑤ 채용 후 일정시간이 지나면 노동조합에 가입해야 한다.

해설 Closed Shop : 조합원만이 고용 가능
①, ⑤ : Union Shop에 대한 설명(비조합원을 채용할 수 있지만 일정시간이 지나면 가입해야 한다.)
③ : Check－off System에 대한 설명
④ : Open Shop에 대한 설명

3. 다음 중 맥그리거의 X이론에 대한 설명으로 알맞지 않은 것은?

① 인간은 본능적으로 일하고 싶어 한다.
② 인간은 야망이 없고 책임지기 싫어한다.
③ 인간은 타인에 의해서 통제가 필요하다.
④ 인간은 태어날 때부터 일하기를 싫어한다.
⑤ 강제, 명령, 처벌만이 목적달성에 효과적이다.

해설 맥그리거의 X이론과 Y이론 비교

X이론	Y이론
• 인간은 태어날 때부터 일하기 싫어함 • 강제, 명령, 처벌만이 목적달성에 효과적 • 인간은 야망이 없고 책임지기 싫어함 • 타인에 의한 통제가 필요 • 인간의 부정적 인식(경제적 동기)	• 인간은 본능적으로 휴식하는 것과 같이 일하고 싶어 함 • 자발적 동기 유발이 중요함 • 고차원의 욕구를 가짐 • 자기통제가 가능함 • 인간의 긍정적(창조적 인간)으로 봄

4. 훈련된 직무분석자가 직무수행자를 직접 관찰하는 것으로 생산직이나 기능직과 같은 단순 · 반복적인 직무 분석에 적합한 것은?

① 관찰법　② 면접법
③ 설문지법　④ 작업기록법
⑤ 경험법

해설 관찰법 : 훈련된 직무분석자가 직무수행자를 직접 집중적으로 관찰함으로써 정보를 수집하는 것

5. 다음 설명으로 알맞지 않은 것은?

① 직무명세서는 직무기술서의 내용을 기초로 직무요건을 일정한 양식에 기록한 것이다.
② 직무분석의 방법으로 요소비교법, 관찰법, 면접법 등이 있다.
③ 직무는 작업의 종류와 수준이 유사한 직위들의 집단을 말한다.
④ 직무분석이란 직무에 관련된 정보를 체계적으로 수집 · 분석 · 정리하는 과정이다.
⑤ 직무분석은 조직의 합리화를 위한 기초작업으로 직무기술서와 직무명세서의 기초자료로 쓰인다.

해설 요소비교법 : 직무분석의 방법이 아닌 직무평가의 방법임

6. 다음 중 직무평가의 방법에 관한 설명으로 알맞은 것은?

① 점수법은 전체적 · 포괄적 관점에서 각각의 직무를 상호 교차하여 순위를 결정한다.
② 서열법은 직무를 구성요소별로 분해한 후 가중점수를 이용하여 직무의 순위를 결정하는 가장 합리적인 방법으로 공장의 기능직 평가에 많이 적용된다.
③ 분류법은 직무를 여러 등급으로 분류해서 포괄적으로 평가하여 강제적으로 배정하는 방법이다.
④ 요소비교법은 기준직무를 미리 정하고 기준직무의 평가요소와 각 직무의 평가요소를 비교하여 직무의 순위를 결정하는 방법으로 상이한 직무에는 적용하지 못한다.
⑤ 관찰법은 훈련된 직무분석자가 직접 직무수행자를 집중적으로 관찰함으로써 정보를 수집하는 방법이다.

정답 4. ①　5. ②　6. ③

해설 ① : 서열법
② : 점수법에 대한 설명이다.
④ : 요소비교법은 기업조직에 있어 핵심이 되는 몇 개의 기준직무를 선정하고 각 직무의 평가요소를 기준직무의 평가요소와 비교함으로써 모든 직무의 상대적 가치를 결정하는 방법이다.
⑤ : 관찰법은 직무평가방법이 아니라 직무분석방법임

7. 다음 중 행위기준고과법에 대한 설명으로 알맞지 않은 것은?
① 관찰 가능한 행위를 기준으로 한다.
② 많은 시간과 비용이 소요되며 주로 소규모 기업에 적용된다.
③ 평정척도 고과법과 중요사건 서술법을 결합한 것이다.
④ 관찰 가능한 행위를 확인할 수 있으며 구체적인 직무에 관해 적용이 가능하다.
⑤ 구성원이 실제로 수행하는 구체적인 행위에 근거하여 구성원을 평가함으로써 신뢰도와 평가의 타당성을 높인 고과방법이다.

해설 행위기준고과법

장 점	단 점
• 타당성 : 직무성과에 초점을 맞추기 때문에 타당성이 높다. • 신뢰성 : 피평가자의 구체적인 행동양식을 평가척도로 제시하여 신뢰성이 높다.	• 방법의 개발에 있어 시간과 비용이 많이 소요된다. • 복잡성과 정교함으로 인하여 소규모 기업에서는 적용하기가 어려워 실용성이 낮은 편이다.

8. 다음 중 인사고과에 대한 설명으로 알맞지 않은 것은?
① 직무평가와 인사고과는 상대적 개념이다.
② 직무평가는 인사고과를 위한 선행조건이다.
③ 직무평가와 인사고과는 직무 자체의 가치만 평가한다.
④ 인사고과의 기준은 객관성을 높이기 위하여 특정목적에 적합하도록 조정되는 경향이 있다.
⑤ 현대적 인사고과의 특징은 경력중심적인 능력개발과 육성, 객관적 성과, 능력 중심 등이다.

해설 직무평가는 직무 자체의 가치를 판단하는 데 비하여 인사고과는 직무상의 인간을 평가한다.

9. 다음 중 직무충실화에 대한 설명으로 가장 옳은 것은?
① 작업자의 직무범위를 수평적으로 확대하는 것
② 작업자가 일정기간 동안 다른 직무를 수행하는 것
③ 작업자가 작업에 대한 보람과 만족감을 갖게 하기 위한 것
④ 작업자가 수행하는 작업을 계획·조정하며, 제품품질을 관리하거나 설비를 보전하는 책임을 더 많이 부여하는 것
⑤ 작업자의 직무반복에 대한 기술의 전문성을 확보하기 위한 것

7. ② 8. ③ 9. ④ 정답

해설 직무충실화는 작업자가 수행하는 작업을 계획 · 조정하며, 제품품질을 관리하거나 설비를 보전하는 책임을 더 많이 부여하는 것을 말한다.

10. 노사 간에 임금교섭을 할 때 가장 중요시하는 임금결정원칙(임금수준결정요인)은 다음 중 어느 것인가?

① 생계비원칙
② 무노동 무임금의 원칙
③ 생산성의 원칙
④ 사회적 수준의 원칙
⑤ 동일노동 동일임금의 원칙

해설 생계비원칙이 최우선적으로 고려되는 원칙이다.

11. 직무분석은 다음 중 무엇에 기초를 해서 이루어질 수 있는가?

① 목표관리
② 품질관리
③ 직무명세서
④ 인사고과
⑤ 교육훈련

해설 직무분석은 직무명세서와 직무기술서를 기초로 이루어진다.

12. 인사고과의 목적이라고 볼 수 없는 것은?

① 임금결정의 중요한 기준
② 인력확보 활동에 중요한 정보의 제공
③ 인력개발을 위한 계획 및 활동으로서의 중요한 역할
④ 개인 신상파악에 중요한 자료
⑤ 직무설계의 중요한 자료

해설 인사고과의 목적은 임금결정, 인력확보 정보제공, 인력개발, 직무설계 등이다.

13. 종업원 임금체계의 구성에 있어서 초과근무수당이라고 볼 수 없는 것은?

① 시간 외 근무수당
② 업적 근무수당
③ 심야 근무수당
④ 휴일 근무수당
⑤ 일직 및 숙직 근무수당

해설 업적 근무수당은 성과, 인센티브에 해당한다.

 정답 10. ① 11. ③ 12. ④ 13. ②

14. 직무평가 중 양적 방법으로 기준직무에 다른직무를 비교하여 평가하는 방법은?

① 점수법 ② 서열법
③ 요소 비교법 ④ 분류법
⑤ 관찰법

해설 요소 비교법은 기준직무에 다른 직무를 비교하여 평가하는 방법으로 직무중심의 분석적 방법이다.

15. 다음 중 임금수준을 결정하는 데 있어서 기본요소가 아닌 것은?

① 노사 간의 협력정도 ② 임금수준의 사회적 균형
③ 노동생산성 ④ 기업의 지불능력
⑤ 물가상승률

해설 임금수준을 결정하는 기본요소는 노사 간의 협력 정도, 임금수준의 사회적 균형, 기업의 지불능력, 물가상승률 등이다.

생산관리

16. 다음 중 단속생산에 대한 설명으로 알맞은 것은?

① 설비투자액이 많다.
② 변화에 대한 신축성이 작은 편이다.
③ 소품종 대량생산에 적합한 시스템이다.
④ 개별생산에 의한 것으로 주문에 의한 다품종 소량생산을 한다.
⑤ 시장의 변화에 신축성이 작고 기계별 작업조직에 적합하다.

해설 단속생산은 주로 개별생산에 적합한 것으로 주문에 의한 다품종 소량생산을 하므로 시장변화에 신축성이 크고 또한 기계별 작업조직에 적합하다.

17. 다음 중 단속생산과 연속생산에 대한 설명으로 알맞은 것은?

구분	단속생산	연속생산
①	개별생산	시장생산
②	소품종 대량생산	다품종 소량생산
③	제품별 배치	기능별 배치
④	전용 설비	범용 설비
⑤	미숙련 기술	숙련 기술

14. ③ 15. ③ 16. ④ 17. ① 정답

해설 단속생산과 연속생산의 특징

단속생산	연속생산
개별생산	시장생산
주문에 의한 다품종 소량생산	수용예측에 의한 소품종 대량생산
기능별 배치	제품별 배치
범용 설비	전용 설비
숙련 기술	미숙련 기술
변화에 신축성이 큼	변화에 신축성이 작음
기계별 작업조직	품종별 작업조직

18. 다음 중 FMS에 관한 설명으로 알맞지 않은 것은?

① 조달기간과 재고수량을 감소시켜 준다.
② 시스템의 초기 투자설비비가 적게 든다.
③ 대중고객화를 추구한다.
④ 유연성과 대량생산 시스템의 생산성을 동시에 추구한다.
⑤ 제품의 가공시간이 단축되므로 시간 중심(단축) 경쟁에서 유리하다.

해설 유연생산시스템(FMS ; Flexible Manufacturing System)
다양한 제품을 높은 효율성과 생산성으로 유연하게 제조하는 자동화 시스템을 말한다. 재공품이 감소하고 생산시간이 단축되며 시장수요나 기술변동에는 유연하게 대응할 수 있으나, 초기에 설비 투자내용이 많이 소요된다는 단점이 있다.

19. 다음 중 유연생산시스템(FMS ; Flexible Manufacturing System)에 대한 설명으로 알맞지 않은 것은?

① 범위의 경제에 적합한 시스템이다.
② 다양한 제품종류를 대량생산이 가능하기 때문에 제품의 가공시간이 단축된다.
③ 필요로 하는 양만큼만 생산하므로 조달기간과 재공품 재고가 줄어든다.
④ 대량생산의 생산성을 이루었지만 주문생산에 유연성이 없어서 항상 많은 재공품을 유지하고 있어야 한다.
⑤ 24시간 연속생산, 무인생산을 지향하므로 공작기계의 가동률은 향상된다.

해설 유연생산시스템(FMS ; Flexible Manufacturing System)
FMS라는 말은 미국공작기계 제조회사인 카네 앤드 트레커가 다품종 소량생산을 하는 자동화 시스템의 상품명으로 처음 사용하였다. 일반적으로 소비자의 수요에 따라 자동적으로 상이한 비율로 다양한 제품을 생산할 수 있는 시스템으로 정의되고 있다. 즉, 자동화된 대량생산의 효율성과 주문공장의 유연성을 두루 갖춘 유연생산시스템이라고 할 수 있다.

 정답 18. ② 19. ④

20. 다음 중 각 공정 간의 제품설계 방식에 대한 설명으로 알맞지 않은 것은?

① 제품설계란 선정된 제품의 기술적 기능을 구체적으로 규정하는 것이다.
② 모듈러 설계는 호환이 가능하지 않은 부분품을 개발하여 특수한 고객의 욕구에 부응한다.
③ 모듈러 설계를 함으로써 다양성과 생산원가의 절감을 달성할 수 있다.
④ 가치분석은 원재료나 재공품의 원가분석을 통해 불필요한 기능을 제거하려는 방법이다.
⑤ 가치공학은 생산이전 단계의 제품이나 공정의 설계분석을 통해 효율성과 원가 최소화를 동시에 달성하려는 기법이다.

해설 모듈러 설계는 호환가능한 부분품을 개발하여 다양한 고객의 욕구에 부응한다. 서로 다른 제품으로 호환 가능한 부분품을 이용하여 고객의 다양한 요구를 충족시키기 위한 것으로 다양성과 생산원가의 절감이라는 이중의 목적을 달성할 수 있는 제품설계의 방법이다.

21. 다음 중 가치공학과 가치분석에 관한 설명으로 알맞지 않은 것은?

① 양자는 제품, 공정, 원료, 부분품 등의 원가절감을 위하여 사용되는 기법들이다.
② 가치공학은 제품이나 공정의 설계분석에, 가치분석은 구매원료나 부분품 등의 원가분석에 치중한다.
③ 성공적인 가치분석을 위해서는 집단의사결정의 방법과 충분한 전문가들의 참여 등이 필요하다.
④ 가치공학이란 제품이나 공정 등의 기능과 그 원가의 비율을 개선함으로써 가치를 증대시키는 것이다.
⑤ 구매원료나 부분품의 원가분석은 제품이나 공정의 설계에 중요한 영향을 미치지만 서로 목적이 틀리므로 각자 독립되어 사용되는 기법이다.

해설 구매원료나 부분품의 원가분석은 제품이나 공정의 설계에 중요한 영향을 미치므로 가치공학과 가치분석이 동시에 병행되어야 한다.

22. 다음 중 설비배치에 대한 설명으로 알맞지 않은 것은?

① 공정별 배치는 기능별 배치, 작업장별 배치라고도 한다.
② 공정균형은 공정별 배치의 실행에 있어서 가장 핵심개념이다.
③ 제품고정형 배치는 조선업, 토목업 등 대규모 프로젝트 형태의 생산활동에 적합하다.
④ 제품별 배치는 제품의 제조공정의 순서로 설비와 작업자를 배치하여 대량생산체제에 적합한 시스템이다.
⑤ 공정별 배치는 제품의 운반거리도 길고 자재취급 비용도 많아, 대량생산 시 제품별 배치보다 생산성이 떨어진다.

해설 공정균형은 각 공정의 역할을 분담하여 생산성을 높이고 공정 간의 균형을 최적화하기 위한 방법으로서 제품별 배치의 중심개념이다.

1. 목표 : 유휴시간을 극소화하며 연속생산공정에서 요구된다.
2. 라인밸런싱이라고도 하며 각 공정의 역할 분담을 분리하여 생산효율을 높이는 것으로, 합리적으로 정하는 문제에서 라인을 구성하는 각 공정 간의 균형을 최적화시킬 수 있는 방법으로 제품별 배치의 핵심개념이다.

23. 다음 중 현실적인 조건하에서 달성가능한 최대산출률을 의미하는 생산능력은?

① 최대생산능력 ② 유효생산능력
③ 실제생산능력 ④ 설계생산능력
⑤ 실제산출률

해설 생산능력

실제생산량	일정시간 동안 실제로 달성한 생산량
설계능력	이상적인 조건하에서 일정기간 달성할 수 있는 최대생산량
유효능력	현실적인 조건하에서 일정기간 달성할 수 있는 최대생산량

24. 다음 생산능력의 3가지 개념 중 크기가 큰 순서대로 나열된 것은?

① 설계능력 – 유효능력 – 실제생산량
② 설계능력 – 유효능력 – 한계생산량
③ 유효능력 – 설계능력 – 실제생산량
④ 유효능력 – 설계능력 – 한계생산량
⑤ 설계능력 – 한계생산량 – 유효능력

해설 생산능력이란 제품인 서비스를 생산할 수 있는 능력으로 설계능력 – 유효능력 – 실제생산량 순으로 크기가 작아진다.

25. 방법연구와 관련된 개념 중 인간 – 기계시스템으로 기계와 인간의 활동을 분석한 것은?

① 동작분석 ② 시간분석
③ 활동분석 ④ 공정분석
⑤ 작업분석

 정답 23. ② 24. ① 25. ③

해설 방법연구(Method Study)

1. 방법 : 최선의 작업방법과 작업 표준을 설정하기 위한 방법
2. 종류

동작분석	작업자의 불필요한 작업 동작의 개선을 모색하는 분석
활동분석	인간－기계시스템으로 작업 시 대기하는 시간의 최소화를 위하여 기계와 인간의 활동을 분석
작업분석	작업자의 작업내용 개선을 위한 분석
공정분석	각종 작업을 보다 효율적이고 경제적으로 수행하기 위해서 개선방안을 공정순서에 따라 여러 기호 등으로 표시하여 모색하는 방법

26. 다음의 수요예측기법 중 그 성격이 가장 이질적인 것은?

① 분해법
② 델파이법
③ 시계열분석
④ 이동 평균법
⑤ 지수 평활법

해설 수요예측기법

질적 수요예측 기법	델파이법, 자료유추법, 패널동의법, 소비자조사법, 경영자판단법, 판매원의견종합법, 라이프사이클 유추법
양적 수요예측 기법	분해법, 시계열분석, 이동평균법, 지수평활법, 인간 관계형 분석

27. 다음 중 총괄생산계획 실행 시에 고려해야 할 요소로 알맞지 않은 것은?

① 재고유지비용을 고려해야 한다.
② 잔업비용에 대해서 고려해야 한다.
③ 채용비용 및 해고비용을 고려해야 한다.
④ 설비확장비용을 제일 먼저 고려해야 한다.
⑤ 하청수준을 결정해야 한다.

해설 설비확장비용은 설비계획 단계에서 고려된다.

총괄생산계획

1. 총괄생산계획 시 고려해야 할 요소들 : 고용수준, 재고수준, 잔업수준, 하청수준, 생산율 등
2. 일정 기간을 대상으로 수요예측에 따른 생산목표를 달성할 수 있도록 계획을 세우는 것으로 생산능력이 변동적이거나 수요가 계속적으로 변하는 기업에 적용하는 것이 좋다.
3. 수요변동이 없으면 총괄생산계획은 없다.

28. 다음의 자료로 경제적 주문량을 결정하면?

> • 연간수요량 : 20,000개
> • 1회당 재고 주문비용 : 1,000원
> • 1단위당 재고유지비용 : 1,000원

① 100개　② 150개
③ 200개　④ 250개
⑤ 275개

해설 경제적 주문량(EOQ) = $\sqrt{\frac{2\times \text{연간수요량}\times 1\text{회 주문당 재고주문비용}}{1\text{단위당 재고유지비용}}} = \sqrt{\frac{2\times 20,000\times 1,000}{1,000}}$ = 200개

29. 다음의 자료로 총재고비용을 구하면?

> • 연간 재고 수요량 : 2,000개
> • 1회당 재고 주문비용 : 8원
> • 1회당 연간 재고유지비용 : 5원
> • 1회당 연간 재고부족비용 : 40원

① 200개　② 250개
③ 300개　④ 350개
⑤ 400개

해설 연간 총재고비용 = $\sqrt{2\times \text{연간수요량}\times 1\text{회 주문당 재고비용}\times 1\text{단위당 재고유지비용}}$
= $\sqrt{2\times 2,000\times 8\times 5}$ = 400개

30. 다음 중 ISO14000 시리즈의 구성요소가 아닌 것은?

① 통계적 품질관리시스템　② 환경감사
③ 환경경영시스템　④ 환경성과평가
⑤ 라이프사이클분석

해설 ISO14000 시리즈의 구성요소는 환경경영시스템(EMS), 환경감사(EA), 환경라벨링(EL), 환경성과평가(EPE), 라이프사이클분석(LCA), 제품규격 환경적 측면(EAPS), 환경용어/정리(T&D)이다.

31. 다음 중 생산관리의 목표로서 적절하지 않은 것은?

① 생산성향상　② 품질향상
③ 원가절감　④ 공급력 확대와 납기준수
⑤ 저임금의 노동자

해설 생산관리의 목표는 원가, 품질, 시간, 유연성으로 저임금의 노동자는 해당하지 않는다.

정답 28. ③　29. ⑤　30. ①　31. ⑤

32. 비용, 품질, 서비스, 속도와 같은 기업활동의 핵심적 부문에서 극적인 성과향상을 이루기 위해 기업의 업무프로세스를 근본적으로 다시 생각하고 재설계하는 혁신기법은?

① 리스트럭처링 ② 6시그마
③ 벤치마킹 ④ 전사적 품질경영
⑤ 비즈니스 프로세스 리엔지니어링

해설 마이클 해머가 창안한 업무프로세스 재설계 기법인 '비즈니스 프로세스 리엔지니어링'은 기업의 업무 프로세스를 근본적으로 혁신하여 성과향상을 이루기 위한 기법이다.

33. 다음 중 적시생산시스템(JIT)의 주요 특징이 아닌 것은 무엇인가?

① 전 생산공정의 흐름을 동시 활동으로 유지하는 유동작업체제이다.
② 영(Zero)의 재고수준을 목표로 하고 있다.
③ 부품의 적기구매로 생산준비기간을 줄이는 데 있다.
④ 린 제조 또는 린 시스템이라고도 불린다.
⑤ 고가격, 단일모델의 대량생산이 주목적이다.

해설 적시생산시스템(JIT)은 제품이나 부품을 필요할 때 적시에 생산함으로써 재고수준을 최소화하고 생산전반에 걸쳐 낭비를 줄이는 생산시스템을 말한다. 보다 넓은 개념으로 린 제조 또는 린 시스템이라고도 불린다.

34. 생산성에 대한 설명으로 올바른 것은?

① 투입량과 산출량의 비율이다.
② 비용에 대한 산출량의 비율이다.
③ 일정량에 대한 생산비율이다.
④ 표준량에 대한 산출량비율이다.
⑤ 표준량과 산출량의 비율이다.

해설 생산성은 생산활동의 종합적인 성과로, 투입량과 산출량의 비율이다.

35. 계속생산 시스템 생산방식의 특징으로 올바른 것은?

① 다품종 소량생산이다. ② 로트생산 방식이다.
③ 주문생산 방식이다. ④ 소품종 대량생산이다.
⑤ 소품종 소량생산이다.

해설 계속생산 시스템 생산방식은 소품종 대량생산이 특징이다.

32. ⑤ 33. ⑤ 34. ① 35. ④ 정답

조직관리

36. 다음 중 태도를 구성하는 요소로만 구성된 것은?

① 인지적 요소	② 정치적 요소
③ 행동적 요소	④ 조화적 요소
⑤ 보상적 요소	⑥ 감정적 요소

① ①, ②, ④
② ①, ③, ⑥
③ ②, ④, ⑤
④ ②, ③, ⑥
⑤ ①, ④, ⑤

해설 태도의 구성요소 : 인지적, 감정적, 행동적 요소

37. 특정문제에 대해 우편을 이용하여 전문가들의 의견을 수집하기 때문에 많은 시간이 소요되는 것은?

① 고든법
② 서열법
③ 델파이법
④ 브레인 스토밍
⑤ 명목집단법

해설 창의성 개발방법 중 하나인 델파이법은 특정문제에 대하여 독립적인 의견을 수립하여 합의가 이루어질 때까지 피드백을 한다.

38. 다음 중 감정적 요소, 인지적 요소, 행위적 요소를 구성요소로 가지고 있는 것으로 개인의 선유경향으로 알맞은 것은?

① 태도
② 지각
③ 행위
④ 학습
⑤ 귀속

해설 태도의 구성요소 : 인지적, 감정적, 행동적 요소

정답 36. ② 37. ③ 38. ①

39. 다음 중 특정한 목적을 일정한 시일과 비용으로 완성하기 위해 생긴 조직은?

① 참모식 조직
② 사업부제 조직
③ 프로젝트 조직
④ 매트릭스 조직
⑤ 관료제 조직

해설 프로젝트 조직 : 문제가 해결되거나 목표가 달성되면 본래의 부서로 돌아간다.

40. 팀 조직은 문제점이 많아 성공하기 어렵다는 견해도 있다. 이러한 팀 조직을 성공시키기 위해서는 팀 조직을 도입할 때 몇 가지 고려해야 할 사항이 있다. 다음 중 여기에 해당되지 않는 것은?

① 관료주의 조직구조가 필요하다.
② 조직의 특성을 먼저 파악한 후 도입해야 한다.
③ 점차적 도입전략이 중요하다.
④ 조직의 분권화가 선행되어야 한다.
⑤ 최고경영층의 강한 의지가 중요하다.

해설 관료주의 조직구조로는 팀 조직의 문제를 해결하기 어렵다.

예상문제 및 해설 3

경영학

인적자원관리

1. 다음 중 인적자원관리의 발전과정을 바르게 설명한 것은?
① 산업혁명 시대 → 과학적 관리 시대 → 인간관계론 시대 → 행동과학 시대
② 과학적 관리 시대 → 산업혁명 시대 → 인간관계론 시대 → 행동과학 시대
③ 행동과학 시대 → 인간관계론 시대 → 과학적 관리 시대 → 산업혁명 시대
④ 인간관계론 시대 → 과학적 관리 시대 → 행동과학 시대 → 산업혁명 시대
⑤ 산업혁명 시대 → 행동과학 시대 → 과학적 관리 시대 → 인간관계론 시대

해설 인적자원관리는 산업혁명 이후, 부작용들에 대한 반성에서 발전 진행되었다.

2. 직무의 성공적인 수행에 필요한 행위들을 유사한 범주별로 분류하고 이를 중요도에 따라 점수를 부여하는 직무분석 방법은?
① 관찰법 ② 면접법
③ 실제수행법 ④ 중요사건법
⑤ 워크샘플링법

해설 중요사건법은 직무수행과정에서 직무수행자가 보였던 보다 중요한 또는 가치가 있는 행동을 기록해 두었다가 이를 취합하여 분석하는 방법

3. 다음 중 집단 수준의 직무설계 방법인 것은?
① 직무순환 ② 직무확대
③ QC서클 ④ 직무충실화
⑤ 직무교차

해설 • 팀접근법(Team Approach) : 작업이 집단에 의해서 수행되기도 하여, 이때는 팀을 대상으로 한 작업설계 필요. 개인수준의 직무설계와 달리 집단과업의 설계, 집단구성원의 구성, 집단규범 등이 집단수준의 작업설계의 특징

 정답 1. ① 2. ④ 3. ③

• QC서클(Quality Control Circle) : 10명 이내의 한 작업단위의 종업원들이 자발적으로 정기적인 모임을 갖고 제품의 질과 문제점을 분석하고 제안하는 분임조 활동. 기업 내에서 참여적 분위기를 조성하며 일종의 소집단활동이 된다.

4. 다음 중 인적자원 수요예측 방법이 아닌 것은 무엇인가?

① 전문가 예측법
② 델파이 기법
③ 추세분석
④ 마르코프 모형
⑤ 생산성 비율

해설 • 인적자원 수요예측 방법 : 전문가 예측법, 델파이 기법, 생산성 비율, 추세분석, 회귀분석
• 인적자원 공급예측 방법 : 기능목록, 대체도, 마르코프 모형, 노동시장 총체적, 구체적 분석

5. 개인의 일부 특성을 기반으로 그 개인 전체를 평가하는 지각경향은 무엇인가?

① 스테레오타입
② 최근효과
③ 자존적 편견
④ 후광효과
⑤ 대조효과

해설 후광효과 또는 현혹효과(Halo Effect)란 어떤 한 분야에서의 어떤 사람에 대한 호의적 또는 비호의적인 인상이 다른 분야에 있어서의 그 사람에 대한 평가에 영향을 주는 경향을 말한다. 헤일로(Halo)는 부처상의 머리 뒤에서 비추는 후광을 가리키는 말인데, 그 후광 때문에 부처의 얼굴이 더욱 인자하게, 신성하게 지각될 수 있는 이치와 같다. 이는 한 사람에 대한 전반적인 인상을 구체적인 특징평가에 일반화시키는 오류이다.

6. 직무평가의 방법 중 직무내용의 각 구성요소를 분해하여 가중치를 부여한 후 요소별 점수와 가중치를 곱하여 각 직무의 가치를 평가하는 방법은 무엇인가?

① 관찰법
② 서열법
③ 점수법
④ 분류법
⑤ 요소비교법

해설 직무평가의 방법은 비양적 방법(Non-quantitative Method)과 양적 방법(Quantitative Method)의 두 가지로 구분된다. 비양적 방법은 직무수행 시 난이도 등을 기준으로 포괄적 판단에 의하여 직무의 가치를 상대적으로 평가하는 방법으로 서열법과 분류법이 있다. 양적 방법은 직무분석에 따라 직무를 기초적 요소 또는 조건으로 분석하고 이들을 양적으로 계측하는 방법으로 점수법과 요소비교법이 있다.
직무내용의 각 구성요소를 분해하여 가중치를 부여한 후 요소별 점수와 가중치를 곱하여 각 직무의 가치를 평가하는 방법은 점수법이다. 점수법은 직무평가방법 중에서 비교적 많이 사용되고 있다. 점수법은 직무평가 방법 중에서 가장 체계적이고 또한 사용하기도 비교적 쉽기 때문에 널리 사용되고 있다.

4. ④ 5. ④ 6. ③ 정답

7. 호손실험 결과로부터 새로 개발된 인사관리기법은 무엇인가?

① 이윤분배제
② 사기조사
③ 고충처리제도
④ 차별성과급제
⑤ 구조주도적 리더십

해설 메이요(E. Mayo) 등에 의한 호손실험은 인간관계론(Human relations)이라는 새로운 이론으로 그 의미가 확대되고 발전되었다. 인간관계론에서는 인간의 사회적 · 심리적 욕구충족이 생산성 향상을 가져온다는 슬로건 아래 경영자들은 이러한 욕구들을 찾는 데 분주하게 되었다. 공장 입구에 근로자들의 의견을 구하는 제안함이 걸리고, 전제적 리더십보다는 민주적 리더십이 강조되었다. 사기조사와 면접도 실시되었고, 의사소통에 근로자들을 참여시킨다는 명분 아래 고위경영층의 사무실 문이 열리는 제스처도 보였다.

사기조사
종업원의 근로 의욕 · 태도 등에 대해 측정하는 것을 말한다. 종업원이 자기의 직무 · 직장 · 상사 · 승진 · 대우 등에 대해 어떻게 생각하고 있는지를 측정 · 조사하는 것이다. 이 측정을 기초로 인사관리 · 노무관리 · 복리후생 등을 효과적으로 하여 종업원의 근로의욕을 높임으로써 기업발전에 기여하는 데 목적이 있다. 기업이 점차 대규모화함에 따라 경영자와 종업원 사이의 의사소통이 어렵게 되자 사기조사는 특히 주목을 받게 되었다.

8. 다음 중 도표식 근무평정방법에서 나타날 가능성이 가장 적은 현상은 무엇인가?

① 관대화효과
② 선입견
③ 근접효과
④ 연쇄효과
⑤ 양극화 경향

해설 도표식에서는 등급별 강제분포비율이 없으므로 평정의 양극화가 아니라 주로 무난하게 중간등급을 주는 중심화 현상이 나타난다.

9. 다음 중 직무분석의 목적과 가장 관계가 적은 것은 무엇인가?

① 조직구조의 설계
② 교육훈련
③ 성과측정 보상
④ 작업방법 · 공정의 개선
⑤ 선발, 고용 및 배치

해설 직무분석의 목적은 궁극적으로 직무기술서와 직무명세서를 작성하여 직무평가를 하고자 하는 것이지만, 직무분석을 통해서 얻은 정보는 인적자원관리 전반을 과학적으로 관리하는 데 있어 기초자료를 제공한다는 목적도 있다.
직무분석의 활용분야를 세분화하며 ㉠ 조직구조의 설계 ㉡ 인적자원계획 수립(인적자원의 수요 및 공급을 예측하고 인적자원의 채용, 배치, 이동 · 승진, 훈련 및 개발 등의 기준을 만드는 기초) ㉢ 직무평가 및 보상 ㉣ 경력계획 ㉤ 기타 노사관계 해결, 직무의 설계, 인사상담, 안전관리, 정원산정, 작업환경 개선 등이다.

 정답 7. ② 8. ⑤ 9. ③

10. 다음 중 단순하고 반복적인 직무나 하급사무직의 직무분석에 가장 유용한 직무분석 방법은 무엇인가?

① 작업기록법
② 설문지법
③ 중요사건법
④ 관찰법
⑤ 면접법

해설 관찰법은 분석의 대상이 되는 종업원의 작업을 직접 관찰함으로써 직무에 관한 정보를 획득하며, 일이 단순하고 주기가 짧은 경우에 정확한 자료수집이 가능하다. 단순 반복적인 직무분석과 하급사무직의 직무분석에 가장 유용하다.

11. 다음 중 목표에 의한 관리(MBO)를 이용하여 평가하는 기법의 특징은 무엇인가?

① 관리자로서의 평가
② 검증 가능한 목표에 의한 평가
③ 팀평가
④ 종업원의 특성에 의한 평가
⑤ 전통적 특성에 의한 평가

해설 목표에 의한 관리(MBO ; Management By Objectives)를 이용하는 방법은 목표설정과 결과에 대한 평가에 종업원이 참여하여 평가하고 고과하는 기법이다. 각 업무담당자가 ㉠ 상급자로부터 각종 정보를 제공받아 자신의 목표를 측정가능 목표로 설정 ㉡ 상위자와 협의하여 조직목표와 비교・수정하여 목표확정 ㉢ 업무를 수행하여 기말에 업무수행과정과 결과를 목표와 비교・평가하고 ㉣ 상황적 요인을 검토하여, 문제점 및 개선점을 공동으로 검토하여 다음 기의 목표를 설정하는 4단계로 설명할 수 있다.

12. 다음은 어떤 모형에 대한 가정인가?

- 일이란 본래 싫은 것이 아니다.
- 사람들은 자신이 협조해서 설정한 의미 있는 목표에 공헌하려 한다.
- 대부분의 사람들은 현 직무가 필요로 하는 것보다 훨씬 더 창조적이고 책임 있는 자기통제, 자율성을 발휘할 능력이 있다.

① 인간관계 모형
② 사회인 모형
③ 인적자원 모형
④ 경제인 모형
⑤ 전통적 모형

해설 매슬로(A. H. Maslow), 맥그리거(D. McGregor), 아지리스(C. Argyris), 허쯔버그(F. Herzberg), 리커트(R. Likert) 등에 의해 전개된 인적자원모형의 특징은 다음과 같다.

㉠ 인간은 상호 관련을 갖는 여러 욕구들로 복잡하게 구성되어 동기화된다고 본다.
㉡ 인간이 조직에서의 역할을 능동적으로 수행하려고 한다고 가정하고 있다.
㉢ 일이란 불유쾌한 것이 아니라고 가정한다. 특히, 상위욕구를 충족시켜야 하는 경우에는 직무의 수행이 만족의 원천이 될 수 있다.
㉣ 인간은 의미 있는 결정과 책임을 원하고 또한 능력이 있다고 본다.

10. ④ 11. ② 12. ③ 정답

13. 직무평가의 방법에 관한 설명 중 옳지 않은 것은 무엇인가?

① 분류법은 등급별로 책임도, 곤란성, 필요한 지식과 기술 등에 관한 기준을 고려하여 직무를 해당되는 등급에 배치하는 방법이다.

② 요소비교법은 직무를 구성하는 요소별로 독립적으로 절대평가하여 직무의 등급을 정하는 방법이다.

③ 점수법에서 평가요소는 숙련요소 · 노력요소 · 책임요소 · 작업조건요소 등으로 구분할 수 있다.

④ 서열법은 직무 전체의 중요도와 난이도를 바탕으로 상대적 가치를 비교하여 직무의 우열을 정하는 방법이다.

⑤ 점수법은 직무의 평가요소별 가중치를 부여하고 각 직무에 대하여 요소별로 점수를 매긴 다음 이를 합산하는 방법이다.

해설 요소비교법은 직무를 독립적으로 평가하는 절대평가가 아니라 직무를 대표직위와 비교하여 평가하는 상대평가 방법이다.

14. 다음 중 직무분석의 방법으로 적합하지 못한 것은 무엇인가?

① 관찰법　　② 경험법

③ 점수법　　④ 설문지법

⑤ 워크샘플링법

해설 점수법은 직무평가의 방법이다. 직무를 구성요소로 분해한 후 요소별 점수를 매겨 전체 점수로 직무를 평가하는 방법이다. 장점으로 직무의 상대적 차이가 명확하고 종업원으로부터의 이해와 신뢰를 얻을 수 있다. 반면 단점으로 각 직무에 공통되는 적합한 평가요소의 선정이 어렵고, 평가요소에 대한 가중치와 등급 선정이 어려울 수 있다.

15. 한 조직의 구성원들이 조직에서의 작업경험을 통해 자신의 중요한 욕구를 충족시키는 정도를 의미하는 용어는 무엇인가?

① 동기부여　　② 직무만족

③ 노동생활의 질　　④ 직무성과

⑤ 조직 몰입

해설 산업화에 따른 단순화 · 전문화에서 파생되는 소외감 · 단조로움 · 인간성 상실에 대한 반응으로 나타난 개념이며, 인간성 회복의 관점에서 직무의 내용과 방법의 재설계, 조직 내의 성장 및 발전 기회의 공정성 제고, 직장생활과 사생활의 조화 등을 통해서 직장을 보람 있는 일터로 느끼도록 하는 제반 인사프로그램을 근로생활의 질(Quality of Working Life ; QWL)이라고 한다.

 정답 13. ② 14. ③ 15. ③

16. 다음 중 직무평가의 궁극적인 용도는 무엇인가?

① 직무분석의 기초자료 제공
② 직무기술서와 직무명세서의 작성
③ 조직의 합리화를 위한 조직구조의 설계
④ 공정한 임금체계 확립과 인사관리의 합리화
⑤ 직무수행자의 적정한 평가

해설 직무평가는 직무분석을 기초로 하여 각 직무가 지니고 있는 상대적인 가치를 결정하는 방법이다. 즉, 기업이나 기타의 조직에 있어서 각 직무의 중요성・곤란도・위험도 등을 평가하여 다른 직무와 비교한 직무의 상대적 가치를 정하는 체계적 방법이다. 따라서 직무평가의 궁극적인 용도는 공정한 임금체계 확립과 인사관리의 합리화에 있다.

17. 다음 중 직무분석에 대한 정의로 가장 적절한 것은 무엇인가?

① 직무를 기준으로 개인의 능력을 평가하는 것이다.
② 종업원의 능력을 기준으로 각 직무의 적정성을 평가하는 것이다.
③ 직무 간의 상대적 가치를 체계적으로 결정하는 것이다.
④ 조직이 요구하는 특정 직무의 내용과 요건을 정리・분석하는 것이다.
⑤ 구성원들의 만족과 성과를 증대시키는 방향으로 직무요소와 의미, 과업 등을 구조화하는 것이다.

해설 직무분석(Job analysis)이란 특정 직무의 내용(또는 성격)을 분석해서 그 직무가 요구하는 조직구성원의 지식・능력・숙련・책임 등을 명확히 하는 과정을 말한다. 즉, 특정 직무의 성격에 관련된 모든 중요한 정보를 수집하고 이들 정보를 관리목적에 적합하게 정리하는 체계적 과정이다.

18. 다음 중 허쯔버그의 2요인 이론에 의한 직무설계 방법은 무엇인가?

① 직무순환　　② 직무확대
③ 직무재설계　　④ 직무연관
⑤ 직무충실화

해설 허쯔버그의 2요인 이론에 의한 직무설계 방법은 직무충실화이다. 직무충실화는 직무가 자율성, 성취감, 도전, 책임감 등을 갖추도록 구성된다.

19. 각 직무에 대하여 자격을 갖춘 직무후보자 또는 지원자를 조직으로 유인하는 활동은 무엇인가?

① 선발　　② 모집
③ 이동　　④ 충원
⑤ 배치

16. ④　17. ④　18. ⑤　19. ② 정답

해설 모집(Recruitment)이란 선발(Selection)을 전제로 하여 외부 노동시장으로부터 양질의 인력을 조직으로 유인하는 과정이다.

20. 조직 내부 또는 외부로부터 형성된 지원자집단 중에서 현재의 직위나 장래의 직무에 가장 적절한 사람을 선정하는 일을 의미하는 것은 무엇인가?

① 모집 ② 충원
③ 승진 ④ 선발
⑤ 배치

해설 모집활동을 통해 응모한 많은 취업희망자 중에서 조직이 필요로 하는 자질을 갖춘 사람을 선별하는 과정을 선발(Selection)이라고 한다.

21. 다음 설명 중 인적자원계획의 중요성이라 할 수 없는 것은 무엇인가?

① 미래의 인력현황을 예측할 수 있어 사전에 문제를 해결할 수 있다.
② 조직 내부, 외부로부터의 충원 · 이동 · 승진 등에 관한 참고자료를 제공한다.
③ 경비절감을 통한 감량경영에 필요한 인원을 파악할 수 있다.
④ 우수한 인력을 확보할 수 있는 기반이 된다.
⑤ 조직에 필요한 인적자원과 기술수준을 결정하여 모집과 선발에 도움을 준다.

해설 인적자원계획(Human Resource Planning)은 기업의 환경변화와 사업계획을 고려하여 필요한 인력을 적절히 확보하기 위한 조치를 하는 과정이다. 따라서 그 핵심적인 목적은 인력의 적절한 확보에 있다.

22. 현재 근무하고 있는 직원들에게 시험을 실시하고 동시에 이 직원들의 감독자들에게 이들의 과거 근무성적을 평정하게 하여 이 양자를 비교하는 것은 시험의 어떤 점을 측정하려는 것인가?

① 타당성 ② 신뢰성
③ 합리성 ④ 객관성
⑤ 난이도

해설 문제의 내용은 타당도(Validity)이며, 그중에서도 기준타당도를 알아보려는 것으로 동시에 타당도 검증방법이다.

 정답 20. ④ 21. ③ 22. ①

23. 다음 중 직무분석에 의하여 파악해야 할 기본적인 내용에 들지 않는 것은 무엇인가?
① 작업장소와 소요기술
② 직무평가
③ 직무수행요건
④ 직무내용과 직무목적
⑤ 작업방법과 작업시간

해설 직무분석의 과정에서 파악해야 할 기본적 내용에는 직무내용과 직무목적, 작업장소와 소요기술, 작업방법과 작업시간, 직무수행요건 등이 있다.

24. 임금의 구성내용이 어떻게 되어 있는가 하는 것이 (　　)(이)라면, 임금을 종업원에게 지급하는 방식은 (　　)이다. (　　) 안에 들어갈 용어가 순서대로 되어 있는 것은?
① 임금형태 – 임금수준
② 임금형태 – 임금체계
③ 임금체계 – 임금형태
④ 임금수준 – 임금체계
⑤ 임금체계 – 임금수준

해설 임금관리의 영역

구 분	개 념	적용 원리
임금수준	종업원에게 지급되는 임금의 크기, 즉 평균임금	적정성
임금체계	임금의 구성내용, 즉 연공급·직능급·직무급체계와 관련	공정성
임금형태	임금의 계산 및 지급방식, 즉 시간급·성과급·특수임금제 등	합리성

25. 다음 중 승진제도에 대한 설명으로 바르지 못한 것은 무엇인가?
① 직무승진제도 – 자격 중심의 승진
② 연공승진제도 – 사람 중심의 승진
③ 절충제도 – 직무 중심과 사람 중심의 조화
④ 직계승진제도 – 직무 중심의 승진
⑤ 절충제도 – 능력주의와 경력주의의 조화

해설 승진제도에는 여러 가지 유형이 있는데, 크게 3가지로 나누어 볼 수 있다. 직무 중심의 능력주의에 따른 직계승진제도, 사람 중심의 연공승진제도, 그리고 양자를 절충시킨 자격주의에 입각한 자격승진제도, 대용승진제도, OC승진제도 등이 있다.

26. 다음 중에서 인사고과의 목적이 아닌 것은 무엇인가?
① 적정한 배치
② 생산성 혁신
③ 공정한 평가
④ 근로의욕 증진
⑤ 능력 개발

23. ② 24. ③ 25. ① 26. ② 정답

해설 인사고과는 구성원의 가치를 객관적으로 정확히 측정하여 합리적인 인적자원관리의 기초를 제공하고, 이와 함께 구성원의 능률을 향상시켜 동기유발을 하는 데 그 목적이 있다. 따라서 종업원의 적정한 배치, 능력 개발 및 공정한 처우는 물론 인력계획 및 인사기능의 타당성 측정, 조직개발 및 근로의욕 증진을 목적으로 한다.

27. 현혹효과(Halo effect)를 감소시키는 방법이 아닌 것은 무엇인가?

① 한 사람이 연속해서 평가
② 평가를 뚜렷한 행동과 연결
③ 종업원끼리 서로 평가
④ 평가요소를 명확히 함
⑤ 여러 사람이 평가

해설 현혹효과(Halo effect)또는 후광효과는 인사고과상의 오류로서 평정대상의 전반적인 인상이나 특정한 경우에 받은 인상을 기준으로 모든 고과요소를 평정하려는 경향을 의미한다. 즉, 한 분야에서의 호의적 또는 비호의적인 인상이 다른 분야에 있어서의 그 사람에 대한 평가에 영향을 주는 경향을 말한다. 현혹효과는 평가요소를 보다 분명히 하고 평가를 뚜렷한 행동과 연결시킴으로써 어느 정도 감소시킬 수 있다. 그리고 한 요소에 대하여 전 종업원을 평정하고, 그 후에 다른 요인을 차례로 평정하는 것도 효과적이다. 또한 대조법이나 인사고과의 현대적 기법에 해당하는 중요사건서술법, 행위기준고과법, 목표관리법 등을 이용하는 것도 한 방법이 될 수 있다.

28. 개인이 조직에 들어가 업무기술과 능력을 획득하고, 적절한 역할행위에 적응하여, 업무규범과 가치관에 순응해가는 과정을 의미하는 것은 무엇인가?

① 오리엔테이션
② 조직 사회화
③ 교육훈련
④ 조직시민운동
⑤ 학습

해설 조직과 개인의 목표를 위한 긍정적인 행동의 증가와 부정적인 행동의 감소를 가져오는 바람직한 행동은 경영자의 노력만 가지고 이루어지는 것은 아니다. 이러한 행동은 기존의 조직구성원들에 의해서 비공식적으로 이루어지기도 하는데, 이러한 과정을 조직 사회화(Socialization into an organization)라고 한다. 조직 사회화를 통해 새로이 조직에 들어온 구성원은 그 조직의 문화를 학습해간다.

29. 조직에서 사용되는 교육훈련기법으로 작업현장에서 직접 직무수행에 관한 훈련을 실시하는 것을 뜻하는 용어는 무엇인가?

① OJT
② Off JT
③ OT
④ MBO
⑤ TWI

정답 27. ① 28. ② 29. ①

해설 직장 내 훈련(OJT : On-the-Job-Training)은 감독자가 직접 일하는 과정에서 부하들을 개별적으로 실무 또는 기능에 관하여 훈련시키는 것이다. OJT는 현실적이고, 훈련과 생산이 직결되어 경제적이며, 교실로 이동할 필요가 없다. 따라서 저비용으로 훈련이 가능하다는 장점이 있다.

30. 인사고과에서 나타날 수 있는 오류가 아닌 것은 무엇인가?

① 현혹효과
② 대비오류
③ 유사효과
④ 알파위험
⑤ 상동적 태도

해설 인사고과에서 흔히 발생할 수 있는 오류로는 현혹효과 또는 후광효과, 상동적 태도, 대비오류 및 유사효과가 있다. 알파위험은 통계적 추론에서 제1종 오류를 범하게 될 가능성을 말한다. 제1종 오류란 가설이 모집단의 특성을 제대로 나타내고 있음에도 불구하고 이를 기각하게 되는 오류를 말한다. 또한 종업원을 선발할 때 좋은 성과를 낼 유능한 지원자를 탈락시키게 되는 오류를 말한다.
※ 유사효과(Similarity Effect) : 자신과 비슷한 사람을 더 좋게 평가하는 것

31. 다음 중 인적자원의 모집에 관한 설명으로 부적절한 것은 무엇인가?

① 가까운 친족들에 의한 외부인력 모집을 네포티즘(Nepotism)이라고 한다.
② 모집은 기업의 공석인 직무에 관심이 있고 자격이 있는 사람을 식별하고 기업으로 유인하는 활동을 의미한다.
③ 사내게시판이나 사보를 이용한 직무게시(Job posting)는 외부모집이라고 한다.
④ 시스템의 현재 상황을 분석하여 안정적인 조건하에서 승진, 퇴사, 이동의 일정비율을 이용하여 단기간의 종업원의 변동 상황을 예측하는 기법을 마코브 모형이라 한다.
⑤ 인력모집 시 내부인력에만 지나치게 의존하게 되어 조직구성원들이 결국 무능한 사람들로 구성되어 버리는 원리를 피터의 원리라고 한다.

해설 사내게시판이나 사보를 이용한 직무게시는 내부모집에 해당된다.

32. 다음 중 종업원의 참여에 의한 제안제도로서 생산성 향상에 대한 배분기준으로 판매 가치를 이용하는 집단성과급제도는 무엇인가?

① 프렌치 시스템(French System)
② 스캔론 플랜(Scanlon Plan)
③ 카이저 플랜(Kaiser Plan)
④ 럭커 플랜(Rucker Plan)
⑤ 링컨 플랜(Lincoln Plan)

해설 스캔론 플랜(Scanlon Plan)은 성과분배제의 일종으로, 종업원들의 제안을 통한 경영참여의 대가로 개선된 성과를 판매가치를 기초로 하여 분배해 주는 제도이다.

30. ④ 31. ③ 32. ② 정답

33. 다음 내용이 의미하는 숍 제도는 무엇인가?

신규채용 등에 있어 사용자가 조합원 중에서 채용을 하지 않으면 안 되는 숍 제도이다.

① 메인트넌스 숍(Maintenance shop)
② 오픈 숍(Open shop)
③ 유니언 숍(Union shop)
④ 클로즈드 숍(Closed shop)
⑤ 에이전시 숍(Agency shop)

해설 클로즈드 숍(Closed shop)은 노동조합의 가입이 채용의 전제조건이 되므로 조합원의 확보방법으로서는 최상의 강력한 제도라 할 수 있다.

34. 다음이 설명하는 것은 무엇인가?

동일한 기업에 종사하는 노동자들이 해당 직종 또는 직능에 대한 차이 및 숙련의 정도를 무시하고 조직하는 노동조합으로서 이는 개별기업을 존립의 기반으로 삼고 있는 형태이다.

① 기업별 노동조합
② 산업별 노동조합
③ 일반 노동조합
④ 직업별 노동조합
⑤ 부서별 노동조합

해설 기업별 노동조합(Company Labor Union)은 동일한 기업에 종사하는 노동자들에 의해 조직되는 노동조합을 의미한다.

35. 다음이 설명하는 것은 무엇인가?

노동자들이 사용자에 대해서 평화적인 교섭 또는 쟁의행위를 거쳐서 쟁취한 유리한 근로조건을 협약이라는 형태로 서면(문서)화한 것을 말한다.

① 노동쟁의
② 단체협약
③ 단체교섭
④ 경영참가
⑤ 성과배분

해설 단체협약은 단체교섭으로 인한 성과에 의해 노사 간의 내용에 대한 일치를 보게 되었을 때 이를 문서화하는 것을 말한다.

36. 다음 중 노동자 측의 쟁의행위에 해당되지 않는 것은 무엇인가?

① 피케팅(Picketing)
② 파업(Strike)
③ 직장폐쇄(Lock Out)
④ 불매동맹(Boycott)
⑤ 태업 · 사보타주(Sabotage)

정답 33. ④ 34. ① 35. ② 36. ③

해설 직장폐쇄(Lock Out)는 사용자 측의 쟁의행위에 해당한다.

37. 직무명세서(Job Specification)에 대한 설명으로 올바른 것은 무엇인가?

① 직무분석의 결과를 토대로 특정한 목적의 관리절차를 구체화하는 데 있어 편리하도록 정리하는 것을 말한다.

② 물적 환경에 대해서 기술한다.

③ 조직 종업원들의 행동이나 능력 등에 대해서는 별로 관련성이 없다.

④ 직무요건에 중점을 두고 기술한 것이다.

⑤ 종업원의 직무분석 결과를 토대로 직무수행과 관련된 각종 과업 및 직무행동 등을 일정한 양식에 따라 기술한 문서를 의미한다.

해설 직무명세서(Job Specification)는 각 직무수행에 필요한 종업원들의 행동이나 기능·능력·지식 등을 일정한 양식에 기록한 문서를 의미한다.

38. 직무기술서(Job Description)에 대한 설명으로 올바른 것은 무엇인가?

① 직무수행에 필요한 종업원들의 행동이나 기능·능력·지식 등을 일정한 양식에 기록한 문서를 의미한다.

② 인적요건에 중점을 두고 기술한 것이다.

③ 사람중심적인 직무분석에 의하여 얻는다.

④ 직무수행과는 아무런 연관성이 없다.

⑤ 종업원의 직무분석 결과를 토대로 직무수행과 관련된 각종 과업 및 직무행동 등을 일정한 양식에 따라 기술한 문서를 의미한다.

해설 직무기술서(Job Description)는 조직 종업원들의 직무분석 결과를 토대로 해서 직무수행과 관련된 각종 과업이나 직무행동 등을 일정한 양식에 따라 기술한 문서를 의미한다.

39. 다음 중 직무평가 방법에 있어서 양적 방법에 속하는 것으로 짝지어진 것은 무엇인가?

① 점수법, 요소비교법
② 서열법, 점수법
③ 서열법, 이분법
④ 분류법, 요소비교법
⑤ 점수법, 이분법

해설 직무평가 방법

㉠ 비양적 방법 : 서열법, 분류법

㉡ 양적 방법 : 점수법, 요소비교법

40. 임금수준 결정의 기업 내적 요소가 아닌 것은 무엇인가?

① 경영전략 ② 생계비
③ 노동조합 ④ 지불능력
⑤ 기업규모

해설 임금수준 결정에서 기업의 규모, 경영전략, 노동조합의 요구, 기업의 지불능력 등은 기업 내적 요소이다. 그러나 생계비, 사회일반의 임금수준 등은 기업 외적 요소이다.

41. 관리자가 특정 업무에서의 성공을 바탕으로 자신이 보유하고 있지 않은 기술이 요구되는 상위직위까지 승진하는 경우를 뜻하는 것으로, 관리자는 자신이 무능해지는 수준까지 승진하는 경향이 있다는 이론은 무엇인가?

① 파킨슨의 법칙 ② 딜버트의 법칙
③ 피터의 원칙 ④ 그레셤의 법칙
⑤ 효과의 법칙

해설 피터의 법칙 또는 피터의 원리(Peter principle)는 내부인력에 너무 의존하게 되면 조직구성원들은 자신의 무능한 한계까지 승진함으로써, 결국 기업은 무능한 사람들로만 구성되어 버린다는 원리를 말한다.

42. 종업원의 작업의욕을 저해하는 요인과 불평불만의 원인을 밝히고, 그 원인을 제거할 수 있는 대책을 수립하기 위한 기초자료를 얻을 목적으로 이용되는 인간관계관리제도는 무엇인가?

① 종업원지주제도 ② 고충처리제도
③ 인사상담제도 ④ 제안제도
⑤ 사기조사

해설 종업원의 사기를 향상시켜 작업의욕을 높이고 경영을 건전하게 발전시키기 위해서는 무엇 때문에 종업원의 사기가 저조하며, 그 기업의 건전성을 저해하는 요인이 무엇인가를 구명할 필요가 있다. 그리고 그 수단으로써 사기조사(Morale survey)가 이용된다. 사기조사에 의거하여 종업원의 사기 또는 작업의욕을 저해한 요인과 그들의 불평불만의 이유, 나아가서는 기업의 불건전성에 대한 원인이 밝혀지게 되고, 동시에 저해원인을 제거하기 위한 대책을 수립할 수 있는 기초자료를 얻을 수 있게 된다.

 정답 40. ② 41. ③ 42. ⑤

생산관리

43. 생산관리의 주요 활동목표와 가장 거리가 먼 것은 무엇인가?

① 품질　② 납기
③ 유연성　④ 원가
⑤ 포지셔닝

해설 생산관리는 재화와 서비스의 생산을 효율적으로 관리하는 것이다. 생산관리의 목표는 고객의 욕구에 부응하는 양질의 제품(품질, Quality)을 고객이 원하는 시기(납기, Delivery time)에, 적절한 가격(원가, Price)으로 공급하는 것이다. 그리고 시장의 변화에 대응하기 위해 생산시스템의 유연성(Flexibility)이 확보되어야 한다. 즉 원가, 품질, 납기 및 유연성이 생산관리의 목표이며, 이를 위한 생산관리의 영역은 제품설계, 공정설계, 생산계획, 재고관리 및 품질관리 등이다.

44. 재고관리의 ABC관리법에서 품목을 분류할 때 가장 많이 사용되는 분석방법은 무엇인가?

① 추세 분석　② 민감도 분석
③ 인과 분석　④ 파레토 분석
⑤ 비용-편익 분석

해설 ABC 분석기법은 파레토(Pareto) 법칙, 또는 20-80 법칙에 기초하여 재고자산관리 및 상품관리를 하는 방법이다. 각 품목이 기업의 이익에 미치는 영향을 고려하여 품목의 가치와 중요도를 분석하고, 품목을 세 그룹(Category)으로 나눈 후, 각기 다른 수준의 재고관리방법을 적용하는 재고관리 기법이다.

45. 유연생산 시스템(Flexible Production System)에 관련된 설명 중 틀린 것은 무엇인가?

① 조달기간과 재고수준을 낮출 수 있다.
② 제품의 가공시간이 단축되므로 시간중심의 경쟁에서 유리하다.
③ Job shop의 유연성과 대량생산 시스템의 생산성을 동시에 추구한다.
④ 시스템의 초기 투자설비가 적게 든다.
⑤ 제품의 다양화가 가능하다.

해설 유연생산 시스템은 자동화가 진전되고 고도의 시스템 통합이 구축되어 대량생산의 경제성과 주문생산의 다양성을 동시에 달성할 수 있는 생산 시스템으로 초기 투자설비 비용이 많이 든다는 단점이 있다.

43. ⑤　44. ④　45. ④ 정답

46. 다음 중에서 매일매일의 작업관리를 위해 필요한 것은 무엇인가?

① 세부일정계획
② 공정계획
③ 생산수량계획
④ 총괄생산계획
⑤ 기준생산계획

해설 일정계획은 총괄생산계획을 기초로 해서 그 내용을 구체적으로 제시한 것을 말한다. 즉, 사용가능한 인적 · 물적 자원이 한정되어 있다는 전제하에 처리해야 할 작업들의 순서를 결정하는 과정이다. 총괄생산계획이 시스템의 생산능력을 회사 전체의 관점에서 거시적으로 파악하는 것인 데 비해, 일정계획(개별생산계획)은 제품별로 수요나 주문량을 파악하여 이에 필요한 생산능력을 개별적으로 할당하는 미시적 방법에 의한 계획이다. 작업순서의 관점에서 주(Master)일정계획과 세부(Operating)일정계획으로 구분한다.

47. 품질관리를 위한 6시그마(Sigma) 프로세스에 포함되지 않는 것은 무엇인가?

① 측정(Measure) : 현재 불량수준을 측정하여 수치화하는 단계
② 개선(Improve) : 개선과제를 선정하고 실제 개선작업을 수행하는 단계
③ 관리(Control) : 개선결과를 유지하고 새로운 목표를 설정하는 단계
④ 분석(Analyze) : 불량의 발생 원인을 파악하고 개선대상을 선정하는 단계
⑤ 평가(Evaluate) : 개선작업의 시행결과를 평가하는 단계

해설 6시그마 운동을 효과적으로 추진하기 위해 고객만족의 관점에서 출발하여 프로세스의 문제를 찾아 통계적 사고로 문제를 해결하는 품질개선 작업과정을 DMAIC 또는 MAIC이라고 한다. DMAIC은 정의(Define), 측정(Measurement), 분석(Analysis), 개선(Improvement), 관리(Control) 5단계로 나누어 실시하고 있다.

48. 다음 중 고객지향의 품질관리활동을 품질관리 책임자뿐만 아니라 마케팅, 엔지니어링, 생산, 노사관계 등 기업의 모든 분야로 확대하여 실시하는 것은?

① 전사적 자원관리(ERP)
② 종합적 품질경영(TQM)
③ 제약이론(TOC)
④ 종합적 품질관리(TQC)
⑤ 품질분임조(QC circle)

해설 종합적 품질경영(TQM)은 최고경영자의 열의와 리더십을 기반으로 끊임없는 교육훈련과 참여의식에 의해 능력이 개발된 조직구성원이 합리적 · 과학적 관리방식을 활용하여 조직 내의 모든 절차를 표준화하고 지속적으로 개선하는 과정에서 종업원의 욕구를 충족시키고 이를 바탕으로 고객만족과 조직의 장기적 성장을 추구하는 경영원리를 말한다.

 정답 46. ① 47. ⑤ 48. ②

49. 다음 중 MRP(Material Requirement Planning)에 관한 설명으로 옳은 것을 모두 선택한 것은 무엇인가?

ㄱ. MRP의 입력요소는 BOM(Bill Of Material), MPS(Master Production Scheduling), 재고기록철(Inventory Record File) 등이다.
ㄴ. 주문 또는 생산지시를 하기 전에 경영자가 계획들을 사전에 검토할 수 있다.
ㄷ. 종속수요품 각각에 대하여 수요예측을 별도로 해야 한다.
ㄹ. 개략생산능력계획(Rough-Cut Capacity Planning)에 필요한 정보를 제공한다.
ㅁ. 상위품목의 생산계획이 변경되면 부품의 수요량과 재고보충시기를 자동적으로 갱신하여 효과적으로 대응한다.

① ㄱ, ㄷ, ㄹ
② ㄴ, ㄷ, ㅁ
③ ㄱ, ㄴ, ㅁ
④ ㄱ, ㄷ, ㅁ
⑤ ㄴ, ㄹ, ㅁ

해설 MRP의 기본 시스템은 기준생산계획(MPS ; Master Production Schedule), 부품구성표(BOM ; Bill Of Material) 및 재고기록철(IRF ; Inventory Record File)을 입력요소로 하여 최상위 수준으로 완제품을 조립하기 위해 필요한 부품의 필요시기와 소요량을 컴퓨터를 활용하여 출력해내는 재고관리기법이다.

자재소요계획(MRP)에서는 주생산계획(Master Production Schedule ; MPS)을 기초로 완제품 생산에 필요한 자재 및 구성부품의 종류, 수량, 시기 등을 계획한다. MPS에서 확정된 완제품의 소요량으로 전환된다.

MRP에서는 부품의 재고수준을 합리적으로 낮게 하면서 완제품을 적시에 생산하도록 발주, 생산, 조립의 계획을 수립한다.

MRP는 자재 및 부품의 적절한 재고수준 유지, 작업흐름의 향상, 우선순위 및 납기준수, 생산능력의 활용 등을 목표로 한다.

50. MRP시스템과 JIT시스템을 비교하여 설명한 것 중 옳지 않은 것은 무엇인가?

① MRP시스템은 칸반(Kanban)에 의해 자재의 제조명령, 구매주문을 가시적으로 통제하며, JIT시스템은 컴퓨터에 의한 정교한 정보처리를 한다.
② MRP시스템은 품질수준에 약간의 불량을 허용하나, JIT시스템은 무결점 품질을 유지한다.
③ MRP시스템은 Push방식이며, JIT시스템은 Pull방식이다.
④ MRP시스템은 종속수요 품목의 자재 수급계획에 더 적합하다.
⑤ MRP시스템은 자재의 소요 및 조달계획을 수립하여 그 계획에 의한 실행에 중점을 두며, JIT시스템은 불필요한 부품, 재공품, 자재의 재고를 없애도록 설계된 시스템이다.

해설 칸반(Kanban)에 의해 자재의 제조명령, 구매주문을 가시적으로 통제하는 것은 JIT시스템이다. MRP시스템은 컴퓨터에 의한 정교한 정보처리를 한다.

49. ③ 50. ① 정답

51. 어떤 회사에서 6 시그마경영을 목표로 제품의 품질을 향상시키려 한다. 일 년에 삼백만 개의 생산이 이루어지는 경우, 몇 건의 생산오류 발생 시 이 회사의 품질을 6 시그마경영 수준으로 볼 수 있는가?

① 100건 정도
② 10건 정도
③ 3건 또는 4건
④ 1,000건 정도
⑤ 3,400건 정도

해설 6 시그마는 상품이나 서비스의 에러가 100만 번에 3~4회 정도(3.4ppm) 발생하는 수준을 말한다. 따라서 300만 개의 생산에서는 9~12개 정도 에러가 발생할 수 있다.

52. 수요예측 기법들 중 정량적인 기법이 아닌 것은 무엇인가?

① 이동평균법
② 시계열분석법
③ 델파이 기법
④ 지수평활법
⑤ 회귀분석법

해설 수요예측기법은 여러 가지로 분류할 수 있으나 일반적으로 정성적 혹은 질적 기법(Qualitative method)과 정량적 혹은 계량적 기법(Quantitative method)으로 크게 나눈다. 정량적 기법으로는 회귀분석법, 지수평활법, 이동평균법, 시뮬레이션 모형, 시계열 분석법 등이 있다. 그리고 정성적 기법으로는 델파이법, 시장조사법, 패널 동의법, 역사적 유추법이 있다.

53. JIT(Just In Time)형 재고보충방식에 관한 설명으로 옳지 않은 것은 무엇인가?

① 푸시(Push)형 재고보충방식이라고도 한다.
② 재고감축을 위한 수단으로 현장의 문제점을 근원적으로 찾아서 제거하는 것을 유도한다.
③ 물류관리시스템 내의 재고를 최소한도로 유지시킨다.
④ 후속공정이 주도권을 갖고 있다.
⑤ 후속공정에서 인수해 간 수량만큼 선행공정에서 보충한다.

해설 JIT(Just In Time), 즉 적시공급 시스템은 필요한 제품을 필요한 시간에 필요한 양만큼 공급함으로써, 생산 활동에 모든 낭비의 근원이 되는 재고를 없애려는 생각에서 출발하였다. 따라서 재고를 줄인다는 면을 강조할 때는 무재고 시스템이라고도 한다. 전통적인 생산관에 의하면 제품 생산은 필요한 경우에 맞추어 적당량씩 생산하는 것이지만, JIT는 필요한 때에 필요량만큼만 생산하므로 훨씬 더 적은 재고, 낮은 비용, 높은 품질의 생산을 가능하게 만든다. JIT 재고관리의 실현을 위하여 필요한 대표적 정보시스템으로는 POS(Point-Of-Sales)시스템과 자동발주시스템(Electronic Order System : EOS)을 들 수 있다. JIT형 재고보충 방식은 풀(Pull)형 주문대기 끌어당기기 방식이다.

 정답 51. ② 52. ③ 53. ①

54. 다음 중 생산관리에 대한 설명으로 옳지 않은 것은 무엇인가?

① 생산 활동에 대한 이론은 스미스의 분업이론, 바비지의 시간연구 및 공정분석에 의한 분업 실천화 방안에 기초하고 있다.
② 메이요가 표준시간 설정에 따른 과학적 관리 및 과업관리를 주창해서 현대생산관리가 나타나게 되었다.
③ 생산관리는 생산과 생산시스템을 연구의 대상으로 하고 있다.
④ 생산관리론은 SA(System Approach), OR(Operation Research), 컴퓨터 과학(Computer Science) 등 현대 과학기술의 발전으로 팽창되었다.
⑤ 생산관리란 생산활동을 계획 및 조직하며, 이를 통제하는 관리기능에 관한 학문이다.

해설 표준시간 설정에 따른 과학적 관리 및 과업관리를 주창한 사람은 테일러이다.

55. 다음 중 생산시스템에 대한 내용으로 옳지 않은 것은 무엇인가?

① 생산시스템은 일정한 개체들의 집합이다.
② 각각의 개체는 각자의 고유기능을 갖지만 타 개체와의 관련을 통해서 비로소 전체의 목적에 기여할 수 있다.
③ 생산시스템의 각 개체들은 각기 투입(Input), 선택(Select)의 기능을 담당한다.
④ 생산시스템은 단순한 개체들을 모아 놓은 것이 아닌 의미가 있는 하나의 전체이다.
⑤ 생산시스템의 경계 외부에는 환경이 존재한다.

해설 생산시스템의 각 개체들은 각기 투입(Input), 과정(Process), 산출(Output) 등의 기능을 담당한다.

56. 다음 중 셀 제조시스템의 효과로 보기 어려운 것은 무엇인가?

① 작업준비시간의 단축
② 유연성의 개선
③ 작업공간의 절감
④ 재공품 재고 감소
⑤ 도구사용의 증가

해설 셀 제조시스템은 도구사용을 감소시킨다.

57. 다음 중 JIT의 효과로 보기 어려운 것은 무엇인가?

① 집중화를 통한 관리의 증대
② 수요변화의 신속한 대응
③ 작업공간 사용의 개선
④ 재공품 재고변동의 최소화
⑤ 고설계 적합성

해설 JIT는 분권화를 통한 관리의 증대를 야기한다.

54. ② 55. ③ 56. ⑤ 57. ① 정답

58. 제조활동을 중심으로 해서 기업의 전체 기능을 관리하고 통제하는 기술 등을 통합시킨 시스템은 무엇인가?

① 적시생산시스템(JIT) ② 유연생산시스템(FMS)
③ 셀 제조시스템(CMS) ④ 컴퓨터통합생산시스템(CIMS)
⑤ 동시생산시스템

해설 컴퓨터통합생산시스템(CIMS)은 제조기술 및 컴퓨터 기술의 발달로 인해 종합적이면서 광범위한 개념으로 발달되었다.

59. 특정 작업계획으로 여러 부품을 생산하기 위해 컴퓨터에 의해 제어 및 조절되면 자재취급시스템에 의해 연결되는 작업장들의 조합은 무엇인가?

① 유연생산시스템(FMS) ② 컴퓨터통합생산시스템(CIMS)
③ 셀 제조시스템(CMS) ④ 적시생산시스템(JIT)
⑤ 동시생산시스템

해설 유연생산시스템(FMS)은 다품종 소량의 제품을 짧은 납기로 해서 수요변동에 대한 재고를 지니지 않고 대처하면서 생산효율의 향상 및 원가절감을 실현할 수 있는 생산시스템이다.

60. 다음 중 신시스템 도입의 고려사항으로 옳지 않은 것은 무엇인가?

① 장기 및 단기계획의 범주를 분류해야 한다.
② 자동화 같은 제조기술을 도입하고 운영하는 계획은 하나의 프로젝트이므로 프로젝트 관리상의 도구, 개념 및 절차 등이 필요하지 않다.
③ 프로젝트 추진에 있어 적정한 H/W와 S/W의 선택도 중요하지만 시스템 통합이라는 관점과 조직적 관점을 간과해서는 안 된다.
④ 자동화 같은 제조기술을 도입하고 운영하는 계획은 하나의 프로젝트이므로 프로젝트 관리상의 도구, 개념 및 절차 등이 필요하다.
⑤ 현재 자신의 회사에서 만들어지는 제품 및 서비스에 대해 철저하게 파악해야 한다.

해설 자동화 같은 제조기술을 도입하고 운영하는 계획은 하나의 프로젝트이므로 프로젝트 관리상의 도구, 개념 및 절차 등이 필요하다.

61. 제품 및 제품계열에 대한 수년간의 자료 등을 수집하기 용이하고, 변화하는 경향이 비교적 분명하며 안정적일 경우에 활용되는 통계적인 예측방법은 무엇인가?

① 델파이법 ② 인과모형
③ 브레인 스토밍법 ④ 시계열분석법
⑤ 마케팅조사방법

 정답 58. ④ 59. ① 60. ② 61. ④

해설 시계열분석법(Times Series Analysis)은 제품 및 제품계열에 대한 수년간의 자료 등을 수집하기 용이하고, 변화하는 경향이 비교적 분명하며 안정적일 경우에 활용되는 통계적인 예측방법이다.

62. 자료 작성 등에 있어 많은 기간의 준비가 필요한 반면에 미래 전환기를 예언하는 최선의 방식은 무엇인가?

① 브레인 스토밍법
② 시계열분석법
③ 인과모형
④ 마케팅조사방법
⑤ 델파이법

해설 인과모형은 예측방법 중 가장 정교한 방식으로 관련된 인과관계를 수학적으로 표현하고 있다.

63. 생산계획에 대한 설명으로 옳지 않은 것은 무엇인가?

① 장기계획은 통상적으로 1년 이상의 계획기간을 대상으로 해서 매년 작성된다.
② 단기계획은 대체로 주별로 작성되며, 1일 내지 수주 간 기간을 대상으로 한다.
③ 중기계획은 대체로 6~8개월의 기간을 대상으로 해서 분기별 또는 월별로 계획을 작성한다.
④ 중기계획은 계획기간 동안 발생하는 총생산비용을 최소로 줄이기 위해 월별 재고수준, 노동력 규모 및 생산율 등을 결정하는 수요예측, 총괄생산계획, 대일정계획, 대일정계획에 의한 개괄적인 설비능력계획 등을 포함한다.
⑤ 중기계획은 기업에서의 전략계획, 판매 및 시장계획, 재무계획, 사무계획, 자본・설비투자계획 등과 같은 내용을 포함한다.

해설 중기계획은 계획기간 동안 발생하는 총생산비용을 최소로 줄이기 위해 월별 재고수준, 노동력 규모 및 생산율 등을 결정하는 수요예측, 총괄생산계획, 대일정계획, 대일정계획에 의한 개괄적인 설비능력계획 등을 포함한다.

조직관리

64. 비공식조직에 대한 설명 중 옳지 않은 것은?

① 비공식조직은 가치관, 규범, 기대 및 목표를 가지고 있으며, 조직의 목표달성에 큰 영향을 미친다.
② 비공식조직은 인위적으로 생겨난 조직이다.
③ 비공식조직의 구성원은 집단접촉의 과정에서 저마다 나름대로의 역할을 담당한다.
④ 비공식조직의 구성원은 감정적 관계 및 개인적 접촉성을 띤다.
⑤ 조직 구성원은 밀접한 관계를 형성한다.

해설 비공식조직은 자연발생적으로 생겨난 조직으로 소집단의 성질을 띠며, 조직 구성원은 밀접한 관계를 형성한다.

65. 분업구조와 분권화에 대한 내용 중 옳지 않은 것은?

① 수직적 분화는 부문화의 형성을 의미하며, 수평적 분화는 계층의 형성을 의미한다.
② 대표적인 집권화 조직은 베버가 제시하는 관료제 특성에서 찾아볼 수 있다.
③ 분업은 전문화에 의한 업무의 분화이지만, 이는 통합을 전제로 한다.
④ 분업구조는 조직의 목표를 세분화한 것으로 조직단위의 연결 또는 네트워크로 생각할 수 있다.
⑤ 베버는 조직의 규모가 커져감에 따라 발전된 합리적 구조를 관료제라고 하였다.

해설 수직적 분화는 계층의 형성을 의미하며, 수평적 분화는 부문화의 형성을 의미한다.

66. 다음 중 관료제의 특징으로 바르지 않은 것은?

① 계층적인 권한체계
② 문서에 의한 직무집행 및 기록
③ 직무활동을 수행하기 위한 기본적인 훈련
④ 상하급 관계라는 합리적이고 비인격적인 규칙의 권한체계
⑤ 명확하게 규정된 권한 및 책임의 범위

해설 관료제는 직무활동을 수행하기 위한 전문적인 훈련이다.

 정답 64. ② 65. ① 66. ③

67. 다음 중 관료제의 역기능으로 바르지 않은 것은?

① 전문화된 단위 사이의 갈등을 유발해서 전체목표 달성에 기여한다.
② 계층의 구조가 하향식이므로 개인의 창의성 및 참여가 봉쇄된다.
③ 수평적인 커뮤니케이션을 공식적으로 인정하지 않는다.
④ 단위들 사이의 커뮤니케이션을 저해한다.
⑤ 규정에 얽매여 목표 및 수단의 전도현상이 발생한다.

해설 관료제는 전문화된 단위 사이의 갈등을 유발해서 전체목표 달성을 저해한다.

68. 샤인의 조직문화에 대한 3가지 수준에 속하지 않는 것은?

① 가치관
② 교육수준
③ 인공물
④ 기본가정
⑤ 창조물

해설 샤인의 조직문화에 대한 3가지 수준

- 인공물 및 창조물
- 가치관
- 기본가정

69. 민츠버그(H. Mintzberg)가 분류한 다섯 가지 조직의 유형에 대한 설명 중 잘못된 것은?

① 사업부제 구조는 중간관리층을 핵심부문으로 하는 대규모조직에서 나타나는데, 관리자 간 영업영역의 마찰이 일어날 수 있다.
② 기계적 관료제 구조는 전통적인 대규모조직에서 나타날 수 있는데, 전문화는 높은 반면 환경적응에는 부적합하다.
③ 전문적 관료제 구조는 전문성 확보에 유리한 반면, 수직적 집권화에 따른 환경변화에 대처하는 속도가 빠르다는 문제가 있다.
④ 단순구조는 신생조직이나 소규모조직에서 나타나는데, 장기적인 전략결정을 소홀히 할 수 있다는 문제점이 있다.
⑤ 애드호크라시(Adhocracy)는 창의성을 바탕으로 불확실한 업무에 적합하나, 책임소재가 불분명하여 갈등과 혼동을 유발할 수 있다.

해설 전문적 관료제 구조는 전문성 확보에 유리한 반면, 수직적 집권화에 따른 환경변화에 대처하는 속도가 느리다는 문제가 있다.

70. 외부환경의 변화, 기술의 변화, 소비자 선호의 변화가 심하여 제품수명주기가 짧은 제품을 취급하는 기업에게 이론적으로 가장 바람직한 조직구조는?

① 사업부제 조직　② 기능별 조직
③ 라인조직　④ 라인과 스태프조직
⑤ 매트릭스 조직

해설 사업부제 조직은 경영활동을 제품별 · 지역별 또는 고객별 사업부로 분화하고, 독립성을 인정하여 권한과 책임을 위양함으로써 의사결정의 분권화가 이루어지는 조직이다. 이 조직은 기술혁신에 의한 제품의 다양화가 이루어짐에 따라 등장하게 되었다.

71. 조직구조에 대한 다음의 설명으로 틀린 것은?

① 직계참모조직은 라인조직과 스태프조직을 결합시킨 조직이다.
② 라인조직은 명령일원화를 원칙으로 하는 조직이다.
③ 프로젝트 조직은 특정임무의 수행을 위해 임시로 형성된 조직이다.
④ 위원회조직은 부문 간의 갈등조정기능이 우수하다.
⑤ 매트릭스 조직은 기능식 조직과 사업부제 조직의 혼합형태이다.

해설 매트릭스 조직은 기능식 조직과 프로젝트 조직의 혼합형태이다.

72. 다음 중 애드호크라시(Adhocracy)에 대한 설명으로 옳은 것은?

① 관료제의 또 다른 명칭이다.　② 공식성이 높은 조직구조를 갖는다.
③ 분권적으로 의사결정을 한다.　④ 일상적인 기술과 지식을 가진 자들로 구성된다.
⑤ 급변하는 환경에는 부적합한 조직이다.

해설 동태적, 유기적 구조는 전통적인 관료조직과는 다른 분권화되고 탈관료적인 조직으로서 공식화를 최소화하고 일상적 기술보다는 비일상적 기술을 사용하는 현대적 조직모형이다.

73. 허쯔버그(F. Herzberg)의 2요인 이론에서 동기요인(Motivation)에 해당하는 것은?

① 감독　② 작업환경
③ 임금　④ 성취감
⑤ 복리후생

해설 허쯔버그(F. Herzberg)는 매슬로의 연구를 확대해서 2요인 이론, 또는 동기-위생이론을 전개하였다. 그는 사람들에게 만족을 주는 직무요인(동기요인)과 불만족을 주는 직무요인(위생요인)이 별개의 군을 형성하고 있다고 주장하는데, 동기요인은 성취감, 안정감, 도전감, 책임감, 성장과 발전, 일 그 자체 등을 의미한다.

 정답 70. ①　71. ⑤　72. ③　73. ④

74. 다음 중 동기부여의 내용이론에 속하지 않는 것은?

① 매슬로의 욕구단계설　　② 알더퍼의 ERG이론
③ 허쯔버그의 2요인 이론　　④ 맥클랜드의 성취동기이론
⑤ 아담스의 공정성이론

해설 동기이론은 내용이론과 과정이론으로 구분되며, 내용이론은 인간을 동기부여하는 요인이 무엇(What)인가를 밝히고자 하며, 과정이론에서는 어떻게(How) 하면 동기부여시킬 수 있을 것인가 하는 과정(Process) 중심적 접근법이라고 할 수 있다.

구분	의의	이론
내용이론 (Content Theories)	어떤 요인이 동기부여를 시키는 데 크게 작용하게 되는가를 연구	욕구단계설, ERG 이론, 2요인이론, 성취동기 이론 등
과정이론 (Process Theories)	동기부여가 어떠한 과정을 통해 발생하는가를 연구	기대이론, 공정성 이론, 목표설정 이론, 강화이론 등

75. 다음 중 리더십이론이 발전해 온 단계를 바르게 연결한 것은?

① 행위이론 → 상황이론 → 특성이론　　② 특성이론 → 행위이론 → 상황이론
③ 행위이론 → 내용이론 → 과정이론　　④ 특성이론 → 상황이론 → 행위이론
⑤ 내용이론 → 특성이론 → 행위이론

해설 리더십이론은 1940년대 특성이론, 1950년대 행위이론, 1970년대 상황이론, 1980년대 이후의 변혁적 이론, 자율적 이론으로 전개되었다.

76. 회계나 재무적 관점으로만 경영성과를 평가하는 전통적 성과평가방식을 탈피하여 재무, 고객, 내부 프로세스 및 학습 · 성장 등의 네 가지 관점에서 경영성과를 평가하는 경영기법은?

① CRM　　② BSC
③ ERP　　④ SCM
⑤ KMS

해설 BSC(Balance Score Card), 즉 균형성과표는 조직의 비전과 경영목표를 각 사업 부문과 개인의 성과측정지표로 전환해 전략적 실행을 최적화하는 경영관리기법이다. 재무, 고객, 내부 프로세스, 학습 · 성장 등 4분야에 대해 측정 지표를 선정해 평가한 뒤 각 지표별로 가중치를 적용해 산출한다. BSC는 비재무적 성과까지 고려하고 성과를 만들어낸 동인을 찾아내 관리하는 것이 특징이며 이런 점에서 재무적 성과에 치우친 EVA(경제적 부가가치), ROI(투자수익률) 등의 한계를 극복할 수 있다.

74. ⑤　75. ②　76. ② 정답

77. 개인행위에 영향을 미치는 심리적 변수로 볼 수 없는 것은?

① 지각　② 학습
③ 퍼스널리티　④ 문화
⑤ 태도

해설 개인행위에 영향을 미치는 심리적 변수로는 지각, 학습, 태도, 퍼스널리티 등이 있다.

78. 다음 중 조직문화의 순기능으로 볼 수 없는 것은?

① 조직 구성원들에게 정체성을 부여하며 조직에 대한 책임감을 증대시킨다.
② 조직체계의 안정성을 높인다.
③ 집단적 몰입을 가져온다.
④ 환경변화에 대한 적응능력을 높인다.
⑤ 조직 구성원들의 행동을 형성시킨다.

해설 조직문화는 환경변화에 대한 적응력을 저하시키는 역기능이 있으며, 조정 및 통합을 어렵게 할 수도 있다.

 정답 77. ④　78. ④

Chapter

02 산업심리학

제2장 산업심리학

01 산업심리 개념 및 요소

1. 심리검사의 종류

1) 심리검사의 유형

(1) 실시시간에 따른 분류

① 속도검사 : 쉬운 문제로 구성되며 시간제한을 두고 치러지는 검사로 문제해결력보다 숙련도를 측정한다.

② 역량검사 : 어려운 문제로 구성되며 시간제한이 없는 검사이다. 숙련도보다 궁극적으로 문제해결력을 측정한다.

(2) 실시 가능한 인원에 따른 분류

① 개인검사 : 검사자가 수검자 한 사람씩 실시해야 하는 검사이다. 일반적으로 지능검사, 적성검사, 투사검사 등이 해당된다.

② 집단검사 : 한 번에 여러 명을 동시에 실시할 수 있는 검사이다. 다양한 성격검사, 다면적 인성검사, 성격유형검사 등이 집단검사로 종종 활용된다.

(3) 검사의 도구에 따른 분류

① 자필검사 : 인쇄된 검사지에 대해 필기구로 응답하도록 제작된 검사이다. 실시하기에 용이하며 집단검사로 많이 사용된다.

② 수행검사 : 실제 동작을 토대로 파악하며 수검자가 도구를 직접 다루거나 실제 동작을 수행하는 내용이 포함되어 있다.

(4) 사용목적에 따른 분류

① 규준참조검사 : 개인의 점수를 다른 사람의 점수와 비교해서 상대적으로 어떤 수준에 있는지를 알아보는 방식의 검사로 비교기준이 되는 규준을 통해 해석하며 상대평가를 실시하는 검사이다.

② 준거참조검사 : 개인의 점수를 다른 사람들과 비교하는 것이 아니라 정해진 기준점수와 비교해서 활용하는 검사이다. 절대평가로 판단하며 특정 당락점수가 정해져 있다.

(5) 측정내용에 따른 분류

① 인지적 검사 : 인지적 능력을 평가하기 위한 검사로서 일반적으로 문항의 정답이 있고 시간제한이 적용된다. 수검자가 자신의 능력을 최대한 발휘해야 하기 때문에 극대수행검사라고도 한다. 지능검사, 적성검사 등이 해당된다.

② 정서적 검사 : 개인의 정서, 흥미, 태도, 가치, 동기 등을 측정하는 검사로서 인지적 검사와는 달리 정답이 없고 시간제한도 없는 문항들로 구성된다. 수검자가 가장 습관적으로 하는 전형적인 행동을 선택하도록 하기 때문에 습관적 수행검사라고도 한다.

2) 심리검사의 내용

(1) 지능검사

정신능력검사라고도 부르며 오랫동안 인사선발에서 사용되어 온 검사이다. 그 이유는 지능이 직무수행과 관련이 있다는 믿음 때문이다. 작업자가 지적이라면 생산성은 더 높아질 것이고 이직률은 줄어들 것이다. 그러나 지적능력이 수행과 상관이 있다는 것은 분명하지만 그 관계가 항상 안정적인 것은 아니다.

① 오티스 자기실행형 지능검사(Otis Self-Administering Tests of Mental Ability) : 이 검사는 가장 자주 쓰이는 선발검사 중의 하나이며 광범위하고 다양한 직무의 지원자들의 선별에 유용한 검사다. 그러나 낮은 수준의 지능을 요하는 직무에 적합하며 높은 수준의 지능을 요구하는 직무에 대해서는 변별력이 낮다.

② 원더릭 인사검사(Wonderlic Personnel Test) : 오티스 검사를 간략화한 것으로 산업체에서 많이 사용되는 검사다. 검사가 간략함에도 불구하고 어떤 낮은 수준의 직무, 특히 다양한 사무직의 성공을 예측하는 데 유용하다.

③ 웨스만 인사분류검사(Wesman Personnel Classification Test) : 이 검사는 총점수뿐만 아니라 언어에 관한 점수와 수에 관한 점수가 각각 별도로 제공된다. 이 검사는 지능수준이 높은 사람들에게 더 적합한 검사다.

④ 웨슬러 성인지능검사(Wechsler Adult Intelligence Scale) : 이 검사는 성인용으로 개별적으로 실시되며 그 분량이 많아 시간이 많이 소요된다. 이 검사는 언어성 검사와 동작성 검사의 두 부분으로 구성되며 11개의 하위검사로 되어 있다. 이 중 언어성 검사는 지식, 이해, 수리, 유사성, 수 암기, 어휘 등 6개의 하위검사로 되어 있고 동작성 검사는 숫자-부호, 그림완성, 나무토막 쌓기, 그림 배열, 물건 맞추기 등 5개의 하위검사로 되어 있다.

(2) 기계적성검사

이 검사는 검사문항에 포함된 기계적 원리와 공간관계를 얼마나 잘 이해하고 있는지를 측정하는 검사이다.

① 미네소타 적성검사(Minnesota Clerical Test) : 수의 비교와 이름의 비교라는 두 부분으로 이루어진 집단검사이다. 이 검사는 제한된 시간 내에서 일을 할 때의 정확도를 알기 위한 속도검사이다.

② 개정된 미네소타 필기형 검사(Revised Minnesota Paper Form Board Test) : 공간의 관계와 지각능력을 측정하는 것으로 도안과 설계 같은 일에 종사하는 데 필요한 능력을 측정한다.

③ 베네트 기계이해검사(Bennett Test of Mechanical Comprehension) : 기계추리를 측정하는 검사로서 기계적인 원리 문제가 있는 그림들로 구성되어 있다.

(3) 운동능력검사

이 검사는 근육운동의 협응, 손가락의 기민함, 눈과 손의 협응 등과 같은 고도의 기술을 측정하는 검사이다.

① 맥쿼리 기계능력검사(Macquarrie Test of Mechanical Ability) : 필기형태로 운동능력을 측정하는 검사로 다음과 같은 7가지의 하위검사로 구성되어 있다.

㉠ 추적(Tracing) : 아주 작은 통로에 선을 그리는 것
㉡ 두드리기(Tapping) : 가능한 점을 빨리 찍는 것
㉢ 점찍기(Dotting) : 원 속에 점을 빨리 찍는 것
㉣ 복사(Copying) : 간단한 모양을 베끼는 것
㉤ 위치(Location) : 일정한 점들을 이어 크거나 작게 변형
㉥ 블록(Blocks) : 그림의 블록 개수 세기
㉦ 추적(Pursuit) : 미로 속의 선을 따라가기

② 퍼듀 펙보드검사(Purdue Pegboard Test) : 손가락이나 손, 팔의 움직임과 손가락의 예민성 등을 측정하는 검사이다. 이 검사에서는 가능한 빠르게 구멍에 핀을 꽂는데 처음에는 한 손으로 다음에는 다른 손으로 수행한다.

③ 오코너 손재주검사(O'Connor Finger Dexterity Test) : 손과 핀셋을 사용하여 얼마나 빨리 조그만 구멍에 핀을 집어넣는가를 측정하는 검사이다. 이 검사는 손가락의 기민성을 측정하는 대표적인 검사로서 정밀하고 정교한 솜씨가 필요한 여러 가지 직무를 성공적으로 예언하는 데 적합하다.

(4) 흥미검사

흥미검사는 개인이 무엇에 관심이 있는가를 측정하는 검사로 기업체의 인사선발보다는 직업 지도와 직업 상담에 더 중요한 비중을 두고 있다.

① 스트롱-캠벨 흥미검사(Strong-Campbell Interest Inventory) : 직업, 학교과목, 행동, 오락을 다루는 300가지 이상의 질문으로 구성되어 있다.

② 쿠더 직업흥미검사(Kuder Occupational Interest Inventory) : 직업과 관련된 흥미 욕구, 가치 등을 측정한다. 이 검사는 세 개씩 짝지어진 많은 항목들로 구성되어 있다. 시험생들은 가장 좋아하는 행동과 가장 싫어하는 행동을 하나씩 표시해야 한다. 이때 가장 좋아하는 행동을 한 가지 이상 표시해서는 안 되며 한 문항도 빠뜨려서는 안된다. 이 직업흥미검사는 77가지 남성 직업과 55가지 여성 직업을 채점할 수 있다.

(5) 성격검사

성격검사는 개인이 가지고 있는 어떤 기질이나 성향을 측정하는 것으로 개인에게 습관적으로 나타날 수 있는 어떤 특징을 측정하는 것이다.

① 미네소타 다면적 성격검사(Minnesota Multiphasic Personality Inventory ; MMPI) : 자기보고식 검사 중에서 가장 잘 알려진 검사로서 개인의 태도, 정서적 반응, 신체적 증상, 심리적 증상, 과거경험 등을 알아보는 약 550개 문항으로 구성되어 있다.

② 캘리포니아 성격검사(California Psychological Inventory ; CPI) : 캘리포니아 주립대학에서 만들어진 것으로 MMPI와 비슷한 문항을 사용하고 있으나 정상인의 성격 특성을 더 많이 측정하도록 되어 있다. 지배성, 사교성, 자기수용성, 책임감, 사회화 등을 측정한다.

③ 마이어스-브릭스 성격유형검사(Myers-Briggs Type Indicator ; MBTI) : 융(Jung)의 심리유형론에 근거하여 인간의 성격을 16가지로 분류한 것으로서 최근에 여러 분야에서 폭넓게 활용되고 있는 검사이다. 외향(E)-내향(I), 감각(S)-직관(N), 사고(T)-감정(F), 판단(J)-인식(P)의 네 개의 차원에 근거해 사람들의 성격유형을 다양하게 분류한다.

④ 길포드-짐머만 기질검사(Guilford-Zimmerman Temperament Survey) : 가장 널리 사용되는 필기용 성격검사 중 하나다. 독립된 10가지 성격특성인 일반행동, 억제력, 우월감, 사회성, 정서적 안정성, 객관성, 친절성, 신중성, 대인관계, 남성성 등을 측정하며 문항들은 질문보다는 진술의 형태이고 피검사자는 '예', '아니오' 또는 '?' 중의 어느 하나에 응답하면 된다.

⑤ **성격의 5요인 이론(Big 5 theory of Personality)** : 성격구조에 관한 5요인 이론은 직무수행을 예측하는 데 유용하다는 주장이 제기되었다. 5요인은 다음과 같다.

㉠ 정서적 민감성(Emotional Sensitivity) : 정서적으로 불안하고, 긴장하고, 불안정한 수준

㉡ 외향성(Extroversion) : 사교적이고, 주장 및 자기표현이 강하고, 적극적이고,

말이 많고, 정열적인 경향성

㉢ 개방성(Openness) : 상상력이 풍부하고, 호기심이 많고, 지식에 대해 수용적이며, 틀에 박히지 않은 성향

㉣ 호감성(Agreeableness) : 협조적이고, 대인관계에 관심이 높고, 관대하고, 함께 지내기 편한 성향

㉤ 성실성(Conscientiousness) : 목표의식이 분명하고 계획적이며, 의지가 강하고 자제력이 강한 성향

⑥ 로르샤흐검사(Rorschach Test) : 피검사자들에게 개별적으로 10개의 표준화된 잉크반점 그림을 제시해 주고 그 그림에서 본 것을 기술하도록 요구한다. 이 그림 중 어떤 것은 색채가 있고 어떤 것은 무채색이다. 10개의 카드를 보여주고 나서 검사자는 각 카드를 다시 보여주고 지원자들에게 거기에서 본 것에 대해 자세한 질문을 한다. 즉 '무엇이 보이는지', '어느 부분이 그렇게 보이도록 만들었는지' 등의 질문을 하고 그 대답을 기록한다.

⑦ 주제통각검사(Thematic Apperception Test ; TAT) : 이 검사는 20개의 애매한 그림으로 되어 있고 그 그림에는 두 명 이상의 주인공이 여러 상황에서 제시된다. 피검사자는 각 그림을 보고 '무슨 그림인지', '그 그림에서 주인공은 누구인지' 등의 차원에서 이야기를 꾸며야 한다.

3) 심리학의 연구방법

(1) 실험법

실험자가 의도적으로 어느 변인을 변화시키고(독립변인), 다른 변인들은 변하지 않도록 주의하며(통제), 의도적으로 변화시킨 변인이 행동(종속변인)에 어떤 영향을 주고 있는지를 알아보는 방법이다.

(2) 체계적 관찰법

실험을 할 수 없을 때 체계적인 관찰법을 쓴다. 관찰의 방법으로는 현장관찰법, 질문지법, 면접조사법이 있다.

(3) 임상법

임상심리학자나 상담심리학자들이 환자를 치료하기 위해 썼던 방법으로 심리학자가 환자나 상담의뢰인에게 접촉을 계속하면서 그 사람에 대해서 알아내려 하는 것이며 연구용으로 쓰일 때 임상법이 연구의 방법이 된다.

2. 심리학적 요인

1) 심리학의 정의

(1) 심리학은 인간의 본질에 대한 탐구 그 자체가 연구의 목적이 되는 학문이다. 따라서 심리학에서 밝혀진 사실들은 여러 학문에서 기초 지식으로 많이 활용된다.

(2) 인간의 행동과 정신과정을 연구하는 과학으로서의 심리학

① 행동 : 외부적으로 관찰할 수 있는 모든 신체적 동작이나 활동 등 각종 계기를 사용하여 측정할 수 있는 체내외의 모든 생리적 활동을 말한다.

② 정신과정 : 감각, 지각, 사고, 문제해결, 정서, 동기 등과 같이 인간의 제반 의식 및 무의식적 활동과 작용을 말한다.

2) 발전과정에 따른 심리학의 정의

(1) 분트(Wihelm Wundt)의 정의 : 분트는 '심리학은 인간의 의식을 연구하는 학문이다'라고 정의했다.

(2) 행동주의적 입장 : 왓슨(J. B. Watson)에 의해 주창된 행동주의에 의하면 심리학은 '인간과 동물의 행동에 관한 학문'이라 정의된다.

① 심리학이 과학으로 성립하기 위해서는 관찰할 수 있고 측정할 수 있는 행동을 연구대상으로 해야 한다고 함

② 동물의 행동들도 연구대상으로 삼았으며 그 결과는 인간을 이해하는 데 도움을 주게 됨

(3) 인지심리학적 입장 : 주로 기억과 사고과정에 관심을 두고 심리학은 '인간행동을 이해하기 위해 기억구조와 정신과정을 과학적으로 분석하는 학문'이라고 정의한다.

(4) 오늘날(1980년대 이후)의 정의 : 행동주의와 인지심리학을 절충하여 '심리학은 인간의 행동과 정신과정을 연구하는 학문'이라고 정의한다.

3) 심리학의 역사

(1) 심리학의 배경

① 철학의 영향

㉠ 고대 : 서양 철학의 주요 탐구영역 중 심리학의 발전과 깊은 관련을 갖는 것은 인식론과 존재론이다.

㉡ 중세 : 심리에 관한 문제들이 주로 신학자에 의해 탐구되었는데 아우구스티누스(Augustinus)는 「고백록」에서 젊은 시절의 기억, 감정, 동기 등을 자세히 분석하여 기술하였다.

㉢ 르네상스 시기 : 현대심리학의 성립에 가장 큰 영향을 준 학자는 데카르트(Decartes)로 마음과 신체가 담당하는 심리적 현상을 어떻게 실험적인 방법으로 접근하느냐의 문제가 있었는데 이 남은 과제를 실험생리학이 해결해 주었고 그 결과 현대심리학이 성립하게 되었다.

(2) 심리학의 발달

① 구성주의(構成主義) : 1870년대에 분트(Wundt)가 창시한 최초의 심리학파로서 연구대상은 의식의 내용이라고 하였으며 의식의 내용을 구성하고 있는 요소를 찾아내는 관찰을 내성이라고 하였다.

② 기능주의(機能主義) : 1900년대 초에 미국에서 나온 학파로서 제임스(W. James)와 듀이(J. Dewey)로 대표된다. 다윈(Darwin)의 진화론과 미국의 실용주의적인 문화의 영향을 많이 받았다. 사람이 보고, 느끼고, 생각하고, 목표를 추구하는 심리적 기능을 연구대상으로 한다.

③ 행동주의(行動主義) : 심리학을 자연과학으로 확립하기 위하여 엄격히 관찰 가능한 행동만을 대상으로 객관적 관찰을 강조한 학파이다. 1910년대에 왓슨(Watson)이 주창하였으며 기능주의에서 분리되었다. 심리학이 과학이 되기 위해서는 철저하게 객관적인 학문이 되어야 하며 심리학은 자극과 반응이라는 용어로서 기술이 가능한 행동적인 활동만을 연구의 대상으로 하는 행동의 과학이 되어야 한다고 주장했다.

④ 형태주의(形態主義) : 독일에서 베르트하이머(Max Wertheimer), 쾰러(Wolfgang Köhler) 및 코프카(Kurt Koffka) 등이 주창하였다. 형태주의는 의식의 가치는 인정하지만 의식의 내용을 요소로 분석하는 경향에 반대하였다. 형태주의에서는 감각요소들이 결합할 때는 무언가 새로운 것이 창조된다고 보았다. 전체는 부분의 합(合)이 아니라고 하여 전체가 갖는 형태 또는 조직을 강조했고 인간의 보다 복잡하고 고차원적인 심리적 현상을 연구대상으로 하였다.

⑤ 신행동주의(新行動主義) : 1930년대부터 1950년대까지 심리학의 주류를 이루었고 헐(Hull)과 스펜서(Spencer)와 밀러(N. Miller)가 대표적이다. 행동주의가 객관적으로 관찰되는 행동만을 대상으로 한 것과는 달리 "마음"의 활동도 객관적으로 연구할 수 있는 한 연구대상으로 포함시켰다. 이론 → 가설 → 예언 → 검증의 연구 방식을 확립시켰다.

⑥ 인지심리학적(認知心理學的) 접근 : 1960년대 이후 대두되었으나 심리학의 한 학파로 간주되지 않는다. 인지심리학의 대두는 구성주의로의 복귀가 아니며 마음은 행동을 통해 연구되므로 심리학은 여전히 행동의 과학으로 정의되고 있다. 신행동주의가 인간의 행동을 통해 간접적으로 연구하였다면 인지심리학적 접근은 마음의

작용 자체에 관심을 가진다.

4) 현대심리학의 접근방법

(1) 신경생리적 접근

인간의 행동과 심리과정의 원인을 신체 내부의 생물학적인 조직체의 활동으로 설명하려고 한다. 주로 뇌와 신경계 그리고 내분비선의 활동이 인간의 행동과 심리과정에 어떤 관계가 있는가를 연구한다. 다윈(Darwin)의 진화론이 이 접근의 발전에 기여하였다.

(2) 행동적 접근

인간의 행동은 외부적인 환경조건의 영향에 의해 결정된다고 보는 것과 이런 행동의 법칙을 밝히기 위해서는 관찰이 가능한 객관적인 요소들만을 연구해야 한다는 것이다. 자극(Stimulus)과 반응(Response) 간의 관계성을 밝히는 것을 연구의 기본틀로 하기 때문에 자극-반응 심리학(S-R Psychology)이라고 한다. 이 접근은 과학으로서 심리학은 인간이라는 상자 속에 들어가는 것(S)과 나오는 것(R)만으로 구축될 수 있다고 하여 '검은상자 접근'이라고도 한다. 왓슨과 스키너 등이 대표적이며 인간이 처한 외부환경을 조작함으로써 인간의 행동을 마음대로 통제할 수 있다고 주장한다.

(3) 인지적 접근

행동의 직접적인 원인을 마음에서 일어나는 작용들의 인지과정에서 찾아야 한다고 보고 이런 인지과정을 연구의 초점으로 삼는다. 정신과정, 즉 주의 · 지각 · 사고 · 문제해결 등에 관심을 가진다.

(4) 정신분석학적 접근

프로이트(Freud)의 정신분석학의 영향을 반영하는 것으로 정신분석학에서는 개인의 행동이나 심리과정에 대한 진정한 이해를 하기 위해서는 의식 속에 들어 있는 내용보다는 무의식의 내용을 탐구해야 한다고 본다. 정신분석학은 심층심리학이라고도 하는데 면접이나 다른 방법들을 모두 동원하여 사람의 마음 깊은 곳에 있는 내용들을 탐색한다.

(5) 인본적 접근

인간은 자유의지를 갖는 존재로서 다른 선행원인이 없이 자유의사에 의해 어떤 행동을 할 수 있다는 것이다. 인간의 동기적 힘은 자아실현 경향성에서 나온다고 본다. 대표적인 학자는 매슬로(Maslow)가 있다.

5) 심리학의 응용

(1) **응용 심리학**

① 임상심리학 : 정신장애의 문제를 갖고 있는 사람들의 증상을 진단하고 치료하는 방법을 연구하며 장애의 원인을 규명하는 분야이다.

② 상담심리학 : 정상적인 사람이 일상생활에서 일시적인 문제로 인하여 심리적인 고통을 겪을 때 그 문제를 자력으로 극복하고 해결할 수 있도록 도와주는 방법이나 기법을 연구하는 학문이다.

③ **산업심리학** : 심리학에서 발견된 사실이나 원리들을 기업이나 산업체에 적용하는 문제를 연구하는 분야이다. 초기에는 주로 검사를 실시하는 일을 했으나 지금은 상담, 인사관리, 사원교육, 홍보, 인간관계개선 등의 문제를 맡고 있다.

④ 학교심리학 : 학생의 학습지도, 직업진로지도, 학교생활 및 사회생활지도 등에 관한 문제를 다룬다.

⑤ **조직심리학** : 실제 존재하는 조직에 들어가서 조직에서 일어나는 문제를 다루며 산업과 조직을 합쳐 산업조직심리학이라는 명칭을 흔히 사용한다.

(2) 이론(기초)심리학

① 지각심리학 : 인간이 환경으로부터 감각기관을 통해 정보를 입력하고 처리하는 제반의 과정을 탐구하며 사람들이 사물을 어떻게 보고 판단하는지를 연구하는 학문이다.

② 학습심리학 : 인간의 행동이 경험을 통하여 변화하는 과정과 그 원리에 대해 탐구한다.

③ 동물심리학 : 동물종 간의 또는 동물과 인간 간의 심리과정을 비교하는 것을 목적으로 하는 분야로서 학습, 지각, 사회, 발달 등 심리과정을 비교한다. 비교심리학이라고도 불린다.

④ 생리심리학 : 주로 신경계(대뇌)와 내분비선의 활동이 행동과 심리과정에 미치는 영향을 규명하려 한다.

⑤ 사회심리학 : 인간의 행동을 사회적인 장면 안에서 다루는 이론심리학의 분야이며 사회심리학의 안에는 주로 실험실 내에서 집단을 연구하는 실험사회심리학이란 분야가 있다.

⑥ 성격심리학 : 사람의 개인차를 측정하고 개인차가 생기게 되는 배경에 관한 법칙을 탐구한다.

⑦ 발달심리학 : 인간의 행동과 심리과정이 태내에서부터 노년에 이르기까지 연령의 변화에 따라 어떻게 변화하며 어떤 규칙성이 있는지의 문제를 연구한다.

3. 지각과 정서

1) 지각(Perception)

지각이란 개인이 접하는 환경에 어떠한 의미를 부여하는 과정이다. 즉, 환경에 대한 영상을 형성하는 데 있어서 외부로부터 들어오는 감각적 자극을 선택 · 조직 · 해석하는 과정이다.

(1) 지각항상성

주위에 있는 어떤 대상의 특성에 대하여 일단 익숙해지고 나면 그 대상이 어떤 조건하에 놓이더라도 우리가 알고 있는 동일한 것으로 지각하는 경향을 항상성이라고 한다. 즉 감각기관에 들어오는 물리적 자극이 변화함에도 불구하고 대상물체는 변하지 않고 그 물체의 특성이 그대로 지속된다.

① 색채 항상성 : 어떤 물체가 주변의 조명 조건에 관계없이 동일한 색깔을 가지고 있다고 보는 경향이다.

② 크기 항상성 : 거리에 상관없이 지각된 크기를 동일하게 보는 현상이다.

③ 형태 항상성 : 관찰자의 시각 방향에 상관없이 같은 모양을 가진 것으로 지각하는 경향이다.

④ 위치 항상성 : 관찰자가 움직이면 망막에 맺히는 상의 위치도 바뀌지만 그 물체가 늘 같은 위치에 정지된 것으로 지각하는 것이다.

(2) 착시(Illusion)

대상을 물리적 실체와 다르게 지각하는 현상을 말하며 대상의 물리적 조건이 같다면 언제나 누구에게나 경험되는 지각현상이다. 착시는 항상성의 반대개념으로 객관적인 깊이, 거리, 길이, 넓이, 방향과 이에 상응하는 지각 간의 불일치 현상에서 그 예를 찾아볼 수 있다.

(3) 3차원 지각(공간지각)

우리가 지각하는 대부분의 자극은 3차원의 형태를 가진 물체들이다. 공간지각을 시각에서 보면 단안단서와 양안단서로 나누어 생각해 볼 수 있다.

① **단안단서(單眼端緖)** : 한눈으로 깊이에 관한 정보를 얻게 하는 단서를 단안단서라고 하며 다음과 같은 것들이 있다.

㉠ 결(표면결의 밀도)이 멀어질수록 결이 조밀해진다.

㉡ 직선적 조망 : 두 물체의 사이의 간격이 클수록 두 물체는 가깝게 보인다. (철도레일)

㉢ 선명도 : 선명하게 보이는 것이 가깝게 보인다.

㉣ 크기(상대적 크기) : 보다 큰 물체가 가까운 것으로 지각된다.

㉤ 겹침(중첩) : 한 물체가 다른 물체를 가릴 때 가려진 물체가 멀리 있는 것으로

지각된다.

㉥ 사물의 이동방향 : 우리가 움직이고 있을 때 같은 방향으로 이동하는 것은 멀게 지각되고 반대 방향으로 움직이는 것은 가깝게 지각된다.

㉦ 빛과 그림자 : 밝게 보이는 물체가 가깝게 보인다.

㉧ 수평으로부터의 거리 : 수평선의 위나 아래쪽으로 멀리 떨어져 있을수록 가깝게 보인다.

② **양안단서**

㉠ 수렴현상 : 물체까지의 거리가 가까울수록 정중선에 가깝게 두 눈이 모이는 현상을 수렴현상이라 한다. 눈 근육의 긴장감으로 생기는 자극이 뇌에 전달되어 거리지각의 단서가 된다.

㉡ 망막불일치(양안부동) : 두 눈이 떨어져 있으므로 망막에 맺어지는 상은 서로 달라지는데 이와 같이 두 눈의 망막에 맺어지는 상의 불일치 정도가 깊이지각의 단서로 작용한다.

(4) 운동지각

망막에서 상의 위치변화가 운동지각을 일으킨다. 운동지각은 실제 움직이는 물체에 대한 지각과 정지된 자극에서 얻는 지각 두 가지로 나누어 생각해 볼 수 있다. 가현운동에서는 파이현상, 유인운동, 자동운동 등이 있다.

① 실제 운동지각

물체의 운동에 대한 지각은 관찰자 자신에게서 오는 정보와 대상물체와 배경 간의 관계정보 등이 종합되어 복잡한 판단과정을 거쳐 이루어진다.

② **가현운동**

객관적으로는 움직이지 않는데도 움직이는 것처럼 느껴지는 심리적 현상, 즉 움직이는 물체의 자극 없이 지각되는 운동현상을 의미한다.

㉠ **자동운동** : 어두운 밤에 멀리 있는 불빛을 보고 있으면 그 불빛이 옆으로 또는 앞으로 움직이는 것 같은 착각을 하게 되는데 이러한 현상을 자동운동이라 한다. 이 현상은 **불빛의 위치에 관한 단서, 즉 맥락이 없거나 모호하기 때문에 나타나는 것이다.**

㉡ **유인운동 : 구름 사이의 달을 볼 때 달이 움직이는 것으로 지각**하는데 이러한 현상을 유인운동이라 한다. 유인운동 현상은 움직이는 배경과 고정된 전경과의 반전현상 때문에 생긴다.

㉢ **파이(Phi)현상** : **차례로 연결된 전등에 차례로 불을 켜면 마치 불빛이 점선을 따라 움직이는 것처럼 지각**하는데, 이 현상을 파이현상이라 한다. 이 현상은 지각상의 지속성(잔상) 때문에 나타나는데 이 원리를 이용한 것이 영화와

TV화면이다.

㉣ 베타운동(β - Movement) : 2개의 광점이 적당한 시간 간격으로 점멸하면 하나의 광점이 그 사이를 움직이는 것처럼 보이는 현상이다.

㉤ 운동잔상(運動殘像) : 한 방향을 향한 운동을 계속해서 관찰한 후 정지한 것을 보면 반대방향의 운동으로 느끼게 되는 현상이다.

2) 정서

정서란 생리적 각성, 사고나 신념, 주관적 평가 그리고 신체적 표현 등으로 인한 흥분상태를 말한다. 대부분의 정서이론은 정서유발사상, 생리적 흥분, 주관적 정서경험들 간의 관계성을 제시하고자 하는 것이다. 정서에 관한 이론들은 생리적 요소, 행동적 요소 그리고 인지적 요소들에 대한 강조 정도에 따라 구분해 볼 수 있다.

(1) 정서이론의 유형

① 제임스 - 랑게(James - Lange) 이론

미국의 제임스(James)와 덴마크의 랑게(Lange)가 주장한 이론으로 신체변화가 먼저 오고 거기에 대한 느낌이 정서라는 것이다. 어떤 자극에 처해 있을 때 먼저 신체변화가 일어나고 그 신체변화에 대한 정보가 대뇌에 전달되어 감정체험이 있게 된다는 것이다.

② 캐논 - 바드(Cannon - Bard) 이론

㉠ 캐논(Cannon)은 자율신경계에 대한 연구를 바탕으로 여러 가지 측면에서 제임스(James)의 이론을 비판하였다. 캐논은 어떤 정서 경험들은 생리적 변화가 발생하기 이전에 발생하므로 내장기관의 변화를 즉각적 정서경험의 기제라고 생각하기 힘들고 내장기관의 활동을 사람들이 정확하게 지각하기가 매우 어렵다고 주장하였다.

㉡ 캐논은 정서에서 중심적인 역할을 시상에 두었다. 외부의 정서자극은 시상을 통해 대뇌피질과 다른 신체부위에 전해지며 정서의 느낌이란 것은 피질과 교감신경계의 합동적 흥분의 결과라고 주장하였다.

㉢ 캐논의 주장은 바드(Bard)에 의해서 확장되었기 때문에 캐논 - 바드 이론이라고 알려졌는데 이 이론에 따르면 신체변화와 정서경험은 동시에 일어난다. 이후 연구들에 의하면 캐논 - 바드의 주장과는 달리 정서경험에 중요한 뇌 부위는 시상이라기보다는 시상하부와 변연계인 것으로 밝혀졌다.

③ 샤흐터(Schachter)의 2요인설(정서인지이론)

제임스 - 랑게 이론을 확장하여 주장한 것으로 정서는 인지적 요인과 생리적 흥분 상태 간의 상호작용의 함수라는 것이다. 샤흐터의 정서이론에 의하면 정서경험에 있어서 인지적 측면이 강조된다.

(2) 정서의 손상

① 히로토와 셀리그먼의 학습된 무기력에 대한 연구
학습된 무기력이란 자신의 의도적인 행동으로 변경시킬 수 없는 중요한 사태에 계속 직면할 때 나타나는 동기적, 정서적, 인지적 손상 등을 말하는 것이다. 히로토(Hiroto)와 셀리그먼(Seligman)은 연구에서 인간의 통제불능의 경험이 학습된 무기력을 유발한다는 것을 밝혔다.

② 학습된 무기력의 결정요인
처음에 셀리그먼은 학습된 무기력의 주요한 성분은 능력이라고 했는데, 최근에 자신의 이론을 수정하여 무기력의 핵심은 결과에 대한 당사자의 인지적 해석이라고 주장하여 개인이 처한 상황과 자신의 수행에 대한 인지적 평가가 학습된 무기력의 주요 결정요인임을 시사했다.

③ 학습된 무기력의 현상
학습된 무기력은 보통 의욕상실(동기적 손상), 우울증(정서적 손상), 성공에 대한 기대가 낮거나 과제를 풀 때 가설을 체계적으로 세워 해결하는 방식을 취하지 않음(인지적 손상) 등으로 나타난다.

4. 좌절 · 갈등

1) 갈등의 원인

갈등은 양립할 수 없는 두 가지 이상의 요구가 동시에 발생할 때 생긴다. 어느 쪽을 선택하건 다른 쪽의 욕구가 해결될 수 없기 때문에 부분적인 좌절감이 생긴다.

2) 갈등의 유형

① **접근-접근 갈등** : 긍정적인 욕구가 동시에 나타나서 어떻게 행동해야 좋을지 모르는 상태에서 나타나는 갈등이다.

② **회피-회피 갈등** : 두 가지 목표가 동시에 매력을 주기보다는 혐오라든가 자기가 회피하고 싶은 것이다.

③ **접근-회피 갈등** : 미국의 심리학자 레빈(K. Lewin)이 제시한 방식으로 긍정적인 동기나 목표를 선택함에 있어서 부정적인 동기나 목표가 수반되어 장애가 될 때 경험하게 되는 심리적 상태이다.

3) 적응의 방법

(1) 직접적 대처

불편하고 긴장된 상황을 변화시키기 위해 의식적으로 합리적으로 반응하는 행동을 말하는데 다음의 세 가지 중 어느 하나를 선택하게 된다.

① **공격적 행동과 표현** : 외부적인 대상이나 조건을 변경시키기 위해 공격적으로 반응하거나 저항한다.

② **태도 및 포부수준의 조정** : 최초의 욕구나 목표를 다소 축소하여 현실적으로 가능한 방법을 찾는다. 타협적인 반응으로서 갈등과 좌절에 직접적으로 대처하는 수단으로 가장 흔히 사용한다.

③ **철수 또는 회피** : 자신이 어쩔 수 없는 상황에서 철수가 현실적인 해결책이긴 하나 문제의 핵심은 해결되지 않고 남게 되어 이 방법이 반복되면 개인의 발전에 도움이 되지 않는다.

(2) 방어적 대처(방어기제)

방어기제는 자존심을 유지하면서 불안을 회피하기 위해 자신에게 실제적인 욕망과 목표행동을 속이면서 좌절 및 갈등에 반응하는 양식이다. 방어기제는 스트레스 및 불안의 위협으로부터 자기를 보호하는 수단이 되면 의도적이 아닌 무의식적인 과정이다.

① **도피형 방어기제**

㉠ **부정** : **고통스러운 환경이나 위협적인 정보를 지각하거나 직면하기를 거부하는 것으로 위협적인 정보를 의식적으로 거부하거나 현실화된 그 정보가 타당하지 않고 잘못된 내용이라고 간주하는 것**이다.

㉡ **퇴행** : 특정 욕구불만 상태에 빠질 때 생의 초기의 성공적인 경험에 의지하여 유아기의 행동이나 사고로 되돌아가서 문제를 해결하려는 현상으로 퇴행은 긴장해소와 장애극복을 위한 도피행동이다.

㉢ **동일시** : 외부대행자의 성취를 통해 만족에 접근하는 과정이다. 즉, 어떤 개인이 다른 사람 또는 집단과의 동일성을 느끼거나 정서적 유대감을 가짐으로써 자기만족을 찾는 방어기제이다. 다른 사람의 업적과 자신을 동일한 위치에 놓음으로써 억압된 욕구를 충족시켜 자아를 보호하는 것으로 동일시는 단순한 모방이 아니고 마음속에 심어진 행동가치의식의 성격을 띤다. 동일시는 도전적 가치의식이 형성되는 근원이 되기도 한다. 프로이트(Freud)는 어린이들이 부모와 동일시하는 하나의 이유는 자기방어라고 믿었다.

② **대체형 방어기제**

어떤 문제 또는 장애가 있어서 불안이나 긴장이 생길 경우 자기의 목표를 변경하여 불안을 해소하는 방법으로 기만형 기제보다 큰 적응적 가치를 가진다.

㉠ **승화** : 사회적으로 용납되지 않는 충동 및 욕구를 사회적으로 용납될 수 없는 바람직한 형태로 변형하는 것이다. 프로이트(Freud)에 의하면 승화는 성적·공격적 충동이 사회적으로 용납되는 형태로 바뀌는 것으로서 성격발달의 기초가 된다. 예술작품과 과학연구는 성적 에너지의 승화된 결과로 설명된다.

㉡ **반동형성 :** 자기가 느끼고 바라는 것과 정반대로 감정을 표현하고 행동하는 것으로서 부정의 행동적 형태라고 볼 수 있다. 반동형성은 자기의 욕구나 감정이 너무나 받아들일 수 없고 무거운 죄의식이 쌓일 때 나타나는 반응양식이다.

㉢ **치환(전위)** : 만족되지 않는 충동에너지를 다른 대상으로 돌림으로써 긴장을 완화시키는 방어기제로서 유사한 것으로 책임전가, 희생양이 있다.

③ **기만형 방어기제**

자신에 대한 위협을 느끼지 않도록 자기감정과 태도를 바꾸어 불안이나 긴장에 대한 자신의 인식을 반영시키는 것으로서 위험 자체를 제거해 주는 것이 아니라 기만적인 방법으로 불안을 일시적으로 제거해 주는 방어기제이다.

㉠ **투사** : 자신의 동기나 불편한 감정을 다른 사람에게 돌림으로써 불안 및 죄의식에서 벗어나고자 하는 방어기제이다. 자아가 타아나 초자아로부터 가해지는 압력 때문에 불안을 느낄 때 그 원인을 외부세계로 돌림으로써 불안을 제거하려는 것이다.

㉡ **억압** : 고통스러운 감정과 경험 등을 의식수준 이하로 끌어내리는 무의식적인 과정이다. 정신건강에 나쁜 영향을 미치는 기제로 억압된 욕구는 완전히 망각되거나 없어지지 않고 무의식에 남아있게 된다.

㉢ **합리화** : 사회적으로 용납되지 않는 감정 및 행동에 용납되는 이유를 붙여 자신의 행동을 정당화함으로써 사회적 비판이나 죄의식을 피하려는 방어기제이다. 합리화는 주로 어떤 실패나 불만의 원인이 자기의 무능이나 결함 때문이었지만 자기를 기만하는 구실을 만들어 스스로를 기만하고 타인을 기만하는 행동으로 나타난다. 합리화는 대체로 위장된 논리가 대부분이어서 현실과는 부적절한 사고나 행동으로 나타나게 되는 경우가 많다.

㉣ **주지화** : 도피형 방어기제인 '부정'의 교묘한 형태로서 위협적인 감정에서 자기를 떼놓기 위해 문제 장면이나 위협조건에 관한 지적인 토론 및 분석을 하는 것이다. 지능이 높거나 교육수준이 높은 사람에게 발견된다.

5. 불안과 스트레스

1) 심리적 장애의 정의와 이론모형

(1) 심리적 장애의 정의

사회적으로 적절하게 행동할 능력이 없어서 그 행동의 결과가 자기 자신이나 사회에 부적응을 일으키는 빗나간 행동이다.

(2) **이상행동**

적응을 못하거나 정상적 기준에서 벗어난 행동으로 부적응행동, 이상심리라고도 한다. 통계적 기준에서 벗어나는 행동, 사회적 규범에서 벗어나는 행동, 이상적 인간행동 유형에서 벗어나는 행동, 환경요인의 기준에서 벗어나는 행동, 개인에게 심리적 갈등을 유발하는 정도에 따른 행동 등으로 나누어 생각할 수 있다.

(3) **이상심리 이해의 모형**

① **의학적 접근** : 의학적으로 볼 때 심리적 장애도 신체의 병과 본질적으로 같다. 즉, 심리적 장애는 어떤 신체적 과정의 질환에서 오는 증상으로 보는 접근이다.

② **정신분석적 접근** : 프로이트(Freud)에 의하면 심리적 장애의 근본원인은 억압된 무의식 속의 충동과 갈등이다. 심리적 장애는 환자 내부의 정신적 갈등에서 온다고 본다.

③ **행동주의 접근** : 의학적 접근이나 정신분석적 접근에서는 이상행동의 원인이 환자 내부에 있다고 보는 반면 **행동주의적 접근에서는 환경의 영향 때문이라고 본다. 이상행동은 학습의 결과라고 본다.**

2) 신경증 장애와 성격장애

(1) 신경증 장애

신경증 장애는 불안이 위주인 장애로 정신분석학적 입장의 개념이다.

① 불안상태 : 불안이 뚜렷한 장애로 막연하게 이유 없이 불안한 유동불안과 갑자기 위급함에 휩싸이는 심한 불안으로 불안공황상태가 있다. 또한 대인관계의 극단적 민감성, 의사결정의 곤란, 과거 잘못과 미래에 대한 지나친 걱정들을 보인다.

② 공포장애 : 공포증이라고도 하는 이 장애는 특별한 장면이나 자극에 직면할 때 불안을 경험하는 것이다.(고소공포, 광장공포 등)

③ 강박장애 : 원치도 않고 이유도 없는데 어떤 생각이나 행동을 되풀이하는 장애이다. 이 장애의 특징은 반복적이고 상동적인 행동이나 사고이다.

④ 전환히스테리 : 갈등이 심해서 신체감각기능이나 운동기능이 마비되는 것. 때로는

심한 두통을 수반한다. 전환증, 해리증, 중다성격 등이 있다.

⑤ 신경성 우울증 : 정신병의 우울증과는 다르며 반드시 스트레스 사건의 반응이 생기고 정신병 증상이 없다. 학습된 무기력 실험으로 잘 설명되는 장애이다.

(2) 성격장애

성격이란 장기간 지속되는 행동이나 특징을 말하는데 이런 성격요인으로 사회생활에 부적응 반응을 일으키면 성격장애라고 한다.

① 편집성 성격장애 : 확산되고 부당한 의심, 사람에 대한 불신, 과민성, 정서의 제한을 보이는 것이 특징이다.

② 히스테리성 성격장애 : 과도하게 행동이 연극적, 반응적이고 극단적 정서표현이 특징이다.

③ 강박적 성격장애 : 완벽주의와 융통성 결여가 폭넓게 나타난다.

④ 반사회적 성격장애 : 반복적인 방법, 인내력 결핍, 충동적, 죄책감 결여, 믿을 수 없는 것이 특징이다.

3) 심리적 건강의 개념

(1) **심리적 행복감의 환경 결정요인**

와르(Warr)는 개인이 일에서 느끼는 행복감을 이해하기 위해서 심리적 건강에 영향을 미치는 전반적인 환경요인인 아홉 가지 결정요인들을 밝혔다.

① **통제의 기회** : 개인이 처한 환경에서 일어나는 활동과 사건들을 통제할 수 있는 기회의 여부

② 기술사용의 기회 : 환경이 기술의 사용과 개발을 저해하거나 촉진하는 정도

③ 환경이 부여한 목적 : 환경이 개인에게 목적이나 도전감을 제공하는지 여부

④ 환경의 다양성 : 개인에게 항상 반복적이고 동일한 활동을 요구하는 조직 환경보다 다양한 환경을 접하면서 새로운 경험을 할 수 있는 환경을 접할 때 종업원의 심리적 건강은 더욱 증진될 수 있다.

⑤ 환경의 명료성 : 개인이 처한 환경의 명료함 정도

⑥ 돈의 가용성 : 빈곤은 개인이 삶을 통제할 수 있는 기회를 줄이게 되며 심각한 심리적 문제들이 발생할 수 있다.

⑦ 신체적 안전 : 신체적으로 안전한 생활환경은 심리적 건강을 증진시키는 데 도움이 된다.

⑧ 대인 간 접촉의 기회 : 사람들을 만나고 접촉할 수 있는 기회의 정도는 인간이 공통적으로 지니는 친교에 대한 욕구를 충족시켜줄 수 있고 외로움을 방지해 준다.

⑨ 가치 있는 사회적 지위 : 사회에서 타인들로부터 존경을 받는 지위는 주로 역할에

포함된 활동과 그에 부여된 가치 그리고 활동을 통해 기여하는 부분으로부터 형성된다.

이러한 아홉 개 차원들 간에 약간의 중복이 있다는 것을 인정하였지만, 각각은 환경이 심리적 건강에 어떤 영향을 미치는지를 이해하는 데 필요하다고 설명했다.

(2) **심리적 건강의 구성요소(와르, Warr)**

① **정서적 행복감** : 쾌감과 각성이라는 두 가지 독립된 차원을 가지고 있다. 특정 수준의 쾌감을 얻기 위해서는 높거나 혹은 낮은 수준의 각성이 있어야 한다.

② **역량** : 심리적 건강의 정도는 대인관계, 문제해결, 직무수행 등과 같은 다양한 활동에서 개인이 어느 정도나 성공하였는지, 또는 어느 정도의 역량을 발휘하고 있는지에 의해 부분적으로 알 수 있다. 역량 있는 사람은 생활에서 당면하는 문제들을 효과적으로 다룰 수 있는 충분한 심리적 자원을 가지고 있다.

③ **자율** : 환경적 영향력에 저항하고 자신의 의견이나 행동을 결정할 수 있는 개인의 능력을 말한다. 개인이 생활에서 어려움에 처했을 때 무기력하지 않고 스스로 영향력을 발취할 수 있다는 생각을 가지고 행동하는 경향성이다.

④ **포부** : 개인의 포부수준이 높다는 것은 동기수준이 높고, 새로운 기회를 적극적으로 탐색하고, 목표달성을 위하여 도전하는 것을 의미한다. 건강한 사람들의 포부수준은 특히 개인이 어려운 환경에 처했을 때 그 진가를 발휘한다.

⑤ **통합된 기능** : 전체로서의 개인을 말한다. 통합된 기능을 할 수 있는 사람은 목표달성이 어려울 때 느끼는 긴장감과 그렇지 않을 때 느끼는 이완감 사이에 조화로운 균형을 유지할 수 있는 사람이다.

4) 직무스트레스

(1) 직무스트레스의 정의

'직무스트레스(Job Stress)'란 업무상 요구사항이 근로자의 능력이나 자원, 요구와 일치하지 않을 때 생기는 유해한 신체적, 정서적 반응을 말한다.(NIOSH, 1999)

(2) 직무스트레스 요인

① 시간적 압박, 업무시간표 및 속도

㉠ 장시간 노동, 연장근무, 교대근무

㉡ 업무시간 내내 자신이 업무를 통제하지 못하고 수동적인 행동을 강요받을 때

㉢ 일시적으로 자주 바뀌는 업무시간

㉣ 스스로 업무속도를 조절할 수 있는지의 여부

② 업무구조
  ㉠ 심리적 업무요구가 높고, 직무의 재량권이 낮은 업무
  ㉡ 업무조직의 변화
  ㉢ 부서이동, 좌천이나 승진
③ 물리적 환경
  ㉠ 부족한 조명
  ㉡ 과도한 소음
  ㉢ 비좁은 작업공간
  ㉣ 비위생적 환경
④ 조직 내의 문제
  ㉠ 업무의 모호성 : 업무 요구사항이 명확하지 못하거나, 도달해야 할 목표를 모르거나, 업무에 대한 전망이 결여되고 책임범위가 명확하지 못함
  ㉡ 과도한 경쟁 : 동료 근로자에 대해 신뢰하지 못하고, 협동에 의한 상승효과를 기대하기 어려움
  ㉢ 성별에 따른 차별
  ㉣ 직장 내 관계갈등 : 동료 간의 의사소통 장애, 인간적 관계 갈등이 주요한 스트레스 요인이 됨
⑤ 조직 외적인 문제
  ㉠ 직업안정성과 승진, 실업 및 자유시장경제와 전 지구적 경제 상황에서의 고용안정과 관련된 사항
  ㉡ 직무안정성의 결여
⑥ 비직업성 스트레스요인 : 개인, 가족 및 지역사회가 처한 환경도 스트레스 요인

(3) 직무스트레스 조절변인

직무스트레스 조절 변인은 스트레스 출처와 그로 인해 발생하는 스트레스 결과 사이의 연관성과 방향에 영향을 미치는 변인이다.

① **사회적 지지(Social Support)**

사회적 지지란 개인이 주변의 타인이나 집단, 조직과의 공식적이거나 비공식적인 접촉을 통해서 얻는 도움, 위로, 정보 등을 의미한다. 사회적 지지는 심리적으로 지원받고 보호받는다는 느낌을 준다.

② **A유형 행동양식**

A유형 행동양식은 가능한 빠른 시간 내에 제한된 자원을 획득하기 위해 꾸준히 투쟁하고 노력하는 성격으로 정의된다. A형 행동양식을 보유한 사람들은 보통 야망이 높고 성격이 급하며 시간에 쫓기고 쉽게 적개심을 표출하는 경향성이 있

다. A유형 행동양식을 보유한 사람들은 자신이 상황을 통제하고자 하는 욕구가 강하며 책임감이 강하고 일을 정확히 처리하며 많은 성공을 보여주기도 한다.

③ **통제 소재**

개인이 자신에게 일어난 일의 원인이 자신의 통제 내에 있는지 자신의 통제 밖에 있는지에 대한 신념과 판단을 뜻한다. 주로 어디에 원인을 두느냐에 따라 내적 통제자와 외적 통제자로 구분하기도 한다. 내적 통제자는 성공과 실패 모두 자신의 노력이나 능력에 기인한다고 생각하는 사람이며 외적 통제자는 성공과 실패가 다른 사람이나 외부의 환경 같은 요인에 결정된다고 생각하는 사람이다.

④ **심리적 강인성**

심리적 강인성은 스트레스에 저항할 수 있는 성격 특성을 뜻한다. 심리적 강인성이 높은 사람들은 자신의 삶에 대한 통제감 수준이 높고 여러 가지 도전적인 상황을 장애나 스트레스로 여기기보다 시도해볼 만한 도전으로 여기는 경향이 있다.

⑤ **자기효능감**

자기효능감이란 자신이 어떤 과제를 성취할 수 있다는 믿음을 뜻한다. 이것은 생활 속에서 경험하는 부담에 대해 얼마나 적절하고 효율적으로 대처할 수 있는지를 반영한다. 높은 자기 효능감을 가지고 있는 사람들은 그렇지 못한 사람들에 비해 스트레스에 더 저항적이기 때문에 스트레스의 영향을 덜 받는다.

⑥ **자존감**

자존감은 사람들이 자신에 대해 어떻게 느끼는지에 대한 평가적인 개념이며 조직에서의 자존감은 조직기반 자존감이라 불리기도 한다. 조직기반 자존감이 높은 사람은 개인적인 충만감이 존재하고 조직 내에서 자신을 중요하고 효과적이며 가치있는 사람으로 여긴다.

⑦ **부정적 정서성**

부정적 정서성은 삶과 자신의 직무에 대해 일반화된 불만족을 보이며 생활 속에서 경험하는 부정적 측면에 초점을 맞추는 성격차원을 말한다. 부정적 정서성이 높은 사람들은 직무수행을 비롯한 생활 전반에 걸쳐 높은 스트레스와 불만족을 경험한다.

(4) 스트레스 관리

① 개인적 차원의 대응책

㉠ 적절한 운동

㉡ 긴장이완법

㉢ 적절한 시간관리 : 현실적인 목표를 설정하고 가용 시간에 맞추어 일정을 계획하고 관리한다.

㉣ 협력관계 유지 : 다른 사람들과의 협력관계를 유지하여 일을 분담하고 정보를 교환한다.

② 조직적 차원의 대응책

㉠ 우호적인 직장분위기의 조성 : 조직구성원들에게 서로 상호작용 하는 것을 쉽게 만들어 주거나 동료들이나 하급자, 상급자들에게 후원을 받을 수 있도록 직장분위기를 조성한다.

㉡ 참여적 의사결정 : 참여와 자율성의 증가는 구성원들의 행동에 신축성을 부여하게 된다.

㉢ 직무 재설계 : 직무분석이나 직무평가를 통해 역할모호성, 역할과다, 위험과 건강에 해로운 작업조건을 밝혀내고 그 결과를 토대로 업무규정과 지침을 제공하고 충분한 권한을 확보해 준다.

㉣ 경력계획과 개발 : 조직원들에게 교육 및 경력프로그램을 제공한다.

(5) NIOSH의 직무스트레스 모형

NIOSH의 직무스트레스 모형에서 보면 직무스트레스 요인은 크게 작업 요인, 조직 요인, 환경 요인으로 구분된다. 작업요인은 작업부하, 작업속도, 교대근무 등을 의미하며 조직요인은 역할갈등, 관리유형, 의사결정 참여, 고용불확실 등이 포함된다. 환경요인으로는 조명, 소음 및 진동, 고열, 한랭 등이 포함된다.

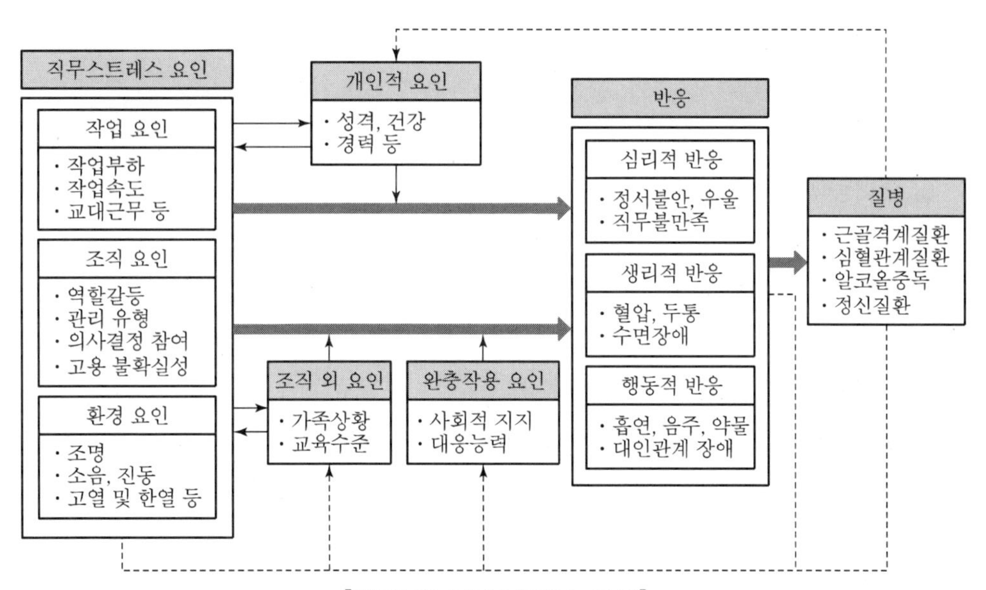

[NIOSH의 직무스트레스 모형]

02 직무수행과 평가

Section

1. 직업적성의 분류(한국직업능력개발원)

1) 신체 · 운동능력 직업군

운동 및 안전관련직, 무용 관련직, 일반운전 및 장비 관련직, 농림어업 관련직

2) 손재능 직업군

이미용 관련 서비스직, 조리 관련직, 의복제조 관련직, 기능직

3) 공간 · 시각능력 직업군

고급 운전 관련직, 특수(소프트) 스포츠 관련직, 시각디자인 관련직, 영상 관련직

4) 음악능력 직업군

음악 관련직, 악기 관련직

5) 창의력 직업군

시각디자인 관련직, 작가 관련직, 예술기획 관련직, 연기 관련직

6) 언어능력 직업군

작가 관련직, 법률 및 사회활동 관련직, 교육 관련 서비스직, 인문계 교육 관련직, 이공계 교육 관련직, 인문 및 사회과학 전문직, 언어 관련 전문직

7) 수리 · 논리력 직업군

의료 관련 전문직, 이공계 교육 관련직, 이학 및 공학 전문직, IT 관련 공학 전문직, 인문 및 사회과학 전문직, 금융 및 경영 관련 전문직, 회계 관련직

8) 자기성찰능력 직업군

교육 관련 서비스직, 사회서비스직, 법률 및 사회활동 관련직, 인문계 교육 관련직, 이공계 교육 관련직

9) 대인관계능력 직업군

보건의료 관련 서비스직, 교육 관련 서비스직, 사회서비스직, 일반 서비스직, 기획 서비스직, 영업 관련 서비스직, 매니지먼트 관련직

10) 자연친화력 직업군

자연친화 관련직, 환경 관련 전문직, 농림어업 관련직

2. 적성검사의 종류

일반적으로 적성을 측정하기 위한 지필검사는 기본정신 능력검사(PMA), 변별 적성검사(DAT), 일반 적성검사(GATB) 등이 있다. 다양한 적성검사들 중 진로와 관련하여 일반 적성검사가 가장 많이 행해지며 일반 적성검사는 그 대상에 따라 청소년용과 성인용으로 나눌 수 있다.

1) 청소년용 적성검사의 하위검사 및 측정요인

하위검사	측정요인	하위검사	측정요인
어휘찾기 검사	언어능력	문자지각 검사	지각속도
주제찾기 검사		기호지각 검사	
낱말분류 검사		과학원리 검사	과학원리
단순수리 검사	수리능력	색채집중 검사	집중능력
응용수리 검사		색상지각 검사	색채능력
문장추리 검사	추리능력	성냥개비 검사	사고유연성
심상회전 검사	공간능력	선그리기	협응능력
부분찾기 검사		15개 하위검사와 10개 측정 요인	

2) 성인용 적성검사

기초 적성을 평가하여 수검자가 어떤 능력이 뛰어난지 또는 취약한지를 탐색할 수 있도록 도움을 준다. 수검자의 적성 요인에 적합한 직업을 안내하며, 수검자가 희망하고 직업에서 요구하는 능력과 자신의 능력을 비교해 볼 수 있는 기회를 제공하여 경력개발 및 직업 선택을 도와준다.

3) 적성검사의 종류 및 영역

검사명	시행 주체	대상	적성영역
일반직업 적성검사	고용노동부	13~18세	① 학습능력 ② 언어능력 ③ 산수능력 ④ 형태지각력 ⑤ 공간판단력 ⑥ 운동조절 ⑦ 사무지각
적성검사	한국교육개발원	중 · 고	① 언어능력 ② 수리능력 ③ 공간능력 ④ 과학능력 ⑤ 대인관계능력 ⑥ 변별지각능력 ⑦ 수공기능
직업 적성검사	한국 직업능력 개발원	중 · 고	① 신체 · 운동능력 ② 손 재능 ③ 공간 · 시간능력 ④ 음악능력 ⑤ 창의력 ⑥ 언어능력 ⑦ 수리논리력 ⑧ 자기성찰능력 ⑨ 대인관계능력 ⑩ 자연친화력
KAT-A 적성검사	한국 가이던스	중 · 고	① 어휘력 ② 언어추리력 ③ 수리력 ④ 공간지각력 ⑤ 수 추리력 ⑥ 과학적 사고력 ⑦ 언어논리력 ⑧ 목표력
성인용 직업 적성검사	고용노동부	성인	① 언어력 ② 수리력 ③ 추리력 ④ 공간지각력 ⑤ 사물지각력 ⑥ 상황판단력 ⑦ 기계능력 ⑧ 집중력 ⑨ 색채지각력 ⑩ 사고유창력 ⑪ 협응능력
진로 적성 검사	중앙교육 진흥연구소	중 · 고	① 기계추리력 ② 언어추리력 ③ 공간지각력 ④ 수리력 ⑤ 어휘력 ⑥ 언어사용력 ⑦ 지각속도력 ⑧ 수공기능력
종합적성 및 진로검사	대교	초 · 중 · 고	① 언어적성 ② 논리수학적성 ③ 공간적성 ④ 신체운동적성 ⑤ 음악적성 ⑥ 대인적성 ⑦ 수공적성

4) 좋은 검사의 조건

(1) 개인차의 예리한 변별

① 개인차의 반영 : 검사를 개인차 발견을 위하여 사용되는 도구로 본다면 검사의 첫째 요건은 해당 속성에 있어서의 개인차를 예민하게 반영해야 한다.

② 변별력의 특성 : 예민한 변별력을 갖춘 검사는 적절한 문항구성과 포함되는 문항수의 적절한 수준을 갖춤으로써 이루어진다.

(2) 표준화된 검사

① 표준화 검사 : 실시방법, 응답방법, 반응시간, 채점방법 등이 정해져 있고 그 결과를 객관적으로 비교할 수 있는 규준을 가지고 있는 검사이다.

② 표준화 검사의 장점 : 백분위 점수는 등위만을 알려주는 데 반해 표준점수는 등위뿐 아니라 점수 간의 거리도 알려준다.

(3) 신뢰도가 높은 검사

① 검사-재검사 신뢰도

② 동형검사 신뢰도

③ 반분신뢰도

④ 평가자 간 신뢰도

(4) 타당도가 높은 검사

① 구성타당도
 ㉠ 수렴타당도
 ㉡ 변별타당도

② 준거관련 타당도
 ㉠ 동시타당도
 ㉡ 예측타당도

③ 내용타당도

④ 안면타당도

3. 직무분석 및 직무평가

1) 직무분석

(1) 직무분석(Job Analysis)의 의의

① **직무분석 : 특정 직무의 내용(또는 성격)을 분석해서 그 직무가 요구하는 조직구**

성원의 지식 · 능력 · 숙련 · 책임 등을 명확히 하는 과정을 말한다. 즉, 특정 직무의 성격에 관련된 모든 중요한 정보를 수집하고 이들 정보를 관리목적에 적합하게 정리하는 체계적인 과정이다. 따라서 직무분석은 조직이 요구하는 일의 내용 또는 요건을 정리 · 분석하는 과정이라고 말할 수 있다.

(2) 직무분석의 내용 및 요건

① 내용분석 : 직무분석과정에서 파악하여야 하는 내용은 직무내용, 직무목적, 작업장소, 작업방법, 작업시간, 소요기술 등이다.

② 수행요건분석 : 직무수행에 필요한 요건을 분석하는 것으로 그 내용은 전문지식 · 교육훈련 등 숙련도, 육체적 · 정신적 노력, 책임, 위험이나 불쾌조건, 작업조건 등이다.

(3) 직무분석의 목적

직무분석의 목적은 궁극적으로 직무기술서와 직무명세서를 작성하여 직무평가(Job Evaluation)를 하고자 하는 것이지만, 직무분석을 통해서 얻어진 정보는 인적자원관리 전반을 과학적으로 관리하는 데 기초자료를 제공한다.

① 조직구조의 설계 : 직무분석은 조직의 합리화를 위한 조직구조의 설계와 업무개선의 기초가 된다.

② 인적자원계획 수립 : 직무분석은 인적자원의 수요 및 공급을 예측하고 인적자원의 채용, 배치, 이동 · 승진, 훈련 및 개발 등의 기준을 만드는 기초가 된다.

③ 직무평가 및 보상 : 직무분석은 직무평가의 기초가 되고, 특정 직무에 대해 어느 정도 보상을 해주어야 할지 결정하는 데 활용된다. 즉, 인사고과와 직무급 도입을 위한 기초가 된다.

④ 경력계획 : 직무분석은 경력개발 계획의 기초자료가 된다.

⑤ 기타 : 이외에도 직무분석은 노사관계 해결, 직무설계, 인사상담, 안전관리, 정원산정, 작업환경 개선 등의 기초자료가 된다.

(4) 직무분석의 방법

① **관찰법(Observation Method)** : 훈련된 직무분석자가 직접 직무수행자를 집중적으로 관찰함으로써 정보를 수집하는 방법이다. 가장 간단하고 실시하기 쉽기 때문에 육체적 활동과 같이 관찰이 가능한 직무에 적절히 사용될 수 있다. 그러나 지식업무나 고도의 능력을 필요로 하는 직무일 경우 관찰이 어렵고, 비반복적인 직무일 경우 관찰에 너무 많은 시간이 소요되어 비효율적일 수 있다. 체크리스트 혹은 작업표로 기록된다. 관찰자가 관찰할 수 있는 자질과 역량을 갖추었는가가 가장 중요한 관건이 된다.

② **면접법(Interview Method)** : 기술된 정보, 기타 사내의 기존 자료나 실무분석을

위해 특별히 제작된 조직도, 업무흐름표(Flow Chart), 업무분담표 등을 자료로 하여 담당자(또는 감독자, 부하, 기타 관계자)를 개별적으로 혹은 집단적으로 면접하여 필요한 분석항목의 정보를 획득하는 방법이다. 면접을 통해 직접 직무정보를 얻기 때문에 정확하지만, 많은 시간이 소요될 수 있다.

③ **질문지법(Questionnaire Method)** : 표준화되어 있는 질문지를 통하여 직무담당자가 직접 직무에 관련된 항목을 체크하거나 평가하도록 하는 방법이다. 비교적 단시일에 직무정보를 수집할 수 있다.

④ **실제수행법 또는 경험법(Empirical Method)** : 직무분석자가 분석대상 직무를 직접 수행해 봄으로써 직무에 관한 정보를 얻는 방법

⑤ **중요사건법(Critical Incidents Method) 또는 중요사건서술법** : 직무수행과정에서 직무수행자가 보였던 보다 중요한 또는 가치가 있는 행동을 기록해 두었다가 이를 취합하여 분석하는 방법이다. 직무의 성공적인 수행에 필수적인 행위들을 유사한 범주별로 분류하고 이를 중요도에 따라 점수를 부여한다. 직무행동과 직무성과 간의 관계를 직접적으로 파악할 수 있으며 인사고과 척도의 개발이나 교육훈련의 내용을 선정하는 데 유용하게 활용한다.

⑥ **워크샘플링법(Work Sampling Method)** : 단순한 관찰법을 보다 세련되게 개발한 것으로서 전체 작업 과정 동안 무작위적인 간격으로 많은 관찰을 행하여 직무행동에 관한 정보를 얻는 방법이다.

⑦ 기타의 방법

- 앞의 방법들 중에서 두 가지 이상을 결합하여 정보를 수집하는 종합적인 방법(Combination Method)
- 작업수행자에게 작업일지를 작성하게 한 다음 직무사이클(Job Cycle)에 따른 작업일지의 내용을 분석하는 작업일지법(Job Diary Method) 등이 있다.

(5) 직무분석의 절차

① 준비작업 및 배경정보의 수집 : 직무분석의 준비작업과 기초자료의 수집은 예비조사의 단계에서 대부분 이루어진다. 조직도, 업무분담표, 과정도표와 이미 존재하는 직무기술서 및 직무명세서와 같은 이용 가능한 배경정보를 수집한다.

② 대표직무의 선정 : 모든 직무를 분석할 수도 있지만 시간과 비용의 문제가 있기 때문에 일반적으로 대표적인 직무를 선정하여 그것을 중점적으로 분석한다.

③ 직무정보의 획득 : 이 단계를 보통 직무분석이라고 한다. 여기서 직무의 성격, 직무수행에 요구되는 구성원의 행동, 인적요건 등 구체적으로 직무를 분석한다. 이 단계에서 면접법 · 관찰법 · 중요사건법 · 워크샘플링법 · 질문지법 등이 사용된다.

④ **직무기술서의 작성** : 앞에서 얻은 정보를 토대로 직무기술서를 작성하는 단계이다.

직무기술서는 직무의 주요한 특성과 함께 직무의 효율적 수행에 요구되는 활동들에 관하여 기록된 문서를 말한다.

⑤ **직무명세서의 작성** : 이 단계에서는 직무기술을 직무명세서로 전환시킨다. 이는 **직무수행에 필요한 인적 자질, 특성, 기능, 경험 등을 기술한 것을 말한다.** 이것은 독립된 하나의 문서일 수도 있으며 직무기술서에 같이 기술될 수도 있다.

(6) 직무기술서와 직무명세서

직무기술서와 직무명세서는 직무분석의 산물이며, 직무분석은 직무기술서와 직무명세서의 기초가 된다. 직무기술서는 과업중심적인 직무분석에 의하여 얻어지며, 직무명세서는 사람중심적인 직무분석에 의하여 얻어진다. 즉, 직무기술서는 과업 요건에 초점을 둔 것이며, 직무명세서는 인적 요건에 초점을 둔 것이다.

구 분	직무기술서(Job Description)	직무명세서(Job Specification)
의의	**직무분석을 통해 얻어진 직무의 성격과 내용, 직무의 이행방법과 직무에서 기대되는 결과 등 과업요건을 중심으로 정리해 놓은 문서**	**직무를 만족스럽게 수행하는 데 필요한 작업자의 지식 · 기능 · 능력 및 기타 특성 등을 정리해 놓은 문서**
목적	인적자원관리의 일반목적을 위해 작성	인적자원관리의 구체적이고 특정한 목적을 위해 세분화하여 작성
작성 시 유의사항	**직무내용과 직무요건에 동일한 비중을 두고, 직무 자체의 특성을 중심으로 정리**	**직무내용보다는 직무요건을, 또한 직무요건 중에서도 인적요건을 중심으로 정리**
포함되는 내용	**직무명칭, 직무개요, 직무내용, 장비 · 환경 · 작업활동 등 직무(수행)요건, 직무표식(직무의 명칭 및 직무번호)**	**직무표식(직무의 명칭 및 직무번호), 직무개요, 직무내용, 작업자의 지식 · 기능 · 능력 및 기타 특성 등 (구체적인) 직무의 인적요건**
특징	속직적 기준, 직무행위의 개선점 포함	속인적 기준, 직무수행자의 자격요건 명세서

(7) 직무설계

① 직무설계의 의의

직무분석을 실시하여 직무기술서와 직무명세서가 작성되면 이러한 정보를 활용하여 직무를 설계(Job Design)하거나 재설계(Redesign)할 수 있다. 즉, 직무분석을 통해 얻어진 정보는 구성원들의 만족과 성과를 증대시키는 방향으로 직무요소와 의무, 그리고 과업 등을 구조화시키는 직무설계에 활용될 수 있다. 그리고 직무설계를 통해서 구성원들의 욕구와 조직의 목표를 통합시킬 수 있다.

② 직무설계의 목적

직무를 설계하는 근본적인 목적은 직무성과(Job Performance)를 높임과 동시에 직무만족(Job Satisfaction)을 향상시키기 위한 것이다. 조직의 입장에서 볼 때 직무성과와 직무만족을 동시에 높일 수 있다면 가장 이상적이겠지만, 양자는 어느 정도 상충관계(Trade-Off)에 있으므로 두 목표 간에 상충이 가장 적게 일어나는 대안을 선택해야만 할 것이다.

③ 직무설계방안

ⓐ 과학적 관리법에 의한 직무설계

㉠ **직무분화(Job Differentiation)** : 직무를 단순화·표준화하여 조직구성원이 세분화된 직무에서 전문화가 이루어지도록 하는 방안. 일의 분업을 통해 한 구성원에게 세분된 직무를 맡겨 생산의 효율성을 이루는 직무전문화 기법

ⓑ 과도기적 접근방법 : 과학적 관리법에 의한 직무설계는 많은 부작용이 초래되어, 대안으로서 직무순환과 직무확대가 제시

㉠ **직무순환(Job Rotation)** : 조직구성원에게 돌아가면서 여러 가지 직무를 수행하도록 하여 직무수행에서 지루함이나 싫증을 덜 느끼게 하려는 직무설계방안

㉡ **직무확대(Job Enlargement)** : 한 직무에서 수행되는 과업의 수를 증가(직무가 보다 다양하고 흥미 있도록 하기 위해 직무에 포함되어 있는 기존의 과업들에 또 다른 과업들을 추가)시키는 것

ⓒ 현대적 접근방법

㉠ 직무분화, 직무순환, 직무확대 등이 기본적으로 작업자들의 욕구를 충족시키지 못하는 것이 밝혀지자 작업자들의 동기부여에 초점을 맞춘 직무충실이론과 직무특성이론 등이 등장

㉡ **직무충실화(Job Enrichment)**

- **전통적인 직무설계방법과는 달리 직무성과가 직무수행에 따른 경제적 보상보다도 개인의 심리적 만족에 달려 있다는 전제하에 직무수행의 내용과 환경을 재설계하는 방법**
- **특히 다양한 작업내용이 포함되고 보다 높은 수준의 지식과 기술이 요구되며 작업자에게 자신의 성과를 계획하고 통제할 수 있는 자주성과 책임이 보다 많이 부여되고 개인적 성장과 의미 있는 작업경험에 대한 기회를 제공할 수 있도록 직무의 내용을 재편성하는 것을 의미**
- **직무충실화의 이론적 근거는 동기유발이론에서 찾아볼 수 있는데 특히 매슬로의 욕구단계이론 중 상위수준의 욕구와 허쯔버그의 2요인이**

론 중 동기유발요인, 그리고 맥클랜드의 세 가지 욕구 중 성취욕구 등 이 중시된다.

㉢ 직무특성모형(Job Characteristic Model) : 조직구성원들의 상위계층의 욕구를 충족시키는 데 초점을 맞추어 동기를 유발시키고 직무만족을 경험하게 하는 직무의 특성을 개념화한 것. 핵심 직무 차원, 중요 심리상태, 개인 및 직무성과의 세 부분으로 이루어짐. 개인 및 직무성과는 중요 심리상태에서 얻어지며, 중요 심리상태는 핵심직무 차원에서 만들어진다는 것

㉣ 직무교차(Overlapped Workplace) : 직무의 일부분을 다른 조직구성원과 공동으로 수행하도록 짜여져 있는 수평적 직무설계 방식

㉤ 준자율적 직무설계(Semi-Autonomous Workgroup) : 기업의 업무가 전산화됨에 따라, 몇 개의 직무들을 묶어 하나의 작업집단을 구성하고, 이들에게 어느 정도의 자율성을 허용해 주는 방식. 준자율적 작업집단 구성원들은 자신들이 수립한 집단규범에 따라 직무를 스스로 조정 · 통제할 수 있다.

㉥ 경영혁신화(Business Reengineering) : 현대적 직무설계에서, '고객 중심'으로 제품과 서비스를 제공하기 위해 직무를 '프로세스 중심'으로 설계하는 방식

㉦ 역량중심(Competency) : 현대적 직무설계에서, 역량모델을 구축하여 역량중심 직급에 따라 업무를 수행할 수 있도록 설계하는 방식

ⓓ 집단수준의 직무설계

㉠ 팀접근법(Team Approach) : 작업이 집단에 의해서 수행되기도 하여, 이때는 팀을 대상으로 한 작업설계가 필요. 개인수준의 직무설계와 달리 집단과업의 설계, 집단구성원의 구성, 집단규범 등이 집단수준의 작업설계의 특징

㉡ QC서클(Quality Control Circle) : 10명 이내의 한 작업단위의 종업원들이 자발적으로 정기적인 모임을 갖고 제품의 질과 문제점을 분석하고 제안하는 분임조 활동. 기업 내에서 참여적 분위기를 조성하며 일종의 소집단활동이 된다.

2) 직무평가

(1) 직무평가(Job Evaluation)의 의의와 목적

① 직무평가의 의의 : 직부분석을 기초로 하여 각 직무가 지니고 있는 상대적인 가치를 결정하는 방법이다. 즉, 기업이나 기타의 조직에 있어서 각 직무의 중요성 · 곤란도 · 위험도 등을 평가하여 다른 직무와 비교한 직무의 상대적 가치를 정하는 체계적 방법이다.

② 직무평가의 특징

㉠ 직무평가는 직무분석에 의해 작성된 직무기술서와 직무명세서를 기초로 하여 이루어진다.

㉡ 직무평가는 일체의 속인적인 조건을 떠나서 객관적인 직무 그 자체의 가치를 평가하는 것이다. 직무상의 인간을 평가하는 것이 아니다.

㉢ 동일한 가치를 가진 직무에 대하여는 동일한 임금을 적용하고 더 높은 가치가 인정되는 직무에 대하여는 더 많은 임금을 책정하는 직무급 제도의 기초가 된다.

③ 직무평가의 목적 : 직무평가는 '동일노동에 대하여 동일임금'이라는 직무급 제도를 확립하는 데 그 목적이 있으며, 나아가 인적자원관리 전반의 합리화를 이루고자 한다. 이를 통해 임금(직무급)의 결정, 인력의 확보와 배치, 종업원의 역량개발을 진행한다.

④ 평가요소 : 직무평가는 직무의 상대적 가치를 결정하는 것이므로 직무의 공헌도에 의해서 결정된다. 직무의 공헌도는 일반적으로 4가지 요소를 기준으로 파악한다. 즉, ㉠ 숙련(Skill), ㉡ 노력(Effort), ㉢ 책임(Responsibility), ㉣ 작업조건(Working Condition) 등이다.

⑤ 직무평가의 절차 : 직무평가는 다음의 순서로 이루어진다.

㉠ 직무에 관한 지식 및 자료의 수집 : 직무분석

㉡ 수집된 지식 및 자료의 정리 : 직무기술서, 직무명세서

㉢ 평가요소의 선정 : 숙련, 노력, 책임, 작업조건

㉣ **평가방법의 선정 : 서열법, 분류법, 점수법, 요소비교법**

㉤ 직무평가

(2) 직무평가의 방법

직무평가의 방법은 우선 비양적 방법(Non-quantitative Method)과 양적 방법(Quantitative Method)의 두 가지로 구분된다.

구 분	비양적 방법 (Non-quantitative Method)	양적 방법 (Quantitative Method)
의의	직무수행에 있어서 난이도 등을 기준으로 포괄적 판단에 의하여 직무의 가치를 **상대적**으로 평가하는 방법. 종합적 평가방법	직무분석에 따라 직무를 기초적 요소 또는 조건으로 분석하고 이들을 양적으로 계측하는 분석적 판단에 의하여 평가하는 방법. 분석적 평가방법
종류	서열법(등급법), 분류법	점수법, 요소비교법

① **서열법(Ranking Method)**

㉠ 전체적이고 포괄적인 관점에서 평가자가 종업원의 직무수행에 있어서 요청되

는 지식, 숙련, 책임 등에 비추어 상대적으로 가장 단순한 직무를 최하위에 배정하고 가장 중요하고 가치가 있는 직무를 최상위에 배정함으로써 순위를 결정하는 방법(등급법)

㉡ 신속하고 간편하게 직무등급을 설정할 수 있지만 직무등급을 정하는 일정한 표준이 없으므로 평가결과의 객관화가 곤란하다.

㉢ 서열법의 유형

- 일괄서열법 : 최상위 직무와 최하위 직무를 먼저 선정하고, 그 다음 나머지 직무의 서열을 상대적으로 정하여 서열을 정하는 방법
- 쌍대서열법 : 각 직무들을 두 개씩 짝을 지어 다른 직무와 비교하여 서열을 정하는 방법
- 위원회서열법 : 평가위원회를 설치하여 다수의 위원들이 서열을 결정하는 방법으로, 평가자 1인이 실시하는 것보다 편견이 적고 객관성도 더 높다고 할 수 있다.

② **분류법**(Job－classification Method)

㉠ 서열법이 좀 더 발전한 것으로 어떠한 기준에 따라서 사전에 직무등급을 결정해 놓고 각 직무를 적절히 판정하여 분류하는 직무평가 방법

㉡ 강제배정의 특성이 있으므로 정부기관이나 학교, 서비스업체 등에서 많이 이용된다.

㉢ 간단하고 이해하기 쉬우며 비용이 적게 소용되지만 직무등급 분류의 정확성을 기하기가 어렵다는 단점이 있다. 따라서 서열법이나 분류법 모두 직무의 수가 많아지고 복잡해지면 적용이 어렵다.

③ **점수법**(Point Rating Method)

㉠ 직무를 평가요소로 분해하고 각 요소별로 그 중요도에 따라 숫자에 의한 점수를 준 후 이 점수를 총계하여 각 직무의 가치를 평가하는 방법

㉡ 각 직무에 대한 평가치인 총점수를 상호 비교하고 점수의 크기에 따라 각 직무의 상대적 가치가 결정되는 것

㉢ 평가요소는 각 직무에 공통적인 것, 과학적인 객관성을 가지고 있는 것, 노사쌍방이 납득할 수 있는 것, 그리고 직무내용을 구성하는 중요한 요소일 것 등 4가지 조건을 갖추어야 한다. 따라서 평가요소는 숙련요소 · 노력요소 · 책임요소 · 작업조건요소 등으로 구분할 수 있다.

㉣ 양적 · 분석적 방법을 이용하므로 직무의 상대적 차이를 명확하게 정할 수 있고 구성원들에게 평가결과에 대하여 이해와 신뢰를 얻을 수 있다는 장점이 있다. 그러나 평가요소 및 가중치의 산정이 매우 어려워 고도의 숙련도가 요구되며 많은 준비시간과 비용이 소요된다.

평가요소		단계				
		I	II	III	IV	V
숙련 (250점)	지식	14	28	42	56	70
	경험	22	44	66	88	110
	솔선력	14	28	42	56	70
노력 (75점)	육체적 노력	10	20	30	40	50
	정신적 노력	5	10	15	20	25
책임 (100점)	기기 또는 공정	5	10	15	20	25
	자재 또는 제품	5	10	15	20	25
	타인의 안전	5	10	15	20	25
	타인의 직무수행	5	10	15	20	25
직무조건 (75점)	작업조건	10	20	30	40	50
	위험성	5	10	15	20	25

④ **요소비교법(Factor-comparison Method)**

㉠ 그 기업이나 조직에 있어서 가장 핵심이 되는 몇 개의 기준직무를 선정하고 각 직무의 평가요소를 기준직무의 평가요소와 결부시켜 비교함으로써 모든 직무의 가치를 결정하는 방법

㉡ 직무의 상대적 가치를 임금액으로 평가하는 것이 특징이다. 말하자면 임금액을 가지고 바로 평가 점수화할 수 있다는 것이다. 이와 같은 방법은 점수법을 개선한 것으로 점수법이 각 평가요소의 가치에 따라서 점수를 부여하는 데 반하여 요소비교법은 각 평가요소별로 직무를 등급화하게 된다.

㉢ 절차는 몇 개의 기준직무 선정 → 평가요소의 선정 → 평가요소별로 기준직무의 등급화 및 임금분배 → 평가직무와 기준직무의 비교평가의 순이다.

㉣ 점수법이 주로 공장의 기능직에 국한하여 사용되는 데 비해 요소비교법은 기능직은 물론이고 사무직 · 기술직 · 감독직 · 관리직 등 서로 다른 직무에도 널리 이용 가능하다.

㉤ 직무평가의 기준이 구체적이기 때문에 직무 간의 비교가 용이하고 점수법보다 합리적이라는 장점이 있지만, 기준 직무의 선정과 평가요소별 임금배분에 정확성을 기하기 어렵고 시간과 비용이 많이 든다는 단점이 있다.

(3) 직무평가의 유의점

① 기술적 측면의 한계

구성원과 경영자 간의 가치상 갈등과 관련해서 발생한다. 즉 경영자의 입장에서 직무평가요소를 기능과 책임 · 노력 및 작업조건으로 분류하는 데 반해, 구성원들

은 감독의 유형 · 다른 구성원에 대한 적응도 · 작업에 대한 성실성 · 초과작업시간 · 인센티브 · 기준의 엄격성 등을 추가하고자 한다.

② 인간관계적 측면의 유의점
직무평가가 과학적이며 논쟁의 여지가 없다는 보장이 없기 때문에 임금결정과정에서 구성원들의 반발과 노동조합의 영향을 고려해야 한다.

③ 직무평가계획상의 유의점
이는 직무평가의 대상이 다수이거나 서로 상이할 때 발생하는 문제점으로, 모든 직무에 하나의 평가계획을 설정하느냐, 아니면 상이한 구성원 집단에 다수의 평가계획을 설정하느냐 하는 것이다. 예컨대, 생산에 관한 직무의 평가에 사용하는 요소와 척도가 영업이나 관리직의 평가에는 적당한 표준척도가 되지 못한다.

④ 직무평가위원회 조직
직무평가를 실시할 때 직무평가위원회 조직을 구성해야 하는데, 여기에 참가하는 경영자를 선정하는 과정에서 문제점이 있게 된다. 조직 내에서 광범위한 이해나 구성원의 동의를 얻기 위해서는 구성원에게 영향을 미치는 많은 수의 경영자들이 참가하는 것이 필요하다. 반면에 위원회가 너무 많은 수의 참가자로 구성될 때 경비가 많이 들 뿐만 아니라 오히려 비능률을 초래할 수 있다. 따라서 직무평가위원회를 구성할 때에는 이러한 양면을 동시에 고려하여야 한다.

⑤ 직무평가의 결과와 노동시장평가의 불일치
직무의 종류에 따라서는 노동시장의 특수한 상황과 결부되어 노동시장에서의 현행 임금과 직무평가에서 결정된 직무의 상대적 가치가 일치하지 않을 경우가 있다. 따라서 경영자는 임금결정과정에서 이와 같은 직무들에 대한 특별한 고려가 있어야 한다. 즉, 임금조사나 그 결과에 대한 임금체계의 조정이 직무평가 실시 후에도 뒤따라야 한다.

⑥ 평가빈도
급격한 환경변화에 창조적으로 적응하고자 하는 기업 내의 종업원들이 담당하는 직무의 성격은 환경과 더불어 변화할 뿐만 아니라, 새로운 성격의 직무도 생겨날 수 있다. 이러한 직무의 성격변화와 관련된 문제점으로서 직무를 평가하는 횟수, 즉 빈도(Frequency)를 적절히 정하는 것이 필요하며, 새로운 성격의 직무에 대한 문제점에는 직무평가 절차와 방법을 선정하는 것이 필요하다.

(4) 직무분류

구 분	직무분류(Job Classification)
의의	동일 또는 유사한 역할 또는 능력을 가진 직무의 집단, 즉 직무군(Job Family)으로 분류하는 것
특징	직무군은 하나 또는 둘 이상의 능력승진의 계열을 가지며 각각 간단히 대체될 수 없는 전문지식, 기능의 체계를 가지는 것
목적	직무분류를 통하여 동일한 기초능력이나 적성을 요하는 직무들을 하나의 무리로 묶어 이를 직종 또는 직군으로 함으로써 이들 직무 내에서 단계적으로 승진하도록 한다든가 이동하도록 하여 보다 쉽게 새로운 직무에 관한 학습이 가능하게 된다.
유용성	오늘날 기업은 채용한 사람들에게 하나의 직무만을 무기한으로 맡기는 것이 아니라, 여러 가지 유사한 직무를 맡길 수 있는 것이 기업에도 유리하고 개인에게도 좋은 경우가 많다. 따라서 선발 시에도 장기고용을 전제로 하는 경우에는 직무단위가 아니라 직군단위의 공통적인 기초능력이나 적성을 기준으로 평가하게 된다.

4. 선발 및 배치

기업의 생산성은 우수한 인력의 확보로부터 시작된다. 우수한 인력의 확보를 위해서는 먼저 직무관리와 인적자원계획이 선행되어야만 한다.

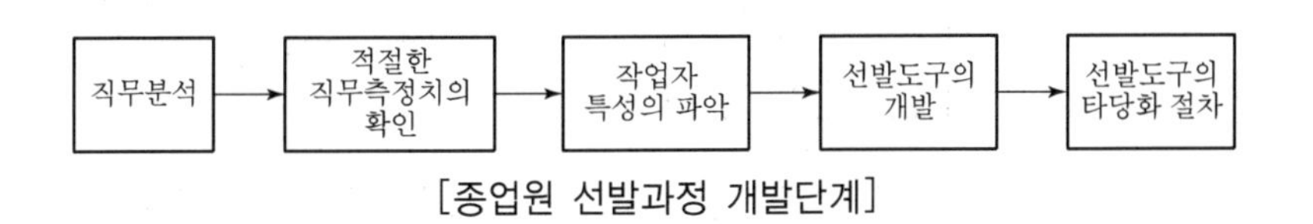

[종업원 선발과정 개발단계]

1) 채용관리

기업의 목적달성을 위해 필요한 인력을 조직 내로 유인하여 적재적소에 배치하는 과정을 채용관리라고 한다. 따라서 채용관리는 '모집 → 선발 → 배치'의 과정을 말하는 것이다. 조직 내부로부터의 채용은 승진이나 재배치에 의해 수행되며, 조직 외부로부터의 채용은 모집과 선발에 의해 수행된다.

(1) 모집

① 내부모집

㉠ 기업이 잠재력이 있고 필요한 지식과 능력을 가진 인력을 모집하여 인재를 육성하는 인재양성전략(Making Policy)이다. 하위 직급의 인력에서부터 잠재력

이 있고 우수한 인력을 조기에 확보하여 지속적인 이동과 승진 및 교육훈련 등을 통해 필요로 하는 인재를 양성한다.

㉡ 조직구성원들의 높은 충성심과 팀워크를 기대할 수 있으나, 외부환경변화에 대한 유연성이 떨어지고, 기업의 인건비가 점차 가중되기도 한다.

② 외부모집

㉠ 기업이 필요한 인력을 외부로부터 모집하는 인재구매전략(Buying Policy)이다. 외부에서 양성된 인력 중 기업에 부합되는 인력을 적기에 모집하는 것으로, 전 직급에 걸쳐 현재 필요한 자질과 능력이 갖추어진 경력사원을 채용한다.

㉡ 인력관리를 신축적으로 운영할 수 있어서 시장 환경변화에 빠르게 대응할 수 있다는 장점이 있으나, 조직구성원들이 고용에 불안을 느끼며 충성도가 약해질 수 있다.

(2) 선발

① 시험

② 면접

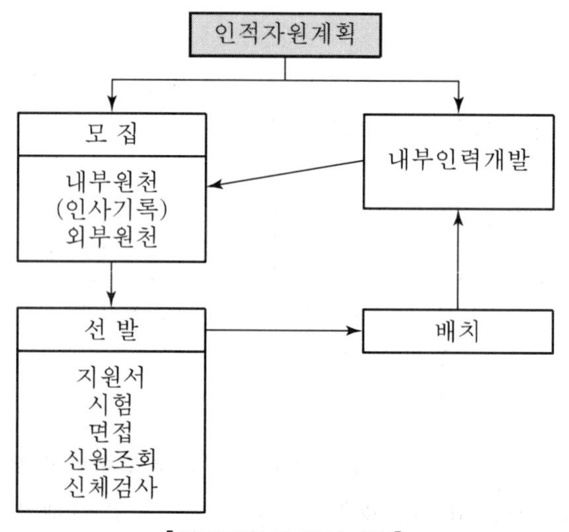

[인적자원의 확보과정]

구 분	내 용
정형적 면접	• 구조적 면접 또는 지시적 면접으로 불리며 직무명세서를 기초로 하여 미리 질문의 내용 목록을 준비해 두고 이에 따라 면접자가 차례로 질문해 나가며 이에 벗어나는 질문은 하지 않는 방법 • 이 방법은 훈련받지 않은 면접자가 활용하는 데 도움
비지시적 면접	• 피면접자에게 의사표시 자유를 주고 그 가운데서 응모자에 대한 폭넓은 정보를 얻는 방법 • 면접자의 고도의 질문기법과 훈련이 필요 • 이 방법은 대개 지시적 방법과 혼용
스트레스 면접	• 면접자가 아주 공격적 태도를 취하여 피면접자를 거의 무시하고 좌절하게 만듦으로써 피면접자의 스트레스 하에서의 감정의 안정성과 좌절에 대한 인내도 등을 관찰하는 방법 • 선발되지 않는 응모자에게는 회사에 대한 부정적인 이미지를 갖게 하기 쉽고 채용하려 해도 때로는 입사를 거부하는 사례가 나타나는 것이 문제점
패널면접	• 다수의 면접자가 하나의 피면접자를 평가하는 방법 • 면접 후 면접자들 간의 의견 교환으로 광범위한 조사가 가능하지만 매우 공식적이기 때문에 피면접자가 긴장감을 느끼게 되어 자연스러운 반응을 하지 않게 된다. • 다수의 면접자를 활용하므로 비용이 많이 들기 때문에 관리직이나 전문직 같은 고급 직종의 선발면접에만 주로 사용
집단면접	• 각 집단단위별로 특정 문제에 따라 자유토론을 할 수 있는 기회를 부여하고 토론과정에서 개별적으로 적격 여부를 심사 판정하는 기법 • 시간의 절약이 가능하고 다수인의 우열비교를 통해 리더십이 있는 인재를 발견할 수 있다는 장점이 있다.
평가 센터법	• 평가자와 다수의 지원자가 특정 장소에 며칠간 합숙하면서 여러 종류의 선발도구를 동시에 적용하여 지원자를 평가하는 방법 • 선발도구는 면접, 집단토의, 특정 주제에 대한 발표, 각종시험 등을 이용 • 지원자의 자질이나 지식, 능력을 파악하는 데 우수하며, 중간 이상의 관리자, 경영자를 선발할 때 사용

③ 선발도구의 합리적 조건

선발시험이나 면접 등과 같은 선발도구를 가지고 선발하게 되지만 오류를 범할 수 있다. 이러한 오류를 범하지 않고 올바른 결정이 되기 위해서는 선발도구의 신뢰성과 타당성 및 선발비율이 고려되어야 한다.

구 분	선발도구의 합리적 조건
신뢰성 (Reliability)	동일한 사람이 동일한 환경에서 어떤 시험을 몇 번이고 다시 보았을 때 그 측정 결과가 서로 일치하는 정도를 뜻하는 것으로 일관성, 안정성, 정확성 등을 나타낸다. 선발결정의 근거자료가 신뢰하기 어렵다면 효과적인 선발도구로 사용될 수 없는 것이다.
타당성 (Validity)	**시험이 당초에 측정하려고 의도하였던 것을 얼마나 정확히 측정하고 있는가를 밝히는 정도를 말한다. 즉, 시험에서 우수한 성적을 얻은 사람이 근무성적 또한 예상대로 우수할 때 그 시험은 타당성이 인정된다.**
선발비율	선발비율은 선발예정자 수를 총 지원자 수로 나눈 값으로 선발비율이 1.0(지원자가 전원 고용된 경우)에 가까이 접근해 갈수록 조직의 관점에서 볼 때에는 바람직하지 못하다고 할 수 있다. 역으로 선발비율이 0(지원자가 아무도 고용되지 않는 경우)에 가까이 접근해 갈수록(선발비율이 낮을수록) 조직의 입장에서는 선택할 여유가 있기 때문에 바람직하다고 볼 수 있다.

(3) 배치

① 적정배치란 어떤 직장 또는 직무에 어떠한 자질을 가진 종업원이 어떻게 배치되는 것이 가장 합리적인가를 결정하는 과정이다. 즉, 적재적소의 원칙을 실현하는 구체적인 과정이라 할 수 있으며 이러한 적정배치가 이루어지면 다음과 같은 이점이 있다.

㉠ 종업원 개개인의 인격을 존중한다.

㉡ 종업원의 성취욕구를 어느 정도 충족시켜준다.

㉢ 종업원으로 하여금 참여와 자발적 노력을 발휘하도록 한다.

㉣ 종업원들에게 능률을 높일 수 있는 활로를 열어준다.

㉤ 이직률과 결근율을 낮춘다.

㉥ 기업의 목표달성을 촉진시킨다.

② 배치(Placement)의 원칙

적재적소주의, 실력주의, 인재육성주의, 균형주의 등

5. 인사관리의 기초

1) 신뢰도와 타당도

(1) 신뢰도(Reliability)

① **신뢰도의 개념 : 측정한 검사점수의 일관성, 안정성, 동등성에 의해 검사를 평가하는 기준이며 검사의 결과가 얼마나 일관성이 있는지를 나타내는 정도**를 뜻한다. 만일, 측정되는 특성이 그대로라면 아무리 반복 측정해도 동일한 신뢰도 추정치를 산출해야 한다.

② 검사-재검사 신뢰도 : 두 시점에서 검사를 반복해서 실시했을 때 얻어지는 검사점수의 상관계수를 통해 시간경과에 따른 안정성을 나타내는 신뢰도이다. 이러한 신뢰도 계수는 안정성계수라고 부르며 두 번의 검사점수가 일치할수록 높은 신뢰도를 갖는다.

③ **동형검사 신뢰도 : 같은 구성개념을 측정하며 검사문항은 다르지만 같은 특성을 가지고 가정하는 두 개의 검사 점수 간 상관계수를 통해 동등성을 나타내는 신뢰도**이다. 이러한 신뢰도 계수는 동등성 계수라고 부르며 이는 두 가지 유형의 검사가 동일한 개념을 얼마만큼 일관되게 측정하는지를 나타낸다.

④ 반분신뢰도 : 한 개의 검사를 실시한 후 검사를 두 부분으로 나누어 각 부분의 검사점수의 상관계수를 통해 나타내는 신뢰도이다. 이때 검사를 두 개의 부분으로 나누는 방법에는 전후 반분법(검사의 전반부와 후반부로 나누는 방법)과 기우 반분법(검사의 홀수 문항과 짝수 문항으로 나누는 방법)이 있다.

⑤ 평가자 간 신뢰도 : 두 명 이상의 평가자들이 평정점수를 토대로 평가가 일치하는 정도를 나타내는 신뢰도이다. 평정자들의 주관적인 판단에 기초해서 평가가 이루어질 때는 각 평가자의 견해와 특성에 따라 혹은 그들의 판단에서의 왜곡과 오류 때문에 동일한 수행과 행동에 대해서 평가점수의 불일치가 나타날 수 있다. 따라서 평정자 간 신뢰도를 검토해 볼 필요가 있다.

(2) 타당도(Validity)

타당도(Validity)란 검사가 측정하고자 하는 것을 제대로 측정하고 있는지를 나타내는 정도를 뜻한다. 따라서 도구 자체보다는 검사의 사용과 더 밀접한 관련을 가지며 준거를 예측하거나 준거에 관한 추론을 도출하기 위한 검사의 정확성과 적절성을 나타낸다고 볼 수 있다.

① **구성타당도** : 개발된 검사가 측정하고자 하는 이론적 구성개념을 얼마나 정확하고 충실하게 측정하고 있는지를 나타내는 타당도이다. 따라서 구성타당도는 검사를 통해 측정하고자 하는 것과 이론적인 개념 간의 관계를 파악하기 위한 과정이다.

적성, 지능, 흥미, 만족, 동기, 성격 같은 개념들을 검사도구가 얼마나 잘 측정하는지를 나타낸 것이다.

㉠ **수렴타당도** : 새롭게 개발된 검사를 유사하고 관련 있는 특성을 측정하는 기존 검사들과 비교했을 때 얼마나 상관을 가지는지를 통해 나타나는 타당도로서 상관관계가 높을수록 수렴타당도가 높다고 말한다. 이는 어떤 검사가 측정하고 있는 것이 이론적으로 관련이 있는 속성과 높은 상관을 나타내는지를 확인하는 것이다.

㉡ **변별타당도** : 상이한 특성을 측정하는 다른 종류의 검사와의 상관계수를 통해 확인하는 타당도로서 상관관계가 낮거나 없을 때 변별타당도가 높다고 볼 수 있다.

② 준거관련 타당도 : 검사가 준거를 예측하거나 준거와 관련이 되어 있는 정도를 나타내는 타당도이다.

㉠ **동시타당도** : 주로 검사로 측정되는 예측변인과 수행이나 실적 같은 준거 간의 관계를 측정하는 것으로 두 가지 측정치를 동시에 측정하여 상관계수를 통해 나타내는 타당도이다. 예를 들어 이미 직무에 종사하는 사람들에게 특정 검사를 실시하여 이 점수를 확보하고 근로자들이 직무수행능력이나 성과지표를 구해서 이들 간의 관계를 알아보는 방법이다.

㉡ **예측타당도** : **예측변인이나 특정 검사가 미래의 수행을 얼마나 잘 예측하는지의 정도를 나타내는 것**으로 두 가지 측정치를 시간간격을 두고 측정하여 상관계수를 통해 나타내는 타당도이다. 예를 들어 어떤 특정 시기에 모든 지원자들에게 해당 검사를 실시하고 고용한 뒤 시간이 지난 후에 종업원들의 직무수행능력이나 성과지표를 구해서 이 둘 간의 관계를 알아보는 방법이다. 이를 통해 해당 검사가 직무에서의 성공적인 수행을 얼마나 정확히 예측했는지를 파악할 수 있다.

③ **내용타당도** : 검사의 문항들이 검사가 측정하고자 하는 구성개념을 대표하는 내용으로 구성되었는지에 대해 관련 전문가들이 평가함으로써 도출되는 타당도이다. 측정하고자 하는 행동을 예측변인이 얼마나 잘 대표하는지를 의미한다. **내용타당도는 상관계수를 통해 제시되는 것이 아니며 검사가 다루는 분야의 전문가들의 평가로서 제시된다.**

④ **안면타당도** : 검사 문항들이 검사의 용도에 적절한지와 측정하고 있는 구성개념을 잘 반영하고 있는지를 피검자들이 느끼는 정도를 뜻한다. 따라서 실제로 무엇을 재고 있는지의 문제가 아니라 검사가 측정한다고 가정하는 것이 실제 측정하는 것처럼 보이는가의 문제이다. 안면타당도는 검사 문항들의 외관, 특정 검사의 내용들이 적절해 보이는지와 관련이 있으며 검사를 받는 피검자들로부터 얻게 된다.

안면타당도는 피검자들의 입장에서 검사가 적절하게 여겨지는지, 검사가 개인들을 평가하는 정당한 수단으로 보이는지에 대해 영향을 미친다.

2) 다양한 선발전략

(1) 중다회귀법

두 개 이상의 예측변인들로 하나의 준거점수를 예측하기 위한 방법이다. 이 방법은 어떤 지원자가 하나의 예측변인에서 좋은 속성을 가지고 있다면 다른 예측변인에서의 부족한 속성을 보상할 수 있다고 가정하고 있기 때문에 한 예측변인의 점수가 높을 때 다른 예측변인에서 낮은 점수를 받아도 합격할 수 있다.

(2) 중다통과법

직무에서 성공적 수행을 하기 위해 모든 예측변인들에게 필요한 최소한의 점수를 넘어야 하는 방법이다. 지원자가 어떤 특정 변인의 점수가 조직에서 요구하는 합격점에 미치지 못한다면 채용 결정에서 제외된다. 이 방법은 하나의 예측변인에서 높은 점수를 기록하더라도 다른 예측변인의 낮은 점수를 보상할 수 없다.

(3) 중다장애법

지원자들이 여러 번 실시되는 예측변인 검사에서 계속 좋은 점수를 얻어야 합격이 되는 방법이며 예측변인 합격점을 넘어서 이 과정을 모두 통과해야만 최종합격이 결정된다. 상대적으로 시간과 비용이 많이 들지만 실력에 미치지 못하는 지원자는 일찍 탈락하기 때문에 모든 지원자에게 전체 선발 예측도구들을 실시할 필요가 없다는 장점이 있고, 여러 단계를 거친 평가가 이루어지기 때문에 최종적으로 선발된 지원자들에 대해 확신을 가질 수 있다는 장점이 있다.

03 직무태도 및 동기

Section

1. 인간의 일반적인 행동특성

인간은 서로 비슷한 특징을 가지고 있는 것처럼 보이지만 개인들은 각기 다른 유전적 특성과 경험을 가지고 살아가며 지식과 기술, 취미와 관심, 그리고 성격과 가치관 등에서 개인적 차이가 존재한다. 레빈(K. Lewin)은 인간의 행동(B)은 개인적 특성(P)과 주어진 환경(E)과의 함수관계에 있다고 주장하였다.

레빈(K. Lewin)의 법칙
레빈은 인간의 행동(B)은 그 사람이 가진 자질, 즉 개체(P)와 심리적 환경(E)과의 상호함수관계에 있다고 하였다.

$$B = f(P \cdot E)$$

여기서, B : Behavior(인간의 행동)
f : function(함수관계)
P : **Person(개체 : 연령, 경험, 심신상태, 성격, 지능 등)**
E : Environment(심리적 환경 : 인간관계, 작업환경 등)

2. 사회행동의 기초

1) 적응의 개념

적응이란 개인의 심리적 요인과 환경적 요인이 작용하여 조화를 이룬 상태로, 일반적으로 유기체가 장애를 극복하고 욕구를 충족하기 위해 변화시키는 활동뿐만 아니라 신체적 · 사회적 환경과 조화로운 관계를 수립하는 것을 말한다.

2) 부적응

사람들은 누구나 자기의 행동이나 욕구, 감정, 사상 등이 사회의 요구 · 규범 · 질서에 비추어 용납되지 않을 때는 긴장, 스트레스, 압박, 갈등이 일어나는데, 대인관계나 사회생활에 조화를 잘 이루지 못하는 행동이나 상태를 부적응 또는 부적응 상태라 이른다.

(1) 부적응의 현상

능률 저하, 사고, 불만 등

(2) 부적응의 원인

① 신체 장애 : 감각기관 장애, 지체부자유, 허약, 언어 장애, 기타 신체상의 장애
② 정신적 결함 : 지적 우수, 지적 지체, 정신이상, 성격 결함 등
③ 가정 · 사회 환경의 결함 : 가정환경 결함, 사회적 · 경제적 · 정치적 조건의 혼란과 불안정 등

3. 동기부여

1) 동기의 원인

동기는 내적 원인과 외적 원인, 그리고 이 두 요인 간의 상호작용으로 일어난다. 음식이나 물에 대한 욕구는 내적 원인에 의해 일어나지만, 인정이나 칭찬을 받으려는 욕구는 사회적 환경 같은 외적 요인에서 유발된다. 음식을 먹으려는 욕구가 내적 요인이라면 무엇을 먹을 것인가, 얼마나 먹을 것인가는 환경이나 이전의 학습에 영향을 받는다. 동기의 원인에 관한 이론은 본능이론, 추동감소이론, 유인이론 등이 있다.

(1) 본능이론

심리학자들이 처음에는 동기를 타고난다고 생각하였다. 즉, 태어날 때부터 생존에 필요한 행동이 프로그램화되어 있다고 본다. 이러한 본능은 행동을 적절한 방향으로 이끄는 에너지를 제공한다. 그렇지만 인간의 행동을 본능이론만으로 설명하기에는 부족한 점이 많다.

(2) 추동감소이론

추동(Drive)이란 욕구 결핍으로 생긴 심리적 · 신체적 흥분상태를 말한다. 식사를 거르면 생리적으로 배가 고프게 돼 음식에 대한 심리적 욕구가 생기게 되고 식사를 하면 음식에 대한 욕구가 가라앉는다는 것이다. 이 이론 또한 생리적 욕구의 결핍(1차적 추동이라고 하기도 한다.)을 설명하는 데는 좋을 수 있으나 어떤 분명한 생리적 욕구가 없는 추동을 설명하는 데는 적합하지 않은 경우가 많다.

(3) 유인이론

외부 요인이 행동을 유발한다는 이론이다. 본능이론이나 추동감소이론이 내적 요인이 목표지향적 행위를 유발한다는 것이라면 유인이론은 외적인 요인이 목표지향적 행위를 유발한다는 것이다. 인간이 어떤 행위를 했을 때, 환경으로부터 긍정적인 유인가(Positive incentive : 돈, 명예, 칭찬 등)를 받게 되면 그런 행위를 더 하려고 하고, 부정적인 유인가(Negative incentive : 비난, 처벌 등)를 받게 되면 그 다음에는 그런 행위를 하지 않으려고 한다.

2) 동기의 분류

(1) 생리적 동기

생리적 동기는 인간을 포함한 모든 유기체가 생리적으로 필요한 대상을 얻고자 목표 지향적으로 행동하는 동기를 말한다. 생리적 동기는 주로 일차적 동기로서 학습하지 않아도 되는(본능인) 것이 대부분이지만 학습을 통해 생성될 수도 있다. 허기동기(Hunger Motive), 갈증 동기(Thirst Motive), 성동기(Sex Motive), 모성동기(Maternal Motive), 수면동기(Sleeping Motive) 등이 여기에 속한다.

(2) 개인적·심리적 동기

개인적·심리적 동기는 생리적 동기처럼 인간의 생존에 절대적으로 필요한 공급물이 결핍되어 생기는 것이 아니라, 다른 사람들과의 상호관계를 통해 학습되는 동기를 의미한다.

(3) 조직생활에서의 동기

현대인의 생활은 조직과 불가분의 관계를 맺고 있다. 모든 조직은 일정한 목표를 추구하고 조직에 속한 인간은 조직의 목표달성을 위해 여러 가지 활동을 한다. 조직은 목표 달성에 있어서 경제성 원칙에 따라 구성원이 움직여 주기를 바란다. 그러나 인간은 기계가 아니므로 경제성 원칙에 따라 움직이는 데는 한계가 있다. 이러한 한계를 극복하기 위해 조직은 동기와 관련된 심리학적 지식을 활용해 구성원이 효과적으로 목표 달성에 기여하도록 한다. 동기이론에는 동기의 내용이 무엇인지 설명하는 내용이론과 동기가 어떻게 발생하는지 설명하는 과정이론이 있다.

동기내용이론은 사람들이 동기를 유발하는 요인이 내부적 욕구라고 생각하고 구체적인 욕구를 규명하는 데 초점을 둔 이론이다. 즉 어떤 요인이 동기를 유발하는가에 주목하여 욕구 충족의 행동 관점에서 동기를 설명하는 것이다. 대표적 이론으로 매슬로의 욕구단계이론, 허츠버그의 2요인 이론, 알더퍼의 ERG 이론, 맥그리거의 XY 이론, 맥클랜드의 성취동기이론 등이 있다.

동기과정이론은 동기가 어떻게, 어떤 과정을 거쳐서 발생하는가를 설명하는 이론이다. 동기의 종류를 설명하기보다는 다양한 직무수행 목표를 어떻게 선택하고 목표를 달성한 다음 자신의 만족도를 어떻게 평가하는가에 초점을 둔 이론으로 기대이론, 공정성이론, 강화이론 등이 여기에 해당한다.

3) 매슬로(Maslow)의 욕구단계이론

(1) 생리적 욕구(제1단계) : 기아, 갈증, 호흡, 배설, 성욕 등

(2) 안전의 욕구(제2단계) : 안전을 기하려는 욕구

(3) 사회적 욕구(제3단계) : 소속 및 애정에 대한 욕구(친화 욕구)

(4) 자기존경의 욕구(제4단계) : 자존심, 명예, 성취, 지위에 대한 욕구(승인의 욕구)

(5) 자아실현의 욕구(제5단계) : 잠재적인 능력을 실현하고자 하는 욕구(성취욕구)

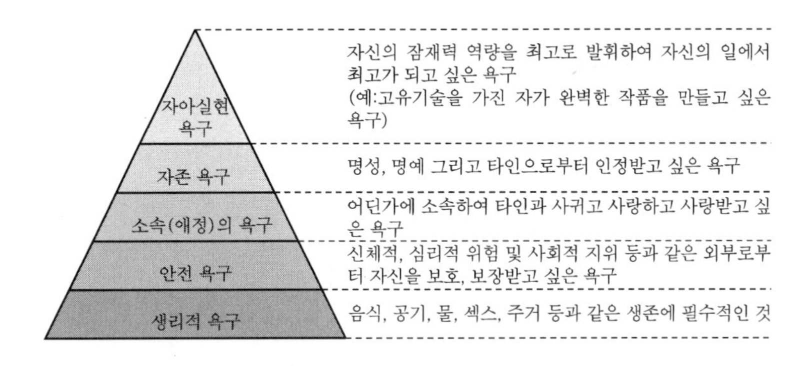

Maslow의 욕구단계이론		Herzberg의 2요인 이론	Alderfer의 ERG 이론
제1단계	생리적 욕구	위생 요인	존재욕구(Existence)
제2단계	안전 욕구		
제3단계	사회적 욕구		관계욕구(Relation)
제4단계	인정받으려는 욕구	동기 요인	
제5단계	자아실현의 욕구		성장 욕구(Growth)

4) 알더퍼(Alderfer)의 ERG 이론

(1) E(Existence) : 존재의 욕구

생리적 욕구나 안전욕구와 같이 인간이 자신의 존재를 확보하는 데 필요한 욕구이다. 또한 여기에는 급여, 부가급, 육체적 작업에 대한 욕구 그리고 물질적 욕구가 포함된다.

(2) R(Relation) : 관계욕구

개인이 주변 사람들(가족, 감독자, 동료작업자, 하위자, 친구 등)과 상호작용을 통하여 만족을 추구하고 싶어하는 욕구로서 매슬로의 욕구단계 중 애정의 욕구에 속한다.

(3) G(Growth) : 성장욕구

매슬로의 자존의 욕구와 자아실현의 욕구를 포함하는 것으로서, 개인의 잠재력 개발과 관련되는 욕구이다. ERG 이론에 따르면 경영자가 종업원의 고차원 욕구를 충족시켜야 하는 것은 동기부여를 위해서만이 아니라 발생할 수 있는 직·간접비용을 절감한다는 차원에서도 중요하다는 것을 밝히고 있다.

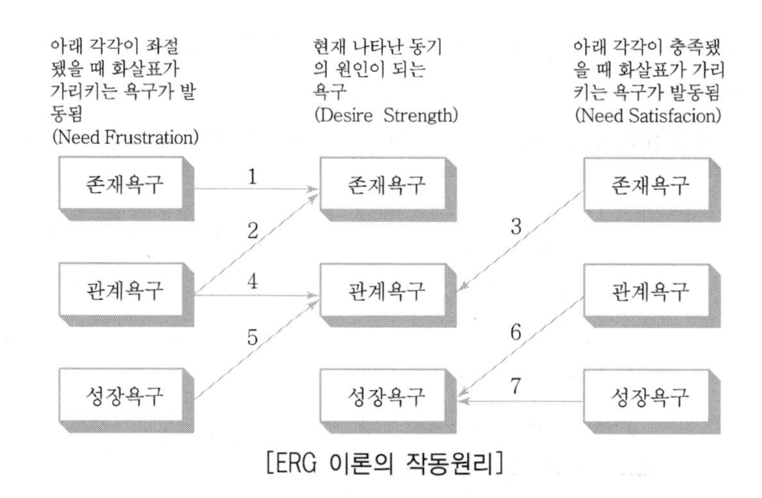

[ERG 이론의 작동원리]

5) 맥그리거(Mcgregor)의 X이론과 Y이론

(1) X이론에 대한 가정

① 원래 종업원들은 일하기 싫어하며 가능하면 일하는 것을 피하려고 한다.

② 종업원들은 일하는 것을 싫어하므로 바람직한 목표를 달성하기 위해서는 그들을 통제하고 위협하여야 한다.

③ 종업원들은 책임을 회피하고 가능하면 공식적인 지시를 바란다.

④ 인간은 명령되는 쪽을 좋아하며 무엇보다 안전을 바라고 있다는 인간관

※ X이론에 대한 관리 처방

㉠ 경제적 보상체계의 강화

㉡ **권위주의적 리더십의 확립**

㉢ 면밀한 감독과 엄격한 통제

㉣ 상부책임제도의 강화

㉤ 통제에 의한 관리

(2) Y이론에 대한 가정

① 종업원들은 일하는 것을 놀이나 휴식과 동일한 것으로 볼 수 있다.

② 종업원들은 조직의 목표에 관여하는 경우에 자기지향과 자기통제를 행한다.

③ 보통 인간들은 책임을 수용하고 심지어는 구하는 것을 배울 수 있다.

④ 작업에서 몸과 마음을 구사하는 것은 인간의 본성이라는 인간관

⑤ 인간은 조건에 따라 자발적으로 책임을 지려고 한다는 인간관

⑥ 매슬로의 욕구단계 중 자기실현의 욕구에 해당한다.

※ Y이론에 대한 관리 처방
㉠ 민주적 리더십의 확립
㉡ **분권화와 권한의 위임**
㉢ 직무확장
㉣ 자율적인 통제

6) 허쯔버그(Herzberg)의 2요인 이론(위생요인, 동기요인)

(1) 위생요인(Hygiene)

작업조건, 급여, 직무환경, 감독 등 일의 조건, 보상에서 오는 욕구(충족되지 않을 경우 조직의 성과가 떨어지나, 충족되었다고 성과가 향상되지 않음)

(2) 동기요인(Motivation)

책임감, 성취 인정, 개인발전 등 **일 자체에서 오는 심리적 욕구**(충족될 경우 조직의 성과가 향상되며 충족되지 않아도 성과가 떨어지지 않음)

(3) Herzberg의 일을 통한 동기부여 원칙

① 직무에 따라 자유와 권한 부여
② 개인적 책임이나 책무를 증가시킴
③ 더욱 새롭고 어려운 업무수행을 하도록 과업 부여
④ 완전하고 자연스러운 작업단위를 제공
⑤ 특정의 직무에 전문가가 될 수 있도록 전문화된 임무를 배당

<table>
<tr><th colspan="2">McGregor의 XY 이론</th><th colspan="2">Herzberg의 동기-위생 2요인 이론</th></tr>
<tr><th>X이론</th><th>Y이론</th><th>위생요인(직무환경)</th><th>동기요인(직무내용)</th></tr>
<tr><td>① 인간 불신감</td><td>① 상호 신뢰감</td><td rowspan="6">① 회사정책과 관리
② 개인 상호 간의 관계
③ 감독
④ 임금
⑤ 보수
⑥ 작업조건
⑦ 지위
⑧ 안전
생산능력 향상 불가</td><td rowspan="6">① 성취감
② 책임감
③ 인정감
④ 성장과 발전
⑤ 도전감
⑥ 일 그 자체
생산능력 향상 가능</td></tr>
<tr><td>② 성악설</td><td>② 성선설</td></tr>
<tr><td>③ 인간은 원래 게으르고 태만하여 남의 지배받기를 즐긴다.</td><td>③ 인간은 부지런하고, 근면, 적극적이며, 자주적이다.</td></tr>
<tr><td>④ 물질욕구
(저차적 욕구)</td><td>④ 정신욕구
(고차적 욕구)</td></tr>
<tr><td>⑤ 명령 통제에 의한 관리</td><td>⑤ 목표통합과 자기통제에 의한 자율 관리</td></tr>
<tr><td>⑥ 저개발국형</td><td>⑥ 선진국형</td></tr>
</table>

7) 데이비스(K. Davis)의 동기부여이론

(1) 지식(Knowledge)×기능(Skill)=능력(Ability)
(2) 상황(Situation)×태도(Attitude)=동기유발(Motivation)
(3) 능력(Ability)×동기유발(Motivation)=인간의 성과(Human Performance)
(4) 인간의 성과×물질적 성과=경영의 성과

8) 기대이론

기대이론은 개인이 노력한 정도와 노력의 결과로부터 얻은 성과에 존재하는 관계에 대한 지각에 기초한 동기이론이다. 기대이론은 인간이 합리적이고 객관적이며 미래를 예측하고 이에 걸맞게 행동한다는 인간의 능력을 강조하며 종업원들이 언제 어디서 자신의 노력을 기울여야 할지에 대한 인지적 과정에 초점을 둔다.

(1) 5가지 주요요소

① **직무성과(Job Outcome)** : 급여, 승진, 휴가 등과 같이 조직이 종업원에게 제공할 수 있는 것들을 말한다. 직무성과는 종업원들의 직무수행 행동의 결과로 얻는 산물이며 직무성과들의 수에는 제한이 없다.

② **유인가(Valence)** : 개발성과에 대해 종업원들이 느끼는 감정을 말하며 이는 각 성과를 통해서 예상되는 만족, 성과가 지니는 매력의 정도를 의미한다.

③ **도구성(Instrumentality)** : 종업원들의 직무수행과 직무성과 획득 간의 관계에 대해 지각하는 것으로 정의된다. 도구성은 어떤 직무성과를 획득할 수 있는 정도가 개인의 직무수행에 달려 있다는 것을 의미하는 것이며 종업원들이 주관적으로 평가하기 때문에 개개인마다 다른 결과를 나타낼 수 있다.

④ **기대(Expectancy)** : 개인의 행동이 자신에게 가져올 결과에 대한 기대감으로서 종업원들이 투입하는 노력과 수행 간의 관계에 대한 지각을 의미한다. 어떤 직무는 열심히 노력하면 반드시 종업원에게 좋은 수행이 나타날 것이라고 기대할 수 있고 다른 직무에서는 아무리 열심히 노력해도 좋은 수행이 나타나는 것과 아무 관련이 없어 보일 때가 있다.

⑤ **힘(Force)** : 동기가 부여된 개인이 가지는 노력의 양으로 정의되며 직무수행에 대한 동기를 여러 요인들을 사용하여 산출한 것이다.

(2) 기대이론의 의미 및 적용

기대이론은 어떤 특정한 직무에서 종업원의 동기를 이해하는 데 합리적인 근거를 제공한다. 기대이론에 따르면 동기의 첫 번째 요소는 개인이 바라는 성과이며 두 번째 요소는 그 종업원이 직무수행과 성과의 획득 간에 어떤 관계가 존재한다고 생각하는 믿음이다. 만약 어떤 사람이 성과를 얻기를 바라지만 자신의 수행에 의해 성과를 얻을 수 없다고 생각하면 수행과 바라는 성과 간에는 아무런 관계가 존재하지 않는다. 즉 도구성이 낮게 나타난다.

9) 형평이론

형평이론(Equity Theory)은 인지부조화이론을 조직 현장에 적용시킨 이론이다. 이 이론에 따르면 사람들은 자신의 노력과 그 결과로 얻어지는 보상과의 관계를 다른 사람의 것과 비교하고 자신이 느끼는 공정성에 따라 행동의 동기가 영향을 받는다고 가정한다. 형평이론에서 동기는 타인과 비교해서 자신이 얼마나 형평성 있는 대우를 받는가에 대한 자신의 자각에 영향을 받는다고 본다. 여기서 형평성은 자신이 비교하는 타인의 투입과 성과 간의 비율을 검토해서 이루어진다.

(1) 형평이론의 중요요소

개인(Person), 타인(Other), 투입(Input), 성과(Outcome)

(2) 두 가지 유형의 불형평

① 과소지급 불형평 : 자신의 투입과 산출 간의 비율이 타인의 비율보다 낮다고 지각해서 유래되는 불공정의 느낌을 말한다.

② 과다지급 불형평 : 자신의 투입과 산출 간의 비율이 타인의 비율보다 높다고 지각해서 유래되는 불공정의 느낌을 말한다.

(3) 동기수준의 변화

불형평에 의해 경험하는 긴장을 줄이고자 사람들은 직무에 더 많은 노력을 투입하거나 줄이는 행동을 하게 된다.

① **과다지급 - 시간급** : 사람들은 더 열심히 일하거나 더 많은 노력을 함으로써 과다지급에 의해 야기된 불형평을 줄이고자 시도한다. 이 경우 사람들은 자신들의 투입을 증가시켜서 불형평의 감정을 줄인다. 그 결과 노력을 더 많이 함으로써 결과물의 양과 질이 향상되리라 기대할 수 있다.

② **과다지급 - 능률급** : 자신의 투입을 증가시키고 열심히 일함으로써 불형평의 감정을 줄이려 시도한다. 만약 더 열심히 일해서 자신의 생산량이 더 늘어나면 불형평의 감정이 더 커질 수 있다. 따라서 사람들은 전보다 더 좋은 품질의 제품을 더 적게 생산하는 방식으로 노력을 한다.

③ **과소지급 - 시간급** : 성과를 감소시키기 위해 자신들의 노력을 줄일 것이다. 생산량과 품질이 모두 저하될 수 있다.

④ **과소지급 - 능률급** : 보수에서 손실을 보충하기 위해 더 낮은 품질의 제품을 더 많이 생산하려고 노력한다.

10) 로크의 목표설정 이론

인간은 이성적이며 의식적으로 행동한다는 가정에 근거한 동기이론으로 목표, 의도, 과업수행 사이의 관계가 이 이론의 핵심이며 사람들의 의식적인 생각이 행동을 조절한다는 것이다.

(1) 목표와 동기향상

어려운 목표가 더 높은 수준의 직무수행을 가능하게 한다. 동기는 목표 달성도에 대한 난이도에 따라 증가한다. 구체적인 목표일수록 개인이 그것을 추구하기 위해 더 많은 노력을 기울일 수 있고 목표와 더욱 관련된 행동을 한다.

(2) 목표설정이 효과적인 이유

목표는 개인의 노력이 개입된 행동의 방향을 설정해 주는 효과를 지니고 목표가 구체적으로 정의된다면 개인은 어디에 노력을 기울여야 하는지 쉽게 파악할 수 있다. 어렵게 설정된 목표는 행동의 강도를 높이고 더 오래 행동을 지속하게 만든다.

11) 공정성이론

아담스(J. Adams)의 공정성이론은 인간이 자신의 사회적 관계를 타인들과의 비교를 통해 평가한다는 가정에서 시작된다. 종업원은 자신이 수고한 투입물(input)과 그로부터 얻어진 결과(outcome)를 타인과 비교한다. 회사에서 종업원의 투입물은 교육, 경험, 기술, 노력 등이며 종업원은 투입물에 대한 타당한 보상을 회사에 기대한다. 얻어진 투입물과 결과물의 비율이 다른 사람과 동일하다면 종업원은 공정하다고 느끼게 된다. 하지만 공정하지 않다고 느끼는 경우에는 불쾌감과 긴장이 유발되며 공정성을 회복하는 방향으로 노력하게 된다.

12) 강화이론

강화이론은 개인이 표현한 행동에 따라 보상 혹은 처벌을 주는 방식으로 작업자들에게 동기를 부여해준다는 이론이다. 강화이론은 조작적 조건형성과 고전적 조건형성에 기반을 두고 있는 작업동기이론이다. 스키너의 논리에 기초해서 강화이론은 자극, 반응, 보상의 세 가지 변인을 가지고 있다.

(1) 세 가지 변인

① 자극(Stimulus) : 행동반응을 유도해 내는 사건이자 조건이다.

② 반응(Response) : 자극에 의해 도출되는 결과로서 조직 내에서는 생산성, 결근, 사고, 이직 같은 수행에 대한 측정치이다.

③ 보상(Reward) : 유도한 행동반응에 기초하여 종업원에게 제공한 가치 있는 물질이다.

(2) 강화와 처벌

① 강화(Reinforcement)란 후속 반응의 빈도를 증가시키는 모든 사건을 말하며, 강화물이란 행동을 강화시키는 어떤 사건이나 사물을 뜻한다.

㉠ 정적 강화 : 반응 후에 기쁨을 줄 수 있는 자극을 제공해서 반응을 강화시키는 것이다. 음식물이나 돈을 제공하거나 칭찬, 관심을 제공하는 것이 그 예가 된다.

㉡ 부적 강화 : 개인에게 혐오스러운 자극을 감소시키거나 제거함으로써 반응을 강화시키는 것이다. 열심히 일할 때 휴식을 제공하는 것이 그 예가 된다.

㉢ 개인이 바라고 소망하는 어떤 것을 제공하는 것으로 작용하든지 아니면 혐오스러운 어떤 것을 감소시키는 것으로 작용하든지 간에 강화는 개인의 행동이 나타날 확률을 증가시킨다.

② 처벌(Punishment)이란 원하지 않는 후속 반응의 빈도를 감소시키는 모든 사건을 말한다.

㉠ 정적 처벌 : 반응 후에 혐오적인 자극을 제공해서 행동이 나타날 확률을 감소시키는 것이다. 벌금고지서를 부과하거나 체벌을 주는 것 등이 그 예가 된다.

㉡ 부적 처벌 : 반응 후에 바람직한 자극을 철회함으로써 그 행동이 나타날 확률을 감소시키는 것이다. 휴가를 금지하거나 면허를 취소하고 외출을 금지하는 것이 그 예이다.

(3) 강화계획

① 연속강화 계획 : 개인에게 원하는 행동이 나타날 때마다 그 행동에 대해 보상을 주는 방식이다.

② 부분강화 계획 : 개인에게 바라는 행동이 나타났을 때마다 그 행동에 대해 보상을 제공해 주는 것이 아니라 그중 일부 행동에 대해 나름의 계획에 근거해서 보상을 제공하는 방법이다.

③ 고정간격계획 : 사람들이 고정된 매시간 혹은 일정한 시간이 경과한 이후에 다음 강화를 받는 강화계획이다. 매 2시간마다 강화가 주어진다. 월급은 종업원이 일정한 수행을 보였을 때 매달 고정된 날에 보상을 제공받는 제도이기 때문에 고정간격계획으로 볼 수 있다.

④ 고정비율계획 : 사람들이 고정된 일정한 수의 반응을 한 후에 강화를 받는 강화계획

이다. 매 5번의 반응을 보일 때 강화가 주어진다. 능률급에 의한 보상, 영업사원이 상품을 판매할 때마다 보상을 받는 것이 대표적인 사례이다.

⑤ 변동간격계획 : 변동간격계획은 평균적으로는 일정한 시간이 경과한 다음에 보상을 주는 계획이지만 각각의 보상이 주어지는 시간 간격은 매번 변하게 된다.

⑥ 변동비율계획 : 평균으로 일정한 수이지만 실제로 강화가 주어지는 반응의 수는 매번 다른 강화계획이다. 변동비율계획은 평균적으로는 일정한 횟수가 경과한 다음에 보상을 주는 계획이지만 각각의 보상이 주어지는 시행의 횟수 간격은 매번 변하게 된다.

13) 안전에 대한 동기 유발방법

(1) 안전의 근본이념을 인식시킨다.
(2) 상과 벌을 준다.
(3) 동기유발의 최적수준을 유지한다.
(4) 목표를 설정한다.
(5) 결과를 알려준다.
(6) 경쟁과 협동을 유발시킨다.

4. 주의와 부주의

1) 주의의 특성

(1) 선택성(소수의 특정한 것에 한한다.)

인간은 어떤 사물을 기억하는 데에 3단계의 과정을 거친다. 첫째 단계는 감각보관(Sensory Storage)으로 시각적인 잔상(殘像)과 같이 자극이 사라진 후에도 감각기관에 그 자극감각이 잠시 지속되는 것을 말한다. 둘째 단계는 단기기억(Short-Term Memory)으로 누구에게 전해야 할 메시지를 잠시 기억하는 것처럼 관련 정보를 잠시 기억하는 것인데, 감각보관으로부터 정보를 암호화하여 단기기억으로 이전하기 위해서는 인간이 그 과정에 주의를 집중해야 한다. 셋째 단계인 장기기억(Long-Term Memory)은 단기기억 내의 정보를 의미론적으로 암호화하여 보관하는 것이다.

인간의 정보처리능력은 한계가 있으므로 모든 정보가 단기기억으로 입력될 수는 없다. 따라서 입력정보들 중 필요한 것만을 골라내는 기능을 담당하는 선택여과기(Selective Filter)가 있는 셈인데, 브로드벤트(Broadbent)는 이러한 주의의 특성을 선택적 주의(Selective Attention)라 하였다.

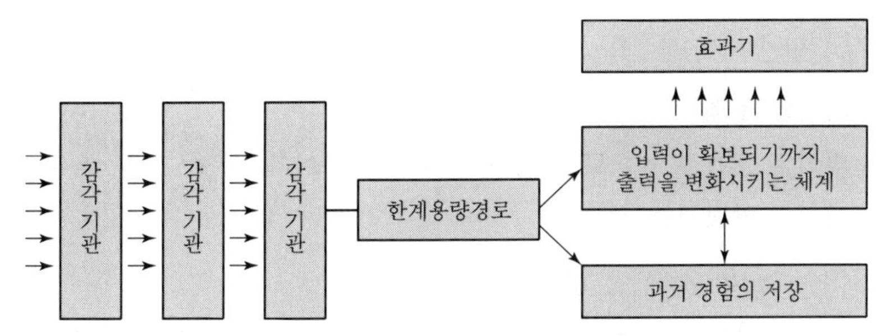

[Broadbent의 선택적 주의모형]

(2) 방향성(시선의 초점이 맞았을 때 쉽게 인지된다.)

주의의 초점에 합치된 것은 쉽게 인식되지만 초점으로부터 벗어난 부분은 무시되는 성질을 말하는데, 얼마나 집중하였느냐에 따라 무시되는 정도도 달라진다.

정보를 입수할 때에 중요한 정보의 발생방향을 선택하여 그곳으로부터 중점적인 정보를 입수하고 그 이외의 것을 무시하는 이러한 주의의 특성을 집중적 주의(Focused Attention)라고 하기도 한다.

(3) 변동성

인간은 한 점에 계속하여 주의를 집중할 수는 없다. 주의를 계속하는 사이에 언제인가 자신도 모르게 다른 일을 생각하게 된다. 이것을 다른 말로 '의식의 우회'라고 표현하기도 한다.

대체적으로 변화가 없는 한 가지 자극에 명료하게 의식을 집중할 수 있는 시간은 불과 수초에 지나지 않고, 주의집중 작업 혹은 각성을 요하는 작업(Vigilance Task)은 30분을 넘어서면 작업성능이 현저하게 저하한다.

그림에서 주의가 외향(外向) 혹은 전향(前向)이라는 것은 인간의 의식이 외부사물을 관찰하는 등 외부정보에 주의를 기울이고 있을 때이고, 내향(內向)이라는 것은 자신의 사고(思考)나 사색에 잠기는 등 내부의 정보처리에 주의집중하고 있는 상태를 말한다.

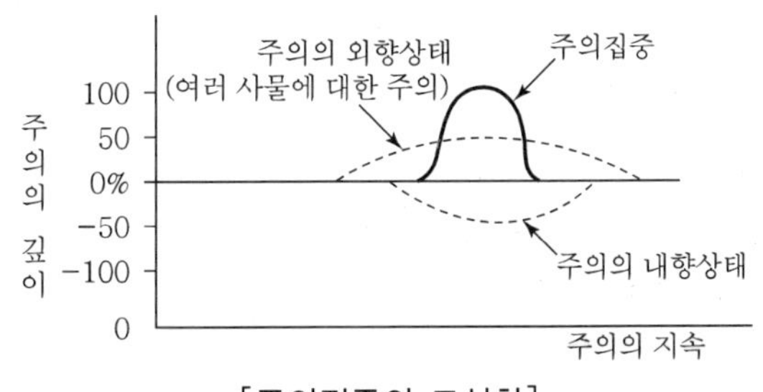

[주의집중의 도식화]

2) 부주의 원인

(1) 의식의 우회

의식의 흐름이 옆으로 빗나가 발생하는 것이다.(걱정, 고민, 욕구불만 등에 의하여 정신을 빼앗기는 것)

(2) 의식수준의 저하

혼미한 정신상태에서 심신이 피로할 경우나 단조로운 반복작업 등의 경우에 일어나기 쉽다.

(3) 의식의 단절

지속적인 의식의 흐름에 단절이 생기고 공백의 상태가 나타나는 것이다. 주로 질병의 경우에 나타난다.

(4) 의식의 과잉

지나친 의욕에 의해서 생기는 부주의 현상(일점 집중현상)이다.

(5) **근도반응과 생략행위**

일반적인 보행 통로가 있음에도 불구하고 심리적으로 무리하여 가까운 길을 택하는, 가까운 길에 대한 유혹을 근도반응이라고 한다.

생략행위는 귀찮은 생각에 해야 할 과정을 빠뜨리고 하는 행동으로 객관적인 판단력이 약화되어 있는 상태에서 발생한다.

(6) **억측판단**

초조한 심정이나 정보가 불확실할 때, 또는 이전에 성공한 경험이 있는 경우에 주로 이루어진다.

(7) **초조반응**

정보를 감지하여 판단하고 행동을 하는 것이 보통이지만 사고의 경향을 가진 사람은 판단 과정을 거치지 않고, 감지하고 나서 바로 행동으로 들어가는 초조반응 행동을 하는 경우가 많다.

(8) 부주의 발생원인 및 대책

① 내적 원인 및 대책

㉠ 소질적 조건 : 적성배치

㉡ 경험 및 미경험 : 교육

㉢ 의식의 우회 : 상담

② 외적 원인 및 대책
　㉠ 작업환경조건 불량 : 환경정비
　㉡ 작업순서의 부적당 : 작업순서정비

04 작업집단의 특성 Section

1. 집단에서의 인간관계

① 경쟁 : 상대보다 목표에 빨리 도달하려고 하는 것
② 도피, 고립 : 열등감에서 소속된 집단에서 이탈하는 것
③ 공격 : 상대방을 압도하여 목표를 달성하려고 하는 것

2. 인간관계 매커니즘

1) 동일화(Identification)

다른 사람의 행동양식이나 태도를 투입시키거나 다른 사람 가운데서 자기와 비슷한 점을 발견하는 것이다.

2) 투사(Projection)

자기 속의 억압된 것을 다른 사람의 것으로 생각하는 것이다.

3) 커뮤니케이션(Communication)

갖가지 행동양식이나 기호를 매개로 하여 어떤 사람으로부터 다른 사람에게 전달하는 과정이다.

4) 모방(Imitation)

남의 행동이나 판단을 표본으로 하여 그것과 같거나 또는 그것에 가까운 행동 또는 판단을 취하려는 것이다.

5) 암시(Suggestion)

다른 사람으로부터의 판단이나 행동을 무비판적으로 논리적, 사실적 근거 없이 받아들이는 것이다.

3. 집단행동

1) 통제가 있는 집단행동(규칙이나 규율이 존재한다.)

(1) 관습

풍습(Folkways), 예의(Ritual), 금기(Taboo) 등으로 나누어짐

(2) 제도적 행동(Institutional Behavior)

합리적으로 성원의 행동을 통제하고 표준화함으로써 집단의 안정을 유지하려는 것

(3) 유행(Fashion)

공통적인 행동양식이나 태도 등을 말함

2) 통제가 없는 집단행동(성원의 감정, 정서에 의해 좌우되고 연속성이 희박하다.)

① 군중(Crowd) : 성원 사이에 지위나 역할의 분화가 없고 성원 각자는 책임감을 가지지 않으며 비판력도 가지지 않는다.
② 모브(Mob) : 폭동과 같은 것을 말하며 군중보다 합의성이 없고 감정에 의해 행동하는 것
③ 패닉(Panic) : 모브가 공격적인 데 반해 패닉은 방어적인 특징이 있음
④ 심리적 전염(Mental Epidemic) : 어떤 사상이 상당 기간에 걸쳐 광범위하게 논리적 근거 없이 무비판적으로 받아들여지는 것

3) 집단에 있어서 사회행동의 기초

(1) 욕구

① 1차적 욕구 : 기아, 갈증, 성, 호흡, 배설 등의 물리적 욕구와 유해 또는 불쾌자극을 회피 또는 배제하려는 위급욕구로 구성된다.
② 2차적 욕구 : 경험적으로 획득된 것으로 대개 지위, 명예, 금전과 같은 사회적 욕구들을 말한다.

(2) 개성

인간의 성격, 능력, 기질의 3가지 요인이 결합되어 이루어진다.

(3) 인지

사태 또는 사상에 대하여 미리 어떠한 지식을 가지고 있느냐에 따라 규정된다.

(4) 신념 및 태도

① 신념 : 스스로 획득한 갖가지 경험 및 다른 사람으로부터 얻어진 경험 등으로 이루어지는 종합된 지식의 체계로 판단의 테두리를 정하는 하나의 요인이 된다.

② 태도 : 어떤 사태 또는 사상에 대하여 개인 또는 집단 특유의 지속적 반응 경향을 말한다.

4) 집단에 있어서 사회행동의 기초

(1) 협력 : 조력, 분업 등

(2) 대립 : 공격, 경쟁 등

(3) 도피 : 고립, 정신병, 자살 등

(4) 융합 : 강제, 타협, 통합 등

5) 사회집단의 특성

(1) 공동사회와 1차 집단 : 보다 단순하고 동질적이며 혈연적인 친밀한 인간관계가 있는 사회집단이다. 이러한 집단은 공동체 의식으로 인하여 자발적인 협동, 소속감, 책임 등이 강하다. 예로서 가족, 이웃, 동료, 지역사회 등이 있다.

(2) 이익사회와 2차 집단 : 계약에 의해 형성되는 집단으로 비교적 이해관계를 중심으로 하는 인위적인 협동사회이다. 예로서 시장, 회사, 학회, 정당, 국가 등이 있다.

(3) 중간집단 : 학교, 교회, 우애 단체 등이 있다.

(4) 3차 집단 : 유동적인 중간집단으로 일시적인 동기가 인연이 되어 어떤 목적이나 조건 없이 형성되는 집단으로 버스 안의 승객, 경기장의 관중 등이 여기에 해당한다.

6) 효과적인 집단의사결정 기법

(1) **브레인 스토밍(Brain Storming)**

집단에서 다른 사람들과 함께 일할 때 나타나는 부정적인 효과를 최소화하면서 아이디어를 창출해 내는 기법

① 특징

- **자유로운 토론을 통해 창조적인 아이디어를 이끌어 내는 창의성 개발기법으로서 질보다는 양을 중요시한다.**
- 타인의 의견을 절대 비판하지 않는다.

• 자유로운 분위기에서 최대한 많은 아이디어를 제시하여 서로 결합하고 개선함으로써 합의점을 도출한다.

② 원칙
  • 비판금지의 원칙
  • 자유분방의 원칙
  • 양 우선의 원칙
  • 결합 및 개선의 원칙

(2) 시네틱스(Synetics)

집단토의를 한다는 점에서 브레인 스토밍과 같지만 여러 가지 점에서 차이점을 지닌다. 브레인 스토밍이 리더나 참여자 모두가 문제의 성격을 잘 알고 짧은 시간 안에 토의를 하지만, 시네틱스는 지도자 혼자서만 주제를 알고 그 집단에는 문제를 제시하지 않고 장시간 자유롭게 토론하도록 함으로써 문제해결에 접근한다. 문제 자체를 구성원들에게 노출시키지 않는 것은 아이디어 산출에 대한 노력을 단념시키지 않고 지속시키기 위함이다. 시네틱스는 아이디어 수보다는 질에 치중한다는 점에서 브레인 스토밍과 근본적으로 다르고, 문제에 대한 새로운 시각을 갖도록 함으로써 심리적 활동의 상호작용을 촉진시키고 사고나 지각의 창조성을 자극한다. 리더는 토론을 실제문제와 연관시키는 능력이 있어야 하며 토론의 범위를 좁혀가면서 신중하게 결론에 이르도록 이끌 수 있어야 한다.

(3) **명목집단법(NGT ; Norminal Group Technique)**

문자 그대로 이름만 집단이지 구성원 상호 간에 대화나 토론을 통한 상호작용을 하지 않는다. 즉, 집단구성원들 간에 실질적인 접촉은 없고 단지 **서면을 통해서 하는 것**으로 모은 정보에 대한 피드백이 강하고 다른 사람의 영향을 받지 않는다.

① 장점 : 집단을 공식적으로 소집하여 한 곳에 모이게는 하지만 종래의 전통적인 상호작용 집단처럼 독립적인 사고를 제약하는 일이 없다.

② 단점 : 이 기법을 이끌어나가는 리더의 훈련이 필요하고, **한 번에 한 문제밖에 풀어나갈 수 없다.**

(4) **델파이법(Delphi Technique)**

우선 한 문제에 대해 몇 명의 전문가들의 독립적인 의견을 우편으로 수집하고 이 의견들을 요약하여 전문가들에게 배부한 다음 일반적인 합의가 이루어질 때까지 서로의 아이디어에 대해 논평하게끔 하는 방법

(5) 창의성 측정방법과 창의성 개발방법

① 창의성 측정방법 : 원격영상 검사법, 토란스 검사법

② **창의성 개발방법 : 고든법, 브레인 스토밍, 델파이법, 명목집단법, 강제적 관계기법 등**

4. 집단 갈등

갈등(conflict)이란 개인이나 집단이 함께 일을 수행하는 데 애로를 겪는 형태로서 정상적인 활동이 방해되거나 파괴되는 상태라고 정의할 수 있다. 조직에서 갈등은 필연적인 현상으로 조직은 수많은 부서와 집단으로 구성되어 있고, 이들 부서와 집단은 각자가 맡은 업무를 수행하는 과정에서 상호작용을 하면서 조직의 목표달성에 기여하고 있다.

1) 집단 간 갈등의 원인

(1) 작업유동의 상호의존성(Work Flow Interdependence)

① 두 집단이 각각 다른 목표를 달성하는 데 있어서 상호 간의 협조, 정보교환, 동조, 협력행위 등을 요하는 정도가 작업유동의 상호의존성이다.

② 한 개인이나 집단의 과업이 다른 개인이나 집단의 성과에 의해 좌우될 때 갈등의 가능성은 커진다.

(2) 불균형 상태(Unbalance)

한 개인이나 집단이 정기적으로 접촉하는 개인이나 집단이 권력, 가치, 지위 등에 있어서 상당한 차이가 있을 때 두 집단 간의 관계는 불균형을 가져오고 이것이 갈등의 원인이 된다. 가치관이 다른 사람이나 집단이 함께 일해야 할 때 불균형 상태에서 갈등이 생기게 된다.

(3) 영역 모호성(Sphere Ambiguity)

한 개인이나 집단(부서)이 역할을 수행함에 있어서 방향이 분명치 못하고 목표나 과업이 명료하지 못할 때 갈등이 생기게 된다. 누가 무엇에 대해 책임이 있는가를 분명히 이해하지 못할 때 갈등이 발생하기 쉽다.

(4) 자원부족(Lack of Resource)

부족한 자원에 대한 경쟁이 개인이나 집단 간의 작업관계에서 갈등을 유발시키는 원인이 된다. 한 개인이나 집단은 자기 몫을 최대한 확보하려 하고 다른 쪽은 자기 몫을 지키려고 저항하는 과정인 제로섬 게임(Zero-Sum Game) 다툼이 벌어지게 된다.

2) 집단적 갈등의 관리

집단 간 갈등의 관리는 크게 두 가지로 볼 수 있다. 하나는 집단 간 갈등이 너무 심해서 이미 역기능적인 역할을 하고 있는 집단 간 갈등의 문제를 해결해야 하는 관리적 문제이고 또 다른 하나는 집단 간 갈등이 너무 낮아서 집단 간 갈등을 순기능적인 수준까지 성공적으로 자극해야 하는 관리문제이다.

(1) 갈등해결의 방법

집단 간 갈등이 지나쳐 해결해야 할 필요가 있을 때 사용하는 기법이다.

① 문제의 공동 해결방법(Problem Solving Together)

문제의 공동 해결방법은 갈등관계에 있는 두 집단이 직접 만나서 갈등을 감소시키기 위한 대면방법(Confrontation)이다. 집단 간 갈등이 서로의 오해나 언어장애 때문에 발생한 것이라면 이 방법이 매우 효과적이지만 집단 간의 서로 다른 가치체계 때문에 생긴 갈등일 때에는 해결되기 어렵다.

② 상위 목표의 도입(Superordinate Goal Setting)

집단 간 갈등을 초월해서 서로 협조할 수 있는 상위의 공동목표를 설정하여 집단 간의 단합을 조성하는 방법이다. 이 방법은 집단들의 공통된 목표의 강도에 따라서 그 효과가 발생한다. 그러나 이 방법은 단기간의 효과에만 국한되고 공동목표가 달성되면 집단 간의 갈등이 재현될 가능성이 많다.

③ 자원의 확충(Expanding Resources)

집단 간의 갈등이 제한된 자원으로 말미암아 집단 간의 제로섬(Zero-Sum) 게임의 결과로서 나타나는 경우가 많다. 조직에서는 자원 공급을 보강해 줌으로써 집단 간의 과격한 경쟁이나 과격한 행동들을 감소시킬 수 있다.

④ 타협(Compromise)

갈등관계에 있는 두 집단이 타협하는 방법으로 갈등해결을 위해 사용되어온 전통적인 방법이다. 타협된 결정은 두 집단 모두에게 이상적인 것이 아니기 때문에 명확한 승리자도 패배자도 존재하지 않는다.

⑤ 전제적 명령(Authoritative Command)

공식적인 상위계층이 하위집단(Subgroup)에게 명령하여 갈등을 제거하는 방법으로 가장 오래되고 가장 자주 사용되어온 방법이다. 하위관리자(Submanager)들은 그들이 동의하든 하지 않든 상부의 명령을 지켜야 하기 때문에 이 방법은 단기적 해결책으로만 적용될 수 있다.

⑥ 조직구조의 변경(Altering the Structural Variables)

조직구조의 변경은 조직의 공식적 구조를 집단 간 갈등이 발생하지 않도록 변경하는 것을 말한다. 집단 구성원의 이동이나 집단 간 갈등을 중재하는 지위를 새로

만드는 것 등을 말한다.

⑦ 공동 적의 설정(Identifying a Common Enemy)
외부의 위협이 집단 내부의 응집성을 강화시키는 것처럼 갈등관계에 있는 두 집단에 공통되는 적을 설정하게 되면 이 두 집단은 공동 적에 대한 효과적인 대처를 위하여 집단끼리의 차이점이나 갈등을 잊어버리게 된다.

(2) 갈등촉진의 방법

집단 간 갈등이 너무 낮기 때문에 집단 간 갈등을 기능적인 수준까지 성공적으로 자극하여 관리하는 방법이다.

① 공동 적의 설정(Identifying a Common Enemy)
관리자들은 의사소통의 경로를 통하여 갈등을 촉진하는 방향으로 조종할 수 있다. 모호하고 위협적인 전언내용은 갈등을 촉진시킬 수 있는데 그렇게 함으로써 구성원들의 무관심을 감소시키고 구성원들로 하여금 의견 차이에 직면하도록 하고 현재의 절차를 재평가하도록 고무하여 새로운 아이디어를 창출하도록 자극한다.

② 구성원의 이질화(Heterogeneity of Members)
기존 집단 구성원들과 상당히 다른 태도, 가치관, 배경을 가진 구성원을 추가시켜 침체된 집단을 자극하는 방법이다. 새로운 구성원이 이질적인 역할을 수행하도록 하고 공격적인 업무를 할당함으로써 현상유지상태에 혼란이 오도록 하는 것이다.

③ 조직구조의 변경(Altering Structual Variables)
조직구조상 침체된 분위기일 때 경쟁부서를 신설하여 갈등을 자극함으로써 집단성과를 증대시키는 것과 같은 방법이다.

④ 경쟁에 의한 자극(Stimulus by Competition)
보다 높은 성과를 올린 집단에 대해서 보상으로 보너스를 지급함으로써 집단 간에 경쟁을 유발시키는 것과 같이 경쟁을 통해서 집단 간의 갈등이 발생하도록 하는 것이다. 적절하게 사용된 인센티브(Incentive)가 집단 간의 선의의 경쟁을 자극할 수 있다면 그러한 경쟁은 갈등을 야기시켜 성과를 향상시키는 데 중요한 역할을 하게 된다.

5. 집단역학

집단역학(Group Dynamics)이란 집단 구성원들의 상호의존 관계를 다루는 사회심리학의 한 분야로 집단 구성원 상호 간에 존재하는 상호작용과 영향력에 관심을 갖는다. 즉, 집단역학에서는 개인의 행동이 소속하는 집단으로부터 어떻게 영향을 받으며 영향력에 대한 저항을 어떤 과정을 통하여 극복하는가를 다루게 된다.

1) 소시오메트리

소시오메트리(Sociometry)는 구성원 상호 간의 선호도를 기초로 집단 내부의 동태적 상호관계를 분석하는 기법이다. 소시오메트리는 구성원들 간의 좋고 싫은 감정을 관찰, 검사, 면접 등을 통하여 분석한다.

소시오메트리 연구조사에서 수집된 자료들은 소시오그램(Sociogram)과 소시오매트릭스(Sociomatrix) 등으로 분석하여 집단 구성원 간의 상호관계 유형과 집결유형, 선호인물 등을 도출할 수 있다. 소시오그램은 집단 구성원들 간의 선호, 무관심, 거부관계를 나타낸 도표로서 집단 구성원 간의 전체적인 관계유형은 물론 집단 내의 하위 집단들과 내부의 세력집단과 비세력집단을 구분할 수 있으며 정규신분, 주변신분, 독립신분 등 구성원들 간의 사회적 서열관계도 이끌어 낼 수 있다.

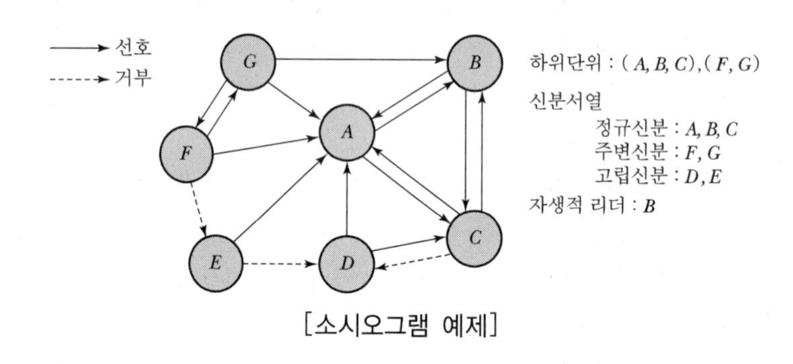

[소시오그램 예제]

2) 집단 응집성(Group Cohesiveness)

(1) 집단 응집성은 구성원들이 서로에게 매력적으로 끌리어 그 집단목표를 공유하는 정도라고 할 수 있다.

(2) 응집성은 집단이 개인에게 주는 매력의 소산으로 개인이 이런 이유로 집단에 이끌리는 결과이기도 하다. 집단 응집성의 정도는 집단의 사기, 팀 정신, 성원에게 주는 집단매력의 정도, 집단과업에 대한 성원의 관심도를 나타내 주는 것이다.

(3) 집단의 응집성 정도는 구성원 간의 상호작용의 수와 관계가 있기 때문에 상호작용의 횟수에 따라 집단의 사기를 나타내는 응집성 지수(Cohesiveness Index)라는 것을 계산할 수 있다.

$$\text{응집성 지수} = \frac{\text{실제 상호작용의 수}}{\text{가능한 상호작용의 수}}$$

(4) 집단 응집성은 상대적인 것이지 절대적인 것이 아니다. 응집성이 높은 집단일수록 결근율과 이직률이 낮고 구성원들이 함께 일하기를 원하며 구성원 상호 간의 친밀감과 일체감을 갖고 집단목적을 달성하기 위해 적극적이고 협조적인 태도를 보인다.

6. 리더십 이론

1) 리더십의 정의

(1) 집단목표를 위해 스스로 노력하도록 사람에게 영향력을 행사한 활동
(2) 어떤 특정한 목표달성을 지향하고 있는 상황에서 행사되는 대인 간의 영향력
(3) 공통된 목표달성을 지향하도록 사람에게 영향을 미치는 것

2) 리더십의 범위

리더십의 범위(scope)라 함은 리더십이 조직 내에서 어떤 방식으로 구현되는가를 말한다. 권력, 영향력, 권한, 관리, 통제, 감독 등이 리더십의 범위에 드는 것이라 할 수 있다.

(1) 리더십과 관리

리더십은 조직 내에서 발생하는 것이며 조직 속의 개인들이 타인보다 더 많이 가지고 있는 권한(Authority)이라 할 수 있다. 조직 속에서 가장 많은 권한을 가진 사람을 관리자, 경영자라 부른다. 따라서 사람들 역시 이러한 사람들이 가진 관리적 영향력을 리더십으로 본다.

(2) **사회적 권력의 수단**

관리자만이 리더십을 가지는 것이 아니다. 관리자가 아닌 사람들이 가지는 리더십의 잠재력을 설명할 때는 조직 속에서 가지는 권력 혹은 세력을 통해 리더십을 들여다 볼 수 있다. 프렌치와 레이븐(B. H. French & J. R. P. Raven)은 이러한 권력수단을 다섯 가지로 정리하고 있다.

① **합법적 권력(Legitimate Power)**

서로의 약속된 법에 의해 특정인에게 힘을 행사하는 것을 말한다. 이러한 합법적 권력을 권한이라 부르며 조직 속에서 누리는 지위권한이라 할 수 있다. 상사의 직책에 고유하게 내재되어 있는 권력이라 볼 수 있다.

② **보상적 권력(Reward Power)**

상대방에게 경제적, 정신적 보상을 해 줄 수 있을 때 가지는 권력이다. 이는 상대방이 보상을 원할 때 누릴 수 있는 것이다. 상사가 부하에게 수당, 승진 등 보상해 줄 수 있는 능력이라 볼 수 있다.

③ **강제적 권력(Coercive Power)**

무력이나 위협 그리고 처벌과 같은 부정적인 보상을 회피하려는 사람들에게 행사하는 권력이다. 징계, 해고 등 상사가 부하를 처벌할 수 있는 능력을 말한다.

④ **전문적 권력(Expert Power)**

특정 분야나 특정 상황에 대해 어떤 지식이나 해결방안을 잘 알고 있는 사람이 그것에 대해 잘 모르는 사람에 대해 가지는 권력이다.

⑤ **준거적 권력(Referent Power)**

어떤 사람이 높은 신분과 덕망, 자질을 소유하고 있어 그 사람 말이면 자연스레 복종해야 되겠다고 생각하게 되는 경우로서 위대한 인물이 가지는 권력이다.

3) 행동적 관점

행동적 관점은 리더로서 집단을 이끌어 가는 개인이 나타내는 행동을 근거로 해서 리더십을 이해하려는 접근을 뜻한다. 리더가 지닌 안정적인 특성이 아니라 리더가 나타내고 표현하는 구체적인 행동에 초점을 두고 리더십을 이해하는 접근이다. 리더십 행동이론은 효과적인 리더는 타고나는 것이 아니라 만들어진다는 전제에서 출발한다.

(1) 과업지향적 행동

리더가 과업을 완수하는 것과 관련이 있다. 리더가 과업을 완수하기 위하여 부하에게 지시를 하거나 부하를 주도적으로 이끄는 행동을 포함한다.

(2) 관계지향적 행동

리더가 작업자들과 개인적으로 친하게 교류하는 행동을 포함하며 이 요인은 배려라고 부르기도 한다. 타인들에게 배려적인, 사람지향적인 리더십 행동을 나타낸다.

4) 리더십 이론

(1) **리더십 특성이론(Trait Theory)**

리더는 타고나는 것이며 인위적으로 만들어지는 것이 아니라고 생각했던 사람들에 의하여 리더십 특성이론(Trait Theory)이 연구되었다. 이 이론에서는 리더에게 보통 사람과 다른 특성이 있을 것으로 생각했다. 리더십 특성이론은 알렉산더, 나폴레옹, 처칠, 간디와 같은 위인 연구에 의해 영향을 받았다. 바스(B. Bass)와 스톡딜(R. Stogdill)은 아래 표와 같이 신체적 특성, 사회적 배경, 지능과 능력, 성격, 과업 특성, 사회적 능력으로 분류하였다.

특성의 유형	연구 대상
신체적 특성	활력, 연령, 신장, 체중, 외모, 건강
사회적 배경	교육수준, 사회적 신분, 거주지, 출신지
지능과 능력	판단력, 결단력, 창조력, 지식, 화술
성격	적응성, 신념, 독립성, 자신감, 열정, 추진력, 공격성
과업 특성	성취욕구, 솔선수범, 책임감, 목표지향성, 인내심
사회적 능력	협력을 끌어내는 능력, 사교능력, 센스

(2) **리더십 행동이론(Behavior Theory)**

특성이론과 정반대의 입장을 취하는 리더십 행동이론(Behavior Theory)에 의하면 리더는 만들어지는 것이지 태어나는 것이 아니다. 즉 누구든지 모범적인 리더행동으로 계속 훈련받게 된다면 훌륭한 리더가 될 수 있다는 말이다.

① 독재－민주 리더십

탄넨바움(R. Tannenbaum)과 슈미트(W. Schmidt)는 리더의 행동이 리더, 부하, 상황의 3가지 요소에 의하여 결정된다고 보았다.

- 리더 : 목표달성에 대한 리더의 확신, 부하에 대한 기대감
- 부하 : 자율에 대한 욕구 정도, 과업에 대한 책임감, 목표에 대한 이해도
- 상황 : 조직형태, 전통, 조직의 규모 등

독재－민주 리더십은 독재적 리더십과 민주적 리더십을 양극으로 하여 리더의 행위 유형을 연속선상에 나타내고 있다. 탄넨바움과 슈미트는 리더행동을 7가지 유형으로 분류하면서 상황에 적합하다면 어느 유형이나 효과적인 리더십이 될 수 있다고 하였다.

- 유형Ⅰ : 리더가 결정하고 공표한다.
- 유형Ⅱ : 리더가 결정한 내용을 부하에게 수락하게 한다.
- 유형Ⅲ : 리더가 의견을 제시하고 질문하도록 한다.
- 유형Ⅳ : 리더가 변경가능한 의사결정을 내린다.
- 유형Ⅴ : 리더가 문제를 제시하여 방안을 제안하게 한 후 결정한다.
- 유형Ⅵ : 리더가 한계를 명시하여 집단으로 하여금 스스로 결정하게 한다.
- 유형Ⅶ : 리더가 위임한 권한 내에서 자유롭게 활동하게 한다.

② **관리 격자(Managerial Grid)**

블레이크(R. Blake)와 머튼(J. Mouton)에 의하여 개발된 관리 격자는 리더십 차원을 인간에 대한 관심과 과업에 대한 관심으로 구분한 리더십 모형이다. 이는 효과적인 리더십 유형을 개발하기 위한 리더십 훈련프로그램으로 실무에서 널리 활용되고 있다.

㉠ 무관심형(1,1) : 생산과 인간에 대한 관심이 모두 낮은 무관심한 유형으로서, 리더 자신의 직분을 유지하는 데 필요한 최소의 노력만을 투입하는 리더 유형

㉡ 인기형(1,9) : 인간에 대한 관심은 매우 높고 생산에 대한 관심은 매우 낮아서 부서원들과의 만족스런 관계와 친밀한 분위기를 조성하는 데 역점을 기울이는 리더 유형

㉢ 과업형(9,1) : 생산에 대한 관심은 매우 높지만 인간에 대한 관심은 매우 낮아서, 인간적인 요소보다도 과업수행에 대한 능력을 중요시하는 리더 유형

㉣ 타협형(5,5) : 중간형으로 과업의 생산성과 인간적 요소를 절충하여 적당한 수준의 성과를 지향하는 리더 유형

㉤ 이상형(9,9) : 팀형으로 인간에 대한 관심과 생산에 대한 관심이 모두 높으며, 구성원들에게 공동목표 및 상호의존관계를 강조하고, 상호신뢰적이며 상호존중관계 속에서 구성원들의 몰입을 통하여 과업을 달성하는 리더 유형

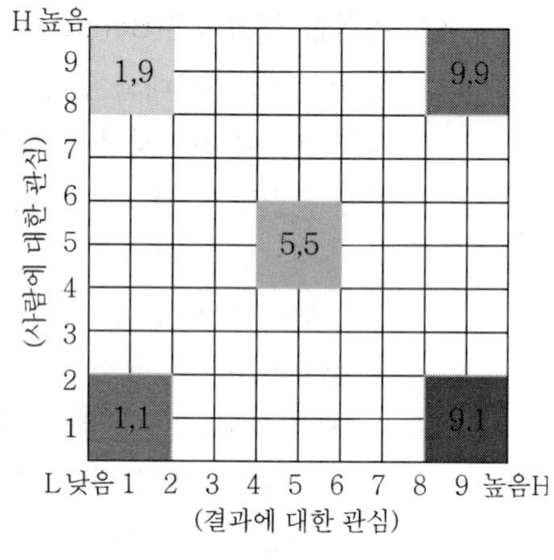

[관리 그리드]

(3) 상황적합성 이론(Contingency Theory)

피들러(F. Fiedler)에 의해 개발된 상황적합성 이론(Contingency Theory)에 의하면 리더십의 효과는 리더십의 유형과 상호작용에 의하여 결정된다고 한다.

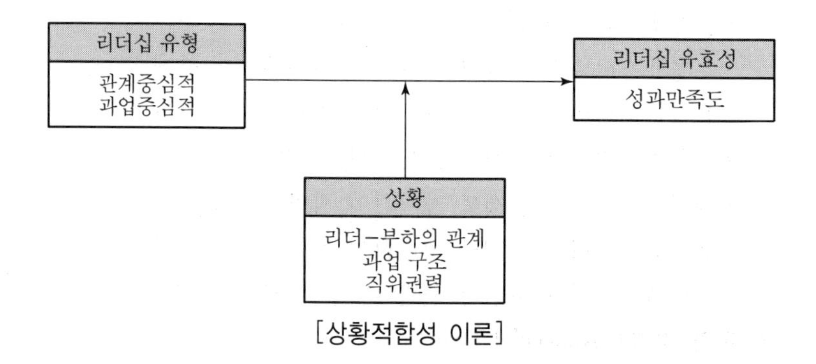

[상황적합성 이론]

(4) 경로-목표 이론(Path-Goal Theory)

하우스(R. House)에 의하여 개발된 경로-목표 이론은 피들러의 상황적합성 이론과 마찬가지로 여러 다른 상황에서 리더십 효과를 예측하려고 하였다. 이 이론을 경로-목

표 이론이라고 부르는 이유는 리더의 역할을 부하들에게 목표에 이르도록 경로를 가르치며 도와주는 것으로 보았기 때문이다.

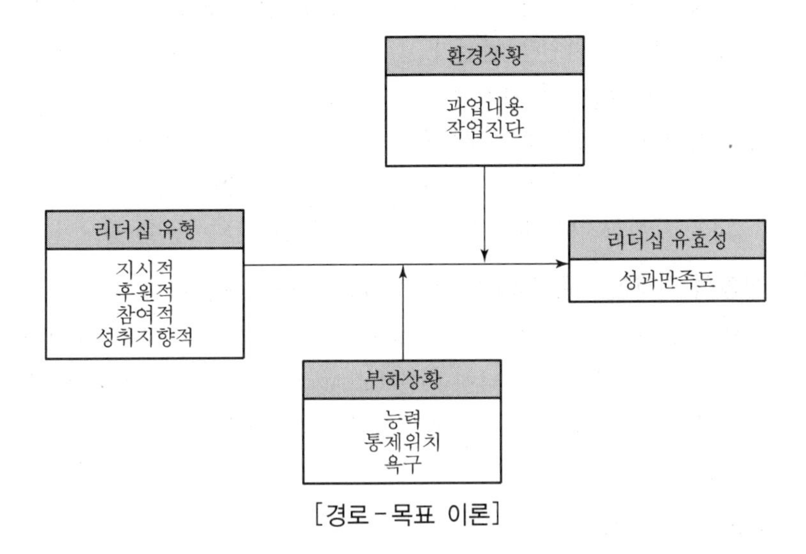

[경로-목표 이론]

① 지시적 리더십 : 구체적 지침과 표준, 작업스케줄을 제공하고 규정을 마련하며 직무를 명확히 해주는 리더
② 후원적 리더십 : 부하의 욕구와 복지에 관심을 쓰며 이들과 상호 만족스러운 인간관계를 강조하면서 후원적 분위기 조성에 노력하는 리더
③ **참여적 리더십** : 부하들에게 자문을 구하고 제안을 끌어내어 이를 진지하게 고려하여 부하들과 정보를 공유하는 리더
④ 성취지향적 리더십 : 도전적 작업목표를 설정하고 성과개선을 강조하며 하급자들의 능력발휘에 대해 높은 기대를 갖는 리더

(5) 리더-부하 교환이론(Leader-member Exchange Theory)

리더-부하 교환이론(LMX Theory)은 리더와 리더가 이끄는 집단 구성원들 간의 관계의 성질에 기초하고 있는 리더십 이론으로 리더와 부하가 서로에게 영향을 미친다고 가정하는 이론이다.

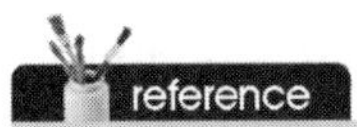

리더-부하 교환이론에서 리더가 부하를 다르게 대우하는 속성
① 부하들의 능력
② 리더가 부하들을 신뢰하는 정도
③ 부서의 일에 대해 책임을 지려는 부하들의 동기수준

① 내집단 구성원 : 세 가지 속성을 가지고 있는 부하들은 내집단(In-Group) 구성원이 된다. 내집단 구성원들은 공식적인 직무 이상의 일을 하며 집단의 성공에 중요한 영향을 미치는 과업들을 주로 수행하게 된다. 내집단 구성원들은 리더로부터 더 많은 관심과 지원을 받는다.

② 외집단 구성원 : 세 가지 속성을 가지고 있지 못한 부하들은 외집단(Out-Group) 구성원이 된다. 외집단 구성원들은 일상적이고 중요치 않은 일들을 수행하며 리더와 공식적인 관계만을 유지한다. 리더는 공식적인 권한을 사용하여 외집단에 영향력을 행사하지만 내집단에는 공식적인 권한을 사용할 필요가 없다.

(6) 상황적 리더십 이론(Situational Leadership Theory)

허시(P. Hersey)와 블랜차드(K. Blanchard)는 오하이오 주립대학의 리더십 행동이론에서 착안하여 상황적 리더십 이론(Situational Leadership Theory)을 발표하였다. 상황적 리더십 이론은 직무중심형 행동과 인간중심적 행동의 높고 낮음에 따라 지시적 리더십, 설득적 리더십, 참여적 리더십, 위임적 리더십의 4가지 유형으로 구분된다.

(7) 카리스마적 리더십

카리스마(Charisma)는 '은혜' 또는 '선물'을 뜻하는 그리스어 'chris'에서 유래된 단어로 '천부적인 것', '불가항력적인 것'을 의미한다. 카리스마적 리더십은 1920년대 막스 베버(Max Weber)에 의하여 제시된 이론으로 추종자들로 하여금 불가항력적으로 따르게 하는 천부적인 리더십을 말한다. 추종자들은 카리스마적 리더십을 가진 리더의 비전이나 가치관에 대하여 신뢰감을 갖고 열정적으로 리더를 따르게 된다.

(8) 거래적 리더십과 변혁적 리더십

번즈(J. Burns)와 바스(B. Bass)는 전통적인 리더십 이론이 대부분 거래적 리더십에 기초해 있다고 보고 그보다 한 차원 높은 변혁적 리더십을 제안하였다.

① 거래적 리더십

거래적 리더십(Transactional Leadership)에서 리더와 추종자의 관계는 거래와 협상에 기초한다. 즉 거래적 리더(Transactional Leader)는 자신이 원하는 것을 추종자로부터 얻기 위하여 그들이 원하는 것을 제공한다. 이러한 과정을 통하여 리더는 부하들에게 기대하는 성과를 달성하도록 유도한다. 거래적 리더십은 반복적이며 기대성과수준의 측정이 가능할 때 효과적이다. 거래적 리더의 활동은 2가지 내용으로 이루어진다. 하나는 부하들의 성과에 따라 적절히 보상하는 것이며 다른 하나는 부하가 규정을 위반했을 때 개입하여 시정하는 것이다.

② 변혁적 리더십

변혁적 리더십은 협약에 기초한 거래적 리더십과는 달리 추종자들이 기대 이상의 성과를 올리도록 이끌어간다. 변혁적 리더십은 거래적 리더십과는 대조적이며 카리스마적 리더십과 상당히 유사하다. 변혁적 리더십에서 리더는 조직의 발전을 위한 장기적인 비전을 제시하고 추종자들에게 비전을 따르도록 동기를 제공한다. 리더는 비전을 달성할 수 있다는 강한 확신 속에 모범을 보이며 추종자들이 기대감을 가지고 자아실현에 이르도록 조언하며 격려한다. 리더의 확신과 헌신적인 태도에 추종자들은 존경과 신뢰를 갖는다. 또한 리더가 제시한 비전을 함께 공유하며 자발적인 충성을 다하게 된다.

㉠ 성공적 리더의 특성 : 구성원들이 스스로 믿고 자기 능력에 대하여 자신감을 갖고 스스로에 대한 기대를 높이도록 변화시킨다. 집단이 과거보다 훨씬 높은 수준의 수행을 나타낼 수 있도록 동기부여를 한다. 변혁적 리더는 집단이 성공하도록 영향력을 행사하고 재능을 발휘하게 한다. 변혁적 리더는 부하들로 하여금 집단의 성공에 대한 자신들의 가치와 중요성을 인식하도록 만든다.

㉡ **성공적인 변혁적 리더들의 요소**(Muchinsky, 2013)

- 이상화된 영향력(Idealized Influence) : 변혁적 리더들은 부하들의 본보기가 될 수 있도록 행동하여 부하들로부터 존경과 신뢰를 받는다.
- 영감적 동기부여(Inspirational Stimulation) : 부하들에게 일에 대한 의미와 도전을 제공하여 자신의 주변 사람들에게 동기를 부여한다.
- 지적 자극(Intellectual Stimulation) : 부하들로 하여금 기존의 가정에 대하여 의문을 제기하고 문제를 재구조화하고 새로운 방식으로 접근하도록 함으로써 혁신적이고 창의적으로 되도록 자극을 제공한다.
- 개인적 배려(Individual Consideration) : 부하들을 개인적으로 지도하면서 부하 개개인의 발전 및 성장에 대한 욕구에 관심을 기울인다.

(9) 섬기는 리더십

섬기는 리더십(Servant Leadership)은 종과 리더가 합쳐진 개념이다. 종래의 리더십이 전제적이고 수직적인데 비하여 섬기는 리더십은 추종자들의 성장을 도우며 팀워크와 공동체를 세워나가는 현대적 리더십이다.

(10) 팔로워십(Followership)

켈리(R. Kelley)는 기존의 리더십 이론이 리더에게만 초점을 맞춤으로써 추종자들이 가지는 특성을 무시했다고 비판했다. 아울러 추종자인 팔로워(Follower)들이 가지는 팔로워십을 따로 연구해야 리더십 이론을 보장할 수 있다고 주장하였다. 팔로워십에 의하면 추종자들이 적절한 역할을 해주지 못하면 리더십의 성과가 나타나지 못한다고 한다. 팔로워십을 연구한 켈리는 조직의 성공에 있어서 리더가 기여하는 정도는 10~20%에 불과하고 나머지 80~90%는 추종자들에 의하여 결정된다고 주장하였다.

켈리는 추종자들을 독립적-의존적 사고와 수동적-능동적 참여의 2가지 차원으로 구분하여 소외형, 순응형, 수동형, 모범형, 실무형의 5가지 유형을 제시하였다.

5) 헤드십(Headship)

(1) 외부로부터 임명된 헤드(head)가 조직 체계나 직위를 이용하여, 권한을 행사하는 것. 지도자와 집단 구성원 사이에 공통의 감정이 생기기 어려우며 항상 일정한 거리가 있다.

(2) 권한

① 부하직원의 활동을 감독한다.
② 상사와 부하의 관계가 종속적이다.
③ 상사와 부하의 사회적 간격이 넓다.
④ 지위 형태가 권위적이다.

(3) 헤드십과 리더십

① 선출방식에 의한 분류

㉠ 헤드십(Headship) : 집단 구성원이 아닌 외부에 의해 선출(임명)된 지도자로 권한을 행사한다.

㉡ 리더십(Leadership) : 집단 구성원에 의해 내부적으로 선출된 지도자로 권한을 대행한다.

② 업무추진 방식에 의한 분류

㉠ 독재형(Autocratic Leadership) : 조직활동의 모든 것을 리더(leader)가 직접 결정, 지시하며 리더는 자신의 신념과 판단을 최상의 것으로 믿고 부하의 참여나 충고를 좀처럼 받아들이지 않으며 오로지 복종만을 강요하는 스타일이다.

㉡ 민주형(Democratic Leadership) : 참가적 리더십이라고도 하는데 이는 조직의 방침, 활동 등을 될 수 있는 대로 조직 구성원의 의사를 종합하여 결정하고 자발적인 참여에 의하여 조직목적을 달성하려는 것이 특징이다. 민주형 리더십에서는 각 성원들의 활동은 자신의 계획과 선택에 따라 이루어진다.

㉢ 자유방임형(Laissez-faire Leadership) : 리더가 소극적으로 조직활동에 참여하는 것으로 리더가 직접적으로 지시, 명령을 내리지 않으며 추종자나 부하들의 적극적인 협조를 얻는 것도 아니며 리더는 어느 의미에서 대외적인 상징이나 심벌(Symbol)적 존재에 불과하다.

7. 이문화관리

1) EPRG 이문화관리모델

Heenan과 Perlmutter(1979)가 제안한 글로벌 기업의 EPRG 이문화관리모델에 따르면 기업의 글로벌 성숙도에 따라 인종중심 이문화관리, 다원주의 이문화경영, 지역주의 이문화관리, 세계주의 이문화관리유형으로 분류할 수 있으며, 각 이문화유형에 따라 기업이 지향하는 사명, 의사결정, 의사소통, 자원분배, 전략, 조직, 기업문화가 다르게 나타난다.

2) 호프스테드(Hofstede)의 이문화관리모형

문화특성별 이문화관리이론을 집대성한 것이 호프스테드(Hofstede)의 연구로서 세계 50여 개국의 IBM사 직원을 대상으로 각 국가별 힘의 거리 차원, 모험회피 성향, 개인주의와 집단주의, 여성성과 남성성 차원을 가지고 분류했다.

(1) **힘의 거리(Power Distance)** : 조직이나 기업 안에서 힘이 상사와 부하 간에 공평하게 배분되어 있는 것을 부하들이 받아들이는 정도를 나타낸다.

(2) **불확실성(모험)에 대한 회피(Uncertainty Avoidance)** : 조직이 얼마나 불확실하고 모호한 모험상황에 위협받는다는 것을 느끼고 이를 회피하려는 정도를 말한다.

(3) **개인주의(Individualism)와 집단주의(Collectivism)** : 개인주의는 자신과 자신의 직접적인 가족만을 생각하는 사회체계를 나타내며 집단주의란 내집단과 외집단을 확실히 구분하는 사회체계를 말한다.

(4) **여성성(Feminality)과 남성성(Masculity)** : 여성성은 다른 사람을 좋아하는 생활과 여유로운 삶을 향유하려는 정도, 직업이 목적이기보다는 삶의 한 수단으로 보는 관점, 소극적으로 업무를 추진하는 정도를 의미하며, 남성성은 돈, 명예, 야망, 포부, 업무의 적극성을 추구하는 정도에 의해 결정된다.

05 산업재해와 행동 특성

Section

1. 안전사고의 요인

1) 인간특성과 사고요인

산업안전심리학 초기에 사고는 사고 경향성이 있는 사람들이 주로 일으킨다고 생각했다. 따라서 사고 경향성이 있는 근로자를 현장에서 배제하고자 하는 연구가 주를 이루었다. 즉, 산업재해를 일으키기 쉬운 성격이나 특징을 지닌 사람을 구별해 내고 이들을 해당 작업에서 제외해 재해를 예방한다는 개념이었다.

하지만 이후에는 예상과는 달리 그러한 특성들이 사고와 유의하게 관련되지 않는다는 연구들도 많이 있었고, 또 인권 문제에 해당될 소지가 있어 현재는 별로 적용하지 않는 것이 일반적이다.

인간의 성격(Personality)은 특성(Trait)과 상태(State)의 두 가지로 구분된다. 특성은 비교적 지속적인 것이고 상태는 변하는 것이다. 성격이라 하면 비교적 지속적인 특성을 말하는데, 피터슨(Peterson)에 따르면 사고경향성의 특성을 지닌 사람은 전체 인구의 0.5%에 지나지 않는다고 한다. 반면에 사고와 더 연관이 있는 것은 인간의 변화하는 정서상태이다. 사람은 기분이 좋을 때도 있고 괜히 우울할 때도 있다. 정서상태는 항상 변하며 이런 상태가 사고와 관련성이 있다. 부적 정서상태일 때는 사고가 더 일어나기 쉽다. 그런데 부적 정서상태는 조직이나 자신이나 집안에서 일어난 일에 영향을 받기 쉽다. 가령 집안에 아픈 사람이 있다든가 아이가 태어나 잠을 못 잤다든가 하면 부적 정서상태를 유발하거나 업무에 집중할 수가 없게 된다. 또는 상사나 동료와 관계가 좋지 않거나 어떤 일로 상사로부터 꾸중을 받을 때 이런 부적 정서를 느끼고, 이런 상태에서 사고 가능성은 커진다. 정서상태는 그날그날 달라지기 때문에 꾸준히 관리해줘야 한다. 조직의 상사나 동료들은 직원들의 하루하루 정서를 관리해 주고 즐거운 직장이 되도록 노력해야 한다.

사고와 관련된 대표적인 인간 특성으로 실수를 들 수 있다. 인간은 본질적으로 실수를 한다. 정확하게 똑같은 방법으로 두 번을 할 수 있는 사람은 없다. 실수와 성공은 인간의 본질에서 분리할 수 없으며, 실수하지 않는 가장 좋은 방법은 아무것도 하지 않는 것이다.

2) 환경특성과 사고요인

작업환경이나 작업자의 상태가 적합하지 않으면 사고를 유발할 수 있다. 과거에는 작업에 맞도록 사람을 훈련하거나 변화시켜야 한다는 생각을 하기도 하였으나 지금은 점차 사람에게 적합한 작업을 주어야 한다는 방향으로 생각이 변하고 있다. 인간공학적 대책 등이 이에 해당한다고 볼 수 있다.

3) 조직특성과 사고요인

현대에 와서 특히 주목을 받는 부분이다. 안전을 경영 성과로 보고 더 나은 안전성과를 얻기 위해 그것에 영향을 주는 요소를 파악하는 것이 필요하다. 동기나 태도 등은 개인 특성이지만 조직 속에서는 특정조직이 개인 특성과 결합해 성과에 영향을 미치게 되므로 조직 특성과 함께 논의된다. 안전과 관련된 기업의 조직 형태, 교육 방법, 프로그램화된 안전활동과 함께 내부 구성원이 공유하고 있는 안전 관련 가치, 분위기, 리더십, 관행, 나아가 안전문화 등 여러 요소가 안전성과에 영향을 주게 된다.

2. 산업안전심리의 요소

1) 동기(Motive)

능동력은 감각에 의한 자극에서 일어나는 사고의 결과로서 사람의 마음을 움직이는 원동력이다.

2) 기질(Temper)

인간의 성격, 능력 등 개인적인 특성을 말하는 것으로 생활환경에 영향을 받는다.

3) 감정(Emotion)

희노애락의 의식

4) 습성(Habits)

동기, 기질, 감정 등이 밀접한 관계를 형성하여 인간의 행동에 영향을 미칠 수 있도록 하는 것이다.

5) 습관(Custom)

자신도 모르게 습관화된 현상을 말하며 습관에 영향을 미치는 요소는 동기, 기질, 감정, 습성이다.

06 인간의 특성과 직무환경

Section

1. 인간성능

1) 의식수준 단계

인간은 외부의 사물을 보거나 생각해서 판단하는 마음의 작용을 하고 있지만 이러한 마음의 작용은 대뇌의 세포가 활동하고 있을 뿐만 아니라 의식이 작용하여야 한다. 의식의 작용이란 자기 자신이 여기에 존재할 수 있는 작용이며 의식이 작용하는 정도에 따라서 대뇌는 보다 복잡하며 정도가 높은 정신활동을 할 수 있다.

(1) β(beta)파 : 뇌세포가 활발하게 활동하여 풍부한 정신기능을 발휘하며 활동파라고도 부른다.

(2) α(alpha)파 : 뇌는 안정상태이며 가장 보통의 정신활동으로 인정되며 휴식파라고도 한다.

(3) θ(theta)파 : 의식이 멍청하고 졸음이 심하여 에러를 일으키기 쉬우며 방추파(수면상태)라고도 부른다.

(4) δ(delta)파 : 숙면상태이다.

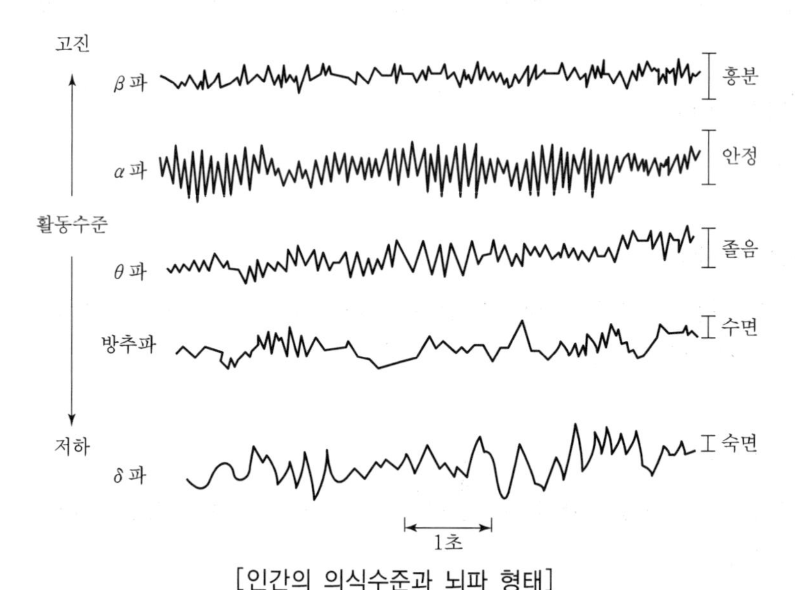

[인간의 의식수준과 뇌파 형태]

2) 인간의 의식수준의 단계와 주의력

단계	의식의 상태	신뢰성	의식의 작용	뇌파형태
Phase 0	무의식, 실신	0	없음	δ파
Phase Ⅰ	**의식의 둔화**	0.9 이하	부주의	θ파
Phase Ⅱ	이완상태	0.99~0.99999	마음이 안쪽으로 향함(Passive)	α파
Phase Ⅲ	**명료한 상태**	**0.99999 이상**	전향적(Active)	$\alpha \sim \beta$파
Phase Ⅳ	과긴장 상태	0.9 이하	한점에 집중, 판단 정지	β파

위 표는 의식수준과 주의력의 관계를 나타낸 것이다.

(1) 의식수준 0은 무의식 상태로 작업수행이 불가능한 상태이다.

(2) 의식수준 Ⅰ은 과로나 야간작업을 하였을 때 보일 수 있는 수준으로 의식이 몽롱하고 활발하지 못하여 신뢰성이 낮은 상태이다.

(3) 의식수준 Ⅱ는 휴식이나 단순 반복 작업을 장시간 지속할 때 나타날 수 있는 상태이다.

(4) 의식수준 Ⅲ은 대뇌가 활발하게 움직이므로 주의의 범위가 넓고 신뢰성도 매우 높은 상태이다.

(5) 의식수준 Ⅳ는 과도 긴장이나 감정이 흥분되어 있는 경우에 나타나는 의식수준으로 주의가 한 쪽으로만 치우쳐 당황한 상태로 신뢰성은 낮은 편이다. 작업을 수행할 때 의식의 수준과 에러 발생의 가능성은 상관관계가 높으며, 에러의 발생 가능성은 의식수준이 Ⅲ일 때 최소이고, Ⅱ, Ⅰ, Ⅳ 순으로 높아진다. 생산 현장에서 작업을 할 때에는 일반적으로 의식수준이 Ⅱ인 상태에서 작업을 하는 경우가 많으므로 Ⅱ단계의 의식수준에서 작업을 안전하게 수행할 수 있도록 작업을 설계하는 것이 바람직하다.

3) 피로(Fatigue)

신체적 또는 정신적으로 지치거나 약해진 상태로서 작업능률의 저하, 신체기능의 저하 등의 증상이 나타나는 상태이다.

(1) 피로의 종류

① 주관적 피로 : 피로는 피곤하다는 자각을 제일의 징후로 하게 된다. 대개의 경우가 권태감이나 단조감 또는 포화감이 따르며 의지적 노력이 없어지고 주의가 산만하게 되고 불안과 초조감이 쌓여 극단적인 경우 직무나 직장을 포기하게도 한다.

② 객관적 피로 : 객관적 피로는 생산된 것의 양과 질의 저하를 지표로 한다. 피로에 의해서 작업리듬이 깨지고 주의가 산만해지고 작업수행의 의욕과 힘이 떨어지며

따라서 생산실적이 떨어지게 된다.

③ 생리적(기능적) 피로 : 피로는 생체의 기능 또는 물질의 변화를 검사결과를 통해서 추정한다. 현재 고안되어 있는 여러 가지 검사법의 대부분은 생리적(기능적) 피로를 취급하고 있다. 그러나 피로란 특정한 실체가 있는 것도 아니기 때문에 피로에 특유한 반응이나 증상은 존재하지 않는다.

④ 근육피로
   ㉠ 해당 근육의 자각적 피로
   ㉡ 휴식의 욕구
   ㉢ 수행도의 양적 저하
   ㉣ 생리적 기능의 변화

⑤ 신경피로
   ㉠ 사용된 신경계통의 통증
   ㉡ 정신피로 증상 중 일부
   ㉢ 근육피로 증상 중 일부

⑥ 정신피로와 육체피로
   ㉠ 정신피로 : 정신적 건강에 의해 일어나는 중추신경계의 피로이다.
   ㉡ 육체피로 : 육체적으로 근육에서 일어나는 신체피로이다.

⑦ 급성피로와 만성피로
   ㉠ 급성피로 : 보통의 휴식에 의하여 회복되는 것으로 정상피로 또는 건강피로라고도 한다.
   ㉡ 만성피로 : 오랜 기간에 걸쳐 축적되어 일어나는 피로로서 휴식에 의해서 회복되지 않으며 축적피로라고도 한다.

(2) 피로의 발생원인

① 피로의 요인
   ㉠ 작업조건 : 작업강도, 작업속도, 작업시간 등
   ㉡ 환경조건 : 온도, 습도, 소음, 조명 등
   ㉢ 생활조건 : 수면, 식사, 취미활동 등
   ㉣ 사회적 조건 : 대인관계, 생활수준 등
   ㉤ 신체적, 정신적 조건

② 기계적 요인과 인간적 요인
   ㉠ 기계적 요인 : 기계의 종류, 조작부분의 배치, 색채, 조작부분의 감촉 등
   ㉡ 인간적 요인 : 신체상태, 정신상태, 작업내용, 작업시간, 사회환경, 작업환경 등

(3) 피로의 예방과 회복대책

① 작업부하를 적게 할 것
② 정적 동작을 피할 것
③ 작업속도를 적절하게 할 것
④ 근로시간과 휴식을 적절하게 할 것
⑤ 목욕이나 가벼운 체조를 할 것
⑥ 수면을 충분히 취할 것

(4) 피로의 측정방법

① 신체활동의 생리학적 측정분류

작업을 할 때 인체가 받는 부담은 작업의 성질에 따라 상당한 차이가 있다. 이 차이를 연구하기 위한 방법이 생리적 변화를 측정하는 것이다. 즉, 산소소비량, 근전도, 플리커치 등으로 인체의 생리적 변화를 측정한다.

㉠ 근전도(EMG ; Electromyography) : 근육활동의 전위차를 기록하여 측정
㉡ 심전도(ECG ; Electrocardiogram) : 심장의 근육활동의 전위차를 기록하여 측정
㉢ 산소소비량
㉣ 정신적 작업부하에 관한 생리적 측정치

- 점멸융합주파수(플리커법) : 사이가 벌어져 회전하는 원판으로 들어오는 광원의 빛을 단속시켜 연속광으로 보이는지 단속광으로 보이는지 경계에서의 빛의 단속주기를 플리커치라 한다. 정신적으로 피로한 경우에는 주파수 값이 내려가는 것으로 알려져 있다.
- 기타 정신부하에 관한 생리적 측정치 : 눈꺼풀의 깜박임율(Blink Rate), 동공지름(Pupil Diameter), 뇌의 활동전위를 측정하는 뇌파도(EEG ; Electroencephalo-gram)가 있다.

② **피로의 측정방법**

㉠ **생리학적 측정** : 근력 및 근활동(EMG), 대뇌활동(EEG), 호흡(산소소비량), 순환기(ECG)
㉡ **생화학적 측정** : 혈액농도 측정, 혈액수분 측정, 요 전해질, 요 단백질 측정
㉢ **심리학적 측정** : 피부저항, 동작분석, 연속반응시간, 집중력

4) 작업강도와 피로

(1) **작업강도(RMR ; Relative Metabolic Rate) : 에너지 대사율**

$$\text{RMR} = \frac{(\text{작업 시 소비에너지} - \text{안정 시 소비에너지})}{\text{기초대사 시 소비에너지}} = \frac{\text{작업대사량}}{\text{기초대사량}}$$

① 작업 시 소비에너지 : 작업 중 소비한 산소량
② 안정 시 소비에너지 : 의자에 앉아서 호흡하는 동안 소비한 산소량
③ 기초대사량 : 체표면적 산출식과 기초대사량 표에 의해 산출

$$A = H^{0.725} \times W^{0.425} \times 72.46$$

여기서, A : 몸의 표면적(cm^2), H : 신장(cm), W : 체중(kg)

(2) 에너지 대사율(RMR)에 의한 작업강도
① 경작업(0~2RMR) : 사무실 작업, 정신작업 등
② 중(中)작업(2~4RMR) : 힘이나 동작, 속도가 작은 하체작업 등
③ 중(重)작업(4~7RMR) : 전신작업 등
④ 초중(超重)작업(7RMR 이상) : 과격한 전신작업

5) 휴식시간 산정

$$\text{R(분)} = \frac{60(\text{E} - 5)}{\text{E} - 1.5} \text{(60분 기준)}$$

여기서, E : 작업의 평균에너지(kcal/min),
에너지 값의 상한 : 5(kcal/min)

6) 생체리듬(바이오리듬, Biorhythm)의 종류

(1) 생체리듬(Biorhythm ; Biological rhythm)
인간의 생리적인 주기 또는 리듬에 관한 이론

(2) 생체리듬(바이오리듬)의 종류
① 육체적(신체적) 리듬(P ; Physical Cycle) : 신체의 물리적인 상태를 나타내는 리듬으로, 청색 실선으로 표시하며 23일의 주기이다.
② 감성적 리듬(S ; Sensitivity) : 기분이나 신경계통의 상태를 나타내는 리듬으로, 적색 점선으로 표시하며 28일의 주기이다.

③ 지성적 리듬(I ; Intellectual) : 기억력, 인지력, 판단력 등을 나타내는 리듬으로, 녹색 일점쇄선으로 표시하며 33일의 주기이다.

2. 성능 신뢰도

1) 신뢰도

(1) 인간과 기계의 직·병렬 작업

① **직렬 :** $R_s = r_1 \times r_2$

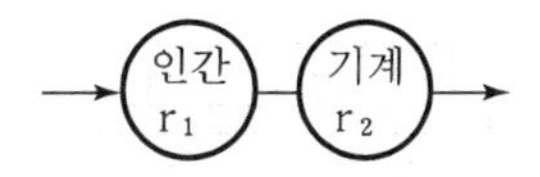

② **병렬 :** $R_p = r_1 + r_2(1-r_1) = 1-(1-r_1)(1-r_2)$

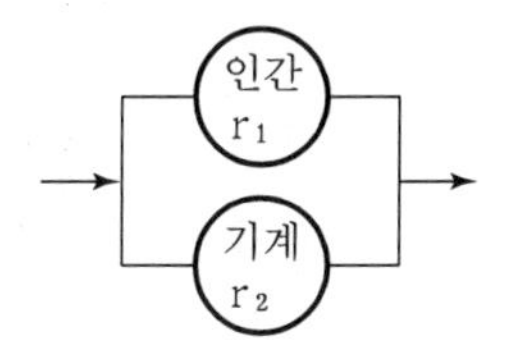

(2) 설비의 신뢰도

① 직렬(series system)

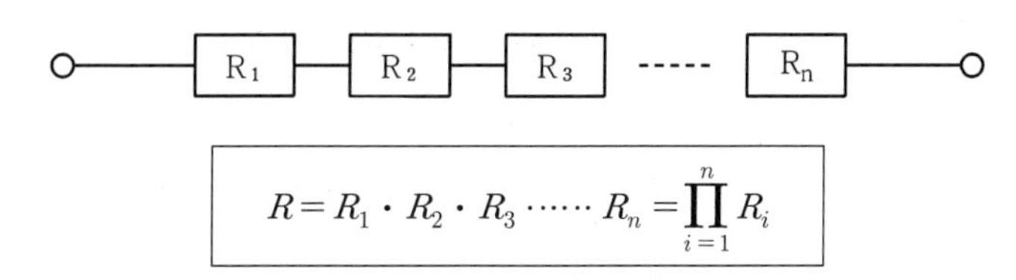

$$R = R_1 \cdot R_2 \cdot R_3 \cdots\cdots R_n = \prod_{i=1}^{n} R_i$$

② 병렬(페일세이프티 : fail safety)

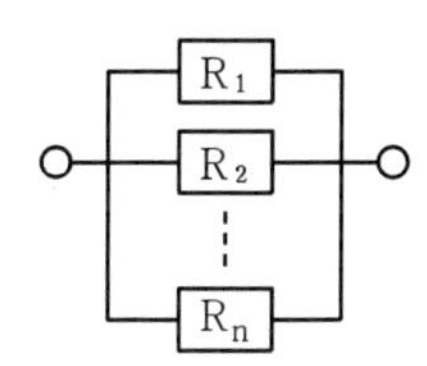

$$R = 1-(1-R_1)(1-R_2) \cdots\cdots (1-R_n) = 1-\prod_{i=1}^{n}(1-R_i)$$

③ 요소의 병렬구조

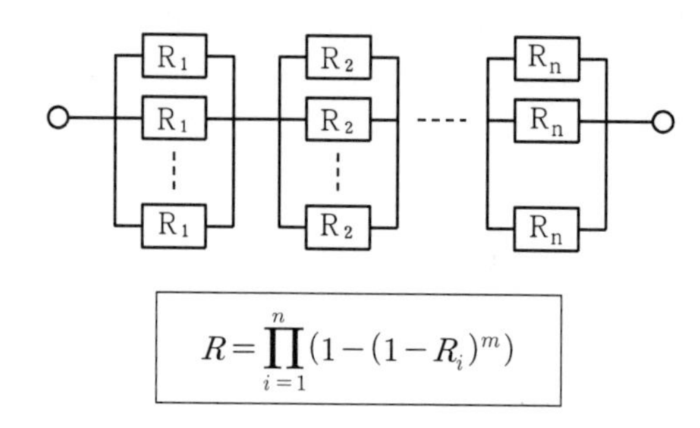

$$R=\prod_{i=1}^{n}(1-(1-R_i)^m)$$

④ 시스템의 병렬구조

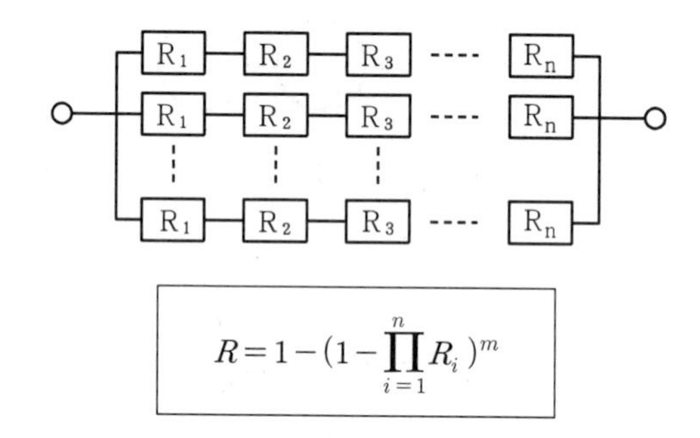

$$R=1-(1-\prod_{i=1}^{n}R_i)^m$$

2) 휴먼에러(인간실수)

(1) 휴먼에러의 관계

SP = K(HE) = f(HE)

여기서, SP : 시스템퍼포먼스(체계성능)
HE : 인간과오(Human Error)
K : 상수
f : 관수(함수)

① K≒1 : 중대한 영향

② K<1 : 위험

③ K≒0 : 무시

(2) 휴먼에러의 분류

① **심리적(행위에 의한) 분류(Swain)**

㉠ **생략에러(Omission Error) :** 작업 내지 필요한 절차를 수행하지 않는 데서 기인하는 에러

㉡ **실행(작위적)에러(Commission Error)** : 작업 내지 절차를 수행했으나 잘못한 실수－선택착오, 순서착오, 시간착오

㉢ **과잉행동에러(Extraneous Error) : 불필요한 작업 내지 절차를 수행함으로써 기인한 에러**

㉣ **순서에러(Sequential Error)** : 작업수행의 순서를 잘못한 실수

㉤ 시간에러(Timing Error) : 소정의 기간에 수행하지 못한 실수(너무 빨리 혹은 늦게)

② **원인 레벨(level)적 분류**

㉠ **Primary Error** : 작업자 자신으로부터 발생한 에러(안전교육을 통하여 제거)

㉡ **Secondary Error** : 작업형태나 작업조건 중에서 다른 문제가 생겨 그 때문에 필요한 사항을 실행할 수 없는 오류나 어떤 결함으로부터 파생하여 발생하는 에러

㉢ **Command Error** : 요구되는 것을 실행하고자 하여도 필요한 정보, 에너지 등이 공급되지 않아 작업자가 움직이려 해도 움직이지 않는 에러

(3) 정보처리 과정에 의한 분류

① 인지확인 오류 : 외부의 정보를 받아들여 대뇌의 감각중추에서 인지할 때까지의 과정에서 일어나는 실수

② 판단, 기억오류 : 상황을 판단하고 수행하기 위한 행동을 의사결정하여 운동중추로부터 명령을 내릴 때까지 대뇌과정에서 일어나는 실수

③ 동작 및 조작오류 : 운동중추에서 명령을 내렸으나 조작을 잘못하는 실수

(4) 인간의 행동과정에 따른 분류

① 입력 에러 : 감각 또는 지각의 착오

② 정보처리 에러 : 정보처리 절차 착오

③ 의사결정 에러 : 주어진 의사결정에서의 착오

④ 출력 에러 : 신체반응의 착오

⑤ 피드백 에러 : 인간제어의 착오

(5) 라스무센(Rasmussen)의 인간행동모델에 따른 원인기준에 의한 휴먼에러 분류방법(James Reason의 방법)

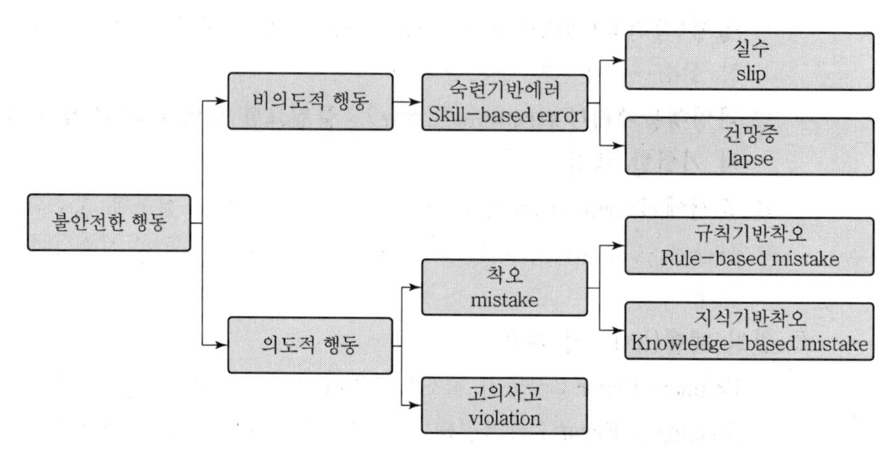

[라스무센의 SRK 모델을 재정립한 리즌의 불안전한 행동 분류(원인기준)]

인간의 불안전한 행동을 의도적인 경우와 비의도적인 경우로 나누었다. 비의도적 행동은 모두 숙련기반 에러, 의도적 행동은 규칙기반 에러와 지식기반 에러, 고의사고로 분류할 수 있다.

(6) 인간의 오류모형

① **착오(Mistake)** : 상황해석을 잘못하거나 목표를 잘못 이해하고 착각하여 행하는 경우
② **실수(Slip)** : 상황이나 목표의 해석을 제대로 했으나 의도와는 다른 행동을 하는 경우
③ **건망증(Lapse)** : 여러 과정이 연계적으로 일어나는 행동 중에서 일부를 잊어버리고 하지 않거나 또는 기억의 실패에 의하여 발생하는 오류
④ **위반(Violation)** : 정해진 규칙을 알고 있음에도 고의로 따르지 않거나 무시하는 행위

3) 이산적 직무와 연속적 직무의 인간신뢰도

인간의 작업을 시간적 관점에서 보면 이산적 직무와 연속적 직무로 구분할 수 있다.

(1) 이산적 직무

직무의 내용이 시작과 끝을 가지고 미리 잘 정의된 직무를 의미한다. 이산적 직무에서 인간신뢰도를 표현하는 기본단위로는 휴먼에러확률(HEP ; Human Error Probability)로서 주어진 작업이 수행되는 동안 발생하는 오류의 확률로 표현된다. 이산적 직무에서 직무를 성공적으로 수행할 확률은 인간신뢰도로 해석할 수 있다.

$$\textbf{인간실수 확률(HEP)} = \frac{\text{인간실수의 수}}{\text{실수발생의 전체 기회수}}$$

$$\text{인간의 신뢰도(R)} = (1 - \text{HEP}) = 1 - \text{P}$$

전체 시스템의 신뢰도를 구하기 위해서는 전체 시스템 내에서의 인간행위를 작은 단위의 세부 행위로 구분하고 이들 세부 행위에 대한 휴먼에러확률(HEP) 자료를 이용한다. 매 시행마다 휴먼에러확률(HEP)이 p로 동일하게 주어져 있는 작업을 독립적으로 n번 반복하여 실행하는 직무에서 에러 없이 성공적으로 직무를 수행할 확률인 인간신뢰도 $R_{(n)}$은 다음과 같이 구할 수 있다.

$$R_{(n)} = (1-p)^n$$

(2) 연속적 직무

연속적 직무란 자동차 운전이나 레이더 화면의 감시작업과 같이 시간에 따라 직무의 내용이 변화되는 특징을 가지고 있다. 연속적 직무에 관한 휴먼에러는 시간에 따라 우발적으로 발생하므로 에러율을 시간에 관한 함수로 표현한다. 인간 신뢰도 분야에선 시간에 따른 인간의 휴먼에러 발생 확률을 신뢰도(Reliability) 이론을 접목하여 특정 시간 동안 고장 없이 작동할 확률에 관심을 갖는 동신뢰도(Dynamic Reliability)로 표현한다. 즉, '언제 고장이 많이 나는가'를 나타내는 고장률 함수(Failure rate)를 실수율(Error rate) $h(t)$로 나타내 인간신뢰도 $R(t)$로 표현한다. 시간 t에서의 휴먼에러에 관한 확률을 고장률 함수 개념으로 표현하여 실수율 $h(t)$라 하면 t까지 에러를 범하지 않을 확률인 인간신뢰 $R(t)$는 다음과 같이 표현된다.

$$R_{(t)} = e^{-\int_0^t h(x)dx}$$

3. 인간의 정보처리

1) 인간의 기본기능

(1) 감지 기능

① 인간 : 시각, 청각, 촉각 등의 감각기관

② 기계 : 전자, 사진, 음파탐지기 등 기계적인 감지장치

(2) 정보저장 기능

① 인간 : 기억된 학습 내용

② 기계 : 펀치카드(Punch card), 자기 테이프, 형판(Template), 기록, 자료표 등 물리적 기구

(3) 정보처리 및 의사결정기능

① 인간 : 행동을 한다는 결심

② 기계 : 모든 입력된 정보에 대해서 미리 정해진 방식으로 반응하게 하는 프로그램(Program)

(4) 행동기능

① 물리적인 조정행위 : 조종장치 작동, 물체나 물건을 취급, 이동, 변경, 개조 등

② 통신행위 : 음성(사람의 경우), 신호, 기록 등

2) 인간의 감지능력

감각 기관들의 감지능력은 상대적 판단(Relative Discrimination)에 의해여 연구된다. 상대적 판단이란 한 감각을 대상으로 두 가지 이상의 신호가 동시에 제시되었을 때 같고 다름을 비교 판단하는 것이다.

측정 감각의 감지능력은 두 자극 사이의 차이를 겨우 알아차릴 수 있는 변화감지역(JND ; Just Noticeable Difference)으로 표현된다. 변화감지역이란 자극 사이의 변화를 감지할 수 있는 두 자극 사이의 가장 작은 차이 값을 의미하며 변화감지역이 작을수록 감각의 변화를 검출하기 쉽다. 변화감지역은 사람이 50% 이상을 검출할 수 있는 자극차원의 최소 변화 또는 차이로 구한다.

웨버(Weber)는 특정 감각기관의 기준자극과 변화감지역과의 연관 관계실험을 통하여 '웨버의 법칙'을 발견하였다. 웨버의 법칙은 물리적 자극을 상대적으로 판단하는 데 있어 특정 감각의 변화감지역은 사용되는 기준 자극의 크기에 비례한다는 내용으로 표현한다.

$$\text{웨버 비} = \frac{\Delta I}{I}$$

여기서, I : 기준자극크기, ΔI : 변화감지역

〈감각기관의 웨버(Weber) 비〉

감각	시각	청각	무게	후각	미각
Weber 비	1/60	1/10	1/50	1/4	1/3

웨버(Weber)의 법칙에 의하면 변화를 감지하기 위해 필요한 자극의 차이는 원래 제시된 자극의 수준에 비례하므로 원래 자극의 강도가 클수록 변화감지를 위한 자극의 변화량은 커지게 된다. 웨버 비는 감각의 감지에 대한 민감도를 나타내며 웨버 비가 작을수록 인간의 분별력이 뛰어난 감각이라고 할 수 있다.

3) 인간의 정보처리능력

인간이 신뢰성 있게 정보 전달을 할 수 있는 기억은 5가지 미만이며 감각에 따라 정보를 신뢰성 있게 전달할 수 있는 한계 개수는 5~9가지이다. 밀러(Miller)는 감각에 대한 경로 용량을 조사한 결과 신비의 수(Magical Number) 7±2(5~9)를 발표했다. 인간의 절대적 판단에 의한 단일자극의 판별범위는 보통 5~9가지라는 것이다.

$$\text{정보량 } H = \log_2 n = \log_2 \frac{1}{p}, \quad p = \frac{1}{n}$$

여기서, 정보량의 단위는 bit(binary digit)임
비트(bit)란, 실현가능성이 같은 2개의 대안 중 하나가 명시되었을 때 얻는 정보량임

4) 시배분(Time-Sharing)

음악을 들으며 책을 읽는 것처럼 사람이 주의를 번갈아가며 두 가지 이상을 돌보아야 하는 상황을 시배분이라고 한다. 인간이 동시에 여러 가지 일을 담당한 경우에는 동시에 주의를 기울일 수 없으며 사실은 주의를 번갈아 가며 일을 행하고 있는 것이므로 인간의 작업효율은 떨어지게 된다. 시배분 작업은 처리해야 하는 정보의 가지 수와 속도에 의하여 영향을 받는다.

5) 지각과정

(1) 감각과정

인간이 접하고 있는 환경 속에서 물건, 사건, 사람 등이 시각, 청각, 후각, 촉각, 미각 등의 자극으로 감각기관을 통하여 지각세계로 들어오는 과정이다.

(2) 지각

지각(Perception)이란 인간이 접하고 있는 환경과 관련된 정보에 의미를 부여하고 해석하는 과정이다. 입력 정보들은 선택(Selection), 조직(Organization), 해석(Interpretation)하는 과정을 통하여 자극을 감지하고 의미를 부여함으로써 종합적으로 해석된다. 선택

된 지각대상은 지각형성 과정을 통하여 조직화된다. 지각된 대상을 해석하는 과정에서는 자극을 해석하고, 의미를 파악한다. 해석 작용 과정에는 여러 가지 착오나 착시현상 등이 개입될 수 있다.

(3) 인지(의사결정)과정과 기억체계

인간의 정보처리 과정에는 작업 기억(단기기억), 장기 기억 등이 동원되며, 지각된 정보를 바탕으로 어떻게 행동할 것인지 의사결정을 해야 한다. 의사결정과정이 계산, 추론, 유추 등의 복잡한 과정이 요구되는 경우 인지(Cognition)과정이라고 한다.

(4) 반응선택 및 실행

지각 및 의사결정과정을 통해 이루어진 상황의 이해는 반응의 선택이라는 목표를 수립하게 되며, 반응 실행은 선택된 목표가 정확하게 수행되도록 반응이나 행동이 이루어진다.

(5) 주의와 피드백

정보처리과정에서의 주의(Attention)는 지각, 인지, 반응선택 및 실행과정에서의 정신적 노력으로, 주의 자원의 제한으로 필요에 따라 선택적으로 적용된다. 정보처리 및 반응실행 과정에서는 정보 흐름의 폐회로 피드백이 존재하게 되는데 이에 따라 정보의 흐름이 연속적으로 진행되고, 정보처리가 어떤 지점에서도 시작될 수 있다.

4. 반응시간과 동작시간

1) 반응시간

어떤 자극에 대하여 반응이 발생하기까지의 소요시간을 반응시간(RT ; Reaction Time)이라 한다. 반응시간은 단순반응시간(Simple Reaction Time), 선택반응시간(Choice Reaction Time), C 반응시간 등으로 분류된다.

(1) 단순반응시간(Simple Reaction Time)

A 반응시간이라고도 하며 하나의 특정 자극에 대하여 반응을 하는 데 소요되는 시간으로 약 0.2초 정도 걸린다.

(2) 선택반응시간(Choice Reaction Time)

B 반응시간이라고도 하며 여러 개의 자극을 제시하고 각각의 자극에 대하여 반응을 할 과제를 준 후에 자극이 제시되어 반응할 때까지의 시간을 의미한다. 선택 반응시간은 일반적으로 자극과 반응의 수(N)가 증가할수록 로그에 비례하여 증가하며 다음과 같이 표현된다.(Hick's law)

$$선택반응시간 = a + b\log_2 N$$

(3) C 반응시간

여러 가지의 자극이 주어지고 이 중에서 특정한 신호에 대해서만 반응할 때 소요되는 시간을 의미한다.

2) 동작시간(Movement Time)

신호에 따라 손을 움직여 동작을 실제로 실행하는 데 걸리는 시간으로 동작의 종류와 거리에 따라 다르지만 최소한 0.3초는 걸린다. Fitts는 움직인 거리(A)와 목표물의 너비(W)를 변화시키면서 실험을 한 결과 다음과 같은 동작시간에 관한 예측시간 식을 얻었다.

$$동작시간 = a + b\log_2\left(\frac{2A}{W}\right)$$

신호를 확인하고 동작을 하기까지의 총 응답시간(Response Time)은 반응시간과 동작시간을 합하여 구할 수 있고 사람의 응답시간은 최소 0.5초 정도는 걸린다.

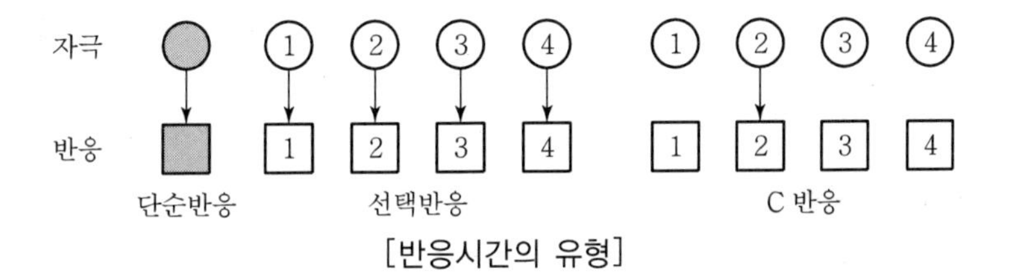

[반응시간의 유형]

07 직무환경과 건강

Section

1. 조명기계 및 조명수준

1) 빛과 조명

시각 작업의 효율(Visual Performance)에 영향을 미치는 요인은 개인차(Individual Difference), 조명의 양(Quantity of Illumination), 조명의 질(Quality of Illumination), 작업 요구조건(Task Requirement) 등이다.

(1) 개인차

개인차는 개인별 시력의 차이를 의미하며 연령이 높아지면서 시각적인 능력이 저하되므로 고령자의 작업장은 전체 조도를 높이거나 국소 조명으로 보완할 필요가 있다.

(2) 조명의 양

조명의 양은 광원의 밝기를 의미한다. 광량(Luminous Flux)은 광원으로부터 나오는 빛 에너지의 양으로 단위는 Lumen(lm)을 이용하며 조도(Illuminance)는 어떤 물체나 표면에 도달하는 빛의 단위 면적당 밀도로 면에 대한 빛의 밝기이며 단위는 lux이다.

(3) 조명의 질

조명의 질은 휘도(Glare), 광원의 방향(Orientation of Lights), 미학(Esthetics)적인 측면을 의미한다.

(4) 작업 요구조건

작업 요구조건은 대상물의 크기, 대비, 노출 시간 등을 의미한다.

2) 조명시스템

일반적으로 조명 시스템이 시각의 안정을 위해 갖추어야 할 조건은 다음과 같다.

(1) 조명의 분포는 섬광을 피하기 위해 국소화된 조명 대신 전체 조명을 사용하는 것이 바람직하며 조명이 균일하지 않은 구역들을 계속 왕복하면 눈의 피로를 일으켜 시간이 지나면서 시력을 떨어뜨릴 수 있다.

(2) 눈부심은 빛의 발광원이 시야에 있을 때 생기며 사물에 대한 식별능력을 저하시킨다. 눈부심은 광원이 관찰자의 시선에서 45도 각도 이내에 있을 때 발생하며 시야에 들어오는 물체 간에 휘도 차이가 더 크면 눈부심이 더 많이 생겨 시각의 적응과정에 대한 효과로 인해 볼 수 있는 능력이 더 크게 저하된다. 최대의 권장 휘도 차이는 작업 : 작업 표면=3 : 1, 작업 : 주위=10 : 1이다. 눈부심을 피하는 방법을 예를 들면 광원 밑에

빛을 적절히 유도할 수 있는 씌우개가 있는 분산장치나 포물선 모양의 반사기를 사용하거나 시각을 방해하지 않는 방법으로 광원을 설치하는 것이다.

3) 작업환경 색상

작업장에 적절한 색상을 선택하면 근로자의 능률과 안전에 상당히 기여하게 된다. 빛은 적색, 황색 및 청색 빛을 혼합함으로써 대부분의 색상을 얻을 수 있으며 조명은 발산하는 빛의 모양에 따라 3개 범주로 나뉠 수 있다.

(1) 따뜻한 색상 : 거주용으로 권장되는 붉은색 계열의 빛
(2) 중간 색상 : 작업장에 권장되는 백색 빛
(3) 찬 색상 : 높은 조도가 필요한 작업이나 고온 징후에 권장되는 파란색 계열의 빛

4) **조명방법**

(1) **직접조명**

조명기구가 간단하기 때문에 기구의 효율이 좋고 벽, 천장의 색조에 의하여 좌우되지 않으며 설치비용이 저렴한 장점이 있다. 그러나 기구의 구조에 따라 눈을 부시게 하거나 균일한 조도를 얻기 힘들기 때문에 물체에 강한 음영을 만드는 것이 단점이다.

(2) **간접조명**

직접조명과 대조적으로 눈을 부시게 하지 않고 조도가 균일하지만 기구효율이 나쁘며 설치가 복잡하고 실내의 입체감이 작아지는 단점이 있다.

(3) **전반조명**

작업면에 균등한 조도를 얻기 위해 광원을 일정한 간격과 일정한 높이로 배치한 조명방식으로서 공장 등에서 많이 사용한다.

(4) **국소조명**

작업면상의 필요한 장소만 높은 조도를 취하는 방법으로 일부만 밝게 한다. 밝고 어둠의 차이가 많아 눈부심을 일으켜 눈을 피로하게 한다.

(5) 전반과 국소조명의 혼합

작업면 전반에 걸쳐 적당한 조도를 제공하며 필요한 장소에 높은 조도를 주는 조명방식이다.

5) 소요조명

$$소요조명(f_c) = \frac{소요광속발산도(f_L)}{반사율(\%)} \times 100$$

2. 반사율과 휘광

1) 반사율(%)

단위면적당 표면에서 반사 또는 방출되는 빛의 양

$$반사율(\%) = \frac{광도(f_L)}{조도(f_C)} \times 100 = \frac{cd/m^2 \times \pi}{lux} = \frac{광속발산도}{소요조명} \times 100$$

옥내 추천 반사율

1. 천장 : 80~90%
2. 벽 : 40~60%
3. 가구 : 25~45%
4. 바닥 : 20~40%

2) 휘광(Glare : 눈부심)

휘도가 높거나 휘도대비가 클 경우 생기는 눈부심

(1) 휘광의 발생원인

① 눈에 들어오는 광속이 너무 많을 때
② 광원을 너무 오래 바라볼 때
③ 광원과 배경 사이의 휘도 대비가 클 때
④ 순응이 잘 안될 때

(2) 광원으로부터의 휘광(Glare)의 처리방법

① 광원의 휘도를 줄이고 수를 늘인다.
② 광원을 시선에서 멀리 위치시킨다.
③ 휘광원 주위를 밝게 하여 광도비를 줄인다.
④ 가리개(shield), 갓(hood) 혹은 차양(visor)을 사용한다.

(3) 창문으로부터의 직사휘광 처리

① 창문을 높이 단다.
② 창 위에 드리우개(Overhang)를 설치한다.
③ 창문에 수직날개를 달아 직시선를 제한한다.
④ 차양 혹은 발(blind)을 사용한다.

(4) 반사휘광의 처리

① 일반(간접) 조명 수준을 높인다.
② 산란광, 간접광, 조절판(Baffle), 창문에 차양(Shade) 등을 사용한다.
③ 반사광이 눈에 비치지 않게 광원을 위치시킨다.
④ 무광택 도료, 빛을 산란시키는 표면색을 한 사무용 기기 등을 사용한다.

3. 조도와 광도

1) 조도 : 물체의 표면에 도달하는 빛의 밀도

(1) foot-candle(fc)

1촉광(촛불 1개)의 점광원으로부터 1foot 떨어진 구면에 비추는 빛의 밀도

(2) Lux

1촉광의 광원으로부터 1m 떨어진 구면에 비추는 빛의 밀도

$$조도 = \frac{광속}{(거리)^2}$$

(3) lambert(L)

완전 발산 및 반사하는 표면에 표준 촛불로 1cm 거리에서 조명될 때 조도와 같은 광도

(4) foot-lambert(fL)

완전 발산 및 반사하는 표면에 1fc로 조명될 때 조도와 같은 광도

2) 광도(Luminance)

단위면적당 표면에서 반사(방출)되는 빛의 양
(단위 : Lambert(L), foot-Lambert, nit(cd/m^2))

3) 휘도

빛이 어떤 물체에서 반사되어 나오는 양

4) 명도대비(Contrast)

표적의 광도와 배경의 광도 차

$$\text{대비} = \frac{L_b - L_t}{L_b} \times 100$$

여기서, L_t : 표적의 광도
L_b : 배경의 광도

5) 푸르키네 현상(Purkinje Effect)

조명수준이 감소하면 장파장에 대한 시감도가 감소하는 현상. 즉 밤에는 같은 밝기를 가진 장파장의 적색보다 단파장인 청색이 더 잘 보인다.

4. 소음과 청력손실

1) 소음(Noise)

인간이 감각적으로 원하지 않는 소리로, 불쾌감을 주거나 주의력을 상실케 하여 작업에 방해를 주며 청력손실을 가져온다.

(1) **가청주파수 : 20～20,000Hz / 유해주파수 : 4,000Hz**

(2) **소리은폐현상(Sound Masking) : 한쪽 음의 강도가 약할 때는 강한 음에 묻혀 들리지 않게 되는 현상**

2) 소음의 영향

(1) 일반적인 영향

불쾌감을 주거나 대화, 마음의 집중, 수면, 휴식을 방해하며 피로를 가중시킨다.

(2) 청력손실

진동수가 높아짐에 따라 청력손실이 증가한다. 청력손실은 4,000Hz(C5－dip 현상)에서 크게 나타난다.

① 청력손실의 정도는 노출 소음수준에 따라 증가한다.
② 약한 소음에 대해서는 노출기간과 청력손실의 관계가 없다.
③ 강한 소음에 대해서는 노출기간에 따라 청력손실도 증가한다.

3) 소음을 통제하는 방법(소음대책)

(1) **소음원의 통제**
(2) **소음의 격리**
(3) **차폐장치 및 흡음재료 사용**
(4) **음향처리제 사용**
(5) **적절한 배치**

5. 소음노출한계(산업안전보건기준에 관한 규칙 제512조)

1) 소음작업

1일 8시간 작업을 기준으로 85dB 이상의 소음이 발생하는 작업

2) 강렬한 소음작업

(1) **90dB 이상의 소음이 1일 8시간 이상 발생하는 작업**
(2) 95dB 이상의 소음이 1일 4시간 이상 발생하는 작업
(3) 100dB 이상의 소음이 1일 2시간 이상 발생하는 작업
(4) 105dB 이상의 소음이 1일 1시간 이상 발생하는 작업
(5) 110dB 이상의 소음이 1일 30분 이상 발생하는 작업
(6) 115dB 이상의 소음이 1일 15분 이상 발생하는 작업

3) 충격 소음작업

(1) 120dB을 초과하는 소음이 1일 1만 회 이상 발생하는 작업
(2) 130dB을 초과하는 소음이 1일 1천 회 이상 발생하는 작업
(3) 140dB을 초과하는 소음이 1일 1백 회 이상 발생하는 작업

6. 작업별 조도기준 및 소음기준

1) 작업별 조도기준(산업안전보건기준에 관한 규칙 제8조)

(1) 초정밀작업 : 750lux 이상
(2) **정밀작업 : 300lux 이상**
(3) **보통작업 : 150lux 이상**
(4) 기타작업 : 75lux 이상

2) 조명의 적절성을 결정하는 요소

(1) 과업의 형태
(2) 작업시간
(3) 작업을 진행하는 속도 및 정확도
(4) 작업조건의 변동
(5) 작업에 내포된 위험 정도

3) 인공조명 설계 시 고려사항

(1) 조도는 작업상 충분할 것
(2) 광색은 주광색에 가까울 것
(3) 유해가스를 발생하지 않을 것
(4) 폭발과 발화성이 없을 것
(5) 취급이 간단하고 경제적일 것
(6) **작업장의 경우 공간 전체에 빛이 골고루 퍼지게 할 것(전반조명 방식)**

4) VDT를 위한 조명

(1) **조명수준 : VDT(Visual Display Terminal) 조명**은 화면에서 반사하여 화면상의 정보를 더 어렵게 할 수 있으므로 대부분 **300~500lux를 지정**한다.
(2) 광도비 : 화면과 극 인접 주변 간에는 1 : 3의 광도비가, 화면과 화면에서 먼 주위 간에는 1 : 10의 광도비가 추천된다.
(3) 화면반사 : 화면반사는 화면으로부터 정보를 읽기 어렵게 하므로 화면반사를 줄이는 방법에는 ① 창문 가리기, ② 반사원의 위치 바꾸기, ③ 광도 줄이기, ④ 산란된 간접조명 사용하기 등이 있다.

7. 실효온도와 옥스퍼드(Oxford) 지수

1) 실효온도(Effective temperature, 감각온도, 실감온도)

온도, 습도, 기류 등의 조건에 따라 인간의 감각을 통해 느껴지는 온도로 상대습도 100%일 때의 건구온도에서 느끼는 것과 동일한 온도감

2) 옥스퍼드(Oxford) 지수(습건지수)

$$W_D = 0.85W + 0.15d$$

여기서, W : 습구온도
d : 건구온도

3) 불쾌지수

(1) 불쾌지수 = 섭씨(건구온도+습구온도)×0.72±40.6[℃]
(2) 불쾌지수 = 화씨(건구온도+습구온도)×0.4+15[°F]

불쾌지수가 80 이상일 때는 모든 사람이 불쾌감을 가지기 시작하고 75의 경우에는 절반 정도가 불쾌감을 가지며 70~75에서는 불쾌감을 느끼기 시작한다. 70 이하에서는 모두가 쾌적하다.

4) 추정 4시간 발한율(P4SR)

주어진 일을 수행하는 순환된 젊은 남자의 4시간 동안의 발한량을 건습구온도, 공기유동속도, 에너지 소비, 피복을 고려하여 추정한 지수이다.

5) 허용한계

(1) 사무작업 : 60~65°F
(2) 경작업 : 55~60°F
(3) 중작업 : 50~55°F

6) 작업환경의 온열요소 : **온도, 습도, 기류(공기유동)**, 복사열

8. 작업환경 개선의 4원칙

1) 대체 : 유해물질을 유해하지 않은 물질로 대체
2) 격리 : 유해요인에 접촉하지 않게 격리
3) 환기 : 유해분진이나 가스 등을 환기
4) 교육 : 위험성 개선방법에 대한 교육

9. 작업환경 측정대상(산업안전보건법 시행규칙 제186조)

작업환경 측정대상 유해인자에 노출되는 근로자가 있는 작업장

작업환경 측정대상 유해인자(시행규칙 별표 21)
1. 화학적 인자 가. 유기화합물(114종) 나. 금속류(24종) 다. 산 및 알칼리류(17종) 라. 가스상태 물질류(15종) 마. 산업안전보건법 시행령 제88조에 의한 허가 대상 유해물질(12종) 바. 금속가공유(Metal working fluids, 1종) 2. 물리적 인자(2종) 가. 8시간 시간가중평균 80dB 이상의 소음 나. 안전보건규칙 제558조에 따른 고열 3. 분진(7종) 4. 그 밖에 고용노동부장관이 정하여 고시하는 인체에 해로운 유해인자

08 인간의 특성과 인간관계

Section

1. 안전사고 요인

1) 산업재해의 직접원인

(1) 불안전한 행동(인적 원인, 전체 재해발생원인의 88% 정도)

사고를 가져오게 한 작업자 자신의 행동에 대한 불안전한 요소

① 불안전한 행동의 예

- 위험장소 접근
- 복장 · 보호구의 잘못된 사용
- 운전 중인 기계장치의 점검
- 위험물 취급 부주의
- 불안전한 자세나 동작
- 안전장치의 기능 제거
- 기계 · 기구의 잘못된 사용
- 불안전한 속도 조작
- 불안전한 상태 방치
- 감독 및 연락 불충분

② 불안전한 행동을 일으키는 내적요인과 외적요인의 발생형태 및 대책

㉠ 내적요인

- 소질적 조건 : 적성배치
- 의식의 우회 : 상담
- 경험 및 미경험 : 교육

㉡ 외적요인

- 작업 및 환경조건 불량 : 환경정비
- 작업순서의 부적당 : 작업순서정비

(2) 불안전한 상태(물적 원인, 전체 재해발생원인의 10% 정도)

직접 상해를 가져오게 한 사고에 직접관계가 있는 위험한 물리적 조건 또는 환경

① 불안전한 상태의 예

- 물(物)의 자체 결함
- 안전방호장치의 결함
- 복장・보호구의 결함
- 물의 배치 및 작업장소 결함
- 작업환경의 결함
- 생산공정의 결함
- 경계표시・설비의 결함

2) 재해의 원인 – 3E

재해가 3가지 주된 원인으로 발생한다고 보는 관점에서 출발한다.

(1) Engineering : 기술적(공학적) 원인

(2) Education : 교육적 원인

(3) Enforcement : 규제적(관리적) 원인

3) 재해의 기본요인 – 4M

(1) Man(인간) : 에러를 일으키는 인적 요인

(2) Machine(기계) : 기계・설비의 결함, 고장 등의 물적 요인

(3) Media(매체) : 작업정보, 방법, 환경 등의 요인

(4) Management(관리) : 관리상의 요인

4) 사고예방대책의 기본원리 5단계(하인리히)

(1) 1단계 : 조직(안전관리조직)

① 경영층의 안전목표 설정
② 안전관리 조직(안전관리자 선임 등)
③ 안전활동 및 계획수립

(2) 2단계 : 사실의 발견(현상파악)

① 사고 및 안전활동의 기록 검토
② 작업분석
③ 안전점검, 안전진단
④ 사고조사
⑤ 안전평가
⑥ 각종 안전회의 및 토의
⑦ 근로자의 건의 및 애로 조사

(3) 3단계 : 분석 · 평가(원인규명)

① 사고조사 결과의 분석
② 불안전상태, 불안전행동 분석
③ 작업공정, 작업형태 분석
④ 교육 및 훈련의 분석
⑤ 안전수칙 및 안전기준 분석

(4) 4단계 : 시정책의 선정

① 기술의 개선
② 인사조정
③ 교육 및 훈련 개선
④ 안전규정 및 수칙의 개선
⑤ 이행의 감독과 제재강화

(5) 5단계 : 시정책의 적용

① 목표 설정
② 3E(기술적, 교육적, 관리적) 대책의 적용

5) 재해(사고) 발생 유형(모델)

(1) 단순자극형(집중형)

상호자극에 의하여 순간적으로 재해가 발생하는 유형으로 재해가 일어난 장소나 그 시점에 일시적으로 요인이 집중되어 나타난다.

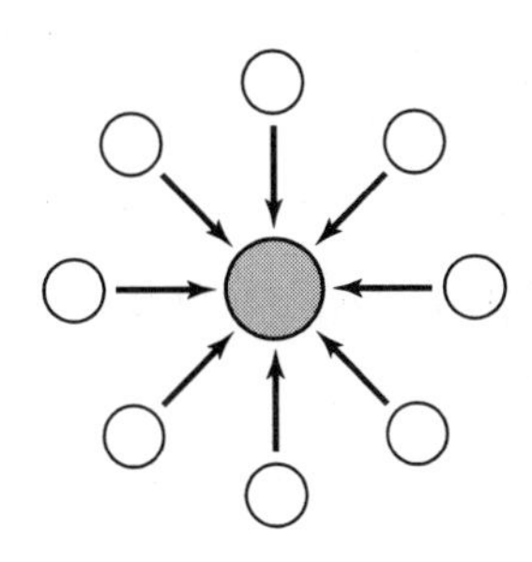

(2) 연쇄형(사슬형)

하나의 사고요인이 또 다른 요인을 발생시키면서 재해를 발생시키는 유형이다. 단순 연쇄형과 복합 연쇄형이 있다.

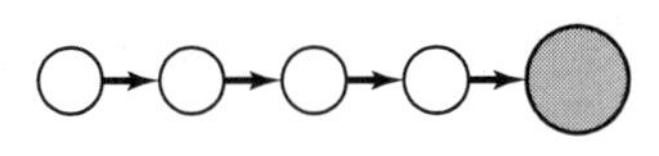

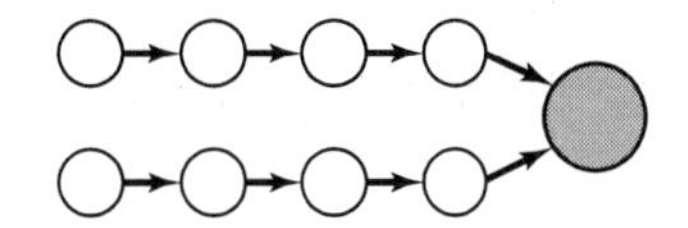

(3) 복합형

단순 자극형과 연쇄형의 복합적인 발생유형이다. 일반적으로 대부분의 산업재해는 재해원인들이 복잡하게 결합되어 있는 복합형이다. 연쇄형의 경우에는 원인들 중에 하나를 제거하면 재해가 일어나지 않는다. 그러나 단순 자극형이나 복합형은 하나를 제거하더라도 재해가 일어나지 않는다는 보장이 없으므로, 도미노 이론은 적용되지 않는다. 이런 요인들은 부속적인 요인들에 불과하다. 따라서 재해조사에 있어서는 가능한 한 모든 요인들을 파악하도록 해야 한다.

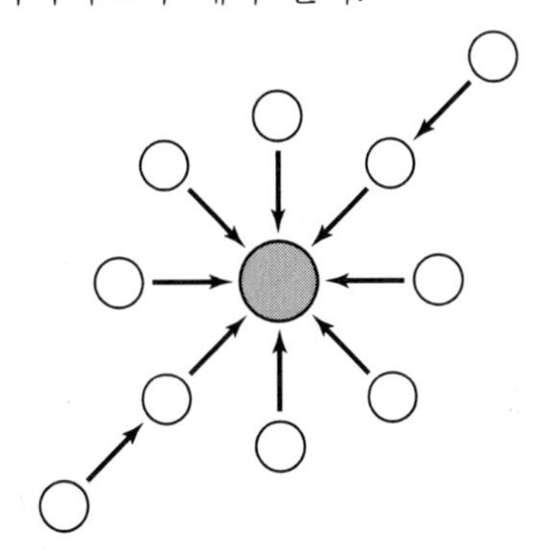

(4) 사고 경향설(Greenwood)

사고의 대부분은 소수에 의해 발생되고 있으며 사고를 낸 사람이 또다시 사고를 발생시키는 경향이 있다.(사고경향성이 있는 사람 → 소심한 사람)

(5) 성격의 유형(재해누발자 유형)

① 미숙성 누발자 : 환경에 익숙하지 못하거나 기능 미숙으로 인한 재해 누발자

② 상황성 누발자 : 작업이 어렵거나, 기계설비의 결함, 주의력의 집중이 혼란된 경우, 심신의 근심으로 사고 경향자가 되는 경우(상황이 변하면 안전한 성향으로 바뀜)

③ 습관성 누발자 : 재해의 경험으로 신경과민이 되거나 슬럼프에 빠지기 때문에 사고 경향자가 되는 경우

④ 소질성 누발자 : 지능, 성격, 감각운동 등에 의한 소질적 요소에 의해서 결정되는 특수성격의 소유자

(6) 재해빈발설

① 기회설 : 개인의 문제가 아니라 작업 자체에 문제가 있어 재해가 빈발

② 암시설 : 재해를 한 번 경험한 사람은 심리적 압박을 받게 되어 대처능력이 떨어져 재해가 빈발

③ 빈발경향자설 : 재해를 자주 일으키는 소질을 가진 근로자가 있다는 설

2. 착오의 종류 및 원인

1) 착오의 종류

(1) 위치착오

(2) 순서착오

(3) 패턴의 착오

(4) 기억의 착오

(5) 형(모양)의 착오

2) 착오의 원인

(1) 심리적 능력한계

(2) 감각차단현상

(3) 정보량의 저장한계

3. 착시

물체의 물리적인 구조가 인간의 감각기관인 시각을 통해 인지한 구조와 일치되지 않게 보이는 현상

학설	그림	현상
Zoller의 착시		세로의 선이 굽어 보인다.
Orbigon의 착시		안쪽 원이 찌그러져 보인다.
Sander의 착시		두 점선의 길이가 다르게 보인다.
Ponzo의 착시		두 수평선부의 길이가 다르게 보인다.
Müler-Lyer의 착시	(a) (b)	**a가 b보다 길게 보인다. 실제는 a=b이다.**
Helmholz의 착시	(a) (b)	a는 세로로 길어 보이고, b는 가로로 길어 보인다.
Hering의 착시	(a) (b)	**a는 양단이 벌어져 보이고, b는 중앙이 벌어져 보인다.**
Köhler의 착시 (윤곽착오)		**우선 평형의 호를 본 후 즉시 직선을 본 경우에 직선은 호의 반대방향으로 굽어 보인다.**
Poggendorf의 착시	(a) (c) (b)	a와 c가 일직선으로 보인다. 실제는 a와 b가 일직선이다.

4. 착각현상

착각은 물리현상을 왜곡하는 지각현상을 말한다.

1) 착각의 요인

(1) 인지 과정의 착오

① 생리 · 심리적 능력의 한계
② 정보량 저장의 한계
③ 감각 차단 현상
④ 정서 불안정(공포, 불안, 불만)

(2) 판단 과정의 착오

① 능력 부족(적성, 지식, 기술)
② 정보부족
③ 합리화
④ 환경 조건 불비(표준불량)

(3) 조치 과정의 착오

2) 인간의 착각현상

(1) 자동운동

암실 내에서 정지된 작은 광점을 응시하면 움직이는 것처럼 보이는 현상

(2) 유도운동

실제로는 정지한 물체가 어느 기준물체의 이동에 따라 움직이는 것처럼 보이는 현상

(3) 가현운동

영화처럼 물체가 빨리 나타나거나 사라짐으로 인해 운동하는 것처럼 보이는 현상

5. 지각과 평가

1) 시각법칙

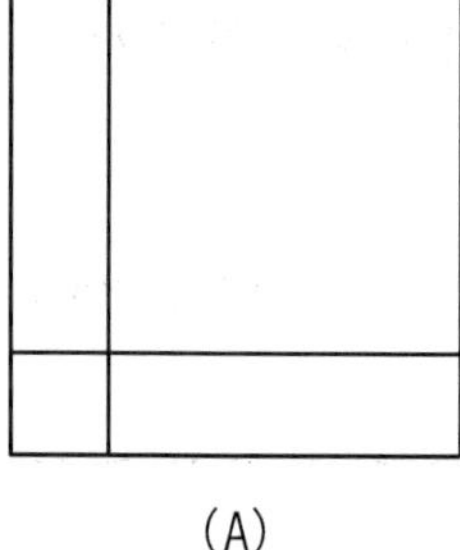

(A)

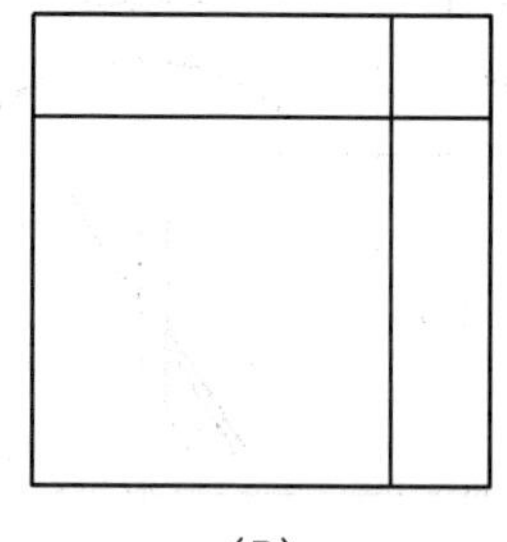
(B)

두 개의 도형을 보면 A에 비해서 B의 도형이 긴장감이 강하게 느껴진다. 즉 오른쪽 시야보다는 왼쪽이 우위이며 위쪽보다는 아래쪽의 시야가 우위이다. B의 도형의 상하좌우가 다 우위가 아니어서 강한 긴장감을 일으킨다. 이를 지각의 시각법칙이라 한다.

2) 상황

A 그림의 경우 원의 둘레에 얼마 정도의 큰 원들이 있느냐에 따라서 왼쪽보다는 오른쪽 중심원의 크기가 더 크게 지각된다. B 그림의 경우 양쪽에 있는 정사각형의 크기에 따라서 그 사이를 잇는 선의 거리가 다르게 보인다. 이와 같이 어떠한 경험을 해왔느냐 또는 어떠한 상황에 있었느냐에 따라서 같은 사실이라도 다르게 느껴질 수 있다.

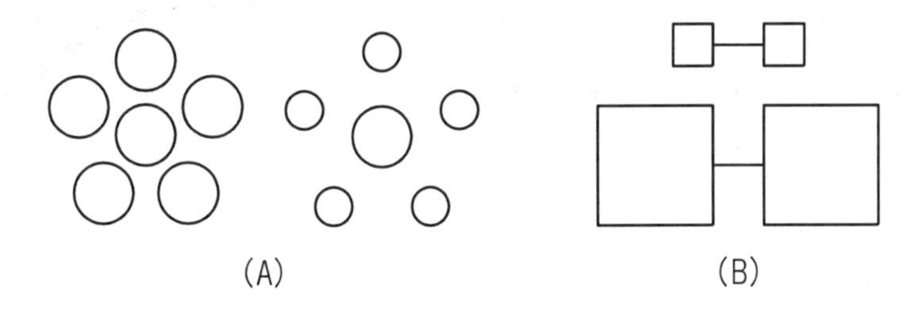

3) 도형과 배경법칙(Figure - Ground Laws)

도형과 배경법칙(Figure - Ground Laws)이란 지각을 함에 있어 어떤 것은 주체인 도형으로 어떤 것은 배경으로 나뉘어서 지각되는 것을 말한다. 아래 그림 왼쪽은 이마가 맞닿도록 두 얼굴을 기울여 놓았다. 여기에 약간의 변형을 하면 아래 그림 오른쪽과 같이 두 얼굴이나 촛불로 보여질 수 있다.

4) 게스탈트 법칙(Gestalt Laws, 지각의 집단화 원리)

게스탈트 법칙(Gestalt Laws)이란 게스탈트 심리학자들이 제안한 대표적인 지각집단화의 원리들이다. 한 물체에 속한 정보들을 낱개로 보는 것이 아니라 하나의 덩어리로 묶어서 지각한다는 것이다. 아래 그림을 보면 A는 근접(Proximity)으로서 가까이 있는 요소들이 하나의 집단으로 묶인다는 원리이다. B는 유사성(Similarity)으로서 형태나 색 등이 유사한 요소들이 하나의 집단으로 묶인다는 원리이다. C는 연속성(Continuity)으로서 각각 점으로 된 것들이 두 개의 선의 형태로 지각된다. 이는 점과 점 사이가 실제로는 개방되어 있지만 닫혀있다고 보는 것이다.

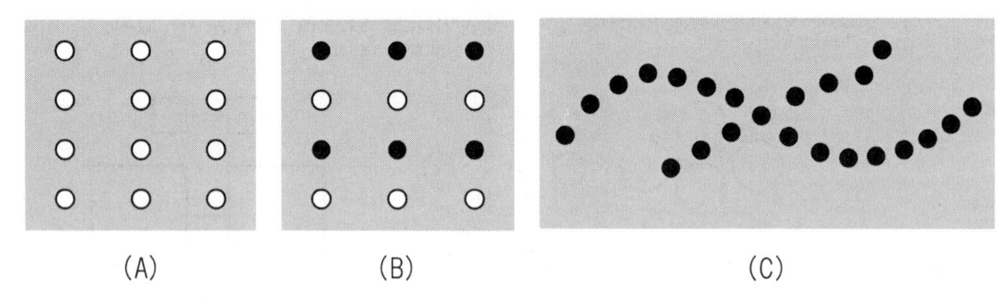

① 공통성 : 함께 같은 방향으로 움직이는 것으로 지각되는 요소들은 체제화된 집단을 형성한다.
② 완결성 : 지각 과정은 자극에 틈이나 간격이 있으면 그것을 메우려고 한다.
③ 연속성 : 하나의 양식으로 시작한 선은 그 양식을 계속하는 것으로 지각하는 경향이 있다.
④ 유사성 : 유사한 자극들은 군집되어 보인다.
⑤ 근접성 : 가까이 있는 물체들은 군집해 있는 것으로 지각한다.

5) 기대

사람은 두드러진 자극에 주의를 집중할 뿐만 아니라 기대, 욕구, 관심에 걸맞는 자극에 주의를 집중하게 된다. 과거의 경험은 인간의 머릿속에 어떤 상황이 일어날 것으로 기대하고 예측하게 만드는데 이러한 기대가 지각에 영향을 주게 된다. 직장을 구하는 사람에게는 구직광고가 눈에 잘 띄게 되고 배고픈 사람에게는 음식점 간판이 잘 보이게 된다.

6. 귀인이론

우리는 자신이나 타인의 행동에 대하여 그 원인을 추론하려는 성향이 있다. 이를 귀인이라고 한다. 귀인의 결과는 우리가 어떻게 행동할 것인지를 결정하는 기준이 된다.

1) 귀인의 정의와 분류

귀인(Attribution)이란 행동의 원인을 어디에 돌리느냐 하는 것이다. 귀인이론의 창시자인 하이더(F. Heider)는 행동에 대한 귀인을 능력이나 기술과 같은 개인의 내적요인에 돌리는 경우를 '내부귀인(Internal Attribution)'으로, 업무의 특성이나 상급자의 특성 등 개인의 외적요인에 돌리는 경우를 '외부귀인(External Attribution)'으로 구별하였다. 일반적으로 사람은 자신의 성공은 자신의 능력과 같은 내부귀인으로 돌리고 타인의 성공은 행운과 같은 외부귀인으로 돌리는 경향이 있다. 또한 자신의 실패는 외부귀인으로 돌리고 타인의 실패는 내부귀인으로 돌린다. 예를 들어 친구가 약속시간에 늦게 도착했을 때 친구는 차가 밀려서 늦었다고 핑계를 돌리고(외부귀인), 기다린 사람은 친구가 시간관념이 없다고 생각한다.(내부귀인)

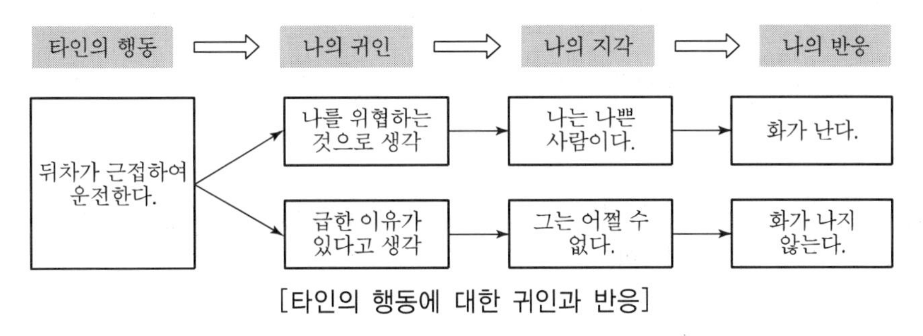

[타인의 행동에 대한 귀인과 반응]

2) 켈리의 귀인모델

심리학자 켈리(H. Kelly)는 귀인에 대한 내적요인과 외적요인의 개념을 더욱 발전시켰다. 그는 사람들의 행위에 대한 원인을 규명할 경우 일치성, 특이성, 일관성의 3가지 기준으로 귀인판단이 가능하다고 생각하였다.

① 일치성(Consensus) : 한 사건에 대하여 다른 사람들의 동일한 사건과 비교하여 귀인하려는 성향을 가리킨다. 같은 상황에서 사람들이 모두 동일한 반응을 보일 때 그들의 반응은 일치성을 보인다. 이때 일치성이 높으면 외부귀인에 귀인시키고 일치성이 낮으면 내부귀인에 귀인시킨다.

② 특이성(Distinctiveness) : 한 사건을 현재 그 사람의 유사한 다른 사건과 비교하여 귀인하려는 성향이다. 행동반응이 자주 있는 일이 아니면 특이성을 보이는 것이다. 이 경우 특이성이 높으면 외부귀인에 해당하고 특이성이 낮으면 내부귀인에 해당한다.

③ 일관성(Consistency) : 현재의 사건을 그 사람의 과거 사건들과 비교하여 귀인하려는 성향을 말한다. 어떤 행동이 예전부터 그 사람에게 자주 있었던 일이라면 일관성이 있는 것이다. 일관성이 높으면 내부요인에 귀인시키고 일관성이 낮으면 외부요인에 귀인시킨다.

예상문제 및 해설 1

산업심리학

1. 다음 중 착오 요인과 관계가 먼 것은?
① 동기부여의 부족
② 정보 부족
③ 정서적 불안정
④ 자기합리화
⑤ 심리적 능력한계

해설 착오의 요인은 심리적 능력한계(정서적 불안정), 정보량의 저장한계, 자기합리화 등이다.

2. 적성 배치에 있어서 고려되어야 할 기본사항에 해당되지 않는 것은?
① 적성 검사를 실시하여 개인의 능력을 파악한다.
② 직무 평가를 통하여 자격수준을 정한다.
③ 주관적인 감정요소에 따른다.
④ 인사관리의 기준원칙을 준수한다.
⑤ 객관적인 감정요소에 따른다.

해설 적성배치에 있어서는 객관적인 감정요소에 따른다.
적성 배치에 있어서 고려되어야 할 기본사항
1. 적성 검사를 실시하여 개인의 능력을 파악한다.
2. 직무 평가를 통하여 자격수준을 정한다.
3. 인사관리의 기준 원칙을 고수한다.

3. 경보기가 울려도 전철이 오기까지 아직 시간이 있다고 판단하여 건널목을 건너다가 사고를 당했다면 이 재해자의 행동성향으로 옳은 것은?
① 착시
② 무의식행동
③ 억측판단
④ 지름길 반응
⑤ 착오

해설 억측판단(리스크 테이킹)
위험을 부담하고 자기 나름대로 판단하여 행동으로 옮기는 성향

 정답 1. ① 2. ③ 3. ③

4. 다음 중 산업안전심리의 5대 요소에 해당하지 않는 것은?

① 습관 ② 동기
③ 감정 ④ 지능
⑤ 기질

해설 산업안전심리의 5대 요소

1. 습관
2. 동기
3. 기질
4. 감정
5. 습성

5. 다음 중 억측판단이 발생하는 배경으로 볼 수 없는 것은?

① 정보가 불확실할 때
② 희망적인 관측이 있을 때
③ 타인의 의견에 동조할 때
④ 과거의 성공한 경험이 있을 때
⑤ 일을 빨리 끝내고 싶은 초조한 심정

해설 억측판단이 발생하는 배경

1. 희망적인 관측 : 그때도 그랬으니까 괜찮겠지 하는 관측
2. 정보나 지식의 불확실 : 위험에 대한 정보의 불확실 및 지식의 부족
3. 과거의 선입관 : 과거에 그 행위로 성공한 경험의 선입관
4. 초조한 심정 : 일을 빨리 끝내고 싶은 초조한 심정

6. 하행선 기차역에 정지하고 있는 열차 안의 승객이 반대편 상행선 열차의 출발로 인하여 하행선 열차가 움직이는 것 같은 착각을 일으키는 현상을 무엇이라고 하는가?

① 유도운동
② 자동운동
③ 가현운동
④ 브라운 운동
⑤ 운동착각

해설
- 유도운동 : 실제로는 정지한 물체가 어느 기준 물체의 이동에 따라 움직이는 것처럼 보이는 현상
- 자동운동 : 암실 내에서 정지된 작은 광점을 응시하면 움직이는 것처럼 보이는 현상
- 가현운동 : 영화처럼 물체가 빨리 나타나거나 사라짐으로 인해 운동하는 것처럼 보이는 현상

4. ④ 5. ③ 6. ① 정답

7. 다음 중 헤링(Hering)의 착시현상에 해당하는 것은?

① 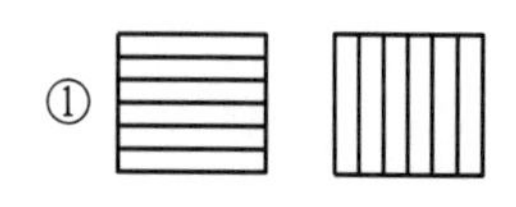

② 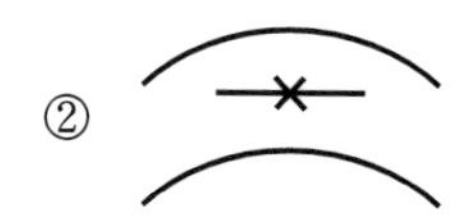

③ 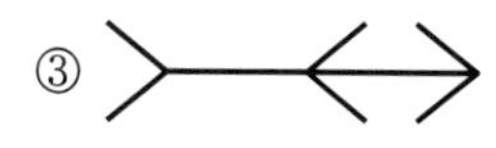

④ 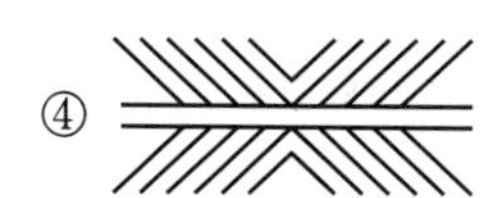

⑤ 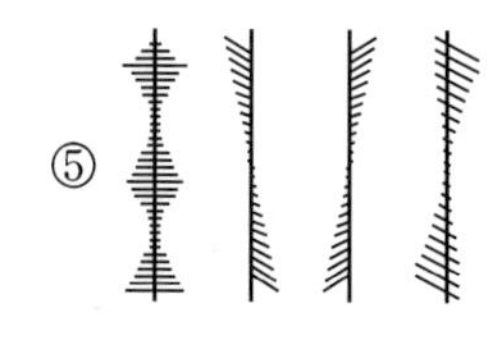

해설 ① : 헬름홀츠(Helmholz)
② : 쾰러(Köhler)
③ : 뮬러 · 라이어(Müler · Lyer)
④ : 헤링(Herling)
⑤ : 죌러(Zöller)

8. 근로자의 직무적성을 결정하는 심리검사의 특징에 대한 설명으로 틀린 것은?

① 특정한 시기에 모든 근로자를 검사하고, 그 검사 점수와 근로자의 직무평정척도를 상호 연관시키는 예언적 타당성을 갖추어야 한다.
② 검사의 관리를 위한 조건, 절차의 일관성과 통일성에 대한 심리검사의 표준화가 마련되어야 한다.
③ 한 집단에 대한 검사응답의 일관성을 말하는 객관성을 갖추어야 한다.
④ 심리검사의 결과를 해석하기 위해서는 개인의 성적을 다른 사람들의 성적과 비교할 수 있는 참조 또는 비교의 기준이 있어야 한다.
⑤ 실시가 쉬운 검사이어야 한다.

해설 한 집단에 대한 검사응답의 일관성을 말하는 신뢰성을 갖추어야 한다.

9. 운동지각현상 가운데 자동운동(Autokinetic Movement)이 발생하기 쉬운 조건이 아닌 것은?

① 광점이 작은 것
② 대상이 복잡한 것
③ 빛의 강도가 작은 것
④ 시야의 다른 부분이 어두운 것
⑤ 정답없음

해설 자동운동(Autokinetic Movement)
완전히 암흑인 곳에서 점광원을 보면 불규칙하게 움직이는 것으로 보인다. 주위의 대상이 전혀 안 보일 때 눈이 자동으로 움직이기 때문에 일어나는 현상이다.

 정답 7. ④ 8. ③ 9. ②

10. 경험한 내용이나 학습된 행동을 다시 생각하여 작업에 적용하지 아니하고 방치함으로써 경험의 내용이나 인상이 약해지거나 소멸되는 현상을 무엇이라 하는가?

① 착각
② 훼손
③ 망각
④ 단절
⑤ 착오

해설 망각
학습된 행동이 지속되지 않고 소멸되는 것

11. 다음 중 위치, 순서, 패턴, 형상, 기억오류 등 외부적 요인에 의해 나타나는 것은?

① 메트로놈
② 리스크테이킹
③ 부주의
④ 착오
⑤ 망각

해설 착오의 종류
위치착오, 순서착오, 패턴의 착오, 기억의 착오, 형(모양)의 착오

12. 작업자의 안전심리에서 고려되는 가장 중요한 요소는?

① 개성과 사고력
② 지식 정도
③ 안전 규칙
④ 신체적 조건과 기능
⑤ 안전보건교육

해설 작업자의 안전심리에서 고려되는 가장 중요한 요소는 개성과 사고력이다.

13. 다음 중 부주의에 대한 설명으로 틀린 것은?

① 부주의는 착각이나 의식의 우회에 기인한다.
② 부주의는 적성 등의 소질적 문제와는 관계가 없다.
③ 부주의는 불안전한 행위와 불안전한 상태에서도 발생된다.
④ 불안전한 행동에 기인된 사고의 대부분은 부주의가 차지하고 있다.
⑤ 의식의 우회는 걱정, 고민, 욕구불만 등에 의하여 정신을 빼앗기는 것이다.

해설 소질적 문제는 부주의의 원인이 되며 적성에 따른 배치를 통하여 대비가 가능하다.

10. ③ 11. ④ 12. ① 13. ② 정답

14. 인간의 행동에 관한 레빈(K. Lewin)의 식, '$B=f(P \cdot E)$'에 대한 설명으로 옳은 것은?

① 인간의 개성(P)에는 연령과 지능이 포함되지 않는다.
② 인간의 행동(B)은 개인의 능력과 관련이 있으며, 환경과는 무관하다.
③ 인간의 행동(B)은 개인의 자질과 심리학적 환경과의 상호 함수관계에 있다.
④ B는 행동, P는 개성, E는 기술을 의미하며 행동은 능력을 기반으로 하는 개성에 따라 나타나는 함수관계이다.
⑤ 환경(E)에는 심신상태, 성격, 지능 등이 포함된다.

해설 레빈(K. Lewin)의 법칙 : $B=f(P \cdot E)$

여기서, B : behavior(인간의 행동)
f : function(함수관계)
P : person(개체 : 연령, 경험, 심신상태, 성격, 지능 등)
E : environment(심리적 환경 : 인간관계, 작업환경 등)

15. 다음 중 주의의 특성이 아닌 것은?

① 일반성
② 방향성
③ 변동성
④ 선택성
⑤ 정답없음

해설 주의의 특징

선택성, 방향성, 변동성

16. 의식의 레벨(phase)을 5단계로 구분할 때 의식의 신뢰도가 가장 높은 단계는?

① Phase Ⅰ
② Phase Ⅱ
③ Phase Ⅲ
④ Phase Ⅳ
⑤ Phase 0

해설

단계	신뢰성
Phase 0	0
Phase Ⅰ	0.9 이하
Phase Ⅱ	0.99~0.99999
Phase Ⅲ	0.999999 이상
Phase Ⅳ	0.9 이하

 정답 14. ③ 15. ① 16. ③

17. 작업공정 중에 규정된 대로 수행하지 않고 "괜찮다."라고 생각하여 자기 주관대로 추측을 하여 행동한 결과 재해가 발생한 경우를 가리키는 용어는?

① 억측판단
② 근도반응
③ 생략행위
④ 초조반응
⑤ 주의의 일점집중현상

해설 억측판단(리스크 테이킹)

자기 멋대로 희망적 관찰에 의거하여 주관적인 판단에 의해 행동에 옮기는 것을 말한다.

억측판단이 발생하는 배경

1. 희망적인 관측 : 그때도 그랬으니까 괜찮겠지 하는 관측
2. 정보나 지식의 불확실 : 위험에 대한 정보의 불확실 및 지식의 부족
3. 과거의 선입관 : 과거에 그 행위로 성공한 경험의 선입관
4. 초조한 심정 : 일을 빨리 끝내고 싶은 초조한 심정

18. 다음 중 레빈(K. Lewin)에 의하여 제시된 인간의 행동에 관한 식을 올바르게 표현한 것은?(단, B는 인간의 행동, P는 개체, E는 환경, f는 함수관계를 의미한다.)

① $B=f(P \cdot E)$
② $B=f(P+1)B$
③ $P=E \cdot f(B)$
④ $E=f(P \cdot B)$
⑤ $B=f(E+1)P$

해설 레빈(K. Lewin)의 법칙

레빈은 인간의 행동은 그 사람이 가진 자질, 즉 개체와 심리적 환경의 상호 함수관계에 있다고 하였다.

$B=f(P \cdot E)$

여기서, B : behavior(인간의 행동)
f : function(함수관계)
P : person(개체 : 연령, 경험, 심신상태, 성격, 지능 등)
E : environment(심리적 환경 : 인간관계, 작업환경 등)

19. 다음 중 주의의 특성에 관한 설명으로 적절하지 않은 것은?

① 한 지점에 주의를 집중하면 다른 곳에의 주의는 약해진다.
② 장시간 주의를 집중하려 해도 주기적으로 부주의의 리듬이 존재한다.
③ 의식이 과잉상태인 경우 최고의 주의집중이 가능해진다.
④ 여러 자극을 지각할 때 소수의 현란한 자극에 선택적 주의를 기울이는 경향이 있다.
⑤ 시선의 초점이 맞았을 때 쉽게 인지된다.

해설 의식의 과잉은 부주의의 원인이 되며 주의집중이 불가능하다.

17. ① 18. ① 19. ③ 정답

20. 다음 인간의 오류모형 중 상황해석을 잘못하거나 틀린 목표를 착각하여 행하는 인간의 실수는?

① 착오(Mistake)
② 실수(Slip)
③ 건망증(Lapse)
④ 위반(Violation)
⑤ 망각

해설 인간의 오류모형
착오(Mistake) : 상황해석을 잘못하거나 목표를 잘못 이해하고 착각하여 행하는 경우

21. 다음 중 주의의 수준이 Phase 0인 상태에서의 의식상태로 옳은 것은?

① 무의식상태
② 의식의 이완상태
③ 명료한 상태
④ 과긴장상태
⑤ 의식흐림 상태

해설

단계	신뢰성
Phase 0	무의식, 실신
Phase Ⅰ	의식 흐림
Phase Ⅱ	이완상태
Phase Ⅲ	상쾌한 상태
Phase Ⅳ	과긴장상태

22. 다음 중 부주의의 현상으로 볼 수 없는 것은?

① 의식의 단절
② 의식수준의 지속
③ 의식의 과잉
④ 의식의 우회
⑤ 의식수준의 저하

해설 부주의 원인
의식의 우회, 의식수준의 저하, 의식의 단절, 의식의 과잉

23. 다음 중 일반적인 기억의 과정을 올바르게 나타낸 것은?

① 기명 → 파지 → 재생 → 재인
② 파지 → 기명 → 재생 → 재인
③ 재인 → 재생 → 기명 → 파지
④ 재인 → 기명 → 재생 → 파지
⑤ 재생 → 재인 → 기명 → 파지

 정답 20. ① 21. ① 22. ② 23. ①

해설 • 기명 : 기억 과정에서, 새로운 경험을 머릿속에 새기는 일
• 파지 : 경험에서 얻은 정보를 유지하고 있는 작용
• 재생 : 아무런 자극 없이 기억한 내용을 인출해 내는 정신과정
• 재인 : 과거에 경험한 행위 · 감정이 다시 나타났을 경우 '그것이다'라고 인정하는 감정

24. 레빈(K. Lewin)은 인간의 행동특성을 "$B = f(P \cdot E)$"로 표현하였다. 변수 "E"가 의미하는 것으로 옳은 것은?

① 연령
② 성격
③ 작업환경
④ 지능
⑤ 인간의 행동

해설 레빈(K. Lewin)의 법칙 : $B = f(P \cdot E)$
여기서, B : behavior(인간의 행동)
f : function(함수관계)
P : person(개체 : 연령, 경험, 심신상태, 성격, 지능 등)
E : environment(심리적 환경 : 인간관계, 작업환경 등)

25. 허쯔버그(Herzberg)의 2요인 이론 중 동기요인(Motivation)에 해당하지 않는 것은?

① 성취
② 작업 자체
③ 작업조건
④ 인정
⑤ 개인발전

해설 허쯔버그(Herzberg)의 동기요인(Motivation)
책임감, 성취 인정, 개인발전 등 일 자체에서 오는 심리적 욕구(충족될 경우 조직의 성과가 향상되며 충족되지 않아도 성과가 떨어지지 않음)

26. 다음은 부주의의 발생 현상이다. 혼미한 정신상태에서 심신의 피로나 단조로운 반복작업 시에 일어나는 현상은?

① 의식의 과잉
② 의식의 단절
③ 의식의 우회
④ 의식수준의 저하
⑤ 의식수준의 지속

해설 의식수준의 저하현상
심신의 피로발생, 단조로움 발생

27. 매슬로(Maslow)의 인간의 욕구단계 중 5번째 단계에 속하는 것은?

① 존경의 욕구
② 사회적 욕구
③ 안전 욕구
④ 자아실현의 욕구
⑤ 생리적 욕구

해설 매슬로(Malow)의 욕구단계이론

1. 생리적 욕구
2. 안전의 욕구
3. 사회적 욕구
4. 자기존경의 욕구
5. 자아실현의 욕구(성취욕구)

28. 허쯔버그(Herzberg)의 위생－동기이론에서 동기요인에 해당하는 것은?

① 감독
② 안전
③ 책임감
④ 작업조건
⑤ 급여

해설 허쯔버그의 2요인 이론(위생요인, 동기요인)

1. 위생요인(Hygiene) : 작업조건, 급여, 직무환경, 감독 등 일의 조건, 보상에서 오는 욕구(충족되지 않을 경우 조직의 성과가 떨어지나, 충족되었다고 성과가 향상되지 않음)
2. 동기요인(Motivation) : 책임감, 성취 인정, 개인발전 등 일 자체에서 오는 심리적 욕구(충족될 경우 조직의 성과가 향상되며 충족되지 않아도 성과가 떨어지지 않음)

29. 알더퍼(Alderfer)의 ERG 이론 중 다른 사람과의 상호 작용을 통하여 만족을 추구하는 대인욕구와 관련이 가장 깊은 것은?

① 성장욕구
② 관계욕구
③ 존재욕구
④ 위생욕구
⑤ 생존욕구

해설 Alderfer의 ERG 이론

1. 생존(Existence)욕구(존재욕구) : 신체적인 차원에서 유기체의 생존과 유지에 관련된 욕구
2. 관계(Relatedness)욕구 : 타인과의 상호작용을 통해 만족되는 대인욕구
3. 성장(Growth)욕구 : 개인적인 발전과 증진에 관한 욕구

 정답 27. ④ 28. ③ 29. ②

30. 맥그리거(Mcgregor)의 X, Y이론에서 X이론에 대한 관리 처방으로 볼 수 없는 것은?

① 직무의 확장
② 권위주의적 리더십의 확립
③ 경제적 보상체제의 강화
④ 면밀한 감독과 엄격한 통제
⑤ 통제에 의한 관리

해설 직무의 확장은 Y이론에 대한 관리처방이다.

X이론에 대한 관리처방
1. 경제적 보상체계의 강화
2. 권위주의적 리더십의 확립
3. 면밀한 감독과 엄격한 통제
4. 상부책임제도의 강화
5. 통제에 의한 관리

31. 매슬로의 욕구이론 5단계에서 제2단계 욕구에 해당되는 것은?

① 생리적 욕구
② 안전 욕구
③ 사회적 욕구
④ 존경의 욕구
⑤ 자아실현의 욕구

해설 매슬로(Maslow)의 욕구단계이론
1. 생리적 욕구 → 2. 안전의 욕구 → 3. 사회적 욕구 → 4. 자기존경의 욕구 → 5. 자아실현의 욕구

32. 다음 중 허쯔버그(Herzberg)의 일을 통한 동기부여원칙으로 잘못된 것은?

① 새롭고 어려운 업무의 부여
② 교육을 통한 간접적 정보제공
③ 개인적 책임이나 책무의 증가
④ 직무에 따른 책임과 권한 부여
⑤ 완전하고 자연스러운 작업단위를 제공

해설 Herzberg의 일을 통한 동기부여 원칙
1. 직무에 따라 자유와 권한 부여
2. 개인적 책임이나 책무를 증가시킴
3. 더욱 새롭고 어려운 업무를 수행하도록 과업 부여
4. 완전하고 자연스러운 작업단위를 제공
5. 특정의 직무에 전문가가 될 수 있도록 전문화된 임무를 배당

30. ① 31. ② 32. ② 정답

33. 재해누발자의 유형 중 상황성 누발자와 관련이 없는 것은?

① 작업이 어렵기 때문에
② 주의력의 집중이 혼란된 경우
③ 심신에 근심이 있기 때문에
④ 기계설비에 결함이 있기 때문에
⑤ 기능이 미숙하기 때문에

해설 기능이 미숙한 것은 미숙성 누발자 유형에 속한다.

사고경향자(재해누발자)의 유형

1. 미숙성 누발자 : 환경에 익숙하지 못하거나 기능 미숙으로 인한 재해누발자
2. 상황성 누발자 : 작업이 어렵거나, 기계설비의 결함, 주의력의 집중이 혼란된 경우, 심신의 근심으로 사고경향자가 되는 경우(상황이 변하면 안전한 성향으로 바뀜)
3. 습관성 누발자 : 재해의 경험으로 신경과민이 되거나 슬럼프에 빠지기 때문에 사고경향자가 되는 경우
4. 소질성 누발자 : 지능, 성격, 감각운동 등에 의한 소질적 요소에 의해서 결정되는 특수성격 소유자

34. 다음 중 허쯔버그(F. Herzberg)의 위생－동기요인에 관한 설명으로 틀린 것은?

① 위생요인은 매슬로(Maslow)의 욕구 5단계 이론에서 생리적 · 안전 · 사회적 욕구와 비슷하다.
② 동기요인은 맥그리거(McGreger)의 X이론과 비슷하다.
③ 위생요인은 생존, 환경 등의 인간의 동물적인 욕구를 반영하는 것이다.
④ 동기요인은 성취, 안정 등의 자아실현을 하려는 인간의 독특한 경향을 반영하는 것이다.
⑤ 위생요인은 작업조건, 급여, 직무환경 등 일의 조건, 보상에서 오는 욕구를 반영하는 것이다.

해설 동기요인은 맥그리거의 Y이론과 비슷하다.

35. 모랄 서베이의 방법 중 태도조사법에 해당하지 않는 것은?

① 질문지법
② 면접법
③ 관찰법
④ 집단토의법
⑤ 투사법

해설 태도조사법의 종류

질문지법, 면접법, 집단토의법, 투사법

36. 다음 중 주의의 수준이 Phase IV인 상태에서의 의식상태로 옳은 것은?

① 무의식 상태
② 의식의 흐림
③ 의식의 이완상태
④ 명료한 상태
⑤ 과긴장상태

 정답 33. ⑤ 34. ② 35. ③ 36. ⑤

해설

단계	신뢰성
Phase 0	무의식, 실신
Phase Ⅰ	의식 흐림
Phase Ⅱ	이완상태
Phase Ⅲ	상쾌한 상태
Phase Ⅳ	과긴장상태

37. 다음 중 인간의 동기부여에 관한 맥그리거(McGregor)의 X이론에 해당하지 않는 것은?

① 인간은 스스로 자기 통제를 한다.
② 인간은 본래 게으르고 태만하다.
③ 동기는 생리적 수준 및 안전의 수준에서 나타난다.
④ 인간은 명령받는 것을 좋아하며 책임을 회피하려 한다.
⑤ 종업원들은 책임을 회피하고 가능하면 공식적인 지시를 바란다.

해설 ①은 Y이론에 대한 가정이다.

X이론에 대한 가정

1. 원래 종업원들은 일하기 싫어하며 가능하면 일하는 것을 피하려고 한다.
2. 종업원들은 일하는 것을 싫어하므로 바람직한 목표를 달성하기 위해서는 그들을 통제하고 위협하여야 한다.
3. 종업원들은 책임을 회피하고 가능하면 공식적인 지시를 바란다.
4. 인간은 명령되는 쪽을 좋아하며 무엇보다 안전을 바라고 있다는 인간관

38. 다음 중 인간공학에 대한 설명으로 거리가 먼 것은?

① 인간의 특성 및 한계점의 고려
② 인간중심의 설계
③ 인간을 기계와 일에 맞추려는 설계 철학
④ 편리성, 안전성, 효율성의 제고
⑤ 시스템과 인간의 예상과의 양립

해설 기계와 일을 인간에 맞추려는 설계 철학이 인간공학적 개념

39. 리더십의 행동이론 중 관리 그리드(Managerial Grid) 이론에서 리더의 행동유형과 경향을 올바르게 연결한 것은?

① (1,1)형 – 무관심형
② (1,9)형 – 과업형
③ (9,1)형 – 인기형
④ (5,5)형 – 이상형
⑤ (9,9)형 – 타협형

해설 관리 그리드(Managerial Grid)

1. 무관심형(1,1)
2. 인기형(1,9)
3. 과업형(9,1)
4. 타협형(5,5)
5. 이상형(9,9)

40. 관리 그리드 이론에서 인간관계 유지에는 낮은 관심을 보이지만 과업에 대해서는 높은 관심을 가지는 리더십의 유형에 해당하는 것은?

① (1,1)형 ② (1,9)형
③ (9,1)형 ④ (9,9)형
⑤ (5,5)형

해설 관리 그리드(Managerial Grid)

과업형(9,1) : 생산에 대한 관심은 매우 높지만 인간에 대한 관심은 매우 낮아서, 인간적인 요소보다도 과업수행에 대한 능력을 중요시하는 리더유형

41. 다음 중 헤드십(Headship)의 특성에 관한 설명으로 틀린 것은?

① 상사와 부하의 간격은 넓다. ② 지휘형태는 권위주의적이다.
③ 상사와 부하의 관계는 지배적이다. ④ 상사의 권한 근거는 비공식적이다.
⑤ 부하직원의 활동을 감독한다.

해설 헤드십(Headship)

집단구성원이 아닌 외부에 의해 선출(임명)된 지도자로 권한 근거는 공식적이다.

42. 부주의의 발생원인이 소질적 조건일 때 그 대책으로 알맞은 것은?

① 카운슬링 ② 교육 및 훈련
③ 작업순서 정비 ④ 적성에 따른 배치
⑤ 환경정비

해설 부주의 발생대책

1. 내적요인
   - 소질적 조건 : 적성배치
   - 의식의 우회 : 상담
   - 경험 및 미경험 : 교육
2. 외적요인
   - 작업 및 환경조건 불량 : 환경정비
   - 작업순서의 부적당 : 작업순서 정비

 정답 40. ③ 41. ④ 42. ④

43. 동기부여와 관련하여 다음과 같은 레빈(K. Lewin)의 법칙에서 "P"가 의미하는 것은?

$$B=f(P\cdot E)$$

① 개체
② 인간의 행동
③ 심리적 환경
④ 인간관계
⑤ 함수관계

해설 레빈(K. Lewin)의 법칙 : $B=f(P\cdot E)$

여기서, B : behavior(인간의 행동)
f : function(함수관계)
P : person(개체 : 연령, 경험, 심신상태, 성격, 지능 등)
E : environment(심리적 환경 : 인간관계, 작업환경 등)

44. 다음은 부주의의 발생 현상이다. 혼미한 정신상태에서 심신의 피로나 단조로운 반복작업시에 일어나는 현상은?

① 의식의 과잉
② 의식의 단절
③ 의식의 우회
④ 의식수준의 저하
⑤ 의식의 집중

해설 의식수준의 저하현상
심신의 피로발생, 단조로움 발생

45. 다음 중 헤드십(headship)의 특성으로 볼 수 없는 것은?

① 권한 근거는 공식적이다.
② 상사와 부하의 관계는 지배적 관계이다.
③ 부하와의 사회적 간격은 좁다.
④ 지휘 형태는 권위주의적이다.
⑤ 부하직원의 활동을 감독한다.

해설 헤드십(Headship)의 권한
1. 부하직원의 활동을 감독한다.
2. 상사와 부하의 관계가 종속적이다.
3. 부하와의 사회적 간격이 넓다.
4. 지위형태가 권위적이다.

46. 매슬로(Maslow)의 인간의 욕구단계 중 5번째 단계에 속하는 것은?

① 존경의 욕구
② 사회적 욕구
③ 안전 욕구
④ 자아실현의 욕구
⑤ 생리적 욕구

43. ① 44. ④ 45. ③ 46. ④ 정답

해설 매슬로(Maslow)의 욕구단계이론

1. 생리적 욕구 → 2. 안전의 욕구 → 3. 사회적 욕구 → 4. 자기존경의 욕구 → 5. 자아실현의 욕구(성취욕구)

47. 사고의 피해 비율과 관련한 하인리히의 1 : 29 : 300의 이론을 가장 적절하게 설명한 것은?

① 1건의 중상해, 29건의 경상해, 300건의 무상해 사고
② 1건의 중재해, 29건의 경상해, 300건의 불휴 재해
③ 1건의 전 노동 불능이 있을 때 29건의 상해와 300건의 고장 발생
④ 1건의 전 노동 불능이 있을 때 29건의 경상해와 300건의 무상해 사고
⑤ 1건의 상해가 발생할 때 29건의 경미한 상해와 300건의 고장 발생

해설 • 하인리히의 1 : 29 : 300 이론

- 330회의 사고 가운데 중상 또는 사망 1회, 경상 29회, 무상해사고 300회의 비율로 사고가 발생한다는 이론

• 버드의 1 : 10 : 30 : 600 법칙

- 1 : 중상 또는 폐질
- 10 : 경상(인적, 물적 상해)
- 30 : 무상해사고(물적 손실 발생)
- 600 : 무상해, 사고 고장(위험순간)

48. 허쯔버그(Herzberg)의 위생－동기이론에서 위생요인에 해당하지 않는 것은?

① 감독 ② 안전
③ 책임감 ④ 작업조건
⑤ 직무환경

해설 허쯔버그의 2요인 이론(위생요인, 동기요인)

1. 위생요인(Hygiene) : 작업조건, 급여, 직무환경, 감독 등 일의 조건, 보상에서 오는 욕구(충족되지 않을 경우 조직의 성과가 떨어지나, 충족되었다고 성과가 향상되지 않음)
2. 동기요인(Motivation) : 책임감, 성취 인정, 개인발전 등 일 자체에서 오는 심리적 욕구(충족될 경우 조직의 성과가 향상되며 충족되지 않아도 성과가 떨어지지 않음)

 정답 47. ① 48. ③

49. 적성의 요인이 아닌 것은?

① 인간성
② 지능
③ 인간의 개인차
④ 흥미
⑤ 직업적성

해설 인간의 개인차 및 연령은 적성의 요인이 될 수 없다.

적성의 4가지 요인

1. 직업적성
2. 지능
3. 흥미
4. 인간성

50. McGregor의 이론 중 Y이론의 관리처방에 해당되지 않는 것은?

① 분권화와 권한의 위임
② 목표에 의한 관리
③ 상부 책임제도의 강화
④ 비공식적 조직의 활용
⑤ 자율적인 통제

해설 상부 책임제도의 강화는 X이론에 대한 처방이다.

Y이론에 대한 관리 처방

1. 민주적 리더십의 확립
2. 분권화와 권한의 위임
3. 직무확장
4. 자율적인 통제

51. 인간의 의식수준단계 중 생리적 상태가 피로하고 단조로울 때에 해당되는 것은?

① Phase Ⅰ
② Phase Ⅱ
③ Phase Ⅲ
④ Phase Ⅳ
⑤ Phase 0

해설

단계	신뢰성
Phase 0	무의식, 실신
Phase Ⅰ	의식 흐림
Phase Ⅱ	이완상태
Phase Ⅲ	상쾌한 상태
Phase Ⅳ	과긴장상태

52. 매슬로의 욕구 5단계 중 안전욕구는 몇 단계인가?

① 1단계 ② 2단계
③ 3단계 ④ 4단계
⑤ 5단계

해설 매슬로(Maslow)의 욕구단계이론
1. 생리적 욕구 → 2. 안전의 욕구 → 3. 사회적 욕구 → 4. 자기존경의 욕구 → 5. 자아실현의 욕구

53. 인간행동의 함수관계를 나타내는 레빈의 등식 $B=f(P \cdot E)$에 대하여 가장 올바른 설명은?

① 인간의 행동은 자극과의 함수관계이다.
② B는 행동, f는 행동의 결과로서 환경의 산물이다.
③ B는 목적, P는 개성, E는 자극을 뜻하며, 행동은 어떤 자극에 의해 개성에 따라 나타나는 함수관계이다.
④ B는 행동, P는 자질, E는 환경을 나타내며, 행동은 자질과 환경의 함수관계이다.
⑤ P는 심리상태, B는 행동의 결과이다.

해설 레빈(K. Lewin)의 법칙 : 레빈은 인간의 행동은 그 사람이 가진 자질, 즉 개체와 심리적 환경과의 상호 함수관계에 있다고 하였다.
$B=f(P \cdot E)$
여기서, B : behavior(인간의 행동)
f : function(함수관계)
P : person(개체 : 연령, 경험, 심신상태, 성격, 지능 등)
E : environment(심리적 환경 : 인간관계, 작업환경 등)

 정답 52. ② 53. ④

예상문제 및 해설 2

산업심리학

1. Maslow(매슬로)는 인간의 욕구를 5단계로 분류하였다. 그중 안전의 욕구(safety and security needs)는 몇 단계에 해당되는가?

① 1단계 ② 2단계
③ 3단계 ④ 4단계
⑤ 5단계

해설 매슬로(Maslow)의 욕구단계이론
1. 생리적 욕구(제1단계) : 기아, 갈증, 호흡, 배설, 성욕 등
2. 안전의 욕구(제2단계) : 안전을 기하려는 욕구
3. 사회적 욕구(제3단계) : 소속 및 애정에 대한 욕구(친화욕구)
4. 자기존경의 욕구(제4단계) : 자존심, 명예, 성취, 지위에 대한 욕구(승인의 욕구)
5. 자아실현의 욕구(제5단계) : 잠재적인 능력을 실현하고자 하는 욕구(성취욕구)

2. 1920년대 실시된 호손 연구의 결과와 가장 관련이 있는 것은?

① 테일러리즘의 강화 ② 종업원 선발의 중요성 재고
③ 작업장의 물리적 환경 개선 ④ 인간적 상호작용의 중요성
⑤ 조도와 작업능률의 관계

해설 호손(Hawthorne)의 실험
1. 미국 호손공장에서 실시된 실험으로 종업원의 인간성을 과학적으로 연구한 실험
2. 물리적인 조건(조명, 휴식시간, 근로시간 단축, 임금 등)이 생산성에 영향을 주는 것이 아니라 인간관계가 절대적인 요소로 작용함을 강조

3. 다음의 부주의 현상 중 phase I 의 의식수준에 기인한 것은?

① 의식의 과잉 ② 의식의 단절
③ 의식의 우회 ④ 의식수준의 저하
⑤ 억측판단

해설 의식수준의 저하는 혼미한 정신상태에서 심신이 피로할 경우나 단조로운 반복작업 등의 경우에 일어나기 쉽다.

〈인간의 의식 Level의 단계별 신뢰성〉

단계	의식의 상태	신뢰성	의식의 작용
Phase 0	무의식, 실신	0	없음
Phase I	의식의 둔화	0.9 이하	부주의
Phase II	이완상태	0.99~0.99999	마음이 안쪽으로 향함(Passive)
Phase III	명료한 상태	0.99999 이상	전향적(Active)
Phase IV	과긴장 상태	0.9 이하	한점에 집중, 판단 정지

4. 다음 중 매슬로의 "욕구의 위계이론"에 대한 설명은?

① 하위단계의 욕구가 충족되어야 더 높은 단계의 욕구가 발생한다.
② 개인의 동기는 다른 사람과의 비교를 통해 결정된다.
③ 어렵고 구체적인 목표가 더 높은 수행을 가져온다.
④ 인간은 먼저 자아실현의 욕구를 충족시키려고 한다.
⑤ 욕구단계이론 중 안전에 대한 욕구는 3단계이다.

해설 매슬로(Maslow)의 욕구단계이론

1. 생리적 욕구(제1단계) : 기아, 갈증, 호흡, 배설, 성욕 등
2. 안전의 욕구(제2단계) : 안전을 기하려는 욕구
3. 사회적 욕구(제3단계) : 소속 및 애정에 대한 욕구(친화욕구)
4. 자기존경의 욕구(제4단계) : 자존심, 명예, 성취, 지위에 대한 욕구(승인의 욕구)
5. 자아실현의 욕구(제5단계) : 잠재적인 능력을 실현하고자 하는 욕구(성취욕구)

5. 인간의 행동(B)은 인간의 조건(P)과 환경조건(E)과의 함수관계를 갖는다. 즉 $B=f(P \cdot E)$이다. 이때 환경조건(E)을 가장 잘 설명한 것은?

① 물리적 환경　　② 가정 환경
③ 사회적 환경　　④ 작업환경
⑤ 심리적 환경

해설 레빈(K. Lewin)의 법칙 : $B=f(P \cdot E)$

레빈은 인간의 행동(B)은 그 사람이 가진 자질, 즉 개체(P)와 심리적 환경(E)의 상호 함수관계에 있다고 하였다.

여기서, B : Behavior(인간의 행동)
f : function(함수관계)
P : Person(개체 : 연령, 경험, 심신상태, 성격, 지능 등)
E : Environment(심리적 환경 : 인간관계, 작업환경 등)

 정답 4. ① 5. ⑤

6. 안전사고와 관련 있는 인간의 심리적인 5대 요소가 아닌 것은?

① 지능 ② 동기
③ 감정 ④ 습성
⑤ 습관

해설 산업안전심리의 5대 요소

1. 동기(Motive) : 능동력은 감각에 의한 자극에서 일어나는 사고의 결과로서 사람의 마음을 움직이는 원동력
2. 기질(Temper) : 인간의 성격, 능력 등 개인적인 특성을 말하는 것으로 생활환경에 영향을 받는다.
3. 감정(Emotion) : 희노애락의 의식
4. 습성(Habits) : 동기, 기질, 감정 등이 밀접한 관계를 형성하여 인간의 행동에 영향을 미칠 수 있도록 하는 것
5. 습관(Custom) : 자신도 모르게 습관화된 현상을 말한다.

7. 돌발사태의 발생 시 주의의 일점집중현상이 일어나는 인간의 의식수준은?

① Phase 0 ② Phase Ⅰ
③ Phase Ⅱ ④ Phase Ⅲ
⑤ Phase Ⅳ

해설 인간의 의식 Level의 단계별 신뢰성

단계	의식의 상태	신뢰성	의식의 작용
Phase 0	무의식, 실신	0	없음
Phase Ⅰ	의식의 둔화	0.9 이하	부주의
Phase Ⅱ	이완상태	0.99~0.99999	마음이 안쪽으로 향함(Passive)
Phase Ⅲ	명료한 상태	0.99999 이상	전향적(Active)
Phase Ⅳ	과긴장 상태	0.9 이하	한점에 집중, 판단 정지

8. 경험한 내용이나 학습된 행동을 다시 생각하여 작업에 적용하지 아니하고 방치함으로써 경험의 내용이나 인상이 약해지거나 소멸되는 현상을 무엇이라 하는가?

① 착각 ② 망각
③ 훼손 ④ 단절
⑤ 부주의

해설 망각

경험한 내용이나 학습된 행동을 다시 생각하여 작업에 적용하지 아니하고 방치함으로써 경험의 내용이나 인상이 약해지거나 소멸되는 현상

9. 인간의 안전심리는 행동의 변화를 가져온다. 시간에 따른 행동변화의 4단계가 옳은 것은?
① 지식변화 – 태도변화 – 개인적 행동변화 – 집단성취변화
② 태도변화 – 지식변화 – 개인적 행동변화 – 집단성취변화
③ 개인적 행동변화 – 지식변화 – 태도변화 – 집단성취변화
④ 개인적 행동변화 – 태도변화 – 지식변화 – 집단성취변화
⑤ 지식변화 – 개인적 행동변화 – 집단성취변화 – 태도변화

해설 행동변화 4단계
1단계 : 지식의 변화
2단계 : 태도의 변화
3단계 : 행동의 변화
4단계 : 집단 또는 조직의 변화

10. 맥그리거(Douglas McGregor)의 Y이론에 해당되는 것은?
① 인간은 게으르다.
② 인간은 상황에 따라 변할 수 있다.
③ 사람은 남을 잘 속인다.
④ 인간은 천성적으로 남들을 돕는다.
⑤ 인간은 일을 즐긴다.

해설 Y이론에 대한 가정
1. 종업원들은 일하는 것을 놀이나 휴식과 동일한 것으로 볼 수 있다.
2. 종업원들은 조직의 목표에 관여하는 경우에 자기지향과 자기통제를 행한다.
3. 보통 인간들은 책임을 수용하고 심지어는 구하는 것을 배울 수 있다.

Y이론에 대한 관리 처방
1. 민주적 리더십의 확립
2. 분권화와 권한의 위임
3. 직무확장

11. 종업원의 동기부여에 관한 동기이론의 하나인 기대이론에서 수행과 성과 간의 관계를 의미하는 것은?
① 기대
② 도구성
③ 유인가
④ 상관
⑤ 동기

해설 기대이론에서 수행과 성과 간의 관계를 의미하는 것은 도구성(Instrumentality)이다.

 정답 9. ① 10. ⑤ 11. ②

12. 인간행동에 색채조절이 기대되는 것이 아닌 것은?

① 작업능력 향상 ② 정리정돈 향상
③ 생산성 증가 ④ 위험의 인지능력 향상
⑤ 피로의 확대

해설 색채조절로 기대되는 효과는 피로의 감소이다.

13. 매슬로(Maslow)의 욕구 5단계 중 인간의 가장 기본적인 욕구는?

① 생리적 욕구 ② 애정 및 사회적 욕구
③ 자아실현의 욕구 ④ 안전에 대한 욕구
⑤ 자기존경의 욕구

해설 매슬로(Maslow)의 욕구단계이론

1. 생리적 욕구(제1단계) : 기아, 갈증, 호흡, 배설, 성욕 등
2. 안전의 욕구(제2단계) : 안전을 기하려는 욕구
3. 사회적 욕구(제3단계) : 소속 및 애정에 대한 욕구(친화욕구)
4. 자기존경의 욕구(제4단계) : 자존심, 명예, 성취, 지위에 대한 욕구(승인의 욕구)
5. 자아실현의 욕구(제5단계) : 잠재적인 능력을 실현하고자 하는 욕구(성취욕구)

14. 아담스(Adams)의 형평(공정성) 이론에 대한 설명으로 적절하지 않은 것은?

① 인간이 불공정성을 인식하면 공정성을 유지하는 쪽으로 동기가 부여된다.
② 입력이란 일반적인 자격, 교육수준, 노력 등을 의미한다.
③ 산출이란 봉급, 지위, 기타 부가 급부 등을 의미한다.
④ 타인의 입력대비 산출 결과를 비교한다.
⑤ 작업동기는 입력대비 산출결과가 많을 때 나타난다.

해설 Adams의 형평(공정성) 이론

인간이 불공정성을 인식하면 공정성을 유지하는 쪽으로 동기부여 된다는 이론이다. 즉 작업동기는 입력대비 산출결과가 적을 때 나타난다.

1. 입력(Input) : 일반적인 자격, 교육수준, 노력 등을 의미한다.
2. 산출(Output) : 봉급, 지위, 기타 부가 급부 등을 의미한다.
3. 공정성이나 불공정성은 자신이 일에 투자하는 투입과 그로부터 얻어내는 결과의 비율을 타인이나 타집단의 투입에 대한 결과의 비율과 비교하면서 발생하는 개념이다.

15. 다음은 작업장에서의 사고를 예방하기 위한 조치들이다. 맞지 않는 것은?

① 모든 사고는 사고 자료가 연구될 수 있도록 철저히 조사되고 자세히 보고되어야 한다.
② 안전의식고취 운동에서 포스터는 처참한 장면과 함께 사용된 부정적인 문구가 효과적이다.
③ 안전장치는 생산을 방해해서는 안 되고, 그것이 제 위치에 있지 않으면 기계가 작동되지 않도록 설계되어야 한다.
④ 감독자와 근로자는 특수한 기술뿐 아니라 안전에 대한 태도도 교육을 받아야 한다.
⑤ 설비는 인간이 실수를 하더라도 재해로 연결되지 않도록 설계 및 제작되어야 한다.

해설 안전의식고취 포스터에 처참한 장면과 부정적인 문구를 사용할 경우 안전의식에 대한 역반응이 생길 수 있다.

16. 다음 중 산업심리의 주요한 영역이 아닌 것은?

① 선발과 배치
② 교육과 개발
③ 인간공학
④ 인지 및 행동치료
⑤ 노동과학

해설 산업심리의 주요한 영역으로는 선발과 배치, 인간공학, 노동과학, 안전관리학, 교육과 개발 등이 있다.

17. 다음 중 행동과학자와 제이론(諸理論)의 연결이 잘못된 것은?

① 맥그리거(P. McGregor) – XY 이론
② 맥클레랜드(McClelland) – 성취동기 이론
③ 매슬로(Maslow) – 욕구단계 이론
④ 리커트(R. Likert) – 상호작용 영향력
⑤ 허쯔버그(Herzberg) – 성숙미성숙론

해설 허쯔버그(Herzberg)는 위생이론, 동기이론 주창자이다.

18. Skinner의 학습이론은 강화이론이라고 한다. 강화에 대한 설명으로 잘못된 것은?

① 부적 강화란 반응 후 처벌이나 비난 등 해로운 자극이 주어져서 반응 발생률이 감소하는 것이다.
② 정적 강화란 반응 후 음식이나 칭찬 등 이로운 자극을 주었을 때 반응 발생률이 높아지는 것이다.
③ 부분강화에 의하면 학습이 서서히 진행되나 빠른 속도로 학습효과가 사라진다.
④ 처벌은 더 강한 처벌에 의해서만 효과가 지속되는 부작용이 있다.
⑤ 강화는 어떤 행동의 강도와 발생빈도를 증가시키는 것이다.

 정답 15. ② 16. ④ 17. ⑤ 18. ③

해설 강화(Reinforcement)의 원리 : 어떤 행동의 강도와 발생빈도를 증가시키는 것(예 : 안전퀴즈대회를 열어 우승자에게 상을 줌)

1. 부적 강화란 반응 후 처벌이나 비난 등 해로운 자극이 주어져서 반응 발생률이 감소하는 것이다.
2. 정적 강화란 반응 후 음식이나 칭찬 등 이로운 자극을 주었을 때 반응 발생률이 높아지는 것이다.
3. 처벌은 더 강한 처벌에 의해서만 효과가 지속되는 부작용이 있다.
4. 부분강화에 의하면 학습이 빠르게 진행되고 학습효과가 서서히 사라진다.

19. 허쯔버그의 2요인 이론과 관련된 내용 중 틀린 것은?

① 위생요인은 직무불만족과 관련된 요인이다.
② 동기요인은 직무만족과 관련된 요인이다.
③ 작업환경은 위생요인에 속한다.
④ 급여조건은 위생요인에 속한다.
⑤ 성취감은 위생요인에 속한다.

해설 성취감은 동기요인에 속한다.

허쯔버그(Herzberg)의 2요인 이론(위생요인, 동기요인)

1. 위생요인(Hygiene) : 작업조건, 급여, 직무환경, 감독 등 일의 조건, 보상에서 오는 욕구(충족되지 않을 경우 조직의 성과가 떨어지나, 충족되었다고 성과가 향상되지 않음)
2. 동기요인(Motivation) : 책임감, 성취 인정, 개인발전 등 일 자체에서 오는 심리적 욕구(충족될 경우 조직의 성과가 향상되며 충족되지 않아도 성과가 떨어지지 않음)

20. 동기를 부여하기 위한 내적요인이 아닌 것은?

① 강화 ② 욕구
③ 기분 ④ 의지
⑤ 동기

해설 • 동기부여를 위한 내적요인 : 동기, 기분, 욕구, 의지
• 동기부여를 위한 외적요인 : 강화, 유인

21. 매슬로의 욕구 5단계 이론에서 안전에 대한 욕구 다음에 오는 욕구는?

① 애정 및 사회적 욕구 ② 존경과 긍지에 대한 욕구
③ 자아실현의 욕구 ④ 성취 욕구
⑤ 생리적 욕구

해설 매슬로(Maslow)의 욕구단계이론

1. 생리적 욕구(제1단계) : 기아, 갈증, 호흡, 배설, 성욕 등
2. 안전의 욕구(제2단계) : 안전을 기하려는 욕구
3. 사회적 욕구(제3단계) : 소속 및 애정에 대한 욕구(친화욕구)
4. 자기존경의 욕구(제4단계) : 자존심, 명예, 성취, 지위에 대한 욕구(승인의 욕구)
5. 자아실현의 욕구(제5단계) : 잠재적인 능력을 실현하고자 하는 욕구(성취욕구)

22. 호손 연구에 대해 올바르게 설명한 것은?

① 물리적 작업환경 이외에 심리적 요인이 생산성에 영향을 미친다는 것을 알아냈다.
② 시간-동작연구를 통해서 작업도구와 기계를 설계했다.
③ 소비자들에게 효과적으로 영향을 미치는 광고 전략을 개발했다.
④ 채용과정에서 발생하는 차별요인을 밝히고 이를 시정하는 법적 조치의 기초를 마련했다.
⑤ 개인의 동기를 자극하는 요인에는 동기요인과 위생요인의 두 가지 종류가 있다고 주장하였다.

해설 호손(Hawthorne)의 실험

1. 미국 호손공장에서 실시된 실험으로 종업원의 인간성을 과학적으로 연구한 실험
2. 물리적인 조건(조명, 휴식시간, 근로시간 단축, 임금 등)이 생산성에 영향을 주는 것이 아니라 인간관계가 절대적인 요소로 작용함을 강조

23. 레빈(K. Lewin)은 인간의 행동은 환경의 자극에 의해서 야기된다고 하여 $B=f(P \cdot E)$라는 식으로 표시하였다. 다음 중 E에 해당하지 않는 것은?

① 조명 ② 소음
③ 온도 ④ 경험
⑤ 작업공간

해설 레빈(K. Lewin)의 법칙 : $B=f(P \cdot E)$

레빈은 인간의 행동(B)은 그 사람이 가진 자질, 즉 개체(P)와 심리적 환경(E)의 상호 함수관계에 있다고 하였다.

여기서, B : Behavior(인간의 행동)
f : function(함수관계)
P : Person(개체 : 연령, 경험, 심신상태, 성격, 지능 등)
E : Environment(심리적 환경 : 인간관계, 작업환경 등)

정답 22. ① 23. ④

24. 인간의 행동에 영향을 미치는 작업조건에 물리적 성격의 작업조건을 설명한 것과 거리가 먼 것은?

① 조명 ② 소음
③ 환경 ④ 온도
⑤ 휴식

해설 레빈(K. Lewin)의 법칙 : $B=f(P \cdot E)$
레빈은 인간의 행동(B)은 그 사람이 가진 자질 즉, 개체(P)와 심리적 환경(E)과의 상호함수관계에 있다고 하였다.
여기서, B : Behavior(인간의 행동)
f : function(함수관계)
P : Person(개체 : 연령, 경험, 심신상태, 성격, 지능 등)
E : Environment(심리적 환경 : 인간관계, 작업환경 등)

25. 허쯔버그(Herzberg)의 2요인 이론에서 동기요인에 해당되지 않는 것은?

① 책임감 ② 성취감
③ 존경 ④ 자기발전
⑤ 임금수준

해설 허쯔버그(Herzberg)의 2요인 이론(위생요인, 동기요인)
1. 위생요인(Hygiene) : 작업조건, 급여, 직무환경, 감독 등 일의 조건, 보상에서 오는 욕구(충족되지 않을 경우 조직의 성과가 떨어지나, 충족되었다고 성과가 향상되지 않음)
2. 동기요인(Motivation) : 책임감, 성취 인정, 개인발전 등 일 자체에서 오는 심리적 욕구(충족될 경우 조직의 성과가 향상되며 충족되지 않아도 성과가 떨어지지 않음)

26. 다음 중 심리검사의 구비 요건이 아닌 것은?

① 표준화 ② 신뢰성
③ 규격화 ④ 타당성
⑤ 실용도

해설 심리검사의 구비요건 : 표준화, 타당도, 신뢰도, 객관도, 실용도

27. 다음 중 산업안전심리의 5대 요소가 아닌 것은?

① 동기 ② 기질
③ 감정 ④ 지능
⑤ 습성

24. ⑤ 25. ⑤ 26. ③ 27. ④ 정답

해설 산업안전심리의 5대 요소

1. 동기(Motive) : 능동력은 감각에 의한 자극에서 일어나는 사고의 결과로서 사람의 마음을 움직이는 원동력
2. 기질(Temper) : 인간의 성격, 능력 등 개인적인 특성을 말하는 것으로 생활환경에 영향을 받는다.
3. 감정(Emotion) : 희로애락의 의식
4. 습성(Habits) : 동기, 기질, 감정 등이 밀접한 관계를 형성하여 인간의 행동에 영향을 미칠 수 있도록 하는 것
5. 습관(Custom) : 자신도 모르게 습관화된 현상을 말한다.

28. 다음 중 매슬로(Maslow)의 욕구 5단계에서 가장 고차원적인 욕구는?

① 안전 욕구
② 사회적 욕구
③ 존경의 욕구
④ 자아실현의 욕구
⑤ 생리적 욕구

해설 매슬로(Maslow)의 욕구단계이론

1. 생리적 욕구(제1단계) : 기아, 갈증, 호흡, 배설, 성욕 등
2. 안전의 욕구(제2단계) : 안전을 기하려는 욕구
3. 사회적 욕구(제3단계) : 소속 및 애정에 대한 욕구(친화욕구)
4. 자기존경의 욕구(제4단계) : 자존심, 명예, 성취, 지위에 대한 욕구(승인의 욕구)
5. 자아실현의 욕구(제5단계) : 잠재적인 능력을 실현하고자 하는 욕구(성취욕구)

29. 다음 중 리더십과 헤드십에 관한 설명으로 옳은 것은?

① 헤드십은 부하와의 사회적 간격이 좁다.
② 헤드십에서의 책임은 상사에 있지 않고 부하에 있다.
③ 리더십의 지휘형태는 권위주의적인 반면, 헤드십의 지휘형태는 민주적이다.
④ 권한행사 측면에서 보면 헤드십은 임명에 의하여 권한을 행사할 수 있다.
⑤ 리더십은 구성원들의 활동을 감독하고 지배할 수 있는 권한을 보장받는다.

해설 헤드십 : 외부로부터 임명된 헤드(head)가 조직체계나 직위를 이용하여 권한을 행사하는 것. 지도자와 집단 구성원 사이에 공통의 감정이 생기기 어려우며 항상 일정한 거리가 있다.

30. 다음 중 의식의 우회에서 오는 부주의를 최소화하기 위한 방법으로 가장 적절한 것은?

① 적성배치
② 작업순서 정비
③ 카운슬링
④ 안전교육
⑤ 직업훈련

정답 28. ④ 29. ④ 30. ③

해설 부주의의 발생원인 및 대책

1. 내적 원인 및 대책
   - 소질적 조건 : 적성배치
   - 경험 및 미경험 : 교육
   - 의식의 우회 : 상담
2. 외적 원인 및 대책
   - 작업환경조건 불량 : 환경정비
   - 작업순서의 부적당 : 작업순서 정비

31. 매슬로(Maslow)에 의해 제시된 인간의 욕구 5단계 이론 중 가장 저차원적인 욕구에 해당되는 것은?

① 자아실현의 욕구　　② 안전 욕구
③ 생리적 욕구　　④ 사회적 욕구
⑤ 자기존경의 욕구

해설 매슬로(Maslow)의 욕구단계이론

1. 생리적 욕구(제1단계) : 기아, 갈증, 호흡, 배설, 성욕 등
2. 안전의 욕구(제2단계) : 안전을 기하려는 욕구
3. 사회적 욕구(제3단계) : 소속 및 애정에 대한 욕구(친화욕구)
4. 자기존경의 욕구(제4단계) : 자존심, 명예, 성취, 지위에 대한 욕구(승인의 욕구)
5. 자아실현의 욕구(제5단계) : 잠재적인 능력을 실현하고자 하는 욕구(성취욕구)

32. 부주의의 발생원인 중 외적 조건에 해당하지 않는 것은?

① 작업순서 부적당　　② 작업조건 불량
③ 기상 조건　　④ 경험 부족 및 미숙련
⑤ 환경조건 불량

해설 부주의의 발생원인 및 대책

1. 내적 원인 및 대책
   - 소질적 조건 : 적성배치
   - 경험 및 미경험 : 교육
   - 의식의 우회 : 상담
2. 외적 원인 및 대책
   - 작업환경조건 불량 : 환경정비
   - 작업순서의 부적당 : 작업순서정비

31. ③　32. ④ 정답

33. 다음 중 산업안전심리의 5요소에 속하지 않는 것은?

① 동기 ② 감정
③ 습관 ④ 시간
⑤ 습성

해설 산업안전심리의 5대 요소

1. 동기(Motive) : 능동력은 감각에 의한 자극에서 일어나는 사고의 결과로서 사람의 마음을 움직이는 원동력
2. 기질(Temper) : 인간의 성격, 능력 등 개인적인 특성을 말하는 것으로 생활환경에 영향을 받는다.
3. 감정(Emotion) : 희노애락의 의식
4. 습성(Habits) : 동기, 기질, 감정 등이 밀접한 관계를 형성하여 인간의 행동에 영향을 미칠 수 있도록 하는 것
5. 습관(Custom) : 자신도 모르게 습관화된 현상을 말한다.

34. 재해빈발자 중 기능의 부족이나 환경에 익숙하지 못하기 때문에 재해가 자주 발생되는 사람을 의미하는 것은?

① 미숙성 누발자 ② 상황성 누발자
③ 습관성 누발자 ④ 소질성 누발자
⑤ 부주의성 누발자

해설 성격의 유형(재해누발자 유형)

1. 미숙성 누발자 : 환경에 익숙하지 못하거나 기능 미숙으로 인한 재해누발자
2. 상황성 누발자 : 작업이 어렵거나, 기계설비의 결함, 주의력의 집중이 혼란된 경우, 심신의 근심으로 사고경향자가 되는 경우(상황이 변하면 안전한 성향으로 바뀜)
3. 습관성 누발자 : 재해의 경험으로 신경과민이 되거나 슬럼프에 빠지기 때문에 사고경향자가 되는 경우
4. 소질성 누발자 : 지능, 성격, 감각운동 등에 의한 소질적 요소에 의해서 결정되는 특수성격 소유자

35. 레빈(K. Lewin)이 제시한 인간의 행동에 관한 관계식을 올바르게 설명한 것은?

① 인간의 행동(B)은 개인(P)과 환경(E)의 상호 함수관계에 있다.
② 인간의 행동(B)은 개인(P)과 교육(E)의 상호 함수관계에 있다.
③ 개인(P)에 관한 변수는 인간관계를 의미한다.
④ 교육(E)에 관한 변수는 개인의 지능, 학력 등이 관계된다.
⑤ 환경(E)에 관한 변수는 개인의 성격, 연령 등이 관계된다.

 정답 33. ④ 34. ① 35. ①

해설 레빈(K. Lewin)의 법칙 : $B=f(P \cdot E)$
레빈은 인간의 행동(B)은 그 사람이 가진 자질, 즉 개체(P)와 심리적 환경(E)의 상호 함수관계에 있다고 하였다.
여기서, B : Behavior(인간의 행동)
f : function(함수관계)
P : Person(개체 : 연령, 경험, 심신상태, 성격, 지능 등)
E : Environment(심리적 환경 : 인간관계, 작업환경 등)

36. 다음 중 부주의가 발생하는 경우에 있어 자동차를 운전할 때 신호가 바뀌기 전에 신호가 바뀔 것을 예상하고 자동차를 출발시키는 행동과 관련된 것은?
① 억측판단
② 근도반응
③ 의식의 우회
④ 착시현상
⑤ 의식의 단절

해설 억측판단(Risk Taking) : 위험을 부담하고 행동으로 옮김(예 : 신호등이 녹색에서 적색으로 바뀌어도 차가 움직이기까지 아직 시간이 있다고 생각하여 건널목을 건넜을 경우)

37. 피로의 측정방법 중 근력 및 근활동에 대한 검사방법으로 가장 적절한 것은?
① EEG
② ECG
③ EMG
④ EOG
⑤ EKG

해설 피로의 측정방법
1. 생리학적 측정 : 근력 및 근활동(EMG), 대뇌활동(EEG), 호흡(산소소비량), 순환기(ECG)
2. 생화학적 측정 : 혈액농도 측정, 혈액수분 측정, 요 전해질, 요 단백질 측정
3. 심리학적 측정 : 피부저항, 동작분석, 연속반응시간, 정신작업, 집중력

38. 리더십의 행동이론 중 관리 그리드(Managerial Grid)에서 인간에 관한 관심보다 업무에 대한 관심이 매우 높은 유형은?
① (1,1)
② (1,9)
③ (5,5)
④ (9,1)
⑤ (9,9)

해설 과업형(9,1) : 생산에 대한 관심은 매우 높지만 인간에 대한 관심은 매우 낮아서, 인간적인 요소보다도 과업수행에 대한 능력을 중요시하는 리더유형

39. 다음 중 주의에 관한 설명으로 틀린 것은?
① 주의 집중은 리듬을 가지고 변한다.
② 주의력을 강화하면 그 기능은 저하된다.
③ 많은 것에 대하여 동시에 주의를 기울이기 어렵다.
④ 한 지점에 주의를 집중하면 다른 곳의 주의는 약해진다.
⑤ 고도의 주의는 장시간 지속할 수 없다.

해설 주의력을 강화하면 기능은 높아진다.
주의의 특성
1. 선택성 : 소수의 특정한 것에 한한다.
2. 방향성 : 시선의 초점이 맞았을 때 쉽게 인지된다.
3. 변동성 : 인간은 한 점에 계속하여 주의를 집중할 수는 없다.

40. 다음 중 맥그리거(McGregor)의 X, Y이론에 있어 X이론의 관리 처방으로 적절하지 않은 것은?
① 경제적 보상체제의 강화
② 권위주의적 리더십의 확립
③ 면밀한 감독과 엄격한 통제
④ 자체평가제도의 활성화
⑤ 통제에 의한 관리

해설 X이론에 대한 관리 처방
1. 경제적 보상체계의 강화
2. 권위주의적 리더십의 확립
3. 면밀한 감독과 엄격한 통제
4. 상부책임제도의 강화
5. 통제에 의한 관리

41. 피로 측정방법 중 생화학적 방법의 측정대상항목에 해당하는 것은?
① 혈액검사
② 근전도 검사
③ 뇌파검사
④ 심전도 검사
⑤ 산소소비량

해설 피로의 측정방법
1. 생리학적 측정 : 근력 및 근활동(EMG), 대뇌활동(EEG), 호흡(산소소비량), 순환기(ECG)
2. 생화학적 측정 : 혈액농도 측정, 혈액수분 측정, 요 전해질, 요 단백질 측정
3. 심리학적 측정 : 피부저항, 동작분석, 연속반응시간, 정신작업, 집중력

 정답 39. ② 40. ④ 41. ①

42. 리더십의 유형은 리더의 행동에 근거하여 자유방임형, 권위형, 민주형으로 분류할 수 있는데 다음 중 민주형 리더십의 특징과 거리가 먼 것은?

① 집단 구성원들이 리더를 존경한다.
② 의사교환이 제한된다.
③ 자발적 행동이 많이 나타난다.
④ 구성원 간의 상하관계가 원만하다.
⑤ 모든 정책이 집단토의나 결정에 의해서 결정된다.

해설 리더십의 유형

1. 독재형(권위형, 권력형, 맥그리거의 X이론 중심) : 지도자가 모든 권한행사를 독단적으로 처리(개인 중심)
2. 민주형(맥그리거의 Y이론 중심) : 집단의 토론, 회의 등을 통해 정책을 결정(집단 중심), 리더와 부하직원 간의 협동과 의사소통
3. 자유방임형(개방적) : 리더는 명목상 리더의 자리만을 지킴(종업원 중심)

43. 다음 중 적응기제(Adjustment Mechanism)에 있어 방어적 기제에 해당되지 않는 것은?

① 조소
② 승화
③ 합리화
④ 치환
⑤ 동일시

해설 방어적 기제(Defense Mechanism) : 자신의 약점을 위장하여 유리하게 보임으로써 자기를 보호하려는 것

1. 보상 : 계획한 일을 성공하는 데서 오는 자존감
2. 합리화(변명) : 너무 고통스럽기 때문에 인정할 수 없는 실제 이유 대신에 자기 행동에 그럴듯한 이유를 붙이는 방법
3. 승화 : 억압당한 욕구가 사회적·문화적으로 가치 있게 목적으로 향하도록 노력함으로써 욕구를 충족하는 방법
4. 동일시 : 자기가 되고자 하는 인물을 찾아내어 동일시하여 만족을 얻는 행동

44. 인간의 착각현상 중 영화의 영상방법과 같이 객관적으로 정지되어 있는 대상에서 시간적 간격을 두고 연속적으로 보이거나 소멸시킬 경우 운동하는 것처럼 인식되는 것을 무엇이라 하는가?

① 가현운동
② 자동운동
③ 왕복운동
④ 유도운동
⑤ 무재해운동

해설 착각현상 : 착각은 물리현상을 왜곡하는 지각현상을 말한다.

1. 자동운동 : 암실 내에서 정지된 작은 광점을 응시하면 움직이는 것처럼 보이는 현상
2. 유도운동 : 실제로는 정지한 물체가 어느 기준물체의 이동에 따라 움직이는 것처럼 보이는 현상
3. 가현운동 : 영화처럼 물체가 빨리 나타나거나 사라짐으로 인해 운동하는 것처럼 보이는 현상

45. 인간의 심리 중에는 안전수단이 생략되어 불안전 행위를 나타내는 경우가 있다. 다음 중 안전수단이 생략되는 경우가 아닌 것은?

① 의식과잉이 있을 때
② 피로할 때
③ 주변의 영향이 있을 때
④ 작업규율이 엄할 때
⑤ 과로했을 때

해설 작업규율이 엄하면 안전수단이 생략되지 않는다.

46. 허쯔버그(Herzberg)의 동기－위생이론에서 직무불만을 가져오는 위생욕구 요인에 속하지 않는 것은?

① 감독 형태
② 관리 규칙
③ 일의 내용
④ 작업 조건
⑤ 급여

해설 허쯔버그(Herzberg)의 위생요인(Hygiene) : 작업 조건, 급여, 직무환경, 감독 등 일의 조건, 보상에서 오는 욕구(충족되지 않을 경우 조직의 성과가 떨어지나, 충족되었다고 성과가 향상되지 않음)

47. 인간의 적응기제(Adjustment Mechanism) 중 방어적 기제에 해당하는 것은?

① 고립
② 퇴행
③ 억압
④ 보상
⑤ 백일몽

해설 방어적 기제(Defense Mechanism) : 자신의 약점을 위장하여 유리하게 보임으로써 자기를 보호하려는 것

1. 보상 : 계획한 일을 성공하는 데서 오는 자존감
2. 합리화(변명) : 너무 고통스럽기 때문에 인정할 수 없는 실제 이유 대신에 자기 행동에 그럴듯한 이유를 붙이는 방법
3. 승화 : 억압당한 욕구가 사회적 · 문화적으로 가치 있게 목적으로 향하도록 노력함으로써 욕구를 충족하는 방법
4. 동일시 : 자기가 되고자 하는 인물을 찾아내어 동일시하여 만족을 얻는 행동

48. 맥그리거의 X, Y이론 중 X이론에 해당하는 것은?

① 성선설
② 고차원적 욕구
③ 상호 신뢰감
④ 명령 통제에 의한 관리
⑤ 선진국형

정답 45. ④ 46. ③ 47. ④ 48. ④

해설 X이론에 대한 가정

1. 원래 종업원들은 일하기 싫어하며 가능하면 일하는 것을 피하려고 한다.
2. 종업원들은 일하는 것을 싫어하므로 바람직한 목표를 달성하기 위해서는 그들을 통제하고 위협하여야 한다.
3. 종업원들은 책임을 회피하고 가능하면 공식적인 지시를 바란다.
4. 인간은 명령되는 쪽을 좋아하며 무엇보다 안전을 바라고 있다는 인간관

X이론에 대한 관리 처방

1. 경제적 보상체계의 강화
2. 권위주의적 리더십의 확립
3. 면밀한 감독과 엄격한 통제
4. 상부책임제도의 강화
5. 통제에 의한 관리

49. 다음과 같은 학습의 원칙을 지니고 있는 훈련기법은?

관찰에 의한 학습, 실행에 의한 학습, 피드백에 의한 학습, 분석과 개념화를 통한 학습

① 역할연기법
② 사례연구법
③ 유사실험법
④ 프로그램 학습법
⑤ 토의법

해설 슈퍼(Super)의 역할이론

1. 역할 갈등(Role Conflict) : 작업 중에 상반된 역할이 기대되는 경우가 있으며, 그럴 때 갈등이 생긴다.
2. 역할 기대(Role Expectation) : 자기의 역할을 기대하고 감수하는 수단이다.
3. 역할 조성(Role Shaping) : 개인에게 여러 개의 역할 기대가 있을 경우 그중의 어떤 역할 기대는 불응, 거부할 수도 있으며 혹은 다른 역할을 해내기 위해 다른 일을 구할 때도 있다.
4. 역할 연기(Role Playing) : 관찰 및 피드백에 의한 학습 원칙을 가지며 자아탐색인 동시에 자아실현의 수단이다.

50. 다음 중 사회행동의 기본형태와 내용이 잘못 연결된 것은?

① 대립 : 공격, 경쟁
② 도피 : 정신병, 자살
③ 조직 : 경쟁, 통합
④ 협력 : 조력, 분업
⑤ 융합 : 강제, 타협

해설 집단에서 개인이 나타낼 수 있는 사회행동의 형태

1. 협력 : 협조나 조력, 분업 등을 통하여 힘을 하나로 모으는 것
2. 대립관계에서의 공격 : 상대방을 가해하거나 압도하여 어떤 목적을 달성하려고 하는 것
3. 대립관계에서의 경쟁 : 같은 목적에 관하여 서로 겨루어 상대방보다 빨리 도달하고자 하는 것
4. 융합 : 상반되는 목표가 강제, 타협, 통합에 의하여 하나가 되는 것
5. 도피와 고립 : 자기가 소속된 인간관계에서 이탈하는 것

49. ① 50. ③ 정답

예상문제 및 해설 3

산업심리학

1. 다음 중 막연하고 측정 불가능한 의식이나 정신 과정들을 버리고 직접 관찰될 수 있는 외적 행동을 연구해야 한다고 주장한 학자는 누구인가?

① 분트(W. Wundt)
② 프로이트(S. Freud)
③ 왓슨(J. B. Watson)
④ 제임스(W. James)
⑤ 매슬로(Maslow)

해설 왓슨의 행동주의는 의식이나 마음을 관찰할 수 없으므로 직접 관찰될 수 있는 외적 행동을 연구해야 한다고 주장하였는데, 이 주장은 그동안 심리학의 연구대상에서 제외된 동물의 행동도 함께 연구할 수 있는 길을 열었다.

2. 다음 중 자극과 반응 간의 관계를 알아내는 데 목적을 두고 있으며, 왓슨이나 스키너와 관련이 있는 학파는?

① 인지심리학
② 행동주의
③ 기능주의
④ 구성주의
⑤ 형태주의

해설 왓슨(J. B. Watson)에 의해 주창된 행동주의에 의하면 심리학은 '인간과 동물의 행동에 관한 학문'이라 정의된다. 심리학이 과학으로 성립하기 위해서는 관찰할 수 있고 측정할 수 있는 행동을 연구대상으로 해야 한다고 하였다.

3. 다음 중 두 개의 변인을 체계적으로 변화시켜 다른 변인에 일어나는 효과를 인과적으로 밝히고자 하는 심리학의 연구방법은?

① 임상법
② 통제법
③ 관찰법
④ 실험법
⑤ 사례 연구법

해설 실험법
실험자가 의도적으로 어느 변인을 변화시키고(독립변인), 다른 변인들은 변하지 않도록 주의하며(통제), 의도적으로 변화시킨 변인이 행동(종속변인)에 어떤 영향을 주고 있는지를 알아보는 방법이다.

 정답 1. ③ 2. ② 3. ④

4. 형태주의 심리학자들이 보고한 지각의 집단화 원리로서 거리가 먼 것은?

① 공통성
② 유사성
③ 미완결성
④ 근접성
⑤ 연속성

해설 지각의 집단화 원리

여러 가지 물체들을 볼 때, 그들을 묶어서 어떤 패턴으로 지각하는 경향을 말한다. 이런 집단화는 형태주의 심리학자들에 의하여 연구되었다.(Gestalt 원리라고도 한다.)

- 공통성 : 함께 같은 방향으로 움직이는 것으로 지각되는 요소들은 체제화된 집단을 형성한다.
- 완결성 : 지각 과정은 자극에 틈이나 간격이 있으면 그것을 메우려고 한다.
- 연속성 : 하나의 양식으로 시작한 선은 그 양식을 계속하는 것으로 지각하는 경향이 있다.
- 유사성 : 유사한 자극들은 군집되어 보인다.
- 근접성 : 가까이 있는 물체들은 군집해 있는 것으로 지각한다.

5. 다음 중 3차원(깊이) 지각의 단안단서가 아닌 것은?

① 겹침
② 사물의 이동방향
③ 상대적 크기
④ 결(Texture)
⑤ 양안부등

해설 단안단서란 한 눈으로 깊이에 관한 정보를 얻는 단서로서 선명도, 직선적 조망, 겹침(중첩), 빛과 그림자, 결(표면결의 밀도), 크기, 사물의 이동방향 등이 있다.

6. 다음 중 단안단서에 대한 설명으로 잘못된 것은?

① 표면의 결이 조밀할수록 가깝게 보인다.
② 수평선 위쪽이나 아래쪽으로 멀리 떨어져 있을수록 가깝게 보인다.
③ 내가 움직이는 방향으로 이동하는 것은 멀게 지각된다.
④ 두 물체가 떨어져 있는 간격이 클수록 두 물체는 가깝게 보인다.
⑤ 밝게 보이는 물체가 가깝게 보인다.

해설 표면의 결이 조밀할수록 멀게 보인다.

7. 다음 중 가현운동에 해당되지 않는 것은?

① 파이현상
② 유인(유도)운동
③ 베타운동
④ 공간지각
⑤ 자동운동

해설 가현운동

실제로는 움직이지 않는데, 움직이는 것으로 지각하는 것을 말한다. 이러한 가현운동에는 파이현상, 유인(유도)운동, 베타운동, 자동운동 등이 있다.

4. ③ 5. ⑤ 6. ① 7. ④ 정답

8. 다음 중 영화나 TV화면은 무엇을 이용한 것인가?

① 파이현상
② 유인운동
③ 자동운동
④ 유인운동과 자동운동
⑤ 베타운동

해설 일정한 간격으로 전등을 달아놓고 일정한 시간 간격으로 차례로 불을 켰다 껐다 하면 불빛이 움직이는 것으로 지각하는데, 이를 파이현상 또는 섬광운동이라 한다. 이것은 시각상의 지속성(잔상) 때문에 생기는 것으로 이 원리를 이용한 것이 영화이다.

9. 다음 중 움직이는 구름 사이의 달을 볼 때 구름보다 달이 움직이는 것으로 판단하는데 이와 관련이 깊은 것은?

① 자동운동
② 유인운동
③ 가현운동
④ 실제운동
⑤ 파이현상

해설 유인운동은 움직이는 배경과 고정된 전경과의 반전현상 때문에 생긴다.

10. 다음 중 지각에서 자동운동이란 무엇을 뜻하는가?

① 어둠 속에서 정지된 빛점이 움직이는 것으로 보이는 현상
② 운동지각에서 물체의 운동이 중지된 후에도 운동을 보이는 현상
③ 전경과 배경이 저절로 반전을 일으키는 것
④ 자극이 제시됐을 때 뇌세포가 보이는 활동의 일종
⑤ 구름 사이의 달을 볼 때 달이 움직이는 것으로 지각하는 현상

해설 자동운동
암실 내에서 정지된 작은 광점을 응시하면 움직이는 것처럼 보이는 현상

11. 다음 중 맥락이 없기 때문에 생기는 운동착시를 가리켜 무엇이라 하는가?

① 실제운동
② 유인운동
③ 자동운동
④ 운동잔상
⑤ 파이현상

해설 가현운동의 하나인 자동운동이란 어두운 방의 불빛이 정지되어 있는데도 불구하고 불빛이 여러 방향으로 움직이는 것으로 지각되는 것을 말한다. 이는 일종의 운동착시로서 불빛의 위치를 확인할 맥락이 없기 때문에 생기는 현상이다.

 정답 8. ① 9. ② 10. ① 11. ③

12. 다음 중 적응의 직접적 대처방법이 아닌 것은?

① 퇴행　　② 철수
③ 포부수준의 수정　　④ 공격적 행동이나 표현
⑤ 회피

해설 스트레스에 대응하는 방법
직접적 대처와 방어적 대처가 있다. 직접적 대처란 불편하고 긴장된 상황을 변화시키기 위해 취하는 행동을 말하는데, 공격적 행동과 표현, 태도 및 포부수준의 수정, 철수 또는 후퇴 등 중 어느 하나를 선택하게 된다. 방어기제라고 불리는 방어적 대처는 스트레스를 일으키는 현실을 무의식적으로 왜곡시킴으로써 자신의 불안이나 좌절을 감소시키려는 심리적 조작이라 할 수 있다.

13. 다음 중 방어기제에 속하지 않는 것은?

① 합리화　　② 승화
③ 퇴행　　④ 부정
⑤ 순응

해설 주요 방어기제
부정, 퇴행, 동일시, 승화, 반동형성, 주지화, 환치(전위), 투사, 억압, 합리화 등이 있다.

14. 다음 중 지능이 낮은 자식을 둔 부모가 자기 자식의 낮은 지능을 믿지 않고 노력을 게을리 할 뿐이라고 생각하는 것은?

① 전위　　② 투사
③ 억압　　④ 부정
⑤ 퇴행

해설 부정
불쾌한 외부현실을 지각하거나 직면하기를 거부하는 것이다.

15. 다음 중 자기가 바라고 느끼는 것과 정반대로 감정을 표현하고 행동하는 것과 관련이 깊은 방어적 대처는?

① 반동형성　　② 합리화
③ 승화　　④ 동일시
⑤ 투사

12. ① 13. ⑤ 14. ④ 15. ① 정답

해설 반동형성
자기가 느끼고 바라는 것과는 정반대로 감정을 표현하고 행동하는 것으로서, '부정'의 행동적 형태라고도 볼 수 있다. 일반적으로 반동형성은 자기의 욕구나 감정이 너무나 받아들일 수 없고 무거운 죄의식이 쌓일 때 나타나는 반응양식이다.

16. 자기 자신의 동기나 불편한 감정을 다른 사람에게 돌림으로써 불안 및 죄의식에서 벗어나고자 하는 방어기제는?

① 투사
② 승화
③ 퇴행
④ 부정
⑤ 억압

해설 투사
자기 자신의 동기나 불편한 감정을 다른 사람에게 돌림으로써 불안 및 죄의식에서 벗어나고자 하는 방어기제이다. 투사에는 문제의 소재를 가상적인 원인으로 돌리거나, 개인의 성격적 결함으로 돌리거나, 다른 사람의 책임으로 돌리는 등 세 가지 유형이 있다.

17. 하루 종일 직장상사에게 굽실거리며 기를 펴지 못했다가 집에 돌아와 아내와 자녀에게 지나치게 고함을 치며 짜증을 내는 김씨는 어떤 방어적 대처를 했다고 볼 수 있는가?

① 투사
② 반동형성
③ 전위
④ 합리화
⑤ 승화

해설 전위(치환)
어떤 대상에 대한 강한 감정이나 충동을 덜 위험한 다른 대상에게 표출함으로써 긴장을 완화시키는 방어기제이다.

18. 다음 중 실력이 부족한 학생이 시험에 실패한 후 "출제의 방향을 맞추지 못해 점수가 나쁘게 나왔다"고 변명한다면 어떤 방어기제를 사용한 것인가?

① 주지화
② 합리화
③ 부정
④ 투사
⑤ 반동형성

해설 합리화
사회적으로 용납되지 않는 감정 및 행동에 대해 용납되는 이유를 붙여 자신의 행동을 정당화함으로써 사회적 비난이나 죄의식을 피하려는 방어기제이다.

정답 16. ① 17. ③ 18. ②

19. 다음 중 이상행동의 기준이 아닌 것은?

① 관습에서 벗어난 행동
② 부적응성
③ 보상적인 행동을 한다.
④ 정신적인 고통을 겪는다.
⑤ 통제력을 잃었거나 예측할 수 없는 행동

해설 이상행동의 기준
①, ②, ④ 이외에도 이해할 수 없거나 이치에 맞지 않는 행동, 통제력을 잃었거나 예측할 수 없는 행동, 어떤 행동이 주위 사람을 불쾌하게 하거나 불편하게 할 경우 등이 해당된다.

20. 심리적 장애는 환자 내부의 정신적 갈등에서 온다고 주장하는 이론은?

① 의학적 접근
② 정신분석학적 접근
③ 행동주의적 접근
④ 인지이론적 접근
⑤ 프로이트식 접근

해설 의학적 접근법에 의하면 심리적 장애는 어떤 신체적 질환에서 오는 증상으로 보고 있으며, 행동주의적 접근에서는 이상심리가 학습의 결과라고 주장한다.

21. 직무수행과 관련된 다양한 정보를 제공하기 위해 직무내용과 그 직무를 수행하도록 요구되는 직무조건을 체계화하고 조직적으로 밝히는 절차는?

① 직무분석
② 직무평가
③ 직무개괄
④ 직무탐색
⑤ 적성검사

해설 직무분석은 직무와 관련된 모든 중요한 정보를 수집하고 이를 직무수행에 요구되는 직무조건으로 적합하게 정리·분석하여 조직적으로 밝히는 절차이다.

22. 다음 중 직무분석의 목적으로 가장 적합한 것은?

① 특정 직무의 내용 또는 성격을 분석해서 그 직무가 요구하는 조직구성원의 지식·능력·숙련·책임 등을 명확히 하는 과정을 말한다.
② 상담을 통하여 전문적인 조언을 받고, 문제해결에 도움을 주는 것을 말한다.
③ 한 개인이 일생동안 직업에 관련된 일련의 활동, 행동, 태도, 가치관 및 열망을 경험하는 것을 말한다.
④ 작업의 수행에 필요한 개선안을 제안하도록 하고 그것을 심사하여 우수한 제안에 대하여 적절한 보상을 하는 것을 말한다.
⑤ 조직 내에서 직무들의 내용과 성질을 고려해 직무들 간의 상대적인 가치를 결정하여 여러 직무들에 대해 서로 다른 임금수준을 결정하는 것을 말한다.

19. ③ 20. ③ 21. ① 22. ① 정답

해설 직무분석이란 직무의 성격에 관련된 모든 중요한 정보를 수집하고 이들 정보를 적합하게 정리하는 체계적 과정으로 작업조건, 직무수행에 요구되는 지식, 기술, 능력 등의 정보를 활용한다.

23. 직무분석 시 고려하는 작업의 단위 중, 어떤 특정 목적을 달성하기 위해서 하는 노력으로 작업의 기본요소이며 직무분석의 가장 작은 작업 단위는 무엇인가?

① 프로젝트
② 직무
③ 직위
④ 과업
⑤ 직무군

해설 과업(Task, 과제 · 작업)이란 어떤 특정의 목적을 달성하기 위해서 하는 신체적 · 정신적 노력이다. 작업의 기본 요소로서, 직무분석의 가장 작은 작업단위이다.

24. 다음에 제시된 특성을 가진 직무분석기법은?

- 비교적 저렴한 비용으로 시행할 수 있다.
- 짧은 시간 내에 많은 양적 정보를 얻을 수 있다.
- 직무에 대한 어느 정도의 사전지식이 요구된다.
- 직무내용, 수행방법, 수행목적, 수행과정, 자격요건 등에 대한 내용을 포함한다.
- 어떤 직무의 분석에든 상관없이 쓸 수 있도록 기존에 개발되어 있는 표준화된 자료를 사용할 수도 있다.

① 면접법
② 워크샘플링법
③ 질문지법
④ 결정적 사건법
⑤ 관찰법

해설 질문지법은 작업자들에게 설문지를 배부하고 답하게 함으로써 직무에 대한 정보를 획득하는 방법이다. 이 안에는 직무내용, 수행방법, 수행목적, 수행과정, 자격 요건 등에 대한 내용을 포함하며, 분석하려고 하는 직무의 분석에만 사용할 수 있는 설문지를 사전정보에 기초하여 분석자 스스로 만들어 사용하는 방법과 어떤 직무의 분석에는 상관없이 쓸 수 있도록 기존에 개발되어 있는 표준화된 설문지를 사용하거나 제작하여 활용할 수 있다. 시간과 비용이 절약되며 폭넓은 정보를 얻을 수 있는 장점이 있다.

25. 다음 중 직무분석 시에 고려되는 직무 관련 내용이 아닌 것은?

① 리더십
② 직군
③ 과업
④ 직위
⑤ 직종

해설 직무분석 시 포함되는 관련 내용은 과업, 직위, 직무, 직군, 직종 등이 해당된다.

 정답 23. ④ 24. ③ 25. ①

26. 다음 중 직무분석의 방법에 해당하지 않는 것은?

① 관찰지법 ② 투사법
③ 중요사건법 ④ 경험법
⑤ 면접법

해설 직무분석의 방법으로는 면접법, 관찰법, 질문지법, 경험법, 중요사건법 등이 있다.

27. 직무를 수행하는 데 요구되는 작업자의 지식, 기술, 능력 등에 관한 인적 요건들을 알려주기 때문에 선발이나 교육과 같은 인적 자원 관리에 활용되는 것은?

① 직무기술서 ② 작업자기술서
③ 작업표준서 ④ 직무명세서
⑤ 직무평가서

해설 직무명세서는 직무를 성공적으로 수행하는 데 필요한 작업자의 행동, 기능, 능력, 지식 등을 일정한 양식에 기록한 직무의 인적 요건에 초점을 둔 문서로서 모집, 선발, 승진, 이동 및 직무평가에 유용하다.

28. 다음 중 직무명세서에 대한 설명으로 틀린 것은?

① 직무명세서에는 직무수행에 필요한 종업원의 행동, 기능, 능력, 지식 등의 정보가 포함되어 있다.
② 직무명세서는 직무담당자, 직무분석자, 감독자들의 개인적 판단에 의해 작성되기도 하며, 통계적 분석에 의하여 작성되기도 한다.
③ 직무명세서는 직무의 인적 요건에 초점을 둔 것이다.
④ 직무명세서는 직무기술서의 작성과 직무분석 결과에 기반이 되는 자료이다.
⑤ 직무수행자의 자격요건 명세서이다.

해설 직무명세서는 직무분석의 결과에 의하여 직무수행에 필요한 종업원의 행동, 기능, 능력, 지식 등을 일정한 양식에 기록한 문서를 말하며, 직무기술서에서 유추될 수 있으며, 직접 직무분석의 결과에 의하여 작성되기도 한다.

29. 다음에서 역량과 관련된 설명으로 틀린 것은?

① 환경변화에 따라 한 역량이 더 이상 핵심적이지 않은 역량이 될 수 있다.
② 역량모델링은 종업원들이 직무를 수행하는 데 요구되는 인적 요건뿐만 아니라 수행하는 일 자체도 분석한다.
③ 역량 중에서도 타인에 비해 우수하고 경쟁우위를 갖는 핵심적인 특성과 자질을 핵심역량이라 부른다.
④ 핵심역량은 과거보다 현재, 현재보다는 미래지향적이다.
⑤ 핵심적이지 않았던 역량이 변화에 의해 핵심 역량화될 수 있다.

26. ② 27. ④ 28. ④ 29. ② 정답

해설 직무분석에서는 종업원들이 직무를 수행하는 데 요구되는 인적 요건뿐만 아니라 수행하는 일 자체도 분석하지만, 역량모델링은 주로 수행에 요구되는 인적 요건을 찾아내는 데에만 초점을 두고 일 자체에 대한 분석은 고려하지 않는다.

30. 다음 중 직무평가의 방법에 해당하지 않는 것은?

① 경험법　② 요소비교법
③ 분류법　④ 서열법
⑤ 점수법

해설 직무평가의 방법에는 요소비교법, 분류법, 서열법, 점수법 등이 있다.

31. 점수법에 의한 직무평가 시 일반적으로 고려되는 평가요소가 아닌 것은?

① 정신적 및 육체적 노력의 정도　② 신체조건
③ 책임요소　④ 작업조건
⑤ 숙련도

해설 점수법 평가요소

평가요소			
숙련(250점)	• 지식	• 경험	• 솔선력
노력(75점)	• 육체적 노력	• 정신적 노력	
책임(100점)	• 기기 또는 공정 자재 또는 제품 • 타인의 직무수행		• 타인의 안전
직무조건(75점)	• 작업조건	• 위험성	

32. 다음 중 직무기술서에 일반적으로 포함되는 내용이 아닌 것은?

① 직무가 이루어지는 물리적 · 심리적 · 정서적 환경
② 감독의 형태, 작업의 양과 질에 관한 규정이나 지침
③ 직무를 수행하는 사람에게 요구되는 자격요건
④ 직무에서 사용하는 기계, 도구, 장비, 기타 보조 장비
⑤ 직무분석을 통해 얻어진 직무의 성격과 내용

해설 직무수행에 필요한 자격요건은 직무명세서에 포함되는 내용이다.

 정답 30. ①　31. ②　32. ③

33. 최근 국내 기업에서는 임금 성과급제 또는 연봉제 도입이 확산되고 있다. 공정하고 객관적인 임금수준을 결정하기 위해서 직장 내 여러 직무들 각각이 조직효율성에 기여하는 상대적 가치를 판단하는 과정은?

① 직무분석
② 직무평가
③ 직무수행평가
④ 준거개발
⑤ 직무설계

해설 직무평가는 직무분석에 의하여 작성된 기술서 또는 직무명세서를 기초로 하여 이루어지며, 여러 직무들 각각이 조직의 효율성에 기여하는 상대적 가치를 판단하는 과정이다.

34. 성격검사를 통해 측정할 수 있는 성격 5요인 중, 분명한 목표의식과 계획적인 생활, 높은 의지 및 자제력을 특징지을 수 있는 성격 요인은 다음 중 무엇인가?

① 외향성
② 개방성
③ 호감성
④ 정서적 민감성
⑤ 성실성

해설 성격의 5요인 이론(Big 5 theory of Personality)

- 정서적 민감성 : 정서적으로 불안하고, 긴장하고, 불안정적인 수준
- 외향성 : 사교적이고, 주장 및 자기표현이 강하고, 적극적이고, 말이 많고, 정열적인 경향성
- 개방성 : 상상력이 풍부하고, 호기심이 많고, 지식에 대해 수용적이며, 틀에 박히지 않은 성향
- 호감성 : 협조적이고, 대인관계에 관심이 높고, 관대하고, 함께 지내기 편한 성향
- 성실성 : 목표의식이 분명하고 계획적이며, 의지가 강하고 자제력이 강한 성향

35. 우울을 측정하기 위해 개발된 어떤 검사가 동일인을 대상으로 매달 측정할 때마다 점수의 차이가 크게 나타난다면 다음의 표준화 심리검사의 요건 중 어떤 요소가 결여된 것인가?

① 타당도
② 표준화
③ 객관도
④ 신뢰도
⑤ 성실성

해설 검사를 동일한 사람에게 실시했을 때 검사조건이나 시기에 관계없이 얼마나 점수들이 일관성이 있는지, 비슷한 것을 측정하는 검사 점수와 얼마나 일관성이 있는지를 의미하는 것은 검사의 신뢰도와 관련 있다.

36. 다음 중 동일한 구성개념을 측정하는 A형과 B형의 검사 두 개를 개발하여 이 두 검사를 동일인에게 실시한 뒤 두 번의 검사점수들 간의 상관수치를 계산하여 신뢰도 계수로 삼아 측정하는 것은 어떤 신뢰도인가?

① 동형검사 신뢰도
② 반분신뢰도
③ 내적합치도
④ 재검사신뢰도
⑤ 평가자 간 신뢰도

해설 동형검사 신뢰도란 동형검사나 동일검사를 2회 이상 실시하여 구하는 신뢰도를 의미하며 동일검사를 두 번 시행함으로써 발생되는 문제점을 해결하기 위해서 개발된 것이다. 예를 들면 A형과 B형 두 개의 검사를 개발하여 동일인에게 실시한 뒤 두 번의 검사점수들 간의 상관계수를 계산하여 신뢰도 계수로 삼는다.

37. 직무현장에서 직무수행에 필요한 지식, 기술, 능력을 평가하는 검사를 개발할 때, 이 검사의 내용이 실제 직무내용과 얼마나 관련이 있는지를 살펴보기 위해서는 어떤 타당도를 살펴보아야 하는가?

① 내용타당도
② 변별타당도
③ 구성타당도
④ 안면타당도
⑤ 수렴타당도

해설 해당 검사가 측정하고자 목표로 하는 내용을 측정하고 있는지에 대한 문제를 다루며, 검사의 문항들이 그 검사가 측정하고자 하는 내용 영역을 얼마나 잘 반영하고 있는지를 의미하는 것은 내용타당도 이다.

38. 해당 검사의 점수가 직무성과나 학점 같은 특정 활동영역의 준거를 얼마나 예측하는지를 설명하는 타당도는?

① 예측타당도
② 변별타당도
③ 수렴타당도
④ 안면타당도
⑤ 내용타당도

해설 한 검사가 어떤 미래의 행동특성을 얼마나 정확하게 예언하는지를 나타내는 것은 준거 관련 타당도 중 예측타당도에 속한다.

39. 다음 중 직무수행평가의 목적으로 보기 어려운 것은?

① 종업원을 선발하는 방법의 타당성을 입증하기 위해서
② 직무분석의 기본적 자료를 사용하기 위해

 정답 36. ① 37. ① 38. ① 39. ②

③ 종업원이 보유한 지식, 기술, 능력을 파악하기 위해서
④ 임금과 승진에 대한 평가에 이용하기 위해
⑤ 해고 등에 대한 평가에 이용하기 위해

해설 직무수행평가는 인사선발기준을 타당화시키고, 종업원의 훈련 및 개발의 필요성을 파악하고, 인사결정의 기초자료로 활용하고, 직무설계의 자료로 사용하며, 법적인 방어시스템으로 사용하기 위해서 실시된다.

40. 다음 중 직무수행의 객관적 측정치로 보기 어려운 것은?

① 직무수행 관찰지
② 판매액 지표
③ 결근빈도
④ 불량률 통계
⑤ 생산량

해설 직무수행에 대한 객관적 측정치에는 생산자료(판매액, 생산량, 불량률 등), 인사자료(결근, 지각, 사고 등)가 포함된다. 이는 한 종업원이 직무를 얼마나 잘 수행했는지의 지표로 활용된다.

41. 직무수행평가와 관련된 내용으로 틀린 설명은?

① 임금인상, 승진, 해고에 이르는 조직의 의사결정의 기초자료가 된다.
② 종업원 훈련을 실시한 후 훈련프로그램의 효과측정에 활용된다.
③ 해고 시에 가장 정당성을 보여줄 수 있는 내용을 제공해 준다.
④ 직무수행의 객관적 측정은 상사의 판단에 의한 주관이 개입될 수 있다.
⑤ 직무설계의 중요한 자료가 된다.

해설 개개인의 판단에 의존하기 때문에 평가과정에서의 여러 가지 편파가 발생할 우려가 높은 것은 주관적 측정에 해당된다.

42. 직무수행을 평정하는 여러 기법들 중 다음의 설명에 해당하는 것은 무엇인가?

- 평가자가 사전에 정해진 분포에 맞추어서 종업원들을 분류 · 평가하는 수행평가기법이다.
- 종업원의 수가 많을 때 유용한 평가방법이다.
- 정상분포의 원리에 기초하고 있고 종업원의 수행이 정상분포를 이루고 있다고 가정한다.
- 분포는 다섯 개 내지는 일곱 개의 범주로 구성되며, 사전에 결정된 백분율을 활용해 종업원들을 분류한다.

① 강제선택법
② 강제할당법
③ 평정척도법
④ 대조법
⑤ 서열법

해설 강제할당법(Forced Distribution Method) : 사전에 정해 놓은 비율에 따라 피고과자를 강제로 할당하는 방법으로 피고과자의 수가 많을 때 서열법의 대안으로 주로 사용한다.

43. 직무수행을 평정하는 여러 기법과 해당 특징이 잘못 짝지어진 것은?

① 서열법 - 종업원의 수가 적고 종업원들의 상대적 서열 이외에 정보가 필요 없을 때 주로 사용된다.

② 중요사건서술법 - 피고과자의 효과적이고 성공적인 업적뿐만 아니라 비효과적이고 실패한 업적까지 구체적인 행위와 예를 기록하였다가 이 기록을 토대로 평가하는 방법이다.

③ 평정척도법 - 직무에 대한 보편적이고 일반적인 행동 기준을 산출하는 것이 목적이다.

④ 균형성과평가제도(BSC) - 성과를 종합적으로 네 가지 측면(재무, 고객, 내부 프로세스, 학습과 성장)에서 평가하는 균형 잡힌 성과측정기록표를 사용한다.

⑤ 행위기준고과법 - 구성원이 실제로 수행하는 구체적인 행위에 근거하여 구성원을 평가함으로써 신뢰도와 평가의 타당성을 높인 고과방법으로 평정척도법의 결점을 시정하기 위한 시도에서 개발된 것이다.

해설 평정척도법은 평가자가 종업원들의 중요한 행동에 대해서 평정을 하도록 하는 수행평정기법이다. 이 방법은 일반적인 태도가 아니라 직무의 성공과 실패에 중요한 특정 직무행동을 통해 직무수행을 평가한다.

44. 직무수행 평가 시 나타나는 평가자의 오류와 그에 해당되는 내용이 잘못된 것은?

① 대비오차(Contrast Errors) - 인사고과에 있어서 고과평정자가 깔끔한 성격인 경우에는 피평정자가 약간만 허술해도 매우 허술하게 생각하는 경향을 말한다. 즉, 고과평정자인 자신과 비교해서 대체로 정반대의 경향으로 평가하는 경향을 의미한다.

② 중심화 경향 - 평가자가 평가에 대한 방법을 잘 이해하지 못했거나 역량이 부족한 경우 나타날 수 있다.

③ 관대화 경향 - 점수를 박하게 주는 평가자는 실제 피평가자의 능력보다 더 낮은 평가를 내리며 이를 부적 관대화라고 부른다.

④ 후광효과 - 한 명의 종업원에 대해 평가를 할 때 두 명 이상의 평가자를 사용하는 방법이 도움이 된다.

⑤ 최근 효과(Recency Effect) - 일반적으로 먼저 주어진 정보보다 나중에 주어진 정보가 사람들의 판단에 더 큰 영향을 주는 경향이 있다. 이를 최근효과라고 한다. 상반기보다는 하반기 실적이 연봉협상에 더 영향을 준다고 하는데 이는 최근효과에 해당한다.

 정답 43. ③ 44. ③

해설 관대화 경향(Leniency Tendency)
인사고과를 할 때 실제의 능력과 성과보다 높게 평가하려는 것으로서 평가결과의 집단분포가 점수가 높은 쪽으로 치우치는 경향을 뜻한다. 첫째, 우수한 사람이 많아 서열을 매기기 곤란하거나, 둘째, 고과평정자가 남달리 부하를 아끼는 경우, 셋째, 나쁜 점수를 주면 상사의 통솔력이 부족하다는 오해를 받을 것을 염려하는 경우에 발생할 수 있다.

45. 다음 중 직무수행평가의 목적으로 보기 어려운 것은?
① 종업원 훈련 및 개발이 필요한 부분을 파악한다.
② 인사결정에 대해서 법적으로 방어할 수 있는 합리적인 기초를 제공한다.
③ 인사선발도구가 타당한지를 판단하는 데 도움이 된다.
④ 조직문화에 대한 진단지표를 제공하는 데 도움이 된다.
⑤ 인사결정의 기초자료로 사용한다.

해설 직무수행평가의 일반적인 목적인 개인의 직무수행 정도를 정확히 측정하는 것이며, 이를 통해 인사선발기준의 타당화, 종업원 훈련 및 개발의 필요성 파악, 인사결정의 기초자료, 직무설계의 자료, 법적 방어시스템 등의 의사결정에 대한 기준을 제공한다.

46. 다음 중 직무수행에 대한 상사의 평가가 갖는 위험성은 무엇인가?
① 피평가자의 개인적 능력과 기능을 더 강조하는 경향이 있다.
② 부하가 상사 앞에서 조직에 대한 충성, 동기 등을 실제보다 포장해서 보이려 하기 때문에 정확한 정보를 확보하기 어려울 수 있다.
③ 친한 사이이거나 경쟁 관계에 있는 사람을 평가할 경우에는 편견이 작용해서 평가가 왜곡될 확률이 있다.
④ 평가에 대한 타당도와 신뢰도가 낮은 경향성이 있다.
⑤ 능률을 높일 수 있는 활로를 열어준다.

해설 상사의 평가 시 부하는 상사 앞에서 조직에 대한 충성, 동기, 열정 등을 실제보다 더 높게 보이려 노력하기 때문에 직무태도에 대한 정확한 정보를 확보하기 어려울 수 있다.

47. 다음 중 집단사고의 위험성 요소로 보기 부적절한 것은?
① 절대로 잘못되지 않는다는 의식이 낙관적이게 하며 위험을 부담하게 한다.
② 경고를 무시하고 기존의 결정안과 모순되는 정보는 깎아내릴 목적으로 합리화한다.
③ 집단 내 전문가나 지배적인 인물도 다수의 의견에 휩쓸려 아이디어가 수용되지 않기도 한다.
④ 집단 외부의 사람들은 사악하고 나약하며 어리석다고 본다.
⑤ 집단의 입장에 반대되는 주장을 하는 성원은 충성심이 부족하다고 몰아붙여 이탈자를 단속한다.

45. ④ 46. ② 47. ③ 정답

해설 집단 의사결정에서는 구성원들 간의 합의를 얻는 것이 무척 중요하지만, 구성원들 간의 만장일치가 이루어졌다 해도 이것이 완전히 자유로운 분위기 속에서 개방적인 토의를 통한 자유의사에 의해 도출된 결론인지 의심스러운 경우가 많다. 예를 들어 의사결정 과정에서 구성원 집단 내에서 동조의 압력이 행사되기도 하고, 지위 및 신분상의 차이에 의한 압력을 받기도 하며, 집단 내 전문가나 지배적인 인물 때문에 개별 구성원들의 생각과 아이디어가 표현 · 수용되지 않기도 한다.

48. 다음 내용이 설명하는 집단 의사결정 기법은 무엇인가?

- 브레인 스토밍이 리더나 참여자 모두가 문제의 성격을 잘 알고 짧은 시간 안에 토의를 한다면, 이 방법은 지도자 혼자서만 주제를 알고 그 집단에는 문제를 제시하지 않고 장시간 자유롭게 토론하도록 함으로써 문제해결에 접근한다.
- 아이디어 수보다는 질에 치중한다는 점에서 브레인 스토밍과 근본적으로 다르다.
- 리더는 집단 구성원이 토론시간에 상상력을 발휘할 수 있도록 친숙한 것도 다른 시각에서 보도록 하고, 주제로부터 벗어나서 생각하기도 하며, 처음 말했던 내용과는 관계없이 자신들의 느낌을 말하도록 하는 등의 여러 방법을 사용한다.

① 시네틱스
② 델파이법
③ 명목집단기법
④ 스토리보딩
⑤ 창의성 측정방법

해설 시네틱스는 집단토의를 한다는 점에서 브레인 스토밍과 같지만 여러 가지 차이점을 지닌다. 브레인 스토밍이 리더나 참여자 모두가 문제의 성격을 잘 알고 짧은 시간 안에 토의를 하지만, 시네틱스는 지도자 혼자서만 주제를 알고 그 집단에는 문제를 제시하지 않고 장시간 자유롭게 토론하도록 함으로써 문제해결에 접근한다. 문제 자체를 구성원들에게 노출시키지 않는 것은 아이디어 산출에 대한 노력을 단념시키지 않고 지속시키기 위함이다. 시네틱스는 아이디어 수보다는 질에 치중한다는 점에서 브레인 스토밍과 근본적으로 다르고, 문제에 대한 새로운 시각을 갖도록 함으로써 심리적 활동의 상호작용을 촉진시키고 사고나 지각의 창조성을 자극한다. 리더는 토론을 실제 문제와 연관시키는 능력이 있어야 하며 토론의 범위를 좁혀가면서 신중하게 결론에 이르도록 이끌 수 있어야 한다.

49. 심리적 건강과 행복감을 증진시킬 수 있는 환경결정요인의 조건이 아닌 것은?

① 개인이 처한 환경에서 일어나는 활동과 사건들을 통제할 수 있는 기회의 여부
② 조직이 종업원에게 일상적이고 단순한 행동만을 하게끔 직무를 제공한다.
③ 환경이 기술의 사용과 개발을 저해하거나 촉진하는 정도
④ 환경이 개인에게 목적이나 도전감을 제공하는지 여부
⑤ 신체적으로 안전한 생활환경은 심리적 건강을 증진시키는 데 도움이 된다.

 정답 48. ① 49. ②

해설 행복감 증진을 위한 환경 요인 중 기술사용의 기회가 있다. 기술사용의 기회란 환경이 기술의 사용과 개발을 저해하거나 촉진하는 정도를 뜻한다. 조직이 종업원에게 너무 일상적이고 단순한 행동만 요구하기 때문에 개인이 이미 가지고 있는 기술을 사용할 수 없는 경우에 종업원들은 기술 사용이 제한됨을 경험한다.

50. 다음 중 심리적 건강의 구성요소로 보기 어려운 것은?

① 열의
② 포부
③ 자율
④ 정서적 행복감
⑤ 통합된 기능

해설 심리적 건강의 구성요소 : 정서적 행복감, 역량, 자율, 포부, 통합된 기능

51. 다음 중 직무스트레스의 요인으로 보기 어려운 경우는?

① 업무시간 내내 자신이 업무를 통제하지 못하고 수동적인 행동을 강요받을 때
② 심리적 업무요구가 높고, 직무의 재량권이 낮은 업무
③ 부족한 조명
④ 개인의 포부수준이 높아 동기수준이 높은 경우
⑤ 과도한 경쟁으로 동료 근로자에 대해 신뢰하지 못하는 경우

해설 직무스트레스(Job stress)란 업무상 요구사항이 근로자의 능력이나 자원, 요구와 일치하지 않을 때 생기는 유해한 신체적·정서적 반응을 말한다.

52. 다음 중 스트레스 수준이 증가될 수 있는 조건으로 보기 어려운 것은?

① 사회적 지지가 협소하고 부족한 종업원
② A유형 행동양식 수준이 높은 종업원
③ 내적인 통제를 하는 종업원
④ 자기 효능감의 수준이 낮은 종업원
⑤ 직무에 대해 불만족을 보이며 부정적 측면에 초점을 맞추는 종업원

해설 통제 소재는 개인이 자신에게 일어난 일의 원인이 자신의 통제 내에 있는지 자신의 통제 밖에 있는지에 대한 신념과 판단을 뜻한다. 일반적으로 자신의 성공을 외적으로 귀인하는 사람보다 내적으로 귀인하는 내적 통제자가 직무스트레스에 대한 내성이 강하다. 즉 같은 스트레스 상황에서도 외적 통제자보다 내적 통제자는 자신의 성공이나 결과 달성을 위해서는 스트레스 상황도 자신이 통제할 수 있다고 믿기 때문에 스트레스로 인한 긴장을 덜 경험하게 된다.

50. ① 51. ④ 52. ③ 정답

53. 다음 중 매슬로의 욕구위계이론에서 제시하는 욕구의 위계적인 순서가 그 중요성에 근거해서 올바르게 나열된 것은?

① 생리적 욕구 – 안전욕구 – 소속감에 대한 욕구 – 자기존중의 욕구 – 자아실현의 욕구
② 생리적 욕구 – 소속감에 대한 욕구 – 안전욕구 – 자기존중의 욕구 – 자아실현의 욕구
③ 생리적 욕구 – 자기존중의 욕구 – 안전욕구 – 소속감에 대한 욕구 – 자아실현의 욕구
④ 생리적 욕구 – 소속감에 대한 욕구 – 안전욕구 – 자아실현의 욕구 – 자기존중의 욕구
⑤ 생리적 욕구 – 자기존중의 욕구 – 소속감에 대한 욕구 – 안전욕구 – 자아실현의 욕구

해설 욕구위계이론은 매슬로에 의해 정리된 이론으로 인간의 욕구는 위계적으로 배열되어 있다고 설명하고 있다. 이 이론은 인간의 욕구를 생리적 욕구, 안전의 욕구, 소속감과 사랑의 욕구, 자기존중의 욕구, 자아실현의 욕구의 5단계로 구분하고 있으며, 낮은 수준의 욕구는 인간행동에 근본적인 영향을 미치나 이것이 충족되면 더 높은 수준의 욕구가 동기화된다고 가정한다.

54. 매슬로의 욕구위계이론에서 제시하는 5가지 욕구 중 다음에 해당하는 것은 무엇인가?

- 욕구의 위계상 두 번째로 중요시되는 욕구이다.
- 외부의 위협으로부터 보호받고자 하는 욕구이다.
- 조직에서 신체적인 보호가 보장되고 기본 생계에 대한 보장을 원하는 것은 이 욕구의 표현이다.

① 생리적 욕구
② 자기존중의 욕구
③ 소속감의 욕구
④ 안전욕구
⑤ 자아실현의 욕구

해설 생리적 욕구가 충족된 사람은 위계상 다음 단계인 안전욕구를 추구할 것이다. 이것은 육체적 안전과 심리적 안정에 대한 욕구이며, 외부의 위협으로부터 보호받는 것을 포함한다. 조직에서 신체적인 보호가 보장되고 기본 생계에 대한 보장을 원하는 것은 안전욕구의 표현이라 볼 수 있다.

55. ERG 이론에 대한 설명으로 틀린 것은?

① 사람들이 한 수준에서 욕구가 충족되지 못하면 낮은 수준의 욕구로 되돌아갈 수 있다고 가정한다.
② 매슬로의 욕구위계이론의 영향을 직접적으로 받은 이론이다.
③ 관계욕구는 욕구위계이론에서 자아실현의 욕구에 해당된다.
④ 존재욕구는 욕구위계이론에서 생리적 욕구와 안전의 욕구에 해당된다.
⑤ 성장욕구는 욕구위계이론에서 자아실현의 욕구에 해당된다.

해설 관계욕구는 욕구위계이론에서 소속감과 사랑에 대한 욕구와 자기존중의 욕구에 해당되며, 개인 간의 사교와 소속감, 자존감 등을 포함한다.

정답 53. ① 54. ④ 55. ③

56. 2요인 이론에 대한 다음의 설명 중 틀린 것은?

① 개인의 동기를 자극하는 요인을 위생요인과 동기요인으로 설명하고 있다.
② 동기요인이 갖춰져 있지 않을수록 개인의 불만족은 증가하게 된다.
③ 위생요인은 급료, 복지, 작업조건, 경영방침, 동료와의 관계처럼 작업환경적 요인들을 포함한다.
④ 위생요인은 개인의 욕구를 충족시키는 데 있어서 개인의 불만족을 방지해주는 효과를 갖는다.
⑤ 일을 통한 동기부여의 원칙에는 완전하고 자연스러운 작업단위를 제공하는 것이 있다.

해설 동기요인이 갖춰져 있지 않더라도 개인은 불만족하지는 않으나 동기요인이 충분히 갖춰져 있다면 종업원들은 직무에 대한 만족을 경험할 수 있다.

57. 작업에 대한 기대이론에서, 영업사원이 열심히 노력할수록(열심히 전화) 더 좋은 수행(판매량)이 나타난다면 이것은 기대이론의 요소 중 무엇과 가장 관계 있는 것인가?

① 유인가 ② 도구성
③ 기대 ④ 힘
⑤ 직무성과

해설 기대란 개인의 행동이 자신에게 가져올 결과에 대한 것으로서, 종업원들이 투입하는 노력과 수행 간의 관계에 대한 지각을 의미한다.

58. 작업에 대한 기대이론에서, A근로자와 B근로자가 얻은 성과(100만 원 인센티브)에 대해 갖는 매력의 정도가 각자 다르다면 이는 기대이론의 요소 중 무엇과 가장 관계 있는 것인가?

① 유인가 ② 도구성
③ 기대 ④ 힘
⑤ 직무성과

해설 유인가(誘引價, Valence)는 개별성과에 대해 종업원들이 느끼는 감정을 말하며 이는 각 성과를 통해서 예상되는 만족인 성과가 지니는 매력의 정도를 의미한다.

59. 기대이론에 대한 설명으로 틀린 내용은?

① 힘은 공식에서 제시되듯 유인가, 도구성, 기대의 곱으로 표현된다.
② 종업원이 자신의 수행에 의해 그 성과를 얻을 수 없다고 생각하면 도구성이 낮게 나타난다.
③ 영업 직무에 비해 조립라인의 직무가 더 높은 기대 수준을 가질 수 있다.
④ 성공적인 프로그램이 되기 위해서는 성과가 종업원들에게 매우 매력적인 것이어야 한다.
⑤ 개인이 노력한 정도와 노력의 결과로부터 얻은 성과에 존재하는 관계에 대한 지각에 기초한 동기이론이다.

56. ② 57. ③ 58. ① 59. ③ 정답

해설 조립라인에서의 직무수행 수준은 라인의 속도에 의해 결정된다. 한 명의 종업원이 아무리 열심히 일하더라도 라인에서 다음 물건이 자신에게 오기 전에는 더 많이 만들어낼 수 없다. 따라서 이 종업원은 개인의 노력과 수행 간에 아무런 관계를 느끼지 못할 것이다. 하지만 영업 직무에서는 높은 기대가 존재한다. 영업실적에 따른 판매량에 따라 급여를 받는 영업사원은 자신이 발로 뛰어가며 전화를 하면서 열심히 노력하면 할수록 더 많은 수행, 판매량이 나타날 것이라고 생각할 수 있다. 따라서 이 종업원은 높은 기대를 지각하고 이 직무에 대해 동기가 높아질 수 있다.

60. 직무동기에 대한 형평이론에서, 불형평을 경험할 때 나타나는 행동에 대한 설명 중 시간급이면서 과다지급인 경우에 나타나는 행동은 다음 중 무엇인가?

① 사람들은 보수에서 손실을 보충하기 위해 더 낮은 품질의 제품을 더 많이 생산하려 노력한다.
② 사람들은 자신의 투입을 증가시킴으로써, 즉 열심히 일함으로써 불형평의 감정을 줄이려 시도한다.
③ 사람들은 성과를 감소시키기 위해 자신들의 노력을 줄일 것이며, 생산량과 품질이 모두 저하될 수 있다.
④ 사람들은 더 열심히 일하거나 더 많은 노력을 함으로써 불형평을 줄이고자 시도한다.
⑤ 사람들은 전보다 더 좋은 품질의 제품을 더 적게 생산하는 방식으로 노력을 한다.

해설 과다지급-시간급일 경우 사람들은 더 열심히 일하거나 더 많은 노력을 함으로써 과다지급에 의해 야기된 불형평을 줄이고자 시도한다. 이럴 경우 사람들은 자신들의 투입을 증가시켜서 불형평의 감정을 줄인다. 그 결과 노력을 더 많이 함으로써 결과물의 양과 질이 향상되리라 기대할 수 있다.

61. 목표설정이론에 대한 설명으로 틀린 것은?

① 수행 도중에 목표와 관련된 피드백이 제공될 때 과업수행은 향상된다.
② 목표에 대한 몰입은 목표 달성이 쉽다고 지각될수록 증가한다.
③ 목표는 개인이 일에 얼마나 많은 노력을 기울여야 하는지를 결정할 때 중요한 지침을 제공한다.
④ 구체적인 목표일수록 개인은 그것을 추구하기 위해 더 많은 노력을 기울이고 목표와 관련된 행동을 한다.
⑤ 어렵게 설정된 목표는 행동의 강도를 높이고 더 오래 행동을 지속하게 만든다.

해설 어려운 목표가 더 높은 수준의 직무수행을 하게끔 만든다. 목표에 대한 몰입은 목표달성에 대한 난이도에 따라 증가한다. 구체적인 목표일수록 개인이 그것을 추구하기 위해 더 많은 노력을 기울일 수 있고, 목표와 더욱 관련된 행동을 한다.

 정답 60. ④ 61. ②

62. 직무동기에 대한 강화이론에서, 휴가를 금지시키거나, 면허를 취소하는 것처럼 바람직한 자극을 철회함으로써 그 행동이 나타날 확률을 감소시키는 것을 무엇이라 하는가?

① 정적 처벌
② 정적 강화
③ 부적 처벌
④ 부적 강화
⑤ 연속 강화

해설 처벌(Punishment)이란 원하지 않는 후속 반응의 빈도를 감소시키는 모든 사건을 말한다. 정적 처벌은 반응 후에 혐오적인 자극을 제공해서 행동이 나타날 확률을 감소키는 것이다. 부적 처벌은 반응 후에 바람직한 자극을 철회함으로써 그 행동이 나타날 확률을 감소시키는 것이다.

63. 직무동기에 대한 강화이론에서 사람들이 고정된 일정한 수의 반응을 한 후에 강화를 받는다면 이것은 어떤 강화 계획을 뜻하는 것인가?

① 고정간격계획
② 고정비율계획
③ 변동간격계획
④ 변동비율계획
⑤ 연속강화계획

해설 고정비율계획(Fixed ratio schedule)은 사람들이 고정된 일정한 수의 반응을 한 후에 강화를 받는 강화계획이다. 매 5번의 반응을 보일 때마다 강화가 주어진다면 고정비율계획이다.

64. 리더십에 대한 특성적 접근에 대한 다음의 설명 중 틀린 것은?

① 리더에게 필요한 특성을 보유했다고 리더로서의 성공이 보장되는 것은 아니다.
② 우수한 리더들은 그들만이 갖는 공통적 특성이 있다고 가정한다.
③ 효과적인 리더는 단호함, 역동적임, 외향성, 용감함, 설득력 같은 리더십과 관련된 특성을 가지고 있다.
④ 리더의 특성은 물론 리더와 부하 간의 상호작용 과정에서 나타는 특징들을 강조한다.
⑤ 리더는 타고나는 것이며 인위적으로 만들어지는 것이 아니라고 생각했던 사람들에 의하여 특성이론(Trait Theory)이 연구되었다.

해설 리더십은 리더와 부하 간의 상호작용 과정에서 발휘될 수밖에 없는데 특성이론은 상호작용 선상에서 리더의 단독적 특성만을 강조하고 있다.

62. ③ 63. ② 64. ④ 정답

65. 경로목표이론에서 설명하는 리더의 행위 종류 중, 부하들에게 자문을 구하고 그들의 제안을 끌어내어 고려하며, 부하들과 정보를 공유하는 리더의 행동은 무엇에 해당하는가?

① 지시적 리더십
② 후원적 리더십
③ 참여적 리더십
④ 성취지향적 리더십
⑤ 상황적 리더십

해설 참여적(Participative) 리더십은 부하들에게 자문을 구하고 그들의 제안을 끌어내어 이를 진지하게 고려하며, 부하들과 정보를 공유한다.

66. 리더가 갖는 세력의 종류 중에서 어떤 종업원이 다른 종업원을 존경하고 그를 추종하며 그 사람을 좋아할 수 있는데, 리더의 개인적 자질에 의해 갖게 되는 세력을 무엇이라 하는가?

① 참조세력
② 전문세력
③ 합법세력
④ 보상세력
⑤ 정답없음

해설 어떤 종업원은 다른 종업원을 존경하고, 그를 추정하며, 그 사람을 좋아할 수 있다. 이때 다른 종업원은 참조하고 싶은 대상이 된다. 이를 참조세력이라고 하며 참조대상이 되는 사람의 개인적 자질에서 발생한다.

67. 리더-부하 교환이론에 의하면 리더가 부하들을 다르게 대우하고, 그 결과 내집단 구성원이 되게 하는 요소에 해당하지 않는 것은?

① 부서의 일에 대하여 책임을 지려는 부하들의 동기 수준
② 부하들의 능력
③ 리더가 부하들을 신뢰하는 정도
④ 리더의 지지적인 행동
⑤ 정답없음

해설 리더-부하 교환이론(LMX theory)은 부하들의 능력, 리더가 부하들을 신뢰하는 정도, 부서의 일에 대하여 책임을 지려는 부하들의 동기 수준에 대해 리더가 부하들을 서로 다르게 대우한다고 가정한다. 세 가지 속성들을 가지고 있는 부하들은 내집단(in-group) 구성원이 된다.

68. 다음 중 성공적인 변혁적 리더들이 사용하는 요소라 보기 어려운 것은?

① 영감적 동기부여
② 지적 자극
③ 개인적 배려
④ 이상화된 영향력
⑤ 강압세력

해설 변혁적 리더들의 요소에는 개인적 배려가 포함된다.

정답 65. ③ 66. ① 67. ④ 68. ⑤

69. 카리스마적 리더와 관련된 다음의 설명 중 틀린 것은?
① 카리스마적 리더십은 타인들에게 자신감을 주고, 리더의 생각이나 신념을 지지하도록 만드는 개인적인 특성을 리더십으로 간주한다.
② 카리스마적 리더는 부하들이 리더의 장래 비전에 몰입하도록 위기의식과 부정적인 정서를 활용한다.
③ 카리스마적 리더는 부하들에게 지금보다 더 나은 미래에 대한 비전을 제공한다.
④ 카리스마적 리더는 무대연출을 효과적으로 활용한다.
⑤ 카리스마적 리더는 부하들이 리더의 장래 비전에 몰입하도록 위기의식과 긍정적인 정서를 활용한다.

해설 카리스마적 리더는 부하들에게 지금보다 더 나은 미래에 대한 비전을 제공하고, 희망을 고취시키며 부하들이 리더의 장래 비전에 몰입하도록 긍정적인 정서를 사용한다.

70. 변혁적 리더십과 관련된 다음의 설명 중 틀린 것은?
① 부하들로 하여금 집단의 성공에 대한 자신들의 가치와 중요성을 인식하도록 만든다.
② 틀에 박히지 않은 행동을 하며 자신이 주장하는 변화를 공유하도록 사람들을 변화시키는 영웅으로 여겨지기도 한다.
③ 집단으로 하여금 목표를 추구하고 결과를 성취하도록 용기를 불어넣는 과정을 리더십으로 간주한다.
④ 성공적인 리더는 집단이 과거보다 훨씬 더 높은 수준의 수행을 나타낼 수 있도록 동기 부여를 한다.
⑤ 부하들의 본보기가 될 수 있도록 행동하여 부하들로부터 존경과 신뢰를 받는다.

해설 틀에 박히지 않은 행동을 하며 자신이 주장하는 변화를 공유하도록 사람들을 변화시키는 영웅으로 여겨지기도 하는 것은 카리스마적 리더의 특징 중 하나이다.

71. 리더-부하 교환이론에 대한 다음의 설명 중 잘못된 것은?
① 외집단 구성원들은 내집단 구성원에 비해 도전성과 책임이 요구되는 일을 한다.
② 리더와 부하가 서로서로 영향을 미친다고 가정한다.
③ 부하들이 내집단인지 또는 외집단인지에 따라 리더들과 부하들이 사용하는 세력의 유형과 그 강도가 달라진다.
④ 리더는 공식적인 권한을 사용하여 외집단에 영향력을 행사하지만 내집단에는 공식적인 권한을 사용할 필요가 없다.
⑤ 리더와 리더가 이끄는 집단 구성원들 간의 관계의 성질에 기초하고 있는 리더십 이론이다.

해설 내집단 구성원들은 공식적인 직무 이상의 일을 하며 집단의 성공에 중요한 영향을 미치는 과업들을 주로 수행하게 되고, 리더로부터 더 많은 관심과 지원을 받는다. 또한 도전성과 책임이 요구되는 일을 하게 되며, 긍정적인 직무 태도를 가지며 보다 긍정적인 행동을 할 것으로 기대된다.

72. 다음의 특징을 가지는 리더십 이론은 무엇인가?

- 리더로서 집단을 이끌어 가는 리더의 행동을 근거로 해서 리더십을 이해한다.
- 리더가 지닌 안정적인 특성이 아니라 리더가 나타내고 표현하는 구체적인 행동에 초점을 둔다.
- 효과적인 리더는 타고나는 것이 아니라 만들어진다는 전제를 가진다.
- 리더의 행동을 과업지향적 행동과 배려적인 관계지향적 행동으로 구분한다.

① 변혁적 리더십 ② 상황적 관점
③ 영향력 관점 ④ 행동적 관점
⑤ 카리스마적 관점

해설 행동적 관점
- 리더로서 집단을 이끌어 가는 개인이 나타내는 행동을 근거로 해서 리더십을 이해하려는 접근을 뜻한다.
- 리더가 지닌 안정적인 특성이 아니라 리더가 나타내고 표현하는 구체적인 행동에 초점을 두고 리더십을 이해하는 접근이다.
- 효과적인 리더는 타고나는 것이 아니라 만들어진다는 전제에서 출발한다.

73. 다음의 특징을 가지는 직무동기이론은 무엇인가?

- 개인이 노력한 정도와 노력의 결과로부터 얻은 성과에 존재하는 관계에 대한 지각에 기초한다.
- 인간이 합리적이고 객관적이며 미래를 예측하고 이에 걸맞게 행동한다는 인간의 능력을 강조한다.
- 동기 수준을 파악하기 위해 직무성과, 유인가, 도구성, 기대 등의 요소가 사용된다.

① 기대이론 ② 형평이론
③ 2요인이론 ④ ERG이론
⑤ 상황적합이론

해설 기대이론
- 개인이 노력한 정도와 노력의 결과로부터 얻은 성과에 존재하는 관계에 대한 지각에 기초한 동기이론이다.
- 인간이 합리적이고 객관적이며 미래를 예측하고 이에 걸맞게 행동한다는 인간의 능력을 강조한다.
- 종업원들이 언제 어디서 자신의 노력을 기울여야 할지에 대한 인지적 과정에 초점을 둔다.

 정답 72. ④ 73. ①

Chapter

03 산업위생개론

Chapter

제1절 산업위생의 개념

Industrial Safety

01 산업위생의 정의

Section

1. 미국산업위생학회(AIHA ; American Industrial Hygiene Association, 1994)의 정의

근로자나 일반 대중에게 질병, 건강장애와 안녕방해, 심각한 불쾌감 및 능률저하 등을 초래하는 작업환경요인과 스트레스를 **예측**(Anticipation), **인지**(**측정**, Recognition), **평가**(Evaluation) **하고 관리**(Control)하는 과학과 기술(Art)이다.

2. 국제노동기구와 세계보건기구 공동위원회(ILO/WHO, 1995)의 정의

① 근로자들의 육체적, 정신적, 사회적 건강을 유지 · 증진
② 작업조건으로 인한 질병예방 및 건강에 유해한 취업 방지
③ 근로자를 생리적, 심리적으로 적합한 작업환경에 배치

02 산업위생의 목적

Section

① 작업환경 개선 및 직업병의 근원적 예방
② 작업환경 및 작업조건의 인간공학적 개선
③ 산업재해의 예방과 작업능률의 향상
④ 작업자의 건강보호 및 생산성 향상

03 산업위생의 범위(영역) Section

1. 인적 범위

사업장에서 일하는 근로자에서 최근에는 일반 대중까지 포함. 제조업의 근로자, 서비스업 종사자, 농어민 등 생산 활동에 참여하여 유해환경에 노출되는 모든 사람과 사업장의 유해인자가 지역사회에 영향을 준다면 일반 지역사회 주민도 포함된다.

2. 유해인자

직장 또는 지역사회에서 건강이나 안녕에 영향을 미칠 수 있는, 작업장 내에서 또는 작업장으로부터 발생하는 **물리적, 화학적, 생물학적, 인간공학적 및 사회 · 심리적 인자를 파악 · 평가하고, 수용 가능한 기준 이내로 관리**하는 응용과학의 한 분야이다. 산업위생은 화학, 생물, 물리, 환경공학 등의 바탕 위에 작업환경의 유해요인을 평가하고 개선대책을 제시할 수 있는 전문분야를 말한다.

04 산업보건분야 업무 Section

① 산업위생학 : 쾌적한 작업환경 조성을 위한 공학적 연구
② 산업의학 : 근로자에게 발생하는 사고나 질병을 예방 · 치료 · 유지하는 연구
③ 인간공학 : 인간과 직업, 기계, 환경, 근로자와의 관계를 과학적으로 연구
④ 산업간호학 : 근로자의 질병 예방과 건강증진을 위한 연구 · 교육

05 산업위생 활동

Section

1. 예측(Anticipation)

산업위생 활동에서 처음으로 요구되는 활동으로 기존의 작업환경 및 작업조건뿐만 아니라 새로운 물질 · 공정 · 기계의 도입, 새로운 제품의 생산 및 부산물의 산출로 인한 근로자들의 건강장애 및 영향을 사전에 예측해야 한다.

2. 인지(Recognition)

현재 상황에서 존재 혹은 발생가능성이 있는 물리적, 화학적, 생물학적, 인간공학적 및 사회 · 심리적 인자와 같은 유해인자 및 특성을 구체적으로 파악하는 것으로서 위해도 평가(Risk Assessment)와 관련이 있다.

3. 평가(Evaluation)

작업환경이나 조건의 유해 정도를 구체적으로 정성적 또는 정량적으로 계측하는 측정과, **유해인자에 대한 양, 정도가 근로자들의 건강에 어떤 영향을 미칠 것인지를 판단하는 의사결정 단계이다.** 유해 정도는 관찰, 면담, 측정에 의해 이루어지며 이렇게 얻어진 값들을 우리나라 고용노동부의 노출기준, 미국 ACGIH의 TLVs, NIOSH의 RELs, OSHA의 PELs, 일본의 관리농도, 기타 문헌 값들과 비교한다.

측정의 경우에는 기본적인 물리, 화학, 생물 또는 미생물학적인 지식이 요구된다. 특히 공기 중 유해 화학물질의 측정에 있어서는 정확한 공기시료의 채취(Sampling)가 가장 중요하다.

4. 관리(Control)

산업위생활동 범위 중 최종 단계이며, 가장 중요하다. 유해인자로부터 근로자를 보호하는 모든 수단을 의미한다.

관리는 크게 공학적 대책, 관리적 대책, 개인 보호구에 의한 관리로 나눌 수 있다.

① 공학적 대책에는 대체, 격리, 포위, 환기방법이 있으며 가장 먼저 시행해야 한다.

② 관리적 대책에는 작업시간의 적절한 배분, 작업배치의 조정, 근로자에 대한 교육 등이 해당된다.

③ 개인 보호구에 의한 관리대책은 호흡용 보호구(방진마스크, 방독마스크, 송기마스크)의 관리가 가장 중요하며 보호복, 안전장갑, 안전화, 안전대(안전벨트) 등이 여기에 해당되고 공학적 · 행정적인 관리와 병행해야 한다.

Chapter

제2절 작업환경측정 노출기준 개념

Industrial Safety

01 노출기준의 정의

Section

1. 일반적 정의

근로자가 유해인자에 노출되는 경우 거의 모든 근로자에게 건강상 나쁜 영향을 미치지 아니하는 수준을 말하며, 국가 또는 제정기관에 따라 다르다. 우리나라의 경우 산업안전보건법 제125조에 따른 작업환경측정 노출기준과 제107조에 따른 발암성 물질 등 근로자에게 중대한 건강장해를 유발할 우려가 있는 유해인자(38종)에 대한 허용기준이란 용어를 법적으로 사용하고 있다.

2. ACGIH 정의

거의 모든 근로자가 건강장해를 입지 않고 매일 반복하여 노출될 수 있다고 생각되는 공기 중 유해물질의 농도 또는 물리적 인자의 강도를 말한다. 그러나 개인의 감수성 차이에 따라 소수의 근로자는 노출기준 이하의 농도에서도 직업병을 초래하거나 기존 질병이 악화될 수 있다.

3. 용어 정리

① **OSHA(Occupational Safety and Health Administration) : 미국산업안전보건청**

㉠ PEL(Permissible Exposure Limits) : 법적 효력을 가짐

㉡ AL(Action Level) : PEL의 1/2

② **NIOSH(National Institute for Occupational Safety and Health) : 미국(국립)산업안전보건연구원**

- REL(Recommended Exposure Limits) : 권고사항

③ **AIHA(American Industrial Hygiene Association) : 미국산업위생학회**

- WEEL(Workplace Environmental Exposure Level)

④ ACGIH(American Conference of Governmental Industrial Hygienists) : **미국(정부)산업위생전문가협의회 – 매년 화학물질과 물리적 인자에 대한 노출기준 및 생물학적 노출지수 발간**

㉠ TLVs(Threshold Limit Values 허용기준) : **권고사항으로 세계적으로 가장 널리 사용**

㉡ BEIs(Biological Exposure Indices : **생물학적 노출지수)**

근로자가 유해물질에 어느 정도 노출되었는지를 파악하는 지표로서 작업자의 생체시료에서 대사산물 등을 측정하여 유해물질의 노출량을 추정하는 데 사용

⑤ 생물학적 허용한계 : Biological Limit Value(BLV)

⑥ 농도단위 : ppm(가스, 증기), mg/m^3(고체, 액체, 분진, 미스트), 개/cm^3(석면 개수)

Point

ppm과 mg/m^3 간의 상호 농도변환

- 분자량(M.W)의 예 : C : 12, O : 16, S : 32, H : 1
- 계산방법의 예 : $CS_2 = 12 + 32 \times 2 = 76$
- 산업위생분야 표준상태 : 25℃, 1기압 물질 1mol의 부피는 24.45L
- $mg/m^3 = \dfrac{ppm \times M.W}{24.45(\text{상온 } 25℃,\ 1\text{기압})}$
- $ppm = mg/m^3 \times \dfrac{24.45(\text{상온 } 25℃, 1\text{기압})}{M.W}$

4. 특징

유해요인에 대한 감수성은 개인 차이가 있으며 노출기준 이하의 작업환경에서 직업성 질병이 발생되는 경우가 있으므로 노출기준을 진단에 사용하거나 단지 노출기준 이하의 작업환경이라는 이유만으로 직업성 질병의 이환을 부정하는 근거로 사용할 수 없다.

02 노출기준의 종류

Section

1. 노출기준의 종류

(1) 시간가중 평균농도(TWA : Time Weighted Average)

① 1일 8시간, 주 40시간 동안의 평균농도로 거의 모든 근로자가 평상 작업에서 반복하여 노출되더라도 건강장해를 일으키지 않는 공기 중 유해물질의 농도

② 시간가중 평균농도 산출은 1일 8시간 작업을 기준으로 하여 각 유해인자의 측정치에 발생시간을 곱하여 8시간으로 나눈 값으로 산출공식은 다음과 같다.

$$\mathrm{TWA} = \frac{C_1 T_1 + C_2 T_2 + \cdots + C_n T_n}{8}$$

여기서, C : 유해인자의 측정농도(단위 : mg/m³ 또는 ppm)
T : 유해인자의 발생시간(단위 : 시간)

(2) 단시간 노출농도(STEL : Short Term Exposure Limits)

① **노출간격이 1시간 이상인 경우 1일 작업시간 동안 4회까지 노출이 허용되는 농도**

② 근로자가 견딜 수 없는 자극, 만성 또는 불가역적 조직 장애, 사고유발, 응급 시의 대처능력의 저하 및 작업능률 저하 등을 초래할 정도의 마취를 일으키지 않고 **단시간(15분) 동안 노출될 수 있는 농도**

③ 시간가중 평균농도에 대한 보완적인 기준

④ **만성중독이나 고농도에서 급성중독을 초래하는 유해물질에 적용**

⑤ 독성작용이 빨라 근로자에게 치명적인 영향을 예방하기 위한 기준

(3) 최고노출기준(C : Ceiling, 최고허용농도, 천장치)

① **근로자가 작업시간 동안 잠시라도 초과되어서는 안 되는 농도**

② 노출기준 앞에 "C"를 붙여 표시

③ 노출기준에 초과되어 노출시 즉각적으로 비가역적인 반응 발생

④ **자극성 가스나 독작용이 빠른 물질 및 TLV-STEL이 설정되지 않는 물질 적용**

⑤ 실제로 순간농도 측정이 불가능하여 15분간 농도를 측정하거나 직독식 기기 사용

(4) SKIN 또는 피부(ACGIH)

유해화학물질의 노출기준 또는 허용기준에 “피부” 또는 “Skin”이라는 표시가 있을 경우 그 물질은 피부로 흡수되어 전체 노출량에 기여할 수 있다는 의미

(5) 단시간 상한값(Excursion Limits)

TLV-TWA가 설정되어 있는 유해물질 중 독성자료가 부족하여 TLV-STEL이 설정되어 있지 않은 물질에 적용

▣ ACGIH에서의 노출 상한선과 노출시간 권고사항
• TLV-TWA의 3배인 경우 ⇒ 노출시간 30분 이하 • TLV-TWA의 5배인 경우 ⇒ 잠시라도 노출되어서는 안 됨

2. 노출기준에 피부(Skin) 표시를 하여야 하는 물질

① 손이나 팔에 의한 흡수가 몸 전체 흡수량의 많은 부분을 차지하는 물질(특히 노출기준이 낮은 물질)

② 반복하여 피부에 도포했을 때 전신작용을 발생시키는 물질

③ 급성동물실험 결과 피부 흡수에 의한 치사량(LD_{50})이 비교적 낮은 물질(1,000mg/체중kg 이하)

④ **옥탄올-물 분배계수가 높아** 피부 흡수가 용이하고 다른 노출경로에 비해 피부 흡수가 전신작용에 중요한 역할을 하는 물질

3. ACGIH에서 권고하고 있는 허용농도(TLV) 적용상 주의사항

산업장의 유해조건을 평가하고 개선하기 위한 지침으로만 사용되어야 한다.

① **대기오염 평가 및 관리에 사용할 수 없다.**

② **안전농도와 위험농도를 구분하는 정확한 경계선이 아니다.**

③ **독성의 강도를 비교할 수 있는 지표가 아니다.**

④ **기존의 질병이나 신체적 조건을 판단하기 위한 척도로 사용할 수 없다.**

⑤ **반드시 산업보건전문가에 의하여 설명되고 적용되어야 한다.**

⑥ 산업장의 유해조건을 평가하고 건강장해를 예방하기 위한 지침이다.

⑦ **24시간 노출이나 정상 작업시간을 초과한 노출에 대한 독성 평가에는 사용할 수 없다.**

⑧ 피부로 흡수되는 양은 고려하지 않은 기준이다.(호흡기에 의한 흡수만을 고려)
⑨ 작업조건이 다른 나라에서는 ACGIH-TLV를 그대로 적용할 수 없다.

4. 혼합물의 허용농도(특별한 경우를 제외하고는 상가작용을 일으키는 경우로 가정)

(1) 노출지수(EI : Exposure Index) : 공기 중 혼합물질

① **2가지 이상의 독성이 유사한 유해화학 물질이 공기 중에 공존할 때 유해성의 상가작용**을 나타낸다고 가정하고 다음 식의 계산된 노출지수에 의하여 결정
② 노출지수는 **1을 초과하면 노출기준을 초과한다고 평가**
③ 독성이 서로 다른 물질이 혼합되어 있는 경우 혼합된 물질의 유해성이 상승작용 또는 상가작용이 없으므로 각 물질에 대하여 개별적으로 노출기준 초과 여부를 결정한다.(독립작용)

$$\text{노출지수(EI)} = \frac{C_1}{TLV_1} + \frac{C_2}{TLV_2} + \frac{C_3}{TLV_3} + \cdots + \frac{C_n}{TLV_n}$$

여기서, C_n : 농도(ppm)
TLV_n : 허용농도(ppm)

(2) 액체 혼합물의 구성성분을 알 때 혼합물의 허용농도(노출기준)

$$\text{혼합물 허용농도(mg/㎥)} = \frac{1}{\frac{f_1}{TLV_1} + \frac{f_2}{TLV_2} + \cdots + \frac{f_n}{TLV_n}}$$

여기서, f_n : 중량구성비(예 50% ⇒ 0.5)
TLV_n : 허용농도(mg/m³)

(3) 서로 다른 증기압을 갖는 경우

$$\text{허용농도} = \frac{F_1P_1}{\frac{F_1P_1}{T_1} + \frac{F_2P_2}{T_2} + \cdots \frac{F_nP_n}{T_n}}$$

여기서, F_n : 몰분율
P_n : 섭씨 25도에서의 P(mmHg)
T_m : 허용농도

5. 비정상 작업시간에 대한 허용농도 보정

(1) OSHA의 보정방법

① 급성중독을 일으키는 물질(대표적 예 : 디메틸포름아미드, 일산화탄소)

$$\text{보정 노출기준(허용농도)} = \text{8시간 노출기준(허용농도)} \times \frac{\text{8시간}}{\text{노출시간/일}}$$

② 만성중독을 일으키는 물질(대표적 예 : 납, 수은 등 중금속류)

$$\text{보정 노출기준(허용농도)} = \text{8시간 노출기준(허용농도)} \times \frac{\text{40시간}}{\text{노출시간/주}}$$

③ 노출기준(허용농도)의 보정이 필요 없는 경우

㉠ 천장값(C ; Ceiling)으로 되어 있는 노출기준
㉡ 만성중독을 일으키지 않고 다만 가벼운 자극성을 일으키는 물질에 대한 노출기준
㉢ 기술적으로 타당성 및 실현성이 없는 노출기준

(2) Brief와 Scala의 보정방법

① 전신 중독 또는 기관장애를 발생시키는 물질에 대해 노출기준 보정계수(RF ; Reduction Factor)를 구한 후 노출기준에 곱하여 계산

② **노출기준 보정계수(RF)**

㉠ **1일 노출시간 기준**

$$TLV\,\text{보정계수} = \frac{8}{H} \times \frac{24-H}{16}$$

㉡ 1주 노출시간 기준

$$TLV\,보정계수 = \frac{40}{H} \times \frac{168 - H}{128}$$

여기서, H : 비정상적인 작업시간(노출시간/일) ; 노출시간/주
168 : 일주일 시간 환산치(128 ; 일주일 휴식시간 의미)

③ **보정 노출기준**

RF×노출기준(허용농도)

(3) 우리나라 작업환경측정 규정

① 1일 작업시간이 8시간을 초과하는 경우 적용

② 급성 독성물질

$$보정\ 노출기준 = 8시간\ 노출기준 \times \frac{8시간}{노출시간/일}$$

③ 만성 독성물질

$$보정\ 노출기준(허용농도) = 8시간\ 노출기준(허용농도) \times \frac{44시간}{노출시간/주}$$

03 노출기준의 설정 Section

1. 노출기준 설정의 이론적 배경

(1) 사업장 역학조사

① **노출기준 설정 시 가장 중요**

② 노출량과 반응의 관계를 구명하기 어렵기 때문에 산업위생 및 산업역학 전문가의 참여 필요

(2) 인체실험자료

① 안전한 물질을 대상
② 자발적 참여자를 대상으로 하고 그들에게 발생할 수 있는 모든 유해작용을 사전 공지
③ 영구적 신체장애를 일으킬 가능성이 없어야 함
④ 실험참여자는 서명으로 실험에 참가할 것을 동의

(3) 동물실험자료

① 인체실험이나 사업장 역학조사자료 부족 시 적용
② 흡입독성자료가 가장 중요
③ 감수성이 예민한 동물을 이용한 많은 실험이 필요
④ 노출기준 설정 시 안전계수를 반드시 활용

(4) 화학구조의 유사성

① 노출기준 추정 시 가장 기초적인 단계
② 대상 화학물질의 화학구조를 조사하고 구조가 유사한 다른 물질과 비교하여 노출기준 추정

2. Hatch의 양-반응 관계와 허용농도 개념

① 기관장애(Impairment) ➡ 기능장애(Disability)
② 기관장애 진전 3단계
㉠ **항상성** 유지(Homeostasis) : 유해인자 노출에 대해 적응할 수 있는 단계로 정상상태를 유지할 수 있는 단계
㉡ **보상(Compensation)** : 방어기전을 동원하여 기능장애를 방어할 수 있는 단계
㉢ **고장(Breakdown)** : 보상이 불가능하여 기관이 파괴되는 단계
③ 양-반응 관계곡선
반응을 심리·생리적 반응단계, 질병 전 단계, 질병단계 3가지로 구분
④ **중간단계인 질병 전 단계가 노출기준 설정에 활용**
⑤ 미국의 경우 **경제적·기술적 타당성 검토 후 양-반응 곡선에서 위로부터 내려오는 하향식 방법을 적용**하여 노출기준을 설정

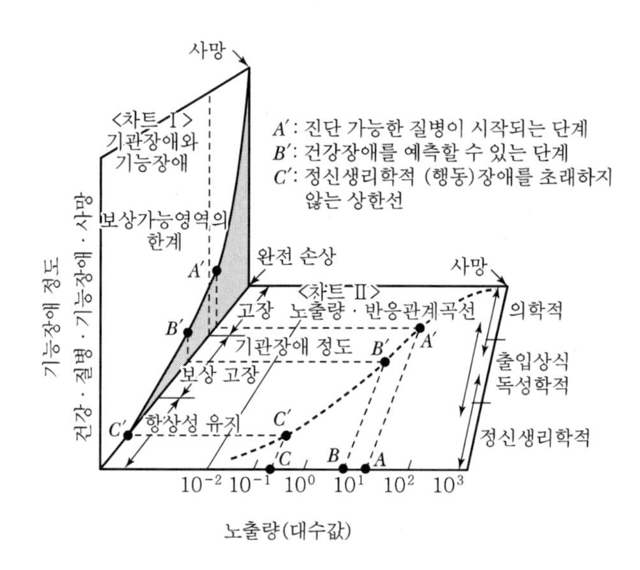

3. Haber 법칙

① 단시간 화학물질에 노출되었을 때 유해물질의 지수(K)는 유해물질의 농도(C)와 노출시간(T)의 곱으로 계산

② 유해물질지수(K) = 유해물질농도(C) × 노출시간(T)

4. 유해물질의 체내 흡수량과 허용농도 추정

① 분배계수(P.C.) = $\frac{공기}{혈액(물)}$

㉠ 흡입된 유해물질의 일부는 폐포를 통하여 체내에 흡수되고 일부는 다시 외부로 배출

㉡ 분배계수는 물질의 폐흡수를 결정하는 것으로 작을수록 폐흡수율은 증가

㉢ 분배계수 1.0 이황화탄소의 폐흡수율 40%, 분배계수가 0.001 acetone의 폐흡수율은 90%

② **체내 흡수량(mg) = $C \times T \times R \times V$**

여기서, C : 공기 중 유해물질 농도(mg/m^3)
T : 노출시간(hr)
R : 체내 잔류율(자료 없는 경우 1.0)
V : 폐환기율, 호흡률(m^3/hr), 경작업 시(0.8~1.25)

04 화학적 · 물리적 인자의 노출기준 Section

산업안전보건법 시행규칙 제186조에 의한 작업환경측정 대상 작업장 등이란 별표 21의 작업환경측정 대상 유해인자에 노출되는 근로자가 있는 작업장을 말한다. 별표 21의 작업환경측정 대상 유해인자란 아래와 같다.

(1) 화학적 인자

① 유기화합물(114종)
② 금속류(24종)
③ 산 및 알칼리류(17종)
④ 가스상태 물질류(15종)
⑤ 산업안전보건법 시행령 제88조에 의한 허가대상유해물질(12종)
⑥ 금속가공유(Metal working fluids, 1종)

(2) 물리적 인자(2종)

① 8시간 시간가중평균 80dB 이상의 소음
② 안전보건규칙 제558조에 따른 고열

(3) 분진(7종)

① 광물성 분진(Mineral dust)
② 곡물분진(Grain dust)
③ 면분진(Cotton dust)
④ 목재분진(Wood dust)
⑤ 석면분진(Asbestos dust)
⑥ 용접흄(Welding fume)
⑦ 유리섬유(Glass fiber)

(4) 그 밖에 고용노동부장관이 정하여 고시하는 인체에 해로운 유해인자

다만, 다음 각 호의 어느 하나에 해당하는 경우에는 작업환경측정을 하지 아니할 수 있다.

가. 안전보건규칙 제420조제8호에 따른 임시 작업 및 같은 조 제9호에 따른 단시간 작업을 하는 작업장(고용노동부 장관이 정하여 고시하는 물질을 취급하는 작업은 제외한다, 특별관리물질을 말함)

나. 안전보건규칙 제420조제1호에 따른 관리대상 유해물질의 허용소비량을 초과하지 아니하는 작업장(그 관리대상 유해물질에 관한 작업환경측정만 해당한다)
다. 안전보건규칙 제605조제2호에 따른 분진작업의 적용 제외 작업장(분진에 관한 작업환경측정만 해당한다)
라. 그 밖에 작업환경측정 대상 유해인자의 노출 수준이 노출기준에 비하여 현저히 낮은 경우로서 고용노동부장관이 정하여 고시하는 작업장

보건진단기관이 보건진단을 실시하는 경우에 제1항에 따른 작업장의 유해인자 전체에 대하여 고용노동부장관이 정하는 방법에 따라 작업환경을 측정하였을 때에는 사업주는 법 제42조에 따라 해당 측정주기에 실시하여야 할 해당 작업장의 작업환경측정을 하지 아니할 수 있다.

1) 소음의 노출기준(충격소음제외)

1일 노출시간(hr)	소음강도 dB(A)
8	90
4	95
2	100
1	105
1/2	110
1/4	115

주) 115dB(A)를 초과하는 소음 수준에 노출되어서는 안 됨

2) 충격소음의 노출기준

1일 노출회수	충격소음의 강도 dB(A)
100	140
1,000	130
10,000	120

주) 1. 최대 음압수준이 140dB(A)를 초과하는 충격소음에 노출되어서는 안 됨
2. 충격소음이라 함은 최대음압수준에 120dB(A) 이상인 소음이 1초 이상의 간격으로 발생하는 것을 말함

3) 고온의 노출기준

(단위 : ℃, WBGT)

작업휴식시간비 \ 작업강도	경작업	중등작업	중작업
계속작업	30.0	26.7	25.0
매시간 75% 작업, 25% 휴식	30.6	28.0	25.9
매시간 50% 작업, 50% 휴식	31.4	29.4	27.9
매시간 25% 작업, 75% 휴식	32.2	31.1	30.0

주) 1. 경작업 : 200kcal까지의 열량이 소요되는 작업을 말하며, 앉아서 또는 서서 기계의 조정을 하기 위하여 손 또는 팔을 가볍게 쓰는 일 등을 뜻함
2. 중등작업 : 시간당 200~350kcal의 열량이 소요되는 작업을 말하며, 물체를 들거나 밀면서 걸어 다니는 일 등을 뜻함
3. 중작업 : 시간당 350~500kcal의 열량이 소요되는 작업을 말하며, 곡괭이질 또는 삽질하는 일 등을 뜻함

4) 입자상 물질의 노출기준

(1) 대표적인 입자상 물질의 노출기준(고용노용부)

일련번호	유해물질의 명칭		화학식	노출기준				비고 (CAS 번호 등)
	국문표기	영문표기		TWA		STEL		
				ppm	mg/m³	ppm	mg/m³	
6	곡분분진	Flour dust (Inhalable fraction)	-	-	0.5	-	-	흡입성
21	납 및 그 무기화합물	Lead and Inorganic compounds, as Pb)	pb	-	0.05	-	-	[7439-92-1] 발암성 2
210	목재분진 (적삼목)	Wood dust (Western red cedar, Inhalable fraction)	-	-	0.5	-	-	흡입성, 발암성 1A
200	목재분진 (적삼목외 기타 모든 종)	Wood dust (All other species, Inhalable fraction)	-	-	1	-	-	흡입성, 발암성 1A
254	**산화규소 (결정체 석영)**	**Silica (Crystalline quartz) (Respirable fraction)**	SiO_2	-	**0.05**	-	-	**[14808-60-7] 발암성 1A, 호흡성**

285	산화철(흄)	Iron oxide (Fume, as Fe)	Fe_2O_3	-	5	-	-	[1309-37-1]
298	**석면 (모든 형태)**	**Asbestos (All forms)**	**-**	**-**	**0.1개/cm^3**	**-**	**-**	**발암성 1A**
455	용접 흄 및 분진	Welding fumes and dust	-	-	5	-	-	발암성 2
731	기타 분진 (산화규소 결정체 1% 이하)	Particulates not otherwise regulated (no more than 1% crystalline silica)	-	-	10	-	-	발암성 1A

(2) 화학물질 노출기준의 표기

가. Skin 표시 물질은 점막과 눈 그리고 경피로 흡수되어 전신 영향을 일으킬 수 있는 물질을 말함(피부자극성을 뜻하는 것이 아님)

나. 발암성 정보물질의 표기는 「화학물질의 분류 · 표시 및 물질안전보건자료에 관한 기준」에 따라 다음과 같이 표기함

① 1A : 사람에게 충분한 발암성 증거가 있는 물질

② 1B : 시험동물에서 발암성 증거가 충분히 있거나, 시험동물과 사람 모두에서 제한된 발암성 증거가 있는 물질

③ 2 : 사람이나 동물에서 제한된 증거가 있지만, 구분 1로 분류하기에는 증거가 충분하지 않은 물질

다. 생식세포 변이원성 정보물질의 표기는 「화학물질의 분류 · 표시 및 물질안전보건자료에 관한 기준」에 따라 다음과 같이 표기함

① 1A : 사람에게서의 역학조사 연구결과 양성의 증거가 있는 물질

② 1B : 다음 어느 하나에 해당하는 물질

㉠ 포유류를 이용한 생체내(in vivo) 유전성 생식세포 변이원성 시험에서 양성

㉡ 포유류를 이용한 생체내(in vivo) 체세포 변이원성 시험에서 양성이고, 생식세포에 돌연변이를 일으킬 수 있다는 증거가 있음

㉢ 노출된 사람의 정자 세포에서 이수체 발생빈도의 증가와 같이 사람의 생식세포 변이원성 시험에서 양성

③ 2 : 다음 어느 하나에 해당되어 생식세포에 유전성 돌연변이를 일으킬 가능성이 있는 물질

㉠ 포유류를 이용한 생체내(in vivo) 체세포 변이원성 시험에서 양성

㉡ 그 밖에 시험동물을 이용한 생체내(in vivo) 체세포 유전독성 시험에서

양성이고, 시험관내(in vitro) 변이원성 시험에서 추가로 입증된 경우

㉢ 포유류 세포를 이용한 변이원성시험에서 양성이며, 알려진 생식세포 변이원성 물질과 화학적 구조활성 관계를 가지는 경우

라. 생식독성 정보물질의 표기는 「화학물질의 분류 · 표시 및 물질안전보건자료에 관한 기준」에 따라 다음과 같이 표기함

① 1A : 사람에게 성적기능, 생식능력이나 발육에 악영향을 주는 것으로 판단할 정도의 사람에서의 증거가 있는 물질

② 1B : 사람에게 성적기능, 생식능력이나 발육에 악영향을 주는 것으로 추정할 정도의 동물시험 증거가 있는 물질

③ 2 : 사람에게 성적기능, 생식능력이나 발육에 악영향을 주는 것으로 의심할 정도의 사람 또는 동물시험 증거가 있는 물질

마. 발암성, 생식세포 변이원성 및 생식독성 물질의 정의는 「산업안전보건법」 시행규칙 [별표 18] 유해인자의 분류기준 제1호나목 6) 발암성 물질, 7) 생식세포 변이원성 물질, 8) 생식독성 물질 참조

바. 화학물질이 IARC 등의 발암성 등급과 NTP의 R등급을 모두 갖는 경우에는 NTP의 R등급은 고려하지 아니함

사. 혼합용매추출은 에틸에테르, 톨루엔, 메탄올을 부피비 1 : 1 : 1로 혼합한 용매나 이외 동등 이상의 용매로 추출한 물질을 말함

아. 노출기준이 설정되지 않은 물질의 경우 이에 대한 노출이 가능한 한 낮은 수준이 되도록 관리하여야 함

제3절 작업환경 측정 및 평가

01 시료채취 계획

1. 측정의 정의

산업안전보건법 제125조에 의한 작업환경측정이라 함은 사업주가 유해인자로부터 근로자의 건강을 보호하고 쾌적한 작업환경을 조성하기 위하여 인체에 해로운 작업을 하는 작업장을 대상으로 자격을 가진 자로 하여금 실시하도록 한 후 그 결과를 기록·보존하고 보고하는 것이다.

2. 작업환경측정의 목적

(1) 유해인자에 대한 근로자의 **노출 정도**를 파악

(2) 작업환경의 정확한 실태를 파악하여 시료의 채취 및 분석, 평가 등 필요한 사항을 정하여 자격을 가진 자로 하여금 실시하도록 하여 측정 및 평가의 신뢰도와 정확도를 높임

(3) 설비 개선에 대한 개선효과를 평가

(4) 당해 작업장에서 일하는 근로자의 건강장해를 예방하고, 안전하고 쾌적한 작업환경을 만드는 데 그 목적이 있음

(5) 미국산업위생학회(AIHA)의 작업환경측정의 목적

① **기초자료 확보를 위한 측정**

㉠ 유사노출그룹(HEG)별로 유해물질 노출농도의 범위 및 분포를 평가하기 위함

㉡ 유사노출그룹(HEG)별로 전체 근로자의 노출 정도를 파악하기 위함

② **진단을 위한 측정**

㉠ 위험을 초래하는 작업과 원인을 파악하기 위함

㉡ 근로자에게 가장 큰 위험을 초래하는 작업과 원인을 파악하기 위함

③ **법적인 노출기준 초과 여부를 판단**

㉠ 유해물질의 노출농도를 법에서 정한 노출기준과 비교하여 적정 여부를 판단

㉡ 근로자의 노출 정도를 파악하여 **최고 노출근로자를 측정**

3. 작업환경측정의 종류

(1) 산업안전보건법 제125조에 의거 대상사업장의 노출수준을 평가하는 측정
(2) 노출수준의 신뢰성을 평가하기 위한 작업환경측정
(3) 역학조사 등 필요에 의해 실시하는 임시 작업환경측정
(4) 연구목적의 작업환경측정
(5) 진단을 위한 작업환경측정
(6) 국소배기장치 등 설비 개선에 대한 효과를 평가하기 위한 측정
(7) 기타 사업주 요구 또는 근로자대표 요구에 의한 작업환경측정

4. 작업환경측정의 흐름도

예비조사(예비측정) → 측정계획 수립 → 본 측정 → 분석 및 평가 → 대책 수립(필요시)

5. 작업환경측정 순서 및 방법

우선 각 사업장 내에서 발생하는 유해작업인자(소음, 분진, 유해가스 등)의 분포실태 파악을 위한 사전예비조사를 실시한다. 사전예비조사를 통해서 얻은 자료를 기초로 하여 측정계획을 수립하는데, 여기에 측정 대상, 측정 장소, 측정 수 등을 포함하고 동시에 이에 필요한 측정장비 및 분석기기 등을 선정한다. 시료의 채취와 분석을 거친 후 통계적 처리를 통하여 최종 평가하게 되며 평가결과에 따라 근로자 건강에 유해한 수준에 해당한 경우 작업공정의 변경, 공학적 대책의 수립, 개인보호구의 지급, 근로자교육 등 적절한 관리대책을 수립해야 한다.

Point

작업환경 측정결과표에 포함될 사항
① 사업장 현황
② 작업환경측정일시 및 측정기관명, 측정자, 분석자
③ 예비조사 결과
④ 작업환경측정 결과
⑤ 작업환경측정 결과 평가 및 개선대책 등

02 예비조사

작업장, 작업공정, 작업내용, 발생되는 유해인자와 허용기준, 잠재된 노출 가능성과 관련된 기본적인 특성을 조사하는 것이 예비조사이며 이는 작업환경측정의 첫 준비 작업에 해당된다.

1. 예비조사의 목적

(1) **동일 노출 그룹(HEG ; Homogeneous Exposure Group) 또는 유사 노출 그룹(SEG ; Similar Exposure Group)의 설정**

(2) 올바른 시료 채취 전략 수립

2. 작업환경측정을 위한 기초자료를 확보

3. 예비조사 항목

(1) 원재료의 투입과정부터 최종 제품생산 공정까지의 주요공정 도식

(2) 해당 공정별 작업내용, 측정대상공정 및 공정별 화학물질 사용실태

(3) 측정대상 유해인자, 유해인자 발생주기, 종사근로자 현황

(4) 유해인자별 측정방법 및 측정 소요기간 등 필요한 사항

(5) 현재의 작업환경관리 대책 등 전회 측정 결과 및 검토사항

※ 측정기관이 전회에 측정을 실시한 사업장으로서 공정 및 취급인자 변동이 없는 경우에는 서류상의 예비조사만을 실시할 수 있다.

4. 예비조사 및 측정계획서의 작성(고용노동부고시 제17조)

산업안전보건법 시행규칙 제189조제1항제1호에 따라 예비조사를 실시하는 경우에는 다음 각 호의 내용이 포함된 측정계획서를 작성하여야 한다.

가. 원재료의 투입과정부터 최종 제품생산 공정까지의 주요공정 도식

나. 해당 공정별 작업내용, 측정대상공정 및 공정별 화학물질 사용실태

다. 측정대상 유해인자, 유해인자 발생주기, 종사근로자 현황

라. 유해인자별 측정방법 및 측정 소요기간 등 필요한 사항

단, 측정기관이 전회에 측정을 실시한 사업장으로서 공정 및 취급인자 변동이 없는 경우에는 서류상의 예비조사만을 실시할 수 있다.

5. 예비조사 작성 방법

(1) 사업장 기본 정보 파악

(2) 작업공정 파악

① 원재료에서부터 최종 생산품이 만들어지기까지 공정흐름을 파악
② 각 공정에서의 작업자의 작업내용 파악
③ 공정의 변경이나 신설공정이 있는지 파악
④ 해당 공정은 단위 작업장소 개념까지 파악하고, 단위 작업장소별 종사 총근로자 수와 함께 작업환경측정시 시료채취가 되어야 할 근로자 수 까지 파악
⑤ 화학물질 사용공정에 대하여 화학물질명, 용도, 월취급량, 관련 MSDS 자료 확보
⑥ 혼합유기용제 등은 관련 MSDS 참조하여 함유물질을 정확히 기입

(3) 예비조사 측정가능 기구

① 가스검지기 등 직독식 기구 : 고농도에서 비가역적인 건강상의 영향을 나타내는 인자
② 지시소음계 또는 도시메타
③ 온습도기

6. 유해인자의 특성 파악

① 화학적, 물리적, 생물학적 유해인자 특성
② 화학적 유해인자의 사용량, 물리적 특성(증기압 등)
③ 건강상의 영향
- 노출기준 및 독성학적 정보 검토
- 급성, 아급성, 만성, 장기적 건강상의 영향

7. 동일 노출 그룹(HEG) 또는 유사 노출 그룹(SEG) 설정

(1) 노출되는 유해인자의 농도와 특성이 유사하거나 동일한 근로자 그룹
(2) 조직, 공정, 작업범주, 그리고 공정과 작업내용별 순으로 구분하여 설정
(3) 모든 근로자는 반드시 하나의 HEG에 분류되어야 함
(4) HEG 설정 목적
① 시료채취 수를 경제적으로 결정
② 역학조사시 질병을 호소한 근로자가 속한 HEG의 노출농도를 근거로 노출원인을 추정
③ 모든 근로자의 노출 농도를 평가

03 단위작업장소

Section

1. 정의

"**단위작업장소**"란 시행규칙 제186조제1항에 따라 작업환경측정대상이 되는 작업장 또는 공정에서 정상적인 작업을 수행하는 동일 노출집단의 근로자가 작업을 하는 장소를 말한다.

2. 단위작업위치에서 채취하는 경우

① 한 작업장의 전반적인 농도를 파악하는데 도움이 된다.
② 작업환경 개선 효과를 파악하는데 편리하다.
③ 임핀저 등은 기기 사용상 장소시료가 편리하다.
④ 근로자의 폭로실태를 정확하게 파악하지 못한다.
⑤ 개인용 시료보다 장소시료가 낮은 농도를 나타낸다는 보고가 있어 작업장의 농도를 과소평가 할 수 있다.
⑥ 허용기준과 직접 비교할 수 없다.
⑦ 각 근로자의 생물학적 모니터링 결과와 비교할 수 없다.

3. 단위작업장소의 측정설계

1) 시료채취의 수

① AIHA(Hawkins 등, 1991)
노출농도 평가 : 무작위 추출 시료 6개 이상(동일 노출그룹별로)

② NIOSH(1994)
㉠ 최소 시료 수 : 7개
㉡ 근로자 수 증가에 따라 시료 수 증가

③ 우리나라 시료채취 근로자 수
㉠ 단위작업장소에서 최고노출근로자 2명 이상에 대하여 동시에 측정하되, 단위작업장소에서 근로자가 1명인 경우에는 그러하지 아니하며, 동일 작업근로자 수가 10명을 초과하는 경우에는 매 5명당 1명(1개 지점) 이상 추가하여 측정하여야 한다. 다만 동일 작업근로자 수가 **100명을 초과**하는 경우에는 최대 시료채취 근로자 수를 **20명으로 조정**할 수 있다.
※ 예시 : 단위작업장소 근로자가 10명일 경우 측정은 2명, 15명일 경우 3명을 측정
㉡ 지역시료채취방법에 따른 측정시료의 개수는 단위작업장소에서 2개 이상에 대하여 동시에 측정하여야 한다. 다만, 단위작업장소의 넓이가 $50m^2$ 이상인 경우에는 매 $30m^2$마다 1개 지점 이상을 추가로 측정하여야 한다.

04 측정기구의 보정

Section

1. 개요

보정이란 측정도구의 표시눈금을 실제값과 일치시키기 위하여 실시하는 일련의 실험설계이다. 유해인자(화학물질, 소음 등)의 측정 전후 유량 또는 소음보정을 점검하여 그 변동에 따른 차이를 보정해 주어야 하며, 관련 기록은 보관, 유지하여야 한다.

2. 보정의 목적

㉠ 근로자에게 노출되는 정확한 양을 측정하기 위하여 실시
㉡ 노출된 오염물질의 발생원을 찾아내기 위하여 실시
㉢ 공학적 관리대책의 효과를 알기 위하여 실시

3. 보정의 범위

㉠ 포집된 공기의 양을 보정한다.
㉡ 포집된 시료에 포함되어 있는 오염물질의 양을 보정한다.
㉢ 각종 직접측정기기의 지시눈금을 보정한다.

(1) 1차 표준 보정기구(Primary calibrator)의 종류

1차 표준 보정기구란 기구 자체가 정확한 값(정확도 ±1% 이내)을 제시하는 기구로서 물리적 크기에 의하여 공간의 부피를 직접 측정할 수 있는 기구를 말한다. 기류를 측정하는 1차 표준기구로 피토 튜브(Pitot tube)를 사용하고, 오염물질을 채취하는 펌프의 유량보정을 위해서 마찰 없는 피스톤미터를 사용한다. 즉, 1차 표준보정기구는

- 모든 유량계를 보정할 때 기본이 되는 장비이며
- 직접공기량을 측정하는 유량계로서
- 온도와 압력에 영향을 받지 않는다.

① 스피로미터(Spirometer)

실린더 형태의 종(bell)을 액체에 뒤집어 놓고 종의 무게와 균형을 이룰 수 있는 추를 달아서 종이 상하로 움직이는 데 전혀 저항이 없도록 설치한다. 과거에는 폐활량을 측정하는 데 사용하였으며, 이와 유사한 측정기구로 마리오트(Mariotte) 병이 있다.

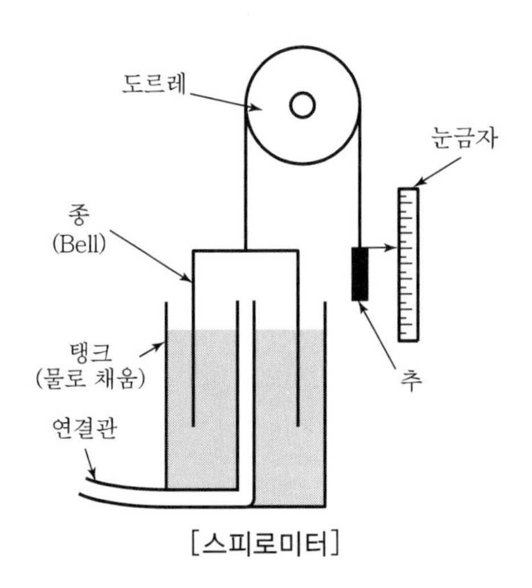

[스피로미터]

② **마찰 없는 피스톤미터(Frictionless piston meter)**

㉠ 무마찰 거품관 또는 비누거품미터(Soap bubble meter)라고 하며 널리 사용된다.
㉡ 뷰렛 내에 거품을 형성하여 거품막이 일정한 부피를 펌프로 이동하는 시간을 측정하여 공기유량을 계산한다.
㉢ 유량 0.001~10L/min에서 적용할 수 있으며 정확도는 1% 이내이다.

③ **피토 튜브(Pitot tube)**

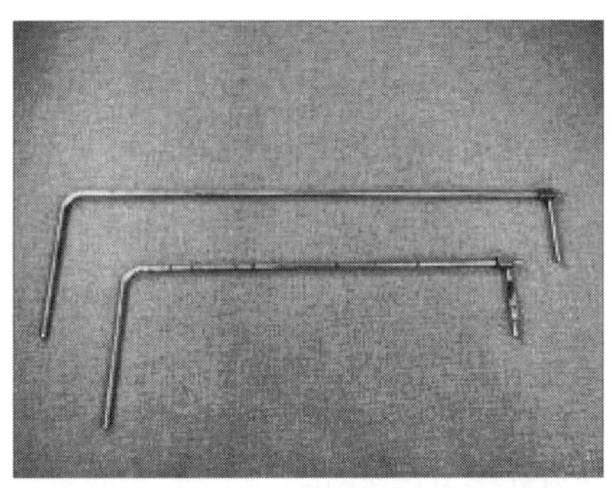

㉠ 기류를 측정하는 1차 표준기구로서 보정이 필요 없다.
㉡ 유량은 15mL/분 이하로, 정확도는 ±1% 이내이다.

(2) 2차 표준 보정기구(Secondary calibrator)의 종류

2차 표준 보정기구는 1차 보정기구와 같이 정확한 값(정확도 ±5% 이내)을 제시할 수 있는 기구이다. 유량과 비례관계가 있는 유속, 압력을 측정하여 유량으로 환산하는 방식이며 온도와 압력에 영향을 받는다.

① 습식 테스트미터 또는 **웨트테스트미터**(Wet Test Meter) : 정확도 ±**0.5%** 정도

② 드라이가스미터(Dry Gas Meter) : 정확도 ±1.0% 정도

③ **로타미터(Rota Meter)**

④ 헤드미터(Head Meter)

⑤ 오리피스미터(Orifice Meter)

⑥ 벤투리미터(Venturi Meter)

⑦ 라미나 플로미터(Laminar Flow Meter)

⑧ 바이패스미터(Bypass Meter)

⑨ 베인 애니모미터(Vane Anemometer)

구분	표준기구	일반사용 범위	정확도
1차 표준기구	비누거품미터	1~30 mL/min	±1% 이내
	스피로미터(폐활량계)	100~600 L	±1% 이내
	가스치환병	**10~500 mL/min**	**±0.05~0.25%**
	유리피스톤미터	10~200 mL/min	±2% 이내
	피토튜브	15 mL/min 이하	±1% 이내
2차 표준기구	**로타미터**	1 mL/min 이하	±1~25%
	습식 테스트미터	**0.5~200 L/min**	**±0.5%**
	건식 가스미터	10~150 L/min	±1%
	오리피스미터	-	±0.5%
	열선기류계	0.1~30 m/sec	±0.1~0.2%

(3) 직독식 기구의 보정

① 기구의 눈금과 실제농도 사이의 관계를 일치시키기 위한 것이다.

② 적절한 범위의 스케일을 선정한 후 알고 있는 농도(Spike sample)를 노출시켜서 기구의 눈금과 실제농도를 일치시킨다.

③ 온도, 압력, 습도 등의 요인에 의한 영향을 알고자 할 때 실시한다.

05 유해물질의 측정 및 분석

Section

1. 물리적 유해인자 측정

1) 노출기준의 종류 및 적용

(1) 소음의 노출기준(충격소음 제외)

1일 노출시간(hr)	소음강도[dB(A)]
8	90
4	95
2	100
1	105
1/2	110
1/4	115

주) 115 dB(A)를 초과하는 소음 수준에 노출되어서는 안 됨

(2) 충격소음의 노출기준

1일 노출횟수(회)	충격소음의 강도[dB(A)]
100	140
1,000	130
10,000	120

1. 최대 음압수준이 140 dB(A)를 초과하는 충격소음에 노출되어서는 안 됨
2. 충격소음이라 함은 최대음압수준에 120 dB(A) 이상인 소음이 1초 이상의 간격으로 발생하는 것을 말함

(3) 소음노출지수

$$\text{노출지수} = \frac{C_1}{t_1} + \frac{C_2}{t_2} + \cdots + \frac{C_n}{t_n}$$

여기서, C_n : 노출시간, t_n : 허용노출시간

(4) 고용노동부 등가소음 레벨

$$Leq = 16.61 \times \log\left(\frac{t_1 \times 10^{\frac{LA_1}{16.61}} + t_2 \times 10^{\frac{LA_2}{16.61}} + \cdots + t_n \times 10^{\frac{LA_n}{16.61}}}{t_1 + t_2 + \cdots + t_n}\right)$$

여기서, LA_n : 각 소음레벨의 측정치 dB(A)

t_n : 각 소음레벨 측정치 발생시간(min)

(5) 고온의 노출기준

(단위 : ℃, WBGT)

작업·휴식시간비 \ 작업강도	경작업	중등작업	중작업
계속 작업	30.0	26.7	25.0
매 시간 75% 작업, 25% 휴식	30.6	28.0	25.9
매 시간 50% 작업, 50% 휴식	31.4	29.4	27.9
매 시간 25% 작업, 75% 휴식	32.2	31.1	30.0

주) 1. 경작업 : 200kcal까지의 열량이 소요되는 작업을 말하며, 앉아서 또는 서서 기계의 조정을 하기 위하여 손 또는 팔을 가볍게 쓰는 일 등을 뜻함

2. 중등작업 : 시간당 200~350kcal의 열량이 소요되는 작업을 말하며, 물체를 들거나 밀면서 걸어다니는 일 등을 뜻함

3. 중작업 : 시간당 350~500kcal의 열량이 소요되는 작업을 말하며, 곡괭이질 또는 삽질하는 일 등을 뜻함

2) 소음

(1) 소음의 측정

① 소음계 : 소음의 주파수를 분석하지 않고 총 음압수준만을 측정하는 기기

② 소음노출량계 : 개인 노출량을 측정하는 기기

③ 소음계는 주파수에 따른 사람의 느낌을 감안하여 음압을 측정할 수 있고 보정 없이 측정할 수도 있다.

④ 음압수준의 보정(특성보정치 기준 주파수=1,000Hz)

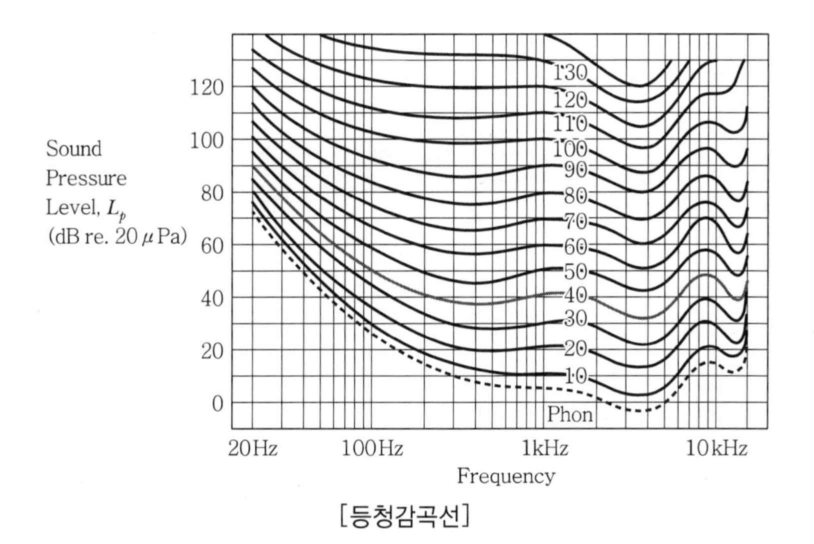

[등청감곡선]

㉠ **A특성치** : 대략 **40Phon**의 등감곡선과 비슷하게 주파수에 따른 반응을 보정하여 측정한 음압수준

㉡ **B특성치** : 대략 70Phon의 등감곡선과 비슷하게 주파수에 따른 반응을 보정하여 측정한 음압수준

㉢ **C특성치** : 대략 100Phon의 등감곡선과 비슷하게 주파수에 따른 반응을 보정하여 측정한 음압수준

㉣ A특성치와 C특성치의 차가 크면 저주파음이고 차가 작으면 고주파음

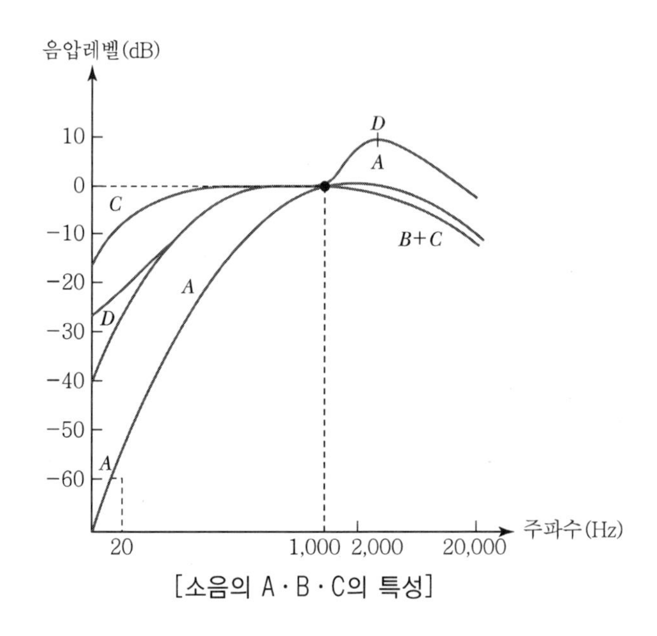

[소음의 A · B · C의 특성]

⑤ **소음수준과 소음노출량과의 관계**

㉠ $SPL = 90 + 16.61 \log \frac{D}{12.5T}$

㉡ $\boldsymbol{TWA = 90 + 16.61 \log \frac{D}{100}}$

여기서, SPL : 측정시간에 있어서의 평균치[dB(A)]
D : 소음노출량계로 측정한 노출량(%)
T : 측정시간(hr)
TWA : 8시간 평균치

(2) 주파수와 음압수준

① $c = \lambda f$

여기서, c : 음속(m/sec)
λ : 파장(m)
f : 주파수(Hz)

㉠ 정상조건에서 $c = 344.4\text{m/sec}$, $T = \frac{1}{f}$

여기서, T : 주기

㉡ $C = 331.42 + 0.6T$

여기서, T : 음 전달 매질의 온도(℃)

② dB(decibel)

㉠ 음압수준을 표시하는 한 방법으로 사용하는 단위

㉡ 사람이 들을 수 있는 음압은 $0.00002 \sim 20\text{N/m}^2$ 범위로 dB로 표시하면 0~100dB이다.

③ 음압

음에너지에 비해 매질에는 미세한 압력변화가 생기며 이 압력변화 부분을 음압(P, N/m^2)이라 한다. 음압진폭 P_m(피크치)과 음압실효치(rms 값) P의 관계는 다음과 같다.

$$P = \frac{P_m}{\sqrt{2}} [\text{N/m}^2]$$

㉠ 음압차$= P_2 - P_1 = 20 \log\left(\frac{P_2}{P_1}\right)$

㉡ 음압과 거리의 관계 : 반비례

$$P_2 = P_1\left(\frac{d_1}{d_2}\right) \rightarrow dB_2 = dB_1 + 20\log\left(\frac{d_1}{d_2}\right)$$

④ 음의 세기(Sound Intensity)

음의 전파는 매질의 진동 에너지가 전달되는 것이므로 음의 진행방향에 수직하는 단위면적을 단위시간에 통과하는 음에너지를 음의 세기(I, W/m^2)라 한다.

㉠ 음의 세기

$$I = P \times v = \frac{P^2}{\rho c}[W/m^2]$$

여기서, I : 음강도(watts/m^2)
P : 음압
ρ : 공기밀도(1.18kg/m^3)
c : 공기에서의 음속(344.4m/sec)

㉡ 음강도와 거리의 관계 : 거리의 제곱에 반비례

$$I_2 = I_1\left(\frac{d_1}{d_2}\right)^2$$

⑤ 음력(Sound Power)

음향출력 또는 음력은 음원으로부터 단위 시간당 방출되는 총 음에너지를 말하며, 그 표시 기호는 W, 단위는 W(watt)이다. 음력 W의 무지향성 음원으로부터 r(m)만큼 떨어진 점에서의 음의 세기를 I라 하면

$$W = I \times S\,[W]$$

㉠ 음원이 자유공간(공중, 혹은 구면파라고도 함)에 있을 때

$$W = I \times 4\pi r^2$$

㉡ 음원이 반자유공간(반사율 1인 바닥 위, 혹은 반구면파라고도 함)

$$W = I \times 2\pi r^2$$

⑥ 음의 세기레벨(SIL ; Sound Intensity Level)

$$SIL = 10 \log \frac{I}{I_0} [\mathrm{dB}]$$

⑦ 음압수준레벨(SPL ; Sound Pressure Level)

$$SIL = 10 \log \left(\frac{I}{I_0} \right) = 10 \log \left(\frac{\frac{P^2}{\rho c}}{\frac{P_0^2}{\rho c}} \right) = 20 \log \left(\frac{P}{P_0} \right)$$

$$SPL = 20 \log \left(\frac{P}{P_0} \right) [\mathrm{dB}]$$

여기서, P_0는 정상청력을 가진 사람이 1,000Hz에서 가청할 수 있는 최소 음압실효치($2 \times 10^{-5}\mathrm{N/m^2}$)이다.(위 식에서 $SIL = SPL$은 통상 $\rho c \sim 400$rayls일 경우에 해당됨)

⑧ 음향파워레벨(PWL ; Sound Power Level)

$$\boldsymbol{PWL(\mathrm{dB}) = 10 \log \frac{W}{W_0}}$$

여기서, W : 측정음력
W_0 : 기준음력(10^{-12}watt)

⑨ **SPL과 PWL의 관계**

$$PWL = 10 \log \left(\frac{W}{W_0} \right) = 10 \log \left(\frac{I \times S}{10^{-12}} \right) = 10 \log \left(\frac{I}{10^{-12}} \right) + 10 \log S$$
$$= SPL + 10 \log S$$

㉠ 무지향성 점음원의 자유공간에 있을 경우 : $S = 4\pi r^2$

㉡ 무지향성 점음원이 반자유공간(바닥)에 있을 경우 : $S = 2\pi r^2$

⑩ **소음의 합산**

$$\boldsymbol{SPL = 10 \log (10^{\frac{SPL_1}{10}} + 10^{\frac{SPL_2}{10}} + \cdots)}$$

(2) 주파수 분석

소음특성을 정확히 평가하기 위해 옥타브밴드 분석기 사용

① 옥타브밴드 분석기 : 중심주파수 31.5, 63, 125, 250, 500, …, 8,000Hz에서 분석할 수 있는 기구

② 주파수 분석기 : **주파수 분석기는 소음의 특성(스펙트라)을 분석하여 방지기술에 활용하는 데 필수적이다. 주파수 분석기에는 정비형과 정폭형이 있다.**

㉠ **정비형 : 대역(band)의 하한 및 상한주파수를 f_l 및 f_u라 할 때, 어떤 대역에서도 $\frac{f_u}{f_l}$의 비가 일정한 필터임**

$$\frac{f_u}{f_l} = 2^n$$

여기서, n=1/1 혹은 1/3

• 1/1 옥타브밴드

중심주파수(f_c)= $\sqrt{f_l \times f_u}$

$$\frac{f_u}{f_l} = 2^{\frac{1}{1}}$$

• 1/3 옥타브밴드

중심주파수(f_c)= $\sqrt{f_l \times f_u}$

$$\frac{f_u}{f_l} = 2^{\frac{1}{3}}$$

㉡ **정폭형 : 각 대역의 주파수 폭(밴드폭) $bw(f_u - f_l)$가 일정한 필터임**

㉢ 1/1 및 1/3 옥타브밴드 분석기 : 정비형 필터임

2. 화학적 유해인자 측정

1) 화학적 유해인자의 측정원리

〈물질별 포집방법〉

물질	포집법	사용도구
입자상 - 금속흄(Fume)	여과포집	유리섬유, 셀룰로이드 멤브레인 필터
	액체포집	임핀저

가스, 증기 등	액체포집	소형 흡수관, 소형 임핀저, 버블러
	고체포집	실리카겔관, 활성탄관
	직접포집	포집백, 주사통, 진공포집병

(1) 고체포집

'고체포집방법'이라 함은 시료공기를 고체의 입자층을 통해 흡입·흡착하여 당해 고체 입자에 측정하고자 하는 물질을 포집하는 방법을 말한다. 유해물질 흡착(Adsorption)에 많이 쓰이는 것은 활성탄관(Charcoal Tube)과 실리카겔관(Silica Gel Tube), Molecular Sieve 등이다. 이 중 활성탄관은 주로 비극성 유기용제류(각종 방향족유기용제, 할로겐화된 지방족 유기용제, 알코올류 등) 포집에 주로 사용되는 반면 **실리카겔관**의 경우 산(Acid) 및 방향족 아민류, 지방족 아민류 등 극성 유기용제 포집에 사용되고, **탄소의 불포화결합**(이중결합, 알킨류)을 가진 물질을 선택적으로 흡착할 수 있다.

많이 사용되는 활성탄관은 길이 7cm, 외경 6mm, 내경 4mm의 유리관에 활성탄이 앞층과 뒤층으로 나뉘어져 있다.

활성탄관 이용 시 주의사항으로는 **오염물질이 흡착허용수준 이상으로 포집되면 더 이상 흡착되지 않고 그대로 통과하므로 농도를 과소평가할 우려가 있다.** 아울러 습기 등에 큰 영향을 받기도 한다.

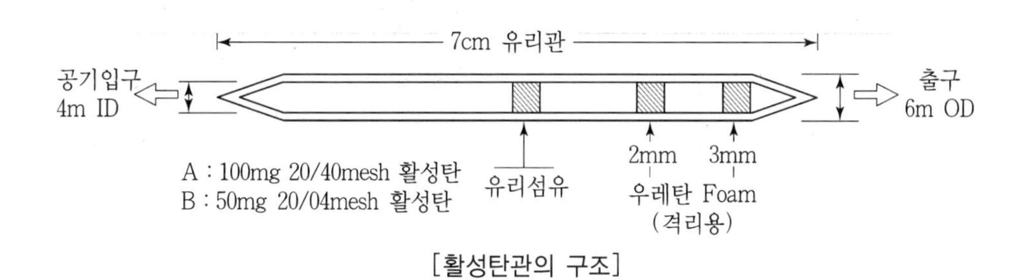

[활성탄관의 구조]

(2) 수동식 시료채취기(Passive Sampler)

① **원리**

㉠ 공기채취용 **펌프를 이용하지 않고** 작업장에 존재하는 자연적인 기류를 이용하여 **확산과 투과**라는 물리적인 과정에 의해 공기 중 가스상 오염물질을 채취기까지 이동시켜 흡착제에 채취하는 장치를 말한다.

㉡ 오염물질을 채취하고 분석실에서 분석 후 정성·정량하여 농도를 구하도록 되어 있지만 일부 수동식 시료 채취기는 작업장의 농도 변화에 따른 색의 변화를 판독하도록 고안된 것도 있다.

㉢ 정체된 공기층에서 오염물질 분자가 확산된다는 **확산이론**과 어떤 막을 오염물질 분자가 통과한 후 흡착된다는 **투과이론**이 그것이다. 투과이론은 이후 개발과정에서 실제 작업환경 중의 여러 요인들을 제어하기 위한 막(membrane)을 수동식 채취기에 도입하면서 고려되기 시작했다. 그러나 투과가 일어나기 위해서는 확산이 선행되어야 하므로 수동식 채취기는 정상상태(steady state)에서 **농도 기울기(농도구배)**에 따라 오염물질의 분자가 이동하는 원리인 확산에 대한 **Fick의 제1법칙**으로 설명한다.

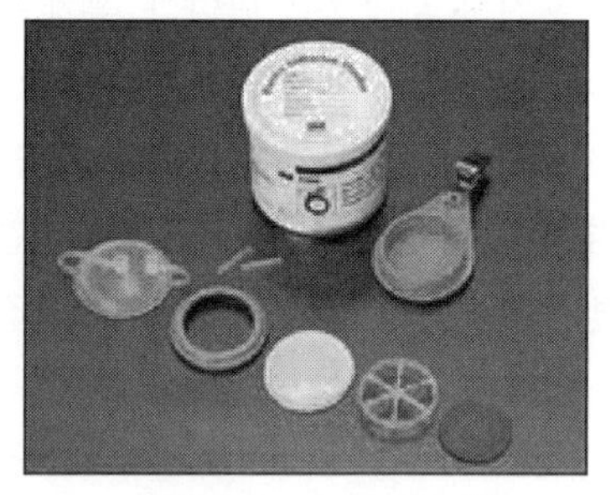

[수동식 시료채취기]

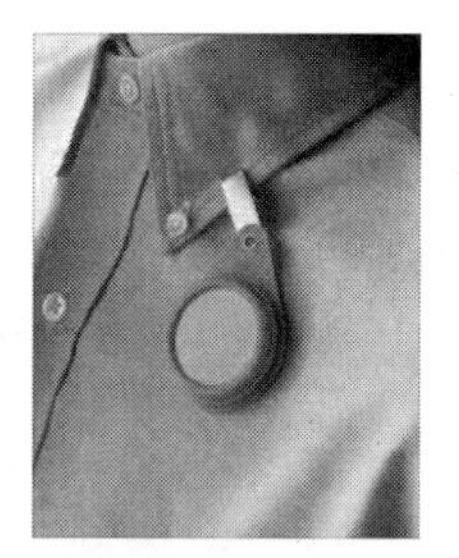

[확산포집기의 예]

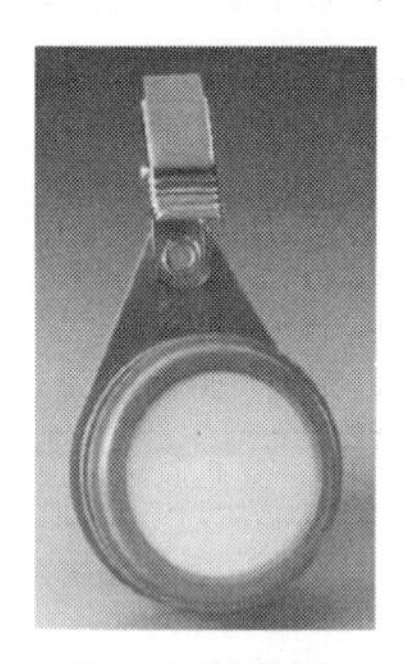

[유기용제용]

[수은용]

[아민용]

㉣ 포집기에 포집되는 오염물질의 양에 영향을 주는 인자

- **농도차이**
- **노출시간**
- 포집기에서 오염물질이 **포집되는 면적**

(3) 여과포집

여과포집방법이라 함은 시료공기를 여과재를 통하여 흡인함으로써 당해 여과재에 측정하고자 하는 물질을 포집하는 방법을 말한다. 주로 입자상 물질, 예를 들어 분진이나 용접흄 등을 채취하는 데 많이 이용되며 채취물질에 따라 여과지(Filter Paper) 종류가 달라지게 된다.

광물성 분진의 경우 주로 유리섬유 여과지(Glass Fiber Filter)를 사용하며(통상 0.3μm 정도의 입자에 대해서 95% 이상의 포집효율성능을 가진 것에 한함) 또한 석면분진의 경우 일반 분진과 달리 질량을 구하는 것이 아니므로 멤브레인 필터(Membrane Filter)를 이용하여 현미경으로 직접 수를 센다.

(4) 액체포집

① **액체포집방법**

시료공기를 액체 중에 통과시키거나 액체의 표면과 접촉시켜 용해반응, 흡수 충돌 및 침전, 현탁 등을 일으키게 하여 당해 액체에 측정하고자 하는 물질을 포집하는 방법을 말한다. 주로 활성탄관이나 실리카겔관으로 흡착이 되지 않는 증기, 산 등을 채취하며 임핀저(Impinger) 혹은 버블러(Bubbler)를 이용한다. 특히 용기가 깨지거나 용액이 엎질러지지 않도록 주의해야 한다. 흡수액을 이용한 작업환경측정은 운반의 불편성과 근로자 부착 시 흡수액이 누수될 우려가 있으며 임핀저 등이 깨질 우려가 있어 **사용이 점차 제한**되고 있다.

② 포집효율을 증가시키는 방법

㉠ 시료를 **냉각**시키면 휘발성이 낮아져서 포집효율이 증가한다.

㉡ 포집용액을 증가시킨다.

㉢ 버블러를 시리즈로 연결하면 총 포집률은 증가하나 포집효율은 변하지 않는다.

$$흡수관의\ 포집률(E) = 1 - \frac{m_1}{m_2}$$

$$총\ 포집률(E_T) = 1 - (1 - E_1)$$

여기서, m_1 : 첫 번째 흡수관에 포집된 양
m_2 : 두 번째 흡수관에 포집된 양

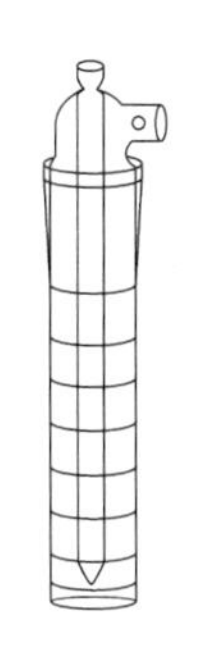

[미젯 임핀저]

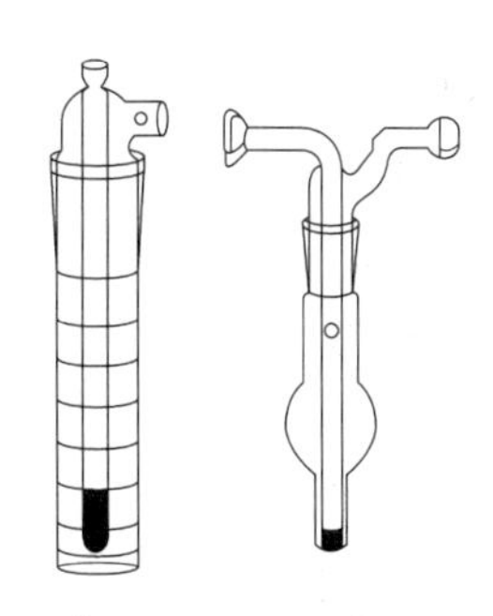

[Fritted 버블러]

(5) 냉각응축포집

냉각응축포집방법이라 함은 시료공기를 냉각된 관 등에 접촉 응축시켜 측정하고자 하는 물질을 포집하는 방법을 말한다. 현재 방사선 물질에 대한 포집에 이용된다.

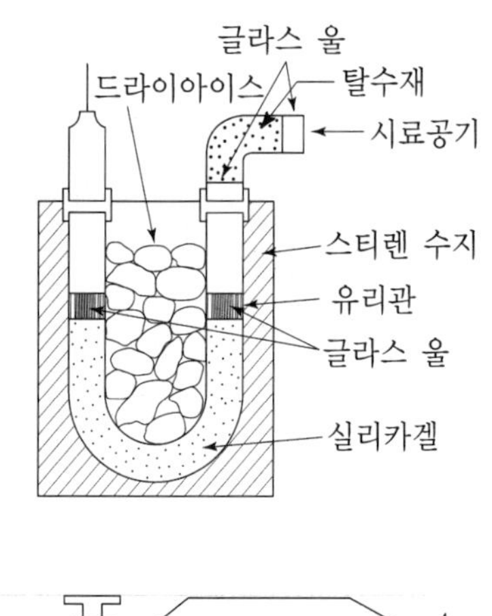

(6) 직접포집

직접포집방법이라 함은 시료공기를 흡수 · 흡착 등의 과정을 거치지 아니하고 직접포집대 또는 진공포집병 등의 포집용기에 물질을 포집하는 방법을 말한다. 미량성분에 대한 감도가 좋은 기기분석의 대상이 될 수 있는 시료의 포집 이외에는 사용되지 않는다. **순간시료채취법**이며 다음과 같은 장단점이 있다.

[포집병의 구조]

3. 입자상 물질의 측정

(1) 입자상 물질의 종류

① **에어로졸(Aerosol)**

가스상 매체에 미세한 고체나 액체 입자가 분산되어 있는 상태를 말한다.

② **먼지(Dust)**

대부분 콜로이드(Colloid)보다는 크고, 공기나 다른 가스에 단시간 동안 부유할 수 있는 고체입자를 말한다.

③ **안개(Fog)**

액체입자가 분산되어 있는 에어로졸로서 육안으로 볼 수 있다.

④ **흄(Fume)**

금속이 용해되어 액상물질로 되고 이것이 가스상 물질로 기화된 후 다시 응축되어 발생되는 고체입자를 말하며, 흔히 산화(Oxidation) 등의 화학반응을 수반한다. 용접흄이 여기에 속한다.

⑤ **미스트(Mist)**

분산되어 있는 액체입자로서, 육안으로 볼 수 있다.

⑥ **연기(Smoke)**

불완전 연소에 의하여 발생하는 에어로졸로서, 주로 고체상태이고 탄소와 기타 가연성 물질로 구성되어 있다.

⑦ **스모그(Smog)**

'Smoke'와 'Fog'에서 온 용어로, 자연오염이나 인공오염에 의하여 발생한 대기오염물질인 에어로졸에 대하여 광범위하게 적용되는 용어이다.

(2) 공기역학적(유체역학적) 직경

공기역학적(유체역학적) 직경[Aerodynamic (Equivalent) Diameter]이란, 현미경으로 측정할 수 있는 물리적 크기를 말하는 것이 아니라 먼지의 역학적 특성(Dynamic Property), 즉 침강속도(Settling Velocity) 또는 종단속도(Terminal Velocity)에 의하여 측정되는 먼지의 크기를 말한다. 먼지의 침강속도는 먼지의 밀도, 형태 및 크기에 의하여 결정된다. 공기역학적 직경이란 '대상 먼지와 침강속도가 같고, 밀도가 1이며, 구형인 먼지의 직경'으로 환산한다. 산업보건 분야에서는 이 공기역학적 직경을 주로 사용한다.

(3) 입자상 물질의 정의(ACGIH 정의)

① **흡입성 입자상 물질(IPM ; Inhale Particulate Mass)**

호흡기의 어느 부위에 침착하더라도 독성을 나타내는 물질로서, 비암이나 비중격 천공을 일으키는 물질이 여기에 속한다. 입경의 범위는 0~100μm이다.

② **흉곽성 입자상 물질(TPM ; Thoracic Particulate Mass)**

기도나 폐포에 침착할 때 독성을 나타내는 물질로서 평균입경은 **10μm**이다.

③ **호흡성 입자상 물질(RPM ; Respirable Particulate Mass)**

가스교환부위, 즉 폐포에 침착할 때 독성을 나타내는 물질로서 평균입경은 **4μm**이다.

(4) 입자상 물질의 측정방법(고용노동부 고시)

① **측정방법**

동 고시 21조(측정 및 분석방법) 입자상 물질에 대한 측정은 다음 각 호에 따른다.

㉠ 석면의 농도는 여과채취방법에 의한 계수방법 또는 이와 동등 이상의 분석방법으로 측정할 것

㉡ 광물성 분진은 여과채취방법에 따라 석영, 크리스토바라이트, 트리디마이트를 분석할 수 있는 적합한 분석방법으로 측정할 것(다만, 규산염과 그 밖의 광물성 분진은 중량분석방법으로 측정한다.)

㉢ 용접흄은 여과채취방법으로 하되 **용접보안면을 착용한 경우에는 그 내부에서 채취**하고 중량분석방법과 원자흡광광도계 또는 유도결합프라스마를 이용한 분석방법으로 측정할 것

㉣ 석면, 광물성 분진 및 용접흄을 제외한 입자상 물질은 여과채취방법에 따른 중량분석방법이나 유해물질 종류에 따른 적합한 분석방법으로 측정할 것

㉤ 호흡성 분진은 호흡성 분진용 분립장치 또는 호흡성 분진을 채취할 수 있는 기기를 이용한 여과채취방법으로 측정할 것

[호흡성 분진 분립장치(나일론, 알루미늄, GS사이클론)]

㉥ 흡입성 분진은 흡입성 분진용 **분립장치** 또는 **흡입성 분진을 채취할 수 있는 기기**를 이용한 여과채취방법으로 측정할 것

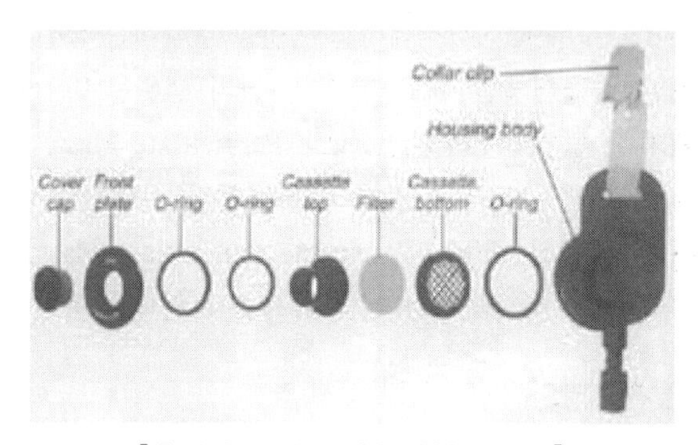

[흡입성 분진 포집용 IOM 채취기]

② **측정기기**

동 고시에 따라 개인시료채취방법으로 작업환경 측정을 하는 경우에는 측정기기를 작업 근로자의 호흡기 위치에 장착하여야 하며, 지역시료채취방법의 경우에는 측정기기를 분진 발생원의 근접한 위치 또는 작업근로자의 주 작업행동 범위의 작업근로자 호흡기 높이에 설치하여야 한다.

4. 가스 및 증기상 물질의 측정

(1) 가스와 증기의 차이점

가스는 25℃ 1기압에서 기체상태로 존재하면 가스라고 할 수 있고, 증기는 25℃ 1기압에서 액체나 고체로 존재하나 압력 강하나 온도 상승으로 인해 기체상태로 바뀌어 존재하면 증기이다. 이러한 차이점으로 가스와 증기는 기체로 되어 있기 때문에 동일하게 취급되지만 시료를 채취할 때는 그 특성의 차이로 시료채취방법이 달라진다.

① 산업현장의 가스물질

㉠ 염소와 유기화합물이 여기에 속한다.

㉡ 포름알데히드, 에틸렌옥사이드, 시안화수소, 암모니아, 비소, 일산화탄소, 아황산가스 등이 있다.

㉢ **실내온도에서 응축하지 않는 기체**들을 말한다.

㉣ 온도가 낮아지거나 농도가 높아져도 응축현상이 발생하지 않는다.

② 산업현장의 증기물질

㉠ 휘발성 유기화합물질(VOCs)과 같은 유기화합물이 여기에 해당된다.

㉡ 중금속 중에서는 수은이 여기에 해당된다.

㉢ 메틸에틸케톤, 벤젠, 아세톤, 톨루엔, 톨루엔 디이소시안화물, 수은 등

㉣ 실내온도에서 응축될 수 있는 기체들을 말한다.

㉤ 온도가 낮아지거나 농도가 높아지면 에어로졸 형태로 응축되는 기체이다.

5. 기기분석법

(1) 가스크로마토그래피(GC : Gas Chromatography)

① 원리 및 적용범위

기체시료 또는 기화한 액체나 고체시료를 운반가스로 고정상이 충진된 컬럼(또는 분리관) 내부를 이동시키면서 시료의 각 성분을 분리・전개시켜 정성 및 정량하는 분석기기로서 휘발성 유기화합물의 분석방법에 적용한다.

② 주요 구성

가스크로마토그래피는 주입부(Injector), 컬럼(Column), 오븐(Oven) 및 검출기(Detector)의 3가지 주요 요소로 구성되어 있다.

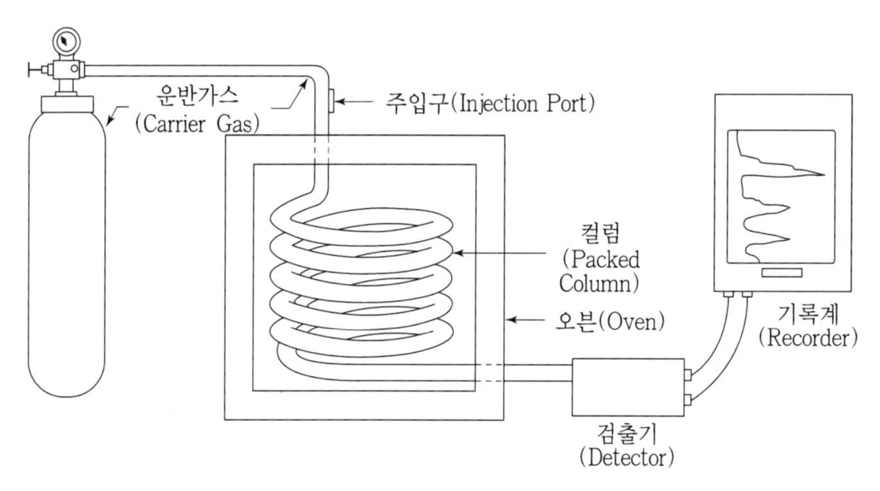

[가스크로마토그래피]

(2) 고성능액체크로마토크래피(HPLC : High Performance Liquid Chromatography)

① 원리 및 적용범위

고성능액체크로마토그래피(HPLC)는 끓는점이 높아 가스크로마토그래피를 적용하기 곤란한 **고분자화합물**이나 열에 불안정한 물질, 극성이 강한 물질들을 **고정상과 액체이동상 사이의 물리화학적 반응성의 차이를 이용**하여 서로 분리하는 분석기기로서, 허용기준 대상 유해인자 중 포름알데히드, 2,4-톨루엔디이소시아네이트 등의 정성 및 정량분석 방법에 적용한다. 고정상에 채운 분리관에 시료를 주입하는 방법과 이동상을 흘려주는 방법에 따라 **전단분석, 치환법, 용리법**의 3가지 조작법으로 구분된다.

② 주요 구성

고성능액체크로마토그래피는 용매, 탈기장치(degassor), 펌프, 시료주입기, 컬럼, 검출기로 구성된다.

[HPLC]

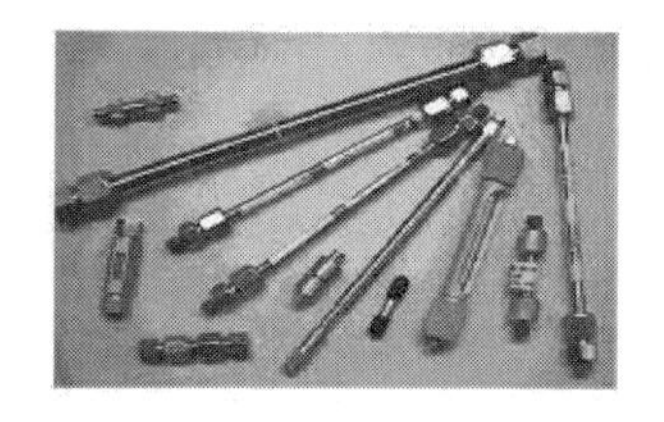

[HPLC 컬럼의 종류]

(3) 흡광광도법

① 원리

세기 I_o인 빛이 아래 그림과 같이 농도 c, 길이 ℓ되는 용액층을 통과하면 이 용액에 빛이 흡수되어 입사광의 세기가 감소한다. 통과한 직후의 빛의 세기 I_t와 I_o 사이에는 **램버트 비어(Lambert-beer)의 법칙**에 따라 다음의 관계가 성립한다.

I_o → [c] → I_t

ℓ

[흡광광도분석방법 원리도]

$$A = \log\left(\frac{I_o}{I_t}\right) = \varepsilon \cdot c \cdot \ell$$

여기서, A : 흡광도
I_o : 입사광의 광도
I_t : 투과광의 광도
c : 농도
ℓ : 빛의 투과거리(석영 Cell의 두께)
ε : 비례상수로서 흡광계수라 하고, C=1mol, ℓ=10mm일 때의 ε값을 몰흡광계수라 하며 K로 표시한다.

I_t와 I_o의 관계에서 $t\left(=\frac{I_t}{I_o}\right)$를 **투과도**, 이 투과도를 백분율로 표시한 것, 즉 $t \times 100 = T$를 투과 퍼센트라 하고 투과도의 역수의 상용 대수, 즉 $\log\left(\frac{1}{t}\right) = A$를 흡광도라 한다.

② 구성

구조는 크게 광원부 → 파장선택부 → 시료부 → 측광부로 구성되며 광원의 경우 주로 **가시부, 근적외선 영역은 텅스텐 램프**를, **자외선 영역**은 **중수소방전관**을 사용한다. 흡수셀의 경우 주로 석영 혹은 유리의 재질로 이루어진다.
흡광광도법으로 정량할 때는 미리 몇 단계의 농도를 갖는 표준용액을 시료용액과 같은 조작으로 발색시키고 농도와 흡광도의 관계선, 즉 검량선을 작성하든가 혹은 흡광계수를 구해서 목적성분을 정량한다.

(4) 원자흡광광도법(AAS ; Atomic Absorption Spectrophotometer)

분석대상 원소가 포함된 시료를 불꽃이나 전기열에 의해 바닥상태의 원자로 해리시키고, 이 원자의 증기층에 특정파장의 빛을 투과시키면 바닥상태의 분석대상 원자가 그 파장의 빛을 흡수하여 들뜬 상태의 원자로 되는데, 이때 흡수하는 빛의 세기를 측정하는 분석기기로서 금속 및 중금속의 분석방법에 적용한다.

(5) 유도결합플라즈마-원자발광분석기(ICP)

① 원리

① 플라즈마 : 같은 수의 전자와 양이온이 상당량(1% 이상) 존재하는 어떤 물질의 형태를 의미하며 대개 기체상태에서 플라즈마가 형성된다.(천둥번개와 같은 것)

② 유도결합플라즈마 : 유도결합이란 구리코일에 의하여 유도된 자기장에 아르곤가스가 유도되어 이온화가 진행됨을 의미한다. 플라즈마의 온도는 약 6,000~10,000K에 달하여 대부분의 금속을 이온화시킨 다음 들뜬 상태로 만들 수 있다. 원자흡광광도계의 원리와 같이 들뜬 상태의 원자들은 특정 파장의 빛을 흡수한 것처럼 방출하는 파장도 금속에 따라 고유한 성질을 가진다. 즉, 들뜬 상태의 원자가 다시 바닥 상태의 원자로 되면서 특정파장을 방출하게 되는데 이렇게 방출된(발광된) 빛을 검출기로 검출하는 분석기기를 ICP라 한다.

② 기기 구성

시료주입-플라즈마토치-RF 발생기-분광장치기-검출기

③ 특징

여러 금속을 동시에 분석할 수 있으며, 넓은 농도범위에서 **직선성이 좋고** 정밀도가 높은 장점이 있다. 단, 높은 온도에서 복사선을 방출하여 **분광학적 방해 요소가 존재**한다.

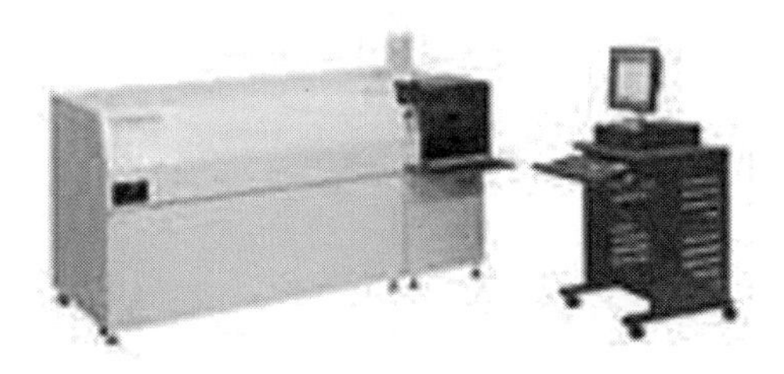

[유도결합플라즈마-원자발광분석기(ICP)]

6. 포집시료의 처리방법

(1) 보관

① 필터 여과지 : 여과지가 장착된 카세트를 밀봉하여 보관
② 고체흡착관 : 플라스틱 마개로 닫고 실링테이프로 밀봉하여 가급적 저온에서 보관
③ 액체흡수관 : 시료 채취 후 즉시 임핀저의 용액을 유리병에 옮겨 보관
④ 고형시료 : 바이알 또는 유리병에 밀봉하여 보관

(2) 운반

시료 채취 후 가급적 냉장보관한 상태로 즉시 분석실로 운반하여 보관토록 함

7. 기기분석의 감도와 검출한계

(1) **검출한계(LOD ; Limit of Detection)** : 표준편차의 3배

① LOD는 공시료와 통계적으로 **다르게** 결정될 수 있는 가장 낮은 농도이다.
② LOD는 표준편차의 3배로 정의된다.
③ 기기분석에 있어서 LOD는 신호 대 잡음비가 3 : 1인 경우에 해당된다.

(2) **정량한계(LOQ ; Limit of Quantification)** : 표준편차의 10배

① LOQ는 정량결과가 신뢰성을 가지고 얻을 수 있는 양을 말한다.
② LOQ 측정치는 공시료+10×표준편차로 검량선의 방정식으로 구할 수도 있다.
③ 기기분석에서는 신호 대 잡음비가 10 : 1인 경우에 해당된다.
④ LOD 이하는 불검출(Non Detected), LOD와 LOQ 사이는 Trace이다.

(3) 고용노동부 고시 제2013-39호

① 검출한계 : 3.143×표준편차
② **정량한계 : 검출한계**×4

8. 표준액 제조검량선, 탈착효율 작성

(1) 검량선

① 절대검량선법
검량선은 적어도 3가지 이상 농도의 표준시료용액에 대하여 흡광도를 측정하여 표준물질의 농도를 가로축에, 흡광도를 세로축에 취하여 그래프를 그려서 작성하며, 일반적으로 가장 많이 사용된다.

② 표준물첨가법

같은 양의 분석시료를 여러 개 취하고 여기에 표준물질이 각각 다른 농도로 함유되도록 표준용액을 첨가하여 분석용액을 만든다. 각각의 용액에 대해 흡광도를 측정하고 그래프용지에 그려 검량선을 작성한다. 시료용액과 표준용액의 조성이 달라 물리적 · 화학적 간섭이 우려될 때 적합하다.

③ **탈착효율(%)** $= \frac{\text{분석량}}{\text{첨가량}} \times 100$

탈착효율이란 흡착제에 흡착된 성분을 추출과정을 거쳐 분석 시 실제 검출되는 비율을 말한다.

제4절 산업환기

Chapter

Industrial Safety

01 환기원리

Section

1. 산업환기의 의미와 목적

산업환기란 사업장 내 유해한 물질 또는 오염된 공기를 외부로 배출하고 동시에 외부의 신선한 공기를 공급하는 시스템을 의미한다. 특히 작업환경의 유해요인인 분진, 용매, 각종 유해 화학물질과 중금속, 불필요한 고열을 제거하여 작업환경을 관리하는 기술로서 자연 또는 기계적 수단을 통해 실내의 오염공기를 실외로 배출하고 실외의 신선한 공기를 도입하여 실내의 오염공기를 희석시키는 방법을 말한다.

(1) 환기의 온도차, 즉 실내외의 풍력차와 온도차에 의한 자연적 공기 흐름에 의한 환기

(2) 환기의 목적

① 유해물질의 농도를 허용기준치 이하로 낮추기 위함

② 공기정화 기준을 더욱 높여 물리적·화학적 및 위생적으로 작업환경을 고도로 개선시키기 위함

③ 근로자의 건강을 도모하고 작업능률을 향상시키기 위함

④ 화재나 폭발 등의 산업재해를 방지하기 위함

⑤ 냉방 또는 난방

⑥ 오염물질의 제거 및 희석

⑦ 조절된 공기의 공급

2. 유체흐름의 기본개념

(1) 관 내 유속과 유량의 관계

밀도나 비중량이 일정한 비압축성의 흐름(예 : 물의 흐름)은 관 내 임의의 단면에 대하여 그 단면적과 평균속도를 곱한 값은 언제나 같은 값을 갖는다. 단면적과 평균속도의 곱을 유량(Flow Rate)이라고 한다.

$$Q = 60AV$$

여기서, Q : 유량(m^3/min)
V : 공기의 평균속도(m/sec)
A : 단면적(m^2)

(2) 연속방정식 – 질량보존의 법칙

정상류로 흐르고 있는 유체가 임의의 한 단면을 통과하는 질량은 다른 임의의 단면을 통과하는 단위시간당 질량과 같아야 한다.

$$Q = A_1 V_1 = A_2 V_2$$

여기서, Q : 단위시간에 흐르는 유체의 유량(m^3/min)
A_1, A_2 : 각 유체 통과 단면적(m^2)
V_1, V_2 : 각 유체의 통과 유속(m/sec)

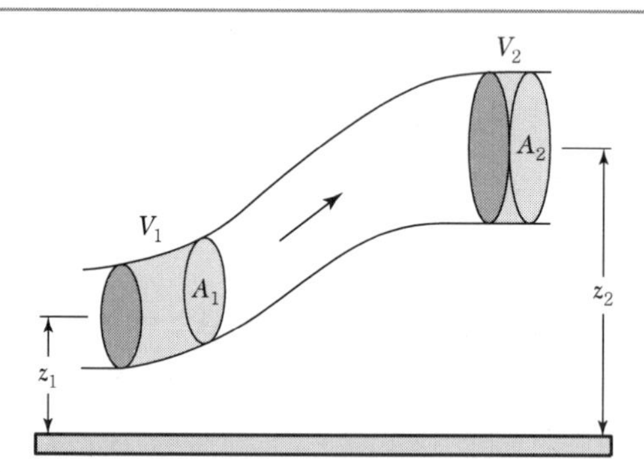

[연속방정식 – 질량보존의 법칙($Q = A_1 V_1 = A_2 V_2$)]

3. 유체의 역학적 원리

(1) 베르누이 정리(Bernoulli's Theorem)

관 내에서 기체가 흐를 때 유체와 벽관의 마찰 또는 유체 내부의 소용돌이로 인한 에너지손실로 기체가 갖는 에너지(운동에너지 혹은 잠재에너지)의 형태는 바뀌어도 전 에너지는 불변이다. 즉, 동압이 떨어지면 정압의 형태로 환원되는 등 유체가 갖는 에너지는 관로에 따라 일정 불변한다. 이를 베르누이(Bernoulli)의 정리로 나타내면 다음과 같다.

$$P_s + \frac{\gamma}{2g} \times V^2 = \text{constant}(=k)$$

정압 속도압

$$P_s + \frac{\gamma}{2g} \times V^2 = \text{const}$$

여기서, 양변을 비중 r로 나누면

$$\frac{P_s}{\gamma} + \frac{V^2}{2g} = k$$

여기서, P_s : 정압
g : 중력가속도
γ : 공기 비중
V : 유속

베르누이의 정리에서 $\frac{\gamma V^2}{2g}(= VP)$ 항목은 유속과 속도압(동압)의 관계를 나타내는 것으로 표준상태(0℃, 1기압)에서 공기의 비중을 1.3kg/m³, g(중력가속도)를 9.8m/s²이라 하면 다음과 같이 나타낼 수 있다.

$$V = 4.043\sqrt{VP}$$

여기서, V : 관 내 유속(m/sec)
VP : 속도압(동압)(mmH_2O)

즉, 동압을 측정하면 관 내 유속을 계산할 수 있는데, 흔히 피토 튜브(Pitot Tube)를 사용하여 관 내 속도를 측정한다.

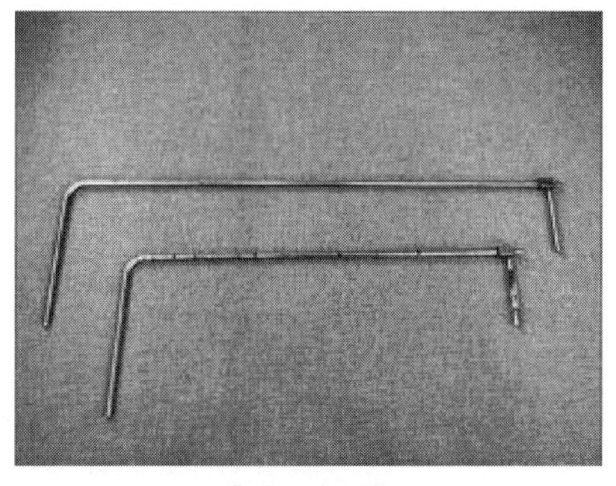

[피토 튜브]

4. 공기의 성질과 오염물질

공기는 질소(78.09%), 산소(20.95%), **아르곤(0.93%)**, **이산화탄소(0.03%)** 및 기타 가스, 먼지 등으로 구성되어 있으며, 질량과 무게를 가지고 있다.

(1) 표준상태의 정의

① 산업환기분야에서는 21℃, 1기압(760mmHg)을 공기의 표준상태라 함
② 산업위생분야에서는 25℃, 1기압을 공기의 표준상태라 함
③ 일반 화학분야에서는 0℃, 1기압을 공기의 표준상태라 함

(2) 공기의 성질

① 표준상태의 공기밀도는 1.2kg/m^3
② 기체의 비중은 해당 기체의 질량 대 공기질량(28.97)의 비율로 정의
③ 고체 또는 액체의 비중은 해당 물질의 질량 대 동일 부피를 가진 물의 질량 비율로 정의
④ **유효비중** : 증기나 가스의 비중으로 상대적인 물질 간의 무거움을 비교
㉠ 증기는 어떠한 온도와 압력에서도 공기와 최대한 혼합하려는 성질을 가지며, 더운 공기는 차가운 공기보다 더 많은 증기를 함유한다.
㉡ 공기 중에 가스나 증기의 양이 대단히 많아서 %단위로 존재하거나 혼합능력이 전혀 없다면(예 : 맨홀) 공기보다 무거운 가스나 증기(예 : 프로판)는 작업장의 바닥으로 가라앉을 수도 있겠으나 공기 중에서 증기는 혼합하려는 성질을 가지고 있어서 쉽게 완전혼합이 이루어진다. 대부분의 작업장에서 유해물질은 매우 미량인 ppm 단위로 존재하므로 완전혼합이 이루어져 밑바닥으로 가라앉지 않는다.
㉢ 환기시설을 할 때 흔히 범하기 쉬운 오류 중의 하나가 공기보다 무거운 기체는 작업장의 밑바닥으로 가라앉을 것으로 생각하여 이를 제거하기 위해 후드를 하방형으로 설치하는 것이다. 그러나 실제 공기와 증기의 혼합기체에 대한 유효비중은 증기와 전혀 섞여 있지 않은 순수한 공기의 비중과 거의 동일하다.
㉣ 따라서 공기 중 오염물질은 자유롭게 확산이동이 가능하므로 공기보다 무거운 증기라 할지라도 후드를 하방형으로 설치해서는 안 된다.

(3) 밀도(Density)

밀도는 단위체적당 질량을 말하며 대개 g/cc, kg/m^3, lb/ft^3 등의 단위로 표시된다. 특히 액체 및 고체의 밀도는 측정 시 온도를 표시해야 하며, 통상 기체의 밀도는 표준상태(0℃, 1atm)에서의 값을 의미한다.

(4) 비중(Specific Gravity)

액체 및 고체의 비중은 해당 물체의 밀도와 물의 밀도 비(Ratio)로 정의된다.

즉, $\frac{\text{고체 혹은 액체의 물질밀도}}{\text{물의 밀도}}$ 이다. 기체의 비중은 동일온도, 동일압력에서의 건조 상태공기에 대한 비중으로 표시되며 보통 0℃, 760mmHg에 대한 값을 의미한다.

(5) 기체의 압력

유체에 작용하는 힘은 압력단위로 나타내는데 대기압은 기압계로 측정된 압력으로 보통 mmHg로 표시된다. 특히 표준대기압의 경우 760mm의 수은주에 작용하는 압력이다.

atm	Bar	kg/cm²	lb/in²	Hg(0℃)		H_2O(15℃)	
				mm	in	m	ft
1	1.01325	1.03323	14.6960	760.00	29.921	10.332	33.929

계기압력(Gage Pressure)은 흔히 대기압을 포함하지 않는 압력을 말하며 게이지(압력측정기)로 측정되는 압력으로서 이 계기압은 측정압력과 대기압과의 차를 나타낸다. 만약 측정한 압력이 대기압보다 크면 양압, 적으면 음압을 나타낸다. 아울러 절대압은 대기압과 게이지압의 합을 의미한다.

(6) **밀도보정계수**

$$d = \left(\frac{273+21}{273+C}\right) \cdot \left(\frac{P}{760}\right) \text{ (단, 산업환기분야 21℃ 기준)}$$

여기서, d : 밀도보정계수(단위는 없음)
P : 압력, mmHg(또는 inHg)
C : 온도, ℃

(7) 유체역학적 법칙 적용의 조건

환기시설 내 기류는 두 가지 기본적인 유체역학적 원리, 즉 질량보존법칙과 에너지보존법칙에 의하여 지배된다. 유체역학적 법칙의 기본 개념에는 다음과 같은 전제조건이 따른다.

① 환기시설 내・외의 열교환은 무시한다. 그러나 덕트 내 온도가 외부온도와 크게 다를 때는 덕트 내・외의 열 교환이 일어날 수 있고, 덕트 내 온도 변화에 따라 공기유량도 변할 수 있다.

② 공기의 압축이나 팽창을 무시한다. 그러나 만약 공기가 환기시설의 입구로부터 마지막 송풍기까지 흐르는 동안 20 inH_2O 이상의 압력손실이 발생하면 공기의 밀도가 5% 이상 달라지고 동시에 유량도 변하므로 보정이 필요하다.

③ **공기는 건조하다고 가정**한다. 만약 다량의 수증기가 포함되어 있다면 이에 대한 밀도 보정이 요구된다.

④ 대부분의 환기시설에서는 공기 중에 포함된 유해물질의 무게와 용량을 무시한다. 다만 유해물질의 농도가 높아서 화재나 폭발 위험의 수준에 도달했을 경우는 이에 대한 보정이 필요하다.

(8) 화씨온도(°F)

$$°F = \left[\frac{9}{5} \times \text{섭씨온도}(℃)\right] + 32$$

5. 공기의 압력

(1) 압력

단위면적당 작용하는 힘을 말함(단위부피당 작용하는 에너지)

(2) 단위

1기압 = 760mmHg = 10,332mmH$_2$O = 1.0332kg/cm^2 = 10,325Pa

(3) 속도압(VP : Velocity Pressure, mmH$_2$O)

정지상태의 공기를 일정한 속도로 가속화시키는 데 필요한 압력

$$VP = \frac{\rho V^2}{2g}$$

여기서, VP : 속도압(공기 속도두)(kgf/m^2 ≒ mmH$_2$O)
V : 공기의 속도(m/sec)
g : 중력 가속도(9.8m/sec^2)
ρ : 표준공기의 밀도(1.203kg/m^3)

$$V = 4.043\sqrt{VP}$$

여기서, VP : 속도압(mmH$_2$O)
V : 공기의 속도(m/sec)

(4) 정압(SP : Static Pressure, mmH_2O)

① 공기를 압축 또는 팽창시키며, 공기흐름에 대한 저항을 나타내는 압력으로 속도압과 관계없이 독립적으로 발생한다.

② 단위체적의 유체가 압력이라는 형태로 나타나는 에너지로 유체부분에 압축작용이 미치는 것을 말하고 잠재에너지라고도 한다. **모든 방향**으로 **동일한 크기**의 압력이 작용한다. 공간 벽을 팽창시키려는 압력을 양압(+)이라고 하고, 수축시키려는 방향으로 미치는 압력을 음압(−)이라고 한다. 환기시설에서는 송풍기 앞쪽에 있는 관에는 관 벽을 안으로 수축시키려는 압력이므로 음압이 되지만 송풍기 뒤쪽에 있는 관에는 관 벽을 밖으로 팽창시키려는 압력이므로 양압이 된다. 정압은 환기시설 내에 이동공기의 초기 속도를 부여하고 또 공기가 관 내를 이동할 때에 마찰과 난류 때문에 발생하는 유체저항을 극복하여 공기의 이동을 지속시키는 데 필요하다.

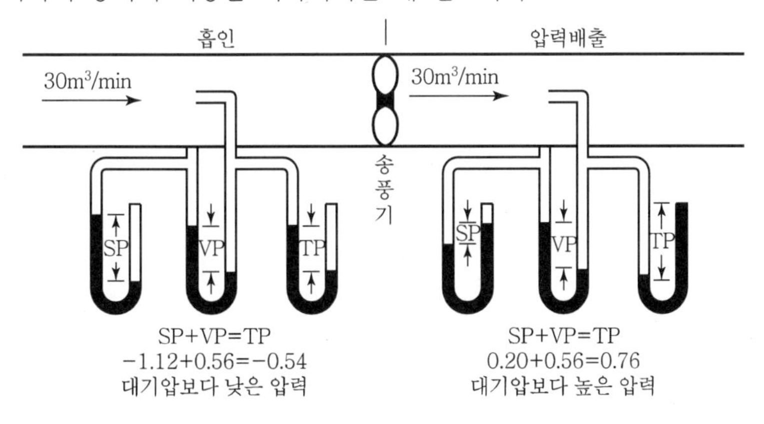

[정압, 속도압, 전압측정의 원리]

(5) 전압(TP : Total Pressure, mmH_2O)

전압(TP)은 정압과 속도압의 합으로 표시되며, 장치 내에서 필요한 전체 에너지(Total Energy)다.

$$TP = VP + SP$$

정압이나 속도압은 상호 변환이 가능하다. 즉, 정압이 큰 곳(속도가 느린 곳)에서는 속도압이 작아지고 그 반대도 성립된다.

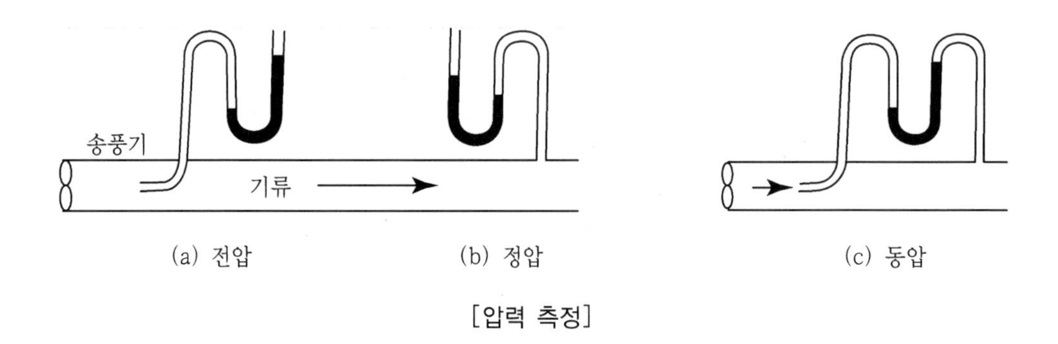

[압력 측정]

6. 압력손실

공기를 후드 내로 유입하기 위해서 정지상태의 외부공기를 일정한 속도로 움직이도록 가속화하고, 공기가 후드나 덕트로 유입될 때 발생되는 난류에 의한 압력손실을 극복해야 한다.

(1) 압력손실 유형

구분		특징
후드정압	후드 유입손실	공기가 후드나 덕트로 유입될 때 발생되는 압력손실
	가속손실	정지된 상태의 외부 공기를 일정한 속도로 움직이도록 가속화하는 데 필요한 압력손실
	기타 손실	후드에서 발생되는 추가 압력손실 후드에 필터가 부착된 경우(필터 압력손실)
덕트 내 압력손실	마찰손실	공기가 덕트를 통과할 때 마찰에 의해 발생되는 손실
	엘보손실	곡관에 의해 발생되는 압력손실
	합류관손실	가지관의 유입각도에 따른 손실
	특수 접속부 손실	축소관의 압력손실
	플렉시블덕트 꼬임 손실	100~300mmH_2O 추정
굴뚝부 압력손실	비마개 압력손실	비마개굴뚝형 등 형태에 따른 압력손실
공기정화장치 압력손실	원심력집진기	압력손실 50~150mmH_2O
	세정집진기	압력손실 100~200mmH_2O
	여과집진기	압력손실 100~250mmH_2O
	전기집진기	압력손실 10~30mmH_2O

(2) 후드정압

공기가속화에 필요한 에너지와 난류에 의한 압력손실을 합하여 후드정압(Hood Static Pressure, SP_h)이라 하며 다음 식으로 표시한다.

$$SP_h = VP + h_e$$

여기서, h_e : 후드유입손실로서 난류손실이라고도 함

$$h_e = F_h \times VP$$

여기서, F_h : 유입손실계수

$$\text{후드정압}(SP_h) = VP + h_e = VP + F_h \times VP = VP(1 + F_h)$$

(3) 유입계수(Ce)

실제 후드 내로 유입되는 유량과 이론상 후드 내의 유입되는 유량의 비로 관계식은 다음과 같다.

$$\text{유입계수}(Ce) = \frac{\text{실제유량}}{\text{이론적 유량}}$$

$$\text{후드 유입손실계수}(F_h) = \frac{1 - Ce^2}{Ce^2} = \frac{1}{Ce^2} - 1$$

$$\text{유입계수}(Ce) = \sqrt{\frac{1}{1 + F_h}}$$

(4) 관 내 기류의 압력손실

① 유체유동의 형태와 레이놀즈수

1880년 영국의 공학자인 오스본 레이놀즈(Osborne Reynolds)는 층류와 난류는 점성력과 관성력의 상대적 크기에 의하여 지배한다고 생각하고 관성력과 점성력의 비로서 무차원 계수인 레이놀즈수(Re ; Reynolds Number)를 정의하였다.

$$Re = \frac{관성력}{점성력} = \frac{VD\rho}{\mu} = \frac{VD}{\nu}$$

여기서, V : **유체의 평균유속**(m/sec)
D : **관의 직경**(m)
ρ : **유체의 밀도**(kg/m³)
μ : **점성계수**(kgf · sec/m²)
ν : **동점성계수**(m²/sec)

첫째, 층류유동(Laminar Flow)은 유체 입자가 서로 층과 층을 이루며 유체의 분자들이 상하 뒤섞임이 없이 질서 정연하게 흐르는 형태를 말한다.

$$마찰계수 : f = \frac{64}{Re}$$

둘째, 난류유동(Turbulent Flow)은 관 내 유체가 빠르게 흐를 때 나선형 흐름의 혼합상태가 되는 경우를 말한다.

마찰계수 : $f = \frac{0.314}{4\sqrt{Re}}$ 또는 **상대조도**$(\frac{e}{D})$와 Re를 통하여 찾음

여기서, e : **절대조도**, D : **덕트직경**

레이놀즈수는 유체의 유동형태가 층류인지 난류인지를 결정하는 중요한 무차원의 수이므로 일반적으로 공학자들은 설계 시 원형 관에 대한 임계 레이놀즈수를 2,100으로 잡는다.

[층류와 난류의 레이놀즈수 구분]

$Re < 2{,}100$: 층류 유동
$2{,}100 < Re < 4{,}000$: 천이구역
$Re > 4{,}000$: 난류 유동

환기시설에서 사용하는 관 내 Re 수는 보통 $10^5 \sim 10^6$이기 때문에 난류를 형성하고 있다. 따라서 아무리 작은 경우에도 $Re = 3 \times 10^4$ 정도이기 때문에 난류를 형성한다. 한편 표준공기 상태에서 동점성계수 $\nu = 1.5 \times 10^{-5}$m²/sec이므로 다음과 같이 통상적으로 표현할 수 있다.

$$Re = \frac{VD}{\nu} = \frac{VD}{1.5 \times 10^{-5}} = 0.666\,VD \times 10^5$$

② 레이놀즈수

덕트 내 공기에 의한 마찰손실은 공기속도, 덕트직경, 공기밀도, 공기점도, 덕트면의 조도 및 덕트길이 등 여러 가지 요소에 의하여 영향을 받는다. 이 중 공기속도, 덕트직경, 공기밀도, 공기점도의 4가지 요소를 합친 것이 레이놀즈수이다. 레이놀즈수가 3,000일 때의 공기속도를 임계속도라 하며, 임계속도는 덕트의 직경과 반비례한다.

③ 조도

덕트의 조도는 상대조도(relative roughness)로 표시하며, 절대조도(absolute surface roughness, ε, 표면돌기의 평균높이)를 덕트직경으로 나눈 값이다. Lewis F · Moody (1880~1953)는 상업용 관을 구입하여 실험한 결과를 그림으로 나타내 제시하였으며 레이놀즈수와 조도를 고려하여 마찰계수(f)를 구할 수 있는 차트를 고안하였는데 이를 Moody선도라고 한다. 덕트 내의 마찰손실은 Darcy-Weisbach 마찰계수 방정식으로 표현된다.

$$\text{상대조도} = \frac{e}{D}$$

여기서, e : **절대조도**
D : **덕트직경**

④ 덕트 내 마찰손실

㉠ Darcy-Weisbach 마찰계수 방정식에 의한 마찰손실

$$\Delta P = f_D \frac{l}{D} VP$$

여기서, ΔP : 마찰손실
f_D : Moody차트에서 구한 마찰계수
l : 덕트길이(m)
D : 덕트직경(m)
VP : 속도압(mmHg)

㉡ Wright의 등거리 환산법에 의한 마찰손실

$$\Delta P = 5.3845 \times \frac{V^{1.9}}{D^{1.22}}$$

여기서, ΔP : 단위길이당 압력손실치(마찰손실치)(mmH_2O)
V : 관 내 유속(m/sec)
D : 관의 직경(mm)

⑤ 덕트 형태에 따른 압력손실

곡관, 덕트의 축소나 확대 및 가지덕트의 연결부위 등에서 발생되는 압력손실은 속도압에 비례하며, 다음 식으로 나타낼 수 있다.

$$\Delta P = F \times VP$$

여기서, F : 마찰손실계수, 덕트의 형태에 따라 다르며,
곡관과 가지덕트의 손실계수는 압력손실표에서 구할 수 있다.

⑥ 분지관의 압력손실

㉠ 주 덕트의 압력손실 : $\Delta P = \zeta \times VP_1$ [ζ : 곡선각 θ에 의해 정해지는 값]

㉡ 가지덕트의 압력손실 : $\Delta P = \zeta \times VP_2$ [ζ : 곡선각 θ에 의해 정해지는 값]

(5) 확대관의 압력손실

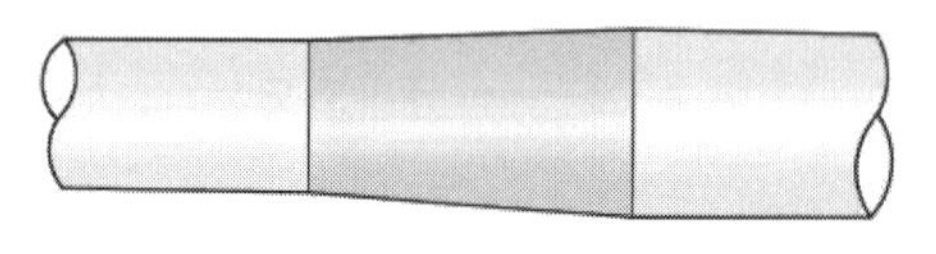

[확대관]

① 압력손실 확대관측정압(정압회복량)

$$(SP_2 - SP_1) = (VP_1 - VP_2) - \zeta(VP_1 - VP_2) = \zeta'(VP_1 - VP_2),\ [\zeta' = 1 - \zeta]$$

② 압력손실계수 ζ로 구하는 방법

$$\Delta P = \zeta(VP_1 \times VP_2) \qquad [\zeta : \text{곡선각 } \theta\text{에 의해 정해지는 값}]$$

$$(VP_1 - VP_2) = \frac{\Delta P}{\zeta} = \frac{\Delta P}{1 - \zeta'}$$

③ 정압회복계수 ζ'로 구하는 방법

$$\Delta P = (SP_2 - SP_1) + \zeta'(VP_1 - VP_2)$$

[ζ' : 곡선각 θ에 의해 정해지는 값]

(6) 축소관의 압력손실

[축소관]

① 압력손실 축소관측정압

$$SP_2 - SP_1 = -(VP_2 - VP_1) - \zeta(VP_2 - VP_1)$$

여기서, ζ : 곡선각 θ에 의해 정해지는 값

② 압력손실계수로 구하는 방법

$$\Delta P = \zeta(VP_2 - VP_1)$$

여기서, ζ : 곡선각 θ에 의해 정해지는 값

(7) 댐퍼의 압력손실

$$\Delta P = \zeta \times VP$$

여기서, ζ : 원형나비형 댐퍼 : 0.2,
사각형나비형 댐퍼와 평행익댐퍼 : 0.3

(8) 공기정화장치의 압력손실

$$\Delta Pa = \Delta Pc \times \left(\frac{Q_a}{Q_c}\right)^2$$

여기서, ΔPa : 실제 처리풍량(Q_a)일 때의 압력손실
ΔPc : 정격 처리풍량(Q_c)일 때의 압력손실

$$\Delta Pc = \zeta \times VP_c$$

여기서, ζ : 송풍기 사양서의 압력손실계수
VP_c : 정격처리풍량일 때의 속도압

(9) 배기구의 압력손실

[웨더캡형 배기구]

① 직관형 : $\Delta P = \zeta \times VP$ [ζ : 1.0]
② 웨더캡 부착 : $\Delta P = \zeta \times VP$ [ζ : h/d에 의해 정해지는 값]
③ 엘보형 : $\Delta P = \zeta \times VP$ [ζ : 1+댐퍼의 ζ]
④ 루버형 : $\Delta P = \zeta \times VP$ [ζ : a/A에 의해 정해지는 값]

(10) 환기시스템계의 총 압력손실

[총 압력손실 계산 목적]
① 각 후드의 제어풍량을 얻기 위함
② 배관계 각 부분의 소요 이송속도를 얻기 위함
③ 국소환기장치 전체의 압력손실에 맞는 송풍기 동력, 형식 및 규모를 정하기 위함

7. 흡기와 배기

개구면(開口面)에서 공기를 불어내는 경우에는 개구면으로부터 상당한 거리까지 영향을 줄 수 있으나 반대로 공기를 흡인하는 경우에는 개구면으로부터 영향을 주는 범위가 매우 짧다. 불어내는 공기의 경우 직경을 d라고 했을 때 개구면 직경의 30배인 30d만큼 떨어진 곳에서도 개구면 유출속도의 10%에 해당하는 속도를 유지하고 있는 반면, 흡인하는 경우에는 개구면 직경 d와 같은 1d의 거리에서 개구면 속도의 10%에 해당하는 속도밖에 유지하지 못함을 알 수 있다. 그러므로 국소배기장치를 설치할 때 오염 발생원에서 가능하면 가까운 위치에 후드를 설치하지 않으면 만족할 만한 효과를 기대하기 어렵다. 즉, 송풍기로 공기를 불어넣어 줄 때는 덕트 직경의 **30배 거리**에서 공기속도는 1/10으로 감소하나, 공기를 흡입할 경우에는 기류의 방향에 관계없이 덕트직경과 같은 거리에서 1/10으로 감소한다. 따라서 국소배기시설의 후드는 유해물질 발생원으로부터 가까운 곳에 설치해야 한다.

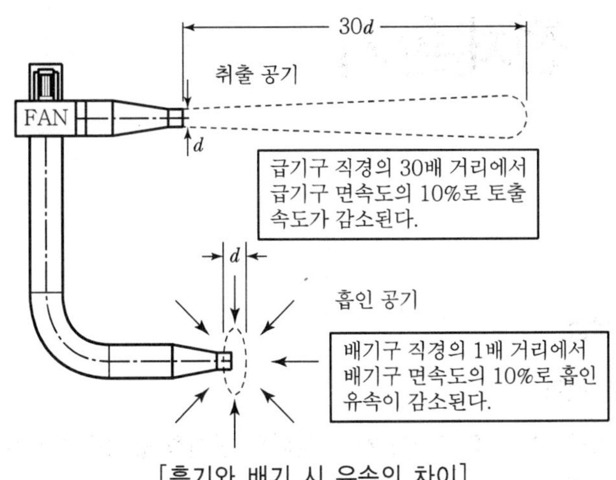

[흡기와 배기 시 유속의 차이]

후드는 어떤 특정지점에 일정한 속도 이상의 공기를 흡입하도록 설치하는 것으로, 특히 후드 개구부는 발생원으로부터 멀어짐에 따라 흡입되는 기류가 적어지게 된다. 즉, 흡입력을 잃게 된다.

이러한 흡입기류의 특성은 후드 개구면의 풍속을 100이라 했을 때의 풍속을 백분율로 표시하며 그 분포의 등속선으로 표시할 수 있는데 다음의 그림은 원형 후드에 있어서 등속선에 관한 표시이다.

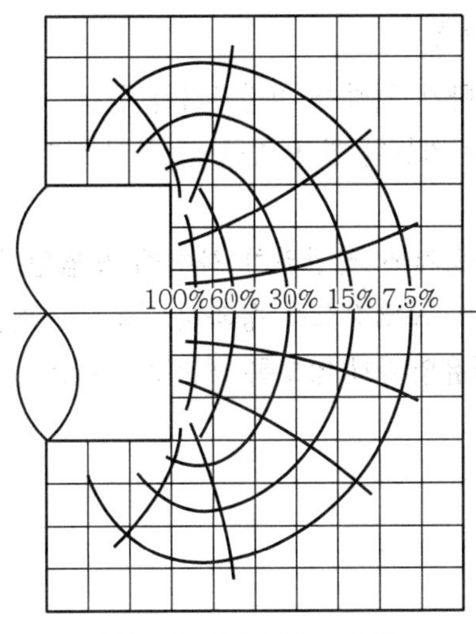

[후드의 흡입기류 특성]

제5절 전체환기

1. 전체환기의 개념

(1) 전체환기의 정의

실내의 오염공기를 실외로 배출하고 실외의 신선한 공기를 도입하여 실내의 오염공기를 희석시키는 방법

(2) 전체환기의 목적

① 유해물질의 농도가 감소되어 건강을 유지시킨다.
② 화재나 폭발을 예방한다.
③ 온도와 습도를 조절한다.

(3) 전체환기 설치의 기본원칙

① 배출공기를 보충하기 위하여 청정공기를 공급
② 오염물질 배출구는 가능한 한 오염원으로부터 가까운 곳에 설치하여 **점환기**의 효과를 얻음
③ **공기배출구와 근로자의 작업위치 사이에 오염원이 위치**
④ 공기가 배출되면서 **오염장소를 통과**하도록 공기배출구와 유입구의 위치를 선정
⑤ **배출된 공기가 재유입되지 않도록** 배출구 높이를 설계하고 **창문이나 출입문 위치를 피함**

2. 전체환기의 종류

(1) 강제환기방법

① 급기는 루버나 창문을 이용한 자연급기 또는 팬을 이용한 강제급기 모두 사용
② 지붕 또는 벽면에 배기팬을 설치하여 오염물질을 환기시키는 방법

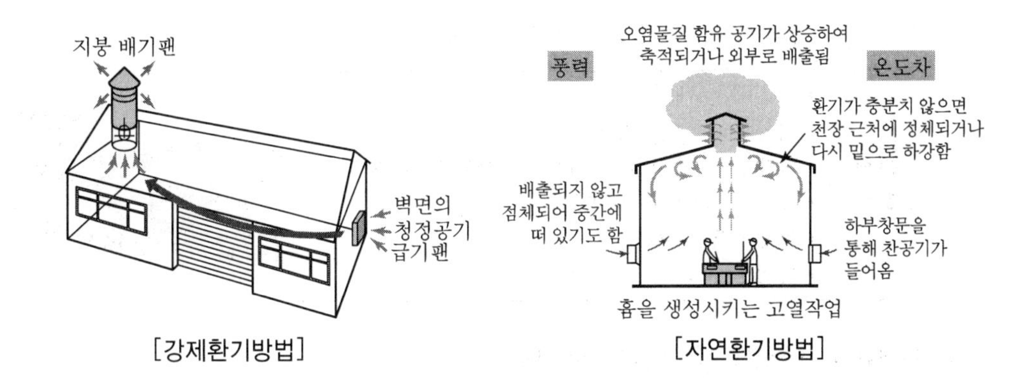

[강제환기방법] [자연환기방법]

(2) 자연환기방법

① 자연환기는 실내외 온도차 및 풍력 등 자연적인 힘을 이용한 환기방법

② 지붕 모니터 등을 이용하여 공장 내 오염물질을 배출시킴

〈강제환기와 자연환기의 비교〉

구분	장점	단점
강제환기	• 필요 환기량을 송풍기 용량으로 조절 • 작업환경을 일정하게 유지	• 송풍기 가동에 따른 소음, 진동뿐만 아니라 막대한 에너지 비용 발생
자연환기	• 소음 및 운전비가 필요 없음 • 적당한 온도차와 바람이 있다면 기계 환기보다 효과적임 • 효율적인 자연환기는 냉방비 절감효과가 있음	• **환기량의 변화가 심함(기상조건, 작업장 내부조건)** • **환기량 예측자료가 없음** • 벤틸레이터 형태에 따른 효율평가 자료가 없음

3. 건강보호를 위한 전체환기

(1) 전체환기의 조건 및 고려사항

① 오염발생원에서 발생하는 유해물질의 양이 적어 국소배기로 하면 비경제적인 경우

② 근로자의 근무 장소가 오염발생원으로부터 멀리 떨어져 있어 유해물질의 농도가 허용기준 이하일 때

③ 오염물질의 독성이 낮은 경우

④ 오염물질의 발생량이 **균일한 경우**

⑤ 한 작업장 내에 **오염발생원이 분산**되어 있는 경우

⑥ 오염발생원의 위치가 움직이는 경우

⑦ 기타 국소배기 장치 설치가 불가능한 경우

구분	내용
전체환기	• 국소배기 대안 • 이동성이 강한 작업 • 발생원이 작업장 전체에 산재해 있는 경우 • 저독성, 저농도 유해물질의 희석환기 • 화재 · 폭발 방지 • 작업장 내부 온열관리

(2) 전체환기 시스템을 설계할 때 고려사항

① 필요 환기량은 오염물질을 충분히 희석하기 위하여 실제 데이터를 사용해야 한다.

② 오염 발생원의 근처에 배기구를 설치한다.

③ 급기구나 배기구는 환기용 공기가 오염영역을 통과하도록 위치시킨다.

④ 충만실 등을 이용하여 배기하는 공기 양만큼 보충한다.

⑤ 작업자와 배기구 사이에 오염 발생원을 위치시킨다.

⑥ 배기한 공기가 다시 급기되지 않게 한다.

⑦ 인접한 작업공간이 존재할 경우는 배기를 급기보다 약간 많이 하고 존재하지 않을 경우에는 급기를 배기보다 약간 많이 한다.

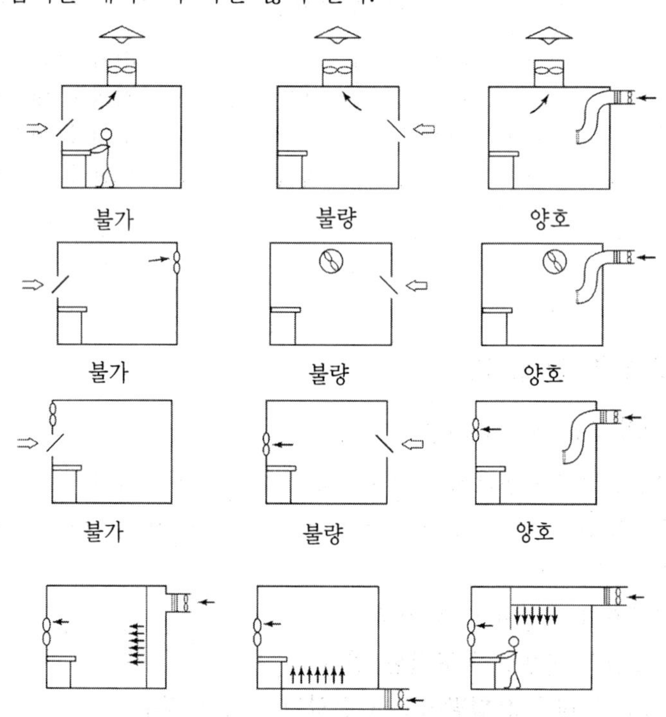

[전체환기 급 · 배기의 적합 및 비적합 설치 예]

4. 화재 및 폭발방지를 위한 전체환기

환기량을 구한 후 보일샤를의 법칙으로 온도를 보정해야 한다.

$$Q(\mathrm{m^3/hr}) = \frac{24.1 \times \text{비중} \times \text{사용량}(\mathrm{L/hr}) \times \text{안전계수} \times 100}{\text{그램분자량} \times \mathrm{LEL}(\%) \times \mathrm{B}}$$

여기서, B : 상승온도에서 LEL의 감소를 나타내는 상수로서 온도 120°C까지는 $B=1$, 120°C 이상에서는 $B=0.7$

LEL : 폭발 방지 최저농도(%)

$$Q' = Q \times \left(\frac{273+T}{273+21}\right)$$

여기서, Q' : 보정 후 환기량

Q : 표준 공기(21℃) 환기량

T : 실제 공기온도(℃)

5. 혼합물질 발생 시의 전체환기

(1) 시간당 필요환기량(산업안전보건기준에 관한 규칙 제430조)

작업시간 1시간당 필요환기량

$$= \frac{24.1 \times \text{비중} \times \text{유해물질의 시간당 사용량} \times K \times 10^6}{\text{분자량} \times \text{유해물질의 노출기준}}$$

① 시간당 필요환기량, 단위 : $\mathrm{m^3/hr}$

② 유해물질의 시간당 사용량, 단위 : L/hr

③ K : 안전계수

[K값 결정 요인]

㉠ **노출기준**

㉡ 환기방식의 **효율성** 및 실내유입 보충용 공기의 혼합과 기류분포

㉢ 유해물질의 **발생률**

㉣ 공정 중 근로자들의 위치와 발생원과의 거리

㉤ 작업장 내 유해물질 발생점의 위치와 수

④ 유해물질의 노출기준, 단위 : ppm

⑤ 21℃ 기체 1mol의 부피는 24.1L

[주의] 유해물질의 시간당 사용량은 액체상태를 말함

6. 온열관리와 환기

(1) 인적 환기(Human ventilation)

온도, 습도 및 공기유동에 의해 결정되는 온감을 조절함으로써 근로자가 불쾌감을 느끼지 않고 생리적 장애를 일으키지 않도록 하기 위한 전체환기를 말한다.

(2) 환경요소지수

- WBGT(습구흑구온도, Wet-bulb Glove Temperature)
- ET(실효온도, Effective Temperature)

(3) 수증기 발생 시 필요환기량

$$Q = \frac{W}{\gamma \Delta G} = \frac{W}{1.2\Delta G}$$

여기서, Q : 환기량(m³/hr)
W : 수증기 발생량(kg_f/h)
G_i : 셀 내의 중량 절대습도[kg_f/kg_f 건기]
G_o : 외부의 중량 절대습도[kg_f/kg_f 건기]
ΔG : 급배기의 절대 습도차($=G_i - G_o$)

또한 필요환기량을 중량단위, 즉 G[kg_f/h]로 나타내면 $G=\gamma Q$이다.

(4) 발열 시 필요환기량

① 대류에 의한 열흡수의 경감

㉠ 방열 : 가열체의 표면을 방열제로 둘러싸, 작업환경에서의 열의 대류와 복사열의 영향을 막아줌

㉡ 일반환기 : 복사열의 차단과 동시에 흡입구를 될수록 바닥에 가깝게 낮춤

㉢ 국소환기

㉣ 냉방 : 국소냉방 시의 기류속도는 대류에 의한 열의 흡수를 줄이고, 증발에 의한 체온방산을 증가하여 체온을 유지할 수 있을 정도여야 함

② 복사열의 차단

㉠ 열차단판 : 알루미늄 박판, 알루미늄 칠한 금속판, 방열성이 낮은 판

㉡ 감시작업에서 시야 방해가 없어야 하는 경우 : 적외선을 반사시키는 유리판, 방열망
작업장 내 열부하를 Hs[kcal/h], 상승된 온도, 즉 급배기(실내외)온도차를 Δt, 정압비열을 C_p[kcal/m³ · C], 환기량을 Q[m³/h]라 하면 다음의 관계를 만족한다.

$$H_s = C_p \times Q \times \Delta t$$

따라서 필요환기량은 다음과 같이 구한다.

$$Q = \frac{H_s}{C_p \times \Delta t} = \frac{H_s}{0.3 \times \Delta t}$$

7. 실내 환기량 평가

(1) 시간당 공기교환 횟수

$$\text{시간당 공기 교환율(ACH ; Air Change per Hour)} = \frac{\text{필요환기량}}{\text{용적}}$$

(2) CO_2 농도를 이용하는 방법

$$ACH = \frac{\ln(C_1 - C_0) - \ln(C_2 - C_0)}{\text{hour}}$$

여기서, C_1 : 측정 초기 이산화탄소 농도(ppm)
C_2 : t시간 후 이산화탄소 농도(ppm)
C_0 : 외부공기 중 이산화탄소 농도(ppm)

(3) 트레이서(Tracer) 가스를 이용하는 방법

$$ACH = \frac{\ln C_1 - \ln C_2}{\text{hour}} \times 100$$

여기서, C_1 : 시간 t_1에서의 트레이서 가스 농도(%)
C_2 : 시간 t_2에서의 트레이서 가스 농도(%)

(4) 급기 중 외부공기의 함량 측정 방법(OA : Outdoor Air)

$$\%OA = \frac{C_R - C_S}{C_R - C_O}$$

여기서, C_R : 재순환 공기 중 CO_2 농도(ppm)
C_s : 급기 중 공기 중 CO_2 농도(ppm)
C_o : 외부 자기 중 CO_2 농도(ppm)

8. 고열작업 환기

(1) 레시버식 캐노피(천개형) 후드 설계

레시버식 캐노피후드는 배출원의 크기(E)에 대한 후드면과 배출원 간의 거리(H)의 비(H/E)는 **0.7 이하**로 설계하는 것이 바람직하다.

(2) 소요 송풍량

$$\text{소요 송풍량}(Q') = Q\{1 + (m \times K_L)\}$$

여기서, m : 누출안전계수
K_L : 누입한계유량비

제6절 국소환기

1. 국소배기시설의 개요

국소배기시설이란 발생원에서 발생된 유해물질이 주변 공기 중에 확산되기 전에 국소적으로 공기를 흡입하고 처리하는 방법으로 주로 용광로나 가열로, 실험실 업무, 목재가공설비, 기타 화학설비공정 등에 적용된다. 특히 유해물질로 오염된 작업장은 전체 환기를 통해 희석 제거하는 것보다 용이하게 처리할 수 있을 뿐만 아니라 유지관리비용도 적으므로 산업 환기에서는 이 방법을 주로 채택하고 있다.

2. 국소배기시설의 구성

후드 → 송풍관(Duct) → 공기정화장치 → 송풍기 → 배출구

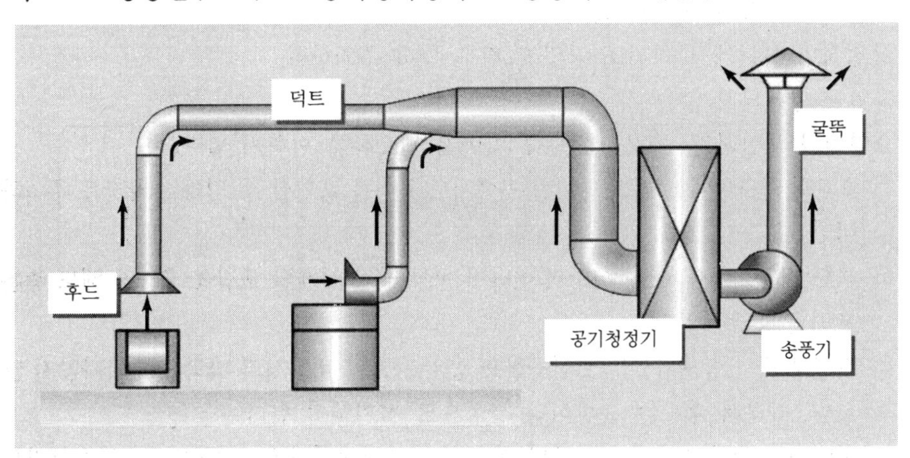

3. 국소배기시설의 역할

[국소배기장치의 장점(전체환기와 비교 시)]

① 발생원에서 유해물질을 포집하여 제거하므로 전체환기보다 환기효율이 좋다.

② 필요 송풍량이 전체환기의 필요 송풍량보다 적어 경제적이다.

③ 분진의 제거도 가능하다.

4. 후드

후드가 국소배기시설에서 가장 중요한 이유는 후드에서 오염물질이 충분히 포집되지 않으면 오염물질의 제거가 비효율적이기 때문이다. 따라서 적절한 후드의 선택과 위치선정이 전체 국소배기시설의 효율적인 작동 여부를 판가름하므로 후드가 최적의 상태를 유지하도록 한다.

(1) 후드의 선정 조건

① 필요환기량을 최소화할 것

㉠ **가급적이면 발생원(오염원)을 많이 포위한다.**

㉡ 포집형이나 레시버형 후드를 사용할 때에는 가급적 후드를 배출 오염원에 가깝게 설치한다.

㉢ 공정에서 발생 또는 배출되는 오염물질의 절대량을 감소시키는 것이 곧 필요환기량을 감소시키는 것이다.

㉣ 후드 개구면에서 기류가 균일하게 분포되도록 설계한다.

㉤ 어느 한 부분에서의 최소 설계속도를 맞추려고 다른 후드나 개구부보다 높은 속도를 유지하도록 설계하는 것을 피해야 한다.

② 작업자의 호흡영역을 보호할 것

용접작업이나 개방 처리조 작업인 경우 특히 주의한다.

③ 작업에 방해되지 않을 것

④ 오염원의 흡인거리, 물질, 비중 등 일반적인 오류를 범하지 말 것

㉠ 후드의 개구면에서 멀리 떨어진 곳에서도 공기를 흡입할 수 있다는 착각을 주의하여야 한다.

㉡ 후드 개구면에서 60cm 이상 벗어나면 아무리 잘 설계된 포집형 후드라 해도 충분한 포집을 할 수 없다.

㉢ 작업장 내의 방해기류는 오염물질을 공기 중으로 비산시켜 바닥으로 가라앉지 않게 한다. 따라서 후드는 측방이나 상방으로 설치해야 한다.

⑤ ACGIH 또는 OSHA의 추천설계나, KOSHA(한국산업안전보건공단)의 표준환기모델을 가급적 따를 것

㉠ 실제 설계 시 방해기류로 인해 설계사양에 따라 설치한 후드의 성능이 떨어질 경우가 많으므로 주의하여 설계

㉡ 독성이 매우 강한 물질에 대해서는 맞지 않는다는 것을 명심할 필요가 있음

⑥ 오염물질에 따른 후드재질 선택을 신중하게 할 것

(2) 후드와 관련된 용어

① 플랜지(Flange)

흡인 시 후드 뒤에서 돌아오는 공기의 흐름을 방지하고 흡인속도를 증가시키기 위해 후드개구부에 부착하는 판을 말한다.

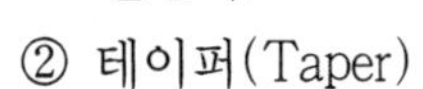

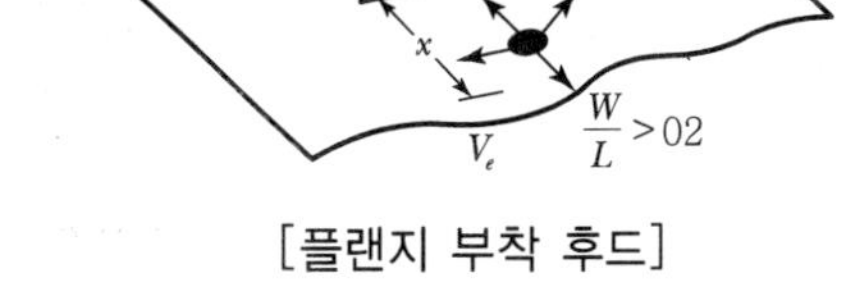

[플랜지 부착 후드]

② 테이퍼(Taper)

후드와 덕트가 연결되는 부위에 급격한 단면의 변화로 인한 손실을 방지하고 배기를 균일하게 하기 위하여 점진적인 경사를 두는 부위를 말함

③ 차단판(차폐막, Baffle)

사각형 후드나 포위형 부스의 내부에 설치하여 개구면의 유속을 균일하게 해주는 판 또는 기류배분판. 또한 후드의 외부에 설치하여 방해기류에 의한 오염물질의 포집상해를 막고 효율을 높이기 위해 설치하는 차단판

④ 슬롯(Slot)

후드 개방부분이 길이는 길고 높이(폭)이 좁은 형태로 높이와 길이의 비가 0.2 이하인 경우를 말하며, 유속이 개구부 전체에 균일하게 분포되게 할 목적으로 사용함

[외부식 슬롯 후드]

⑤ 충만실(Plenum)

슬롯후드의 뒤쪽에 위치하여 압력을 균일화시키는 공간을 말함

⑥ 후드 개구면 속도

후드 개구부 전면에서 측정한 기류의 유속을 말하며, 후드 개구면의 속도와 개구부의 면적으로 풍량을 계산할 때 사용함

⑦ 경계층 분리현상

후드에 정면으로 서서 일하는 작업자의 경우, 작업자의 등 뒤에서 기류가 흐르게 될 때에 작업자의 호흡기 위치에서 경계층 분리현상이 일어나 역방향 기류와 난류에 의한 혼합이 발생하게 된다. 이러한 혼합현상에 의해 작업자의 호흡기 위치까지 도달해 과도한 노출이 발생된다. 따라서 가급적 기류에 대해 평행하게 서서 작업하는 것이 바람직하다.

⑧ Null Point

제어속도는 오염원에서 뿐만 아니라 오염원에서 후드 반대쪽으로 비산하는 오염물질의 초기 속도가 0이 되는 지점까지 도달해야 하며, 이것을 헤미온(Hemeon)의 Null Point Theory라 한다.

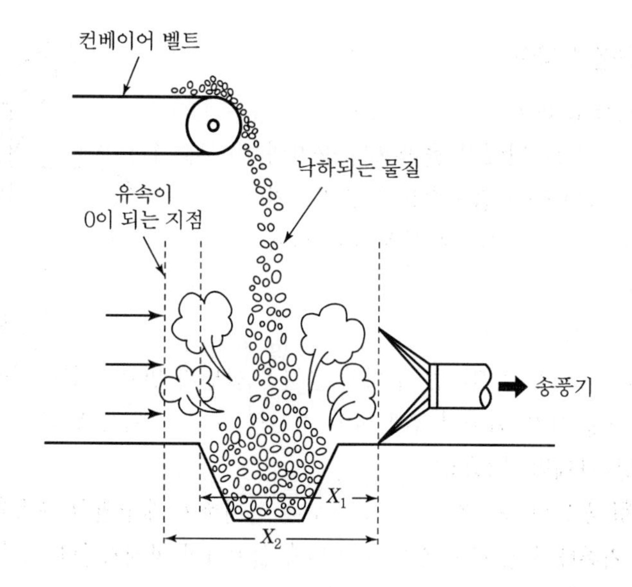

⑨ 제어속도

오염공기를 후드 내로 유입시키기 위한 **최소속도**이다.

(3) 후드의 종류

① 포위식 후드

유해물질 발생원이 후드로 완전히 포위되어 후드 내부에 유해물질 발생원이 위치하는 형태의 후드. 포위식 후드는 적은 제어풍량으로 만족할 만한 효과를 기대할 수 있으나, 유입공기량이 적어 충분한 후드 개구면 속도를 유지하지 못하면, 오히려 외부로 오염물질이 배출될 우려가 있다. 이러한 역류를 방지하기 위하여 개구면에서의 면속도를 0.4 m/s 이상으로 유지하도록 권고하고 있다. 자동차 수리 및 제조공정에서의 자동차 도장부스는 일종의 포위식 후드이며 상부 급기 및 하부 또는 측면부 배기형태가 있다. 제어풍속은 급기를 고려하여 0.2~0.3 m/s를 권장하고 있다.

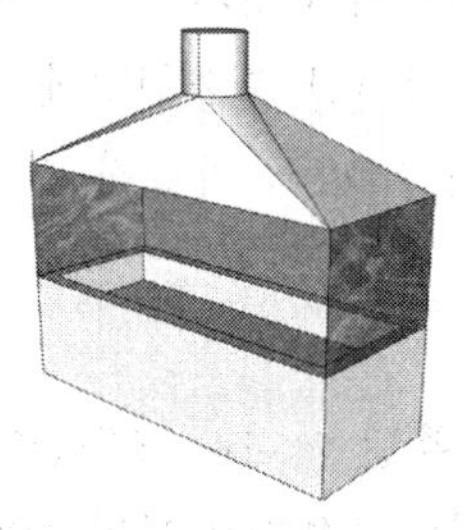

[포위식 후드]

② 외부식 후드

유해물질 발생원을 후드 외부에 두고 송풍기에 의한 흡인력으로 후드 개구부로 유해물질을 흡인한 후 제거하는 후드며 레시버형 후드 및 포집형 후드를 구분할 수 있다.

[외부식 후드]

③ 레시버식 후드

공정에서 발생하는 방향성을 가진 기류에 의해 유해물질을 흡인한 후 제거하는 후드로 회전 연삭기에서 깎인 입자상 물질이 연삭기 회전방향으로 배출되고, 가열로와 같은 공정에서 열에 의해 기류가 상승하는 것 등을 예로 들 수 있다.

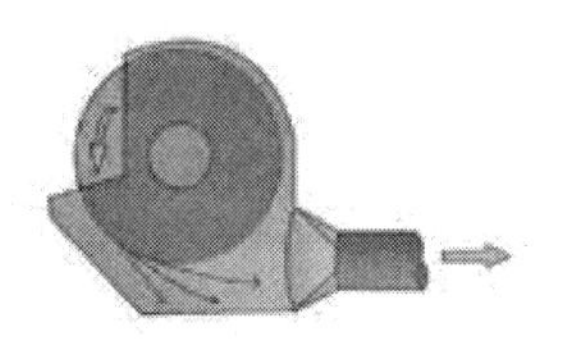

(a) 유해물질이 일정방향으로 비산하는 경우

(b) 열상승 기류가 있는 경우

[레시버식 후드]

④ 포집형 후드

오염원의 외부에 설치하여 송풍기에 의해 발생되는 흡인력을 이용하여 오염물질 발생원에서 발생되는 오염물질을 후드로 끌어들여 처리하는 후드를 말한다. 이러한 후드의 종류로는 측방형, 하방형, 슬롯, 수공구 등에 부착하는 저유량-고유속후드(자동차용 샌더기에 부착 등) 등이 있다.

[그라인더(저유량-고속후드)]

[상방 후드]

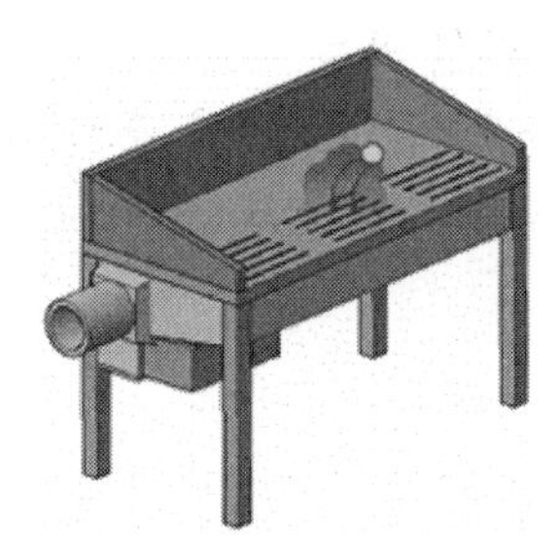

[하방 후드]

[측방향 후드]

[슬롯후드]

(4) 후드의 종류별 장단점

① 외부식 후드의 장점

㉠ 다른 종류의 후드보다 작업방해가 적다.

㉡ 후드가 발생원에 직접 부착되어 있기 때문에 근로자가 발생원과 환기설비 사이에서 작업할 수 없다.

② 외부식 후드의 단점

㉠ 다른 후드에 비하여 필요 송풍량이 많다.

㉡ 후드의 성능은 난기류에 영향을 받는다.

㉢ 후드 주변의 기류속도가 매우 빠르기 때문에 쉽게 흡인될 수 있는 물질, 즉 유기용제, 미세 분말 및 원료의 흡인으로 인한 손실을 야기할 수 있다.

③ 레시버식 그라인더형 후드의 단점

㉠ 받침대에 물품을 올려 연삭, 연마작업시 발생분진의 대부분은 받침대 위에서 수반기류에 휘말려서 커버 하부의 개구부로 흡인되지 않고 발진하게 된다.

㉡ 분진의 비산방향이 개구면으로 향하지 않기 때문에 흡입이 잘 되지 못한다.

④ 포위식 후드의 장점

㉠ 작업장의 완전한 오염 방지가 가능하다.

㉡ 최소의 환기량으로 유해물질 제거가 가능하다.

㉢ 난기류 등의 영향을 거의 받지 않는다.

⑥ 후드 개구면 속도

포집형 후드 개구면에서 균일한 유속분포가 생성되어야 오염물질을 성공적으로 포집할 수 있다. 따라서 후드 개구면 속도를 균일하게 분포시키는 방법이 중요한 요소가 된다.

㉠ 플랜지 부착
㉡ **테이퍼 부착**
㉢ 분리날개 설치
㉣ **슬롯 사용**
㉤ **차단판 사용**

(5) 후드를 사용하여 흡진할 때의 유의점

① 후드는 오염물질을 충분히 포착하고 잉여 공기의 흡입을 줄이기 위하여 가능한 발생원에 가까이 접근시킨다.
② 발생원과 후드 간의 장해물에 의한 기류의 흐름을 충분히 고려하고 필요에 따라 에어커튼도 이용한다.
③ 국소적인 흡인방식을 이용한다.
④ 후드의 개구면적을 작게 하여 흡인 개구부의 포착속도를 높인다.
⑤ 충분한 포집속도를 유지한다.

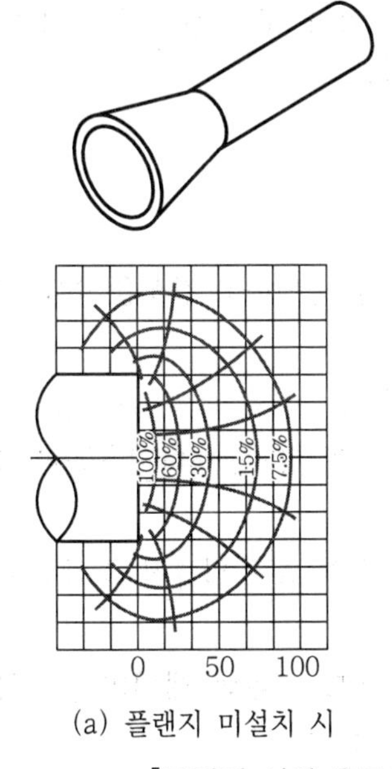

(a) 플랜지 미설치 시

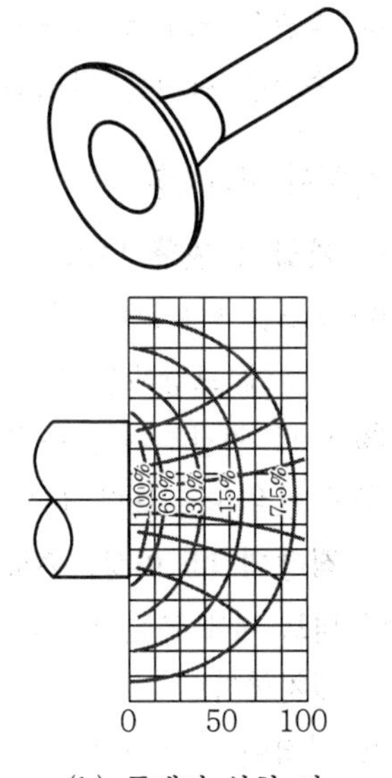

(b) 플랜지 설치 시

[플랜지 설치 유무에 따른 원형 후드의 등속흡인선 분포]

5. 덕트

후드에서 흡인한 오염물질을 공기정화장치를 거쳐 송풍기까지 운반하는 송풍관 및 송풍기로부터 배기구까지 운반하는 관을 덕트라 한다.

(1) 통기저항 및 이송속도

① 통기저항

송풍관의 내부를 흐르는 공기 흐름을 방해하는 저항

② 이송속도

국소배기장치에서 분진을 흡인 제거하는 경우에 송풍관 내에 먼지가 쌓이지 않게 하기 위해 필요한 풍속으로 V_T로 표시한다. 압력손실을 최소화하기 위하여 느려야 하지만, 입자상 물질의 퇴적이 발생할 수 있으므로 주의가 필요하다. 반대로 이송속도를 너무 빠르게 하면 덕트 내면이 빠르게 마모되어 수명이 짧아진다.

(2) 덕트 배치시 유의사항(안전보건규칙 제73조)

① 압력손실을 적게 하기 위해서 가능한 짧게 되도록 배치한다.
② 곡관의 수는 되도록 적게 한다.
③ 길게 옆으로 된 송풍관에서는 먼지의 퇴적을 방지하기 위하여 **1% 정도 하향 구배**를 만든다.
④ 구부러짐 전후나 긴 직관부의 도중에는 적당한 간격으로 청소구를 설치한다.
⑤ 곡관은 되도록 곡률반경을 크게 하여 부드럽게 구부린다(덕트 직경의 2배 이상).
⑥ 송풍관 단면은 되도록 급격한 변화를 피한다.

(3) 설치시 고려사항

① **가급적 원형** 덕트를 사용하는 것이 좋다.
② 후드는 덕트보다 0.76mm 정도 두꺼운 재질을 선택하고 강성을 증대하기 위해 필요한 부분에 보강재를 설치한다.
③ 덕트 연결부위는 용접하는 것이 바람직하다.
④ 곡관은 덕트보다 최소 0.76mm 정도 두꺼운 재질을 선택하며, 곡률반경은 **최소 덕트 직경의 1.5 이상, 주로 2.0을 사용한다.**
⑤ 덕트 내에 분진이 퇴적될 염려가 있을 경우 곡관 부근, 합류점, 수직구간 등에 청소구를 설치한다.
⑥ 직경이 다른 덕트를 연결할 때에는 경사 **30도 이내의 테이퍼**를 부착한다.
⑦ 수분이 응축될 경우 경사나 배수구를 마련한다.
⑧ 송풍기를 연결할 때에는 **최소 덕트직경의 6배 정도**는 직선구간으로 한다.

⑨ 덕트지지대는 덕트의 무게를 충분하게 지탱할 수 있도록 한다.

⑩ 덕트와 송풍기 연결부위에는 진동을 고려하여 유연한 재질로 연결한다.

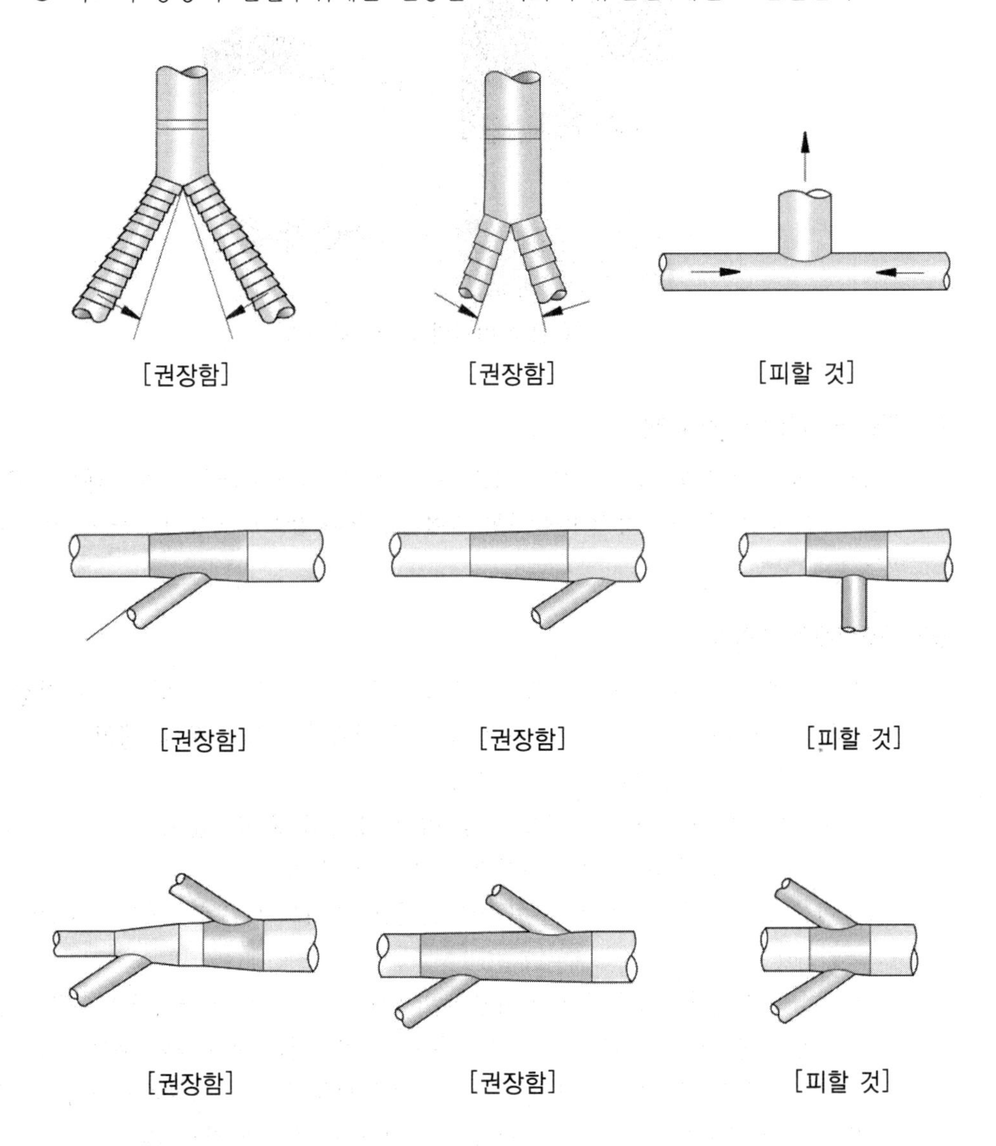

(4) 덕트 재료

① 아연도금 강판(함석판) : 유기용제 등의 부식·마모의 우려가 없는 것

② **스테인리스 강판**, 경질염화 비닐판 : 강산이나 염산을 유리하는 염소계 용제(테트라클로로에틸렌)

③ 강판 : 가성소다 등의 알칼리

④ **흑피강판** : 주물사와 같이 마모의 우려가 있는 입자나 고온가스의 배기

⑤ 중질 콘크리트 송풍관 : 전리 방사성 물질의 배기용

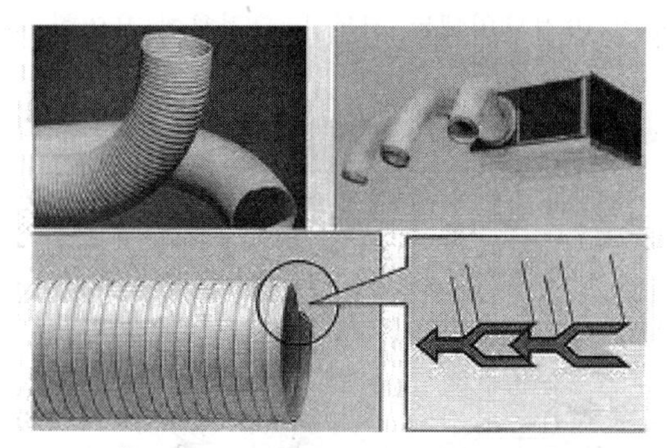

[경질염화 비닐의 플렉시블 덕트]

(5) 덕트 크기와 에너지 대책

유기용제와 같이 막힐 염려가 없는 가스, 증기의 경우 : 송풍관을 크게(2배) → 유속은 줄어듦(1/4배 감소) → **송풍관 마찰저항 줄어듦(1/16배 감소)** → 동력도 줄어들어 경제적임(1/16배 감소)

(6) 구조설계의 주의점

① 압력 측정구 : 아래와 같은 문제점으로 압력에 변화가 생길 수 있으므로 가장 먼저 송풍관 수개소에 압력을 정기적으로 검사할 필요가 있을 경우에 설치

② 송풍관에서 쉽게 일어날 수 있는 문제점

㉠ 관 내에 먼지가 쌓여서 기류의 움직임에 장애를 줄 수 있다.

㉡ 관의 접속부에 틈이 생겨 기류가 밖으로 샐 수 있다.

㉢ 마모성 먼지 때문에 관의 일부(곡관, 분지관)에 마모가 일어나 공기의 누출이 있을 수 있다.

㉣ 부식성 함진기류 때문에 관의 어떤 부위에서 부식이 일어나 공기가 누출될 수 있다.

③ 송풍관 점검공 : 송풍관의 접속방법, 접속부의 기밀재료, 관의 재료, 두께 등을 참작하여 점검공을 설치하여 문제가 생기면 대책을 세울 수 있는 시설의 구조가 필요하다.

④ 기류 차단판 : 시설의 보수점검과 흡인 공기량 조절에 필요하다.

⑤ 재료 선정 시 송풍관의 재료, 판의 두께는 소요압력과 기체의 물성을 조사한 후에 결정

(7) 베나 수축(Vena Contracta)

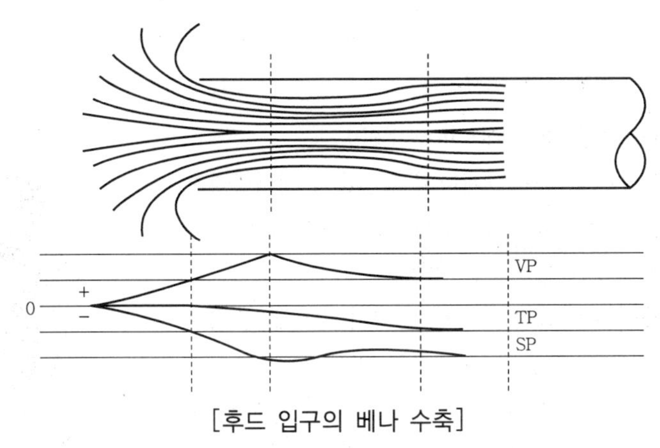

[후드 입구의 베나 수축]

① 관 내로 공기가 유입될 때 기류의 직경이 감소하는 현상, 즉 기류면적의 축소현상을 말한다.
② 베나 수축에 의한 손실과 배나 수축이 다시 확장될 때 발생하는 난류에 의한 손실을 합하여 유입손실이라 하고 후드의 형태에 큰 영향을 받는다.
③ 베나 수축은 덕트 직경 D의 약 0.2D 하류에 위치하며, 덕트의 시작점에서 덕트직경 D의 약 2배쯤에서 붕괴된다.
④ 베나 수축에서는 관 단면에서 유체의 **유속이 가장 빠른 부분은 관중심부**다.
⑤ 베나수축 현상이 심할수록 손실은 증가되므로 수축이 최소화될 수 있는 후드 형태를 선택해야 한다.
⑥ 베나 수축이 일어나는 지점의 기류 면적은 덕트 면적의 70~100% 정도 범위이다.
⑦ 베나 수축이 심할수록 후드 유입손실은 증가한다.

6. 송풍기

국소배기장치의 일부로서 오염된 공기를 후드에서 덕트 내부로 유동시켜서 옥외로 배출하는 원동력을 만들어 내는 흡인장치를 말한다. 일반적으로 팬, 블로어 등으로 불리며 팬과 블로어에 대한 명확한 구분은 없으나 통상적으로 압력상승 한계가 1,000mmH_2O 미만인 것을 팬이라 하고 그 이상인 것을 블로어라고 한다.

송풍기		압축기
Fan	Blower	
1,000mmH_2O 미만 (0.1kg/cm^2 미만)	1,000~10,000mmH_2O (0.1~1kg/cm^2)	10,000mmH_2O 이상 (1kg/cm^2 이상)

(1) 유동의 특성에 따른 분류

축류형 송풍기(Axial-flow Fan), 방사류 송풍기(Radial-flow Fan), 혼합류형(Mixed-flow Fan) 송풍기가 있다.

① 축류형 송풍기(Axial-flow Fan)

㉠ 공기의 유동이 날개차의 회전축과 평행방향으로 발생하여 입구와 출구의 유동방향이 모두 회전축과 일치하는 형식

㉡ 가해준 에너지는 주로 유체의 속도를 증가시키는 데 사용되는 특징이 있음

㉢ 많은 유량이 필요하나 높은 압력을 필요로 하지 않은 곳에 사용하는 것이 바람직하며, 프로펠러형 송풍기, 가정용 선풍기 등이 해당됨

[축류형 송풍기]

② 방사류형 송풍기(Radial-flow Fan)

㉠ 원심력에 의한 압력증가가 주된 목적인 경우에 사용하는 송풍기

㉡ 유량보다는 압력이 필요한 곳에 주로 사용

㉢ 유동을 안내하는 케이싱(Casing)의 형식에 따라 나선형과 튜브형으로 구분하며 원심력 송풍기가 이에 해당됨

- 나선형 케이싱 : 날개차 입구 유동은 회전축 방향이나 출구 회전축의 직각방향 흐름이 되도록 구성된 케이싱
- 튜브형 케이싱 : 날개차 입구 유동과 출구 유동이 둘 다 회전축 방향 흐름이 되도록 구성된 케이싱

[방사류형 송풍기]

③ 혼합류형(Mixed-flow Fan) 송풍기

㉠ 날개차 내에서 축 방향과 반경 방향의 유동이 같이 존재하는 경우 사용하는 송풍기 형식

㉡ 유량과 압력의 증가가 동시에 요구될 때 사용

(2) 날개형상에 따른 분류

후곡형, 익형, 방사형, 다익형, 축류형 송풍기가 있다.

① 후곡형 송풍기

㉠ 블레이드의 끝부분이 회전방향의 뒤쪽으로 굽은 후곡형과 날개가 직선으로 된 것이 있다.

㉡ 효율이 높고 고속회전에서도 비교적 조용한 운전을 할 수 있는 것으로 터보형 송풍기(Turbo Fan)에 적용되며, 날개의 매수도 다익형 송풍기보다 적고 높은 압력에 사용된다.

[후곡형 송풍기]

② 익형 송풍기(Air Foil)

㉠ 후곡형과 다익형을 개량한 것으로 박판을 접어서 유선형의 날개를 형성한 것은 고속회전이 가능하고 소음이 적다.

㉡ 날개를 S자 모양으로 구부린 리미트 로드팬(Limit Load Fan)도 해당된다.

㉢ 다익형 송풍기의 경우에는 풍량이 증가하면 축동력이 급격히 증가하여 과부하가 되므로 이를 보완한 것이 익형(Air Foil)이다.

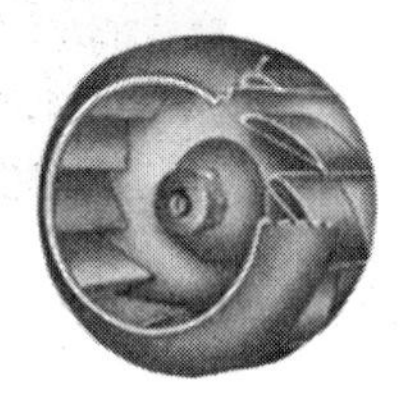

[익형 송풍기]

③ 방사형 송풍기

㉠ 날개가 방사형으로서 평판형과 전곡형(Forward)이 있다.

㉡ **자가청소(Self Cleaning)의 특성이 있어** 분진의 퇴적이 심하고 송풍기 날개 손상이 우려되는 산업용 송풍기에 적합하다.

㉢ 효율, 발생 소음 측면에서는 다른 송풍기에 비해 좋지 못하다.

[방사형 송풍기]

④ 다익형 송풍기

㉠ 앞쪽으로 굽은 날개를 가지고 있으며, 시로코팬(Sirocco Fan)이라고 불린다.

㉡ 회전수는 많지 않으므로 진동도 적지만 특히 방진을 필요로 하는 곳에 설치할 때는 방진고무나 스프링을 사용한다.

㉢ 100mmAq 이하의 저압용에 사용하며, 다익 송풍기는 팬코일 유닛(FCU : Fan Coil Unit)에 적합하다.

※ 송풍기의 크기는 임펠러 지름을 150mm의 배수로서 번호를 붙여 호칭하며, 임펠러 지름이 150mm인 것을 No.1 송풍기, 300mm인 것을 No.2라고 부른다.

[다익형 송풍기]

⑤ 축류형 송풍기

㉠ 프로펠러형의 블레이드가 기체를 축방향으로 송풍하는 형식으로 낮은 풍압에 많은 풍량을 송풍하는 데 적합하다.

㉡ 덕트 시스템이 없고, 공기 기류에 대한 저항이 적은 환기팬, 소형 냉각탑 유닛, 히터 등에는 프로펠러형 팬을 사용한다.

㉢ 튜브 축류팬(Tube Axial Fan)은 관 모양의 하우징(Housing) 내에 송풍기가 들어 있어 덕트 중간에 설치하여 송풍압력을 높이거나 국소통풍 또는 대형 냉각탑에 사용한다.

(3) 축류 송풍기

종류는 프로펠러형, 튜브형, 베인형으로 구분하며, 비교적 가볍고, 재료비와 설치비가 저렴하다. 소음이 크고 오염된 공기 취급 장소에 사용하기에는 부적절하다.

① 프로펠러 송풍기

㉠ 구조가 가장 간단하고 값이 싸 화장실, 음식점, 흡연실 등의 벽면에 부착하여 사용
㉡ 적은 비용으로 많은 양의 공기를 이송시킬 수 있음
㉢ 압력손실이 많이 걸리는 곳에 사용할 경우 송풍량이 급격하게 떨어짐
㉣ 국소 배기용보다는 압력손실이 약 25mmH_2O 이하인 전체환기용으로 사용

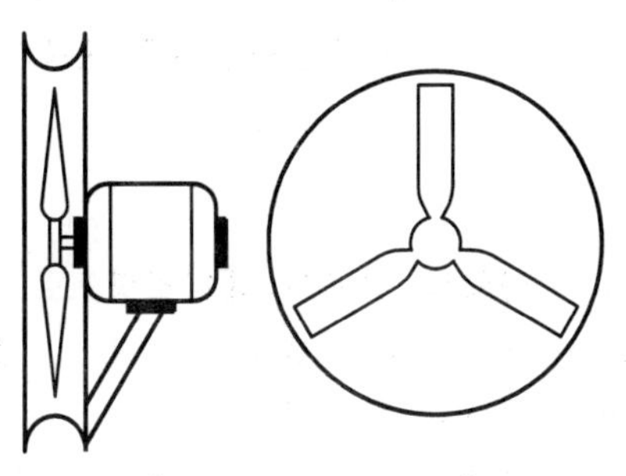

[프로펠러형 송풍기]

② 송풍관 붙은 축류 송풍기

㉠ 약간의 압력손실(최대 약 75mmH_2O)이 걸리는 곳에서 사용 가능
㉡ 전체 환기용으로도 사용하며, 후드가 한 개 있는 국소배기용으로 사용
㉢ 밀폐공간작업의 급배기용으로 사용

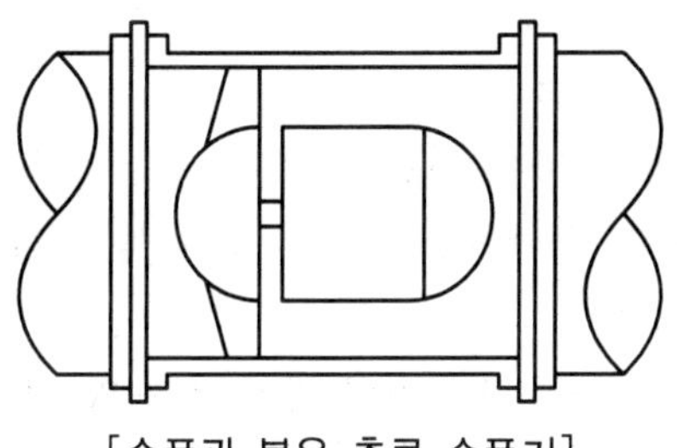

[송풍관 붙은 축류 송풍기]

③ 안내깃 붙은 축류 송풍기

㉠ 높은 압력손실(약 250mmH_2O)에 견딜 수 있도록 제작
㉡ 축류 송풍기의 전동기에 안내깃을 장착하여 회전날개를 통과한 후의 소용돌이를 감소시켜 효율을 상승
㉢ 소음이 심하고 고농도 분진함유 공기를 이송시키기 어려움
㉣ 송풍기 설치공간의 문제가 있을 경우에만 사용하는 것이 바람직

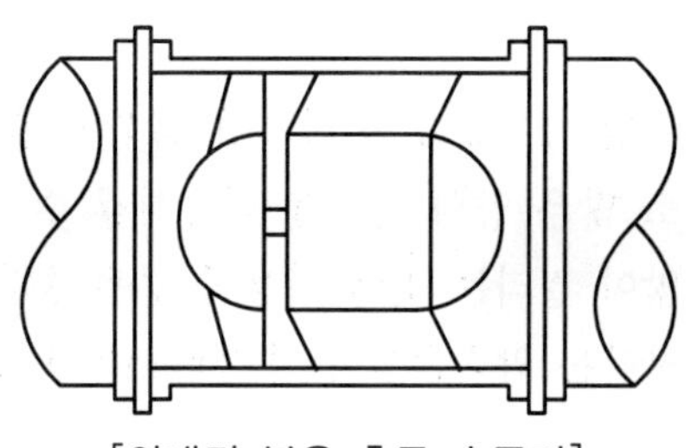
[안내깃 붙은 축류 송풍기]

(4) 원심력 송풍기

원심력 송풍기의 종류는 **다익형, 터보형, 레디얼형**으로 구분하며, 축류형 송풍기보다 불확실한 기류나 기류의 변동조건에 매우 적절히 대처가 가능하여 국소배기시설에 많이 사용되나 효율이 낮은 단점이 있다.

송풍기 형식	송풍기 효율(η)	여유율(α)
다익형	0.40~0.77	1.15~1.25
터보형	0.65~0.80	1.10~1.50
평판형	0.60~0.77	1.15~1.25

- 효율면 : 터보형 > 평판형 > 다익형
- 풍압면 : 다익형 > 평판형 > 터보형

① 방사날개형 송풍기(평판형)

㉠ 플레이트 송풍기 또는 평판형 송풍기
㉡ 블레이드(깃)가 평판이고 매우 강도가 높게 설계
㉢ 고농도 분진함유 공기나 부식성이 강한 공기를 이송시키는 데 사용
㉣ 터보 송풍기와 다익 송풍기의 **중간 정도의 성능(효율)**을 가짐
㉤ 직선 블레이드(깃)를 반경 방향으로 부착시킨 것으로 구조가 간단하고 보수가 쉬움

② 전향 날개형 송풍기(다익형)

㉠ 송풍기의 회전날개가 회전방향과 동일한 방향으로 설계됨
㉡ 시로코 송풍기 또는 다익형 송풍기라 함
㉢ 비교적 저가이나 **높은 압력손실에서 송풍량이 급격히 감소**
㉣ 압력손실이 적게 걸리거나 이송시켜야 하는 공기량이 많은 전체환기, 공기조화용으로 사용
㉤ 분진이 깃에 퇴적되어 효율이 떨어지고 **소음 및 진동문제를 야기**
- 같은 주속에서 가장 높은 풍압을 발생한다.
- 동력의 상승률이 크다.

- 효율이 3종류 중 가장 나빠서 큰 마력의 용도에는 사용하지 않는다.
- 회전자(회전부분)가 작아서 풍압을 발생하기에 적당하기 때문에 제한된 장소에서 쓰기 좋다.
- 상승구배 특성이다.

③ 후향 날개형 송풍기(터보형)

㉠ 터보 송풍기라고 함

㉡ 회전날개가 회전방향 반대편으로 경사지게 설계

㉢ 송풍량이 증가하여도 동력이 증가하지 않는 장점이 있어 한계부하송풍기(Limit Load Fan)이라고도 함

㉣ 충분한 압력을 발생시킬 수 있으며 효율이 좋음

- **장소의 제약을 받지 않는다.**
- 하향구배 특성이므로 풍압이 바뀌어도 풍량의 변화가 비교적 작고 송풍기를 병렬로 배열해도 풍량에는 지장이 없다.
- 소요풍압이 떨어져도 마력이 크게 올라가지 않는다.
- **효율면에서 가장 좋은** 송풍기이다.

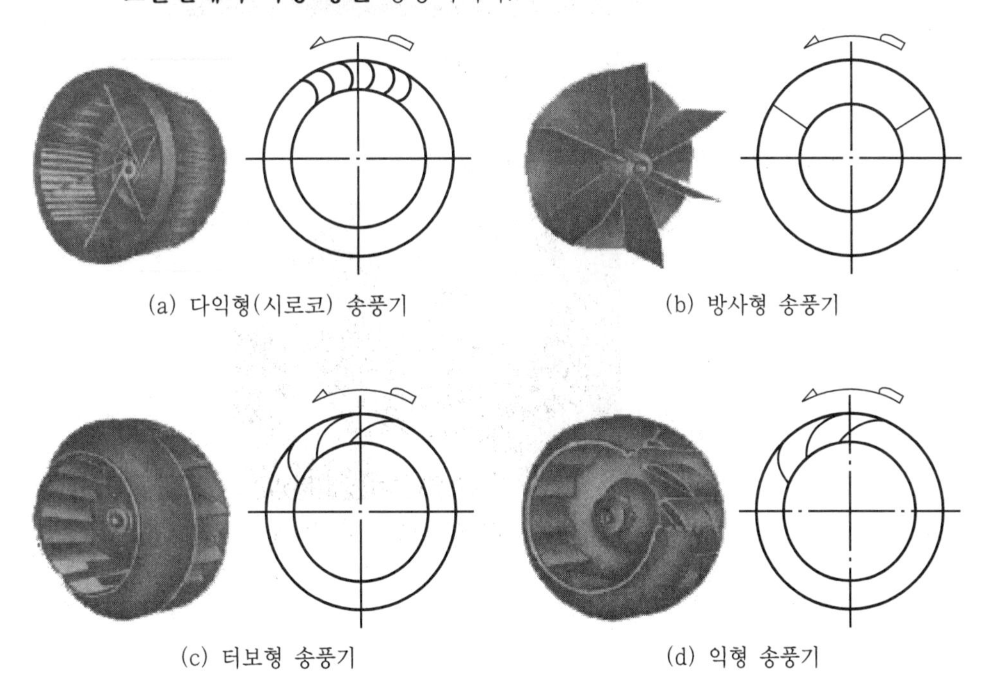
(a) 다익형(시로코) 송풍기 (b) 방사형 송풍기

(c) 터보형 송풍기 (d) 익형 송풍기

[원심형 송풍기의 종류]

(5) 송풍기의 전압과 정압

$$TP = (SP_2 - SP_1) + (VP_2 - VP_1)$$
$$SP = TP - VP_2$$

여기서, VP_1, SP_1 : 흡입구측, VP_2, SP_2 : 토출구측

[터보형 송풍기]

(6) 송풍기 법칙(상사법칙, Law of Similarity)

[송풍기 모터부 회전수 측정모습]

① 송풍기 크기가 같고 공기의 비중이 일정할 때

㉠ **풍량은 회전수에 비례**한다.

$$\frac{Q_2}{Q_1} = \frac{N_2}{N_1}$$

여기서, Q_1 : 회전수 변경 전 풍량(m^3/min)
Q_2 : 회전수 변경 후 풍량(m^3/min)
N_1 : 변경 전 회전수(rpm)
N_2 : 변경 후 회전수(rpm)

㉡ 풍압(전압)은 회전수의 제곱에 비례한다.

$$\frac{FTP_2}{FTP_1} = \left(\frac{N_2}{N_1}\right)^2$$

여기서, FTP_1 : 회전수 변경 전 풍압(mmH_2O)
FTP_2 : 회전수 변경 후 풍압(mmH_2O)

㉢ **동력은 회전수의 세제곱에 비례**한다.

$$\frac{kW_2}{kW_1} = \left(\frac{N_2}{N_1}\right)^3$$

여기서, kW_1 : 회전수 변경 전 동력(kW)
kW_2 : 회전수 변경 후 동력(kW)

② 송풍기 회전수, 공기의 중량이 일정할 때

㉠ 풍량은 송풍기의 크기(회전차 직경)의 세제곱에 비례한다.

$$\frac{Q_2}{Q_1} = \left(\frac{D_2}{D_1}\right)^3$$

여기서, D_1 : 변경 전 송풍기의 크기
D_2 : 변경 후 송풍기의 크기

㉡ 풍압(전압)은 송풍기 크기의 제곱에 비례한다.

$$\frac{FTP_2}{FTP_1} = \left(\frac{D_2}{D_1}\right)^2$$

여기서, FTP_1 : 송풍기 크기 변경 전 풍압(mmH_2O)
FTP_2 : 송풍기 크기 변경 후 풍압(mmH_2O)

㉢ 동력은 송풍기 크기의 다섯 제곱에 비례한다.

$$\frac{kW_2}{kW_1} = \left(\frac{D_2}{D_1}\right)^5$$

여기서, kW_1 : 송풍기 크기 변경 전 동력(kW)
kW_2 : 송풍기 크기 변경 후 동력(kW)

③ 송풍기 회전수와 송풍기 크기가 같을 때

㉠ 풍량은 비중의 변화에 무관하다.

$$Q_1 = Q_2$$

여기서, Q_1 : 비중 변경 전 풍량((m^3/min)
Q_2 : 비중 변경 후 풍량(m^3/min)

㉡ 풍압(전압)과 동력은 비중에 비례, 절대온도에 반비례한다.

$$\frac{FTP_2}{FTP_1} = \frac{kW_2}{kW_1} = \frac{\rho_2}{\rho_1} = \frac{T_1}{T_2}$$

여기서, FTP_1, FTP_2 : 변경 전후의 풍압(mmH_2O)
kW_1, kW_2 : 변경 전후의 동력(kW)
ρ_1, ρ_2 : 변경 전후의 비중
T_1, T_2 : 변경 전후의 절대온도

(7) 송풍기 선정 요령

① 성능곡선, 시스템곡선 및 가동점

㉠ 성능곡선(정압곡선) : 성능곡선이란 송풍기에 부하되는 송풍기 정압에 따라 송풍량이 변하는 경향을 나타내는 곡선으로 송풍 유량, 송풍기 정압, 축동력, 효율관계를 나타낸다.

㉡ 시스템 곡선 : 송풍량에 따라 송풍기 정압이 변하는 경향을 나타내는 곡선이다.

㉢ 작동점 : **송풍기 성능곡선과 시스템 요구곡선이 만나는 점**

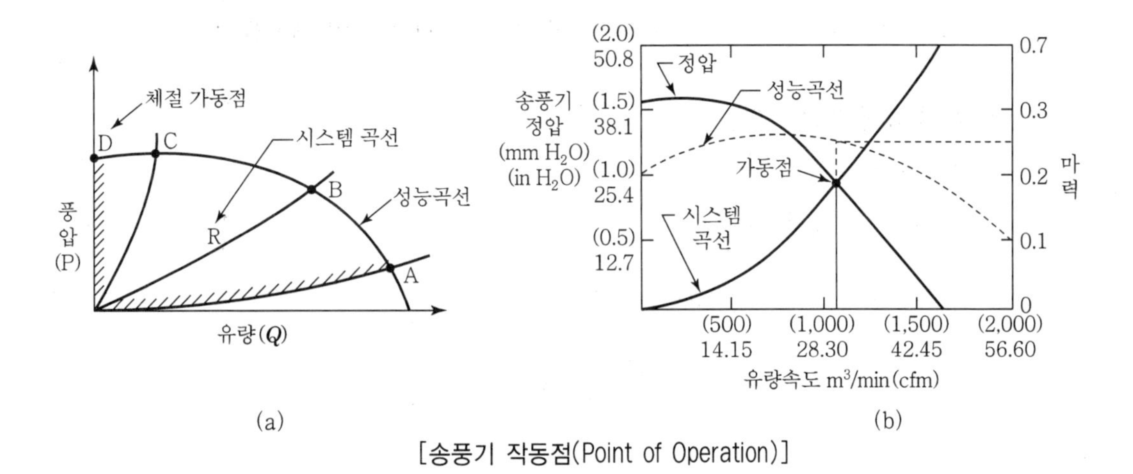

[송풍기 작동점(Point of Operation)]

송풍기의 성능곡선은 제작회사에서 구할 수 있고 시스템 요구곡선은 댐퍼(혹은 송출밸브)의 개폐 정도를 조정하고 송풍량을 조절하면서 송풍기 바로 앞에서 정압을 측정함으로써 구할 수 있다. 만약 송출밸브의 조정을 바꾸지 않는 한 원래 이 장치의 시스템 요구곡선 R은 이 장치에 대해서 일정하다[그림 (a)]. 그림에서 **두 곡선이 만나는 점**이 송풍기가 국소배기장치에 공급해야 할 송풍량을 나타낸다. 이 점을 가동점(point of operation) 또는 작동점이라고 한다. 작동점은 밸브의 개폐 정도가 큰 쪽에서 작은 쪽으로 이동함에 따라 밸브저항이 커지게 되므로 A→B→C→D로 이동하게 된다. 완전밀폐가 되는 D점을 체절(Shut off)점이라고 한다.

실제 국소배기장치에서는 분진의 퇴적, 필터의 압력손실 증가, 흡착탑에 오염물질의 침적 등으로 인해 압력손실이 높아지게 되면 처음 운전할 때보다 송풍량이 현저하게 감소하게 됨을 알 수 있다. 따라서 송풍기의 크기와 회전수를 고정시킨다고 하여도 장치 내 압력과 동력의 변화에 따라서 송풍량이 쉽게 변한다.

② 공기정화장치용 송풍기로서 주의할 점

㉠ 송풍량과 송풍압력을 완전히 만족시켜 예상되는 풍량의 변동 범위 내에서 과부하되지 않도록 안전하게 운전할 것

㉡ 배기의 입자농도와 그 마모성을 참작하여 송풍기의 형식과 내마모 구조를 고려할 것

㉢ 먼지와 함께 부식성 가스를 흡인하는 경우 송풍기의 자재 선정에 유의할 것

㉣ 흡인과 배출 쪽 방향에 따라 송풍기 자체의 성능에 악영향을 미치지 않도록 주의할 것

㉤ 송풍기와 덕트 간에 플렉시블 바이패스를 끼워 진동을 절연시킬 것

㉥ 송풍관의 중량을 송풍기에 가중시키지 말 것

㉦ 회전자(회전부분)의 교환, 기타 보수에 편리한 위치에 배치할 것

(8) 소요동력과 풍량 조절방법

① 소요동력

㉠ 정압공기동력(kW)

$$AHPs = \frac{Qs}{K}(SP_{out} - SP_{in}) = \frac{Qs \times FSP}{6,120}$$

여기서, Qs : m^3/min
K : 정수(kW)인 경우 6,120
FSP : 송풍기 유효정압

$$SP_{in} = -TP_{in} - VP_{in}$$

$$SP_{out} = TP_{in} + VP_{out}$$

여기서, TP_{in}, SP_{in}, VP_{in} : 흡입구 측
TP_{out}, SP_{out}, VP_{out} : 토출구 측

㉡ 일반적인 송풍기 소요동력

$$kW = \frac{\text{송풍량}(m^3/min) \times \text{송풍기 유효정압(또는 전압}mmH_2O)}{6,120 \times \text{송풍기 효율}(\%)} \times \text{여유율}(\%)$$

$$HP = \frac{\text{송풍량}(m^3/min) \times \text{송풍기 유효정압(또는 전압}mmH_2O)}{4,500 \times \text{송풍기 효율}(\%)} \times \text{여유율}(\%)$$

7. 공기정화장치

(1) 개요

① 종류

제진장치	형 식
중력 혹은 관성력 제진	• 중력제진 • 다단침강실 • 충돌식 등
원심력 제진	• 사이클론 • 멀티클론
세정제진	• 유수식(로터리 스크러버) • 가압식(벤투리 스크러버, 제트 스크러버, 사이클론 스크러버) • 회전식(임펄스 스크러버)
여포제진	• 백필터(페이브릭필터)
전기제진	• 콧트렐 • 습식 제진기 • 건식 제진기

② 제진장치 설계 및 선정 시 고려사항

제진장치의 종류	장 점	단 점
① 중력, 원심력	압력손실이 적고 설계·보수가 간단하며 용이, 설치면적이 적음, 먼지 연속배출 가능, 압력손실 낮음, 대입경(대먼지)에 적합, 먼지 부하가 높은 가스에 적합, 온도의 영향이 적음	설치면적이 크고 효율이 낮음, 입구가스실이 다소 필요, 입도에 적은 먼지의 제진효율이 낮음, 먼지 부하 유량변동이 민감
② 세정	가스제거와 제진이 동시 가능, 고온 다습가스의 냉각, 세정 가능, 부식성 가스와 미스트(Mist)의 제거, 중화기능 먼지 폭발의 위험 감소, 효율가변	부식, 마모의 발생, 배수처리 재생비용 증가, 용액의 비말배기처리, 외기온도에 의한 동결의 위험, 배기의 부력, 상승확산력 감소, 대기상태에 의한 수분의 백연
③ 전기	99% 이상의 효율 가능, 미립자의 제진 가능, 습식·건식으로 제진 가능, 다른 고효율 제진기에 비해 압력손실, 소요동력이 적음, 부식성 또는 부착성 가스의 영향이 적음, **고온가스(500~850°F)에서도 처리 가능**	시설비가 많이 들고 먼지부하 가스유동에 민감, 고전압에 대한 안전설비, 제진 효율은 서서히 저하됨

④ 여포	건식제진 가능, 조작불량이 조기 발견, 소입경의 먼지 제진 가능, 제진효율이 높음	여과속도의 영향이 큼, 고온은 200~550°F까지 냉각되지 않으면 안 됨, **습도에 영향**이 있음

(2) 원심력 집진장치

① 원리

원심력 집진기는 비교적 적은 비용으로 효과적인 제진이 가능하여 대기오염방지기로 널리 쓰이는 집진기의 하나이다.

처리가스를 사이클론의 입구로 유입시켜 선회류를 형성시키면 처리가스 내의 크고 작은 입경을 가진 분진은 원심력을 얻어 선회류를 벗어나 원심력 집진기본체(몸통) 내벽에 충돌집진된다. 따라서 원심력 집진기에는 가동부(Moving Part)가 없는 것이 기계적 특징이라고 할 수 있다.

원심력 집진기로서 제거할 수 있는 분진의 크기, 즉 입경은 원심력 집진기의 몸통경과 기하학적 상대치수에 좌우된다. 원심력 집진기는 때때로 분진 퇴적함에 제진되어 있는 침강분진, 또는 선회류 내의 미세한 분진이 재비산하는 사례가 많으며 이를 방지하기 위하여 스키머(Skimmer), 회전깃(Turning Vane) 및 살수장치 등을 설치하면 그 집진 효율을 크게 증가시킬 수 있다. 또 원심력 집진기는 이를 직렬로 연결하여 사용하면 보다 그 사용 폭을 넓게 할 수도 있다.

② 구조

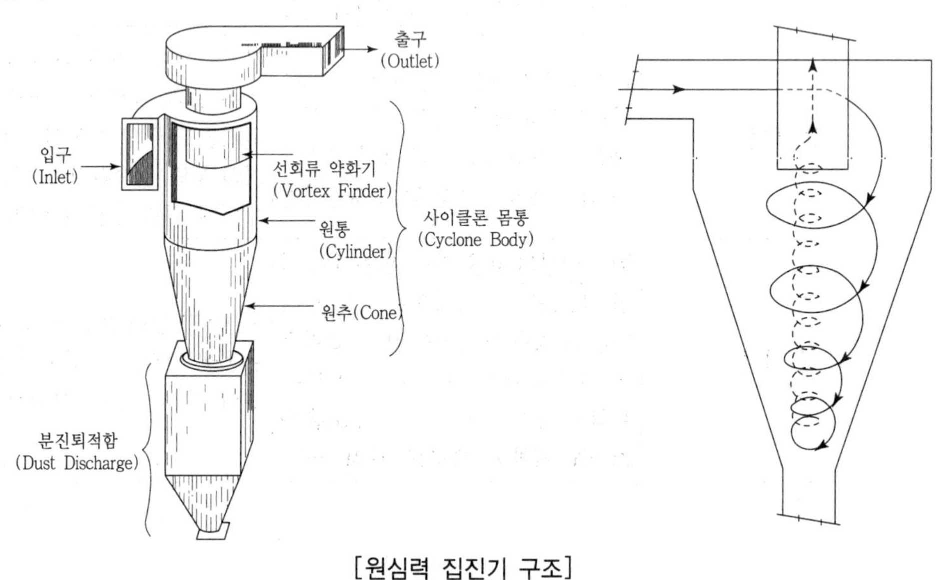

[원심력 집진기 구조]

③ 설계요인

㉠ Blow down 효과를 적용하면 효율이 높아진다. 블로다운은 사이클론의 집진율을 높이는 방법으로 더스트박스 혹은 호퍼부에서 처리가스의 **5~10%를 흡입**하여 선회기류의 교란을 방지하여 분진이 떠오르는 것을 막아서 분리된 분진이 빠져나가는 것을 제지하는 방법이다.

Point

블로다운 효과
- 유효 원심력을 증가시켜 선회기류의 흐트러짐을 방지한다.
- 관내 분진 부착으로 인한 장치의 폐쇄현상을 방지한다.
- 부분적 난류 감소로 집진된 입자의 재비산을 방지한다.
- 처리배기량의 5~10% 정도가 재유입되는 현상이다.

㉡ 구조가 간단하고, 설치비용도 싸며, 유지관리도 편하므로 단독 제진장치 혹은 다른 제진장치의 전처리용으로 광범위하게 쓰여진다. 수 μ입자까지 제거가 가능하며 압력손실은 100mmH_2O 이하이다.

㉢ 배기관경 혹은 내경이 적을수록 입경이 작은 입자를 제거할 수 있다.

㉣ 입구유속이 빠를수록 효율이 높은 반면 압력손실이 커진다.

㉤ 사이클론의 배열단수, 적당한 Dust Box 모양과 크기도 효율에 관계된다.

㉥ **분리계수** : 분리계수는 **중력가속도에 반비례**한다. 대구경 원심분리기(S=5), 소구경의 저항이 큰 것(S=약 2,500)

$$S = \frac{\text{원심력}}{\text{중력}} = \frac{Fc}{Fg} = \frac{Vp^2}{gR} = \frac{Wc\,(\text{원심력에 의한 침강속도})}{Ws\,(\text{중력에 의한 침강속도})} = \frac{U^2}{gR}$$

여기서, S : 분리계수
V_p : 입자의 접선방향속도
R : 반경
U : 입자의 원주속도

(3) 세정집진장치

① 세정집진장치는 액적, 액막, 기포 등에 의해 함진배기를 세정하여 입자에 부착, 입자 상호의 응집을 촉진시켜 입자를 분리시키는 장치이다. 이 세정장치의 입자포집원리로서는 다음과 같은 것을 들 수 있다.

- 액적에 입자가 충돌하여 부착한다.
- 미립자 확산에 의하여 액적과의 접촉을 쉽게 한다.
- 배기의 증습에 의하여 입자가 서로 응집한다.
- 입자를 핵으로 한 증기의 응결에 따라 응집성을 촉진시킨다.
- 액막, 기포에 입자가 접촉하여 부착한다.

② 따라서, 세정제진에서는 다량의 액적, 액막, 기포를 형성시켜 배기와의 접촉을 용이하게 함으로써 제진효율을 높인다.

③ **제진효율 증가**방법

- 분무시킨 물방울의 모양과 크기를 높임
- 충진제의 표면적과 충진 밀도를 크게 함
- 수압을 높임
- 공탑 내 체류시간을 길게 하고(배기속도를 낮춘다.) 서미스터를 설치

(4) 여포제진장치

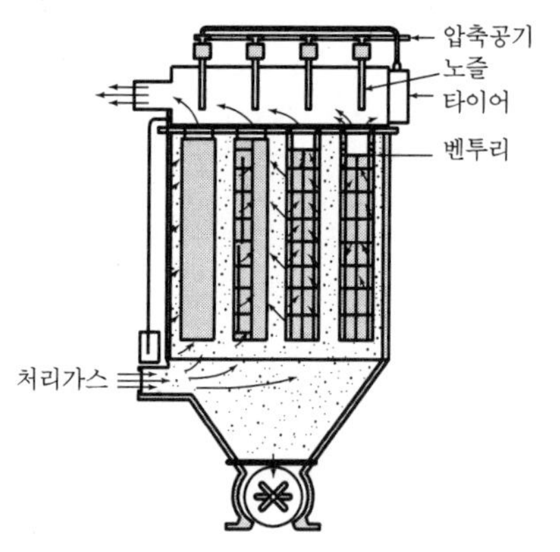

① 원리

여과재에 처리가스 내의 분진이 어떻게 포집되는가를 살펴보면 여과섬유 사이에 구멍으로 처리가스가 통과할 때 이 중의 분진은 분진입경(질량), 운동량 등에 따라 여재를 구성하는 섬유와 관성충돌(Impaction), 직접차단(Interception), 확산(Diffusion) 중력 및 정전기력에 의해서 부착되어 가교형성(Bridge) 및 일차층을 형성하여 여과집진을 가능하게 한다. 그림은 관성충돌, 직접차단 및 확산에 의한 포집기전을 설명한 것이다.

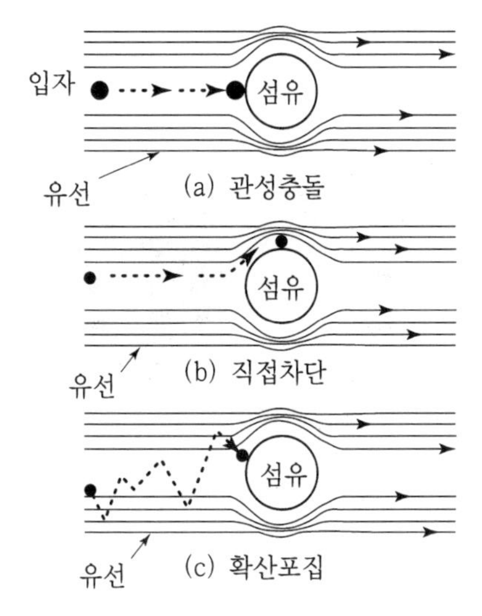

[여과재에 따른 분진포집기능]

② 여과제진(집진)장치의 장단점

장점	단점
• 건식 제진이 가능하고 고효율 • 설비이상 유무의 조기발견이 가능 • 다양한 용량을 처리 • 여러 형태의 분진 포집 가능	• 설치면적이 넓음 • 여과속도에 영향이 큼 • 온도와 부식성 물질에 대해 여과재가 파괴될 수 있음 • 습한 환경에 민감 • 화재폭발의 위험이 있음

(5) 전기집진기

① 개요

전기집진기는 정전력을 사용하여 입자를 집진하는 장치로서 입경이 10~20μm보다 작은 입자의 제진에 효과적이다. 전기집진기의 주요 구성성분은 아래 그림에서와 같이 방전극(Discharge Electrode), 집진극(Collection Electrode), 타봉(Rapper) 및 호퍼(Hopper)로 이루어진다.

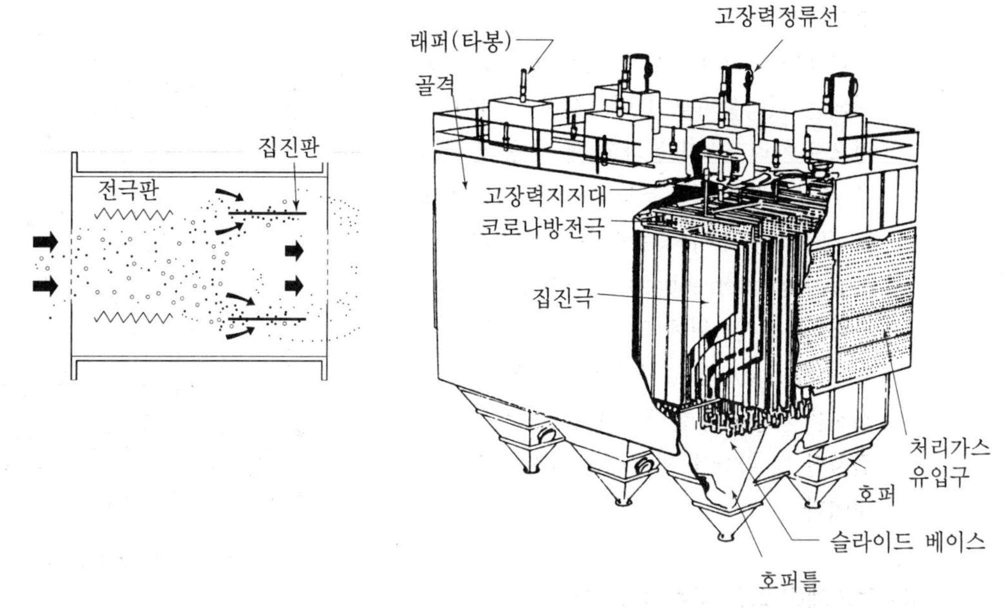

[전기집진기의 구조]

② 전기집진장치의 장점

㉠ 고온가스를 처리할 수 있어 보일러와 철강로 등에 설치할 수 있다.

㉡ 압력손실이 낮으므로 송풍기의 가동비용이 저렴하다.

㉢ 넓은 범위의 입경과 분진농도에 집진효율이 좋다.

㉣ 운전 및 유지비가 싸다.

㉤ **초기 설치비**가 많이 든다.

㉥ 설치공간을 많이 차지한다.

㉦ **가연성 입자의 처리가 곤란**하다.

8. 배기구(굴뚝)

국소배기장치에서 정화된 유해물질을 대기로 배출하기 위한 "15-3-15" 규칙이 있다.

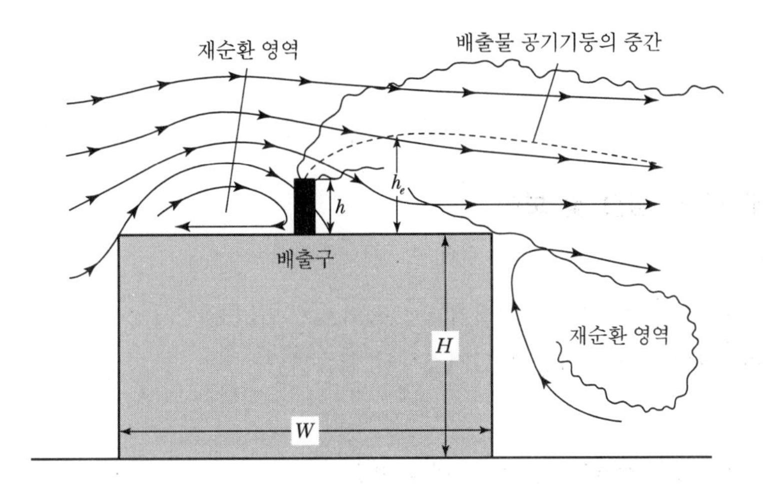

"15-3-15" 규칙이라 함은 위의 그림에서와 같이 국소배기장치에서 유해물질이 함유된 공기를 공기정화장치를 통해 정화한 이후 대기로 배출하기 위한 배출구의 유입구와의 거리, 굴뚝의 높이, 굴뚝의 배출속도를 말하는 것으로,

- 15m : 배출구와 공기를 실내로 공급하는 유입구와의 거리
- 3m : 굴뚝의 높이(이웃하는 지붕의 꼭대기나 공기 유입구보다 높아야 함)
- 15m/sec : 굴뚝을 통해 배출되는 배출속도

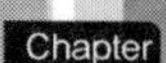

제7절 환기시스템 점검 및 관리

Industrial Safety

1. 국소배기장치 점검 및 보수

1) 개요

국소배기장치의 성능을 정상적으로 유지하기 위해 반드시 수시 혹은 정기적으로 검사를 해야 하며, 국소배기장치 안전검사시 필요하다.

2) 국소배기장치 성능을 검사해야 하는 경우

(1) 국소배기장치 시스템의 일부인 댐퍼가 추가로 설치되거나, 후드, 덕트가 일부 변경되거나 신설될 경우 설계된 변수들이 달라지므로 성능에 영향을 미치기 때문

(2) 유지관리를 철저하기 않을 경우 공기 중의 각종 유해물질, 오염물질, 열 등에 의해 시설이 손상될 우려가 있기 때문

(3) 화학적 유해인자에 대한 근로자의 노출이나 공기 중의 농도가 높게 측정되어 그 원인을 파악하고자 할 때

3) 성능 검사의 목적

(1) 초기 가동 조건을 설정하기 위해

초기 가동 조건의 자료가 적정할 경우 국소배기장치의 시스템 변경에 따른 설계, 보강, 유지보수, 문제점 인식과 개선효과 등을 비교 검토할 수 있다.

(2) 설치후 가동상태에 따른 각종 성능변화를 모니터하기 위해

성능 저하는 시간에 따라 필수적으로 발생하므로 적정 성능을 유지하기 위하여 정기적 또는 필요할 때마다 검사하여 성능을 저하시키는 요인을 찾아내서 개선하고자 한다.

4) 검사 장비

(1) 연기 발생기

① 국소배기장치의 성능에 대한 전반적인 상태를 검사하는 가장 쉬운 방법

② 연기 발생기에서 발생한 연기의 이동거리 와 이동시간으로 대략적인 유속측정
③ 작업장 내의 공기의 유동현상과 공기이동방향을 살펴볼 수 있음

(2) 유속계(anemometer)

① 그네 날개형(swing vane)
② 회전 날개형(rotating vane)
③ 열선형(hot wire)

(3) 압력측정장비

① U자-마노미터 : 양압, 음압, 미세압력을 측정함
② 경사 마노미터 : U자-마노미터의 한쪽을 경사지게 만든 것으로, 경사진 곳의 눈금이 확대되어 측정감도를 증가시킨 것
③ 경사수직 마노미터 : 경사형 마노미터의 개량형으로 압력이 낮은 부분의 정밀한 측정치를 읽을수 있도록 압력이 낮은 부분은 경사지도록, 압력이 높은 부분은 수직으로 되어 있어 압력측정 범위가 넓다.

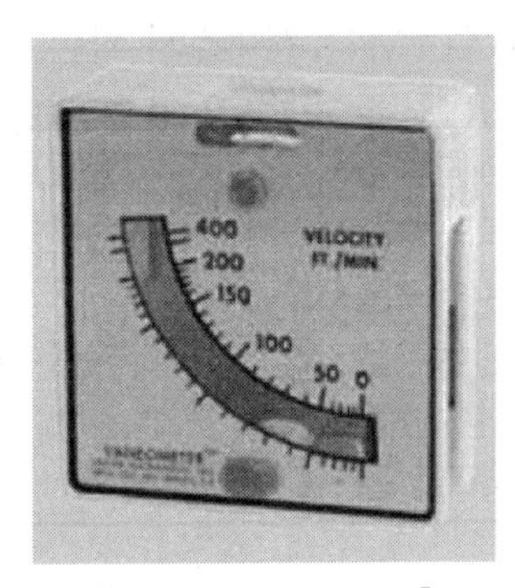

[경사수직 마노미터]

④ 피토관

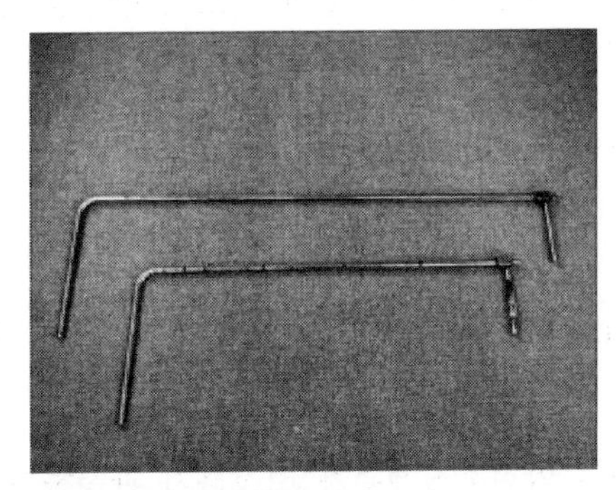
[피토관]

⑤ 정압프로브가 달린 열선풍속계 : 정압프로브가 달려있어 송풍기정압등을 측정하는 데 사용이 가능하다.

(4) 전압 전류 측정계

① 설계시의 송풍기 정격전류를 비교하여 측정

- 정격전류를 초과할 경우 풍량이 과다하여 과부하되는 것으로 판단
- 정격전류이하일 경우 국소배기장치의 저항이 실제 설계보다 커서 필요한 소요 풍량보다 적은 양이 운반되는것이므로 오염물질을 효율적으로 제거하는 것이 어려움

② 가급적 전기 전문가를 활용

③ 모터부 접지 : 3종 접지 100Ω 이하

(5) 소음과 진동측정장비

① 덕트의 공기이송으로 인한 이상 소음 발생 여부 확인

② 송풍기의 방진가대 적정여부 판단

③ 송풍기와 덕트를 연결하는 캔버스의 파손 여부 확인

④ 주파수조절 송풍기의 소음발생의 경우 해당 설치회사에 문의

⑤ 굴뚝부 소음기 설치의 적정성 확인

(6) 기타

줄자, 회전수 측정기, 청음기, 청음봉, 직독식 측정기구, 드릴, 거울, 손전등 등

5) 덕트 외관검사

(1) 덕트직경 : 덕트면적을 구하기 위해서 측정

① 덕트 안에서 직경을 측정하는 것이 가장 좋음

② 측정테이프로 덕트 둘레로 붙여 덕트의 원주를 구하여 직경을 산출

원주 = π × 덕트직경

(2) 덕트길이

줄자, 레이져거리측정기 등을 사용하여 설계길이와 비교

(3) 곡률반경

곡률반경에 따른 압력손실계수가 적정하지 판정하기 위함

① 덕트 중앙으로부터의 반경(R)을 덕트폭이나 직경(d)으로 나눔

② 측정 테이프로 눈 짐작으로 측정

(4) 덕트부분의 이음새

① 연기발생기로 덕트부분의 이음새확인

② 청음봉으로 두드려 분진등의 오염물질이 퇴적되었는지 소리로 확인

③ 부착된 덕트테이프의 파손부위 등 육안 확인

6) 압력 측정

(1) 후드정압

① 측정 방법

- 피토관과 마노미터를 연결하여 정압을 측정
- 마노미터를 이용하여 정압을 측정

② 정압측정 지점

- 베나수축현상으로 인해 후드가 직관덕트와 일직선으로 연결된 때에는 보통 덕트 직경의 2~4배 지점에서 측정
- 후드가 곡관덕트로 연결되어 있을 경우 곡관이 끝나고 직관덕트가 시작되는 지점으로부터 2~4배 지점에서 측정

③ 후드정압의 활용

- 후드유량의 변화를 알수 있음

$$\frac{Q_2}{Q_1} = \frac{RPM_2}{RPM_1}, \; \frac{SP_2}{SP_1} = \left(\frac{RPM_2}{RPM_1}\right)^2, \; \frac{SP_2}{SP_1} = \left(\frac{Q_2}{Q_1}\right)^2$$

- 후드의 성능을 알수 있음 : 공기는 정압이 속도압으로 변환됨으로써 이동된다. 이러한 변환은 100% 이상적으로 달성되지 않으나, 속도압으로 전환하는 능력을 추정하는 데 사용할 수 있다.
- 후드설치 당시의 필요 환기량 추정 : 후드정압은 후드에서 공기량을 추정하는 데 유용하므로 설계 당시 필요 환기량이 적정하였는가를 후드정압을 측정하여 검정하는 것이다.

$$Q = AV, \; V = 4.043\sqrt{VP}, \; VP = C_e^2 SP_h$$

$$Q = 4.043 A C_e \sqrt{SP_h}$$

후드유입계수는 후드모양에 따라 차트나 설계사양서를 참조한다.

- 국소배기장치의 일일점검과 유지 : 만일 후드에 영구적인 마노미터를 설치하여 후드정압을 매일 확인토록 한다면 필요 환기량이 정상대로 작동하고 있는지 손쉽게 파악할수 있으며, 정기적인 점검시간과 노력을 절약할수 있다.

(2) 속도압

① 덕트에서의 공기흐름은 항상 난류이므로 속도압은 정압과 달리 일정하지 않음

② 원형 덕트일 경우 덕트이 직관이 곡관이나 합류관으로 변하기 전 후드방향으로 덕트직경의 3배 지점과 변하고 나서의 공기가 배출되는 방향으로 덕트직경의 6배 지점의 덕트 중앙에서 측정한 속도의 90%를 덕트의 평균속도로 추정할 수 있다.

③ 덕트 내에서 속도압을 측정할 경우 덕트단면을 횡단으로 지나면서 속도를 측정하여 평균한다.

7) 환기량 측정

$$Q = AV$$

여기서, A : 면적
V : 속도

공기가 이송되는 후드나 덕트 굴뚝의 면적과 제어속도를 측정하여 환기량을 측정

(1) 면적

후드면적은 장방형일 경우 개구면의 가로와 세로를 원형일 경우 직경을 측정 그 밖의 후드는 형태에 따라 적정한 방법으로 측정 굴뚝의 경우 덕트테이프로 원주를 측정하여 면적을 유출하여 측정

(2) 유속

① 제어풍속 측정

- 포위식 후드의 경우 후드의 개방면에서 측정한 면속도(최소 16분할 이상 평균 측정)
- 외부식 후드의 경우 오염원발생지점
- 덕트 내 반송속도는 덕트의 동압을 측정하여 속도를 측정

8) 송풍기

송풍기를 점검할 때에는 반드시 전동기를 정지시키고, 전원이 차단된 것을 확인하여야 함

(1) v－벨트

① 대략 1년마다 교체하는 것이 바람직함

② 벨트가 연결되는 풀리(활차홈)이 적정한 규격인지 육안으로 확인
③ 벨트연결이 일직선이 되었는지 확인
④ 벨트이 팽창 정도가 적정한지 확인
⑤ 벨트의 중간 부분을 손으로 눌러 처짐정도가 양쪽 풀리 중심축 거리의 0.01~0.02배가 적정
⑥ 풀린 부분의 마모로 빛이 나는지 확인

(2) 임펠러

송풍기 케이싱을 분해하여 임펠러가 정상인지 확인

(3) 베어링

① 송풍기의 소음이 갑자기 이상해질 경우 베어링의 문제가 있을 수 있음
② 베어링부의 과열여부를 표면온도계로 확인(70℃ 이하일 경우 정상으로 판정)

(4) 회전수

① 타코메타로 측정
② 접촉시 타코메타의 경우 타코메타의 회전축직경과 송풍기모터부의 풀리직경의 비를 구함

※ 풀리직경 : 타코미타 직경 = 타코메타 측정값 : 송풍기 실제 rpm

(5) 송풍기 케이싱 마모, 부식

2. 국소배기장치 점검, 보수관리의 유의사항

1) 점검 준비

① 국소배기장치의 계통도
② 점검기록용지
③ 측정공 : 후드의 위쪽, 송풍관의 주요장소, 송풍기 및 공기청정장치의 전후에 정압 측정용 구멍을 뚫어 둠

2) 각 부위의 불량원인

(1) 후드의 불량원인

① 송풍기의 송풍량이 부족하다.
② 발생원에서 개구 면까지의 거리가 멀다.
③ 송풍관 계통에서의 분진 등의 퇴적 때문에 압력손실이 증가하여 소요 송풍량을

얻을 수 없다.

④ 위기의 영향으로 후드 개구면 및 발생원과 가까운 기류가 제어되지 않는다.

⑤ 유해물의 비산속도가 커서 후드의 제어권 밖으로 날아가거나 또한 비산방향으로 개구면이 정확하게 향해 있지 않다.

⑥ 제진장치 내에 분진이 퇴적하여 압력손실의 증대 때문에 소요 송풍량을 얻을 수 없다.

⑦ 송풍관 계통에서의 다량의 공기가 도중에서 유입되고 있다.

⑧ 설비증가 때문에 분지관이 나중에 설치되어서 송풍기의 송풍량, 풍압이 부족하게 된다.

⑨ 후드의 지극히 가까운 곳에 장해물이 있거나 후드의 형식이 작업조건에 적합하지 않다.

(2) 덕트의 불량원인

① 함몰 : 설치할 때의 여러 가지 충격
- 내부의 고부압

② 파손 : 마모
- 부식
- 인위적 손상

③ 접속개소의 헐거움
- 너트의 조임을 잊음
- 진동에 의한 너트의 헐거움 및 납땜의 떨어짐
- 퇴적 분진의 중량에 의하여 휘는 것

④ 분진의 퇴적

3) 공기정화장치(점검항목에 위배되면 대책을 강구)

(1) 백필터

① 여과포에 구멍이 뚫려 있지 않은가?

② 여포장치 부위가 풀렸거나 벗겨져 있지 않은가?

③ 분진포집실 및 분진을 끄집어내는 구멍에서 공기가 새지 않는가?

④ 분진이 분진실에 꽉 차 있지 않은가?

⑤ 여포가 구겨져 있지 않은가?

(2) 벤투리 스크러버

① 내벽에 분진이 부착 또는 퇴적되어 있지 않은가?

② 세정수는 규정량을 분출하고 있는가? 또 일정하게 분출하고 있는가?
③ 부식된 부위는 없는가?

(3) 사이클론

① 외통상부 및 원추하부에 마모에 의한 구멍이 뚫어져 있지 않은가?
② 분진실(hopper) 및 분진을 끌어내는 구멍으로 공기가 유입하고 있지 않은가?
③ 내부에 역류를 일으키는 돌기나 요철이 없는가?
④ 원추하부에 분진이 퇴적되어 있지 않은가?
⑤ 분진이 분진실에 꽉 차 있지 않은가?

4) 송풍기의 설치 시 유의사항

(1) 분진을 함유한 오염공기를 취급하는 송풍기

① 집진장치 후단에 송풍기를 설치
② 접촉하는 송풍기의 날개와 케이싱의 내면에 라이너를 발라서 마모로부터 보호
③ 간단한 방법이나 라이너는 고속의 익근차에는 강도상 채용될 수 없으므로 날개를 소모품으로 교환하기 쉬운 레이디얼 송풍기 사용

(2) 부식성 가스를 취급하는 송풍기

① 접촉되는 부분을 내식재료로 제작하는 방법과 내식피복을 실시하는 방법 중 선택
② 터보송풍기, 레이디얼형 송풍기 사용

(3) 고온가스를 취급하는 송풍기

① 흡입공기의 최고온도를 확실히 조사하여 열변형, 축의 신축 및 축수의 소손에 의한 사고를 예방
② 터보송풍기, 레이디얼 송풍기, 다익송풍기를 사용

5) 국소배기장치의 안전검사

(1) 안전검사에 필요한 도구(필수도구)

① 발연관 : 공기와 반응하면 흰 연기의 흄을 발생시킬 수 있는 4염화티타늄, 염화제2주석 혹은 기타의 화합물이 유리관 안에 봉합되어 있다. 관의 끝을 자르고 고무로 된 스퀴즈를 누르게 되면 몇 초 후 연기가 분출되어 공기의 흐름에 따라 이동하게 되며 그 속도를 가지고 후드나 작업장 내의 공기이동을 알 수 있게 된다. 오염물질의 확산 및 이동관찰, 제어속도의 측정, 포착점의 거리 결정, 후드로 오염물질이 흡인되지 않는 이유 규명, 후드 성능과 관련된 난기류의 영향 평가, 덕트의 누출입 확인

등에 사용

② 청음기 또는 청음봉 : 청진기 중에서 구조가 가장 간단한 것으로 공기의 누출입에 의한 음과 모터 축수상자의 이상음 점검시 사용

③ 절연저항계 : 모터의 권선과 케이스, 권선과 접지단자 사이의 절연저항 측정시 사용

④ 표면온도계 및 초자온도계 : 모터의 표면과 축수의 온도를 측정하는 데 사용, 송풍기를 1시간 이상 운전한 후 축수의 표면온도가 70℃ 이하, 표면온도와 주위온도의 차는 40℃ 이하가 되어야 함

⑤ 줄자 : 국소환기설비(덕트 등)의 길이를 측정

(2) 필요에 따라 갖추어야 할 검사도구

① 테스트 햄머

② 나무 봉 또는 대나무 봉

③ 초음파 두께측정기

④ 마노미터 : 유체 흐름에 대한 압력을 측정하는 데 가장 손쉽고 많이 사용하는 것으로, 유리관에 액체를 넣은 구조로 되어 있으며 피토관 등 압력 측정용 도구를 고무관이나 비닐관으로 연결하여 압력을 측정하는 데 사용된다.

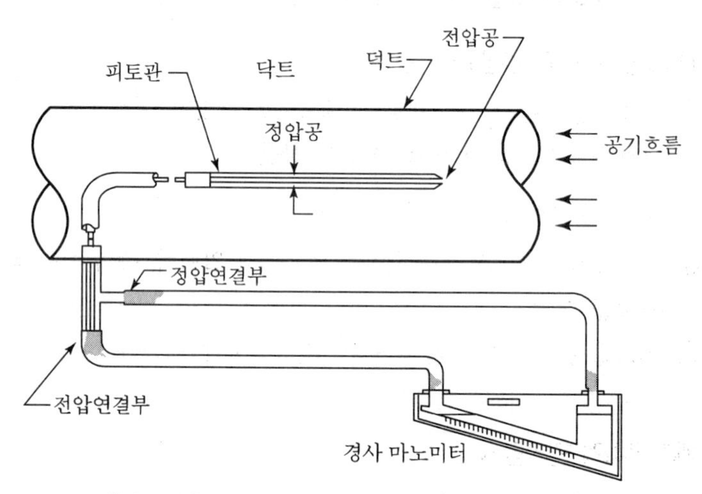

[피토관을 연결한 경사마노미터의 압력측정]

⑤ 열선풍속계 : 덕트의 유속을 측정하는 데 가장 많이 쓰이는 장비 중의 하나로서, 가열된 물체를 공기가 지나가면서 빼앗은 열의 양은 공기의 속도에 비례한다는 원리를 이용

⑥ 정압 프로브가 달린 열선풍속계

⑦ 스크레이퍼

⑧ 회전계(rpm 측정기)

⑨ 피토관 : 덕트에서 속도압, 정압을 측정하는 표준기기

⑩ 시계

(3) 덕트 내 속도에 따른 풍속계 종류

① 열선식 풍속계

- 좁은 범위 : 0.05m/sec < 풍속 < 1m/sec
- 넓은 범위 : 0.05m/sec < 풍속 < 40m/sec

② 풍차풍속계 : 풍속 > 1m/sec

③ 피토관 : 풍속 > 3m/sec

제8절 공기공급시스템

1. 공기공급 시스템

환기시설에 의해 작업장 내에서 배기된 만큼의 공기를 작업장 내로 재공급하는 시스템을 말한다. 효율적인 환기시스템을 운영하기 위해서는 공기공급 시스템이 필요하다. 즉, 국소배기장치가 효과적인 기능을 발휘하기 위해서는 후드를 통해 배출되는 양의 공기가 외부로부터 보충되어야 한다.

(1) 공기공급 시스템이 필요한 이유

① 국소배기장치의 원활한 작동을 위하여
② 국소배기장치의 효율 유지를 위하여
③ 작업장 내 음압 발생에 의한 안전사고를 예방하기 위하여
④ 에너지(연료)를 절약하기 위하여
⑤ 작업장 내의 **방해기류(교차기류)가 생기는 것을 방지**하기 위하여
⑥ 정화되지 않은 외부공기가 작업장 내로 유입되는 것을 방지하기 위해서

(2) 공기공급(Make-up Air)을 위한 고려사항

① 공기의 공급량은 배기량의 약 10% 정도가 넘게 이루어져야 한다.
② 공기의 공급은 작업장 내 깨끗한 지역의 공기가 오염물질이 존재하는 지역으로 흐르도록 유지해야 한다.
③ 공기는 바닥에서부터 2.4~3.0m 높이인 작업자가 머무는 영역으로 유입되도록 조절해야 한다.
④ 작업자에게 겨울철 공급용 공기의 온도는 18℃로 유지하는 것이 바람직하다. 그러나 격심한 작업인 경우에는 16℃(경우에 따라서는 13℃)까지 낮게 공급할 수 있다.
⑤ 공기 유입구는 배출된 오염물질의 재유입을 막을 수 있도록 위치시켜야 한다.

(3) 공기공급(Make-up Air) 방법

① 바람에 의한 자연환기

$$Q = K_W \cdot A \cdot V$$

여기서, Q : 건물을 통해서 흐르는 공기(m^3/sec)

K_w : 바람이 들어오는 각도에 따른 계수. 바람이 건물의 창에 경사지게 들어오면 0.3, 수직으로 들어오면 0.5를 적용함

A : 열린 면적(m^2)

V : 바람의 평균 유속(m/sec)

② 중력에 의한 자연환기

$$Q = 0.12 \cdot A \cdot \sqrt{H \Delta T}$$

여기서, A : 건물에서 공기가 들어오는 열려진 입구나 공기가 배출되는 배출구의 면적

H : 건물에서 공기가 들어오는 열려진 입구와 배출구 사이의 높이

ΔT : 실내와 실외의 평균온도 차이

제9절 건강검진과 근로자건강관리

Chapter

Industrial Safety

1. 근로자 건강진단의 종류

1) 건강진단의 종류 및 실시시기

건강진단의 종류	주요내용 및 실시주기
일반건강진단	상시 근로자의 건강관리를 위하여 주기적으로 실시하는 건강진단 사무직 : 2년에 1회, 비사무직 : 1년에 1회
특수건강진단	특수건강진단 대상 유해인자에 노출되는 업무 종사 근로자 해당 유해인자에 따른 주기에 따름
배치전건강진단	**특수건강진단 대상업무에 종사할 근로자에 대하여 배치 예정업무적합성 평가를 위하여 실시하는 건강진단[특수건강진단의 한 종류]**
수시건강진단	특수건강진단대상업무로 인하여 해당 유해인자에 의한 건강장해를 의심하게 하는 증상을 보이거나 의학적 소견이 있는 근로자에 대하여 실시하는 건강진단
임시건강진단	① 같은 부서에 근무하는 근로자 또는 같은 유해인자에 노출되는 근로자에게 유사한 질병의 자각 · 타각증상이 발생한 경우 ② 직업병 유소견자가 발생하거나 여러 명이 발생할 우려가 있는 경우 ③ 지방고용노동관서의 장이 필요하다고 판단하는 경우

2) 특수건강진단대상업무(소음, 자외선 및 적외선, 저기압 및 관리대상유해물질 등, 고온 및 저온은 해당 없음)에 근로자를 배치하려는 경우에는 해당 작업에 배치하기 전에 배치전건강진단을 실시

3) 특수 건강진단

(1) 직업병을 조기발견하기 위해 유해업무를 보유한 사업장이 당해 업무에 종사하고 있는 근로자에게 유해인자의 유해성에 따라 6개월, 1년 또는 2년의 주기마다 정기적으로 실시하는 건강진단으로 산업안전보건법 제43조의 규정에 의하여 실시된다.

(2) 목적

업무상 질병을 조기에 발견하여 증세가 더욱 나빠지지 않도록 하고 재발을 방지하기 위한 것으로 업무 기인성을 역학적으로 추적하여 업무에서 비롯되는 질병의 발생을 예방

(3) 특수 건강진단을 실시해야 할 작업

① 화학적 인자

유기화합물(109종), 금속류(20종), 산 및 알칼리류(8종), 가스상태물질류(14종), 허가대상물질(12종), 금속가공유

② 분진 7종(곡물, 광물성, 면, 목재, 용접흄, 유리섬유, 석면분진)

③ 물리적 인자 8종

소음, 진동, 방사선, 고기압, 저기압, 유해광선(자외선, 적외선, 마이크로파 및 라디오파)

④ 야간작업 2종

(4) 근로자 건강진단 실시 결과 직업병 유소견자로 판정받은 후 작업전환을 하거나 작업장소를 변경하고 직업병 유소견 판정의 원인이 된 유해인자에 대한 건강진단이 필요하다는 의사의 소견이 있는 경우에도 특수 건강진단을 실시

(5) 우리나라에서 최근 특수 건강진단을 통해 가장 많이 발생되고 있는 직업병 유소견자는 소음성 난청 유소견자이며 처음으로 학계에 보고된 직업병은 진폐증

(6) 고용노동부장관이 고시하는 발암성 확인물질을 취급하는 근로자들의 건강진단결과 서류를 사업주는 30년 동안 보존

(7) 배치건강진단은 대상 업무에 종사할 근로자에 대하여 배치예정업무에 대한 적합성 평가를 위하여 사업주가 실시하는 건강진단

(8) 일반적으로는 직업병은 젊은 연령층에서 발병률이 높음

4) 건강진단에 의한 건강관리 구분

(1) 건강관리 구분판정

건강관리구분		건강관리구분내용
A		사후관리가 필요없는 근로자
C	C_1	직업성 질병으로 진전될 우려가 있어 추적검사 등 관찰이 필요한 근로자(직업병 요관찰자)
	C_2	일반질병으로 진전될 우려가 있어 추적관찰이 필요한 근로자(일반질병 요관찰자)
D_1		직업성 질병의 소견을 보여 사후관리가 필요한 근로자(직업병 유소견자)
D_2		일반 질병의 소견을 보여 사후관리가 필요한 근로자(일반질병 유소견자)
R		건강진단 1차 검사결과 건강수준의 평가가 곤란하거나 질병이 의심되는 근로자(제2차 건강진단대상자)

(2) 건강관리 구분판정(야간작업)

건강관리구분	건강관리구분내용
A	사후관리가 필요없는 근로자
C_N	질병으로 진전될 우려가 있어 야간작업 시 추적관찰이 필요한 근로자(질병 요관찰자)
D_N	질병의 소견을 보여 야간작업시 사후관리가 필요한 근로자(질병 유소견자)
R	건강진단 1차 검사결과 건강수준의 평가가 곤란하거나 질병이 의심되는 근로자(제2차 건강진단대상자)

※ 참조 : "U" 판정은 2차건강진단대상임을 통보하고, 10일을 경과하여 해당 검사가 이루어지지 않아 건강관리구분을 판정할 수 없는 근로자(퇴직, 기한 내 미실시 등의 사유가 발생한 경우임)

2. 건강증진활동

1) 개요

「산업안전보건법」 제4조제1항제9호 및 같은 법 시행령 제7조에 따라 근로자 건강증진활동을 효율적으로 추진하기 위하여 필요한 사항을 사업주가 주체적으로 수행하는 일련의 활동을 말한다.

2) 용어의 정의

가. "근로자 건강증진활동"이란 작업관련성질환 예방활동을 포함하여 근로자의 건강을 최상의 상태로 하기 위한 일련의 활동을 말한다.

나. "직업성질환"이란 작업환경 중 유해인자가 있어 업무나 직업적 활동에 의하여 근로자가 노출될 경우 그 유해인자로 인하여 발생하는 질환을 말한다.

다. "작업관련성질환"이란 작업관련 뇌심혈관질환 · 근골격계질환 등 업무적 요인과 개인적 요인이 복합적으로 작용하여 발생하는 질환을 말한다.

라. "근로자건강센터"란 산업단지 등 소규모사업장 밀집지역에 설치하여 근로자의 직업성질환 및 작업관련성질환 예방을 위해 직업건강서비스 등을 제공하는 기관을 말한다.

마. "직업건강서비스"란 직업성질환 및 작업관련성질환 예방을 위한 근로자 지원서비스를 말한다.

바. "건강증진활동추진자"란 사업장 내의 보건관리자 또는 근로자 건강증진활동에 필요한 지식과 기술을 보유하고 건강증진활동을 추진하는 사람을 말한다.

3) 건강증진활동계획 수립 · 시행의 과정

가. 사업주가 건강증진을 적극적으로 추진한다는 의사표명

나. 건강증진활동계획의 목표 설정

다. 사업장 내 건강증진 추진을 위한 조직구성

라. 직무스트레스 관리, 올바른 작업자세 지도, 뇌심혈관계질환 발병위험도 평가 및 사후관리, 금연, 절주, 운동, 영양개선 등 건강증진활동 추진내용

마. 건강증진활동을 추진하기 위해 필요한 인력, 시설 및 장비의 확보

바. 건강증진활동계획 추진상황 평가 및 계획의 재검토

사. 그 밖에 근로자 건강증진활동에 필요한 조치

Chapter

제10절 유해인자의 인체영향

Industrial Safety

01 입자상 물질의 인체영향

Section

1. 입자상 물질의 정의

입자상 물질이란 고체 또는 액체 상태로 공기 중에 부유되어 있으면서 호흡을 통하여 호흡기관에 들어오는 모든 입자로 0.001~100μm까지 다양하다. 발생원에서 공중으로 부유된 최초의 입자를 1차 입자성 물질이라 하고, 이들이 공기 중에서 부딪치거나 반응하여 만들어진 입자를 2차 입자성 물질이라고 한다. 분진, 미스트, 흄 등이 해당된다.

2. 입자상 물질의 종류

(1) 에어로졸(Aerosol)

가스상 매체에 미세한 **고체나 액체** 입자가 분산되어 있는 상태를 말한다.

(2) 먼지(Dust)

대부분 콜로이드(Colloid)보다는 크고, 공기나 다른 가스에 단시간 동안 부유할 수 있는 고체입자를 말한다.

(3) 안개(Fog)

액체 입자가 분산되어 있는 에어로졸로서 육안으로 볼 수 있다.

(4) 흄(Fume)

금속이 용해되어 액상물질로 되고 이것이 가스상 물질로 **기화**된 후 다시 **응축**되어 발생되는 고체입자를 말하며, 흔히 **산화**(Oxidation) 등의 화학반응을 수반한다. 용접흄이 여기에 속한다. **상온 · 상압하에서는 고체상태**이며, 기화 → 산화 → 응축 반응순으로 진행된다.

(5) 미스트(Mist)

분산되어 있는 액체입자로서, 육안으로 볼 수 있다.

(6) 연기(Smoke)

불완전 연소에 의하여 발생하는 **에어로졸**로서, 주로 고체상태이고 탄소와 기타 가연성 물질로 구성되어 있다.

(7) 스모그(Smog)

'Smoke'와 'Fog'에서 온 용어로, 자연오염이나 인공오염에 의하여 발생한 대기오염물질인 에어로졸에 대하여 광범위하게 적용되는 용어이다.

3. 입자상 물질의 모양 및 크기

(1) 물리적 직경

- 현미경에 의하여 직접 입자의 크기를 측정하는 것을 말하며, 실제로 측정하기가 어렵다.
- 단위는 mppcf(million particle per cubic feet)로 나타낸다.
- 종류는 Martin's 직경, Feret's 직경, 등면적 직경이 있다.

(2) 공기역학적 직경(Aerodynamic Diameter)

밀도가 $1g/cm^3$인 물질로 구 형태를 만든 표준입자를 다양한 입자크기로 만든 후에 대상입자와 낙하되는 속도가 동일한 표준입자의 직경을 대상입자의 직경으로 사용하는 방법을 말한다.

02 인체 영향

Section

1. 인체 내 축적 및 제거

(1) 호흡기계 축적 메커니즘

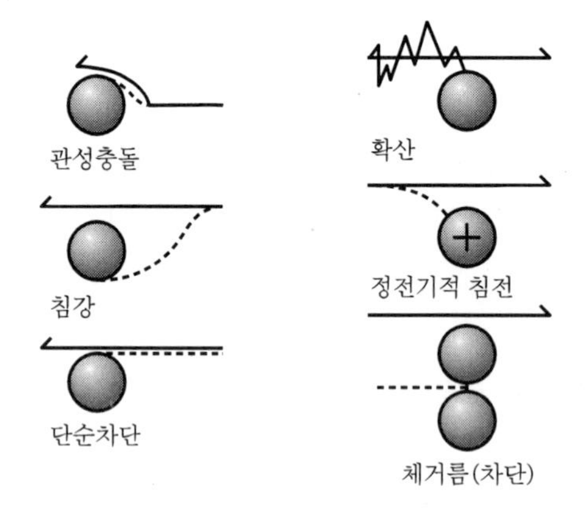

① 충돌(관성충돌)

공기의 흐름이 기관에서 기관지로 바뀔 때 입자상 물질의 관성력에 의해 충돌되어 호흡기계에 축적되는 것으로 호흡기계의 가지부분은 입자상 물질이 가장 많이 축적됨. 입자의 크기는 5~30μm

② 침강(침전)

가지기관을 지난 후 입자가 가지고 있는 자체무게에 의해 중력 침강 작용이 발생, 입자모양과 상관없음. 입자의 크기는 1~5μm

③ 확산

매우 미세한 입자의 경우 확산에 의해 침착. 입자의 크기는 1μm 이하

④ 차단

기도 표면에 섬유 입자의 한쪽 끝이 표면에 접촉하여 간섭받게 되어 침착

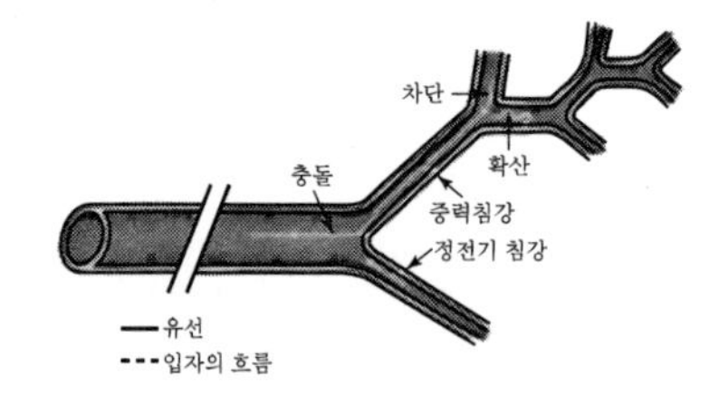

[호흡기계 축적 메커니즘]

2. 입자상 물질에 의한 건강장해

① 석면폐암, 악성중피종, ② 진폐증, ③ 전신반응

3. 진폐증

(1) 정의

진폐증(Pneumoconiosis)이란 용어는 희랍어로 'Dust in the Lungs'라는 뜻이지만 먼지로 인한 폐조직의 섬유화를 말하며 먼지에 의한 대표적인 건강장해이다. 진폐증을 일으키는 무기분진에는 유리규산, 석면, 석탄분진 등이 있고, 흑연, 운모, 활석, 적철광 등도 진폐증을 일으킨다. 진폐증을 일으키는 석면의 경우 길이가 **5~8μm**보다 길고, 두께가 0.25~1.5μm보다 얇은 것이 잘 일으킨다. 대표적인 병리소견인 섬유증이란 폐포, 폐포관, 모세기관기 등을 이루고 있는 세포들 사이에 콜라겐 섬유가 증식하는 병리적 현상이다. 콜라겐 섬유가 증식하면 폐의 탄련성이 떨어져 호흡곤란, 지속적인 기침, 폐기능 저하를 가져온다.

① 흡입성 분진의 종류에 따른 분류

㉠ 무기성 분진에 의한 진폐증

㉡ 유기성 분진에 의한 진폐증

〈흡인성 분진의 종류에 따른 진폐증의 종류〉

무기성 분진에 의한 진폐증	**유기성** 분진에 의한 진폐증
규폐증(Silicosis)	**면폐증(Byssinosis)**
탄광부진폐증(Coal Worker's Pneumoconiosis)	설탕폐증(Bagassosis)
용접공폐증(Welders Lung)	**농부폐증**(Farmers Lung)
활석폐증(Talcosis)	목재분진폐증(Suberosis)
베릴륨폐증(Berylliosis)	**연초폐증(Tabacosis)**
석면폐증(Asbestosis)	모발분진폐증(Theosurosis)
흑연폐증(Graphite Lung)	
알루미늄폐증(Aluminium Lung)	
탄소폐증(Carbon Lung)	
철폐증(Siderosis)	
규조토폐증(Diatomaceous-earth Pneumoconiosis)	
주석폐증(Stanosis)	
칼륨폐증(Calcitosis)	
바륨폐증(Baritosis)	

(2) 주요 진폐증의 종류

① 규폐증(硅肺症)

이산화규소(SiO_2)를 들이마심으로써 문제가 되는 것인데 대부분의 광산이나 도자기 작업장, 채석장, 석재공장, 터널공사장 등 많은 작업장에서 규소가 문제를 일으킬 수 있다. 20년 정도의 긴 시간이 지나야 발병하는 경우가 대부분이지만 드물게는 몇 달 만에 증상이 생기는 경우도 있다. 섬유화뿐만 아니라 결핵도 악화시켜서 규폐결핵증이 되기 쉽다.

㉠ 폐조직에서 섬유상 결절이 발견된다.
㉡ 유리규산 분진 흡입으로 폐에 만성 섬유증식이 나타난다.
㉢ 분진입자의 크기가 **2~5μm**일 때 유리규산분진에 의한 규폐성 결정과 폐포벽 파괴 등 망상 내피계 반응이 일어난다.
㉣ 합병증인 폐결핵이 폐하엽부위에 많이 생긴다.
㉤ 자각증상 없이 서서히 진행(10년 이상)된다.
㉥ 고농도의 규소입자에 노출되면 급성 규폐증에 걸리며, 열, 기침, 체중감소, 청색증이 나타난다.

② 석면폐증(石綿肺症)

석면폐의 문제점은 섬유화로 인한 허파의 기능 저하뿐만 아니라 **폐암을 일으킨다는 점**이다.

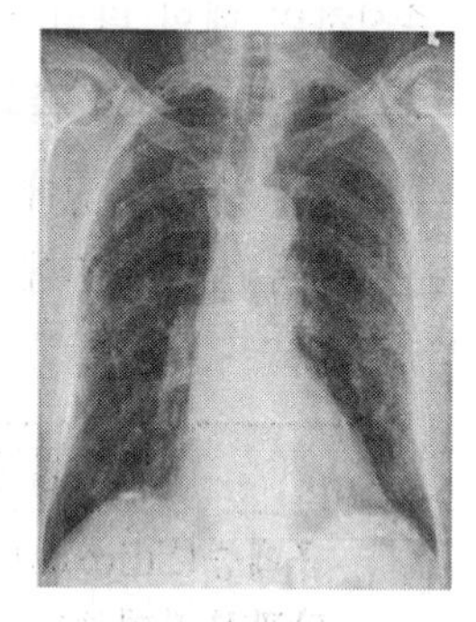
[석면폐증]

③ 석탄폐증(石炭肺症)

규소의 작용이 없이 순전히 석탄 때문에 생기는 진폐증으로 허파의 섬유화나 증상의 정도가 다른 물질에 따른 진폐증보다 훨씬 덜하다. 직접 석탄을 캐는 광부에게 생기는 것으로 알려져 있다.

(3) 진폐증 발생에 관여하는 요인

① 분진의 **농도**
② 분진의 **크기**
③ 분진의 **노출기간** 및 작업강도
④ 개인차

(4) 진폐증의 예방대책

① 국소배기
② 전제환기에 의한 희석
③ 습식 작업
④ 방진마스크의 착용
⑤ 대치방법

5. 석면에 의한 건강장해

석면은 마그네슘과 규소를 포함하고 있는 광물질로서 솜과 같이 부드러운 섬유로 되어 있고, 내화성이 강하며 마찰에 잘 견딜 수 있다. 화학약품에 대한 저항성이 강하며 전기에 대한 절연성이 있으므로 여러 업종에서 많이 사용되었으나 **석면**은 석면폐증(석면에 의하여 폐의 섬유화를 초래하는 질병), 폐암 및 **악성중피종**(흉막이나 복막에 생기는 암으로서 발병 후 대개 6개월 이내에 사망함)을 유발하는 물질이다.
종류로는 크리소타일(Chrysotile), 아모사이트(Amosite), 크로시도라이트(Crocidolite), 트레모라이트(Tremolite)가 있으며, 이 중 **크로시도라이트(Crocidolite)가 발암성이 가장 강한 것**으로 알려졌다.

6. 인체 방어기전

(1) 점액 섬모운동에 의한 정화

① 입자상 물질에 대한 가장 기초적인 방어작용
② 흡입된 공기 속 입자들은 호흡상피에서 분비된 점액의 점액층에 달라붙어 구강 쪽으로 향하는 섬모운동에 의해 외부로 배출
③ 대표적인 예 : 객담
④ 섬모운동 방해물질 : 담배연기, 카드뮴, 니켈, 암모니아, 수은 등

(2) 대식세포에 의한 정화

① 기관지나 세기관지에 침착된 먼지는 대식세포가 둘러쌈
② 상부 기도로 옮겨지거나 대식세포가 방출하는 **효소**에 의해 제거
③ 대식세포의 용해효소에 제거되지 않는 물질 : 석면, 유리규산

7. 직업성 천식

(1) 개요

작업장에서 흡입되는 물질에 의해 발생하는 천식을 말한다. 처음 얼마 동안은 증상 없이 지내다가 수개월 혹은 수년 후에 천식증상이 나타나게 된다. 일단 질환에 이환하게 되면 작업환경에서 추후 소량의 동일한 유발물질에 노출되더라도 지속적으로 증상이 발현된다. 증상은 주말이나 휴가 시엔 완화되고 직장에 복귀하면 악화되는 특징을 갖고 있다.

(2) 직업성 천식을 일으키는 업종 및 물질

[페인트 도장작업 원인물질]

TDI(Toluene Disocyanate), TMA(Trimelitic Anhydride), 디메틸에탄올아민 등

8. 분진의 종류

① **전신중독성 분진 : 망간, 유황 등의 화합물**
② 알레르기성 분진 : 꽃가루, 털 등
③ 자극성 분진 : 크롬산 등
④ 진폐성 분진 : 규산, 석면, 활성, 흑연 등
⑤ 불활성 분진 : 석탄, 시멘트, 탄화규소 등
⑥ 발암성 분진 : 석면, 니켈카보닐, 아민계 색소 등

제11절 유해 화학 물질

01 종류 · 발생 · 성질

1. 유해화학물질의 정의

유해화학물질이란 통상 위험물 혹은 유해물질, 유독물 등의 의미로서 폭발성 · 인화성 · 유독성 · 부식성 등의 성질을 지닌 합성화학물질이며 미량이라도 마셨거나, 삼켰거나, 접촉하거나 호흡기 등을 통하여 흡수했을 때 인체에 해를 주거나 신체기능에 장애를 일으킬 수 있는 물질이다.

(1) 지속기간에 의한 분류

① 급성독성(Acute Toxicity) : Ceiling, STEL

㉠ 노출 후 단기간(1～14일)에 독성이 발생하는 것으로 가역적인 영향을 준다.

㉡ 한 번의 접촉, 흡입, 섭취 등 단기간의 영향이다.

② 만성독성(Chronic Toxicity) : TWA

㉠ 장기간(1년 이상)에 걸쳐서 독성이 발생하는 것으로 비가역적인 영향을 준다.

㉡ 반복투여 후 중 · 장기간 내에 나타나는 독성을 질적 · 양적으로 검사한다.

㉢ 만성독성을 유발하는 화학물질 노출을 예방하기 위한 기준이다.

㉣ STEL, TWA가 동시에 설정된 화학물질(예 가솔린, 구리분진, 나프탈렌, 데카보란, 디메칠벤젠, 디에틸 에테르, 망간 등)이 그 대표적 예이다.

(2) 작용부위에 의한 분류

① 국부독성(Local Toxicity)

독성물질과 생체시스템 사이에서 발생되는 폭로 또는 독성작용이 국부적이다. 국소독성의 예로 피부, 눈, 호흡기계통의 노출로 인한 자극 및 괴사작용을 들 수 있다. 일반적으로 국소독성은 노출경로와 화학물질의 사용 패턴으로 인하여 주로 작업장에서 발생한다.

② 전신독성(Systemic Toxicity)

독성물질 흡수 후 피의 흐름에 동반하여 표적장기로 이동하여 독성이 발생하는 영향을 말한다. 서로 다른 장기에서 나타나는 독성을 표적장기독성 또는 전신독성이라 부른다. 이는 화학물질이 처음 노출된 부위에서 독성이 나타나는 국소독성과 구별하고 있다. 전신독성이 나타내기 위해서는 흡수 · 분포되어 노출부위에서 멀리 떨어진 장기에서 독성이 관찰되어야 한다.

㉠ 1차 표적장기 : 독성물질에 의하여 직접적으로 혹은 아주 심하게 영향을 받는 장기를 말함. 화학물질의 유해성은 종종 1차 표적장기에 따라 그룹으로 나누기도 한다.

㉡ 2차 표적장기 : 간접적으로 혹은 다소 약하게 영향을 받는 장기를 말함

(3) 유기용제

유기용제란 상온 · 상압하에서 휘발성이 있는 액체로서 다른 물질을 녹이는 성질이 있는 것을 말하며, 유기용제 증기가 가장 활발하게 발생될 수 있는 인자는 높은 온도 및 낮은 기압이다.

2. 관련용어

(1) NEL(No Effect Level)

실험동물에서 어떠한 악영향도 나타나지 않은 수준을 말한다.

(2) 무관찰영향수준(NOEL : No Observed Effect Level)

① 무관찰 작용량으로서 가능한 독성영향에 대하여 연구 시 현재의 평가방법으로 독성영향이 관찰되지 않은 수준이다.

② "관찰된(Observed)"이란 용어를 추가함으로써 밝혀지지 않은 독성이 있을 수 있다는 것과 다른 종류의 동물을 실험할 경우에는 독성이 있을 수 있음을 전제한다.

③ 만성독성(Acute Toxity)실험에서 얻어지는 지표로 NOEL 수준의 양을 투여했을 때는 투여하는 전 기간에 걸쳐 치사, 발병 및 병태생리학적 변화가 모든 실험대상에서 관찰되지 않는 양, 즉 실험과정에서 아무런 장해가 나타나지 않은 양이다.

④ 양-반응 관계에서 안전하다고 여겨지는 양이다.

⑤ 동물실험에서 **역치량(ThD ; Threshold Dose)으로 이용**된다.

⑥ **SNARL(Suggested No-Adverse-Response Level)과 동일한 의미**이다.

(3) NOAEL(No Observed Adverse Effect Level)

① 어떠한 악영향도 관찰되지 않은 수준이다.
② 어떠한 영향은 있으나 그것이 특정장기에 대한 악영향은 아님을 뜻한다.
③ 화학물질의 노출기준을 설정하기 위해 필요한 기준으로 어떠한 악영향도 관찰되지 않은 수준으로 종(Species) 간의 외삽(Extrapolation), 개인별 민감도의 차이 등 불확실한 측면이 있으므로 이를 보정하기 위한 안전계수가 필요하다.

(4) 역치량(ThD : Threshold Dose)

① 양 : 반응관계에서 안전하다고 여겨지는 양을 말한다.
② 동물실험 양 : 반응관계에서 구한 NOEL과 안전계수(SF : Safety Factor) 또는 불확실성 계수 등을 고려하여 사람에게 미칠 위험을 외삽(Extrapolation)해서 사람에 대한 안전 상한치라고 여겨지는 양이다.

(5) SNARL(Suggested No-Adverse-Response Level)

① 악영향을 나타내는 반응이 없는 농도를 말한다.
② NOEL과 동일한 의미의 용어다.

(6) 치사량(LD : Lethal Dose)

① 실험동물에게 투여했을 때 실험동물을 죽게 하는 그 물질의 양을 말한다.
② LD_{50}은 실험동물의 50%를 죽게 하는 양이다.
③ 변역 또는 95% 신뢰한계를 명시하여야 한다.
④ 치사량은 단위체중당으로 표시하는 것이 보통이다.

(7) 유효량(ED : Effective Dose)

① 실험동물에게 투여했을 때 독성을 초래하지는 않지만 관찰 가능한 가역적인 반응(점막기관에 자극반응)이 나타나는 물질의 양을 말한다.
② ED_{50}은 실험동물의 50%가 관찰 가능한 가역적인 반응을 나타내는 양이다.

(8) 독성량(TD : Toxic Dose)

① 실험동물에게 투여했을 때 죽는 것은 아니지만 조직손상이나 종양과 같은 심각한 독성반응을 초래하는 투여량을 말한다.

② TD_{50}은 **실험동물의 50%가 심각한 독성반응을 나타내는 양**이다.

(9) 반응(Response)

① 실험동물에게 투여, 노출, 흡수되는 양으로 인해 대상 실험동물에게서 나타나는 각종 질적 · 양적 변화이다.

② ED가 반복되면 TD가 되고 TD가 반복되면 LD가 된다. 가역적인 반응이 비가역적인 반응이 된다. 즉, 유해인자의 노출이 반복되면 건강상의 장해가 회복되지 않는다.

(10) 안전역

화학물질의 투여에 의한 독성범위를 나타내는 양

$$안전역 = \frac{TD_{50}}{ED_{50}}$$

(11) 치사농도(LC ; Lethal Concentration)

① 실험동물에게 투여했을 때 실험동물을 죽게 하는 물질의 농도를 말한다.

② LC_{50}은 실험의 50%를 죽게 하는 농도이다.

③ **흡입실험 경우의 치사량 단위는 ppm, mg/m^3으로 표시**한다.

(12) 사람에 대한 안전용량(SHD ; Safety Human Dose)

① 동물실험에서 구해진 역치량(ThD 또는 NOEL)을 사람에게 **외삽**하여 안전한 양으로 추정한 양을 말하며, 가장 좋은 방법은 체표면적을 이용하는 방법이지만 현실적으로 어렵기 때문에 대부분 **체중을 사용**한다. 산출 공식은 다음과 같다.

$$안전노출량\ SHD(mg/day) = \frac{ThD\,(mg/kg/day) \times 70kg}{SF}$$

여기서, SHD(mg/day) : 사람에 대한 안전 노출량
ThD(mg/kg/day) : 실험동물에 대한 독물의 한계치 또는 현저한 영향이 없는 독물량
70(kg) : 일반인의 평균체중
SF(Safety Factor) : 안전인자, 보통 10~1,000

② SHD를 활용한 노출기준 설정

동물실험을 하는 최종목적으로 SHD에 사람의 호흡률(BR : Breathing Rate), 노출시간, 폐 흡수율을 고려하여 계산한다.

$$\text{안전용량 SHD(mg/kg몸무게)} = C \times V \times t \times R$$

여기서, SHD(mg/kg몸무게) : 체내 흡수량(사람에 대한 안전 노출량)
C(mg/m^3) : 공기 중 유해물질 농도
V(m^3/hr) : 개인의 호흡률(폐환기율), 중노동(1.47m^3/hr), 보통작업(0.98m^3/hr)
t(hr) : 노출되는 시간, 일반적으로 8시간
R : 체내 잔류율(보통 1.0)

③ 유해물질 지수(k)

$$k = c \times t$$

여기서, c : 유해물질의 농도
t : 노출시간

3. 유해물질의 종류 및 발생원

(1) 자극제

자극제는 주로 피부 및 점막에 작용하여 부식시키거나 수포를 형성한다. **고농도인 경우에는 호흡이 정지되며 눈에 들어가면 결막염과 각막염**을 일으킨다. 호흡기에 대한 자극작용은 유해물질의 **용해도**에 따라서 다르며 이에 따라 자극제를 상기도 점막 자극제, 상기도 점막 및 폐조직 자극제, 종말기관지 및 폐포점막 자극제로 구분한다.

- **상기도 점막 자극제**(**물에 잘 녹는 물질**이며 **암모니아, 크롬산, 염화수소, 불화수소, 아황산가스** 등)
- 상기도 점막 및 폐조직 자극제(물에 대한 용해도가 중간 정도인 물질이며 염소, 취소, 불소, 옥소)
- **종말기관지 및 폐포** 점막 자극제(**물에 녹지 않는 물질**이며 **이산화질소**, 삼염화비소, **포스겐** 등)

(2) 질식제

질식제는 세포의 산소활용을 방해하여 질식시키는 물질로, 조직 내 산화작용을 방해한다.

① 단순 질식제

㉠ 정상적 호흡에 필요한 혈중 산소량을 낮추나 생리적으로 어떠한 작용도 하지 않는 불활성 가스를 말함

㉡ 종류 : **이산화탄소(탄산가스)**, 메탄, 질소, 수소, 에탄, 프로판, 에틸렌, 아세틸렌, 헬륨 등

② 화학적 질식제

㉠ 혈액 중의 혈색소와 직접 결합하여 산소운반능력을 방해하는 물질을 말하며 이에 따라 세포의 산소수용능력을 상실케 한다.

㉡ 화학적 질식제에 고농도로 노출할 경우 **폐 속으로 들어가는 산소의 활용을 방해**하기 때문에 사망에 이르게 된다.

㉢ 종류

ⓐ **일산화탄소** : 혈액 중 헤모글로빈과의 결합력이 산소보다 240배 강하여 체내 산소공급 능력을 방해하여 질식을 일으키며, 이는 혈색소와 친화도가 산소보다 강하여 COHb를 형성하여 조직에서 산소공급을 억제한다. 이는 혈중 COHb의 농도가 높아지며 HbO_2의 해리작용을 방해하는 작용을 하기 때문이다.

ⓑ 황화수소
- 썩은 달걀냄새가 나는 무색의 기체
- 주로 집수조, 맨홀 내부에서 발생됨
- 급성중독에 의한 호흡마비증상(뇌의 호흡중추를 마비)

ⓒ 시안화수소
- 상온에서 무색의 기체
- 중추신경계의 기능 마비를 일으켜 사망케 함
- 호기성 세포가 산소 이용에 관여하는 시토크롬산화제를 억제하여 산소를 얻을수 없도록 함

ⓓ 아닐린
- 투명기체
- **메트헤모글로빈을 형성**하여 간장, 신장, 중추신경계 장해를 일으킴
- 시력과 언어장해 증상

(3) 마취제

마취의 정도가 심하면 의식이 없어지고 움직이지 못하며 반사작용이 상실되어 그대로 방치할 경우 호흡중추가 침해되어 사망하게 된다. 주작용은 단순 마취작업이며 전신중독을 일으키지는 않는다.

① 지방족 알코올류 ② 지방족 케톤류
③ 올레핀계 탄화수소 ④ 에틸에테르
⑤ 이소프로필에테르 ⑥ 에스테르류

(4) 전신중독

① 혈액에 흡수되어 전신 장기에 중독을 나타내는 물질
② 신경계 침입 : 4에틸납, 이황화탄소, 메틸알코올
③ 혈액과 호흡기 : 일산화탄소, 비소, 삼산화수소
④ **조혈기능 장해 : 톨루엔 > 크실렌 > 벤젠**
⑤ 유독성 비금속의 무기물질 : 비소, 인, 유황, 불소
⑥ 중금속 중독 물질 : 납, 수은, 카드뮴, 망간, 베릴륨
⑦ 발암성 유발물질 : 크롬화합물, 니켈, 석면, 비소, 타르(PAH), 방사선

(5) 기타 유해화학물질 : 이황화탄소

이황화탄소는 휘발성이 높은 무색의 액체로 **인조견과 셀로판 생산**에 사용되며 **사염화탄소의 제조**에도 흔히 이용된다. **중추신경계에 대한 특징적인 독성작용**을 유발한다.

① 중추신경계에 대한 특징적인 독성 작용으로 심한 급성 혹은 아급성 뇌병증을 유발한다.
② 휘발성이 매우 높은 무색 액체이다.
③ 대부분 상기도를 통해서 체내에 흡수된다.

4. 입자 크기별 호흡기계 침전(ACGIH 정의)

(1) 흡입성 입자상 물질(IPM : Inhale Particulate Mass)

호흡기의 어느 부위에 침착하더라도 독성을 나타내는 물질로서, 비암이나 비중격 천공을 일으키는 물질이 여기에 속한다. 입경의 범위는 0~100μm이다.

(2) 흉곽성 입자상 물질(TPM : Thoracic Particulate Mass)

기도나 폐포에 침착할 때 독성을 나타내는 물질로서 평균입경은 10μm이다.

(3) 호흡성 물질(RPM : Respirable Particulate Mass)

가스교환부위, 즉 폐포에 침착할 때 독성을 나타내는 물질로서 평균입경은 4μm이다.

02 인체 영향

Section

1. 인체 내 축적 및 제거

(1) 호흡기를 통한 침입

공기 중 화학물질의 경우 호흡기를 통한 침입이 가장 높다.
가스상 물질의 경우 특히 해당 물질이 물에 녹는 정도에 따라 위해 범위가 결정된다. 친수성 물질(염산, 암모니아 등)의 경우에는 상기도, 기관지에 자극, 염증을 일으켜 위해 정도를 바로 인식할 수 있으나 오존(O_3), 포스겐(Phosgene)의 경우 이러한 자극 없이 바로 폐의 깊숙한 곳까지 침투하여 영향을 일으켜 폐의 산소교환을 억제함으로써 순간적으로 생명에 영향을 줄 수 있다.

(2) 피부를 통한 침입

① 피부의 일반적 특징

㉠ 피부는 표피층과 진피층으로 구성
㉡ **표피층**에는 멜라닌 세포와 랑거한스 세포가 존재하고 자외선에 노출될 경우 멜라닌 세포가 증가하여 각질층이 비후되어 **자외선으로부터 피부를 보호함**
㉢ 랑거한스 세포는 피부의 면역반응에 중요한 역할을 함
㉣ 각화세포를 결합하는 조직은 케라틴 단백질임
㉤ 피부에 접촉하는 화학물질의 통과속도는 각질층에서 가장 느림
㉥ 직업성 피부질환의 발생빈도는 타 질환에 비하여 월등히 많음
㉦ 대부분 화학물질에 의한 접촉피부염임
㉧ 피부흡수는 수용성보다 지용성 물질의 흡수가 빠름
㉨ 허용기준에 '피부' 또는 'Skin' 표시

② 피부의 방어작용

㉠ 직접적 작용

ⓐ 수분손실 방지 : 피부 각질층

ⓑ 화학적 침투작용 : 피부 각질층, 피부표면지질, 에크린, 땀, 신진대사에 의한 무독화, 식균작용, 면역반응

ⓒ **자외선 : 표피**, 피부 각질층, 멜라닌 착색

ⓓ 미생물 : 표피장벽, 피부표면지질, 식균작용, 면역반응

ⓔ 주변온도 : 에크린, 땀, 피부혈관, 피하지방

㉡ 간접적 작용

색소침착(착색), 피부두께, 연령 및 성, 체질 및 체형, 개인위생 및 환경위생, 치료투약, 계절 질병(과민성 피부염), 피부의 경화, 땀의 발산

③ 직업성 피부질환 요인

㉠ 직접요인 : 유해화학물질

㉡ 간접요인 : **인종**, **피부의 종류**, **연령**, 성, 계절 및 기후, 햇빛, 개인 청결 상태, 기타 비직업성 피부질환의 유무 여부

④ 접촉성 피부염

㉠ 개요

ⓐ 작업장에서 **발생빈도가 가장 높은 피부질환**임

ⓑ 과거 **노출경험이 없어도** 반응이 나타날 수 있음

ⓒ 습진의 일종이며 많이 사용하는 손에서 발생

㉡ 원인인자

ⓐ 피부의 습윤작용을 방해하는 수용액

ⓑ 계면활성제, 산, 알칼리, 유기용제 등

ⓒ 특이체질 근로자에게 미치는 동물 또는 식물

㉢ 자극성 접촉피부염

㉣ **알레르기성 접촉피부염** : **니켈**, **베릴륨**, 수은, 코발트 포르말린, 방향족 탄화수소, **크롬 화합물** 등

(3) 소화기관에서 화학물질 흡수율에 영향을 미치는 요인

① 화학물질의 크기, 지용성질 등 물리적 성질

② **위 산도**

③ 소화기관 **통과속도**

④ 화학물질의 **물리적 구조와 화학적 성질**

⑤ 소장과 대장에 생존하는 미생물
⑥ 소화기관 내에서 다른 물질과의 상호작용
⑦ 촉진투과와 능동투과의 작용기전
⑧ 기능
㉠ 침이나 소화액에 녹아서 위장관에서 흡수되며, 세포막의 투과원리와 동일하다.
㉡ 독성은 호흡기와 피부로 흡수된 경우보다 훨씬 낮다.
㉢ 위장관에서 산 · 알칼리에 의하여 중화되며 **소화액에 의해 분해되고 간에서 해독**된다.
㉣ 위의 산도에 의해 유해물질이 화학반응을 일으켜 다른 물질로 되는 수도 있다.

2. 유해화학물질에 의한 건강 장해

(1) 혈액 중독

화학물질에 의한 조혈계 손상은 매우 낮은 빈도로 발생한다. 조혈계 손상물질로 잘 알려진 벤젠의 경우에서도 만성적인 노출군에서 발생빈도가 낮다. 그러나 노출량이 증가하면 조혈계의 중요한 기능상실로 인하여 생명의 위협을 받을 수 있다. 조혈계의 기능으로 산소의 운반기능, 감염성 물질에 대한 숙주 방어기능, 그리고 항상성 유지 등을 들 수 있다.

① **조혈계 독성물질**

조혈계 독성물질은 약물학적 측면과 직업적인 측면에서 나눌 수 있다. 약물학적인 노출의 경우 암보다는 조혈계 이상에 대한 연구가 광범위하고, 현재 벤젠만이 유일하게 사람의 조혈계에 암을 유발시키는 것으로 연구되었다.

② **조혈작용**

간층 조직세포가 골수 내에서 분화과정을 거쳐서 성숙세포(수임세포)로 출현하고, 이것이 적혈구, 혈소판, 백혈구의 성분이 된다.
㉠ 적혈구 : 산소전달역할을 하며 감소 시 빈혈증 발생
㉡ 혈소판 : 출혈시 응결시키는 역할을 하며 감소 시 혈소판 감소증 발생
㉢ 백혈구 : 노폐물을 제거하고, 이물질에 대한 방어 역할

(2) 간 독성

① 간의 일반적 기능
㉠ 탄수화물의 저장과 대사작용
㉡ 호르몬의 내인성 폐기물 및 이물질의 대사작용
㉢ 혈액 단백질의 합성

㉣ 요소의 생성
㉤ 지방의 대사작용
㉥ 담즙의 생성

② 화학물질의 생 활성화와 무독화

㉠ 생 활성화 작용은 불활성이고 무독한 화학물질을 활성적인 형태로 전환하는 것이다.
㉡ 생 활성화 작용은 유익한 측면보다 유익하지 못한 측면이 더 많다.
㉢ 독성물질의 대사경로

화학물질 침입 → 제1단계 : 무독화 경로
→ 제2단계 : 활성화 또는 독성화 경로
→ 제3단계 : 해독 경로
→ 제4단계 : 독성 발생

③ 간 손상

〈간 손상의 종류별 관련물질〉

손상의 종류	관련물질	손상의 종류	관련물질
괴사	**사염화탄소**, 베릴륨	신형성	**사염화탄소**, 염화비닐
담즙울체증	사염화탄소, 에탄올	섬유증/간경변	사염화탄소, TNT
지방정체	유기비소	혼합형 손상	사염화탄소
세포사멸	미확인		

㉠ 괴사 : 세포가 죽은 형태
㉡ 담즙울체증 : 담즙의 분비가 지체되거나 중지되는 증상
㉢ 지방정체 : 세포 내 지방이 축적되는 증상
㉣ 신형성 : 간에 새로운 조직이 형성되는 현상. 간에 발생되는 종양 · 암 등
㉤ 섬유증 및 간경변 : 간 손상이 계속적으로 진행된 결과로서 보통 화학물질에 장기간 노출된 다음에 나타남. 이들은 콜라겐이 간 조직 내에 침착되어 간의 구조가 변화는 것은 물론 정상적인 기능을 방해하는 현상

(3) 신장 독성물질

① 금속

[카드뮴] [납] [수은] [비소] [금] [비스무스] **[크롬]** [플라티늄] [탈리윰] [우라늄]

② 할로겐화 탄화수소

[사염화탄소] [클로로포름] [메톡시플루란] **[톨루엔] [트리클로로에틸렌]**

③ 폐쇄성 뇨로증의 원인물질

[Methotrexate] [Sulfonamide] [에틸렌 글리콜]

④ 신장장해 유발성 가스

[**비소**가스] [헤로인]

⑤ Glycols

[에틸렌글리콜] [디에틸렌글리콜]

⑥ 플라스틱과 수지 생산에 관련된 화학물질

[아크릴로나이트릴] [스티렌]

(4) 폐 독성

① 폐의 구조

㉠ 비강 : 호흡공기의 온도 및 수분조절, 공기에 함유된 오염물질 제거 기능

㉡ 기관지 : 공기를 폐로 유입시키는 공기관 역할과 소비된 공기를 제거하는 통로

㉢ 폐포 : 약 3억 개, 총 표면적이 약 $70m^2$로 기체교환이 일어나는 장소, 대식세포가 오염물질을 제거

② 폐포의 기체교환

㉠ 기체교환 과정 : 폐포공간 → 폐포상피 → 조직 간 공간 → 모세관 내피 → 혈장 → 헤모글로빈

㉡ 모세관막이 손상되면 반흔조직 생성

ⓐ 막의 두께를 증가시킨다.

ⓑ 폐포 격막의 탄력성을 변화시킨다.

③ 폐의 방어기전

㉠ 점막성 **섬모 메커니즘**

ⓐ 점막층 상부 : 점착성 두꺼운 점액

점막층 하부 : 섬모와 접촉하고 있는 수용성의 얇은 점액

ⓑ 하부의 졸층 : 섬모의 자유로운 율동을 가능케 함

상부의 겔층 : 연속적으로 호흡통로의 입구를 향하게 함

㉡ 폐포의 **식균작용**

폐포의 대식세포에서 일어나는 폐의 두 번째 방어기전

④ 폐의 손상

㉠ 폐의 침착 메커니즘 : 충돌, 침전, 확산

㉡ 대기오염물질 : CO, 황산화물, 광화학적 산화물, 분진, 질소산화물
㉢ 흡연
㉣ 화학적 물질 : 화학증기, 금속 흄(Fume)

(5) 신경 독성

① 신경계

㉠ 뉴론 : 신경세포체와 여러 개의 짧은 돌기로 구성된 수상돌기와 하나의 긴 돌기로 구성
㉡ 지지세포 : 중추신경계에서는 신경교 세포라 부르며, 말초신경계에서는 슈반세포라 부름
㉢ 기타 세포 : 내피세포나 혈액세포들을 말함

② 중추신경계

뇌와 척수로 구성되어 있으며 뇌는 화학물질에 대하여 매우 민감하게 영향을 받는 것으로 알려졌다.

신경독성	화학물질
뇌질환 급성 신경절 손상 소뇌 손상 후드골 피질 손상 두개강내압 만성	 유기염소계농약, 비소 일산화탄소, 마그네슘, 이황화탄소 유기수은 유기수은 납, 유기주석 이황화탄소, 유기용매, 납, 무기수은, 비소
뇌증상 **파킨스 운동장애** 이각화증과 진전 진전(떨림현상) 경련	 **일산화탄소, 마그네슘, 이황화탄소** 메틸브롬아이드 수은, 유기화합물 유기염소계농약, 사염화탄소, 납 등
뇌간증상	Hydrocyanic Acid
척수증상 다발성 신경염 암	 탈륨, Triorthocresol Phosphate 염화비닐 등

주) 말단감각 이상, 레이노드증상, 손에 땀이 심하게 나는 증상 : 진동
잦은 호흡, 빈맥, 고혈압, 말초혈관수축, 장의 연동운동저하 : 소음
교감신경계를 과도하게 자극하여 발한 반응을 유도 : 초음파

③ 말초신경계

감각신경과 운동신경으로 나누어지며 감각정보 수용 및 운동정보를 수용한다.

신경독성	물질
독성신경증 (**다발성 신경염**)	• 금속 : 비소, 납, 수은(유기) • 유기용제 : **노말헥산**, 메탄올, 트리클로로에틸렌 • 농약 : 유기인제재, 염화페닐유도체 • 가스 : 메틸브로마이드, 이산화탄소 • 기타 : Polychlorinated Biphenyls(PCBs), Polybromiated Biphenyls(PBBs), 스티렌, 아크릴아미드 등
외상적 손상 뇌간 실질조직	 떨림 압박성 및 강박성 신경증
신경근 접속장애	유기인계 화합물

3. 독성물질의 생체 작용

(1) 독성물질의 생체 내 이동경로

독성물질 침투 → 혈액에 의한 이동(배설로 일부 제거) → 표적장기에 축적 → 독성작용 발휘

(2) 급성영향

① 급성노출의 경우 흡수가 빠르며 심각한 증상이 빠르게 나타남

② 고농도의 일산화탄소와 시안화합물을 대량 흡입하였을 경우 급성중독이 나타남

③ 화학적 위험성의 영향이 단시간(수분 또는 수시간)임

(3) 만성영향

① 징후나 질병이 장기간에 또는 자주 재발하는 현상

② 비가역적인 손상을 일으키는 물질에 노출됨으로서 유발

③ 오염원의 정도가 상대적으로 낮아 작업자가 노출되는 것을 인식하지 못할 수도 있음

(4) 종양 형성

① 비정상적인 조직성장을 말함

② 종양세포가 조직을 침범하거나 체내에서 새로운 부위에 퍼지게 되면 양성 또는 악성

종양이 됨

③ 발암물질은 잠재적인 악성 종양을 유발하고 악성 종양세포의 증식을 가속화함

(5) 돌연변이

① 돌연변이원은 이물질에 노출된 사람이나 동물의 유전체계에 영향을 주는 물질로, 자손 세대에 암이나 돌연변이를 일으킴

② 염색체에 유전적 변화를 일으키는 화학적 · 물리적 인자

③ 대표적인 돌연변이원 : 방사선

(6) 최기성 작용(기형성 작용)

① 화학물질이 임신한 여성에게 투여되거나 흡수될 때 기형 자식을 낳을 수 있는 것을 말함

② 대표적인 기형 발생 물질 : 루벨라, 탈리도마이드, 스테로이드, 이온화방사선 등

4. 독성을 결정하는 인자

① **농도**와 **폭로시간**

② 작업의 강도

③ 사람 개인의 **감수성**, 민감성

〈 여성이 남성보다 유해화학물에 대한 저항이 약한 이유 〉

- **여자의 피부가 남자보다 섬세**하다.
- **월경으로 인한 혈액 소모가 크다.**
- **각 장기의 기능이 남성에 비해 떨어진다.**

④ 환경적 조건

⑤ 물리화학적 특성

⑥ 인체 침입경로 등

5. 독성 물질의 생체기전

(1) 노출

① 호흡기

② 피부

(2) 배분(흡수, 분포, 배설)

① 흡수 : 화학물질이 신체의 내부와 외부를 구별하는 기능을 하는 세포막을 가로 질러 통과

② 분포 : 화학물질이 흡수부위에서 체내를 순환하여 여러 조직으로 이동하는 과정을 말함

③ 생체전환, 생체변환 : 독성물질의 생체전환은 독성물질의 제거에 대한 첫 번째 기전이다. 일반적으로 제1단계 반응과 제2단계 반응의 두 가지 형태로 분류된다. 제1단계 반응은 분해반응 또는 이화반응(산화, 환원, 가수분해반응)이며 **제2단계 반응**은 제1단계 반응을 거친 후 **제거가 쉬운 수용성으로 만들기 위한 결합**반응이다. 일반적으로 모든 생체변화의 기전은 기존의 화합물보다 인체에서 제거하기 쉬운 형태의 대사물질로 변화시키는 것이다.

㉠ 제1상 반응

- 분해반응, 산화 · 환원반응
- 알킬벤젠의 체내변환과정에서 대표적인 P450 효소 등으로 산화반응이 일어남

㉡ 제2상 반응

- 제1상 반응물질을 수용성 물질로 변화하여 배설을 촉진
- Glucuronidation : 제2상의 대표적인 반응
- 제2상의 생성물은 기질보다는 훨씬 수용성이 높기 때문에 체내 화학물질의 배설이 촉진된다.

(3) 배설

체내의 화학물질을 외부로 제거하는 데 도움을 주는 과정

6. 발암성

(1) 발암성 물질 구분

① 국제암연구위원회(IARC)의 발암물질 구분 Group

㉠ Group 1 : 확실한 발암물질(인체 발암성 확인물질)

㉡ **Group 2A** : 가능성이 높은 발암물질**(인체 발암성 예측, 추정 물질)**

㉢ **Group 2B : 가능성 있는 발암물질(인체 발암성 가능 물질)(동물 발암성 확인물질)**

㉣ Group 3 : 발암성이 불확실한 물질(인체 발암성 미분류 물질)

㉤ Group 4 : 발암성이 없는 물질(인체 미발암성 추정 물질)

② 미국산업위생전문가협의회(ACGIH) 구분 Group

㉠ A1 : 인체발암 확정 물질 : 아크릴로니트릴, 석면, 벤지딘, 6가크롬화합물, 니켈 황화합물의 배출물 및 흄입자, 염화비닐, 우라늄

㉡ A2 : 인체발암이 의심되는 물질(발암 추정물질)

㉢ **A3 : 동물 발암성 확인물질, 인체 발암성 미확인**

㉣ A4 : 인체 발암성 미분류 물질, 인체 발암성이 확인되지 않은 물질

㉤ A5 : 인체 발암성 미의심 물질

③ 고용노동부 발암성 정보물질의 표기는 「화학물질의 분류 · 표시 및 물질안전보건자료에 관한 기준」을 따름

㉠ 1A : 사람에게 충분한 발암성 증거가 있는 물질

㉡ 1B : 시험동물에서 발암성 증거가 충분히 있거나, 시험동물과 사람 모두에서 제한된 발암성 증거가 있는 물질

㉢ 2 : 사람이나 동물에서 제한된 증거가 있지만, 구분 1로 분류하기에는 증거가 충분하지 않은 물질

(2) 암의 진행 단계

① 개시(Initiation)

㉠ 정상세포의 DNA 변화(돌연변이)가 이루어진, 비가역적 변화

㉡ 개시세포는 개별적인 성장을 위한 발달능력을 가지고 있음

㉢ 이 시기의 개시세포는 조직 내의 다른 유사 세포들과 구별할 수 없음

㉣ 발암물질에 대한 한 번의 노출로 될 수 있거나, 몇몇 경우에는 타고난 유전적 결함에 의한 것일 수 있음

㉤ 개시세포는 수개월에서 수년간 활성화되지 않은 채로 유지되며, 촉진이 일어나지 않는 한 결코 암으로 진행되지 않음

② 촉진(Promotion)

㉠ 특정 물질(촉진자)이 개시세포가 진행되도록 함

㉡ 촉진자는 항상은 아니지만 종종 세포의 DNA와 상호작용하고 돌연변이된 DNA의 추가 발현에 영향을 줌

㉢ 이 단계에서는 증식세포의 복제물은 양성 종양과 일치하는 형태를 취함

㉣ 응집된 그룹으로 유지되고, 물리적으로 서로 접촉, **돌연변이가 세포분열을 통하여 유전자 내에서 분리되는 시기**

③ 진행(Progression)

㉠ 개시세포가 생물학적으로 악성 세포군으로 발전되는 것과 연관

㉡ 양성 종양 세포의 이루분이 악성 형태로 전화되어 암으로 진화

㉢ 최종 단계에서 각각의 세포들은 분리될 수 있으며, 원래의 종양 진행 부위와 떨어진 새로운 복제물로 성장을 시작할 수 있다. 이것을 전이라고 한다.

④ 관련용어

암	전이 또는 주변의 다른 조직에 침투할 수 있는 능력을 가진 악성 종양
종양	시간에 따라 점차 악화되는 세포의 조절할 수 없는 성장에 대한 일반용어
악성 종양	전이 또는 주변조직으로 침윤이 가능한 종양(암과 동일) **세포질/핵 비율은 정상세포보다 낮음**
양성 종양	전이 또는 주변조직으로 침윤되지 않는 종양
전이	원래 발생한 곳에서 떨어진 새로운 지점에 두 번째 종양을 형성하는 능력
발암	암종의 생성(상피암). 때때로 발암은 모든 종류의 종양 발생에 대한 일반적인 용어로 사용됨

제12절 중금속

01 종류 · 발생 · 성질

1. 금속의 독성 기전

(1) 금속의 일반적인 독성 기전

① 효소억제(효소의 구조 및 기능을 변화시켜 효소작용을 억제)
② 간접영향(세포성분의 역할을 변화시킴)
③ 필수금속 성분의 대체(생물학적 대사과정들이 변화됨)
④ 필수금속 평형의 파괴(필수금속의 농도를 변화시켜 평형을 파괴)
⑤ 설프하이드릴기(Sulfhydryl)와의 친화성으로 단백질 기능 변화

(2) 금속의 흡수

① 호흡기계에 의한 흡수
② 소화기계에서의 흡수 : 금속의 소화관 흡수작용
   ㉠ **단순확산 또는 촉진확산**
   ㉡ **특이적 수송과정**
   ㉢ **음세포작용**
③ 피부에서의 흡수

(3) 금속의 배설

① 신장 : 금속이 배설되는 가장 중요한 경로
② 소화기계
③ 간장순환
④ 땀, 타액
⑤ 머리카락, 손톱, 발톱
⑥ 산모 모유

2. 납

(1) 종류 및 폭로

① 종류 및 허용한계

㉠ 무기연 : 금속연, 연의 산화물(일산화연, 삼산화이연, 사산화삼연), 염의 염류(아질산연, 질산연, 과염소산연, 황산연, 크롬산연, 인산연, 황화연, 염기성 탄산염, 비산연)

㉡ 유기연 : 4－메틸연(TML), 4－에틸연(TEL)

㉢ 허용한계 : 무기연(0.2mg/m³), 유기연(0.075mg/m³)

② 작업환경

㉠ 납의 분진이나 흄이 발생하는 장소 : 납제련, 납재생, 납용접, 축전지 제조, 크리스탈 유리 제조 공장

㉡ 여러 종류의 납 화합물을 발생하는 곳 : 염화비닐수지 가공업, 페인트나 안료의 제조, 도자기 제조 공장

㉢ 알킬 납 발생 : 석유 정제업

③ 소아의 경우 이미증(Pica) 환자 발생

단맛을 내는 납을 포함하고 있는 페인트 껍질을 섭취함으로써 **납중독**이 발생된 경우

④ 납 중독을 증가시키는 요인

㉠ 철분 부족

㉡ 칼슘 부족

㉢ 비타민 D 부족

(2) 체내에 축적된 납

① 축적되어 있는 상태의 종류

㉠ 혈액 및 연부조직에 축적되어 있으면서 빠르게 교환이 가능한 납

㉡ 피부 및 근육에 있으면서 교환성이 중간 정도 되는 납

㉢ 뼈에서 안정된 상태로 존재하는 납(**뼈에는 약 90%가 축적**)

② 체내 대사활동

㉠ 혈액 중에 있는 납은 축적량의 2%에 불과

㉡ 혈액 내에 있는 납의 90%는 적혈구와 결합되어 존재

㉢ 혈중에 있는 납의 양은 최근에 폭로된 납을 나타낼 뿐

③ 흡수지표 및 배설

㉠ 소변과 대변

㉡ 요 중의 납 농도가 더 좋은 흡수지표

㉢ 태반과 모유를 통하여 배설

(3) 납중독의 병리현상

① 조혈기능에 대한 영향

② 신장기능의 변화

③ 신경조직의 변화

(4) 증후 및 증상

① 납 중독의 4대 징후

잇몸에 특징적인 납선(Lead Line), 납빈혈(적혈구의 생성 감소, **혈색소량 감소**), **망상적혈구**와 친염기성 적혈구 수의 **증가**, **요 중 코프로포르피린 증가**(검출)

② 위장장해

㉠ 초기 : 식욕부진, 변비, 복부 팽창감

㉡ 중·말기 : 급성 복부산통, 권태감, 전신쇠약증상, 불면증, 근육통, 관절통, 두통

③ 신경 및 근육계통 장해

㉠ 사지의 신근이 쇠약하거나 마비, 팔과 손의 마비

㉡ 신근 쇠약은 마비에 앞서 2~3주 전에 나타나므로 조기진단에 의해 예방할 수 있음

㉢ 근육통, 관절염, 다른 근육의 경직

④ 중추신경계 장해

㉠ 급성 뇌증으로 알려진 심한 뇌중독 증상 : 유기연에 폭로된 경우 특징적으로 나타남

㉡ 심한 흥분과 정신착란, 혼수상태, 조증, 허탈상태(혼수상태로 이전)

⑤ 급성중독

신전근의 마비와 통증, 창백, 구토, 설사, 혈변

⑥ 만성중독

피로 및 쇠약, **구역질**·변비 등의 위장병, **근육마비**, 정신장해, 환각, 두통과 **빈혈**

(6) 진단 및 치료

① 진단

직업력, 병력, 임상검사를 통한 진단을 한다.

② 치료

㉠ **배설촉진제(Ca-EDTA, Penicillamine)** 사용

㉡ 신장기능이 나쁜 사람과 예방목적의 투여는 절대 불허

③ 급성중독

경구 섭취 시 3% 황산소다용액으로 위세척을 하고, $CaNa_2$-EDTA로 치료

④ 만성중독

㉠ 전리된 납을 비전리납으로 변화시키는 $CaNa_2$-EDTA와 페니실라민(Penicillamine)을 사용

㉡ 대증요법, 진정제, 안정제, 비타민 B_1과 B_2

3. 수은

(1) 종류 및 폭로

① 종류 및 허용한계

㉠ 무기수은 : 각종 전기기구 및 각종 계기 제작에 사용, 다른 금속과 아말감을 형성, 전기분해장치의 음극 · 사진 · 안료 및 색소 · 약품 · 소독제 · 화학시약 등의 제조에 사용, 질산수은, 승홍(염화제이수온), 뇌홍(시안산수은) 등이 있음

㉡ 유기수은 : 페닐수은 등 알릴수은 화합물, 메틸 및 에틸수은 등 알킬수은 화합물

㉢ 허용한계 : 무기수은(0.05mg/m^3), 유기수은(0.01mg/m^3) · **유기수은의 독성이 무기수은보다 강함**

② 주용도

㉠ 수은 온도계, 체온계, 알칼리망간 건전지, 버튼형 수은전지, 수은 정류기, 수은전극, 수은아말감, 금과 은의 정련, 실험실 기구, 수은등, 수은 스위치, 화학실험용 금, 은 청공, 주석 등의 도금, 피류, 박제 제조, 사진공업, 도료, 안료, 인견제조에 주로 사용

㉡ 인간의 연금술, 의약품 등에 가장 오래 사용해 왔던 중금속의 하나로 17세기 유럽에서 **신사용 중절모자를 제조**하는 데 사용함

③ 폭로 위험성이 높은 작업

수은 광산, 수은 추출작업

(2) 중독 증상 및 징후

① 수은중독의 특징

㉠ **구내염**

㉡ **근육진전**

㉢ **정신증상**

② 초기 증상

안색이 누렇게 되고, 두통 · 구토 · 복통 · 설사 등 소화불량 증세가 나타난다.

③ 구내염 증상

㉠ 금속성 입맛이 나고 치은부(잇몸)가 붓고, 압통이 있으며, 쉽게 출혈이 있고 궤양을 형성한다.

㉡ 말을 하기 어려울 정도로 침을 흘리고 때로는 구내염 증상 없이 침만 흘리는 경우도 있다.

④ 치은부 증상

㉠ 황화수은의 청회색 침전물이 침착된다.

㉡ 치조농양으로 치아의 뿌리가 삭아서 빠진다.

⑤ 근육진전(Hatter's Shake)

㉠ 안검, 혀, 손가락에서 볼 수 있다.

㉡ 잠잘 때, 육체적 안정을 취할 때는 흔히 없어진다.

⑥ 정신증상

㉠ 정신흥분 중에는 불면증, 근심걱정, 겁이 많아지고, 부끄러움을 많이 탄다.

㉡ 우울, 무욕상태, 졸음 등의 정신장해가 일어난다.

㉢ 정신변화를 일으켜 환각, 기억력 상실 등으로 지능활동이 떨어진다.

㉣ 주로 중추신경계통, 특히 뇌조직을 침범하여 심할 경우에는 불가역적인 뇌손상을 입어 정신기능이 소실된다.

⑦ 급성중독

신장장해, 구강의 염증, 폐렴, 기관지 자극증상

⑧ 만성중독

구강, 잇몸의 염증, 위장장해, 정신장해, 보행실조, 시력마비, 경련, 혼수상태 → 사망

(4) 진단 및 대책

① 진단

㉠ 간기능 검사

㉡ 신기능 검사

㉢ 요 중의 수은량 측정[무기수은의 경우 0.3(0.1~0.5)mg/L, 유기수은의 경우 5mg/L 이상]

② 급성중독

㉠ 우유와 달걀의 흰자를 먹여서 수은과 단백질을 결합시켜 침전

㉡ 위세척 : 위의 점막이 손상된 상태이므로 조심해야 하고, 세척액은 200~300mL를 넘지 않도록 유의해야 하며, 세척액으로는 우유에 수탄 3~4수저를 섞어서 쓰면 더욱 효과적이다.

㉢ **BAL(British Anti Lewisite, Dimercaprol) 투여**

㉣ 마늘계통 식물 섭취

③ 만성중독

㉠ 수은 취급을 즉시 중단하고 마늘계통의 식물을 섭취한다.

㉡ BAL을 투여하여 수은 배설량이 증가하면 진단을 해야 한다.

㉢ N-acetyl-D-penicillamine 200mg/kg을 연령과 체격에 따라 하루 4번씩 10일 동안 투여한다.

㉣ 임상증세가 심할 때 : 10% Calcium Gluconate 20mL를 하루에 2번 정맥주사한다.

㉤ 하루 10L 정도의 다량 등장식염수를 공급하면 이뇨작용을 촉진하여 신기능을 보호할 수 있다.

㉥ **EDTA의 투여는 금기**

④ 요 중 수은 배설량이 0.2mg/L 이상이 되면 정밀검사를 하여 중독 여부를 판단

4. 크롬

(1) 원자가의 중요성

① 3가 크롬은 피부 흡수가 어려우나 6가 크롬은 쉽게 피부를 통과하여 폭로의 관점에서 **6가 크롬이 더 해롭다.**

② 위액 : 6가 크롬을 3가 크롬으로 즉시 환원시키기 때문에 화학적 형태와 pH에 따라 섭취량의 1~25%가 체내에 흡수된다.

③ 6가 크롬은 세포 내에서 수분~수시간 만에 발암성을 가진 3가 형태로 환원되는데, 세포질 내에서의 환원은 독성이 적으나 DNA 부근에서의 환원은 강한 변이원성을 나타낸다.

④ **3가 크롬은 세포 내에서 핵산, Nuclear Enzyme, Nucleotide와 같은 세포액과 결합 시 발암성을 나타낸다.**

(2) 허용농도 및 폭로

① 허용농도 : 크롬산 및 크롬산납 0.05mg/m^3, 3가 크롬화합물 · 금속크롬 0.5mg/m^3, 크롬(6가)화합물(불용성 무기화합물) 0.01mg/m^3 이하

② 폭로작업

㉠ 크롬산 납 : 안료, 가죽제조, 염색 등

㉡ 크롬산 : 도금, 강철의 합금 스테인리스스틸, 니크롬선, 내화벽돌의 제조, 시멘트 제조업, 화학비료공업, 석판 인쇄업

(3) 증상 및 징후

① 급성중독

㉠ **심한 신장장해** : 심한 과뇨증이 진전되면 **무뇨증을 일으켜 요독증**으로 1~2일, 길어야 7~8일 안에 사망

㉡ 위장장해 : 심한 복통과 빈혈을 동반하는 심한 설사 및 구토

㉢ 급성폐렴 발생

② 만성중독

㉠ 코, 폐, 위장 점막에 병변 발생

㉡ 위장장해 : 기침, 두통, 호흡곤란, 심호흡 때의 흉통, 발열, 체중감소, 식욕감퇴, 구역, 구토

㉢ 비점막의 염증증상 : 빠르면 2개월 이내에 나타나며 계속 진행하면 비중격의 연골부에 둥근 구멍이 뚫린다.**(비중격 천공)**

㉣ 기도, 기관지 자극증상과 부종

㉤ 원발성 기관지암과 폐암 발생 : 장기간(7~47년 흡입 시)

③ 점막장해

㉠ 눈의 점막 : 눈물, 결막염증, 안검과 결막의 궤양

㉡ 비점막 : 비염 → 회백색의 반점 → 종창 → 궤양 → 비중격 천공

④ 피부장해(손톱 주위, 손 및 전박부에 잘 생김)

크롬산과 크롬산염이 피부의 개구부를 통하여 들어가 깊고 둥근 궤양을 형성

⑤ 기타

㉠ 취각 장해

㉡ 신장, 간장, 소화기 장해

㉢ 조혈장기에 영향

(4) 치료 및 대책

① 크롬을 먹었을 경우의 응급조치

우유, 환원제로서 비타민 C 섭취

② 만성 크롬중독

㉠ 폭로중단 이외에 특별한 방법이 없다.

㉡ **BAL, EDTA는 아무런 효과가 없다.**

㉢ 코와 피부의 궤양은 10% $CaNa_2$ EDTA, 5% 티오황산소다(Sodium Thiosulfate) 용액, 5~10% 구연산 소다 용액을 사용

5. 카드뮴

(1) 허용농도 및 폭로

① 허용농도 : 카드뮴 및 그 화합물(0.01mg/m^3, 호흡성, 발암성 1A, 생식세포 변이원성 2, 생식독성 2)

② 폭로 : 도자기, 페인트의 안료, 니켈카드뮴 배터리, 살균제 등

(2) 증상 및 징후

① 급성중독

㉠ 구토를 동반하는 설사와 급성 위장염

㉡ 두통, 금속성 맛, 근육통, 복통, 체중감소, 착색뇨

㉢ 간, 신장 기능장해

㉣ 폐부종, 폐수종

㉤ 산화카드뮴 LD_{50} : 치사폭로지수(=농도×폭로시간)는 일반인의 경우 200~2,900 정도

② 만성중독

㉠ 자각증상 : 가래, 기침, 후각 이상, 식욕부진, 위장장해, 체중감소, 치은부에서 연한 황색환상 색소침착

㉡ **신장기능 장해** : 신세뇨관에 장해를 주어 요 중 카드뮴 배설량 증가, 단백뇨, 아미노산뇨, 당뇨, 인의 신세뇨관 재흡수 저하, 신석증 유발

㉢ **폐기능 장해** : 만성 기관지염, 하기도의 진행성 섬유증

㉣ **골격계 장해 : 다량의 칼슘배설이 발생, 골연화증, 뼈 통증, 철결핍성 빈혈 유발**

(3) 치료

① BAL이나 Ca-ETDA 등 금속배설 **촉진제의 사용 금지**

② 안정을 취하고 대중요법을 하는 동시에 산소흡입과 적절한 양의 스테로이드를 투여하면 효과적

③ 치아에 황색환상 색소침착 발생 시 : 10~20% 글루크론산칼슘 20mL 정맥주사

④ 비타민 D를 600,000 단위씩 1주 간격으로 6회 피하주사하면 효과적임

6. 망간

(1) 허용농도 및 폭로

① 허용농도 : 망간 및 무기화합물(1mg/m^3)

② 폭로 : 가장 위험성이 많은 작업은 분쇄하는 작업, 특수강철 제조업, 건전지 제조업, 전기용접봉 제조업, 도자기 제조업, 타일 제조업, 용접작업 등

③ **만성중독 : 2가 망간** 화합물, 부식성 : 3가 이상의 망간 화합물

(2) 증상 및 징후

① 초기단계

㉠ **무력증, 식욕감퇴, 두통, 현기증**, 무관심, 무감동, 정서장해, 행동장해, 흥분성 발작, 망간 정신병, 발언이상, **보행장해**, 경련, 배통 등

㉡ 중독자의 80% : 성적 흥분 → 성욕감퇴 → 무관심 상태

② 중기단계

파킨슨증후가 점차로 분명해짐

③ 말기단계

㉠ 근강직

㉡ 감각기능은 정상이나 정신력은 늦어지고, 글씨 쓰는 것이 불규칙하게 되며 글자를 읽을 수 없게 됨

㉢ 맥박에도 변화가 오는 수가 있음

(3) 대책

① 초기에 망간폭로를 중단하는 것이 중요

② 진행된 망간 중독에는 치료약이 없음

③ BAL, Ca-ETDA, Calcium disodium-EDTA : **치료효과 없음**

④ penicillamine, penthanil, L-dopa : 치료 가능성 있음

7. 베릴륨

(1) 허용농도 및 폭로

① 허용농도 : 베릴륨 및 그 화합물(0.002mg/m³, 발암성 1A, Skin)

② 폭로 : 베릴륨 광석, 우주항공산업, 정밀기기 제작, 컴퓨터 제작, 형광등 제조, X-선 관구, 네온사인 제조, 합금, 도자기 제조업, 원자력 공업 **'Neighborhood Cases'** 등

(2) 증상 및 징후

① 급성중독

㉠ 염화물, 황화물, 불화물 같은 용해성 베릴륨 화합물의 경우

㉡ 인후염, 기관지염, 모세기관지염, 폐부종의 증세

㉢ 피부 창상부위에 접촉 시 난치성 궤양인 피하육하종이 발생

② 만성중독

㉠ 금속 베릴륨, 산화 베릴륨 등과 같은 비용해성 베릴륨 화합물

㉡ 폐에 유가종성 변화가 나타나고 피부, 간장, 신장, 비장, 임파절, 심근층에 나타나기도 함

㉢ 초기 증상 : 운동시 호흡곤란, 마른기침, 열 등의 발생

㉣ 말기 증상 : 호흡곤란이 심해지고 흉부 통증, 피로감, 전신권태, 무력증, 체중감소

㉤ 수술, 호흡기 감염, 임신 시 질병의 진행이 급격하고, 호흡부전, 심부전을 일으킴

(3) 대책

① 급성 폐렴의 치료에는 산소와 스테로이드를 투여

② 만성중독 시에도 스테로이드 투여

③ 피부병소는 깨끗이 세척하고 스테로이드 제제 연고를 바름

8. 비소

(1) 허용농도 및 폭로

① 허용농도

㉠ 삼산화비소(제품) : 노출기준 미제정, 1A

㉡ 삼수소화비소(아르신, AsH_3) : 노출기준 0.005ppm(0.016mg/m³)

② 폭로

철광석과 석탄에 함유, 비소제련, 비소광석 용해, 목재방부재 제조, 살충제·약 제조, 야금과 전자산업, 납과 비소의 합금, 금속광석 또는 잔사 추출, 산의 저장탱크 청소, 아세틸렌 용접

③ 삼수소화비소

산업장에서 우발적으로 발생

㉠ 3가의 독성이 5가에 비해 강함

㉡ 삼수소화비소가 가장 문제됨

㉢ 비소제련, 목재방부, 살충제, 반도체산업 등

㉣ 호흡기노출이 가장 문제됨

㉤ 용혈성 빈혈, 신장기능 저해, 위장관계 영향(구토, 설사 등), 흑피증(피부침착) 등 피부질환 발생

(2) 증상 및 징후

① 급성중독

㉠ 비소화합물을 먹었을 때 한하여 발생

㉡ 증상 : 심한 구토와 설사, 근육경직, 안면부종, 심장이상, 쇼크, 탈수

㉢ 무기비소 흡입 : 비염, 인두염, 후두염 등 상기도에 염증

㉣ 피부접촉 : **접촉성 피부염**, 모낭염, **습진성 발진**, **피부궤양**

② 만성중독

㉠ 장기간 폭로 : 피부, 호흡기, 심장, 혈액, 조혈기관, 신경계에 영향

㉡ 체내에 흡수된 비소제 : 구토, 위경련, 설사

㉢ 전신중독 증상의 일부 : 피부장해

(3) 대책

① 먹었을 경우 토하게 하고, **활성화된 Charcoal**과 **설사약**을 투여

② 확진되면 Dimercaprol로 시작

③ 삼산화 비소 중독 시 Dimercaprol이 효과가 없음

④ **BAL을 투여**

9. 니켈

(1) 허용농도 및 폭로

① 허용농도

㉠ 금속 : 1mg/m³,발암성 2

㉡ 가용성 화합물 : 0.1mg/m³, 발암성 1A

㉢ 불용성 무기화합물 : 0.2mg/m³, 발암성 1A

㉣ 니켈카르보닐 : 0.001ppm, 발암성 1A

② 폭로

합금 제조, 도금작업, 안료, 촉매, 니켈전지 등의 제조

(2) 병리

① 폐나 비강의 발암작용

② 호흡기 장해와 전신중독 : 니켈 카보닐

③ 만성비염, 부비동염, 비중격 천공 : 수용성 니켈 연무질

④ **접촉성 피부염**

⑤ 감작성 : 정신과민 반응

⑥ 최기성 및 태독성

(3) 치료

① 격리
② 중추신경 증상(CO 중독의 경우와 같다.)
③ 배설촉진

10. 인

(1) 허용농도

황린 0.1mg/m^3

(2) 폭로

황린 · 인산 제조작업 또는 세산작업 과정, 농약 제조, 농약 사용

(3) 증상

㉠ 권태, 식욕부진, 소화기 장애, 빈혈, 황달증세가 나타나며, 황린 · 인산염의 증기를 흡입하면 중독이 일어나고, 독성이 매우 심함
㉡ 피부접촉에 의해 **심한 피부염**을 일으키는 물질

11. 금속 증기열

(1) 금속 증기열

고농도의 금속산화물을 흡입함으로써 발병되는 일시적인 질병

(2) 발생 장소

용접, 전기도금, 제련과정

(3) 원인

아연, 마그네슘, 망간 산화물의 증기, 기타 다른 금속

(4) 증상

체온이 높아지고 오한이 나며, 목이 마르고, 기침이 나고, 가슴이 답답해지며, 호흡곤란 증세가 나타난다. 이러한 증상은 12~24시간이 지나면 완전히 없어진다.

Actual Test

예상문제 및 해설 1

산업위생 개론

1. 다음 중 산업위생의 4가지 주요 활동에 해당하지 않는 것은?

① 예측

② 평가

③ 제거

④ 관리

⑤ 측정

해설 산업위생의 활동은 예측, 인지, 측정, 평가, 관리이다.

2. 다음 중 산업위생의 목적과 가장 거리가 먼 것은?

① 작업자의 건강보호

② 작업환경의 개선

③ 작업조건의 인간공학적 개선

④ 직업병 치료와 보상

⑤ 생산성 향상

해설 산업위생의 목적

① 작업자의 건강보호

② 작업환경의 개선

③ 작업조건의 인간공학적 개선

④ 직업병의 근원적 예방

⑤ 생산성 향상

3. 다음 중 직업성 암으로 최초 보고된 것은?

① 백혈병

② 음낭암

③ 방광암

④ 폐암

⑤ 간암

해설 18세기 영국에서 세계 최초로 10세 이하 굴뚝청소부의 음낭암이 Percival Pott에 의해 보고되었다.

정답 1. ③ 2. ④ 3. ②

4. 다음 중 산업위생관리에서 사용되는 용어의 설명으로 틀린 것은?
① TWA는 시간가중평균노출기준을 의미한다.
② REL은 생물학적 허용기준을 의미한다.
③ TLV는 유해물질의 허용농도를 의미한다.
④ STEL은 단시간노출기준을 의미한다.
⑤ C는 작업시간 동안 잠시라도 노출되어서는 안 되는 기준을 의미한다.

해설 산업위생관리에서 사용되는 용어
① TWA(Time-Weighted Average)는 시간가중평균노출기준을 의미한다.
② REL은 NIOSH의 RELs(Recommmended Exposure Limits)을 뜻함. 권장기준임
③ TLV(Threshold Limit Values)는 유해물질의 허용농도를 의미한다.
④ STEL(Short Term Exposure Limits)은 단시간노출기준을 의미한다.
⑤ C(Ceiling)는 작업시간 동안 잠시라도 노출되어서는 안 되는 기준을 의미한다.

5. TLV-TWA(Time-Weighted Average)의 허용농도보다 3배가 높을 경우 권고되는 노출시간은?(단, ACGIH에서의 근로자 노출의 상한치와 노출시간에 대한 권고기준이다.)
① 10분 이하
② 20분 이하
③ 30분 이하
④ 40분 이하
⑤ 60분 이하

해설 ACGIH에서의 근로자 노출의 상한치와 노출시간에 대한 권고기준에서 TLV-TWA의 허용농도보다 3배 높을 경우는 30분 이하이며, 5배의 경우는 잠시라도 노출되어서는 안 된다.

6. 미국정부산업위생전문가협의회(ACGIH)에서 제정한 TLVs(Threshold Limit Values)의 설정근거가 아닌 것은?
① 허용기준
② 동물실험자료
③ 인체실험자료
④ 사업장 역학조사자료
⑤ 화학물질 구조의 유사성

해설 ACGIH의 허용농도 설정근거는 동물실험자료, 인체실험자료, 사업장 역학조사자료, 화학물질 구조의 유사성을 근거로 한다.

 정답 4. ② 5. ③ 6. ①

7. 다음 중 허용농도를 설정할 때 가장 중요한 자료는?

① 사업장에서 조사한 역학자료
② 인체실험을 통해 얻은 실험자료
③ 동물실험을 통해 얻은 실험자료
④ 유사한 사업장의 비용편익분석자료
⑤ 화학구조상의 유사성

해설 허용농도를 설정할 때 가장 정확한 근거로 사용할 수 있는 자료는 사업장에서 조사한 역학자료이나 시간과 노력이 필요하다.

8. 근로자가 1일 작업시간동안 잠시라도 노출되어서는 아니 되는 기준을 나타내는 것은?

① TLV-TWA
② TLV-STEL
③ TLV-C
④ TLV-S
⑤ TLV-TWA 3배

해설 근로자가 1일 작업시간 동안 잠시라도 노출되어서는 아니 되는 기준은 TLV-C로 천장치(Ceiling)라고도 한다.

9. 다음은 노출기준의 정의에 관한 내용이다. (　)안에 알맞은 수치가 올바르게 나열된 것은?

> '단기간 노출기준(STEL)'이라 함은 근로자가 1회에 (①)분간 유해인자에 노출되는 경우의 기준으로 이 기준 이하에서는 1회 노출간격이 1시간 이상인 경우 1일 작업시간 동안 (②)회까지 노출이 허용될 수 있는 기준을 말한다.

① ① 15 ② 4
② ① 30 ② 4
③ ① 15 ② 2
④ ① 30 ② 2
⑤ ① 30 ② 5

해설 단기간 노출기준(STEL)이라 함은 근로자가 1회에 (15)분간 유해인자에 노출되는 경우의 기준으로 이 기준 이하에서는 1회 노출간격이 1시간 이상인 경우 1일 작업시간 동안 (4)회까지 노출이 허용될 수 있는 기준을 말한다.

10. 미국정부산업위생전문가협의회(ACGIH)에서 권고하고 있는 허용농도 적용상의 주의사항으로 옳지 않은 것은?

① 대기오염 평가 및 관리에 적용하지 않도록 한다.
② 독성의 강도를 비교할 수 있는 지표로 사용하지 않도록 한다.
③ 안전농도와 위험농도를 정확히 구분하는 경계선으로 이용하지 않도록 한다.
④ 산업장의 유해조건을 평가하기 위한 지침으로 사용하지 않도록 한다.
⑤ 피부로 흡수되는 양은 고려하지 않은 기준이다.

정답 7. ① 8. ③ 9. ① 10 ④

해설 ACGIH에서 권고하고 있는 허용농도(TLV) 적용상 주의사항

산업장의 유해조건을 평가하고 개선하기 위한 지침으로만 사용되어야 하며 다음과 같다.

① 대기오염평가 및 지표(관리)에 사용할 수 없다.
② 24시간 노출 또는 정상 작업시간을 초과한 노출에 대한 독성 평가에는 적용할 수 없다.
③ 기존의 질병이나 신체적 조건을 판단(증명 또는 반응자료)하기 위한 척도로 사용될 수 없다.
④ 작업조건이 다른 나라에서 ACGIH-TLV를 그대로 사용할 수 없다.
⑤ 안전농도와 위험농도를 정확히 구분하는 경계선이 아니다.
⑥ 독성의 강도를 비교할 수 있는 지표는 아니다.
⑦ 반드시 산업보건(위생) 전문가에 의하여 설명(해석), 적용되어야 한다.
⑧ 피부로 흡수되는 양은 고려하지 않은 기준이다.
⑨ 산업장의 유해조건을 평가하기 위한 지침이며 건강장해를 예방하기 위한 지침이다.

11. 산업안전보건법상 타인의 의뢰에 의한 산업보건지도사의 직무에 해당하지 않는 것은?

① 작업환경의 평가 및 개선지도
② 산업보건에 관한 조사 및 연구
③ 유해 · 위험의 방지대책에 관한 평가 · 지도
④ 작업환경개선과 관련된 계획서 및 보고서 작성
⑤ 근로자 건강진단에 따른 사후관리 지도

해설 산업안전보건법(제142조의 및 시행령 제101조)에 의한 산업보건지도사의 직무

① 작업환경의 평가 및 개선 지도
② 작업환경 개선과 관련된 계획서 및 보고서의 작성
③ 근로자 건강진단에 따른 사후관리 지도
④ 직업성 질병 진단(「의료법」에 따른 의사인 산업보건지도사만 해당한다) 및 예방 지도
⑤ 산업보건에 관한 조사·연구
⑥ 그 밖에 산업보건에 관한 사항으로서 대통령령으로 정하는 사항

12. 미국산업위생학술원(AAIH)에서 정하고 있는 산업위생 전문가로서 지켜야 할 윤리강령으로 틀린 것은?

① 기업체의 기밀은 누설하지 않는다.
② 성실성과 학문적 실력 면에서 최고 수준을 유지한다.
③ 쾌적한 작업환경을 만들기 위한 시설 투자 유치에 기여한다.
④ 과학적 방법의 적용과 자료의 해석에 객관성을 유지한다.
⑤ 일반 대중에 관한 사항은 정직하게 발표한다.

해설 미국산업위생학술원(AAIH)에서 정하고 있는 산업위생 전문가로서 지켜야 할 윤리강령

① 기업체의 기밀은 누설하지 않는다.
② 성실성과 학문적 실력 면에서 최고 수준을 유지한다.
③ 과학적 방법의 적용과 자료의 해석에 객관성을 유지한다.
④ 일반 대중에 관한 사항은 정직하게 발표한다.

 정답 11. ③ 12. ③

13. 금속 도장 작업장의 공기 중에 Toluene(TLV=100ppm) 45ppm, MIBK(TLV=50ppm) 15ppm, Acetone(TLV=750ppm) 280ppm, MEK(TLV=200ppm) 80ppm으로 발생되었을 때 이 작업장의 노출지수(EI)는?(단, 상가작용 기준)

① 1.223 ② 1.323
③ 1.423 ④ 1.523
⑤ 1.623

해설 상가작용이 있는 혼합물질 노출지수(EI)

$$EI=\frac{45}{100}+\frac{15}{50}+\frac{280}{750}+\frac{80}{200}=1.523$$

14. 어떤 물질에 대한 작업환경을 측정한 결과 다음과 같이 농도 결과 값을 얻었다. 환산된 TWA는 약 얼마인가?

농도(ppm)	100	150	250	300
발생시간(분)	120	240	60	60

① 169ppm ② 198ppm
③ 220ppm ④ 256ppm
⑤ 282ppm

해설 $$TWA=\frac{C_1\times T_1+C_2\times T_2+\cdots+C_n\times T_n}{T_1+T_2+\cdots+T_n}$$

$$=\frac{100\times120+150\times240+250\times60+300\times60}{120+240+60+60}$$

$$=169$$

15. 작업환경측정 결과 염화메틸 20ppm, 염화벤젠 20ppm 및 클로로포름 30ppm이 검출되었다. 이 혼합물의 노출허용농도 기준은?(단, 노출기준농도는 염화메틸 : 100ppm, 염화벤젠 75ppm, 클로로포름 : 50ppm, 상가작용)

① 약 46ppm ② 약 56ppm
③ 약 66ppm ④ 약 76ppm
⑤ 약 86ppm

해설 $$EI=\frac{20}{100}+\frac{20}{75}+\frac{30}{50}=1.07$$

혼합물의 노출허용농도 = (20+20+30)/1.07 = 66ppm

정답 13. ④ 14. ① 15. ③

16. 어떤 작업장에서 50% Acetone, 30% Benzene 그리고 20% Xylene의 중량비로 조정된 용제가 증발하여 작업환경을 오염시키고 있다. 각각의 TLV는 $1600mg/m^3$, $720mg/m^3$, $670mg/m^3$일 때, 이 작업장의 혼합물의 허용농도는?

① $873mg/m^3$
② $973mg/m^3$
③ $1073mg/m^3$
④ $1173mg/m^3$
⑤ $1273mg/m^3$

해설 혼합물의 허용농도 $= \dfrac{1}{\dfrac{0.5}{1,600}+\dfrac{0.3}{720}+\dfrac{0.2}{670}} = 973$

17. 아세톤(TLV=750ppm) 200ppm과 톨루엔(TLV=100ppm) 45ppm이 각각 노출되어 있는 실내 작업장에서 노출기준의 초과 여부를 평가한 결과로 올바른 것은?

① 복합노출지수가 약 0.72이므로 노출기준 미만이다.
② 복합노출지수가 약 5.97이므로 노출기준 미만이다.
③ 복합노출지수가 약 0.72이므로 노출기준을 초과하였다.
④ 복합노출지수가 약 5.97이므로 노출기준을 초과하였다.
⑤ 복합노출지수가 약 6.54이므로 노출기준을 초과하였다.

해설 $EI = \dfrac{200}{750} + \dfrac{45}{100} = 0.72$

복합노출지수가 1 미만이므로 노출기준 미만이다.

18. 구리의 독성에 대한 인체실험 결과, 안전흡수량이 체중 kg당 0.008mg이었다. 1일 8시간 작업 시의 허용농도는 약 몇 mg/m^3인가?(단, 근로자 평균체중은 70kg, 작업 시의 폐환기율은 $1.45m^3/h$로 가정한다.)

① 0.035
② 0.048
③ 0.056
④ 0.064
⑤ 0.082

해설 체내 흡수량(mg) 또는 안전흡수량(mg) $= C \times T \times V \times R$

여기서, C : 공기 중 유해물질 농도(mg/m^3)
T : 노출시간(hr)
V : 폐환기율(m^3/hr)
R : 체내 잔류율(보통 1.0)

안전흡수량 = 0.008mg/kg×70kg = 0.56mg

0.56mg = C×8hr×1.45m^3/hr×1

$$C = \frac{0.56mg}{8hr \times 1.45m^3/hr \times 1} = 0.048$$

19. 에틸벤젠(TLV = 100ppm)을 사용하는 작업장의 작업시간이 9시간일 때에는 허용기준을 보정하여야 한다. OSHA 보정방법과 Brief and Scala 보정방법을 적용하였을 때 두 보정된 허용기준치 간의 차이는 약 얼마인가?

① 2.2ppm

② 3.3ppm

③ 4.2ppm

④ 5.6ppm

⑤ 6.2ppm

해설 ① OSHA의 보정방법

$$\text{보정된 허용농도} = 8\text{시간 허용농도} \times \frac{8\text{시간}}{\text{노출시간/일}} = 100ppm \times \frac{8}{9} = 88.9$$

② Brief와 Scala 보정방법

$$\text{TLV 보정계수} = \frac{8}{H} \times \frac{24-H}{16} = \frac{8}{9} \times \frac{24-9}{16} = 0.833$$

보정된 허용농도 = 0.833×100 = 83.3ppm

따라서 두 보정된 두 허용농도 간의 차 ① - ② = 88.9 - 83.3 = 5.6

20. 산업안전보건법에 따라 작업환경측정을 실시한 경우 작업환경측정결과보고서는 시료채취를 마친 날부터 며칠 이내에 관할 지방고용노동관서의 장에게 제출하여야 하는가?

① 7일

② 15일

③ 30일

④ 60일

⑤ 90일

해설 산업안전보건법 시행규칙 제188조에 따라 사업주는 작업환경측정 시료채취를 마친 날부터 30일 이내에 관할 지방고용노동관서의 장에게 작업환경측정결과표를 제출하여야 한다.

정답 19. ④ 20. ③

21. 다음 중 생물학적 모니터링을 위한 시료가 아닌 것은?

① 공기 중 유해인자
② 소변 중의 유해인자나 대사산물
③ 혈액 중의 유해인자나 대사산물
④ 호기(exhaled air) 중의 유해인자나 대사산물
⑤ 머리카락에 있는 유해인자나 대사산물

해설 유해물질은 인체의 호흡기, 피부, 소화기 등을 통하여 들어온다. 공기 중 농도로는 호흡기를 통한 흡수를 예측할 수 있으나 피부나 소화기를 통한 흡수는 평가할 수 없다. 인체의 전체적인 유해물질 노출 및 흡수정도를 평가하는 방법으로 호기, 소변, 혈액, 머리카락 등에서 유해물질 또는 대사산물을 측정하여 알아낼 수 있다.

22. 다음 중 생물학적 모니터링을 할 수 없거나 어려운 물질은?

① 카드뮴
② 트리클로로에틸렌
③ 톨루엔
④ 자극성 물질
⑤ 납

해설 자극성 물질은 피부에 직접 작용하여 생기는 반응으로 생물학적 모니터링으로는 해당 물질의 노출 여부를 알아내기 어렵다. 각 물질의 생물학적 지표는 다음과 같다.
① 납 : 혈중 ZPP(Zinc Protoporphyrin)
② 카드뮴 : 요중 카드뮴
③ 톨루엔 : 요중 마뇨산
④ 트리클로로에틸렌 : 요중 트리클로로초산(삼염화초산)

23. 수치로 나타낸 독성의 크기가 각각 2와 5인 두 물질이 화학적 상호작용에 의해 상대적 독성이 9로 상승하였다면 이러한 상호작용을 무엇이라 하는가?

① 상가작용
② 상승작용
③ 가승작용
④ 길항작용
⑤ 독립작용

해설 상승작용은 두 물질의 화학적 상호작용에 의해 상대적 독성이 상승한 것을 말한다.

 정답 21. ① 22. ④ 23. ②

24. 다음 [보기]는 노출에 대한 생물학적 모니터링에 관한 설명이다. [보기] 중 틀린 것으로만 조합된 것은?

[보기]
a. 생물학적 검체인 호기, 소변, 혈액 등에서 결정인자를 측정하여 노출정도를 추정하는 방법이다. b. 결정인자는 공기 중에서 흡수된 화학물질이나 그것의 대사산물 또는 화학물질에 의해 생긴 비가역적인 생화학적 변화이다. c. 공기 중의 농도를 측정하는 것이 개인의 건강위험을 보다 직접적으로 평가할 수 있다. d. 목적은 화학물질에 대한 현재나 과거의 노출이 안전한 것인지를 확인하는 것이다. e. 공기 중 노출기준이 설정된 화학물질의 수만큼 생물학적 노출기준(BEI)이 있다.

① a, b, c
② a, c, d
③ c, d, e
④ b, d, e
⑤ a, d, e

해설 생물학적 모니터링이란 생물학적 검체인 호기, 소변, 혈액 등에서 결정인자를 측정하여 노출정도를 추정하는 방법으로 결정인자는 공기 중에서 흡수된 화학물질이나 그것의 대사산물 또는 화학물질에 의해 생긴 비가역적인 생화학적 변화이다.

25. 다음 중 산업안전보건법상 보건관리자가 수행하여야 할 직무에 해당하지 않는 것은?

① 해당 사업장 안전교육계획의 수립 및 실시
② 건강장해를 예방하기 위한 작업관리
③ 물질안전보건자료의 게시 또는 비치
④ 직업성 질환 발생의 원인 조사 및 대책 수립
⑤ 사업장 순회점검 · 지도 및 조치의 건의

해설 산업안전보건법 시행령 제22조에 의한 보건관리자의 직무는 다음과 같다.

1. 산업안전보건위원회 또는 노사협의체에서 심의 · 의결한 업무와 안전보건관리규정 및 취업규칙에서 정한 업무
2. 안전인증대상기계등과 자율안전확인대상기계등 중 보건과 관련된 보호구(保護具) 구입 시 적격품 선정에 관한 보좌 및 지도 · 조언
3. 위험성평가에 관한 보좌 및 지도 · 조언
4. 물질안전보건자료의 게시 또는 비치에 관한 보좌 및 지도 · 조언
5. 산업보건의의 직무(보건관리자가 별표 6 제2호에 해당하는 사람인 경우로 한정한다)
6. 해당 사업장 보건교육계획의 수립 및 보건교육 실시에 관한 보좌 및 지도 · 조언
7. 해당 사업장의 근로자를 보호하기 위한 다음 각 목의 조치에 해당하는 의료행위(보건관리자가 별표 6 제2호 또는 제3호에 해당하는 경우로 한정한다)
   가. 자주 발생하는 가벼운 부상에 대한 치료
   나. 응급처치가 필요한 사람에 대한 처치

정답 24. ③ 25. ①

다. 부상 · 질병의 악화를 방지하기 위한 처치
라. 건강진단 결과 발견된 질병자의 요양 지도 및 관리
마. 가목부터 라목까지의 의료행위에 따르는 의약품의 투여

8. 작업장 내에서 사용되는 전체 환기장치 및 국소 배기장치 등에 관한 설비의 점검과 작업방법의 공학적 개선에 관한 보좌 및 지도 · 조언
9. 사업장 순회점검, 지도 및 조치 건의
10. 산업재해 발생의 원인 조사 · 분석 및 재발 방지를 위한 기술적 보좌 및 지도 · 조언
11. 산업재해에 관한 통계의 유지 · 관리 · 분석을 위한 보좌 및 지도 · 조언
12. 법 또는 법에 따른 명령으로 정한 보건에 관한 사항의 이행에 관한 보좌 및 지도 · 조언
13. 업무 수행 내용의 기록 · 유지
14. 그 밖에 보건과 관련된 작업관리 및 작업환경관리에 관한 사항으로서 고용노동부장관이 정하는 사항

26. 다음 중 유해물질이 인체에 미치는 유해성(건강영향)을 좌우하는 인자로 그 영향이 가장 적은 것은?

① 유해물질의 밀도
② 유해물질의 노출시간
③ 개인의 감수성
④ 호흡량
⑤ 유해물질의 노출농도

해설 유해물질이 인체에 미치는 유해성을 좌우하는 인자
① 유해물질의 노출시간
② 개인의 감수성
③ 호흡량
④ 유해물질의 노출농도

27. 다음은 납이 발생되는 환경에서 납 노출에 대한 평가활동이다. 가장 올바른 순서로 나열된 것은?

① 독성과 노출기준 등을 MSDS를 통해 찾아본다. ② 노출을 측정하고 분석한다. ③ 노출은 부적합하므로 개선시설을 해야 한다. ④ 노출정도를 노출기준과 비교한다. ⑤ 어떻게 발생되는지 조사한다.

① ①→②→③→④→⑤
② ③→②→①→④→⑤
③ ⑤→①→②→④→③
④ ⑤→②→①→④→③
⑤ ③→④→②→①→⑤

 정답 26. ① 27. ③

해설 환경에서 납 노출에 대한 평가활동
① 납이 어떻게 발생되는지 조사한다.
② 납에 대한 독성과 노출기준 등을 MSDS를 통해 찾아본다.
③ 납에 대한 노출을 측정하고 분석한다.
④ 납에 대한 노출정도를 노출기준과 비교한다.
⑤ 납에 대한 노출은 부적합하므로 개선시설을 해야 한다.

28. 인간공학에서 최대작업역(Maximum Area)에 대한 설명으로 가장 적절한 것은?
① 허리의 불편 없이 적절히 조작할 수 있는 영역
② 팔과 다리를 이용하여 최대한 도달할 수 있는 영역
③ 어깨에서부터 팔을 뻗어 도달할 수 있는 최대 영역
④ 상완을 자연스럽게 몸에 붙인 채로 전완을 움직일 때 도달하는 영역
⑤ 상체를 기울여 손이 닿을 수 있는 영역

해설 인간공학에서 최대작업역(Maximum Area)이란 어깨에서부터 팔을 뻗어 도달할 수 있는 최대 영역을 말한다.

29. 우리나라의 규정상 하루에 25kg 이상의 물체를 몇 회 이상 드는 작업일 경우 근골격계 부담작업으로 분류하는가?
① 2회
② 5회
③ 10회
④ 15회
⑤ 20회

해설 근골격계 부담작업의 범위(고용노동부 고시) 제8호 하루에 10회 이상 25kg 이상의 물체를 드는 작업을 말한다.

30. 다음 중 근골격계 질환의 원인과 가장 거리가 먼 것은?
① 부적절한 작업자세
② 짧은 주기의 반복작업
③ 고온 다습한 환경
④ 과도한 힘의 사용
⑤ 부족한 휴식시간

해설 근골격계 질환 발생원인은 부적절한 작업자세, 반복성, 접촉 스트레스, 무거운 힘, 진동 및 차가운 환경요소 등이다.

정답 28. ③ 29. ③ 30. ③

31. 미국 국립산업안전보건연구원(NIOSH)의 들기작업 권고기준(Recommended Weight Limit, RWL)을 구하는 산식에 포함되는 변수가 아닌 것은?

① 작업빈도
② 허리 구부림 각도
④ 물체의 이동거리
④ 수평 및 수직으로 물체를 들어올리고자 하는 거리
⑤ 물체를 잡는 거리

해설 NIOSH의 권고기준(RWL)
RWL(kg)=LC×HM×VM×DM×AM×FM×CM
LC : 중량상수=23kg, HM : 수평거리에 따른 승수, VM : 수직거리에 따른 승수
DM : 물체의 이동거리에 따른 승수, AM : 비대칭승수, FM : 작업빈도에 따른 승수
CM : 물체를 잡는 데 따른 승수

32. 물체무게가 2kg이고, 권고중량한계가 4kg 일 때 NIOSH의 중량물 취급지수(LI ; Lifting Index)는 얼마인가?

① 8
② 5
③ 2
④ 0.5
⑤ 0.2

해설 중량물 취급지수(Lifting Index)$=\dfrac{\text{물체무게(kg)}}{\text{RWL(kg)}}=\dfrac{2\text{kg}}{4\text{kg}}=0.5$

33. 다음 [표]를 이용하여 개정된 NIOSH의 들기작업 권고기준에 따른 권장무게한계(RWL)는 약 얼마인가?

계수	값
수평계수(HM)	0.5
수직계수(VM)	0.955
거리계수(DM)	0.91
비대칭계수(AM)	1
빈도계수(FM)	0.45
커플링계수(CM)	0.95

① 4.27kg
② 8.55kg
③ 12.82kg
④ 21.36kg
⑤ 23.82kg

 정답 31. ② 32. ④ 33. ①

해설 NIOSH의 권고기준(RWL)

RWL(kg) = LC×HM×VM×DM×AM×FM×CM

LC : 중량상수=23kg, HM : 수평거리에 따른 승수, VM : 수직거리에 따른 승수

DM : 물체의 이동거리에 따른 승수, AM : 비대칭승수, FM : 작업빈도에 따른 승수

CM : 물체를 잡는 데 따른 승수

RWL(kg) = 23×0.5×0.955×0.91×1×0.45×0.95 = 4.27kg

34. 산업안전보건법상 사업주는 몇 kg 이상의 중량을 들어올리는 작업에 근로자를 종사하도록 할 때 다음과 같은 조치를 취하여야 하는가?

> • 주로 취급하는 물품에 대하여 근로자가 쉽게 알 수 있도록 물품의 중량과 무게 중심에 대하여 작업장 주변에 안내표시할 것
> • 취급하기 곤란한 물품에 대하여 손잡이를 붙이거나 갈고리 등 적절한 보조도구를 활용할 것

① 3kg　　② 5kg

③ 10kg　　④ 15kg

⑤ 25kg

해설 안전보건규칙 제665조(중량의 표시 등) 사업주는 5킬로그램 이상의 중량물을 들어올리는 작업에 근로자를 종사하도록 하는 때에는 다음 각호의 조치를 하여야 한다.

① 주로 취급하는 물품에 대하여 근로자가 쉽게 알 수 있도록 물품의 중량과 무게중심에 대하여 작업장 주변에 안내표시할 것

② 물품취급하기 곤란한 물체에 대하여 손잡이를 붙이거나 갈고리, 진공빨판 등 적절한 보조도구를 활용할 것

35. 다음 중 누적외상성 질환(Cumulative Trauma Disorders ; CTDs) 또는 근골격계 질환(Musculoskeletal Disorders ; MSDs)에 속하는 질환으로 보기 어려운 것은?

① 건초염(Tenosynovitis)

② 스티븐스존슨증후군(Stevens Johnson Syndrome)

③ 손목뼈터널증후군(Carpal Tunnel Syndrome)

④ 기용터널증후군(Guyon Tunnel Syndrome)

⑤ 긴장성경부증후군(Tension Neck)

해설 스티븐슨존슨 증후군은 대표적인 직업성 피부질환이며 근골격계질환은 아님. 누적외상성 질환(Cumulative Trauma Disorders ; CTDs) 또는 근골격계 질환(Muscoloskeletal disorders ; MSDs)에 속하는 질환은 다음과 같다.

① 근육의 질환 : 근막통증증후군, 근육의 염좌

② 결합조직의 질환 : 건염, 건초염, 활액낭염, 결절종

③ 신경의 질환 : 수근관증후군, 포착증후군, 이중 압착증후군

36. 다음 중 영상표시단말기(VDT)의 작업자세로 적절하지 않은 것은?

① 발의 위치는 앞꿈치만 닿을 수 있도록 한다.
② 눈과 화면의 중심 사이의 거리는 40cm 이상이 되도록 한다.
③ 위 팔과 아래 팔이 이루는 각도는 90도 이상이 되도록 한다.
④ 아래팔은 손등과 일직선을 유지하여 손목이 꺾이지 않도록 한다.
⑤ 의자 등받이 각도는 자료입력시 90~105°, 기타 100~120°를 유지하도록 한다.

해설 영상표시단말기(VDT)의 작업자세 중 발의 위치는 발바닥 전면이 바닥면에 닿을 수 있도록 한다.

37. 다음 중 영상표시단말기(VDT) 취급근로자의 작업자세로 적절하지 않은 것은?

① 팔꿈치의 내각은 90° 이상이 되도록 한다.
② 근로자의 발바닥 전면이 바닥면에 닿는 자세를 기본으로 한다.
③ 무릎의 내각(Knee Angle)은 90° 전후가 되도록 한다.
④ 근로자의 시선은 수평선상으로부터 10~15° 위로 가도록 한다.
⑤ 근로자의 눈으로부터 화면까지의 시거리는 40cm 이상을 유지한다.

해설 근로자의 작업 화면상의 시야범위는 수평선상으로부터 10~15° 밑으로 가도록 한다.

38. 다음 중 작업대사량에 따른 작업강도의 구분에 있어서 중등도작업(Moderate Work)에 해당하는 것은?

① 150kcal/h 소요되는 작업
② 350kcal/h 소요되는 작업
③ 450kcal/h 소요되는 작업
④ 500kcal/h 이상 소요되는 작업
⑤ 550kcal/h 이상 소요되는 작업

 정답 36. ① 37. ④ 38. ②

해설 작업대사량에 따른 작업분류

작업강도와 대사량	작업의 형태
휴식(Resting) (<100kcal/hr)	• 조용히 앉아 있음 • 중간정도의 팔운동을 하면서 앉아 있음
경작업(Light) (<200kcal/hr)	• 중간정도의 팔, 다리운동을 하면서 앉아 있음 • 대부분의 시간을 팔운동하면서 작업대나 기계에서 가벼운 작업을 하고 서 있음 • 탁상용 톱 이용 작업 • 기계나 공작대에서 가볍게 혹은 중간정도의 작업을 하면서 걸어다님
중(中)작업(Moderate) (<350kcal/hr)	• 선 자세에서 긁는 작업 • 중간정도의 들기 혹은 중간정도의 작업을 하면서 걸어다님 • 무게 3kg의 물건을 들고 속도 6km/hr 정도로 걸어다님
중(重)작업(Heavy) (<500kcal/hr)	• 손으로 톱을 켜는 목수작업 • 건조한 모래 삽질 • 비연속적인 무거운 물체 조립작업 • 간헐적인 무거운 물건 들기 혹은 당기기 작업(예 : 곡괭이와 삽질)
격심한 작업(Very Heavy) (>500kcal/hr)	• 습한 모래 삽질

39. 미국정부산업위생전문가협의회(ACGIH)에 의한 작업강도구분에서 "심한 작업(Heavy Work)"에 속하는 것은?

① 150~200kcal/h까지의 작업
② 200~350kcal/h까지의 작업
③ 350~500kcal/h까지의 작업
④ 500~750kcal/h까지의 작업
⑤ 750kcal/h 이상 소요되는 작업

해설 ACGIH에 의한 작업강도 구분
- 경작업 : 200kcal/hr까지 작업
- 중등도작업 : 200~350kcal/hr까지 작업
- 중작업(심한 작업) : 350~500kcal/hr까지 작업

40. 다음 중 근육운동에 필요한 에너지를 생산하는 혐기성 대사의 반응으로 옳은 것은?

① glycogen + ADP ⇋ citrate + ATP
② ATP ⇋ ADP + Lactate + free energy
③ creatine phosphate + ADP ⇋ creatine + ATP
④ glucose + P + ADP → Lactate
⑤ creatine + P + ADP → Lactate + ATP

정답 39. ③ 40. ③

해설 혐기성 대사(Anaerobic Metabolism)는 근육에 저장된 화학적 에너지를 의미한다.

① 혐기성 대사순서(시간대별)

- ATP(아데노신삼인산) → CP(크레아틴인산) → Glycogen(글리코겐) or Glucose(포도당)

② 혐기성 대사(근육운동)

- ATP ⇆ ADP + P + Free energy
- Creatine phosphate + ADP ⇆ Creatine + ATP
- Glycogen 또는 Glucose + P + ADP → Lactate + ATP

41. 다음 중 근육 노동시 특히 보급해 주어야 하는 비타민의 종류는?

① 비타민 A
② 비타민 B_1
③ 비타민 C
④ 비타민 D
⑤ 비타민 E

해설 비타민 B_1

- 결핍시 각기병, 신경염 유발
- 근육운동(노동)시 보급해야 함
- 작업강도가 높은 근로자의 근육에 호기적 산화로 연소를 도와주는 영양소

42. 다음 중 산업피로에 관한 설명으로 틀린 것은?

① 피로는 비가역적 생체의 변화로 건강장해의 일종이다.
② 정신적 피로와 육체적 피로는 보통 구별하기 어렵다.
③ 국소피로와 전신피로는 피로현상이 나타난 부위가 어느 정도인가를 상대적으로 표현한 것이다.
④ 곤비는 피로의 축적상태로 단기간에 회복될 수 없다.
⑤ 과로라는 것은 다음날까지도 피로상태가 계속되는 것이다.

해설 산업피로

① 가역적 생체의 변화로 건강장해의 일종이다.
② 정신적 피로와 육체적 피로는 보통 구별하기 어렵다.
③ 국소피로와 전신피로는 피로현상이 나타난 부위가 어느 정도인가를 상대적으로 표현한 것이다.
④ 곤비는 피로의 축적상태로 단기간에 회복될 수 없다.
⑤ 과로는 다음날까지도 피로상태가 계속되는 것이다.

 정답 41. ② 42. ①

43. 다음 중 단기간 휴식을 통해서는 회복될 수 없는 발병단계의 피로를 무엇이라 하는가?

① 정신피로　　② 곤비
③ 과로　　④ 전신피로
⑤ 국소피로

해설 산업피로 종류
① 정신피로 : 중추신경계의 피로로서 정신노동 위주일 때 나타난다.
② 육체피로 : 중추신경계의 피로로서 근육노동 위주일 때 나타난다.
③ 국소피로
④ 전신피로
⑤ 보통피로 : 하룻밤을 지내고 완전히 회복되는 피로
⑥ 과로 : 다음날까지 피로가 계속되는 피로
⑦ 곤비 : 과로의 축적으로 단기간 휴식으로 회복될 수 없는 발병단계의 피로

44. 다음 중 근육운동에 동원되는 주요 에너지원 중에서 가장 먼저 소비되는 에너지원은?

① CP(크레아틴인산)　　② ATP(아데노신삼인산)
③ 포도당　　④ 글리코겐
⑤ 단백질

해설 근육운동에 동원되는 주요 에너지원 시간대별 대사순서(혐기성)
ATP(아데노신삼인산) → CP(크레아틴인산) → Glycogen(글리코겐) or Glucose(포도당)

45. 산소소비량 1L를 에너지량, 즉 작업대사량으로 환산하면 약 몇 kcal인가?

① 5　　② 10
③ 15　　④ 20
⑤ 25

해설 산소소비량 1L ≒ 5kcal(에너지량)

46. 다음 중 피로를 느끼게 하는 물질대사에 의한 노폐물이 아닌 것은?

① 젖산　　② 콜레스테롤
③ 크레아티닌　　④ 시스테인
⑤ 암모니아

해설 피로를 느끼게 하는 물질대사에 의한 노폐물에는 젖산, 크레아티닌, 시스테인, 암모니아 이외에 초성포도당, 시스틴, 잔여질소가 있다.

정답 43. ② 44. ② 45. ① 46. ②

47. 다음 중 피로에 의하여 신체에 쌓이게 되는 피로물질은?

① 이산화탄소(CO_2)
② 젖산(Lactic Acid)
③ 지방산(Fatty Acid)
④ 아미노산(Amino Acid)
⑤ 단백질

해설 피로에 의하여 신체에 쌓이게 되는 피로물질은 젖산, 크레아티닌, 시스테인, 암모니아 이외에 초성 포도당, 시스틴, 잔여질소가 있다.

48. 다음 중 근육이 운동을 시작했을 때 에너지를 공급받는 순서가 올바르게 나열된 것은?

① 아데노신삼인산(ATP) → 크레아틴인산(CP) → 글리코겐
② 크레아틴인산(CP) → 글리코겐 → 아데노신삼인산(ATP)
③ 글리코겐 → 아데노신삼인산(ATP) → 크레아틴인산(CP)
④ 아데노신삼인산(ATP) → 글리코겐 → 크레아틴인산(CP)
⑤ 크레아틴인산(CP) → 아데노신삼인산(ATP) → 글리코겐

해설 시간대별 대사순서(혐기성)
ATP(아데노신삼인산) → CP(크레아틴인산) → Glycogen(글리코겐) or Glucose(포도당)

49. 중량물 운반작업을 하는 근로자의 약한 손(오른손잡이의 경우 왼손)의 힘은 40kg이다. 이 근로자가 무게 8kg인 상자를 두 손으로 들어올릴 경우 작업강도(%MS)는 얼마인가?

① 2
② 4
③ 8
④ 10
⑤ 12

해설 1kp : 질량 1kg을 중력의 크기로 당기는 힘으로
Required force : 8kg 상자를 두 손으로 들어올리므로 한 손에 미치는 힘은 4kg
Maximum strength : 40kg

$$\text{작업강도(\%MS)} = \frac{\text{Required force}}{\text{Maximum strength}} \times 100 = \frac{4}{40} \times 100 = 10$$

50. 어느 근로자와 1시간 작업에 소요되는 에너지가 500kcal이었다면, 작업대사율은 약 얼마인가?(단, 기초대사량은 60kcal/h, 안정시 소비되는 에너지는 기초대사량의 1.2배로 가정한다.)

① 4.7
② 5.4
③ 6.4
④ 7.1
⑤ 8.4

 정답 47. ② 48. ① 49. ④ 50. ④

해설 기초대사량은 60kcal/h, 작업에 소모된 열량 : 500kcal
안정시 소비되는 에너지는 기초대사량의 1.2배이므로 60×1.2=72cal/hr

$$\text{작업대사율} = \frac{\text{작업에 소모된 열량} - \text{안정시 열량}}{\text{기초대사량}} = \frac{500\text{kcal/hr} - 72\text{kcal/hr}}{60\text{kcal/hr}} = 7.1$$

51. 기초대사량이 1,500kcal/day이고, 작업대사량이 시간당 250kcal가 소비되는 작업을 8시간 동안 수행하고 있을 때 작업대사율(RMR)은 약 얼마인가?

① 0.17
② 0.75
③ 1.33
④ 1.69
⑤ 1.85

해설

$$\text{작업대사율} = \frac{\text{작업에 소모된 열량} - \text{안정시 양}}{\text{기초대사량}}$$

$$= \frac{\text{작업대사량}}{\text{기초대사량}}$$

$$= \frac{250\text{kcal/hr} \times 8\text{hr}}{1{,}500\text{kcal}}/\text{day}$$

$$= 1.33$$

52. 작업의 강도가 클수록 작업시간이 짧아지고 휴식기간이 길어지며 실동률은 감소하는데 작업대사율(RMR)이 6일 때의 실동률(%)은 얼마인가?(단, 사이또(齋藤)와 오시마(大島)의 공식을 이용한다.)

① 70
② 65
③ 60
④ 55
⑤ 50

해설 실동률(실노동률)=85−5×작업대사율=85−5×6=55

53. 사이또와 오시마(大馬)가 제시한 관계식을 기준으로 작업대사율이 7인 경우 계속작업의 한계시간은 약 얼마인가?

① 5분
② 10분
③ 20분
④ 30분
⑤ 60분

해설 log(계속작업 한계시간)=3.724−3.25log(RMR)=3.724−3.25log7=0.98
계속작업 한계시간$=10^{0.98}$=9.55분

54. 다음 중 전신피로의 원인에 대한 내용으로 틀린 것은?

① 산소공급의 부족
② 작업강도의 증가
③ 혈중 포도당 농도의 저하
④ 근육 내 글리코겐 양의 증가
⑤ 근육 내 글리코겐 양의 감소

해설 전신 피로의 원인
① 산소공급 부족
② 혈중 포도당 농도의 저하
③ 근육 내 글리코겐량의 감소
④ 작업강도 증가

55. 다음 [그림]은 작업의 시작 및 종료 시의 산소소비량을 나타낸 것이다. 번호 ①과 ②의 의미를 올바르게 나열한 것은?

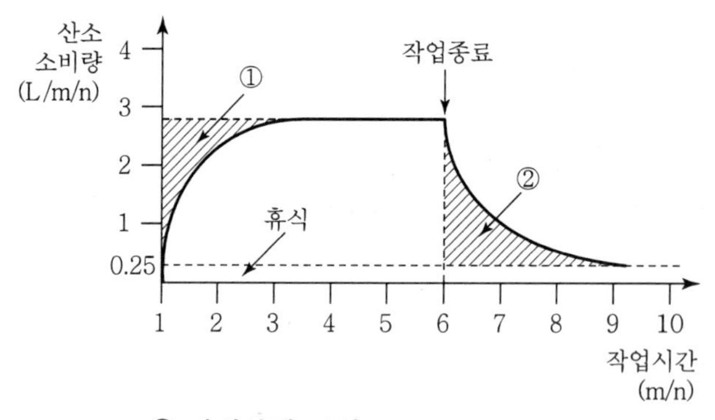

① ① 작업부채　　② 작업부채 보상
② ① 작업부채 보상　　② 작업부채
③ ① 산소부채　　② 산소부채 보상
④ ① 산소부채 보상　　② 산소부채
⑤ ① 산소부채 보상　　② 평형상태

해설 산소부채는 운동이 격렬하게 진행될 때에 산소섭취량이 수요량에 미치지 못하여 일어나는 산소부족현상으로 산소부채량은 원래대로 보상되어야 하므로 운동이 끝난 뒤에도 일정시간 산소를 소비한다. 산소부채현상은 작업이 시작되면서 발생하며 작업이 끝난 후에는 산소부채의 보상현상이 발생하고 작업이 끝난 후에 남아있는 젖산을 제거하기 위해서는 산소가 더 필요하다. 이때 동원되는 산소소비량을 산소부채라 한다.

 정답 54. ④　55. ③

56. 다음 중 산소부채(Oxygen Debt)에 관한 설명으로 틀린 것은?

① 작업대사량의 증가와 관계없이 산소소비량은 계속 증가한다.
② 산소부채현상은 작업이 시작되면서 발생한다.
③ 작업이 끝난 후에는 산소부채의 보상현상이 발생한다.
④ 작업강도에 따라 필요한 산소요구량과 산소공급량의 차이에 의하여 산소부채현상이 발생한다.
⑤ 작업강도에 따라 대사량이 달라지므로 산소소비량도 달라진다.

해설 산소부채(Oxygen Debt)
① 산소부채현상은 작업이 시작되면서 발생
② 작업이 끝난 후에는 산소부채의 보상현상 발생
③ 작업강도에 따라 필요한 산소요구량과 산소공급량의 차이에 의하여 산소부채현상 발생
④ 작업강도에 따라 대사량이 달라지므로 산소소비량도 달라진다.

57. 육체적 작업능력(PWC)이 15kcal/min인 근로자가 1일 8시간 동안 물체를 운반하고 있다. 이 때의 작업대사량은 8kcal/min이고, 휴식시 대사량은 3kcal/min이라면, 매 시간당 휴식시간과 작업시간으로 가장 적절한 것은?(단, Hertig식을 적용한다.)

① 휴식시간은 28분, 작업시간은 32분이다.
② 휴식시간은 30분, 작업시간은 30분이다.
③ 휴식시간은 32분, 작업시간은 28분이다.
④ 휴식시간은 36분, 작업시간은 24분이다.
⑤ 휴식시간은 39분, 작업시간은 28분이다.

해설 $\mathrm{Trest}(\%) = \dfrac{\mathrm{Emax} - Hsk}{\mathrm{Erest} - Hsk} \times 100 = \dfrac{5-8}{3-8} \times 100 = 60\%$

시간당 60%에 해당하는 약 36분 동안 휴식을 취하고, 나머지 40%인 24분간 작업을 하는 것이 바람직하다. 참고로 $Emax = PWL/3 = 15/3 = 5$

58. 다음 중 작업을 마친 직후 회복기의 심박수를 측정한 결과 심한 전신피로 상태라 판단될 수 있는 경우는?

① HR_{30-60}이 100 미만이고, HR_{60-90}과 $HR_{150-180}$의 차이가 20 이상인 경우
② HR_{30-60}이 100 초과하고, HR_{60-90}과 $HR_{150-180}$의 차이가 20 미만인 경우
③ HR_{30-60}이 110 미만이고, HR_{60-90}과 $HR_{150-180}$의 차이가 10 이상인 경우
④ HR_{30-60}이 110 초과이고, HR_{60-90}과 $HR_{150-180}$의 차이가 10 미만인 경우
⑤ HR_{30-60}이 110 초과이고, HR_{60-90}과 $HR_{150-180}$의 차이가 20 미만인 경우

정답 56. ① 57. ④ 58. ④

해설 전신피로 상태 : $HR_{30\sim60}$이 110을 초과하고 $HR_{150\sim180} - HR_{60\sim90} = 10$ 미만인 경우로 아래 3가지 구간 평균맥박수를 측정하여 얻어진다.

① $HR_{30\sim60}$: 작업종료 후 30~60초 사이의 평균 맥박수

② $HR_{60\sim90}$: 작업종료 후 60~90초 사이의 평균 맥박수

③ $HR_{150\sim180}$: 작업종료 후 150~180초 사이의 평균 맥박수

59. 국소피로의 평가방법에 있어 EMG를 이용한 결과에서 피로한 근육에 나타나는 현상으로 틀린 것은?

① 저주파수(0~40Hz) 영역에서 힘의 증가

② 고주파수(40~200Hz) 영역에서 힘의 감소

③ 평균 주파수 영역에서 힘의 감소

④ 총 전압의 감소

⑤ 총 전압의 증가

해설 국소피로의 평가방법에 있어 EMG를 이용한 결과에서 피로한 근육에 나타나는 현상

- 저주파수(0~40Hz) 힘의 증가
- 고주파수(40~200Hz) 힘의 감소
- 평균 주파수 영역에서 힘의 감소
- 총 전압의 증가

60. 다음 중 노동의 적응과 장애에 관한 설명으로 틀린 것은?

① 직업에 따라 일어나는 신체 형태와 기능의 국소적 변화를 직업성 변이라고 한다.

② 작업환경에 대한 인체의 적응한도를 서한도라고 한다.

③ 일하는 데 가장 적합한 환경을 지적환경이라고 한다.

④ 지적환경의 평가는 육체적 평가방법으로 통한다.

⑤ 일하는 데 적합한 환경을 평가하는 데에는 작업에서의 능률을 따지는 생산적 방법이 있다.

해설 노동의 적응과 장애

① 직업에 따라 일어나는 신체 형태와 기능의 국소적 변화를 직업성 변이라고 한다.

② 작업환경에 대한 인체의 적응한도를 서한도라고 한다.

③ 일하는 데 가장 적합한 환경을 지적환경이라고 한다.

④ 지적환경의 평가는 생리적, 정신적 평가방법으로 통한다.

⑤ 일하는 데 적합한 환경을 평가하는 데에는 작업에서의 능률을 따지는 생산적 방법이 있다.

61. 다음 중 산업피로를 줄이기 위한 바람직한 교대근무에 관한 내용으로 틀린 것은?

① 근무시간의 간격은 15~16시간 이상으로 하여야 한다.
② 야간근무 교대시간은 상오 0시 이전에 하는 것이 좋다.
③ 야간근무는 연속할 경우 1주일 이내로 이루어져야 피로의 누적을 피할 수 있다.
④ 야간근무시 가면(假眠)시간은 근무시간에 따라 2~4시간으로 하는 것이 좋다.
⑤ 교대방식은 정교대가 좋다.

해설 교대근무제 관리원칙

① 격일제, 2교대, 3교대, 2조 2교대, 3조 2교대, 4조 2교대, 3조 3교대, 4조 3교대, 다조 3교대로 실시한다.
② 2교대면 최저 3조, 3교대면 4조로 편성하고 40시간 근로일 때는 갑, 을, 병반으로 시킨다.
③ 야근의 주기를 4~5일, 연속은 2~3일로 하고 각 반의 근무시간은 8시간으로 한다.
④ 야근 후 다음 반으로 넘어가는 시간은 48시간 이상이 되도록 한다.
⑤ 야근 교대시간은 상오 0시가 좋고 부녀자의 2교대 야근 교대시간은 전반 상오 5~6시, 후반 10시 이후가 좋다.
⑥ 야근은 가면을 하더라도 10시간 이내가 좋으며 근무시간 간격은 15~16시간 이상으로 한다.
⑦ 산모는 산후 1년까지 야근을 피해야 한다.
⑧ 보통 근로자가 3kg의 체중감소가 있을 때는 정밀 검사를 받도록 권장한다.
⑨ 근로자가 교대 일정을 미리 알 수 있도록 한다.
⑩ 상대적으로 가벼운 작업은 야간 근무조에 배치하는 등 업무내용을 탄력적으로 조정한다.

62. 다음 중 교대작업에서 작업주기 및 작업순환에 대한 설명으로 틀린 것은?

① 교대근무시간 : 근로자의 수면을 방해하지 않아야 하며, 아침 교대시간은 아침 7시 이후에 하는 것이 바람직하다.
② 교대근무 순환시기 : 주간 근무조 → 저녁 근무조 → 야간근무조로 순환하는 것이 좋다.
③ 근무조 변경 : 근무시간 종료 후 다음 근무시작 시간까지 최소 10시간 이상의 휴식 시간이 있어야 하며, 특히, 야간 근무조 후에는 12~24시간 정도의 휴식이 있어야 한다.
④ 작업배치 : 상대적으로 가벼운 작업을 야간 근무조에 배치하고, 업무 내용을 탄력적으로 조정한다.
⑤ 근무시간의 간격 : 15~16시간 이상으로 한다.

해설 야간 근무자는 24시간 밖에 휴식하지 못하면 재해빈도가 높아지므로 48시간의 휴식이 바람직하다.

63. 다음 중 산업피로에 대한 대책으로 옳은 것은?

① 피로한 후 장시간 휴식이 휴식시간을 여러 번으로 나누는 것보다 효과적이다.
② 움직이는 작업은 피로를 가중시키므로 될수록 정적인 작업으로 전환하도록 한다.
③ 커피, 홍차, 엽차 및 비타민 B_1은 피로회복에 도움이 되므로 공급한다.

정답 61. ③ 62. ③ 63. ③

④ 신체리듬의 적응을 위하여 야간근무는 연속적으로 7일 이상 실시하도록 한다.
⑤ 개인에 따라 작업부하량을 늘인다.

해설 ① 피로한 후 장시간 휴식보다 휴식시간을 여러 번으로 나누는 것이 효과적이다.
② 앉아있는 작업은 피로를 가중시키므로 될수록 동적인 작업으로 전환하도록 한다.
③ 커피, 홍차, 엽차 및 비타민 B_1은 피로회복에 도움이 되므로 공급한다.
④ 신체리듬의 적응을 위하여 야간근무는 연속적으로 7일 이상 실시하지 않도록 한다.
⑤ 개인에 따라 작업 부하량을 조절한다.

64. 다음 중 산업피로의 대책으로 적합하지 않은 것은?
① 작업과정에 따라 적절한 휴식시간을 삽입해야 한다.
② 불필요한 동작을 피하고 가능한 한정적인 작업으로 전환한다.
③ 쾌적한 작업환경을 만들기 위한 시설 투자 유치에 기여한다.
④ 과학적 방법의 적용과 자료의 해석에 객관성을 유지한다.
⑤ 작업속도를 너무 빠르거나 느리지 않도록 조절한다.

해설 산업피로 대책
① 작업과정에 따라 적절한 휴식시간을 삽입해야 한다.
② 불필요한 동작을 피하고 가능한 한정적인 작업으로 전환한다.
③ 과학적 방법의 적용과 자료의 해석에 객관성을 유지한다.
④ 작업속도를 너무 빠르거나 느리지 않도록 조절한다.

65. 다음 중 심리학적 적성검사와 가장 거리가 먼 것은?
① 지능검사 ② 인성검사
③ 지각동작검사 ④ 감각기능검사
⑤ 기능검사

해설 • 심리학적 적성검사 : 지능검사, 지각동작검사, 기능검사, 인성검사
• 생리기능 적성검사 : 감각기능검사, 심폐기능검사, 체력검사

66. 다음 중 직업성 질환의 발생 요인과 관련 직종이 잘못 연결된 것은?
① 한랭 – 제빙작업 ② 크롬 – 도금작업
③ 조명부족 – 의사 ④ 유기용제 – 그라비아 인쇄작업
⑤ 잠함병 – 해녀

해설 조명 부족은 주로 갱내 작업에서 볼 수 있다.

 정답 64. ③ 65. ④ 66. ③

67. 다음 중 교대근무에 있어 야간작업의 생리적 현상으로 틀린 것은?
① 체중의 감소가 발생한다.
② 체온이 주간보다 올라간다.
③ 주간수면의 효율이 좋지 않다.
④ 주간 근무에 비하여 피로가 쉽게 온다.
⑤ 수면부족과 식사의 불규칙으로 위장장해가 온다.

해설 교대근무에 있어 야간작업의 생리적 현상
① 체중의 감소가 발생한다.
② 체온이 주간보다 내려간다.
③ 주간수면의 효율이 좋지 않다.
④ 주간 근무에 비하여 피로가 쉽게 온다.
⑤ 수면부족과 식사의 불규칙으로 위장장해가 온다.

68. 다음 중 스트레스에 관한 설명으로 잘못된 것은?
① 스트레스를 지속적으로 받게 되면 인체는 자기조절능력을 발휘하여 스트레스로부터 벗어난다.
② 환경의 요구가 개인의 능력한계를 벗어날 때 발생하는 개인과 환경과의 불균형 상태가 된다.
③ 스트레스가 아주 없거나 너무 많을 때에는 역기능 스트레스로 작용한다.
④ 위협적인 환경 특성에 대한 개인의 반응이다.
⑤ 스트레스가 계속 지속되면 결국 경고반응의 신체적 징후가 나타난다.

해설 스트레스를 지속적으로 받게 되면 인체는 자기조절능력을 상실하여 스트레스로부터 벗어나지 못하여 신체적 징후가 나타난다.

69. 다음 중 재해성 질병의 인정시 종합적으로 판단하는 사항으로 틀린 것은?
① 재해의 성질과 강도
② 재해가 작용한 신체부위
③ 재해가 발생할 때까지의 시간적 관계
④ 작업내용과 그 작업에 종사한 기간 또는 유해작업의 정도
⑤ 업무상의 재해라고 할 수 있는 사건의 유무

해설 재해성 질환의 특징
① 시간적으로 명확하게 재해에 의하여 발병한 질환을 말한다.
② 부상에 기인하는 질환(재해성 외상)과 재해에 기인하는 질환(재해성 중독)으로 구분한다.
③ 재해성 질병의 인정시 재해의 성질과 강도, 재해가 작용한 신체부위, 재해가 발생할 때까지의 시간적 관계 등을 종합적으로 판단한다.

정답 67. ② 68. ① 69. ④

70. 다음 중 직업성 질환에 관한 설명으로 틀린 것은?

① 직업성 질환과 일반 질환은 그 한계가 뚜렷하다.
② 직업성 질환이란 어떤 작업에 종사함으로써 발생하는 업무상 질병을 말한다.
③ 직업성 질환은 재해성 질환과 직업병으로 나눌 수 있다.
④ 직업병은 저농도 또는 저수준의 상태로 장시간에 걸쳐 반복노출로 생긴 질병을 말한다.
⑤ 직업성 질환은 업무와의 명확한 인과관계가 있는 것을 말한다.

해설 직업성 질환의 특징

① 직업성 질환과 일반 질환은 그 한계가 뚜렷하지 않다.
② 직업성 질환이란 어떤 작업에 종사함으로써 발생하는 업무상 질병을 말한다.
③ 직업성 질환은 재해성 질환과 직업병으로 나눌 수 있다.
④ 직업병은 저농도 또는 저수준의 상태로 장시간에 걸쳐 반복노출로 생긴 질병을 말한다.
⑤ 직업성 질환은 업무와의 명확한 인과관계가 있는 것을 말한다.

71. 다음 중 직업성 질환으로 볼 수 없는 것은?

① 분진에 의하여 발생되는 진폐증
② 화학물질의 반응으로 인한 폭발 후유증
③ 화학적 유해인자에 의한 중독
④ 유해광선, 방사선 등의 물리적 인자에 의하여 발생되는 질환
⑤ 전자부품업체에서의 부자연스러운 자세로 인한 근골격계 질환

해설 화학물질의 반응으로 인한 폭발 후유증은 재해성 질환

① 시간적으로 명확하게 재해에 의하여 발병한 질환이다.
② 부상에 기인하는 질환(재해성 외상)과 재해에 기인하는 질환(재해성 중독)

72. 사무실 공기관리 지침에서 지정하는 오염물질에 대한 시료채취방법이 잘못 연결된 것은?

① 오존 - 멤브레인 필터를 이용한 채취
② 일산화탄소 - 전기화학 검출기에 의한 채취
③ 이산화탄소 - 비분산적외선 검출기에 의한 채취
④ 총부유세균 - 여과법을 이용한 부유세균 채취기로 채취
⑤ 포름알데히드 - 2, 4 - DNPH가 코팅된 실리카겔관이 장착된 시료채취기에 의한 채취

해설 공기 중 오존은 유리섬유 여과지를 이용하여 채취한다.

 정답 70. ① 71. ② 72. ①

73. 실내환경의 오염물질 중 금속이 용해되어 액상 물질로 되고 이것이 가스상 물질로 기화된 후 다시 응축되어 발생하는 고체입자를 무엇이라 하는가?

① 에어로졸(Aerosol) ② 흄(Fume)
③ 미스트(Mist) ④ 스모그(Smog)
⑤ 연기(Smoke)

해설 실내 환경의 오염물질 중 금속이 용해되어 액상 물질로 되고 이것이 가스상 물질로 기화된 후 다시 응축되어 발생하는 고체입자는 흄이다.

74. 다음 중 사무실 공기관리 지침에 관한 설명으로 틀린 것은?

① 사무실 공기의 관리기준은 8시간 가중평균농도를 기준으로 한다.
② PM10이란 입경이 $10\mu m$ 이하인 먼지를 의미한다.
③ 총부유세균의 단위는 CFU/m^3로 $1m^3$ 중에 존재하고 있는 집락형성 세균 개체수를 의미한다.
④ 사무실 공기질의 모든 항목에 대한 측정결과는 측정치 전체에 대한 평균값을 이용하여 평가한다.
⑤ 공기의 측정시료는 사무실 내에서 공기 질이 가장 나쁠 것으로 예상되는 2곳 이상에서 채취한다.

해설 사무실 공기질의 측정결과는 측정치 전체에 대한 평균값을 오염물질별 관리기준과 비교하여 평가한다. 다만 이산화탄소는 각 지점에서 측정한 측정치 중 최고값을 기준으로 비교・평가한다.

75. 다음 중 토양이나 암석 등에 존재하는 우라늄의 자연적 붕괴로 생성되어 건물의 균열을 통해 실내공기로 유입되는 발암성 오염물질은?

① 라돈 ② 석면
③ 포름알데히드 ④ 다환방향족탄화수소(PAHs)
⑤ 오존

해설 라돈은 토양이나 암석 등에 존재하는 우라늄의 자연적 붕괴로 생성되어 건물의 균열을 통해 실내공기로 유입되며, 폐암을 유발하는 오염물질이다.

76. 다음 중 사무실 공기관리 지침상 관리대상 오염물질의 종류에 해당하지 않는 것은?

① 일산화탄소(CO) ② 호흡성 분진(RSP)
③ 오존(O_3) ④ 총부유세균
⑤ 이산화탄소(CO_2)

해설 사무실 공기관리 지침상 관리대상 오염물질의 종류(고용노동부 고시)
미세먼지(PM10), 일산화탄소(CO), 이산화탄소(CO_2), 포름알데히드(HCHO), 총휘발성유기화합물(TVOC), 총부유세균, 이산화질소(NO_2), 오존(O_3), 석면

정답 73. ② 74. ④ 75. ① 76. ②

77. 다음 중 실내공기의 오염에 따른 건강상의 영향을 나타내는 용어와 가장 거리가 먼 것은?

① 새집증후군 ② 화학물질과민증
③ 헌집증후군 ④ 스티븐존슨 증후군
⑤ 빌딩증후군

해설 스티븐존슨 증후군은 화학물질 Trichloroethylene에 의한 증상이다.

78. 방사성 기체로 폐암 발생의 원인이 되는 실내공기 중 오염물질은?

① 포름알데히드 ② 라돈
③ 석면 ④ 오존
⑤ 일산화탄소

해설 라돈은 건축자재(콘크리트, 시멘트, 진흙, 벽돌 등), 동굴, 천연가스 등에서 발생되며, 인체에 폐암을 유발하는 오염물질이다.

79. 다음 설명에 해당하는 가스는 무엇인가?

이 가스는 실내의 공기질을 관리하는 지표로 사용되고, 그 자체는 건강에 큰 영향을 주는 물질이 아니며 측정하기 어려운 다른 실내 오염물질에 대한 지표물질로 사용된다.

① 일산화탄소 ② 이산화탄소
③ 황산화물 ④ 질소산화물
⑤ 오존

해설 실내 공기질을 관리하는 지표 물질은 이산화탄소(CO_2)이다.

80. 사무실 공기관리 지침에서 관리하고 있는 오염물질 중 포름알데히드(HCHO)에 대한 설명으로 틀린 것은?

① 자극적인 냄새를 가지며, 메틸알데히드라고도 한다.
② 메탄올을 산화시켜 얻는 기체로 환원성이 강하다.
③ 시료채취는 고체흡착관으로 수행한다.
④ 산업안전보건법상 발암성 추정물질(1B)로 분류되어 있다.
⑤ 눈과 상부기도를 자극하여 기침과 눈물을 야기시킨다.

해설 산업안전보건법상 포름알데히드는 사람에게 충분한 발암성 증거가 있는 물질(1A)로 분류되어 있다.

 정답 77. ④ 78. ② 79. ② 80. ④

예상문제 및 해설 2

산업위생 개론

Actual Test

1. 산업위생의 범위에 속하지 않은 것을 고르시오.

① 생체리듬의 연구 ② 노동시간과 교대제 연구
③ 연령, 성별, 적성문제 ④ 근로자의 임금상승 연구
⑤ 신기술과 건강피해 연구

해설 산업위생의 범위
① 작업능력과 작업조건의 연구 ② 노동시간과 교대제 연구
③ 연령, 성별, 적성문제 ④ 생체리듬의 연구
⑤ 신기술과 건강피해 연구 ⑦ 작업환경과 신체적 최적환경의 연구
⑧ 노동력의 재생산과 사회경제적 조건연구 ⑨ 노동생리와 정신적 조건연구

2. 국제노동기구(ILO) 및 세계보건기구(WHO)가 선언한 산업보건의 정의에 포함되지 않은 것을 고르시오.

① 작업조건으로 인한 질병의 예방
② 노동생산성의 향상
③ 적합한 작업환경에 근로자 배치
④ 근로자의 육체적 정신적, 사회적 건강의 유지·증진
⑤ 건강에 유해한 취업을 방지

해설 국제노동기구와 세계보건기구 공동위원회(ILO/WHO : 1995)의 정의
① 근로자들의 육체적, 정신적, 사회적 건강을 유지 증진
② 작업조건으로 인한 질병예방 및 건강에 유해한 취업 방지
③ 근로자를 생리적, 심리적으로 적합한 작업환경에 배치

3. 산업보건지도사(직업환경의학분야)의 직무가 아닌 것은?

① 유해위험방지계획서, 안전보건개선계획서, 물질안전보건자료 작성지도
② 직업병예방을 위한 작업관리, 건강관리에 필요한 지도
③ 안전진단 결과에 따른 근로자 안전관리지도
④ 보건진단 결과에 따른 개선에 필요한 산업의학적 지도
⑤ 그 밖에 산업의학, 건강관리에 관한 교육 또는 기술지도

정답 1. ④ 2. ② 3. ③

해설 산업보건지도사(직업환경의학분야)의 직무

① 유해위험방지계획서, 안전보건개선계획서, 물질안전보건자료 작성지도
② 직업병예방을 위한 작업관리, 건강관리에 필요한 지도
③ 건강진단 결과에 따른 근로자 건강관리 지도
④ 보건진단 결과에 따른 개선에 필요한 산업의학적 지도
⑤ 그 밖에 산업의학, 건강관리에 관한 교육 또는 기술지도

4. 우리나라 산업위생의 역사로 틀린 것은?

① 2012년 : 한국산업위생학회 설립
② 1987년 : 한국산업안전보건공단 설립
③ 1986년 : 유해물질허용농도 제정
④ 1981년 : 산업안전보건법 공포
⑤ 1953년 : 근로기준법제정

해설 우리나라 산업위생의 역사

1) 일제 통치하
   ① 광부 노무부조 규칙에 의하여 광부들에게 재해를 보상하도록 규정
   ② 기업주나 자의적으로 근로자의 건강을 주관하도록 방임
   ③ 기업체 내에서의 취업규칙은 시혜적인 조치에 불과
2) 1945~1953년
   ① 1945년 최고노동시간법과 부녀자, 연소자보호법 규정(미군정하)
   ② 1953년 근로기준법(산업위생에 관한 최초의 법령) 제정 공포
   16명 이상의 근로자를 고용하는 사업장에 적용, 1975년부터 5명 이상으로 확대 적용
3) 1954~1987년
   ① 1954년 광산에서 진폐증 발견
   ② 1962년 근로기준법 시행령 제정, 가톨릭 산업의학연구소 설립－최초의 작업환경 측정 실시
   ③ 1963년 전국사업장에 작업환경조사와 건강진단 실시, 산업재해보상보험법 제정, 1964년 시행
   ④ 1964년 보건사회부 "노정국"에서 "노동청"으로 독립
   ⑤ 1977년 국립노동과학연구소 설립, 근로복지공사 설립
   ⑥ 1981년 노동청이 노동부로 승격. 산업안전보건법 공포
   ⑦ 1982년 산업안전보건법 시행령 및 시행규칙 제정
   ⑧ 1986년 산업안전보건법 시행령 개정－산업위생관리기사 법적 근거 마련
4) 1987년 이후
   ① 1987년 한국산업안전공단, 한국산업안전교육원 설립
   ② 1988년 문송면 군 수은중독 사망으로 인해 직업병이 사회적 이슈로 등장
   ③ 1990년 한국산업위생학회 창립
   ④ 1992년 한국산업안전공단에 산업보건연구원 개원
   ⑤ 1995년 이황화탄소(CS_2) 중독사건의 사회적 문제화 이후 원진레이온(주)의 중국이전
   • 모 전자제품 공장의 2－Bromopropane에 의한 생식장애, 재생 불량성 빈혈 발생
   ⑥ 2000년 전면적인 산업안전보건법 개정
   ⑦ 2004년 노말 헥산에 의한 외국인 근로자들의 하지마비 사건 발생
   ⑧ 2006년 DMF에 의한 급성간염으로 중국인 동포 사망사건 발생

 정답 4. ①

5. 외국의 산업위생 역사 중 산업보건에 관한 최초의 법률은?

① 공장법(영국)
② Bismark법
③ Petten kofor
④ Rudolf Virchow
⑤ Loriga

해설 1833년 영국에서 산업보건에 관한 효과를 거둔 최초의 법인 공장법(Factories Act)을 제정함

6. 공기 중 이산화탄소 농도가 몇 %부터 출입이 제한되는가?

① 4.5%
② 3.0%
③ 2.0%
④ 1.5%
⑤ 1.0%

해설 이산화탄소 1.5% 이상일 경우 작업능률저하 및 실수가 유발되므로 출입을 제한하도록 함. 안전보건규칙 제10장 밀폐공간 작업으로 인한 건강장해의 예방편에 "유해가스"란 밀폐공간에서 탄산가스(이산화탄소)·황화수소 등의 유해물질이 가스 상태로 공기 중에 발생하는 것을 말하며, "적정공기"란 산소농도의 범위가 18퍼센트 이상 23.5퍼센트 미만, 탄산가스의 농도가 1.5퍼센트 미만, 황화수소의 농도가 10피피엠 미만인 수준의 공기를 말한다.

〈이산화탄소의 영향〉

CO_2 농도	영향
1~2%	작업 능률 저하, 실수 유발
3% 이상	약간의 호흡 장해
5~10%	일정 시간 머물면 치명적

- 환기 지표 – CO_2 농도 0.1%가 넘으면 환기 실시(농도는 0.1% 이하) – 사무실공기기준
- 밀폐된 실내의 CO_2 농도 – 0.5% 이하
- 갱내의 CO_2 농도 – 1.5% 이하로 유지
- 고기압 실내의 탄산가스 분압이 $0.01kg/cm^2$ 이상이면 환기 실시

7. 탱크 내부 작업시 작업자의 복장으로 잘못된 설명은?

① 작업자는 불필요하게 피부를 노출시키지 말 것
② 작업모를 쓰고 긴팔의 것을 반듯하게 착용할 것
③ 작업복의 바지 속에는 밑을 집어넣지 말 것
④ 유지가 부착된 작업복을 착용한다.
⑤ 보호구를 착용하고 작업한다.

해설 유지가 부착된 작업복은 착용하지 않는다.

정답 5. ① 6. ④ 7. ④

8. 다음 중 유해물질에 관한 설명으로 옳은 것은?

① 흄(fume)은 액체의 미세한 입자가 공기 중에 부유하고 있는 것을 말한다.
② 분진(dust)은 금속의 증기가 공기 중에서 응고되어 화학변화를 일으켜 고체의 미립자로 되어 공기중에 부유하는 것을 말한다.
③ 미스트(mist)는 기계적 작용에 의해 발생된 고체 미립자가 공기 중에 부유하고 있는 것을 말한다.
④ 스모크(smoke)는 유기물의 불완전연소에 의해 생긴 미립자를 말한다.
⑤ 가스와 증기는 액체상이다.

해설 유해물질의 종류와 성상
① 가스 : 상온에서 가스상으로 존재하는 물질 – CO, CO_2, SO_2, H_2S, CH_4
② 증기 : 상온에서 액체로 존재하는 물질이 증발 시 발생하는 물질 – 아세톤, 솔벤트, 벤젠
③ 미스트 : 작은 방울 형태로 비산하는 물질 – 오일 미스트, 도금액 미스트
④ 먼지 : 기계적인 분쇄, 마찰, 연마, 연삭 등에 의해 발생하는 입자상 물질
⑤ 흄 : 연소 시 생기는 고체상의 증기, 증기가 응축하여 생기는 고체입자 – 용접흄

9. 방사성 물질이 체내에 들어갈 경우 신체에 미치는 위험도에 대한 설명 중 옳지 않은 것은?

① α입자를 방출하는 핵종일수록 위험성이 크다.
② 반감기가 길수록 위험성이 크다.
③ 방사선의 에너지가 높을수록 위험성이 크다.
④ 체내에 흡수되기 쉽고 잘 배설되지 않는 것일수록 위험성이 크다.
⑤ 반감기가 짧을수록 위험성이 크다.

해설 가. 전리방사선이 인체에 미치는 영향
① α입자를 방출하는 핵종일수록 위험성이 크다.
② 반감기가 길수록 위험성이 적다.
③ 방사선의 에너지가 높을수록 위험성이 크다.
④ 체내에 흡수되기 쉽고 잘 배설되지 않는 것일수록 위험성이 크다.
⑤ 반감기가 짧을수록 위험성이 크다.
나. 투과력 : γ선 > X선 > β선 > α선

10. 납을 제련 또는 정련하는 공정에서 배소, 소결, 용광 또는 납 등이나 소결광 등을 취급하는 업무에서 반드시 착용해야하는 보호구는?

① 안전모
② 호흡용보호구
③ 안전대
④ 귀마개
⑤ 안전화

 정답 8. ④ 9. ② 10. ②

해설 납은 분진형태로 발생되어 작업자의 호흡기가 가장 많이 노출되므로 호흡용보호구(방진마스크 또는 송기마스크)가 필요하다.

11. 방독마스크 정화통내의 정화제에 의한 흡인 공기 중의 유해물질이 거의 정상적으로 흡수제거 또는 무독화된 후 정화제의 제독능력이 떨어졌기 때문에 정화통의 배기공기에서 유해물질 농도가 최대 허용한도를 넘게 되는 현상을 무엇이라 하는가?

① 정화 ② 정유
③ 격리 ④ 파과
⑤ 유량

해설 정화란 정화통속의 흡수제가 흡수 능력을 상실하여 오염물질이 통과하는 상태를 말함

12. 작업환경측정 수준을 평가하려는 경우 평가기준의 내용이 아닌 것은?

① 작업환경측정 및 시료분석의 능력
② 측정 결과의 신뢰도
③ 시설·장비의 성능
④ 측정기관의 신뢰도
⑤ 보유인력의 교육이수, 능력개발, 전산화의 정도 및 그 밖에 필요한 사항

해설 산업안전보건법 시행규칙 제191조에 따라 작업환경측정기관을 평가하는 기준은 다음 각 호와 같다.

1. 인력·시설 및 장비의 보유 수준과 그에 대한 관리능력
2. 작업환경측정 및 시료분석 능력과 그 결과의 신뢰도
3. 작업환경측정 대상 사업장의 만족도

13. 일반건강진단의 제1차 검사항목이 아닌 것은?

① 과거병력, 작업경력 및 자각·타각증상(시진·촉진·청진 및 문진)
② 혈압·혈당·요당·요단백 및 빈혈검사
③ 신장·시력 및 청력
④ 흉부방사선 촬영
⑤ 혈청 지·오·티 및 지·피·티, 감마 지·티·피 및 총콜레스테롤

정답 11. ① 12. ④ 13. ④

해설 산업안전보건법 시행규칙 제198조(일반건강진단의 검사항목 및 실시방법 등) ① 일반건강진단의 제1차 검사항목은 다음 각 호와 같다.

1. 과거병력, 작업경력 및 자각 · 타각증상(시진 · 촉진 · 청진 및 문진)
2. 혈압 · 혈당 · 요당 · 요단백 및 빈혈검사
3. 체중 · 시력 및 청력
4. 흉부방사선 촬영
5. AST(SGOT) 및 ALT(SGPT), γ-GTP 및 총콜레스테롤

14. 질병자의 근로금지를 해서는 안 되는 경우를 고르시오.

① 전염될 우려가 있는 질병에 걸린 사람
② 전염을 예방하기 위한 조치를 한 경우
③ 정신분열증, 마비성 치매에 걸린 사람
④ 심장 · 신장 · 폐 등의 질환이 있는 사람으로서 근로에 의하여 병세가 악화될 우려가 있는 사람
⑤ 건강진단 결과 유기화합물 · 금속류 등의 유해물질에 중독된 사람

해설 산업안전보건법 시행규칙

제220조(질병자의 근로금지) ① 법 제138조제1항에 따라 사업주는 다음 각 호의 어느 하나에 해당하는 사람에 대해서는 근로를 금지해야 한다.

1. 전염될 우려가 있는 질병에 걸린 사람(전염을 예방하기 위한 조치를 한 경우는 제외)
2. 조현병, 마비성 치매에 걸린 사람
3. 심장 · 신장 · 폐 등의 질환이 있는 사람으로서 근로에 의하여 병세가 악화될 우려가 있는 사람
4. 제1호부터 제3호까지의 규정에 준하는 질병으로서 고용노동부장관이 정하는 질병에 걸린 사람

제221조(질병자 등의 근로 제한) ① 사업주는 법 제129조부터 제130조에 따른 건강진단 결과 유기화합물 · 금속류 등의 유해물질에 중독된 사람, 해당 유해물질에 중독될 우려가 있다고 의사가 인정하는 사람, 진폐의 소견이 있는 사람 또는 방사선에 피폭된 사람을 해당 유해물질 또는 방사선을 취급하거나 해당 유해물질의 분진 · 증기 또는 가스가 발산되는 업무 또는 해당 업무로 인하여 근로자의 건강을 악화시킬 우려가 있는 업무에 종사하도록 해서는 안 된다.

② 사업주는 다음 각 호의 어느 하나에 해당하는 질병이 있는 근로자를 고기압 업무에 종사하도록 해서는 안 된다.

1. 감압증이나 그 밖에 고기압에 의한 장해 또는 그 후유증
2. 결핵, 급성상기도감염, 진폐, 폐기종, 그 밖의 호흡기계의 질병
3. 빈혈증, 심장판막증, 관상동맥경화증, 고혈압증, 그 밖의 혈액 또는 순환기계의 질병
4. 정신신경증, 알코올중독, 신경통, 그 밖의 정신신경계의 질병
5. 메니에르씨병, 중이염, 그 밖의 이관(耳管)협착을 수반하는 귀 질환
6. 관절염, 류마티스, 그 밖의 운동기계의 질병
7. 천식, 비만증, 바세도우씨병, 그 밖에 알레르기성 · 내분비계 · 물질대사 또는 영양장해 등과 관련된 질병

 정답 14. ②

15. 건강관리카드교부대상 작업으로 옳지 않은 것은?

① 크롬산 · 중크롬산 또는 이들 염(같은 물질이 함유된 화합물의 중량 비율이 1퍼센트를 초과하는 제제를 포함한다)을 광석으로부터 추출하여 제조하거나 취급하는 업무－4년 이상 종사

② 니켈(니켈카보닐을 포함한다) 또는 그 화합물을 광석으로부터 추출하여 제조하거나 취급하는 업무－5년 이상 종사

③ 카드뮴 또는 그 화합물을 광석으로부터 추출하여제조하거나 취급하는 업무－6년 이상 종사

④ 벤젠을 제조하거나 사용하는 석유화학설비를 유지 · 보수하는 업무－6년 이상 종사

⑤ 제철용 코크스 또는 제철용 가스발생로를 제조하는 업무(코크스로 또는 가스발생로 상부에서의 업무 또는 코크스로에 접근하여 하는 업무만 해당한다)－6년 이상 종사

해설 산업안전보건법 시행규칙 별표 25(건강관리카드의 발급 대상)

건강장해가 발생할 우려가 있는 업무	대상 요건
가. 석면 또는 석면방직제품을 제조하는 업무	3개월 이상 종사한 사람
나. 다음의 어느 하나에 해당하는 업무 1) 석면함유제품(석면방직제품 제외)을 제조하는 업무 2) 석면함유제품(석면이 1퍼센트를 초과하여 함유된 제품만 해당)을 절단하는 등 석면을 가공하는 업무 3) 설비 또는 건축물에 분무된 석면(석면이 1퍼센트를 초과하여 함유된 제품만 해당)을 해체 · 제거 또는 보수하는 업무 4) 석면이 1퍼센트 초과하여 함유된 보온재 또는 내화피복제(耐火被覆劑)를 해체 · 제거 또는 보수하는 업무	1년 이상 종사한 사람
다. 설비 또는 건축물에 포함된 석면시멘트, 석면마찰제품 또는 석면개스킷제품 등 석면함유제품을 해체 · 제거 또는 보수하는 업무	10년 이상 종사한 사람
크롬산 · 중크롬산 또는 이들 염(같은 물질이 함유된 화합물의 중량 비율이 1퍼센트를 초과하는 제제 포함)을 광석으로부터 추출하여 제조하거나 취급하는 업무	4년 이상 종사한 사람
니켈(니켈카보닐을 포함) 또는 그 화합물을 광석으로부터 추출하여 제조하거나 취급하는 업무	5년 이상 종사한 사람
카드뮴 또는 그 화합물을 광석으로부터 추출하여 제조하거나 취급하는 업무	5년 이상 종사한 사람
가. 벤젠을 제조하거나 사용하는 업무(석유화학 업종만 해당) 나. 벤젠을 제조하거나 사용하는 석유화학설비를 유지 · 보수하는 업무	6년 이상 종사한 사람
제철용 코크스 또는 제철용 가스발생로를 제조하는 업무(코크스로 또는 가스발생로 상부에서의 업무 또는 코크스로에 접근하여 하는 업무만 해당)	6년 이상 종사한 사람

정답 15. ③

16. 다음은 물질안전보건자료(MSDS) 교육시기이다. 옳지 않은 것을 고르시오.

① 새로운 대상 화학물질 취급 작업에 종사시키고자 하는 경우
② 신규로 채용하여 대상 화학물질 취급 작업에 종사시키고자 하는 경우
③ 작업을 전환하여 대상 화학물질에 노출될 수 있는 작업에 종사시키고자 하는 경우
④ 사용 중인 대상 화학물질이 소진되었을 경우
⑤ 대상 화학물질을 운반 또는 저장시키고자 하는 경우

해설 MSDS 교육시기
가. 새로운 대상 화학물질 취급 작업에 종사시키고자 하는 경우
나. 신규로 채용하여 대상 화학물질 취급 작업에 종사시키고자 하는 경우
다. 작업을 전환하여 대상 화학물질에 노출될 수 있는 작업에 종사시키고자 하는 경우
라. 대상 화학물질을 운반 또는 저장시키고자 하는 경우

17. 작업장 공기 중 사염화탄소 농도가 0.2%인 곳에서 근로자가 착용한 정화통의 흡수능력이 0.5%에 대하여 100분이라 할때 방독마스크 정화통의 유효시간은 얼마인가?

① 250분 ② 300분
③ 350분 ④ 400분
⑤ 450분

해설 정화통의 유효시간

$$= \frac{\text{표준유효시간} \times \text{시험가스농도}}{\text{사용한 환기중의 유효가스농도}} = \frac{100 \times 0.5}{0.2} = 250\text{분}$$

18. 사업주는 “산업안전보건법 제129조부터 제131조까지의 규정에 따라 실시된 건강진단 또는 다른 법령에 따른 건강진단의 결과 근로자의 건강을 유지하기 위하여 필요하다고 인정할 때에는 작업장소 변경, 작업 전환, 근로시간 단축, 야간근로의 제한, (　　) 또는 시설 · 설비의 설치 · 개선 등 고용노동부령으로 정하는 바에 따라 적절한 조치를 하여야 한다.” (　　) 안에 들어갈 내용은?

① 건강진단 ② 작업환경측정
③ 산업재해 ④ 역학조사
⑤ 안전진단

해설 산업안전보건법 제132조(건강진단에 관한 사업주의 의무) ④ 사업주는 제129조부터 제131조까지의 규정 또는 다른 법령에 따른 건강진단의 결과 근로자의 건강을 유지하기 위하여 필요하다고 인정할 때에는 작업장소 변경, 작업 전환, 근로시간 단축, 야간근로(오후 10시부터 다음 날 오전 6시까지 사이의 근로를 말한다)의 제한, 작업환경측정 또는 시설 · 설비의 설치 · 개선 등 고용노동부령으로 정하는 바에 따라 적절한 조치를 하여야 한다.

정답 16. ④ 17. ① 18. ②

19. 작업환경측정 대상 작업장이 된 경우에는 그 날부터 ( )일 이내에 작업환경측정을 하고, 그 후 ( )에 1회 이상 정기적으로 작업환경을 측정하여야 한다. ( ) 안에 들어갈 내용은?

① 30, 반기　② 30, 사분기
③ 45, 반기　④ 60, 반기
⑤ 90, 9개월

해설 산업안전보건법 시행규칙 제190조(작업환경측정 주기 및 횟수)
사업주는 작업장 또는 작업공정이 신규로 가동되거나 변경되는 등으로 작업환경측정 대상 작업장이 된 경우에는 그 날부터 (30)일 이내에 작업환경측정을 하고, 그 후 (반기(半期))에 1회 이상 정기적으로 작업환경을 측정해야 한다.

20. 다음 중 산업위생의 정의에 있어 중요 4가지 활동요소에 해당하지 않는 것은?

① 예측　② 인지
③ 제시　④ 관리
⑤ 평가

해설 산업위생의 정의
근로자나 일반 대중에게 질병, 건강장애와 안녕방해, 심각한 불쾌감 및 능률저하 등을 초래하는 작업환경요인과 스트레스를 예측(Anticipation), 인지(측정, Recognition), 평가(Evaluation)하고 관리(Control)하는 과학과 기술(Art)

21. 다음 중 재해의 원인에서 불안전한 행동에 해당하는 것은?

① 보호구 미착용　② 방호장치 미설치
③ 시끄러운 주위 환경　④ 경고 및 위험표지 미설치
⑤ 생산공정의 결함

해설 산업재해 직접 발생 원인
- 불안전한 행동(인적 요인)
  ① 보호구 미착용 및 부적정 착용　② 위험장소 접근
  ③ 기계, 기구의 부적정 사용　④ 위험물 취급 부주의
  ⑤ 불안전한 작업자세
- 불안전한 상태(물적요인)
  ① 방호장치 미설치 및 고장　② 작업환경 부적정(고소음 환경)
  ③ 경고 및 지시표지 미부착　④ 생산공정의 결함

정답 19. ①　20. ③　21. ①

22. 다음 중 산업안전보건법에 따라 제조, 수입, 양도, 제공 또는 사용이 금지되는 유해물질에 해당되지 않는 것은?

① 청석면 및 갈석면
② 베릴륨
③ 황린 성냥
④ 폴리클로리네이티드터페닐(PCT)
⑤ 벤젠을 함유한 고무풀

해설 제조 등이 금지되는 유해물질(산업안전보건법 시행령 제87조)

1. β-나프틸아민[91-59-8]과 그 염(β-Naphthylamine and its salts)
2. 4-니트로디페닐[92-93-3]과 그 염(4-Nitrodiphenyl and its salts)
3. 백연[1319-46-6]을 함유한 페인트(함유된 중량의 비율이 2퍼센트 이하인 것은 제외한다)
4. 벤젠[71-43-2]을 함유하는 고무풀(함유된 중량의 비율이 5퍼센트 이하인 것은 제외한다)
5. 석면(Asbestos; 1332-21-4 등)
6. 폴리클로리네이티드 터페닐(Polychlorinated terphenyls; 61788-33-8 등)
7. 황린(黃燐)[12185-10-3] 성냥(Yellow phosphorus match)
8. 제1호, 제2호, 제5호 또는 제6호에 해당하는 물질을 함유한 혼합물(함유된 중량의 비율이 1퍼센트 이하인 것은 제외한다)
9. 「화학물질관리법」 제2조제5호에 따른 금지물질(같은 법 제3조제1항제1호부터 제12호까지의 규정에 해당하는 화학물질은 제외한다)
10. 그 밖에 보건상 해로운 물질로서 산업재해보상보험및예방심의위원회의 심의를 거쳐 고용노동부장관이 정하는 유해물질

23. 다음 중 근육이 운동을 시작했을 때 에너지를 공급받는 순서가 올바르게 나열된 것은?

① 아데노신삼인산(ATP) → 크레아틴인산(CP) → 글리코겐
② 크레아틴인산(CP) → 글리코겐 → 아데노신삼인산(ATP)
③ 글리코겐 → 아데노신삼인산(ATP) → 크레아틴인산(CP)
④ 아데노신삼인산(ATP) → 글리코겐 → 크레아틴인산(CP)
⑤ 포도당 → 아데노신삼인산 → 크레아틴인산

해설 혐기성 대사 순서(시간대별)

ATP(아데노신삼인산) → CP(크레아틴인산) → Glycogen(글리코겐) or Glucose(포도당)

24. 다음 중 사망 또는 영구전노동불능일 때 근로손실일수는 며칠로 산정하는가?(단, 산정기준은 국제노동기구의 기준을 따른다.)

① 3,000일
② 4,000일
③ 5,000일
④ 7,500일
⑤ 1,500일

 정답 22. ② 23. ① 24. ④

해설 근로손실일수

① 사망 및 영구 전노동 불능(장애등급 1~3급) : 7,500일

② 영구 일부노동 불능(4~14등급)

등급	4	5	6	7	8	9	10
일수	5,500	4,000	3,000	2,200	1,500	1,000	600

25. 다음 중 물질안전보건자료(MSDS)의 작성원칙에 관한 설명으로 틀린 것은?

① MSDS의 작성단위는 「계량에 관한 법률」이 정하는 바에 의한다.

② MSDS는 한글로 작성하는 것을 원칙으로 하되 화학물질명, 외국기관명 등의 고유명사는 영어로 표기할 수 있다.

③ 각 작성항목은 빠짐없이 작성하여야 하며, 부득이 어느 항목에 대해 관련 정보를 얻을 수 없는 경우에는 공란으로 둔다.

④ 외국어로 되어있는 MSDS를 번역하는 경우에는 자료의 신뢰성이 확보될 수 있도록 최초 작성기관명 및 시기를 함께 기재하여야 한다.

⑤ 화학제품과 회사에 관한 정보, 구성성분의 명칭 및 함유량을 기재한다.

해설 화학물질의 분류 · 표시 및 물질안전보건자료에 관한 기준[고용노동부 고시]

① 물질안전보건자료는 한글로 작성하는 것을 원칙으로 하되 화학물질명, 외국기관명 등의 고유명사는 영어로 표기할 수 있다.

② 외국어로 되어있는 물질안전보건자료를 번역하는 경우에는 자료의 신뢰성이 확보될 수 있도록 최초 작성기관명 및 시기를 함께 기재하여야 하며, 다른 형태의 관련 자료를 활용 하여 물질안전보건자료를 작성하는 경우에는 참고문헌의 출처를 기재하여야 한다.

③ 물질안전보건자료의 작성단위는 「계량에 관한 법률」이 정하는 바에 의한다.

④ 각 작성항목은 빠짐없이 작성하여야 한다. 다만, 부득이 어느 항목에 대해 관련 정보를 얻을 수 없는 경우에는 작성란에 "자료 없음"이라고 기재하고, 적용이 불가능하거나 대상이 되지 않는 경우에는 작성란에 "해당 없음"이라고 기재한다.

26. 다음 중 산업피로에 관한 설명으로 틀린 것은?

① 피로는 비가역적 생체의 변화로 건강장해의 일종이다.

② 정신적 피로와 육체적 피로는 보통 구별하기 어렵다.

③ 국소피로와 전신피로는 피로현상이 나타난 부위가 어느 정도인가를 상대적으로 표현한 것이다.

④ 곤비는 피로의 축적상태로 단기간에 회복될 수 없다.

⑤ 피로는 스트레스를 일으키는 원인이 될 수 있다.

정답 25. ③ 26. ①

해설 피로(산업피로)의 정의
고단하다는 주관적인 느낌이 있으면서 작업능률이 떨어지고 생체기능의 변화를 가져오는 현상(가역적 생체의 변화)

27. 다음 중 물체의 무게가 8kg 이고, 권장무게한계가 10kg 일 때 중량물 취급지수(Lifting Index)는 얼마인가?

① 0.4
② 0.8
③ 1.25
④ 1.5
⑤ 1.8

해설 NIOSH 중량물 취급지수(Lifting Index)

$$LI = \frac{\text{물체무게(kg)}}{\text{RWL(kg)}} = \frac{8\text{kg}}{10\text{kg}} = 0.8$$

28. A 유해물질의 노출기준은 100ppm이다. 잔업으로 인하여 작업시간이 8시간에서 10시간으로 늘었다면 이 기준치는 몇 ppm으로 보정해 주어야 하는가?(단, Brief와 Scala의 보정방법을 적용한다.)

① 60
② 70
③ 80
④ 90
⑤ 100

해설 Brief와 Scala의 보정방법
노출기준 보정계수(RF)

$$TLV \text{ 보정계수} = \frac{8}{H} \times \frac{24-H}{16}$$

$$= \frac{8}{10} \times \frac{24-10}{16} = 0.7$$

H : 비정상적인 작업시간(노출시간/일)
보정 노출기준 = RF×8시간 노출기준
= 0.7×100ppm = 70ppm

29. 우리나라의 규정상 하루에 25kg 이상의 물체를 몇 회 이상 드는 작업일 경우 근골격계 부담작업으로 분류하는가?

① 2회
② 5회
③ 10회
④ 25회
⑤ 30회

 정답 27. ② 28. ② 29. ③

해설 근골격계 부담작업의 범위(고용노동부 고시)
근골격계 부담작업 제8호
하루에 10회 이상 25kg 이상의 물체를 드는 작업

30. 다음 중 산업안전보건법상 중대재해에 해당하지 않는 것은?
① 사망자가 1명 이상 발생한 재해
② 부상자가 동시에 5명 발생한 재해
③ 직업성 질병자가 동시에 12명 발생한 재해
④ 3개월 이상의 요양을 요하는 부상자가 동시에 3명이 발생한 재해
⑤ 부상자가 동시에 11명 발생한 재해

해설 중대재해
① 사망자가 1명 이상 발생한 재해
② 3월 이상의 요양이 필요한 부상자가 동시에 2명 이상 발생 재해
③ 부상 또는 직업성 질병자가 동시에 10명 이상 발생 재해

31. 다음 중 직업성 질환에 관한 설명으로 틀린 것은?
① 직업성 질환과 일반 질환은 그 한계가 뚜렷하다.
② 직업성 질환이란 어떤 직업에 종사함으로써 발생하는 업무상 질병이다.
③ 직업성 질환은 재해성 질환과 직업병으로 나눌 수 있다.
④ 직업병은 저농도 또는 저수준의 상태로 장시간 걸쳐 반복노출로 생긴 질병을 말한다.
⑤ 직업과의 인과관계를 명확하게 규명하기 힘들다.

해설 직업성 질환의 특성
① 열악한 작업환경 및 유해인자에 장기간 노출된 후에 발생
② 폭로 시작과 첫 증상이 나타나기까지 장시간이 걸려 직업과의 인과관계를 명확하게 규명하기 어렵다.
③ 질병유발 물질에는 인체에 대한 영향이 확인되지 않은 새로운 물질들이 많다.
④ 임상적 또는 병리적 소견이 일반질병과 구별하기가 어렵다.
⑤ 많은 직업성 요인이 비직업성 요인에 상승작용을 일으킨다.

정답 30. ② 31. ①

32. 젊은 근로자에 있어서 약한 쪽 손의 힘은 평균 45kg이라고 한다. 이러한 근로자가 무게 8kg인 상자를 양손으로 들어올릴 경우 작업강도(%MS)는 약 얼마인가?

① 17.8%　　② 8.9%
③ 4.4%　　④ 2.3%
⑤ 1.8%

해설 국소피로 작업강도 및 적정 작업시간
작업강도 : 근로자가 가지고 있는 최대힘에 대한 작업이 요구하는 힘의 비율(%)

$$\%MS = \frac{\text{Required force}}{\text{Maximum strength}} \times 100$$
$$= \frac{4\text{kg}}{45\text{kg}} \times 100 = 8.9\%$$

33. 국소피로의 평가방법에 있어 EMG를 이용한 결과에서 피로한 근육에 나타나는 현상으로 틀린 것은?

① 저주파수(0~40Hz) 영역에서 힘(전압)의 증가
② 고주파수(40~200Hz) 영역에서 힘(전압)의 감소
③ 평균 주파수 영역에서 힘(전압)의 감소
④ 총전압의 감소
⑤ 총전압의 증가

해설 국소피로 평가 방법
피로한 근육에서 측정된 EMG(근전도, electromyogram)와 정상근육에서 측정된 EMG 비교
① 저주파수(0~40Hz) 힘의 증가
② 고주파수(40~200Hz) 힘의 감소
③ 평균 주파수의 감소
④ 총 전압의 증가

34. 산업안전보건법에 따라 지정된 석면해체 · 제거업자로 하여금 그 석면을 해체 · 제거하도록 하여야 하는데 다음 중 석면해체 · 제거 대상에 해당하는 것은?

① 석면이 0.1wt%를 초과하여 함유된 분무재 또는 내화 피복재를 사용한 경우
② 석면이 0.5wt%를 초과하여 함유된 단열재, 보온재에 해당하는 자재의 면적의 합이 $5m^2$ 이상인 경우
③ 파이프에 사용된 보온재에서 석면이 0.5wt%를 초과하여 함유되어 있고, 그 보온재 길이의 합이 50m 이상인 경우
④ 철거 · 해체하려는 벽체재로, 바닥재, 천장재 및 지붕재 등의 자재에 석면이 1wt%를 초과하여 함유되어 있고 그 자재의 면적의 합이 $50m^2$ 이상인 경우
⑤ 석면이 0.1% 함유된 파이프보온재 길이의 합이 90m 이상

 정답 32. ② 33. ④ 34. ④

해설 석면해체제거업자를 통한 석면해체·제거 대상
① 석면이 1% 초과 함유된 벽체재료, 바닥재, 천장재, 지붕재 등 면적의 합이 $50m^2$ 이상
② 석면이 1% 초과 함유된 분무재, 내화피복재
③ 석면이 1% 초과 함유된 단열재, 보온재, 가스켓, 패킹재, 실링재, 그 밖의 유사용도로 사용되는 자재의 면적의 합이 $15m^2$ 또는 부피의 합이 $1m^3$ 이상
④ 석면이 1% 초과 함유된 파이프보온재 길이의 합이 80m 이상

35. 다음 중 호기성 산화를 촉진시켜 근육의 열량공급을 원활히 해주는 비타민군은?
① A
② B
③ C
④ E
⑤ D

해설 비타민 B1
① 각기병, 신경염
② 근육운동(노동)시 섭취 필요
③ 작업강도가 높은 근로자의 근육에 호기적 산화 보조 영양소

36. 다음 중 산소부채에 관한 설명으로 틀린 것은?
① 작업대사량의 증가와 관계없이 산소소비량은 계속 증가한다.
② 산소부채 현상은 작업이 시작되면서 발생한다.
③ 작업이 끝난 후에는 산소부채의 보상현상이 발생한다.
④ 작업강도에 따라 필요한 산소요구량과 산소공급량의 차이에 의하여 산소부채현상이 발생한다.
⑤ 작업이 끝난 후에 맥박과 호흡수가 서서히 감소한다.

해설 전신피로의 생리학적 원인
• 산소 공급 부족
산소 소비량은 서서히 증가하다가 작업 강도에 따라 일정한 양에 도달하고 작업이 끝난 후 서서히 감소하는데, 작업이 끝난 후에도 산소가 소비된 것은 작업을 시작할 때 발생한 '산소부채(Oxygen Debt)'를 갚기 위한 것으로 그림에서 ①은 산소부채, ②는 산소부채 보상 구간을 나타낸다.
- 작업부하 수준이 최대 산소소비량 수준보다 높아지게 되면 젖산의 제거속도가 생성속도에 못미치는 현상 발생
- 작업이 끝난 후에도 산소가 소비된 것은 작업이 끝난 후에 남아있는 젖산을 제거하기 위한 산소가 필요하며 이 때 동원되는 산소소비량이 산소부채
- 작업이 끝난 후에도 맥박과 호흡수가 작업개시 수준으로 즉시 돌아오지 않고 서서히 감소

정답 35. ② 36. ①

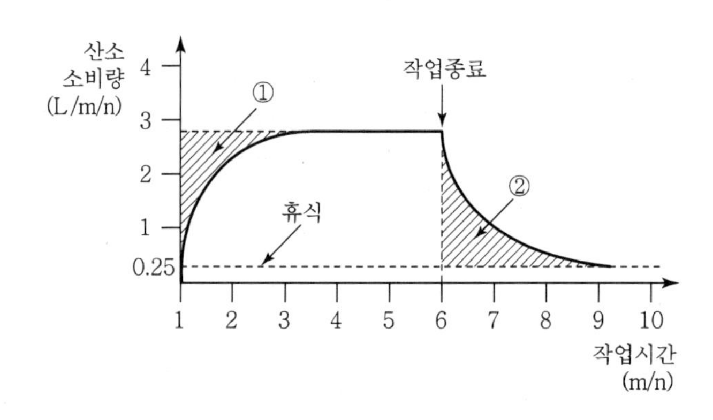

37. 어떤 물질에 대한 작업환경을 측정한 결과 다음과 같이 농도 결과값을 얻었다. 환산된 TWA 는 약 얼마인가?

농도(ppm)	50	100	250	300
발생시간(분)	120	240	60	60

① 131ppm ② 198ppm
③ 220ppm ④ 256ppm
⑤ 280ppm

해설 $TWA = \dfrac{C_1 \times t_1 + C_2 \times t_2 + \cdots + C_n \times t_n}{t_1 + t_2 + \cdots + t_n}$

$= \dfrac{50 \times 120 + 100 \times 240 + 250 \times 60 + 300 \times 60}{120 + 240 + 60 + 60}$

$= 131.2 ≒ 131\text{ppm}$

38. 다음 중 정상작업역에 대한 설명으로 옳은 것은?

① 두 다리를 뻗어 닿는 범위이다.
② 손목이 닿을 수 있는 범위이다.
③ 전박과 손으로 조작할 수 있는 범위이다.
④ 상지와 하지를 곧게 뻗어 닿는 범위이다.
⑤ 어깨와 팔꿈치를 자연스럽게 조작할 수 있는 범위이다.

해설 ① 정상 작업영역(Normal area) : 위팔을 자연스럽게 수직으로 늘어뜨린 채, 아래팔만으로 편하게 뻗어 파악할 수 있는 구역(34~45cm)
② 최대 작업영역(Maximum area) : 위팔과 아래팔을 곧게 뻗어 닿는 영역, 상지를 뻗어서 닿는 범위(55~65cm)

 정답 37. ① 38. ③

39. 다음 중 교대작업에서 작업주기 및 작업순환에 대한 설명으로 틀린 것은?

① 교대 근무시간 : 근로자의 수면을 방해하지 않아야 하며, 아침 교대시간은 아침 7시 이후에 하는 것이 바람직하다.

② 교대근무 순환시기 : 주간 근무조 → 저녁근무조 → 야간근무조로 순환하는 것이 좋다.

③ 근무조 변경 : 근무시간 종료 후 다음 근무시작 시간까지 최소 10시간 이상의 휴식시간이 있어야 하며, 특히 야간 근무조 후에는 12~24시간 정도의 휴식이 있어야 한다.

④ 작업배치 : 상대적으로 가벼운 작업을 야간 근무조에 배치하고 업무 내용을 탄력적으로 조정한다.

⑤ 야간근무시 가면시간은 1시간 반 이상은 부여한다.

해설 교대제 관리원칙

① 야근의 주기를 4~5일, 연속은 2~3일로 하고 각 반의 근무시간은 8시간으로 한다.
② 교대방식은 역교대 보다는 정교대(낮근무 → 저녁근무 → 밤근무)
③ 야간 근무 종료 후 휴식은 48시간 이상 부여
④ 2교대면 3조, 3교대면 4조 운영
⑤ 야간근무시 가면시간은 1시간 반 이상은 부여.(2~4시간)
⑥ 야근 교대시간은 상오 0시가 좋고 부녀자의 2교대 야근 교대시간은 전반 상오 5~6시, 후반 10시 이후(교대시간은 되도록 심야에 하지 않는다.)
⑦ 일반적으로 오전 근무의 개시 시간은 오전 9시로 한다.
⑧ 보통 근로자가 3kg의 체중감소가 있을 때는 정밀 검사 권장 야근은 가면을 하더라도 10시간 이내가 좋으며 근무시간 간격은 15~16시간 이상

40. 다음 중 화학적 원인에 의한 직업상 질환으로 볼 수 없는 것은?

① 수전증
② 치아산식증
③ 시신경장해
④ 정맥류
⑤ 화학물질 중독

해설 정맥류

정맥의 압박·폐쇄 등으로 정맥의 혈류가 저해된 경우에 정맥 내강(內腔)의 일부가 비정상으로 확장되는 질환으로 대표적으로 서서 일하는 사람의 하퇴에 발생하는 하지정맥류가 있음

41. 다음 중 산업재해 보상에 관한 설명으로 틀린 것은?

① "업무상 재해"란 업무상의 사유에 따른 근로자의 부상·질병·장해 또는 사망을 말한다.

② "유족"이란 사망한 자의 손자녀·조부모 또는 형제·자매를 제외한 가족의 기본구성인 배우자·자녀·부모를 말한다.

③ "치유"란 부상 또는 질병이 완치되거나 치료의 효과를 더 이상 기대할 수 없고 그 증상이 고정된 상태에 이르게 된 것을 말한다.

정답 39. ③ 40. ④ 41. ②

④ "장해"란 부상 또는 질병이 치유되었으나 정신적 또는 육체적 훼손으로 인하여 노동능력이 상실되거나 감소된 상태를 말한다.
⑤ "폐질"이란 업무상의 부상 또는 질병에 따른 정신적 또는 육체적 훼손으로 노동능력이 상실되거나 감소된 상태로서 그 부상 또는 질병이 치유되지 아니한 상태를 말한다.

해설 산업재해보상보험법에서는 유족을 배우자(사실혼 관계에 있는 자 포함) · 자녀 · 부모 · 손 · 조부모 · 형제자매로 규정

42. 사무실 공기관리 지침에서 지정하는 오염물질에 대한 시료채취 방법이 잘못 연결된 것은?

① 오존 – 멤브레인 필터를 이용한 채취
② 일산화탄소 – 전기화학 검출기에 의한 채취
③ 이산화탄소 – 비분산적외선 검출기에 의한 채취
④ 총부유세균 – 여과법을 이용한 부유세균채취기로 채취
⑤ 미세먼지 – PM10 샘플러를 장착한 고용량 시료채취기

해설

오염물질	시료채취방법
미세먼지	PM10 샘플러(Sampler)를 장착한 고용량 시료채취기에 의한 채취
이산화탄소	비분산적외선검출기에 의한 채취
일산화탄소	비분산적외선검출기 또는 전기화학검출기에 의한 채취
포름 알데히드	2,4 – DNPH (2,4 – Dinitrophenylhydrazine)가 코팅된 실리카겔관(Silicagel Tube)이 장착된시료 채취기
총 휘발성 유기화합물	고체흡착관 또는 캐니스터(Canister) 채취
총 부유세균	충돌법, 세정법 또는 여과법을 이용한 부유세균채취기(Bio Air Sampler)로 채취
이산화질소	고체흡착관에 의한 시료채취
오존	유리섬유 여과지를 이용한 여과포집기
석면	멤브레인 필터(Membrane Filter) 채취

43. 신발 제조업에서 보건관리자를 1명 이상을 반드시 두어야 하는 사업장의 규모는 상시근로자가 몇 명 이상이어야 하는가?

① 30 ② 50
③ 100 ④ 300
⑤ 500

해설 보건관리자를 두어야 하는 사업종류 및 보건관리자 수

업종	근로자 수	보건관리자 수
광업 섬유제품 염색, 가공업 모피가공 및 제조 신발 및 신발부분품 제조	2,000 이상	2명(의사 또는 간호사 포함)
	500~2,000	2명
	50~500	1명
제조업(일반)	3,000 이상	2명(의사 또는 간호사 포함)
	1,000~3,000	2명
	50~1,000	1명

44. 다음 중 영상단말기(Visual Display Terminal) 증후군을 예방하기 위한 방안으로 적절하지 않은 것은?

① 팔꿈치의 내각은 90° 이상이 되도록 한다.
② 무릎의 내각은 120° 전후가 되도록 한다.
③ 화면상의 문자와 배경과의 휘도비를 낮춘다.
④ 디스플레이의 화면 상단이 눈높이 보다 약간 낮은 상태(약 10° 이하)가 되도록 한다.
⑤ 눈으로부터 화면까지의 거리는 40cm 이상 유지한다.

해설 VDT 작업자세 및 개선대책

① 위팔은 자연스럽게 늘어뜨리고 팔꿈치의 내각은 90~100°
② 눈으로부터 화면까지의 시거리는 40cm 이상 유지
③ 무릎의 내각은 90° 전후
④ 아래팔은 손등과 일직선을 유지하여 손목이 꺾이지 않도록 조치
⑤ 작업면에 도달하는 빛의 각도를 화면으로부터 45° 이내가 되도록 조명 및 채광 제한
⑥ 작업장 주변 환경의 조도를 화면의 바탕색상이 검정색 계통일 때 300~500lux(바탕색이 검은색), 500~700lux(바탕색이 흰색)
⑦ 작업실내의 온도 18~24℃, 습도 40~70% 유지
⑧ 작업자의 시선은 수평선상으로부터 아래로 10~15° 이내
⑨ 발의 위치는 발바닥 전면이 바닥면에 닿도록 한다.
⑩ 서류받침대는 화면과 같은 높이로 맞추어 작업한다.

45. 다음 중 산업안전보건법상 "적정공기"의 정의로 옳은 것은?

① 산소농도의 범위가 16% 이상 21.5% 미만, 탄산가스의 농도가 1.0% 미만, 황화수소의 농도가 10ppm 미만인 수준의 공기를 말한다.
② 산소농도의 범위가 16% 이상 21.5% 미만, 탄산가스의 농도가 1.0% 미만, 황화수소의 농도가 15ppm 미만인 수준의 공기를 말한다.

정답 44. ② 45. ⑤

③ 산소농도의 범위가 18% 이상 21.5% 미만, 탄산가스의 농도가 15% 미만, 황화수소의 농도가 1.0ppm 미만인 수준의 공기를 말한다.
④ 산소농도의 범위가 16% 이상 23.5% 미만, 탄산가스의 농도가 1.0% 미만, 황화수소의 농도가 1.5ppm 미만인 수준의 공기를 말한다.
⑤ 산소농도의 범위가 18% 이상 23.5% 미만, 탄산가스의 농도가 1.5% 미만, 황화수소의 농도가 10ppm 미만인 수준의 공기를 말한다.

해설 "적정공기"란 산소농도의 범위가 18% 이상 23.5% 미만, 탄산가스의 농도가 1.5% 미만, 황화수소의 농도가 10ppm 미만인 수준의 공기

46. 한 근로자가 트리클로로에틸렌(TLV 50ppm)이 담긴 탈지탱크에서 금속가공 제품의 표면에 존재하는 절삭유 등의 기름 성분을 제거하기 위해 탈지 작업을 수행하였다. 또 이 과정을 마치고 포장단계에서 표면 세척을 위해 아세톤(TLV 500ppm)을 사용하였다. 이 근로자의 작업환경 측정 결과는 트리클로로에틸렌이 45ppm, 아세톤이 100ppm이었을 때 노출지수와 노출기준에 관한 설명으로 옳은 것은?(단, 두 물질은 상가작용을 한다.)
① 노출지수는 1.1이며, 노출기준을 초과하고 있다.
② 노출지수는 6.1이며, 노출기준을 초과하고 있다.
③ 노출지수는 0.9이며, 노출기준 미만이다.
④ 노출지수는 0.9이며, 노출기준 초과이다.
⑤ 노출지수는 1.1이며, 노출기준 미만이다.

해설 노출지수(EI ; Exposure Index) : 공기 중 혼합물질
① 2가지 이상의 독성이 유사한 유해화학 물질이 공기 중에 공존할 때 유해성의 상가작용을 나타낸다고 가정하고 다음 식의 계산된 노출지수에 의하여 결정
② 노출지수는 1을 초과하면 노출기준을 초과한다고 평가

$$노출지수(EI) = \frac{C_1}{TLV_1} + \cdots + \frac{C_n}{TLV_n}$$
$$= \frac{45}{50} + \frac{100}{500} = 1.1$$

47. 다음 중 피로의 예방대책으로 적절하지 않은 것은?
① 충분한 수면을 취한다.
② 작업환경을 정리, 정돈한다.
③ 정적인 자세를 유지하는 작업을 동적인 작업으로 전환하도록 한다.
④ 피로한 후 여러번 나누어 휴식하는 것보다 장시간의 휴식을 취한다.
⑤ 소음, 유해가스, 불량한 조명상태는 작업피로를 가중시키므로 개선한다.

 정답 46. ① 47. ④

해설 산업피로 예방 대책

① 너무 정적인 작업은 피로를 더하므로 가능하면 동적인 작업으로 전환하도록 한다.
② 유해한 작업환경(소음, 분진, 유해가스, 조명불량 등)은 작업피로를 가중시키므로 개선한다.
③ 개인의 숙련도에 따라 작업속도와 작업량을 조절한다.(작업의 숙련도를 높인다.)
④ 작업과정에 적절한 간격(되도록 짧은간격)으로 휴식시간을 두고 충분한 영양을 취한다.
⑤ 불필요한 동작을 피하고 에너지 소모를 적게한다.
⑥ 만성적인 피로를 없애기 위해서는 개인적으로 지나치지 않을 정도로 충분한 수면을 취한다.
⑦ 피로한 후 장시간 한 번 휴식하는 것보다 단시간의 휴식을 여러 번 부여한다.
⑧ 커피, 홍차, 엽차 및 비타민 B1은 피로회복에 도움을 준다.
⑨ 힘든 노동은 가급적 기계화·자동화하여 육체적 부담을 줄인다.
⑩ 적절한 신체적·정신적 건강유지를 위한 건강증진 프로그램을 개발한다.

48. 근로자의 작업에 대한 적성검사 방법 중 심리학적 적성검사에 해당하지 않는 것은?

① 감각기능검사 ② 지능검사
③ 지각동작검사 ④ 인성검사
⑤ 기능검사

해설

신체검사	검사항목
생리적 기능검사	감각기능검사, 심폐기능검사, 체력검사
심리학적 기능검사	지능검사, 지각동작검사, 기능검사, 인성검사

49. 직업병의 발생요인 중 직접요인은 크게 환경요인과 작업요인으로 구분되는데 다음 중 환경요인으로 볼 수 없는 것은?

① 진동현상 ② 대기조건의 변화
③ 격렬한 근육운동 ④ 화학물질의 취급 또는 발생
⑤ 분진, 가스의 발생

해설 격렬한 근육운동 – 근골격계질환 작업요인

50. 직업병의 예방대책 중 발생원에 대한 대책으로 볼 수 없는 것은?

① 대치 ② 격리
③ 공정의 재설계 ④ 정리정돈 및 청결유지
⑤ 밀폐

정답 48. ① 49. ③ 50. ⑤

해설 직업병 예방대책

① 발생원 방지대책(대치, 격리, 공정 재설계)
② 작업환경관리대책(정리정돈 및 청결유지)

51. 다음 중 사고예방대책의 기본원리가 다음과 같을 때 각 단계를 순서대로 올바르게 나열한 것은?

ㄱ. 분석평가	ㄴ. 시정책의 적용
ㄷ. 안전관리 조직	ㄹ. 시정책의 선정
ㅁ. 사실의 발견	

① ㄷ → ㅁ → ㄱ → ㄹ → ㄴ
② ㄷ → ㅁ → ㄹ → ㄴ → ㄱ
③ ㅁ → ㄷ → ㄹ → ㄴ → ㄱ
④ ㅁ → ㄹ → ㄷ → ㄴ → ㄱ
⑤ ㄷ → ㄴ → ㄱ → ㄹ → ㅁ

해설 사고예방대책의 기본 원리 5단계(하인리히)

1단계 : 조직(안전관리조직)
2단계 : 사실의 발견(현상파악)
3단계 : 분석 · 평가(원인규명)
4단계 : 시정방법 선정
5단계 : 시정방법의 적용

52. 육체적 작업능력(PWC)이 15kcal/min인 어느 근로자가 1일 8시간 동안 물체를 운반하고 있다. 작업대사량(E_{task})이 6.5kcal/min, 휴식시의 대사량(E_{rest})이 1.5kcal/mi일 때 매 시간당 휴식시간과 작업시간의 배분으로 가장 적절한 것은?(단, Hertig의 공식을 이용한다.)

① 12분 휴식, 48분 작업
② 18분 휴식, 42분 작업
③ 24분 휴식, 36분 작업
④ 30분 휴식, 30분 작업
⑤ 32분 휴식, 28분 작업

해설 적정휴식시간

$$T_{rest}(\%) = \frac{E_{\max} - E_{task}}{E_{rest} - E_{task}} \times 100$$

$$= \frac{15/3\text{kcal/min} - 6.5\text{kcal/min}}{1.5\text{kcal/min} - 6.5\text{kcal/min}} \times 100$$

$$= 30\%$$

$E_{\max}$: 1일 8시간 작업에 적합한 대사량(PWC/3)
E_{task} : 해당 작업의 대사량
E_{rest} : 휴식 중에 소모되는 대사량
60분 중 30% = 18분 휴식, 42분 작업

 정답 51. ① 52. ②

53. 다음 중 주로 여름과 초가을에 흔히 발생되고 강제기류 난방장치, 가습장치, 저수조 온수장치 등 공기를 순환시키는 장치들과 냉각탑 등에 기생하며 실내외로 확산되어 호흡기 질환을 유발시키는 세균은?

① 푸른곰팡이
② 나이세리아균
③ 바실러스균
④ 레지오넬라균
⑤ 식중독

해설 레지오넬라병

냉·온수나 냉각탑시설 등에서 자란 레지오넬라 박테리아에 의해 발생하는 급성 호흡기감염 질환. 레지오넬라균은 25~42℃의 따뜻한 물에서 잘 번식하므로 급수시설 등에서 발견되고, 수조나 샤워기·공기·물방울 등에 있는 레지오넬라균이 호흡기를 통해 인체로 들어와서 감염

54. 다음 중 근로자 건강진단실시 결과 건강관리구분에 따른 내용의 연결이 틀린 것은?

① R : 건강관리상 사후관리가 필요 없는 근로자
② C_1 : 직업성 질병으로 진전될 우려가 있어 추적검사 등 관찰이 필요한 근로자
③ C_2 : 일반질병 요관찰자
④ D_1 : 직업성 질병의 소견을 보여 사후관리가 필요한 근로자
⑤ D_2 : 일반 질병의 소견을 보여 사후관리가 필요한 근로자

해설 건강진단에 의한 건강관리 구분

① A : 정상자
② C_1 : 직업병 요관찰자
③ C_2 : 일반질병 요관찰자
④ D_1 : 직업병 유소견자(직업성 질병의 소견을 보여 사후관리가 필요한 자)
⑤ D_2 : 일반질병 유소견자
⑥ R : 질환 의심자

55. 다음 중 산업안전보건법령상 작업환경측정에 관한 내용으로 틀린 것은?

① 모든 측정은 개인시료채취방법으로만 실시하여야 한다.
② 작업환경측정을 실시하기 전에 예비조사를 실시하여야 한다.
③ 작업환경측정자는 그 사업장에 소속된 자로서 산업위생관리산업기사 이상의 자격을 가진 자를 말한다.
④ 작업이 정상적으로 이루어져 작업시간과 유해인자에 대한 근로자의 노출정도를 정확히 평가할 수 있을 때 실시하여야 한다.
⑤ 작업환경측정 대상작업장이 된 경우에는 30일 이내에 작업환경측정을 실시하고 그 후 6개월에 1회 이상 정기적으로 작업환경을 측정하여야 한다.

정답 53. ④ 54. ① 55. ①

해설 개인시료채취방법으로 하되, 개인시료채취방법이 곤란한 경우에는 지역시료채취방법으로 실시(이 경우 그 사유를 작업환경측정 결과표에 분명하게 밝혀야 한다)할 것

56. TLV-TWA가 설정되어 있는 유해물질 중에는 독성자료가 부족하여 TLV-STEL이 설정되어 있지 않은 물질이 많다. 이러한 물질에 대해서는 적절한 단시간 상한치를 설정하여야 하는데 다음 중 근로자 노출의 상한치와 노출시간의 연결이 옳은 것은?(단, ACGHI 권고기준이다.)

① TLV-TWA의 3배 : 15분 이하
② TLV-TWA의 3배 : 30분 이하
③ TLV-TWA의 3배 : 60분 이하
④ TLV-TWA의 5배 : 50분 이하
⑤ TLV-TWA의 5배 : 150분 이하

해설 ACGIH에서의 노출 상한선과 노출시간 권고사항
- TLV-TWA의 3배인 경우 → 노출시간 30분 이하
- TLV-TWA의 5배인 경우 → 잠시라도 노출되어서는 안 됨

57. 다음 중 턱뼈의 괴사를 유발하여 영국에서 사용 금지된 최초의 물질은 무엇인가?

① 벤젠(Benzene)
② 적린(Red Phosphorus)
③ 황린(Yellow Phosphorus)
④ 벤지딘(Bensidine)
⑤ 청석면(Crocidolite)

해설 영국 성냥공장에서 황린의 사용금지 : 영국에서 사용 금지된 최초의 물질

58. 다음 중 산업안전보건법령상 보건관리자의 자격에 해당하지 않는 사람은?

① 「의료법」에 따른 의사
② 「의료법」에 따른 간호사
③ 「국가기술자격법」에 따른 산업안전기사
④ 「산업안전보건법」에 따른 산업보건지도사
⑤ 「국가기술자격법」에 따른 대기환경관리기사

해설 보건관리자 자격
① 의료법에 따른 의사
② 의료법에 따른 간호사
③ 산업보건지도사
④ 산업위생관리기사 또는 대기환경관리기사(관리산업기사 포함)
⑤ 전문대학이상에서 산업보건 또는 산업위생관련 학과 졸업자
⑥ 전문대학이상에서 보건위생 관련학과를 졸업한 사람으로서 산업보건위생에 관한 학과목을 12학점 이상 수료한 자

정답 56. ② 57. ③ 58. ③

59. 온도 25℃, 1기압 하에서 분당 100ml씩 60분 동안 채취한 공기 중에서 벤젠이 5mg 검출되었다. 검출된 벤젠은 약 몇 ppm인가?(단, 벤젠의 분자량은 78이다.)

① 15.7 ② 26.1
③ 157 ④ 261
⑤ 357

해설 ppm과 mg/m^3간의 상호 농도변환

$$mg/m^3 = \frac{5mg}{100ml/min \times 60min} = \frac{5mg}{6{,}000ml}$$
$$= \frac{5mg}{6{,}000ml} \times \frac{1{,}000ml}{1l} \times \frac{1{,}000l}{1m^3}$$
$$= 833.33mg/m^3$$
$$ppm = mg/m^3 \times \frac{24.45(\text{상온 } 25℃,\ 1\text{기압})}{M.W}$$
$$= 833.33mg/m^3 \times \frac{24.45}{78}$$
$$= 261.21 ≒ 261ppm$$

60. 다음 중 직업성 피부질환에 대한 설명으로 틀린 것은?

① 대부분은 화학물질에 의한 접촉피부염이다.
② 정확한 발생빈도와 원인물질의 추정은 거의 불가능 하다.
③ 접촉피부염의 대부분은 알레르기에 의한 것이다.
④ 직업성 피부질환의 간접요인으로는 인종, 연령, 계절 등이 있다.
⑤ 산, 알칼리 등의 화학물질에 의한 피부염이 대부분이다.

해설 직업성 피부질환의 특징

① 대부분은 화학물질에 의한 접촉피부염
② 정확한 발생빈도와 원인물질의 추정은 거의 불가능
③ 접촉피부염의 대부분은 자극에 의한 원발성 피부염[원인 : 용제, 산, 알칼리]
④ 간접요인은 인종, 연령, 계절

61. 다음 중 근육과 뼈를 연결하는 섬유조직을 무엇이라 하는가?

① 뉴런(Neuron) ② 건(Tendon)
③ 인대(Ligament) ④ 관절(Joint)
⑤ 연골(Cartilage)

해설 건

힘줄이라고 하며, 근육을 뼈에 부착시키는 중개역을 하고 있는 결합조직인 섬유속(纖維束)으로, 그 굵기 · 길이 · 형태는 근육의 종류에 따라 다른데, 신경이 많이 분포되어 있어, 여기에 순간적인 강한 자극을 가하면 근육이 일시적으로 수축하는 건반사(腱反射)를 일으킨다.

정답 59. ④ 60. ③ 61. ②

62. A공장의 2011년도 총재해건수는 6건, 의사진단에 의한 총휴업일수는 900일 이었다. 이 공장의 도수율과 강도율은 각각 약 얼마인가?(단, 평균근로자는 500명, 근로자 1인당 1일 8시간씩 연간 300일을 근무하였다.)

① 도수율 : 7, 강도율 : 0.31
② 도수율 : 5, 강도율 : 0.62
③ 도수율 : 7, 강도율 : 0.93
④ 도수율 : 5, 강도율 : 1.24
⑤ 도수율 : 7, 강도율 : 0.62

해설 • 도수율(빈도율)(F.R ; Frequency Rate of Injury)

$$도수율 = \frac{재해발생건수}{연근로시간수} \times 10^6$$

$$= \frac{6건}{500명 \times 8시간/일 \times 300일} \times 10^6$$

$$= 5$$

• 강도율(S.R ; Severity Rate of Injury) : 재해발생의 경중 또는 정도를 가장 잘 나타내는 재해지표

$$강도율 = \frac{근로손실일수}{연근로시간수} \times 1,000$$

$$= \frac{900일 \times 300일/365일}{500명 \times 8시간/일 \times 300일} \times 1,000$$

$$= 0.62$$

63. 다음 중 유해인자와 그로 인해 발생되는 직업병이 올바르게 연결된 것은?

① 크롬 – 간암
② 이상기압 – 침수족
③ 석면 – 악성중피종
④ 망간 – 비중격천공
⑤ 노말 헥산(n – Hexane) – 구내염

해설 직업병의 원인물질
- 악성 중피종 – 석면
- 비중격천공, 폐암 – 6가 크롬
- 탄광부 진폐증 – 석탄분진
- 이상기압 – 감암병(잠함병)
- 파킨슨증후군 – 망간
- 앉은뱅이병(다발성신경염) – 노말 헥산(n – Hexane)
- 구내염, 근육진전(수전증 등) – 수은(Hg)

64. 다음 중 토양이나 암석 등에 존재하는 우라늄의 자연적 붕괴로 생성되어 건물의 균열을 통해 실내공기로 유입되는 발암성 오염물질은?

① 라돈
② 석면
③ 포름알데히드
④ 다환방향족탄화수소(PAHs)
⑤ 벤젠

 정답 62. ② 63. ③ 64. ①

해설 라돈
토양이나 암석에 존재하는 우라늄의 자연 붕괴로 발생하여 건물 균열 틈새로 내부로 유입되는 폐암을 일으키는 발암성 물질

65. 미국 산업위생학술원(AAIH)에서 정하고 있는 산업위생전문가로서 지켜야 할 윤리강령으로 틀린 것은?
① 기업체의 기밀은 누설하지 않는다.
② 성실성과 학문적 실력 면에서 최고 수준을 유지한다.
③ 쾌적한 작업환경을 만들기 위한 시설 투자유치에 기여한다.
④ 과학적 방법의 적용과 자료의 해석에 객관성을 유지한다.
⑤ 전문분야로서의 산업위생을 학문적으로 발전시킨다.

해설 산업위생전문가로서의 책임
① 학문적으로 최고 수준을 유지한다.
② 과학적 방법을 적용하고 자료해석에서 객관성 유지한다.
③ 전문분야로서의 산업위생을 학문적으로 발전시킨다.
④ 근로자, 지역사회, 그리고 산업위생 분야의 이익을 위해 과학적 지식을 공개한다.
⑤ 업무 중 취득한 정보에 대해 비밀을 보장한다.(기업기밀 보장)
⑥ 이해관계가 상반되는 상황에는 개입하지 않는다.

66. 미국산업안전보건연구원(NIOSH)에서 제시한 중량물의 들기작업에 관한 감시기준(Action Limit)과 최대허용기준(Maximum Permissible Limit)의 관계를 올바르게 나타낸 것은?
① $MPL=\sqrt{2}\,AL$
② $MPL=3AL$
③ $MPL=5AL$
④ $MPL=10AL$
⑤ $MPL=\sqrt{3}\,AL$

해설 $MPL=3AL$

67. 다음 중 수근터널증후군이 가장 발생하기 쉬운 작업은?
① 대형 버스 운전
② 조선소의 용접작업
③ 항만, 공항의 물건 하역작업
④ 드라이버를 이용한 기계조립
⑤ 마트 등의 계산원

정답 65. ③ 66. ② 67. ④

해설 근골격계질환 위험요인
① 반복성이 높을수록
② 과도한 힘을 사용할수록
③ 부적절한 작업자세를 유지할수록
④ 신체접촉에 의한 압력이 클수록
⑤ 휴식시간 부족할수록
⑥ 저온, 진동요인이 클수록

68. 화학물질 및 물리적 인자의 노출기준에 있어 용접 또는 용단시 발생되는 용접흄이나 분진의 노출기준으로 옳은 것은?

① 0.1mg/m^3
② 1mg/m^3
③ 2mg/m^3
④ 5mg/m^3
⑤ 10mg/m^3

해설 용접흄 노출기준 : 5mg/m^3

 정답 68. ④

예상문제 및 해설 3

산업위생 개론

1. 우리나라의 유해물질 노출기준에서 '발암성 추정물질'을 표기하는 것은?

① A_1 ② A_2
③ A_3 ④ A_4
⑤ A_5

해설 ㉠ A_1 : 발암성 확인 물질
㉡ A_2 : 발암성 추정 물질

2. 노출기준에 피부(Skin) 표시를 하여야 하는 물질에 대한 설명으로 틀린 것은?

① 손이나 팔에 의한 흡수가 몸 전체 흡수에 지대한 영향을 주는 물질
② 옥탄올-물 분배계수가 낮아 피부 흡수가 용이한 물질
③ 반복하여 피부에 도포했을 때 전신작용을 일으키는 물질
④ 급성 동물실험 결과 피부흡수에 의한 치사량이 비교적 낮은 물질(예 : 즉 1,000mg/체중 kg 이하일 때)
⑤ 노출기준이 높은 물질로 피부노출시 피부과민성을 나타내는 물질

해설 노출기준에 피부(Skin) 표시 물질
㉠ 손이나 팔에 의한 흡수가 몸 전체 흡수량의 많은 부분을 차지하는 물질(특히 노출기준이 낮은 물질)
㉡ 반복하여 피부에 도포했을 때 전신작용을 일으키는 물질
㉢ 급성 동물실험 결과 피부 흡수에 의한 치사량(LD_{50})이 비교적 낮은 물질(1,000mg/체중 kg 이하)
㉣ 옥탄올-물 분배계수가 높아 피부 흡수가 용이하고 다른 노출경로에 비해 피부흡수가 전신작용에 중요한 역할을 하는 물질

3. ACGIH에서 제시한 TLV에서 유해화학물질의 노출기준 또는 허용기준에 "피부" 또는 "Skin"이라는 표시가 되어 있다면 무엇을 의미하는가?

① 그 물질은 피부로 흡수되어 전체 노출량에 기여할 수 있다.
② 그 화학물질은 피부질환을 일으킬 가능성이 있다.
③ 그 물질은 어느 때라도 피부와 접촉이 있으면 안 된다.
④ 그 물질은 피부가 관련되어야 독성학적으로 의미가 있다.
⑤ 피부자극성을 나타내는 노출기준이다.

정답 1. ② 2. ② 3. ①

해설 "피부" 표시 물질은 공기 중 농도 측정과 함께 생물학적 모니터링이 필요하다.

고용노동부 Skin 표시 물질

점막과 눈 그리고 경피로 흡수되어 전신에 영향을 일으킬 수 있는 물질을 말함(피부자극성을 뜻하는 것이 아님)

4. 미국정부산업위생전문가협의회(ACGIH)에서 제정한 TLVs(Threshold Limit Values)의 설정근거가 아닌 것은?

① 허용기준
② 동물실험자료
③ 인체실험자료
④ 사업장 역학조사
⑤ 화학구조의 유사성

해설 노출기준 설정의 이론적 배경

㉠ 사업장 역학조사
- 노출기준 설정 시 가장 중요
- 노출량과 반응과의 관계를 규명하기 어렵기 때문에 산업위생 및 산업역학 전문가의 참여 필요

㉡ 인체실험자료
- 안전한 물질을 대상
- 자발적 참여자를 대상으로 하고 그들에게 발생할 수 있는 모든 유해작용을 사전 공지
- 영구적 신체장애를 일으킬 가능성이 없어야 함
- 실험참여자는 서명으로 실험에 참가할 것을 동의

㉢ 동물실험자료
- 인체실험이나 사업장 역학조사 자료 부족 시 적용
- 흡입독성 자료가 가장 중요
- 실험에는 감수성이 예민한 동물을 이용하여 많은 실험이 필요
- 노출기준 설정 시 안전계수를 반드시 활용

㉣ 화학구조의 유사성
- 노출기준 추정 시 가장 기초적인 단계
- 대상 화학물질의 화학구조를 조사하고 구조가 유사한 다른 물질과 비교하여 노출기준 추정

5. 다음 중 허용농도 상한치(Excursion Limits)에 대한 설명으로 틀린 것은?

① 단시간허용노출기준(TLV-STEL)이 설정되어 있지 않은 물질에 대하여 적용한다.
② 시간가중평균치(TLV-TWA)의 3배는 1시간 이상을 초과할 수 없다.
③ 시간가중평균치(TLV-TWA)의 5배는 잠시라도 노출되어서는 안 된다.
④ 시간가중평균치(TLV-TWA)가 초과되어서는 아니 된다.
⑤ ACGIH에서 노출 상한선과 노출 시간을 권고한다.

정답 4. ① 5. ②

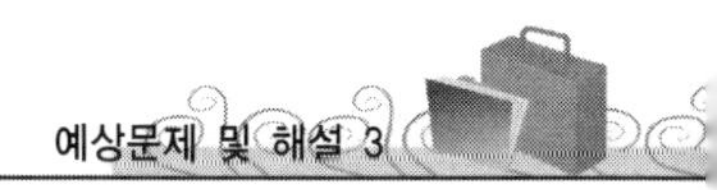

해설 ACGIH에서의 노출 상한선과 노출시간 권고사항
TLV-TWA의 3배인 경우 ⇒ 노출시간 30분 이하
TLV-TWA의 5배인 경우 ⇒ 잠시라도 노출되어서는 안 됨

6. 작업환경 공기 중의 유해물질에 대한 ACGIH 기관의 TLV가 아닌 것은?

① TLV-TWA
② TLV-STEL
③ TLV-C
④ TLV-PEL
⑤ TLV-BEI

해설 PEL(Permissible Exposure Limits)은 미국산업안전보건청의 노출기준이다.

〈노출기준〉

기관	노출기준 용어
우리나라 고용노동부	"노출기준"
미국정부산업위생전문가협의회(ACGIH)	TLVs(Threshold Limit Values)
미국산업안전보건청(OSHA)	PELs(Permissible Exposure Limits)
미국국립산업안전보건연구원(NIOSH)	RELs(Recommmended Exposure Limits)

참조 : 값들의 의미로 소문자 s를 첨부함

7. 누적소음노출량(D : %)을 적용하여 시간가중평균소음수준(TWA : dB(A))을 산출하는 공식이 올바른 것은?

① TWA=80+16.61 logD/100
② TWA=90+16.61 logD/100
③ TWA=80+18.81 logD/100
④ TWA=90+18.81 logD/100
⑤ TWA=90+16.61 100/logD

해설 고용노동부 고시에 의한 시간가중평균소음수준의 공식

$$TWA = 16.61\log\left(\frac{D}{100}\right) + 90$$

여기서, TWA : 시간가중평균소음수준[dB(A)], D : 누적소음노출량(%)

8. 방직공장의 면분진 발생공정에서 측정한 공기 중 면분진 농도가 2시간에 2.5mg/m³, 3시간에 1.8mg/m³, 3시간에 2.6mg/m³일 때 해당 공정의 시간가중평균노출기준 환산값은 약 얼마인가?

① 0.86mg/m³
② 2.28mg/m³
③ 2.35mg/m³
④ 2.60mg/m³
⑤ 3.60mg/m³

해설 화학물질 및 물리적 인자의 노출기준[고용노동부 고시]
"시간가중평균노출기준(TWA)"이란 1일 8시간 작업을 기준으로 하여 유해인자의 측정치에 발생시간을 곱하여 8시간으로 나눈 값을 말하며, 다음 식에 따라 산출한다.

$$TWA = \frac{C_1 \cdot T_1 + \cdots + C_N \cdot T_N}{8}$$

$$= \frac{2.5\times2+1.8\times3+2.6\times3}{2+3+3} = 2.275 \fallingdotseq 2.28\text{mg/m}^3$$

9. 다음 중 석면 및 내화성 세라믹 섬유의 노출기준 표시 단위로 옳은 것은?

① ppm
② 개/cm³
③ %
④ mg/m³
⑤ mg/L

해설 ② 석면등의 노출기준은 개/cm³로 표시한다.
고용노동부 고시(단위)
화학적 인자의 가스, 증기, 분진, 흄(fume), 미스트(mist) 등의 농도는 피피엠(ppm) 또는 세제곱미터당 밀리그램(mg/m³)으로 표시한다. 다만, 석면의 농도 표시는 세제곱센티미터당 섬유개수(개/cm³)로 표시한다.

10. 작업환경 측정단위로 알맞지 않은 것은?

① 미스트, 흄 등의 농도는 ppm, mg/m³으로 표시한다.
② 소음수준의 측정단위는 dB(A)로 표시한다.
③ 석면의 농도표시는 섬유 개수(개수/m³)로 표시한다.
④ 고온(복사열 포함)은 습구흑구온도지수를 구하여 섭씨온도(℃)로 표시한다.
⑤ 가스의 농도는 ppm으로 표시한다.

해설 석면의 농도 표시는 섬유 개수(개수/cm³)로 표시한다.

11. 다음의 내용 중 작업환경 측정목적에 관한 설명으로 알맞지 않은 것은?

① 환기시설을 가동하기 전과 후에 공기 중 유해물질농도를 측정하여 환기시설의 성능을 평가한다.
② 근로자의 유해인자의 노출 수준을 직접적 방법으로 파악한다.
③ 근로자의 노출이 법적 기준의 허용농도를 초과하는지의 여부를 판단한다.
④ 역학조사 시 근로자의 노출량을 파악하여 노출량과 반응과의 관계를 평가한다.
⑤ 근로자의 건강장해를 예방하고, 안전하고 쾌적한 작업환경을 만드는 데 그 목적이 있다.

정답 9. ② 10. ③ 11. ②

해설 작업환경 측정은 근로자의 노출수준을 간접적으로 추정하는 방법이다.

작업환경 측정의 목적

㉠ 유해인자에 대한 근로자의 노출 정도를 파악

㉡ 작업환경의 정확한 실태를 파악하여 시료의 채취 및 분석, 평가 등 필요한 사항을 정하여 자격을 가진 자로 하여금 실시하도록 하여 측정 및 평가의 신뢰도와 정확도를 높임

㉢ 설비개선에 대한 개선효과를 평가

㉣ 당해 작업장에서 일하는 근로자의 건강장해를 예방하고, 안전하고 쾌적한 작업환경을 만드는 데 그 목적이 있음

12. 작업장의 환경관리를 위해서 먼저 작업장 내 유해인자를 측정해야 한다. 측정하기 전에 실시해야 하는 예비조사의 내용과 거리가 먼 것은?

① 사업장의 일반적인 위생상태를 파악한다.

② 작업자 각 개인의 질병상태를 파악한다.

③ 작업공정을 잘 이해한다.

④ 현재 쓰이고 있는 대책을 파악한다.

⑤ 원재료의 투입과정부터 최종 제품생산 공정까지의 주요공정 도식을 파악한다.

해설 예비조사 시 작업자 각 개인의 질병상태 조사는 하지 않는다.

예비조사 항목

㉠ 원재료의 투입과정부터 최종 제품생산 공정까지의 주요공정 도식

㉡ 해당 공정별 작업내용, 측정대상공정 및 공정별 화학물질 사용실태

㉢ 측정대상 유해인자, 유해인자 발생주기, 종사근로자 현황

㉣ 유해인자별 측정방법 및 측정 소요기간 등 필요한 사항

㉤ 현재의 작업환경관리대책 등 전회 측정 결과 및 검토사항

※ 측정기관이 전회에 측정을 실시한 사업장으로서 공정 및 취급인자 변동이 없는 경우에는 서류상의 예비조사만을 실시할 수 있다.

13. 작업장 기본특성 파악을 위한 예비조사 내용 중 유사노출 그룹(HEG) 설정에 관한 설명으로 알맞지 않은 것은?

① 조작, 공정, 작업범주 그리고 공정과 작업내용별로 구분하여 설정한다.

② 역학조사를 수행할 때 사건이 발생된 근로자와 다른 노출그룹의 노출농도를 근거로 사건 발생된 노출농도를 추정할 수 있다.

③ 모든 근로자의 노출농도를 평가하고자 하는 데 목적이 있다.

④ 모든 근로자를 유사한 노출그룹별로 구분하고 그룹별로 대표적인 근로자를 선택하여 측정하면 측정하지 않은 근로자의 노출농도까지도 추정할 수 있다.

⑤ 시료채취 수를 경제적으로 결정하기 위함이다.

정답 12. ② 13. ②

해설 ㉠ 유사 노출군(HEG : Homogeneous Exposure Group) 결정의 목적
- 시료채취 수를 경제적으로 결정
- 역학조사 시 질병을 호소한 근로자가 속한 HEG의 노출농도를 근거로 노출원인을 추정
- 모든 근로자의 노출 농도를 평가

㉡ 유사 노출군의 설정방법
- 노출되는 유해인자의 농도와 특성이 유사하거나 동일한 근로자 그룹
- 조직, 공정, 작업범주, 그리고 공정과 작업내용별 순으로 구분하여 설정
- 모든 근로자는 반드시 하나의 HEG에 분류되어야 함

14. 다음은 작업환경측정방법 중 소음측정시간 및 횟수에 관한 내용이다. ( ) 안에 알맞은 것은?

> 단위작업장소에서의 소음발생시간이 6시간 이내인 경우나 소음발생원에서의 발생시간이 간헐적인 경우에는 발생시간 동안 연속측정하거나 등간격으로 나누어 ( ) 측정하여야 한다.

① 2회 이상 ② 3회 이상
③ 4회 이상 ④ 6회 이상
⑤ 8회 이상

해설 고용노동부 고시
단위작업장소에서의 소음발생시간이 6시간 이내인 경우나 소음발생원에서의 발생시간이 간헐적인 경우에는 발생시간 동안 연속 측정하거나 등간격으로 나누어 4회 이상 측정하여야 한다.

15. 고열 측정방법에 관한 내용이다. ( ) 안에 맞는 내용은?

> 측정은 단위작업장소에서 측정대상이 되는 근로자의 작업행동 범위 내에서 주 작업 위치의 바닥면으로부터 ( )의 위치에서 행하여야 한다.(단, 노동부 고시 기준)

① 50cm 이상, 120cm 이하 ② 50cm 이상, 150cm 이하
③ 80cm 이상, 120cm 이하 ④ 80cm 이상, 150cm 이하
⑤ 50cm 이상, 80cm 이하

해설 고용노동부 고시
제31조(측정방법) 고열의 측정은 다음 각 호의 방법에 따른다.
1. 측정은 단위작업장소에서 측정대상이 되는 근로자의 작업행동 범위에서 주 작업 위치의 바닥면으로부터 50센티미터 이상, 150센티미터 이하의 위치에서 할 것
2. 측정구분 및 측정기기에 따른 측정시간은 다음의 표와 같이 할 것

정답 14. ③ 15. ②

〈측정구분에 의한 측정기기와 측정시간〉

구분	측정기기	측정시간
습구온도	0.5℃ 간격의 눈금이 있는 아스만통풍건습계, 자연습구온도를 측정할 수 있는 기기 또는 이와 동등 이상의 성능이 있는 측정기기	• 아스만통풍건습계 : 25분 이상 • 자연습구온도계 : 5분 이상
흑구 및 습구흑구온도	직경이 5cm 이상 되는 흑구온도계 또는 습구흑구온도(WBGT)를 동시에 측정할 수 있는 기기	• 직경이 15cm일 경우 25분 이상 • 직경이 7.5cm 또는 5cm일 경우 5분 이상

16. 단위작업장소에서 소음의 강도가 불규칙적으로 변동하는 소음을 누적소음 노출량 측정기로 측정하였다. 누적소음 노출량이 300%인 경우 TWA[dB(A)]는?(단, TWA 산출식 적용)

① 92　② 97
③ 103　④ 106
⑤ 108

해설 $TWA = 90 + 16.61\log\frac{D}{100} = 90 + 16.61\log\frac{300}{100} = 97.9\text{dB} \fallingdotseq 97\text{dB}$

17. 작업환경측정방법 중 시료채취 근로자 수에 관한 기준으로 옳지 않은 것은?(단, 노동부 고시 기준)

① 단위작업장소에서 최고 노출근로자 2명 이상에 대하여 동시에 측정한다.
② 동일 작업 근로자 수가 10명을 초과하는 경우에는 매 5명당 1인(1개 지점) 이상 추가하여 측정하여야 한다.
③ 동일 작업근로자 수가 100명을 초과하는 경우에는 최대 시료채취 근로자 수를 10명으로 조정할 수 있다.
④ 지역시료채취를 시행할 경우 단위작업장소의 넓이가 50평방미터 이상인 경우에는 매 30평방미터마다 1개 지점 이상을 추가로 측정하여야 한다.
⑤ 동일 작업 근로자 수가 13명일 경우 시료채취 근로자 수는 3명이다.

해설 고용노동부 고시

제19조(시료채취 근로자 수) ① 단위작업장소에서 최고 노출근로자 2명 이상에 대하여 동시에 측정하되, 단위작업장소에 근로자가 1명인 경우에는 그러하지 아니하며, 동일 작업근로자 수가 10명을 초과하는 경우에는 매 5명당 1명(1개 지점) 이상 추가하여 측정하여야 한다. 다만, 동일 작업근로자 수가 100명을 초과하는 경우에는 최대 시료채취 근로자 수를 20명으로 조정할 수 있다.
② 규칙 제93의3 제1항 제3호에 따른 지역시료채취방법에 따른 측정시료의 개수는 단위작업장소에서 2개 이상에 대하여 동시에 측정하여야 한다. 다만, 단위작업장소의 넓이가 50평방미터 이상인 경우에는 매 30평방미터마다 1개 지점 이상을 추가로 측정하여야 한다.

정답 16. ② 17. ③

18. 소음 측정 시 단위작업장소에서 소음발생시간이 6시간 이내인 경우나 소음발생원에서의 발생시간이 간헐적인 경우의 측정시간 및 횟수 기준으로 옳은 것은?(단, 고시 기준)

① 발생시간 동안 연속 측정하거나 등간격으로 나누어 2회 이상 측정하여야 한다.
② 발생시간 동안 연속 측정하거나 등간격으로 나누어 4회 이상 측정하여야 한다.
③ 발생시간 동안 연속 측정하거나 등간격으로 나누어 6회 이상 측정하여야 한다.
④ 발생시간 동안 연속 측정하거나 등간격으로 나누어 8회 이상 측정하여야 한다.
⑤ 발생시간 동안 연속 측정하거나 등간격으로 나누어 10회 이상 측정하여야 한다.

해설 고용노동부 고시
단위작업장소에서의 소음발생시간이 6시간 이내인 경우나 소음발생원에서의 발생시간이 간헐적인 경우에는 발생시간 동안 연속 측정하거나 등간격으로 나누어 4회 이상 측정하여야 한다.

19. 근로자가 단위작업장소에서 소음의 강도가 불규칙적으로 변동하는 소음을 누적소음 노출량 측정기로 측정한 결과 소음노출량 90%에 노출되었다면 이를 TWAdB(A)로 환산하면 약 얼마인가?

① 80　　② 85
③ 90　　④ 95
⑤ 100

해설 $TWA = 90 + 16.61\log\frac{D}{100} = 90 + 16.61\log\frac{90}{100} = 89.3 \fallingdotseq 90\text{dB(A)}$

여기서, SPL : 측정시간에 있어서의 평균치dB(A)
D : 소음노출량계로 측정한 노출량(%)
T : 측정시간(hr)
TWA : 8시간 평균치

20. 산업안전보건법에 따른 작업환경 측정방법에 있어 작업근로자 수가 100명을 초과하는 경우 최대 시료채취 근로자 수는 몇 명으로 조정할 수 있는가?

① 10명　　② 15명
③ 20명　　④ 50명
⑤ 55

해설 고용노동부 고시
제19조(시료채취 근로자 수) ① 단위작업장소에서 최고 노출근로자 2명 이상에 대하여 동시에 측정하되, 단위작업장소에 근로자가 1명인 경우에는 그러하지 아니하며, 동일 작업근로자 수가 10명을 초과하는 경우에는 매 5명당 1명(1개 지점) 이상 추가하여 측정하여야 한다. 다만, 동일 작업근로자 수가 100명을 초과하는 경우에는 최대 시료채취 근로자 수를 20명으로 조정

정답 18. ② 19. ③ 20. ③

21. 우리나라 작업환경측정 및 정도관리규정상의 측정방법 중 시료채취 근로자 수 선정에 관한 설명으로 알맞은 것은?

① 동일작업 근로자 수가 100인을 초과할 때는 최대시료채취 근로자 수를 10인으로 조정할 수 있다.
② 동일작업 근로자 수가 100인을 초과할 때는 최대시료채취 근로자 수를 20인으로 조정할 수 있다.
③ 동일작업 근로자 수가 100인을 초과할 때는 최대시료채취 근로자 수를 10인으로 조정하여야 한다.
④ 동일작업 근로자 수가 100인을 초과할 때는 최대시료채취 근로자 수를 20인으로 조정하여야 한다.
⑤ 동일작업 근로자 수가 100인을 초과할 때는 최대시료채취 근로자 수를 25인으로 조정하여야 한다.

해설 고용노동부 고시(시료채취 근로자 수)
단위작업장소에서 최고노출근로자 2명 이상에 대하여 동시에 측정하되, 단위작업장소에서 근로자가 1명인 경우에는 그러하지 아니하며, 동일작업 근로자 수가 10명을 초과하는 경우에는 매 5명당 1명(1개 지점) 이상 추가하여 측정하여야 한다. 다만, 동일작업 근로자 수가 100명을 초과하는 경우에는 최대시료채취 근로자 수를 20명으로 조정할 수 있다.

22. 2차 표준보정기구와 거리가 먼 것은?

① Wet-test Meter(습식테스트미터)
② Dry Gas Meter(건식가스미터)
③ Pitot-tube Meter(피토튜브)
④ Orifice Meter(오리피스미터)
⑤ Rotameter(로타미터)

해설 ③ 피토튜브 미터는 1차 표준보정기구

구분	표준기구	일반 사용범위	정확도
1차 표준기구	비누거품미터	1~30mL/min	±1% 이내
	스피로미터(폐활량계)	100~600L	±1% 이내
	가스치환병	10~500mL/min	±0.05~0.25%
	유리피스톤미터	10~200mL/min	±2% 이내
	피토튜브	15mL/min 이하	±1% 이내
2차 표준기구	로타미터	1mL/min 이하	±1~25%
	습식 테스트미터	0.5~200L/min	±0.5%
	건식 가스미터	10~150L/min	±1%
	오리피스미터	-	±0.5%
	열선기류계	0.1~30m/sec	±0.1~0.2%

정답 21. ② 22. ③

23. 원통형 비누거품미터를 이용하여 공기시료채취기의 유량을 보정하고자 한다. 원통형 비누거품미터의 내경은 4cm이고 거품막이 30cm의 거리를 이동하는 데 10초의 시간이 소요되었다. 이 공기시료채취기의 유량은?

① 약 1.4L/min
② 약 1.7L/min
③ 약 2.0L/min
④ 약 2.3L/min
⑤ 약 4.2L/min

해설 $시료채취유량 = \dfrac{비누거품면적 \times 높이}{시간}$

$$= \dfrac{\dfrac{\pi(D)^2}{4}h}{sec} = \dfrac{\dfrac{\pi(0.04\text{m})^2}{4} \times 0.3\text{m}}{10\text{sec} \times \dfrac{1\text{min}}{60\text{sec}}} = 0.00226\text{m}^3/\text{min} = 2.3\text{L/min}$$

24. 다음은 표준기구에 관한 설명이다. (　) 안에 가장 적합한 것은?

> (　)은 과거에 폐활량을 측정하는 데 사용되었으나, 오늘날 "1차 용량표준"으로 자주 사용된다. 이것은 실린더 형태의 종으로서 개구부는 아래로 향하고 있으며, 액체에 잠겨 있다.

① Rotameter
② Wet-test meter
③ Pitot tube
④ Spirometer
⑤ Gas meter

해설 스피로미터(Spirometer)
실린더 형태의 종(Bell)을 액체에 뒤집어 놓고 종의 무게와 균형을 이룰 수 있는 추를 달아서 종이 상하로 움직이는 데 전혀 저항이 없도록 설치한다. 과거에는 폐활량을 측정하는 데 사용하였으며, 이와 유사한 측정기구로 Mariotte 병이 있다.

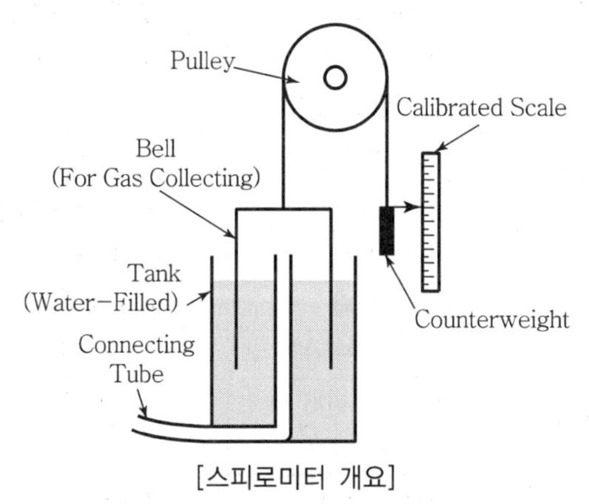

[스피로미터 개요]

 정답 23. ④ 24. ④

25. 공기시료채취 시 공기유량과 용량을 보정하는 표준기구 중 1차 표준기구는?

① 유리피스톤미터 ② 로터미터
③ 습식테스터미터 ④ 건식가스미터
⑤ 열선기류계

해설

구분	표준기구	일반 사용범위	정확도
1차 표준기구	비누거품미터	1~30mL/min	±1% 이내
	스피로미터(폐활량계)	100~600L	±1% 이내
	가스치환병	10~500mL/min	±0.05~0.25%
	유리피스톤미터	10~200mL/min	±2% 이내
	피토튜브	15mL/min 이하	±1% 이내
2차 표준기구	로타미터	1mL/min 이하	±1~25%
	습식 테스트미터	0.5~200L/min	±0.5%
	건식 가스미터	10~150L/min	±1%
	오리피스미터	–	±0.5%
	열선기류계	0.1~30m/sec	±0.1~0.2%

26. 다음 중 소음에 대한 청감보정 측정치에 관한 설명으로 틀린 것은?

① A특성치와 C특성치를 동시에 측정하면 그 소음의 주파수 구성을 대략 추정할 수 있다.
② A, B, C 특성 모두 4,000Hz에서 보정치가 0이다.
③ 소음에 대한 허용기준은 A특성치에 준하는 것이다.
④ A특성치란 대략 40phon의 등감곡선과 비슷하게 주파수에 따른 반응을 보정하여 측정한 음압수준이다.
⑤ 특성보정치 기준 주파수는 1,000Hz이다.

해설 A, B, C 특성 모두 1,000Hz에서 보정치가 0이다.
음압수준의 보정(특성보정치 기준 주파수=1,000Hz)
㉠ A특성치 : 40Phon 등감곡선(인간의 청력특성과 유사)
㉡ B특성치 : 70Phon 등감곡선
㉢ C특성치 : 100Phon 등감곡선
㉣ A특성치와 C특성치의 차가 크면 저주파음이고 작으면 고주파음

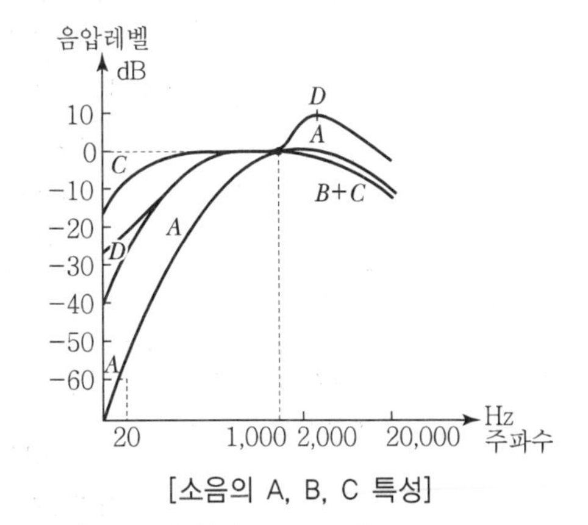

[소음의 A, B, C 특성]

27. 공기채취기구의 보정에 사용되는 2차 표준(Secondary Standard)으로 옳은 것은?

① 흑연피스톤미터 ② 폐활량계
③ 가스치환병 ④ 열선기류계
⑤ 비누거품미터

해설 ㉠ 1차 표준기구
- 물리적 차원인 공간의 부재를 직접 측정할 수 있는 표준기구
- 정확도 ±1% 이내

예) 비누거품미터, 폐활량계, 가스치환병, 유리피스톤미터, 흑연피스톤미터, 피토튜브

㉡ 2차 표준기구
- 1차 표준기구를 기준으로 보정하여 사용할 수 있는 기구
- 정확도 ±5% 이내

예) 로터미터, 습식테스트미터, 건식가스미터, 오리피스미터, 열선기류계

28. 1차, 2차 표준기구에 관한 내용으로 옳지 않은 것은?

① 1차 표준기구란 물리적 차원인 공간의 부피를 직접 측정할 수 있는 기구를 말한다.
② 1차 표준기구로 폐활량계가 사용된다.
③ wet-test미터, Rota미터, Orifice미터는 2차 표준기구이다.
④ 2차 표준기구는 1차 표준기구를 보정하는 기구를 말한다.
⑤ 1차 표준기구는 온도에 영향을 받지 않는다.

해설 1차 표준기구는 2차 표준기구를 보정한다.

1차 표준보정기구는
- 모든 유량계를 보정할 때 기본이 되는 장비
- 직접공기량을 측정하는 유량계
- 온도와 압력에 영향을 받지 않는다.

구분	표준기구	일반 사용범위	정확도
1차 표준기구	비누거품미터	1~30mL/min	±1% 이내
	스피로미터(폐활량계)	100~600L	±1% 이내
	가스치환병	10~500mL/min	±0.05~0.25%
	유리피스톤미터	10~200mL/min	±2% 이내
	피토튜브	15mL/min 이하	±1% 이내
2차 표준기구	로타미터	1mL/min 이하	±1~25%
	습식테스트미터	0.5~200L/min	±0.5%
	건식가스미터	10~150L/min	±1%
	오리피스미터	-	±0.5%
	열선기류계	0.1~30m/sec	±0.1~0.2%

 정답 27. ④ 28. ④

29. 1차 표준기구와 거리가 먼 것은?

① 흑연피스톤미터　　② 가스치환병
③ 유리피스톤미터　　④ 습식테스트미터
⑤ 피토튜브

해설 27번 해설 참조

30. 습구온도를 측정하기 위한 측정기기와 측정시간의 기준을 알맞게 나타낸 것은?

① 자연습구온도계 : 15분 이상　　② 자연습구온도계 : 20분 이상
③ 아스만통풍건습계 : 5분 이상　　④ 아스만통풍건습계 : 25분 이상
⑤ 아스만통풍건습계 : 30분 이상

해설 아스만통풍건습계는 인위적인 기류(2.5m/sec)를 25분 이상 흘려준 다음 측정한다.

구분	측정기기	측정시간
습구온도	0.5℃ 간격의 눈금이 있는 아스만통풍건습계, 자연습구온도를 측정할 수 있는 기기 또는 이와 동등 이상의 성능이 있는 측정기기	• 아스만통풍건습계 : 25분 이상 • 자연습구온도계 : 5분 이상
흑구 및 습구흑구온도	직경이 5cm 이상 되는 흑구온도계 또는 습구흑구온도(WBGT)를 동시에 측정할 수 있는 기기	• 직경이 15cm일 경우 25분 이상 • 직경이 7.5cm 또는 5cm일 경우 5분 이상

31. 온열조건에 있어 온열지수(WBGT)를 평가하는 데 고려되어야 할 사항 중 가장 관계가 적은 것은?

① 건구온도　　② 기류
③ 습구온도　　④ 복사열
⑤ 자연습구온도

해설 습구흑구온도지수(WBGT)

㉠ 사용하기 쉽고 수정감각온도의 값과 비슷하며 우리나라 허용기준에 사용하는 지수
㉡ WBGT가 높을수록 휴식시간 증가
㉢ $WBGT(\text{옥외}) = 0.7 \times NWT + 0.2 \times GT + 0.1 \times DT$
$WBGT(\text{옥내}) = 0.7 \times NWT + 0.3 \times GT$
여기서, NWT : 자연습구온도, GT : 흑구온도, DT : 건구온도[단위 : ℃]

32. 어느 옥외 작업장의 온도를 측정한 결과, 건구온도 32℃, 자연습구온도 25℃, 흑구온도 38℃를 얻었다. 이 작업장의 옥외 WBGT는?(단, 태양광선이 내리쬐는 장소)

① 28.3℃　　② 29.5℃
③ 31.7℃　　④ 33.1℃
⑤ 34.1℃

해설 옥외(태양광선이 내리쬐는 장소)
WBGT(℃) = 0.7×자연습구온도 + 0.2×흑구온도 + 0.1×건구온도
= 0.7×25 + 0.2×38 + 0.1×32 = 28.3℃

33. 옥내 작업장의 온열조건이 다음 [보기]와 같을 때 습구 · 흑구온도지수(WBGT)는 얼마인가?

• 흑구온도 : 50℃	• 건구온도 : 30℃	• 자연습구온도 : 20℃

① 19℃　　② 39℃
③ 29℃　　④ 49℃
⑤ 50.5℃

해설 습구흑구온도지수(WBGT)
㉠ 사용하기 쉽고 수정감각온도의 값과 비슷하며 우리나라 허용기준에 사용하는 지수
㉡ $WBGT$(옥외) $= 0.7 \times NWT + 0.2 \times GT + 0.1 \times DT$
$WBGT$(옥내) $= 0.7 \times NWT + 0.3 \times GT$
$WBGT = 0.7 \times 20 + 0.3 \times 50 = 29$℃
여기서, NWT : 자연습구온도, GT : 흑구온도, DT : 건구온도[단위 : ℃]

34. 작업장의 음압수준이 95dB(A)이고, 근로자는 차음평가수 NRR=23의 귀마개를 착용하고 있다. 차음효과로 근로자가 실제 노출되는 음압수준은?

① 82dB(A)　　② 85dB(A)
③ 87dB(A)　　④ 92dB(A)
⑤ 94dB(A)

해설 (NRR − 7)×50% = 차음효과
(23 − 7)×0.5 = 8
∴ 95 − 8 = 87dB(A)

정답 32. ① 33. ③ 34. ③

35. 소음 단위인 데시벨(dB)을 계산하기 위한 최소음압 실효치가 $P_0 = 0.00002\text{N/m}^2$이며, 측정한 음압이 60N/m^2라면 이 음압수준은?

① 80dB ② 90dB
③ 110dB ④ 130dB
⑤ 140dB

해설 음압수준(SPL) $= 20\log\left(\dfrac{\text{측정음 실효치 } P}{\text{최소음 실효치 } P_0}\right)$

$$= 20\log\frac{60}{0.00002} = 129.54 ≒ 130\text{dB}$$

36. 각각 85dB의 음압수준을 발생하는 소음원이 2개 있다. 이 2개의 소음원이 동시에 가동될 때 발생하는 음압수준은?

① 86dB ② 87dB
③ 88dB ④ 89dB
⑤ 101dB

해설 소음의 합산 SPL $= 10\log\left(10^{\frac{SPL_1}{10}} + 10^{\frac{SPL_2}{10}} + \cdots\right)$

$$= 10\log(10^{8.5} + 10^{8.5}) = 88.01 ≒ 88\text{dB}$$

37. 음압수준 100dB(A)은 음의 세기 수준으로 약 몇 dB(A)인가?(단, 공기밀도 1.18kg/m^3, 공기 내의 음속 344.4m/s이다.)

① 90 ② 100
③ 110 ④ 120
⑤ 98.5

해설 $SPL = 20\log\left(\dfrac{P}{P_0}\right)$

$$100 = 20\log\left(\frac{P}{2\times10^{-5}}\right)$$

$$10^5 = \frac{P}{2\times10^{-5}} \quad \text{따라서, } P = 2$$

$$I = \frac{P^2}{\rho C} = \frac{2^2}{1.18\times344.4} = 9.84\times10^{-3}$$

$$SIL = 10\log\left(\frac{I}{I_0}\right)$$

$$SIL = 10\log\left(\frac{9.84\times10^{-3}}{10^{-12}}\right) ≒ 100\text{dB}$$

정답 35. ④ 36. ③ 37. ②

38. 소음계(Sound Level meter)로 소음 측정 시 A 및 C 특성으로 측정하였다. 만약 C 특성으로 측정한 값이 A 특성으로 측정한 값보다 훨씬 크다면 소음의 주파수영역은 어떻게 추정이 되겠는가?

① 저주파수가 주성분이다.
② 중주파수가 주성분이다.
③ 고주파수가 주성분이다.
④ 중주파수 및 고주파수가 주성분이다.
⑤ 고주파 및 초고주파가 주성분이다.

해설 음압수준의 보정(특성보정치 기준 주파수=1,000Hz)

㉠ A특성치 : 40Phon 등감곡선[인간의 청력특성과 유사]
㉡ B특성치 : 70Phon 등감곡선
㉢ C특성치 : 100Phon 등감곡선
㉣ A특성치와 C특성치의 차가 크면 저주파음이고 차가 작으면 고주파음

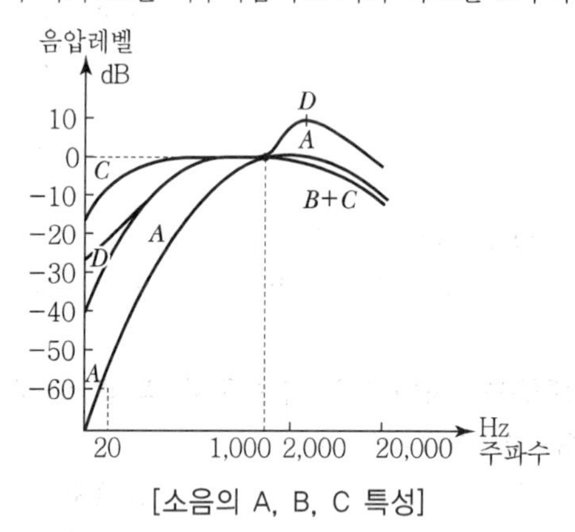

[소음의 A, B, C 특성]

39. 다음 중 '충격소음'에 대한 정의로 옳은 것은?

① 최대음압수준이 100dB(A) 이상인 소음이 2초 이상의 간격으로 발생하는 것을 말한다.
② 최대음압수준이 120dB(A) 이상인 소음이 1초 이상의 간격으로 발생하는 것을 말한다.
③ 최대음압수준이 130dB(A) 이상인 소음이 2초 이상의 간격으로 발생하는 것을 말한다.
④ 최대음압수준이 130dB(A) 이상인 소음이 1초 이상의 간격으로 발생하는 것을 말한다.
⑤ 최대음압수준이 140dB(A) 이상인 소음이 1초 이상의 간격으로 발생하는 것을 말한다.

해설 충격소음작업(안전보건규칙 제512조)

〈1초 이상의 간격으로 발생〉

발생횟수	100회	1,000회	10,000회
dB	140	130	120

40. 실리카겔이 활성탄에 비해 갖는 특징으로 틀린 것은?

① 활성탄에 비해 수분을 잘 흡수하여 습도에 민감하다.
② 추출액이 화학분석이나 기기분석에 방해물질로 작용하는 경우가 많다.
③ 매우 유독한 이황화탄소를 탈착용매로 사용하지 않는다.
④ 극성물질을 채취한 경우 물, 메탄올 등 다양한 용매로 쉽게 탈착된다.
⑤ 활성탄으로 채취가 어려운 아닐린, 오르소－톨루이딘 등의 아민류나 몇몇 무기물질의 채취도 가능하다.

해설 실리카겔의 장단점
㉠ 극성물질을 채취한 경우 물, 메탄올 등 다양한 용매로 쉽게 탈착된다.
㉡ 추출용액이 화학분석이나 기기분석에 방해 물질로 작용하는 경우가 많지 않다.
㉢ 활성탄으로 채취가 어려운 아닐린, 오르소－톨루이딘 등의 아민류나 몇몇 무기물질의 채취도 가능하다.
㉣ 매우 유독한 이황화탄소를 탈착용매로 사용하지 않는다.

41. 다음 화합물질 중 증기압이 낮고 반응성이 있어 활성탄이 아닌 실리카겔이나 다른 다공성 매체를 사용하여 흡착하여야 하는 물질로 가장 적절한 것은?

① 할로겐화탄화수소　② 아민류
③ 에테르류　④ 알코올류
⑤ 방향족 유기용제

해설 실리카겔은 아민류와 산류 포집에 적합하다.
활성탄관은 주로 비극성 유기용제류(각종 방향족 유기용제, 할로겐화된 지방족 유기용제, 알코올류 등) 포집에 주로 사용되는 반면 실리카겔관의 경우 산(Acid) 및 방향족 아민류, 지방족 아민류 등 극성 유기용제 포집에 사용된다.

42. 분석기기가 검출할 수 있고 신뢰성을 가질 수 있는 양인 정량한계(LOQ)에 관한 설명으로 옳은 것은?

① 표준편차의 3배　② 표준편차의 3.3배
③ 표준편차의 5배　④ 표준편차의 10배
⑤ 표준편차의 12.5배

해설 정량한계(LOQ ; Limit of Quantification) : 표준편차의 10배
㉠ LOQ는 정량결과가 신뢰성을 가지고 얻을 수 있는 양을 말한다.
㉡ LOQ 측정치는 공시료+10×표준편차로 검량선의 방정식으로 구할 수도 있다.
㉢ 기기분석에서는 신호 : 잡음비가 10 : 1인 경우에 해당된다.
㉣ LOD 이하는 불검출(Non Detected), LOD와 LOQ 사이는 Trace이다.

정답 40. ② 41. ② 42. ④

고용노동부
- 검출한계 : 3.143× 표준편차
- 정량한계 : 검출한계×4

43. 유도결합플라스마(ICP)에 관한 설명으로 알맞지 않은 것은?

① 적은 양의 시료로 한꺼번에 많은 금속을 분석할 수 있다는 것이 가장 큰 장점이다.

② 사용방법이 복잡하고 넓은 농도 범위에서 직선성 확보가 어려운 단점은 있으나 분석의 정확도가 높다.

③ 전형적인 장치구성은 시료주입시스템, 플라스마 토치, 라디오주파수 발생기, 파장분리기, 검출기, 그리고 컴퓨터자료처리장치이다.

④ 가장 일반적으로 시료를 플라스마로 보내는 방법은 액체 에어로졸을 직접 주입하는 분무기에 의한 것이다.

⑤ 높은 온도에서 복사선을 방출하여 분광학적 방해 요소가 존재한다.

해설 유도결합플라스마－원자발광분석기(ICP)는 여러 금속을 동시에 분석할 수 있으며, 넓은 농도 범위에서 직선성이 좋고 정밀도가 높은 장점이 있다. 단, 높은 온도에서 복사선을 방출하여 분광학적 방해 요소가 존재한다.

44. 배기덕트로 흐르는 오염공기의 속도압이 2mmH$_2$O이라면 덕트 내 오염공기의 유속은?(단, 오염공기 밀도는 1.2kg/m^3)

① 2.6m/sec
② 4.3m/sec
③ 5.7m/sec
④ 7.1m/sec
⑤ 8.1m/sec

해설 속도압 $VP=\dfrac{\gamma V^2}{2g}$

$$V=\sqrt{\frac{VP\times 2g}{\gamma}}=\sqrt{\frac{2\times 2\times 9.8}{1.2}}=5.71\text{m/sec}≒5.7\text{m/sec}$$

여기서, VP : 속도압(공기 속도두, kgf/m^2 ≒ mmH$_2$O)
V : 공기의 속도(m/sec)
g : 중력 가속도(9.8m/sec^2)
γ : 21℃표준공기의 밀도(1.20kg/m^3)

45. 환기시스템에서 공기유량(Q)이 0.15m^3/sec, 덕트 직경이 10.0cm, 후드 유입손실 계수(F_h)가 0.4일 때 후드 정압(SP_h)은?(단, 공기밀도 1.2kg/m^3 기준)

① 약 13mmH$_2$O
② 약 24mmH$_2$O
③ 약 31mmH$_2$O
④ 약 42mmH$_2$O
⑤ 약 52mmH$_2$O

 정답 43. ② 44. ③ 45. ③

해설 ㉠ VP(속도압)을 구하기 위해서 $Q=AV$ 식을 이용한다.

$$V=\frac{Q}{A}=\frac{0.15\text{m}^3/\text{sec}}{\frac{\pi\times(0.1\text{m})^2}{4}}=19.1\text{m/sec}$$

따라서 속도압 $VP=\frac{\gamma V^2}{2g}=\frac{1.2\times19.1^2}{2\times9.8}=22.33\text{mmH}_2\text{O}$

여기서, VP : 속도압(공기 속도두, $\text{kg}_f/\text{m}^2 ≒ \text{mmH}_2\text{O}$)

V : 공기의 속도(m/sec)

g : 중력 가속도(9.8m/sec^2)

γ : 표준공기의 밀도(1.203kg/m^3)

㉡ 후드정압(SP_h) = $VP(1+F_h)=22.33(1+0.4)=31.26\text{mmH}_2\text{O}≒31\text{mmH}_2\text{O}$

46. 어느 유체관의 개구부에서 압력을 측정한 결과 정압이 $-30\text{mmH}_2\text{O}$이고 전압(총압)이 $-10\text{mmH}_2\text{O}$이었다. 이 개구부의 유입손실 계수(F)는?

① 0.1　　② 0.5
③ 1.0　　④ 1.5
⑤ 2.0

해설 총압(TP) = 정압(SP)+동압(VP)

따라서 동압(VP) = 총압(TP) − 정압(SP)

$= -10-(-30)$

$= 20\text{mmH}_2\text{O}$

후드정압(SPh) = $VP(1+F_h)$

$$F_h=\frac{SP_h}{VP}-1=\frac{30}{20}-1=0.5$$

47. 후드의 유입계수가 0.82, 속도압이 $50\text{mmH}_2\text{O}$일 때 후드 압력손실은?

① $9.7\text{mmH}_2\text{O}$　　② $16.2\text{mmH}_2\text{O}$
③ $24.4\text{mmH}_2\text{O}$　　④ $38.6\text{mmH}_2\text{O}$
⑤ $44.3\text{mmH}_2\text{O}$

해설 후드 압력손실 $\Delta P=F_h\times VP$ (F_h : 후드 유입손실계수, VP : 속도압)

후드 유입손실계수(F_h) $=\frac{1}{Ce^2}-1$ (Ce : 후드 유입계수)

$$=\frac{1}{0.82^2}-1=0.487$$

따라서 후드 압력손실 $\Delta P=0.487\times50=24.35\text{mmH}_2\text{O}≒24.4\text{mmH}_2\text{O}$

정답 46. ② 47. ③

48. 작업환경 내 설치된 후드의 유입계수가 0.79이고 후드의 압력손실이 20mmH_2O라면 속도압(mmH_2O)은?

① 19.4
② 27.6
③ 33.2
④ 42.8
⑤ 52.8

해설 후드 압력손실 $\Delta P = F_h \times VP$ (F_h : 후드 유입손실계수, VP : 속도압)

따라서 $VP = \dfrac{\Delta P}{F_h}$

후드 유입손실계수$(F_h) = \dfrac{1}{Ce^2} - 1$ (Ce : 후드 유입계수)

$= \dfrac{1}{0.79^2} - 1 = 0.602$

따라서 $VP = \dfrac{\Delta P}{F_h} = \dfrac{20}{0.602} = 33.2\text{mmH}_2\text{O}$

49. 유입계수 Ce=0.82인 원형 후드가 있다. 덕트의 원면적이 0.0314m^2이고 필요환기량 Q는 30m^3/min이라고 할 때 후드정압은?(단, 공기밀도 1.2kg/m^3 기준)

① 16mmH_2O
② 23mmH_2O
③ 32mmH_2O
④ 37mmH_2O
⑤ 45mmH_2O

해설 후드정압$(SPh) = VP(1 + F_h) = 15.52(1+0.487) = 23.08\text{mmH}_2\text{O} ≒ 23\text{mmH}_2\text{O}$

㉠ VP(속도압)을 구하기 위해서 $Q = AV$ 식을 이용한다.

$V = \dfrac{Q}{A} = \dfrac{30\text{m}^3/\text{min}}{0.0314\text{m}^2} = 955.41\text{m/min} = 15.92\text{m/sec}$

따라서 속도압 $VP = \dfrac{\gamma V^2}{2g} = \dfrac{1.2 \times 15.92^2}{2 \times 9.8} = 15.52\text{mmH}_2\text{O}$

여기서, VP : 속도압(공기 속도두, kg_f/m^2 ≒ mmH_2O)
V : 공기의 속도(m/sec)
g : 중력 가속도(9.8m/sec^2)
γ : 표준공기의 밀도(1.203kg/m^3)

㉡ 유입계수로부터 후드 유입손실계수를 구한다.

후드 유입손실계수$(F_h) = \dfrac{1}{Ce^2} - 1$ (Ce : 후드 유입계수)

$= \dfrac{1}{0.82^2} - 1 = 0.487$

 정답 48. ③ 49. ②

50. 1기압 상태의 직경이 40cm인 덕트에서 동점성계수가 2×10^{-4}m²/sec인 기체가 10m/sec로 흐른다. 이때의 레이놀즈 수는?

① 5,000　　② 10,000
③ 15,000　　④ 20,000
⑤ 30,000

해설 레이놀즈 수 $Re = \dfrac{관성력}{점성력} = \dfrac{VD\gamma}{\mu} = \dfrac{VD}{\nu}$

여기서, V : 유체의 평균유속(m/sec), D : 관의 직경(m)
γ : 유체의 밀도(kg/m³), μ : 점성 계수(kgf · sec/m²)
ν : 동점성계수(m²/sec)

$Re = \dfrac{10 \times 0.4}{2 \times 10^{-4}} = 20{,}000$

51. 관경이 200mm인 직관 속을 공기가 흐르고 있다. 공기의 동점성계수가 1.5×10^{-5}m²/s이고, 레이놀즈수가 40,000이라면 풍량은?

① 4.24m³/min　　② 5.65m³/min
③ 6.52m³/min　　④ 7.6m³/min
⑤ 8.3m³/min

해설 레이놀즈 수 $Re = \dfrac{관성력}{점성력} = \dfrac{VD\gamma}{\mu} = \dfrac{VD}{\nu}$

$= \dfrac{유체속도 \times 관직경}{동점성계수} = \dfrac{유체속도 \times 0.2\text{m}}{1.5 \times 10^{-5}\text{m}^2/\text{sec}} = 4 \times 10^4$

따라서, 유체속도 = 3m/sec

풍량$(Q) = A \times V = \left(\dfrac{\pi \times 0.2\text{m}^2}{4}\right) \times 3\text{m/sec} = 0.094\text{m}^3/\text{sec} = 5.65\text{m}^3/\text{min}$

52. 전체환기시설을 설치하기 위하여 필요한 조건들이다. 알맞은 것으로만 짝지어진 것은?

> ㉠ 유해물질 발생량이 적어야 한다.
> ㉡ 공기 중 유해물질의 농도가 높아 허용농도 이상이어야 한다.
> ㉢ 독성이 높은 물질을 사용하는 곳이어야 한다.
> ㉣ 유해물질 발생이 비교적 균일해야 한다.

① ㉠, ㉢　　② ㉠, ㉣
③ ㉡, ㉢　　④ ㉡, ㉣
⑤ ㉠, ㉡

정답 50. ④　51. ②　52. ②

해설 전체환기시설을 설치하기 위해서는 유해물질의 발생량이 적고, 비교적 균일하게 발생하여야 한다.

전체환기법이 가능한 경우

- 오염발생원에서 발생하는 유해물질의 양이 적어 국소배기로 하면 비경제적인 경우
- 근로자의 근무 장소가 오염발생원으로부터 멀리 떨어져 있어 유해물질의 농도가 허용기준 이하일 때
- 오염물질의 독성이 낮은 경우
- 오염물질의 발생량이 균일한 경우
- 한 작업장 내에 오염발생원이 분산되어 있는 경우
- 오염발생원의 위치가 움직이는 경우
- 기타 국소배기가 불가능한 경우

53. 강제환기를 실시할 때 환기효과를 제고하기 위한 원칙과 거리가 먼 것은?

① 오염물질 배출구는 가능한 한 오염원으로부터 가까운 곳에 설치하여 점환기의 효과를 얻는다.
② 공기배출구와 근로자의 작업위치 사이에 오염원이 위치하지 않도록 한다.
③ 배출공기를 보충하기 위하여 청정공기를 공급한다.
④ 오염원 주위에 다른 작업 공정이 있으면 공기배출량을 공급량보다 약간 크게 하여 음압을 형성한다.
⑤ 배출구 높이를 적절히 설계하고 배출구가 창문이나 문 근처에 위치하지 않도록 한다.

해설 공기가 배출되면서 오염장소를 통과하도록 공기배출구와 유입구의 위치를 선정한다. 공기배출구와 근로자의 작업위치 사이에 오염원이 위치하여야 한다. 건물 밖으로 배출된 오염공기가 다시 건물 안으로 유입되지 않도록 배출구 높이를 적절히 설계하고 배출구가 창문이나 문 근처에 위치하지 않도록 한다.

전체환기 설치 기본원칙

㉠ 배출공기를 보충하기 위하여 청정공기를 공급
㉡ 오염물질 배출구는 가능한 한 오염원으로부터 가까운 곳에 설치하여 점환기의 효과를 얻음
㉢ 공기배출구와 근로자의 작업위치 사이에 오염원이 위치
㉣ 공기가 배출되면서 오염장소를 통과하도록 공기배출구와 유입구의 위치를 선정
㉤ 배출된 공기가 재유입되지 않도록 배출구 높이를 설계하고 창문이나 출입문 위치를 피함

54. 화학공장에서 n-Hexane(분자량 86.17, 노출기준 100ppm)과 Dichloroethane(분자량 98.96, 노출기준 50ppm)이 각각 100g/h, 50g/h씩 기화한다면 이때의 필요환기량(m^3/h)은?(단, 21℃ 기준, K값은 각각 6과 4이다.)

① 약 1,300m^3/h
② 약 1,800m^3/h
③ 약 2,200m^3/h
④ 약 2,700m^3/h
⑤ 약 3,500m^3/h

 정답 53. ② 54. ④

해설 ㉠ n－Hexane의 필요환기량

$$\text{작업시간 1시간당 필요환기량} = \frac{24.1 \times \text{유해물질의 시간당 사용량(kg/hr)} \times K \times 10^6}{\text{분자량} \times \text{유해물질의 노출기준(ppm)}}$$

$$= \frac{24.1 \times 0.1\text{kg/hr} \times 6 \times 10^6}{86.17 \times 100\text{ppm}} = 1{,}678.078\text{m}^3/\text{hr}$$

㉡ Dichloroethane 필요환기량

$$\text{작업시간 1시간당 필요환기량} = \frac{24.1 \times \text{유해물질의 시간당 사용량(kg/hr)} \times K \times 10^6}{\text{분자량} \times \text{유해물질의 노출기준(ppm)}}$$

$$= \frac{24.1 \times 0.05\text{kg/hr} \times 4 \times 10^6}{98.96 \times 50\text{ppm}} = 974.13\text{m}^3/\text{hr}$$

㉢ 혼합공기의 필요환기량

$1{,}678.078\text{m}^3/\text{hr} + 974.13\text{m}^3/\text{hr} = 2{,}652\text{m}^3/\text{hr} \fallingdotseq 2{,}700\text{m}^3/\text{hr}$

55. 어떤 작업장에서 메틸알코올(비중 0.792, 분자량 32.04)이 시간당 1.0ℓ 증발되어 공기를 오염시키고 있다. 여유계수 K값은 3이고, 허용기준 TLV는 200ppm이라면 이 작업장을 전체환기시키는 데 요구되는 필요환기량은?(단, 1기압 21℃ 기준)

① $120\text{m}^3/\text{min}$
② $150\text{m}^3/\text{min}$
③ $180\text{m}^3/\text{min}$
④ $210\text{m}^3/\text{min}$
⑤ $310\text{m}^3/\text{min}$

해설 산업안전보건기준에 관한 규칙 제430조

$$\text{작업시간 1시간당 필요환기량} = \frac{24.1 \times \text{비중} \times \text{유해물질의 시간당 사용량} \times K \times 10^6}{\text{분자량} \times \text{유해물질의 노출기준}}$$

$$= \frac{24.1 \times 0.792 \times 1\text{L/hr} \times 3 \times 10^6}{32.04 \times 200\text{ppm}} = 8{,}935.9\text{m}^3/\text{hr} = 148.9\text{m}^3/\text{min}$$

$$\fallingdotseq 150\text{m}^3/\text{min}$$

① 시간당 필요환기량, 단위 : m^3/hr
② 유해물질의 시간당 사용량, 단위 : L/hr
③ K : 안전계수
④ 유해물질의 노출기준, 단위 : ppm
⑤ 21℃ 기체 1mol의 부피는 24.1L

※ 주의 : 유해물질의 시간당 사용량은 액체상태를 말함

56. 사무실 직원이 모두 퇴근한 6시 30분의 CO_2 농도는 1,700ppm이었다. 4시간이 지난 후 다시 CO_2 농도를 측정한 결과 CO_2 농도는 800ppm이었다면 이 사무실의 시간당 공기교환 횟수는?(단, 외부공기 중 CO_2 농도는 330ppm)

① 0.11
② 0.19
③ 0.27
④ 0.35
⑤ 0.45

정답 55. ② 56. ③

해설 $$ACH = \frac{\ln(C_1 - C_0) - \ln(C_2 - C_0)}{hour}$$
$$= \frac{\ln(1{,}700 - 330) - \ln(800 - 330)}{4} = 0.267\text{회}/\text{hr} \fallingdotseq 0.27\text{회}/\text{hr}$$

57. 용융로에 설치된 레시버식 캐노피형 후드의 열상승 기류량이 20m³/min이고 누입한계 유량비 K_L이 2.0일 때 소요 송풍량(m³/min)은?(단, 표준상태기준, 후드 주위에 난류영향은 없다.)

① 40 ② 60
③ 80 ④ 100
⑤ 150

해설 소요 송풍량$(Q_2) = Q_1\{1 + (m \times K_L)\}$
여기서, m : 누출안전계수, K_L : 누입한계유량비
$Q_2 = 20\{1 + (1 \times 2.0)\} = 60(\text{m}^3/\text{min})$

58. 국소배기시설의 일반적 배열순서로 가장 적절한 것은?

① 후드 - 덕트 - 송풍기 - 공기정화장치 - 배기구
② 후드 - 송풍기 - 공기정화장치 - 덕트 - 배기구
③ 후드 - 덕트 - 공기정화장치 - 송풍기 - 배기구
④ 후드 - 공기정화장치 - 덕트 - 송풍기 - 배기구
⑤ 후드 - 송풍기 - 덕트 - 공기정화장치 - 배기구

해설 국소배기 시설의 구성
후드 → 송풍관(Duct) → 공기정화장치 → 송풍기 → 배출구

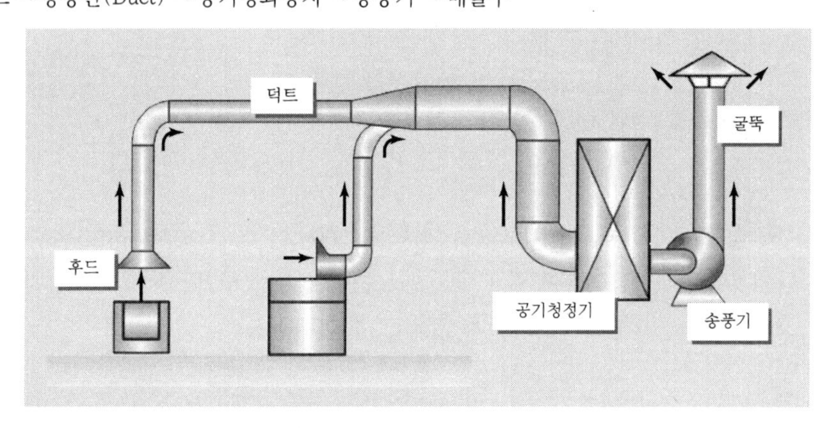

 정답 57. ② 58. ③

59. 국소배기시설(후드)의 필요환기량을 감소시키기 위한 방법으로 틀린 것은?
① 가급적으로 공정의 포위를 최소화한다.
② 포집형이나 레시버형 후드를 사용할 때에는 가급적 후드를 배출 오염원에 가깝게 설치한다.
③ 공정에서 발생 또는 배출되는 오염물질의 절대량을 감소시키는 것이 곧 필요 환기량을 감소시키는 것이다.
④ 후드 개구면에서 기류가 균일하게 분포되도록 설계한다.
⑤ 어느 한 부분에서의 최소 설계속도를 맞추려고 다른 후드나 개구부보다 높은 속도를 유지하도록 설계하는 것을 피해야 한다.

해설 ① 가급적 공정을 많이 포위시킨다.

필요환기량을 최소화하는 방법
- 가급적이면 공정을 많이 포위
- 포집형이나 레시버형 후드를 사용할 때에는 가급적 후드를 배출 오염원에 가깝게 설치한다.
- 공정에서 발생 또는 배출되는 오염물질의 절대량을 감소시키는 것이 곧 필요 환기량을 감소시키는 것이다.
- 후드 개구면에서 기류가 균일하게 분포되도록 설계한다.
- 어느 한 부분에서의 최소 설계속도를 맞추려고 다른 후드나 개구부보다 높은 속도를 유지하도록 설계하는 것을 피해야 한다.

60. 푸시-풀(Push Pull) 후드에 관한 설명으로 옳지 않은 것은?
① 도금조와 같이 폭이 넓은 경우에 사용하면 포집효율을 증가시키면서 필요유량을 대폭 감소시킬 수 있다.
② 제어속도는 푸시 제트기류에 의해 발생한다.
③ 가압노즐 송풍량은 흡인후드의 송풍량의 2.5~5배 정도이다.
④ 공정에서 작업물체를 처리조에 넣거나 꺼내는 중에 공기막이 파괴되어 오염물질이 발생한다.
⑤ 노즐의 각도는 최대 20° 내를 유지하도록 한다.

해설 ③ 가압노즐 송풍량은 흡인후드의 송풍량의 1.5~2배 정도이다.

푸시-풀(Push Pull) 후드
- 도금조와 같이 상부가 개방되어 있고 그 면적이 넓어 한쪽 방향에 후드를 설치하는 것으로는 충분한 흡인력이 발생되지 않은 경우에 적용하고 포집효율을 증가시키면서 필요유량을 대폭 감소시킬 수 있는 장점이 있다.
- 제어 길이가 비교적 길어서 외부식 후드에 문제가 되는 경우에 공기를 불어주고, 당겨주는 장치로 되어 있어 작업자의 방해가 적고 적용이 용이하다.
- 제어속도는 PUSH 제트기류에 의해 발생한다.
- 노즐로는 하나의 긴 슬롯, 구멍 뚫린 파이프 또는 개별노즐을 여러 개 사용하는 방법이 있다.
- 노즐의 각도는 제트공기가 방해받지 않도록 아래 방향을 향하고, 최대 20° 내를 유지하도록 한다.
- 여러 가지 영향인자가 존재하므로 ±20% 정도 유량조정이 가능하도록 설계되어야 한다.
- 단점은 원료의 손실이 크고 설계방법이 어렵고, 효과적으로 성능을 발휘하지 못하는 경우가 있다.
- 가압노즐 송풍량은 흡인후드의 송풍량의 1.5~2배 정도가 적정하다.

정답 59. ① 60. ③

61. 길이가 2.4m, 폭이 0.4m인 플랜지 부착 슬롯형 후드가 설치되어 있다. 포착점까지의 거리가 0.5m, 제어속도가 0.75m/s일 때 필요송풍량은?(단, 1/2 원주 슬롯형, C=2.8 적용)

① $142.5m^3/min$
② $151.2m^3/min$
③ $161.3m^3/min$
④ $182.9m^3/min$
⑤ $196.3m^3/min$

해설 플랜지 부착 슬롯형 후드의 필요환기량

$Q = 60 \times C \times L \times V \times X$

$= 60 \times 2.8 \times 2.4m \times 0.75m/sec \times 0.5m$

$= 151.2m^3/min$

여기서, Q : 유량(m^3/min)
V : 제어속도(m/sec)
X : 제어길이(m)
L : 장변의 길이(m)
C : 2.6 적용, 1/2원주 슬롯형일 경우 2.8 적용

62. 후드 개구면의 유속을 균일하게 분포시키는 방법과 거리가 먼 것은?

① 테이퍼 부착
② 슬롯 사용
③ 파이프 적용
④ 차폐막 사용
⑤ 분리날개 설치

해설 후드 개구면 속도

포집형 후드에서 후드 개구면에서 균일한 유속분포가 생성되어야 오염물질을 성공적으로 포집할 수 있다. 따라서 후드 개구면 속도를 균일하게 분포시키는 방법이 중요한 요소가 된다.

㉠ 플랜지 부착
㉡ 테이퍼 부착
㉢ 분리날개 설치
㉣ 슬롯 사용
㉤ 차폐막 사용

63. 덕트 설치 시 고려사항으로 틀린 것은?

① 가급적 원형 덕트를 사용하며, 부득이 사각형 덕트를 사용할 경우는 가능한 한 정방형을 사용한다.
② 직경이 다른 덕트를 연결할 때는 경사 30° 이내의 테이퍼를 부착한다.
③ 송풍기를 연결할 때에는 최소 덕트 직경의 6배 정도는 직선구간으로 하여야 한다.
④ 곡관의 곡률반경은 최대 덕트 직경의 2.0 이상으로 하며 주로 3.0을 사용한다.
⑤ 곡관은 덕트보다 최소 0.76mm 정도 두꺼운 재질을 선택하며, 곡률반경은 최소 덕트 직경의 1.5 이상 주로 2.0을 사용한다.

 정답 61. ② 62. ③ 63. ④

해설 곡관은 덕트보다 최소 0.76mm 정도 두꺼운 재질을 선택하며, 곡률반경은 최소 덕트 직경의 1.5 이상 주로 2.0을 사용한다.

설치 시 고려사항

- 가급적 원형 덕트를 사용하는 것이 좋다.
- 후드는 덕트보다 0.76mm 정도 두꺼운 재질을 선택하고 강성을 증대하기 위해 필요한 부분에 보강재를 설치한다.
- 덕트 연결부위는 용접하는 것이 바람직하다.
- 곡관은 덕트보다 최소 0.76mm 정도 두꺼운 재질을 선택하며, 곡률반경은 최소 덕트 직경의 1.5 이상 주로 2.0을 사용한다.
- 덕트 내에 분진이 퇴적될 염려가 있을 경우 곡관 부근, 합류점, 수직구간 등에 청소구를 설치한다.
- 직경이 다른 덕트를 연결할 때에는 경사 30도 이내의 테이퍼를 부착한다.
- 수분이 응축될 경우 경사나 배수구를 마련한다.
- 송풍기를 연결할 때에는 최소 덕트직경의 6배 정도는 직선구간으로 한다.
- 덕트지지대는 덕트의 무게를 충분하게 지탱할 수 있도록 한다.
- 덕트와 송풍기 연결부위에는 진동을 고려하여 유연한 재질로 연결한다.

64. 원심력송풍기 중 후향 날개형 송풍기에 관한 설명으로 틀린 것은?

① 송풍기 깃이 회전방향으로 경사지게 설계되어 충분한 압력을 발생시킬 수 있다.
② 고농도 분진 함유 공기를 이송시킬 경우 긴 뒷면에 분진이 퇴적된다.
③ 고농도 분진 함유 공기를 이송시킬 경우 집진기 후단에 설치하여야 한다.
④ 깃의 모양은 두께가 균일한 것과 익형이 있다.
⑤ 송풍량이 증가하여도 동력이 증가하지 않은 장점이 있어 한계부하송풍기(Limit Load Fan)라고도 함

해설 회전날개가 회전방향 반대편으로 경사지게 설계되어 있어 충분한 압력을 발생시킬 수 있다.

후향 날개형 송풍기(터보형)

㉠ 터보 송풍기라고 함
㉡ 회전날개가 회전방향 반대편으로 경사지게 설계
㉢ 송풍량이 증가하여도 동력이 증가하지 않은 장점이 있어 한계부하송풍기(Limit Load Fan)라고도 함
㉣ 충분한 압력을 발생시킬 수 있으며 효율이 좋음
- 장소의 제약을 받지 않는다.
- 효율이 좋은 것이 요구될 때 이 형식이 가장 좋다.
- 하향구배 특성이므로 풍압이 바뀌어도 풍량의 변화가 비교적 작고 송풍기를 병렬로 배열해도 풍량에는 지장이 없다.
- 소요풍압이 떨어져도 마력이 크게 올라가지 않는다.
- 효율 면에서 가장 좋은 송풍기이다.

65. 송풍기의 풍량, 풍압, 동력과 회전수의 관계를 바르게 설명한 것은?

① 풍량은 회전수에 비례한다.
② 풍압은 회전수의 제곱에 반비례한다.
③ 동력은 회전수의 제곱에 반비례한다.
④ 동력은 회전수의 제곱에 비례한다.
⑤ 풍압은 회전수의 세제곱에 반비례한다.

해설 송풍기 상사법칙 : 풍량은 회전수에 정비례, 풍압은 제곱비례, 동력은 회전수에 세제곱비례

㉠ 풍량은 회전수에 비례한다.

$$\frac{Q_2}{Q_1}=\frac{N_2}{N_1}$$

여기서, Q_1 : 회전수 변경 전 풍량(m^3/min)
Q_2 : 회전수 변경 후 풍량(m^3/min)
N_1 : 변경 전 회전수(rpm)
N_2 : 변경 후 회전수(rpm)

㉡ 풍압(전압)은 회전수의 제곱에 비례한다.

$$\frac{FTP_2}{FTP_1}=\left(\frac{N_2}{N_1}\right)^2$$

여기서, FTP_1 : 회전수 변경 전 풍압(mmH_2O)
FTP_2 : 회전수 변경 후 풍압(mmH_2O)

㉢ 동력은 회전수의 세제곱에 비례한다.

$$\frac{kW_2}{kW_1}=\left(\frac{N_2}{N_1}\right)^3$$

여기서, kW_1 : 회전수 변경 전 동력(kW)
kW_2 : 회전수 변경 후 동력(kW)

66. 세정집진장치의 효율을 향상시키기 위한 방안으로 옳지 않은 것은?

① 충진탑은 공탑 내의 배기속도를 크게 한다.
② 체류시간을 길게 한다.
③ 분무되는 물방울의 모양과 크기를 높인다.
④ 충진제의 표면적과 충진 밀도를 크게 한다.
⑤ 수압을 높인다.

해설 충진탑의 공탑 내 배기속도는 가급적 낮춘다.

세정집진장치 제진효율 증가방법

- 분무시킨 물방울의 모양과 크기를 높임
- 충진제의 표면적과 충진 밀도를 크게 함
- 수압을 높임
- 공탑 내 체류시간을 길게 하고(배기속도를 낮춘다.) 데미스터를 설치함

 정답 65. ① 66. ①

67. 다음 [보기]에서 여과집진장치의 장점만을 고른 것은?

> a. 다양한 용량(송풍량)을 처리할 수 있다.
> b. 습한 가스 처리에 효율적이다.
> c. 미세입자에 대한 집진효율이 비교적 높은 편이다.
> d. 여과재는 고온 및 부식성 물질에 손상되지 않는다.

① a. b　　② a. c
③ c. d　　④ b. d
⑤ a. d

해설 여과집진장치의 장단점

장점	단점
• 건식 제진이 가능하고 고효율 • 설비이상 유무의 조기발견이 가능 • 다양한 용량을 처리 • 여러 형태의 분진 포집 가능	• 설치면적이 넓음 • 여과속도에 영향이 큼 • 온도와 부식성 물질에 대해 여과재가 파괴될 수 있음 • 습한 환경에 민감 • 화재폭발의 위험이 있음

68. 전기집진장치의 장단점과 거리가 먼 것은?(단, 기타 집진기와 비교)

① 운전 및 유지비가 비싸다.
② 초기 설치비가 많이 소요된다.
③ 고온가스를 처리할 수 있어 보일러와 철강로 등에 설치할 수 있다.
④ 넓은 범위의 입경과 분진농도에 집진효율이 높다.
⑤ 가연성 입자의 처리가 곤란한 단점이 있다.

해설 ① 전기집진장치는 운전 및 유지비가 싸다.

전기집진장치의 장점

• 고온가스를 처리할 수 있어 보일러와 철강로 등에 설치할 수 있다.
• 압력손실이 낮으므로 송풍기의 가동비용이 저렴하다.
• 넓은 범위의 입경과 분진농도에 집진효율이 좋다.
• 운전 및 유지비가 싸다.
• 초기 설치비가 많이 든다.
• 설치공간을 많이 차지한다.
• 가연성 입자의 처리가 곤란하다.

정답 67. ② 68. ①

69. 국소환기시스템의 덕트설계에 있어서 덕트 합류 시 균형유지방법인 '설계에 의한 정압균형 유지법'의 장단점으로 맞지 않는 것은?

① 때에 따라 전체 필요한 최소유량보다 더 초과될 수 있다.
② 설계가 복잡하여 시간이 걸린다.
③ 최대 저항경로 선정이 잘못되어도 설계 시 쉽게 발견할 수 있다.
④ 임의의 유량을 조절하기가 용이하다.
⑤ 예기치 않은 침식, 부식, 분진퇴적으로 인한 축적현상이 일어나지 않는다.

해설 ④ 정압균형 유지법은 임의의 유량을 조절하기가 어렵다.

'설계에 의한 정압균형 유지법'의 장단점

㉠ 장점
- 예기치 않은 침식, 부식, 분진퇴적으로 인한 축적현상이 일어나지 않는다.
- 잘못 설계된 분기관, 최대저항 경로 선정이 잘못되어도 설계 시 쉽게 발견할 수 있다.
- 설계가 정확할 때는 가장 효율적인 시설이 될 수 있다.
- 유속의 범위가 적절히 선택되면 덕트의 폐쇄가 일어나지 않는다.

㉡ 단점
- 설계 시 잘못된 유량을 수정하기 어렵다.
- 임의로 유량을 조절할 수 없다.
- 설계가 복잡하고 시간이 많이 소요된다.
- 설계유량 산정이 잘못되었을 경우 덕트의 크기 변경을 필요로 한다.
- 전체 필요한 최소유량보다 더 초과될 수 있다.
- 설치 후 변경이나 확장이 어렵다.
- 효율개선을 위한 전체 시설 수정이 어렵다.

70. 공기공급시스템이 필요한 이유가 아닌 것은?

① 작업장의 원활한 교차기류 발생을 위해서
② 안전사고를 예방하기 위해서
③ 연료를 절약하기 위해서
④ 국소배기장치의 원활한 작동을 위해서
⑤ 정화되지 않은 외부공기가 작업장 내로 유입되는 것을 방지하기 위해서

해설 공기공급 시스템이 필요한 이유
- 국소배기장치의 원활한 작동을 위하여
- 국소배기장치의 효율 유지를 위하여
- 작업장 내 음압 발생에 의한 안전사고를 예방하기 위하여
- 에너지(연료)를 절약하기 위하여
- 작업장 내의 방해기류(교차기류)가 생기는 것을 방지하기 위하여
- 정화되지 않은 외부공기가 작업장 내로 유입되는 것을 방지하기 위해서

 정답 69. ④ 70. ①

71. 다음 중 산업안전보건법상 특수건강진단 대상자에 해당하지 않는 것은?
① 고온환경하에서 작업하는 근로자
② 소음환경하에서 작업하는 근로자
③ 자외선 및 적외선을 취급하는 근로자
④ 저기압하에서 작업하는 근로자
⑤ 톨루엔을 취급하는 근로자

해설 특수건강진단 대상업무(소음, 자외선 및 적외선, 저기압 및 관리대상 유해물질 등, 고온 및 저온은 해당 없음)에 근로자를 배치하려는 경우에는 해당 작업에 배치하기 전에 배치 전 건강진단을 실시

72. 근로자 건강진단과 관련하여 건강관리구분 판정인 "D_1"이 의미하는 것은?
① 작업병 유소견자
② 일반질병 유소견자
③ 직업병 요관찰자
④ 일반질병 요관찰자
⑤ 질환 의심자

해설 건강진단에 의한 건강관리 구분
㉠ A : 정상자
㉡ C_1 : 직업병 요관찰자
㉢ C_2 : 일반질병 요관찰자
㉣ D_1 : 직업병 유소견자(직업성 질병의 소견을 보여 사후관리가 필요한 자)
㉤ D_2 : 일반질병 유소견자
㉥ R : 질환 의심자

73. 산업안전보건법상 배치 예정업무 적합성 평가에 해당하는 건강진단의 종류는?
① 배치 전 건강진단
② 일반건강진단
③ 수시건강진단
④ 임시건강진단
⑤ 배치 후 건강진단

해설

건강진단 종류	주요내용 및 실시주기
일반건강진단	상시 근로자의 건강관리를 위하여 주기적으로 실시하는 건강진단 사무직 : 2년에 1회, 비사무직 : 1년에 1회
특수건강진단	특수건강진단 대상 유해인자에 노출되는 업무 종사 근로자, 해당 유해인자에 따른 주기에 따름
배치 전 건강진단	특수건강진단 대상업무에 종사할 근로자에 대하여 배치 예정업무적합성 평가를 위하여 실시하는 건강진단[특수건강진단의 한 종류]
수시건강진단	해당 유해인자에 의한 건강장해를 의심하게 하는 증상을 보이거나 의학적 소견이 있는 근로자에 대하여 실시하는 건강진단

정답 71. ① 72. ① 73. ①

74. 다음 중 직업병의 예방대책으로 적절하지 않은 것은?

① 유해요인이 발암성 물질일 경우 전혀 노출되지 않도록 완전하게 제거되어야 한다.
② 근로자가 업무를 수행하는 데 불편함이나 스트레스가 없도록 하여야 하며, 새로운 유해요인이 발생되지 않아야 한다.
③ 발암성 물질을 취급하는 근로자들의 건강진단결과 서류는 30년 동안 보존하여야 한다.
④ 건강검진결과 R 판정을 받은 근로자를 우선 관리하여야 한다.
⑤ 개인보호구 착용은 직업병 예방조치 중 가장 후단의 조치이다.

해설 건강진단에 의한 건강관리 구분
㉠ A : 정상자
㉡ C_1 : 직업병 요관찰자
㉢ C_2 : 일반질병 요관찰자
㉣ D_1 : 직업병 유소견자(직업성 질병의 소견을 보여 사후관리가 필요한 자)
㉤ D_2 : 일반질병 유소견자
㉥ R : 질환 의심자

75. 다음 중 근로자의 건강진단 실시 결과 건강관리 구분에 따른 내용의 연결이 틀린 것은?

① R : 건강관리상 사후관리가 필요없는 근로자
② C_1 : 직업성 질병으로 진전될 우려가 있어 추적검사 등 관찰이 필요한 근로자
③ D_1 : 직업성 질병의 소견을 보여 사후관리가 필요한 근로자
④ D_2 : 일반 질병의 소견을 보여 사후관리가 필요한 근로자
⑤ R : 질환 의심자

해설 건강진단에 의한 건강관리 구분
㉠ A : 정상자
㉡ C_1 : 직업병 요관찰자
㉢ C_2 : 일반질병 요관찰자
㉣ D_1 : 직업병 유소견자(직업성 질병의 소견을 보여 사후관리가 필요한 자)
㉤ D_2 : 일반질병 유소견자
㉥ R : 질환 의심자

76. 다음 중 사업장의 보건관리에 대한 내용으로 틀린 것은?

① 고용노동부장관은 근로자의 건강을 보호하기 위하여 필요하다고 인정할 때에는 사업주에게 특정 근로자에 대해 임시건강진단의 실시나 그 밖에 필요한 조치를 명할 수 있다.
② 사업주는 산업안전보건위원회 또는 근로자 대표가 요구할 때에는 본인의 동의 없이도 건강진단을 한 건강진단기관으로 하여금 건강진단 결과에 대한 설명을 하도록 할 수 있다.

 정답 74. ④ 75. ① 76. ②

③ 고용노동부장관은 직업성 질환의 진단 및 예방, 발생원인의 규명을 위하여 필요하다고 인정할 때에는 근로자의 질병과 작업장의 유해요인의 상관관계에 관한 직업성 질환 역학조사를 할 수 있다.
④ 사업주는 유해하거나 위험한 작업으로서 대통령령으로 정하는 작업에 종사하는 근로자에게는 1일 6시간, 1주 34시간을 초과하여 근로하게 하여서는 아니 된다.
⑤ 산업안전보건위원회 또는 근로자대표가 요구할 때에는 직접 또는 건강진단을 한 건강진단기관으로 하여금 건강진단 결과에 대한 설명을 하도록 하여야 한다.

해설 산업안전보건법 제43조제6항
사업주는 제19조에 따른 산업안전보건위원회 또는 근로자대표가 요구할 때에는 직접 또는 건강진단을 한 건강진단기관으로 하여금 건강진단 결과에 대한 설명을 하도록 하여야 한다. 다만, 본인의 동의 없이는 개별 근로자의 건강진단 결과를 공개하여서는 아니 된다.

77. 고용노동부장관이 고시하는 발암성 확인물질을 취급하는 근로자들의 건강진단결과서류를 사업주는 얼마 동안 보존하여야 하는가?
① 5년 ② 10년
③ 20년 ④ 30년
⑤ 영구보존

해설 산업안전보건법상 발암성 물질 관련 서류는 30년간 보존하여야 한다.

78. 우리나라 산업위생의 역사로 틀린 것은?
① 1953년 – 근로기준법 제정 ② 1981년 – 산업안전보건법 공포
③ 1986년 – 유해물질의 허용농도 제정 ④ 1988년 – 한국산업위생학회 창립
⑤ 1963년 – 전국 사업장에 작업환경조사와 건강진단 실시

해설 ㉠ 1954년 – 광산에서 진폐증 발견
㉡ 1962년 – 근로기준법 시행령 제정
㉢ 1963년 – 전국 사업장에 작업환경조사와 건강진단 실시
㉣ 1981년 – 노동청이 노동부로 승격, 산업안전보건법 공포
㉤ 1990년 – 한국산업위생학회 창립

79. 대상 먼지와 침강속도가 같고, 밀도가 1이며 구형인 먼지의 직경으로 환산하여 표현하는 입자상 물질의 직경을 무엇이라 하는가?
① 입체적 직경 ② 등면적 직경
③ 기하학적 직경 ④ 공기역학적 직경
⑤ 질량중위 직경

정답 77. ④ 78. ④ 79. ④

해설 ㉠ 실제 크기 직경
- 퍼렛 직경 : 입자의 가장자리를 이분할 때의 직경으로 과대평가 위험성
- 마틴직경 : 입자의 면적을 이등분하는 직경으로 과소평가 위험성
- 등면적 직경 : 불규칙한 모양을 둥그런 모양으로 가정할 때의 직경

㉡ 가상직경
- 공기역학적 직경 : 어떤 입자와 동일한 종단 침강속도를 가지며 밀도 "1"인 가상적인 구형의 직경(입자의 공기 중 운동이나 호흡기 내의 침착기전을 설명할 때 사용)
- 질량중위 직경 : 어떤 입자상 물질을 질량으로 특정하였을 때 전체 질량의 50%에 해당하는 입자의 직경

80. 다음 중 공기역학적 직경(Aerodynamic Diameter)에 대한 설명과 가장 거리가 먼 것은?
① 역학적 특성, 즉 침강속도 또는 종단속도에 의해 측정되는 먼지 크기이다.
② 직경분립충돌기(Cascade Impactor)를 이용해 입자의 크기, 형태 등을 분리한다.
③ 대상 입자와 같은 침강속도를 가지며, 밀도가 1인 가상적인 구형의 직경으로 환산한 것이다.
④ 마틴직경, 페렛직경, 등면적직경(ProJected Area Diameter)의 세 가지로 나누어진다.
⑤ Stokes 법칙에 의하여 직경을 결정할 수 있다.

해설 입자상 물질의 모양 및 크기의 분류
- 물리적 직경 : 마틴직경, 페렛직경, 등면적직경(Projected Area Diameter)
- 공기역학적 직경 : 밀도가 $1g/cm^3$인 물질로 구 형태를 만든 표준입자를 다양한 입자 크기로 만든 후에 대상입자와 낙하되는 속도가 동일한 표준입자의 직경을 대상입자의 직경으로 사용하는 방법을 말한다.

81. 작업환경 중에서 부유분진이 호흡기계에 축적되는 주요 작용기전과 거리가 먼 것은?
① 충돌 ② 침강
③ 농축 ④ 확산
⑤ 차단

해설 호흡기계 축적 메커니즘
㉠ 충돌(관성충돌) : 공기의 흐름이 기관에서 기관지로 바뀔 때 입자상 물질의 관성력에 의해 충돌되어 호흡기계에 축적되는 것으로 호흡기계의 가지부분은 입자상 물질이 가장 많이 축적됨. 입자의 크기는 5~30μm
㉡ 침강(침전) : 가지기관을 지난 후 입자가 가지고 있는 자체 무게에 의해 중력침강작용이 발생, 입자모양과 상관없음. 입자의 크기는 1~5μm
㉢ 확산 : 매우 미세한 입자의 경우 확산에 의해 침착. 입자의 크기는 1μm 이하
㉣ 차단 : 기도 표면에 섬유 입자의 한쪽 끝이 표면에 접촉하여 간섭받게 되어 침착

 정답 80. ④ 81. ③

82. 1~5μm 크기의 입자상 물질의 주된 축적기전으로 적절한 것은?
① 충돌 ② 차단
③ 확산 ④ 침전
⑤ 체질

해설 81번 해설 참조

83. 폐조직이 정상이면서, 간질반응이 경미하고 망상섬유로 구성되어 나타나는 진폐증을 무엇이라 하는가?
① 비가역성 진폐증 ② 비교원성 진폐증
③ 비활동성 진폐증 ④ 비폐포성 진폐증
⑤ 교원성 진폐증

해설 비교원성 진폐증
비섬유성 분진이 일으키는 진폐증으로 산화주석(주석폐증), 황산바륨(바륨폐증) 등이 있다.
㉠ 폐조직이 정상이며, 간질반응이 경미하다.
㉡ 망상섬유로 구성되어 있고, 조직반응이 가역적인 경우가 많다.
㉢ 용접공폐증, 주석폐증, 바륨폐증, 칼륨폐증 등이 대표적인 예이다.

84. 다음 중 진폐증 발생이 관여하는 인자와 거리가 먼 것은?
① 분진의 노출기간 ② 분진의 분자량
③ 분진의 농도 ④ 분진의 크기
⑤ 개인차

해설 진폐증 발생에 관여하는 요인
㉠ 분진의 농도 ㉡ 분진의 크기
㉢ 분진의 노출기간 및 작업강도 ㉣ 개인차

85. 다음 열거된 석면 종류 중 직업성 질환(폐암 또는 중피종)의 발생위험이 가장 높은 것은?
① 크리소타일 ② 아모사이트
③ 크로시도라이트 ④ 악티노라이트
⑤ 트레모라이트

해설 석면은 석면폐증(석면에 의하여 폐의 섬유화를 초래하는 질병), 폐암 및 악성 중피종(흉막이나 복막에 생기는 암으로서 발병 후 대개 6개월 이내에 사망함)을 유발하는 물질이다.
종류로는 크리소타일(chrysotile), 아모사이트(Amosite), 크로시도라이트(Crocidolite), 트레모라이트(Tremolite)가 있으며, 이 중 크로시도라이트(Crocidolite)가 발암성이 가장 강한 것으로 알려졌다.

정답 82. ④ 83. ② 84. ② 85. ③

86. 호흡기계로 들어온 먼지에 대하여 인체가 가지는 방어기전을 조합한 것으로 가장 적절한 것은?

① 면역작용과 대식세포의 작용
② 폐포의 활발한 가스교환과 대식세포의 작용
③ 점액 섬모운동과 대식세포에 의한 정화
④ 점액 섬모운동과 면역작용에 의한 정화
⑤ 소화운동 및 면역작용에 의한 정화

해설 인체 방어기전

㉠ 점액 섬모운동에 의한 정화
- 입자상 물질에 대한 가장 기초적인 방어작용
- 흡입된 공기 속 입자들은 호흡상피에서 분비된 점액의 점액층에 달라붙어 구강 쪽으로 향하는 섬모운동에 의해 외부로 배출
- 대표적인 예 : 객담
- 섬모운동 방해물질 : 담배연기, 카드뮴, 니켈, 암모니아, 수은 등

㉡ 대식세포에 의한 정화
- 기관지나 세기관지에 침착된 먼지는 대식세포가 둘러쌈
- 상부기도로 옮겨지거나 대식세포가 방출하는 효소에 의해 제거
- 대식세포의 용해효소에 제거되지 않는 물질 : 석면, 유리규산

87. 다음 중 직업성 천식을 유발하는 원인 물질로만 나열된 것은?

① TDI(Toluene Disocyanate), TMA(Trimelitic Anhydride)
② TDI, Asbestos
③ 알루미늄, 2-Bromopropane
④ 실리카, 유체(1,2-dibromo-3-chloropropane)
⑤ 톨루엔, Phthalic anhydride

해설 직업성 천식을 일으키는 업종 및 물질

㉠ 피혁 제조
원인물질 : 포르말린, 크롬화합물

㉡ 식물성 기름 제조
원인물질 : 아마씨, 목화씨

㉢ 페인트 도장작업
원인물질 : TDI(Toluene Disocyanate), TMA(Trimelitic Anhydride), 디메틸에탄올아민

88. 건강영향에 따른 분진의 분류와 유발물질의 종류를 잘못 짝지은 것은?

① 진폐성 분진-규산, 석면, 활석, 흑연
② 불활성 분진-석탄, 시멘트, 탄화규소
③ 알레르기성 분진-크롬산, 망간, 황 및 유기성 분진
④ 발암성 분진-석면, 니켈카보닐, 아민계 색소
⑤ 전신중독성 분진-망간, 유황 등의 화합물

정답 86. ③ 87. ① 88. ③

해설 분진의 종류별 유발물질
㉠ 전신중독성 분진 : 망간, 유황 등의 화합물
㉡ 알레르기성 분진 : 꽃가루, 털 등
㉢ 자극성 분진 : 크롬산 등
㉣ 진폐성 분진 : 규산, 석면, 활성, 흑연 등
㉤ 불활성 분진 : 석탄, 시멘트, 탄화규소 등
㉥ 발암성 분진 : 석면, 니켈카보닐, 아민계 색소 등

89. 방향족탄화수소 중 급성 전신중독을 유발하는 데 독성이 가장 강한 물질은?
① 벤젠
② 크실렌
③ 톨루엔
④ 스타이렌
⑤ TDI

해설 톨루엔은 방향족 탄화수소 중 급성 전신중독을 일으키는 데 독성이 가장 강하다. 참고로 벤젠은 만성중독으로 조혈장해 및 백혈병을 유발한다.

90. 다음 중 유기용제 중독자의 응급처치로 적절하지 않은 것은?
① 용제가 묻은 의복을 벗긴다.
② 의식장애가 있을 때에는 산소를 흡입시킨다.
③ 차가운 장소로 이동하여 정신을 긴장시킨다.
④ 유기용제가 있는 장소로부터 대피시킨다.
⑤ 환기가 잘 되는 장소로 이동시킨다.

해설 유기용제 응급처치
㉠ 용제가 묻은 의복을 벗긴다.
㉡ 의식장애가 있을 때에는 산소를 흡입시킨다.
㉢ 환기가 잘 되는 장소로 이동시킨다.
㉣ 유기용제가 있는 장소로부터 대피시킨다.

91. 다음의 유기용제와 그 특이증상을 짝지은 것 중 알맞지 않은 것은?
① 벤젠 - 조혈장애
② 염화탄화수소 - 시신경장애
③ 이황화탄소 - 중추신경 및 말초신경장애
④ 메틸부틸케톤 - 말초신경장애
⑤ TCE - 스티븐슨존슨 증후군

해설 메틸알코올이 시신경장애를 일으킨다.

정답 89. ③ 90. ③ 91. ②

92. 다음 중 악영향을 나타내는 반응이 없는 농도수준(SNARL ; Suggested No-Adverse-Response Level)과 동일한 의미의 용어는?

① 독성량(TD ; Toxic Dose)
② 무관찰영향수준(NOEL ; No Observed Effect Level)
③ 유효량(ED ; Effective Dose)
④ 서한도(TLVs ; Threshold Limit Valuse)
⑤ NOAEL(No Observed Adverse Effect Level)

해설 무관찰영향수준(NOEL ; No Observed Effect Level)

㉠ 무관찰 작용량으로서 가능한 독성영향에 대하여 연구 시 현재의 평가방법으로 독성영향이 관찰되지 않는 수준이다.
㉡ "관찰된(Observed)"이란 용어를 추가함으로써 밝혀지지 않은 독성이 있을 수 있다는 것과 다른 종류의 동물을 실험할 경우에는 독성이 있을 수 있음을 전제한다.
㉢ 만성 독성(Acute Toxity)실험에서 얻어지는 지표로 NOEL 수준의 양을 투여했을 때는 투여하는 전 기간에 걸쳐 치사, 발병 및 병태생리학적 변화가 모든 실험대상에서 관찰되지 않는 양, 즉 실험과정에서 아무런 장해가 나타나지 않은 양이다.
㉣ 양-반응 관계에서 안전하다고 여겨지는 양이다.
㉤ 동물실험에서 역치량(ThD ; Threshold Dose)으로 이용된다.
㉥ SNARL(Suggested No-Adverse-Response Level)과 동일한 의미이다.

93. 화학물질의 투여에 의한 독성범위를 나타내는 '안전역'을 알맞게 나타낸 것은?(단, LD : 치사량, TD : 중독량, ED : 유효량)

① 안전역 $=ED_{50}/TD_{50}$
② 안전역 $=TD_{50}/ED_{50}$
③ 안전역 $=ED_{50}/LD_{50}$
④ 안전역 $=LD_{50}/ED_{50}$
⑤ 안전역 $=LD_{50}/TD_{50}$

해설 안전역 $=\dfrac{TD_{50}}{ED_{50}}$

94. 구리의 독성에 대한 인체실험 결과 안전흡수량이 체중 kg당 0.008mg이었다. 1일 8시간 작업 시의 허용농도는 약 몇 mg/m^3인가?(단, 근로자의 평균 체중은 70kg, 작업 시의 폐환기율은 $1.45m^3/h$로 가정한다.)

① 0.035
② 0.048
③ 0.056
④ 0.064
⑤ 0.075

 정답 92. ② 93. ② 94. ②

해설 SHD(mg/kg 몸무게) = C × V × T × R

$$0.008\text{mg/kg 몸무게} = C \times \frac{1.45\text{m}^3}{\text{hr}} \times 8\text{hr} \times 1.0$$

$$C = \frac{0.008\text{mg}}{\text{kg 몸무게}} \times \frac{\text{hr}}{1.45\text{m}^3} \times \frac{1}{8\text{hr}} \times 1.0 = 0.00068\text{mg/m}^3 \cdot \text{kg 몸무게}$$

따라서 70kg의 근로자일 경우 C = 0.048mg/m^3

여기서, SHD(mg/day) : 체내 흡수량(사람에 대한 안전 노출량)

C(mg/m^3) : 공기 중 유해물질 농도

V(m^3/hr) : 개인의 호흡률(폐환기율), 중노동(1.47m^3/hr), 보통작업(0.98m^3/hr)

T(hr) : 노출되는 시간, 일반적으로 8시간

R : 체내 잔류율(보통 1.0)

95. 다음 중 상기도 점막 자극성 물질과 거리가 먼 것은?

① 암모니아　② 아황산가스
③ 알데히드　④ 포스겐
⑤ 크롬산

해설 ㉠ 포스겐은 수용성이 적어 폐포까지 도달하는 물질이다.
㉡ 상기도 점막 자극제 : 물에 잘 녹는 물질이며, 알데히드, 알칼리성 먼지와 미스트, 암모니아, 크롬산, 산화에틸렌, 염화수소, 불화수소, 아황산가스 등을 들 수 있다.

96. 다음 중 단순질식제로 구분되는 것은?

① 탄산가스　② 아닐린가스
③ 니트로벤젠가스　④ 황화수소가스
⑤ 시안화수소

해설 단순 질식제
㉠ 정상적 호흡에 필요한 혈중 산소량을 낮추나 생리적으로 어떠한 작용도 하지 않는 불활성 가스를 말함
㉡ 종류 : 이산화탄소(탄산가스), 메탄가스, 질소가스, 수소가스, 메탄, 에탄, 프로판, 에틸렌, 아세틸렌, 헬륨

97. 자극성 접촉피부염에 관한 설명으로 틀린 것은?

① 작업장에서 발생빈도가 가장 높은 피부질환이다.
② 면역학적 반응에 따라 과거 노출경험이 있을 때 심하게 반응이 나타난다.
③ 홍반과 부종을 동반하는 것이 특징이다.
④ 원인물질은 크게 수분, 합성화학물질, 생물성 화학물질로 구분할 수 있다.
⑤ 습진의 일종이며 많이 사용하는 손에서 발생

정답 95. ④　96. ①　97. ②

해설 접촉성 피부염
㉠ 작업장에서 발생빈도가 가장 높은 피부질환임
㉡ 과거 노출경험이 없어도 반응이 나타날 수 있음
㉢ 습진의 일종이며 많이 사용하는 손에서 발생

98. 유해물질이 인체에 미치는 영향을 결정하는 인자와 거리가 먼 것은?
① 유해물질의 농도
② 유해물질의 폭로시간
③ 유해물질의 독립성
④ 개인의 감수성
⑤ 개인의 민감성

해설 독성을 결정하는 인자
㉠ 농도와 폭로시간
㉡ 작업의 강도
㉢ 개인의 감수성 · 민감성

여성이 남성보다 유해화학물에 대한 저항이 약한 이유
㉠ 여자의 피부가 남자보다 섬세하다.
㉡ 월경으로 인한 혈액 소모가 크다.
㉢ 각 장기의 기능이 남성에 비해 떨어진다.
㉣ 환경적 조건, 물리화학적 특성, 인체 침입경로 등이 유해화학물질에 약하다.

99. 다음 중 국제암연구위원회(IARC)의 발암물질에 대한 Group의 구분과 정의가 올바르게 연결된 것은?
① Group 1 : 인체 발암성 가능 물질
② Group 2A : 인체 발암성 예측/추정 물질
③ Group 3 : 인체 미발암성 추정 물질
④ Group 4 : 인체 발암성 미분류 물질
⑤ Group 2B : 가능성 있는 발암물질(인체 발암성 가능 물질, 동물 발암성 확인 물질)

해설 IARC의 발암물질 구분 Group
- Group 1 : 확실한 발암물질(인체 발암성 확인 물질)
- Group 2A : 가능성이 높은 발암물질(인체 발암성 예측, 추정 물질)
- Group 2B : 확실한 발암물질(인체 발암성 확인 물질)
- Group 3 : 발암성이 불확실한 물질(인체 발암성 미분류 물질)
- Group 4 : 발암성이 없는 물질(인체 미발암성 추정 물질)

 정답 98. ③ 99. ②

100. 미국정부산업위생전문가협의회(ACGIH)에서 제안하는 발암물질의 구분과 정의가 틀린 것은?

① A_1 : 인체 발암성 확인 물질
② A_2 : 인체 발암성 의심 물질
③ A_3 : 동물 발암성 확인 물질, 인체 발암성 모름
④ A_4 : 인체 발암성 미의심 물질
⑤ A_5 : 인체 발암성 미의심 물질

해설 ④는 A_5에 대한 설명임

미국산업위생전문가협의회(ACGIH) 구분 Group

- A_1 : 인체발암 확정 물질로 아크릴로니트릴, 석면, 벤지딘, 6가 크롬화합물, 니켈 · 황화합물의 배출물 및 흡입자, 염화비닐, 우라늄 등
- A_2 : 인체발암이 의심되는 물질(발암 추정물질)
- A_3 : 동물 발암성 확인물질, 인체 발암성 미확인 물질
- A_4 : 인체 발암성 미분류 물질, 인체 발암성이 확인되지 않은 물질
- A_5 : 인체 발암성 미의심 물질

101. 다음 중 납중독에 관한 설명으로 옳은 것은?

① 유기납의 경우 주로 호흡기와 소화기를 통하여 흡수된다.
② 무기납 중독은 약품에 의한 킬레이트 화합물에 반응하지 않는다.
③ 납중독 치료에 사용되는 납 배설 촉진제는 신장이 나쁜 사람에게는 금기로 되어 있다.
④ 혈중의 납 양은 체내에 축적된 납의 총량을 반영하여 최근에 흡수된 납 양을 나타내 준다.
⑤ 심한 과뇨증이 진전되면 무뇨증을 일으켜 요독증으로 1~2일, 길어야 7~8일 안에 사망한다.

해설 납중독 치료에 사용되는 납배설 촉진제는 신장기능이 나쁜 사람에게는 절대 투여를 금함

102. 3가 및 6가의 크롬은 인체 독성과 관련된 화합물이다. 이들의 특성에 관한 내용으로 옳지 않은 것은?

① 3가 크롬은 피부 흡수가 어려우나 6가 크롬은 쉽게 피부를 통과한다.
② 산업장의 폭로 관점에서 보면 3가 크롬이 더 해롭다.
③ 세포막을 통과한 6가 크롬은 세포 내에서 수분 내지 수시간 만에 발암성을 가진 3가 형태로 환원된다.
④ 6가에서 3가로의 환원이 세포질에서 일어나면 독성이 적으나 DNA의 근위부에서 일어나면 강한 변이원성을 나타낸다.
⑤ 위액은 6가 크롬을 3가 크롬으로 즉시 환원시키기 때문에 화학적 형태와 pH에 따라 섭취량의 1~25%가 체내에 흡수된다.

정답 100. ④ 101. ③ 102. ②

해설 ② 인체에 유독한 것은 6가 크롬을 포함하는 크롬산과 그 염류이다.

원자가의 중요성

㉠ 3가 크롬은 피부 흡수가 어려우나 6가 크롬은 쉽게 피부를 통과하여 폭로의 관점에서 6가 크롬이 더 해롭다.

㉡ 위액 : 6가 크롬을 3가 크롬으로 즉시 환원시키기 때문에 화학적 형태와 pH에 따라 섭취량의 1~25%가 체내에 흡수된다.

㉢ 6가 크롬은 세포 내에서 수분~수시간 만에 발암성을 가진 3가 형태로 환원되는데, 세포질 내에서의 환원은 독성이 적으나 DNA 부근에서의 환원은 강한 변이원성을 나타낸다.

㉣ 3가 크롬은 세포 내에서 핵산, nuclear enzyme, nucleotide와 같은 세포액과 결합 시 발암성을 나타낸다.

부록

산업안전지도사 과년도 기출문제

Industrial Safety

Actual Test

산업안전지도사 2013년 기출문제

1. 테일러(Taylor)의 과학적 관리법(Scientific Management)에 관한 설명으로 옳은 것만을 모두 고른 것은?

> ㄱ. 부품을 표준화하고, 작업이 동시에 시작하여 동시에 끝나므로 동시관리라고도 한다.
> ㄴ. 과업 중심의 관리로 인간의 심리적 · 사회적 측면에 대한 문제의식이 부족하다.
> ㄷ. 동일작업에 대하여 과업을 달성하는 경우 고임금, 달성하지 못하는 경우에는 저임금을 지급한다.
> ㄹ. 작업을 전문화하고 전문화된 작업마다 직장(Foreman)을 두어 관리하게 한다.
> ㅁ. 작업환경에 관계없이 작업자의 동기부여가 작업능률을 증가시키는 결과를 보여주었다.

① ㄱ, ㅁ
② ㄷ, ㄹ
③ ㄴ, ㄷ, ㄹ
④ ㄴ, ㄹ, ㅁ
⑤ ㄱ, ㄷ, ㄹ, ㅁ

2. 재고의 기능에 따른 분류에 관한 설명으로 옳지 않은 것은?

① 안전재고 : 제품 수요, 리드타임 등의 불확실한 수요에 대비하기 위한 재고
② 분리재고 : 공정을 기준으로 공정 전 · 후의 재고로 분리될 경우의 재고
③ 파이프라인 재고 : 공장에서 물류센터, 물류센터에서 대리점 등으로 이동 중에 있는 재고
④ 투기 재고 : 원자재 고갈, 가격인상 등에 대비하여 미리 확보해 두는 재고
⑤ 완충재고 : 생산계획에 따라 주기적인 주문으로 주문기간 동안 존재하는 재고

3. 생산시스템에 관한 설명으로 옳지 않은 것은?

① 모듈생산시스템(MPS ; Modular Production System)은 단납기화 요구강화와 원가절감을 위하여 부품 또는 단위의 조합에 따라 고객의 다양한 주문에 대응하는 생산 시스템이다.
② 자재소요계획(MRP ; Material Requirements Planning)은 주일정계획(기준생산일정)을 기초로 하여 완제품 생산에 필요한 자재 및 구성부품의 종류, 수량 시기 등을 계획하는 시스템이다.
③ 적시생산시스템(JIT ; Just In Time)은 제품생산에 요구되는 부품 등 자재를 필요한 시기에 필요한 수량만큼 적기에 생산, 조달하여 낭비요소를 근본적으로 제거하려는 생산 시스템이다.

④ 유연생산시스템(FMS ; Flexible Manufacturing System)은 CAD, CAM 및 MRP 등의 기술을 도입, 생산 설비를 빠르게 전환하여 소품종 대량생산을 효율적으로 행하는 시스템이다.
⑤ 셀생산시스템(CMS ; Cellular Manufacturing System)은 숙련된 작업자가 컨베이어라인 없는 셀(Cell) 내부에서 전체공정을 책임지고 완수하는 사람 중심의 자율생산시스템이다.

4. 프로젝트 관리에 활용되는 PERT(Program Evaluation & Review Technique)와 CPM(Critical Path Method)의 설명으로 옳은 것은?
① PERT는 개개의 활동에 대해 낙관적 시간치, 최빈 시간치, 비관적 시간치를 추정한 후 그들이 정규분포를 이룬다고 가정하여 평균기대 시간치를 구한다.
② CPM은 프로젝트의 완성시간을 앞당기기 위해 최소비용법을 활용하여 주공정상에 위치하는 작업들의 비용관계를 분석하여 소요시간을 줄인다.
③ 과거자료나 경험을 기초로 한 PERT는 활동중심의 확정적 시간을 사용하고, 불확실한 작업을 기초로 한 CPM은 단계중심의 확률적 시간 추정치를 사용한다.
④ PERT/CPM은 활동의 전후 관계를 명확히 하고 체계적인 일정 및 예상통제로 효율적 진도관리를 위해 간트(Gantt)차트와 같은 도식적 기법을 활용한다.
⑤ PERT/CPM은 TQM(Total Quality Management)과 연계되어 있어 제품 및 서비스에 대한 고객만족 프로세스를 지향하는 프로젝트 관리도구로 적합하다.

5. 직무와 관련된 설명으로 옳은 것은?
① 직무충실화는 허즈버그(F. Herzberg)가 2요인 이론을 직무에 구체적으로 적용하기 위하여 제창한 것이다.
② 직무분석에는 서열법, 분류법, 점수법, 요소비교법 등의 방법들이 활용된다.
③ 직무기술서에는 직무수행에 요구되는 기능, 지식, 육체적 능력과 교육수준이 기술되어 있다.
④ 직무명세서에는 직무가치와 직무확대에 대한 구체적인 지침이 제시되어 있다.
⑤ 직무평가의 1차적 목적은 직무기술서나 직무명세서를 작성하는 것이며, 2차적으로는 조직, 인사관리를 위한 자료를 제공하는 것이다.

6. 커뮤니케이션과 의사결정에 관한 설명으로 옳은 것은?
① 암묵지를 체계적, 조직적으로 형식지화한다고 하여도 의사결정의 가치창출 수준은 높아지지 않는다.
② 커뮤니케이션 효과를 높이기 위하여 메시지 전달자는 공식 서신, 전자우편, 전화, 직접 대면 등 다양한 방식 중 한 가지 방식에 집중할 필요가 있다.
③ 커뮤니케이션의 문제상황이 복잡한 경우 공식적인 수치와 공식적 서신이 소통방식으로 적합하다.

 정답 4. ② 5. ① 6. ⑤

④ 공식적인 서신과 공식적인 수치는 대면적 의사소통에 비하여 의미있는 정보를 전달할 잠재력이 높다.
⑤ 제한된 합리성이론에 따르면 '의사결정자가 현 상태에 만족한다면 새로운 대안 모색에 나서지 않는다'라고 한다.

7. 임금관리 공정성에 관한 설명으로 옳은 것은?

① 내부공정성은 노동시장에서 지불되는 임금액에 대비한 구성원의 임금에 대한 공평성 지각을 의미한다.
② 외부공정성은 단일 조직 내에서 직무 또는 스킬의 상대적 가치에 임금 수준이 비례하는 정도를 의미한다.
③ 직무급에서는 직무의 중요도와 난이도 평가, 역량급에서는 직무에 필요한 역량 기준에 따른 역량 평가에 따라 임금수준이 결정된다.
④ 개인공정성은 다양한 직무 각 개인의 특질, 교육정도, 동료들과의 인화력, 업무 몰입수준 등과 같은 개인적 특성이 임금에 반영되는 정도를 의미한다.
⑤ 조직은 조직구성원에 대한 면접조사를 통하여 자사 임금수준의 내부, 외부 공정성 수준을 평가할 수 있다.

8. 막스 베버(M. Weber)가 제시한 관료제의 특징은?

① 조직의 활동을 합리적으로 조정하기 위해서는 업무처리를 위한 절차가 명확하게 규정되어야 한다.
② 조직구성원 간 의사소통의 활성화를 위해 수평적 조직구조를 선호한다.
③ 환경에 대한 적절한 대응을 위해 조직구성원 간의 정보공유를 중시한다.
④ '기계적 관료제'라 불리며 복잡한 환경의 대규모 조직에 효과적이다.
⑤ 하급자는 상급자의 감독과 통제하에 놓이게 되나 성과 평가를 할 때에는 하급자도 상급자의 평가과정에 참여한다.

9. BSC(Balanced Score Card)에 관한 설명으로 옳지 않은 것은?

① 내부 프로세스 관점과 학습 및 성장 관점도 평가의 주요 관점이다.
② 재무적 관점 이외에 고객관점도 평가의 주요 관점이다.
③ 로버트 카플란(R. Kaplan)과 노튼(D. Norton)이 제안한 성과평가방식이다.
④ 균형잡힌 성과 측정을 위한 것으로 대개 재무와 비재무지표, 결과와 과정, 내부와 외부, 노와 사 간의 균형을 추구하는 도구이다.
⑤ 전략 모니터링 또는 전략 실행을 관리하기 위한 도구로 활용하는 경우에는 성과평가 결과를 보상에 연계시키지 않는 것이 바람직하다는 견해가 있다.

정답 7. ③ 8. ① 9. ④

10. A과장은 근무평정을 할 때 자신의 부하직원 B가 평소 성실하다는 이유로 자신이 직접 관찰하지 않아서 잘 모르는 B의 창의성, 도덕성, 기획력 등을 모두 높게 평가하였다. 이러한 경우 A과장은 어떤 평정오류를 범하고 있는가?

① 관대화오류
② 후광오류
③ 엄격화오류
④ 중앙집중오류
⑤ 대비오류

11. 직무만족의 선행변인에 관한 설명으로 옳은 것은?

① 통제소재에서 내재론자들은 외재론자들보다 자신들의 직무에 대해 더 만족한다.
② 직무특성과 직무만족 간의 상관은 질문지로 측정한 연구에서는 나타나지 않았다.
③ 집단주의적 아시아 문화권에서는 직무특성과 직무만족 간에 상관이 높은 것으로 나타났다.
④ 급여만족은 분배공정성보다 절차공정성이 더 밀접한 관련이 있다.
⑤ 직무특성 차원과 직무만족 간의 상관을 산출해 본 결과 직무만족과 가장 낮은 상관을 나타내는 직무특성은 기술 다양성이었다.

12. 사회적 권력(Social Power)의 유형에 대한 설명으로 옳지 않은 것은?

① 합법권력 : 상사의 직책에 고유하게 내재하는 권력
② 강압권력 : 상사가 징계 해고 등 부하를 처벌할 수 있는 능력
③ 보상권력 : 상사가 부하에게 수당, 승진 등 보상해 줄 수 있는 능력
④ 전문권력 : 상사가 보유하고 있는 지식과 전문기술 등에 근거하는 능력
⑤ 참조권력 : 상사가 부하에게 규범과 명확한 지침을 전달하고, 문제발생 시 도움을 줄 수 있는 능력

13. 와르(Warr)의 정신건강 구성요소에 대한 설명으로 옳지 않은 것은?

① 정서적 행복감 : 쾌감과 각성이라는 두 가지 독립된 차원을 가지고 있다.
② 결단 : 환경적 영향력에 저항하고 자신의 의견이나 행동을 결정할 수 있는 개인의 능력을 의미한다.
③ 역량 : 생활에서 당면하는 문제들을 효과적으로 다룰 수 있는 충분한 심리적 자원을 가지고 있는 정도를 의미한다.
④ 포부 : 포부수준이 높다는 것은 동기수준과 관계가 있으며, 새로운 기회를 적극적으로 탐색하고, 목표 달성을 위하여 도전하는 것을 의미한다.
⑤ 통합된 기능 : 목표달성이 어려울 때 느끼는 긴장감과 그렇지 않을 때 느끼는 이완감 사이에 조화로운 균형을 유지할 수 있는 정도를 의미한다.

 정답 10. ② 11. ① 12. ⑤ 13. ②

14. 직무분석에 대한 설명으로 옳지 않은 것은?

① 특정직무에 대한 훈련 프로그램을 개발하기 위해서는 직무의 속성과 요구하는 기술을 알아야 한다.
② 효과적인 수행을 하기 위한 직무나 작업장을 설계하는 데 도움을 준다.
③ 작업시 시간과 노력의 낭비를 줄일 수 있고 안전저해요소나 위험요소를 발견할 수 있다.
④ 특정직무에 대한 직무분석을 하는 기법으로 면접법, 질문지법, 관찰법, 행동기법, 중대사건기법, 투사기법 등이 있다.
⑤ 과업수행에 사용되는 도구, 기구, 수행목적, 요구되는 교육훈련, 임금수준 및 안전저해요소 등에 대한 정보가 포함되어 있다.

15. 호프스테드(Hofstede)의 문화 간 차이를 이해하는 4가지 차원에 속하지 않는 것은?

① 불확실성 회피
② 개인주의 – 집합주의
③ 남성성 – 여성성
④ 신뢰 – 불신
⑤ 세력 차이

16. 작업장 스트레스의 대처방안 중 조직차원의 기법에 해당하는 것만을 모두 고른 것은?

ㄱ. 바이오 피드백	ㄴ. 작업 과부하의 제거
ㄷ. 사회적 지지의 제공	ㄹ. 이완훈련
ㅁ. 조직분위기 개선	

① ㄱ, ㄴ, ㄷ
② ㄱ, ㄷ, ㄹ
③ ㄴ, ㄷ, ㅁ
④ ㄴ, ㄹ, ㅁ
⑤ ㄷ, ㄹ, ㅁ

17. 심리검사 결과를 분석할 때 상관계수를 이용하여 검증하는 타당도(Validity)를 모두 고른 것은?

ㄱ. 구성 타당도	ㄴ. 내용 타당도
ㄷ. 준거 관련 타당도	ㄹ. 수렴 타당도
ㅁ. 확산 타당도	

① ㄱ, ㄴ, ㄹ
② ㄱ, ㄴ, ㅁ
③ ㄷ, ㄹ, ㅁ
④ ㄱ, ㄴ, ㄷ, ㄹ
⑤ ㄱ, ㄷ, ㄹ, ㅁ

정답 14. ④ 15. ④ 16. ③ 17. ⑤

18. 작업자의 수행을 평가할 때 평가자에 의한 관대화 오류가 가장 많이 발생할 수 있는 방법은?

① 종업원 순위법
② 강제배분법
③ 도식적 평정법
④ 정신운동능력 평정법
⑤ 행동기준 평정법

19. 우리나라와 세계적으로 널리 인용되고 있는 노출기준에 대해 명칭과 제정기관이 옳은 것만을 모두 고른 것은?

보기	노출기준의 명칭	제정기관(국가)
ㄱ	PEL	HSE(영국)
ㄴ	REL	OSHA(미국)
ㄷ	TLV	ACGIH(미국)
ㄹ	WEEL	NIOSH(미국)
ㅁ	허용기준	고용노동부(대한민국)

① ㄱ, ㄴ
② ㄱ, ㄷ
③ ㄷ, ㄹ
④ ㄷ, ㅁ
⑤ ㄹ, ㅁ

20. 축전지 제조 작업장에서 측정된 5개의 공기 중 카드뮴 시료의 농도가 0.02, 0.08, 0.05, 0.25, 0.01mg/m^{3}일 때, 다음 중 옳은 것은?

① 측정치들은 정규분포를 하고 있다.
② 대표치는 노출기준을 초과하였다.
③ 측정치의 변이가 너무 커서 재측정하여야 한다.
④ 측정치의 대표치인 기하평균(GM)은 0.082mg/m^{3}이다.
⑤ 측정치의 변이인 기하표준편차(GSD)는 약 0.098이다.

21. 작업환경 측정방법에 관한 설명으로 옳은 것은?

① 일반적으로 입자상 물질의 측정결과 단위는 mg/m^3 또는 ppm으로 표기한다.
② 시너와 같은 비극성 유기용제를 공기 중에서 시료채취하기 위해서는 실리카겔 관을 매체로 사용한다.
③ 일반적으로 실내에서 온열환경을 측정하기 위해서는 자연습구온도(NWBT)와 흑구온도(GT)만 측정한다.

정답 18. ③ 19. ④ 20. ② 21. ③

④ 작업장 근로자의 소음 노출수준을 측정하기 위해 사용하는 지시소음계는 'fast' 모드로 설정하여 측정하여야 한다.
⑤ MCE 여과지를 이용하여 석면을 포집하기 전·후에 실시하는 시료채취펌프의 유량보정을 실제보다 낮게 평가했다면 최종 측정결과인 공기 중 석면농도는 과소평가하게 된다.

22. 국소배기시스템에 관한 설명으로 옳은 것은?
① 후드 개구면에서 유해물질까지의 거리를 가깝게 하면 필요환기량이 증가한다.
② 외부식 포집형 후드(Capture Type Hood)의 제어속도를 측정하는 대표적인 기구는 피토관(Pitot Tube)이다.
③ 후드에서 덕트로 공기가 유입될 때의 속도압이 같다면 유입계수(Ce)가 큰 후드일수록 후드정압이 더 커진다.
④ 베르누이 정리는 덕트 내에서 유체가 흐를 때, 에너지 손실은 유체밀도, 유체의 속도 및 관의 직경에 비례하며, 유체의 점도에는 반비례한다는 것을 의미한다.
⑤ 사업장에서 탈지제로 사용되는 사염화에틸렌에 대한 국소배기시스템을 설계할 때는 공기보다 비중이 높다는 점을 고려할 필요 없이 후드는 정상적으로 설치하면 된다.

23. 다음 작업에서 발생하는 유해요인과 건강장애가 옳게 짝지어진 것은?
① 유리가공작업 – 적외선 – 백내장(Cataract)
② 페인트칠작업 – 카드뮴 – 백혈병(Leukemia)
③ 금속세척작업 – 노말헥산 – 진폐증(Pneumoconiosis)
④ 굴착작업 – 진동 – 사구체신염(Glomerular Nephritis)
⑤ 목재가공작업 – 목분진 – 간혈관육종(Hepatic Angiosarcoma)

24. 유해인자별 건강장애에 관한 설명으로 옳은 것은?
① 아세톤에 만성적으로 노출되면 다발성 신경염이 발생한다.
② 크롬은 손톱 및 구강점막의 색소침착, 모공의 흑점화, 간장애를 일으킨다.
③ 삼염화에틸렌은 스펀지의 원료로 사용되며, 화재시 치명적인 가스를 발생시켜 폐수종을 일으킨다.
④ 라돈은 방사성 물질 중 유일한 기체상의 물질이며, 폐포나 기관지에 침착되어 β – 입자를 방출한다.
⑤ 납에 의한 건강상의 영향은 신경독성, 복통, 혈색소 합성이 저해되어 나타나는 빈혈 증상 등을 들 수 있다.

정답 22. ⑤ 23. ① 24. ⑤

25. 산업위생과 관련된 설명 중 옳은 것은?

① 작업환경 중 유해요인으로부터 근로자의 건강을 보호하기 위해 국제적으로 통일하여 제정한 노출기준은 MAK이다.

② 최근 사업장에 도입되고 있는 위험성 평가(Risk Assessment)는 산업위생 분야의 작업환경 측정과는 관련성이 없는 제도라고 할 수 있다.

③ 산업위생은 근로자 개인위생을 기본으로 하고 있으며, 개인의 생활습관 및 체력관리를 통하여 건강을 유지 · 관리하는 것을 최우선으로 하고 있다.

④ 산업위생의 궁극적 목적은 근로자의 건강을 보호하기 위한 대책을 강구하는 것으로 일반적인 대책의 우선순위는 제거 - 대체 - 공학적 개선 - 행정적 개선 - 개인보호구 착용 순이다.

⑤ 작업환경 중 건강 유해요인은 크게 물리적, 화학적, 생물학적, 육체적 또는 정신적 부담요인으로 나눌 수 있으며, 이중에서 산업위생분야는 정신적 부담 요인을 제외한 나머지를 관리대상으로 한다.

 정답 25. ④

산업안전지도사 2014년 기출문제

1. 관찰 및 측정이 가능하고 직무와 관련된 피평가자의 행동을 평가기준으로 하는 행동기준고과법(BARS ; Behaviorally Anchored Rating Scales)의 개발 절차를 순서대로 옳게 나열한 것은?

① 행동기준고과법 개발위원회 구성 → 중요사건의 열거 → 중요사건의 범주화 → 중요사건의 재분류 → 중요사건의 등급화 → 확정 및 실시
② 행동기준고과법 개발위원회 구성 → 중요사건의 열거 → 중요사건의 범주화 → 중요사건의 등급화 → 중요사건의 재분류 → 확정 및 실시
③ 행동기준고과법 개발위원회 구성 → 중요사건의 열거 → 중요사건의 등급화 → 중요사건의 재분류 → 중요사건의 범주화 → 확정 및 실시
④ 행동기준고과법 개발위원회 구성 → 중요사건의 열거 → 중요사건의 등급화 → 중요사건의 범주화 → 중요사건의 재분류 → 확정 및 실시
⑤ 행동기준고과법 개발위원회 구성 → 중요사건의 열거 → 중요사건의 재분류 → 중요사건의 범주화 → 중요사건의 등급화 → 확정 및 실시

2. 카플란(Kaplan)과 노턴(Norton)에 의해 개발된 균형성과표(BSC ; Balanced Scorecard)의 운용체계는 4가지 관점에서 파생되는 핵심성공요인(KPI ; Key Performance Indicators)들의 유기적 인과관계로 구성되는데, 4가지 관점으로 모두 옳은 것은?

① 재무적 관점, 고객 관점, 외부 경쟁환경 관점, 학습 · 성장 관점
② 재무적 관점, 고객 관점, 내부 프로세스 관점, 학습 · 성장 관점
③ 재무적 관점, 자재 관점, 외부 경쟁환경 관점, 학습 · 성장 관점
④ 재무적 관점, 고객 관점, 외부 경쟁환경 관점, 직무표준 관점
⑤ 재무적 관점, 자재 관점, 내부 프로세스 관점, 직무표준 관점

3. 도요타생산방식(TPS ; Toyota Production System)에서 낭비를 철저하게 제거하기 위한 방법으로 활용된 적시생산시스템(JIT ; Just In Time)에 관한 설명으로 옳은 것만을 모두 고른 것은?

ㄱ. 기본적 요소는 간판(kanban)방식, 생산의 평준화, 생산준비시간의 단축과 대로트화, 작업표준화, 설비배치와 단일기능공제도이다.

ㄴ. 오릭키(Orlicky)에 의하여 개발된 자재관리 및 재고통제기법으로, 종속 수요품의 소요량과 소요시기를 결정하기 위한 시스템이다.
ㄷ. 자동화, 작업자의 라인정지 권한 부여, 안돈(andon), 오작동 방지, 5S의 활성화로 일관성 있는 고품질을 달성하고 있는 시스템이다.
ㄹ. 고객 주문에 의해 생산이 시작되며, 부품의 생산과 공급이 후속 공정의 필요에 의해 결정되는 풀(pull)시스템의 자재흐름 체계이다.
ㅁ. 생산준비비용(주문비용)과 재고유지비용의 균형점에서 로트 크기(lot size)를 결정하며, 로트 크기가 큰 것을 추구하는 시스템이다.

① ㄱ, ㄹ
② ㄴ, ㅁ
③ ㄷ, ㄹ
④ ㄱ, ㄷ, ㄹ
⑤ ㄴ, ㄷ, ㅁ

4. 혁신적인 품질개선을 목적으로 개발된 기업 경영전략인 6시그마 프로젝트 수행단계(DMAIC)에 관한 설명으로 옳지 않은 것은?

① 정의(define) : 문제점을 찾아내는 첫 단계
② 측정(measurement) : 문제 수준을 계량화하는 단계
③ 통합(integration) : 원인과 대책을 통합하는 단계
④ 분석(analysis) : 상태 파악과 원인분석을 하는 단계
⑤ 관리(control) : 관리계획을 실행하는 단계

5. 생산시스템을 설계하고 계획, 통제하는 초기단계로 총괄생산계획(APP ; Aggregate Production Planning), 주생산일정계획(MPS ; Master Production Schedule), 자재소요계획(MRP ; Material Requirement Planning) 등에 기초자료로 활용되는 수요예측(demand forecasting) 방법에 관한 설명으로 옳지 않은 것은?

① 패널법(panel consensus)은 다양한 계층의 지식과 경험을 기초로 하고, 관련 예측정보를 공유한다.
② 소비자조사법(market research method)은 설문지 및 전화에 의한 조사, 시험판매 등을 활용하여 예측한다.
③ 단순이동평균법(simple moving average method)의 예측값은 과거 n기간 동안 실제 수요의 산술평균을 활용한다.
④ 시계열분해법(time series method)은 시계열을 4가지 구성요소로 분해하여 수요를 예측하는 방법이다.
⑤ 델파이법(delphi method)은 설득력 있는 특정인에 의해 예측결과가 영향을 받는 장점이 존재한다.

 정답 4. ③ 5. ⑤

6. 단체교섭의 절차에 관한 설명으로 옳지 않은 것은?

① 노사 간의 교섭안을 차례로 제시하고 대응하며 양측의 요구사항을 수시로 수정해야 협상이 가능하다.

② 노사 간의 교섭과정에서 끝까지 타협이 안 된다면 정부나 제3자의 조정 및 중재가 필요하다.

③ 노사 간의 협상내용이 타결되면 단체협약서를 작성하고 협약내용을 관리할 필요가 있다.

④ 사용자가 파업근로자 대신 임시직을 채용하거나 비조합원들을 파업 장소로 이동시켜 대체할 수 있다.

⑤ 노사 간의 협상이 결렬되면 양측은 서로에 대해 파업과 직장폐쇄 등으로 실력을 행사할 수 있다.

7. 기능별 조직과 프로젝트(project) 팀조직을 결합시킨 형태의 조직으로, 1명의 직원이 2명 이상의 상사로부터 명령을 받을 수 있어 명령통일의 원칙(principle of unity command)에 혼란을 겪을 수 있는 조직구조는?

① 매트릭스 조직　　② 사업부제 조직

③ 네트워크 조직　　④ 가상네트워크 조직

⑤ 가상 조직

8. 리더십 이론에 관한 설명으로 옳은 것은?

① 행동이론 중 미시간 대학의 연구에서 직무 중심 리더는 부하의 인간적 측면에 관심을 갖고, 종업원 중심 리더는 부하의 업무에 관심을 갖고 있다는 것을 규명하였다.

② 상황이론 중 경로-목표 이론에서는 리더행동을 지시적 리더십, 지원적 리더십, 참여적 리더십, 성취지향적 리더십으로 분류하였다.

③ 특성이론에서는 여러 특성을 가진 리더가 모든 상황에서 효과적이라고 주장하였다.

④ 행동이론 중 오하이오 주립대학의 연구에서 배려하는 리더와 부하 사이의 관계는 상호신뢰를 형성하기가 어렵다는 것을 규명하였다.

⑤ 상황이론 중 규범모형은 기본적으로 부하들이 의사결정에 참여하는 정도가 상황의 특성에 맞게 달라질 필요가 없다고 가정하였다.

9. 조직문화의 순기능에 관한 설명으로 옳지 않은 것은?

① 조직구성원들에게 일체감을 조성한다.

② 조직구성원들의 생각과 행동지침이나 규범을 제공한다.

③ 조직의 안정성과 계속성을 갖게 한다.

④ 조직구성원들에게 획일성을 갖게 한다.

⑤ 조직구성원들의 태도와 행동을 통제하는 기제(mechanism) 기능을 한다.

정답 6. ④　7. ①　8. ②　9. ④

10. "신입사원 선발시험점수(예측점수)와 업무성과(준거점수)의 상관계수가 0.40이다."의 설명으로 옳은 것은?

① 선발시험점수가 업무성과 변량의 16%를 설명한다.
② 입사 지원자의 16%가 합격할 것이다.
③ 선발시험점수가 업무성과 변량의 40%를 설명한다.
④ 입사 지원자의 40%가 합격할 것이다.
⑤ 입사 지원자의 선발시험점수가 40점 이상일 경우 합격한다.

11. 동일한 길이의 두 선분에서 양쪽 끝 화살표의 방향이 달라짐에 따라 선분의 길이가 서로 다르게 지각되는 착시 현상은?

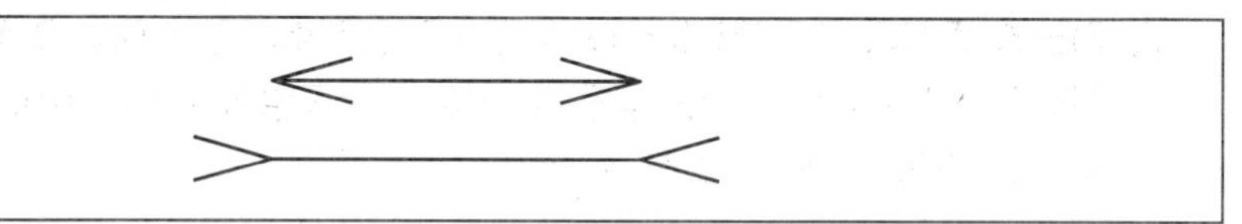

① 뮬러-라이어 착시
② 유도운동 착시
③ 파이 운동 착시
④ 자동운동 착시
⑤ 스트로보스코픽 운동 착시

12. 선발도구의 효과성에 관한 설명으로 옳은 것만을 모두 고른 것은?

ㄱ. 선발률이 1 이상이 되어야 선발도구의 사용에 의미가 있다.
ㄴ. 선발도구의 타당도가 높을수록 선발도구의 효과성은 증가한다.
ㄷ. 선발률이 낮을수록 선발도구의 효과성 가치는 작아진다.
ㄹ. 기초율이 100%라면 새로운 선발도구의 사용은 의미가 없다.
ㅁ. 선발도구의 효과성을 이해하는 데 중요한 개념은 기초율, 선발률, 타당도이다.

① ㄱ, ㄴ
② ㄱ, ㄹ
③ ㄴ, ㄷ, ㅁ
④ ㄴ, ㄹ, ㅁ
⑤ ㄷ, ㄹ, ㅁ

13. 효과적인 팀 수행을 위해서 공유된 정신모델(shared mental model)을 구축하고자 할 때, 주의해야 하는 잠재적 · 부정적 측면인 집단사고(groupthink)에 관한 설명으로 옳지 않은 것은?

① 집단사고의 예로는 1960년대에 미국이 쿠바의 피그만을 침공한 것과 1980년대에 우주왕복선 챌린저호의 폭발사고가 있다.

정답 10. ① 11. ① 12. ④ 13. ③

② 팀 구성원들은 만장일치로 의견을 도출해야 한다는 환상을 가지고 있다.
③ 자신이 속한 집단에 대한 강한 사회적 정체성을 느끼는 팀에서는 일어나지 않는다.
④ 팀 안에서 반대 의견을 표출하기가 힘들다.
⑤ 선택 가능한 대안들을 충분히 고려하지 않고 선택적으로 정보처리를 하는 데서 발생한다.

14. 브룸(Vroom)은 직무동기의 힘을 3가지 인지적 요소들에 의한 함수관계로 정의하였다. 다음 공식의 a와 b에 들어갈 요소를 순서대로 나열한 것은?

$$\text{직무동기의 힘} = \text{기대} \times \sum_{1}^{n}(a \times b)$$

① 기대, 유인가
② 기대, 도구성
③ 공정성, 유인가
④ 공정성, 도구성
⑤ 유인가, 도구성

15. 교대근무의 부정적 효과에 관한 설명으로 옳지 않은 것은?
① 야간작업은 멜라토닌 생성·조절을 방해하여 면역체계를 약화시킨다.
② 순환적 야간근무보다 고정적 야간근무가 신체·심리적 건강을 더 위협한다.
③ 교대작업은 배우자나 자녀와의 여가생활을 어렵게 하여 사회적 문제를 유발할 수 있다.
④ 순행적 교대근무보다 역행적 교대근무가 적응하기 더 어렵다.
⑤ 야간조명은 자연광선 효과를 대신할 수 없고, 낮잠은 밤에 자는 것과 같은 효과를 나타내지 못한다.

16. 직장 내 안전사고와 관련된 요인에 관한 설명으로 옳지 않은 것은?
① 일을 수행하는데 안전을 위한 단계를 지켜야 한다는 종업원의 공유된 지각이 필요하다.
② 성격 5요인(Big-five) 중에서 성실성은 안전사고와 관련된다.
③ 직무만족이 높을수록 안전사고가 감소한다.
④ 일과 무관한 개인적 스트레스 요인은 안전사고에 영향을 주지 않는다.
⑤ 시간급보다 생산성에 따라 급여를 받는 능률급은 안전을 더 저해하는 요인으로 작용할 수 있다.

정답 14. ⑤ 15. ② 16. ④

17. 작업스트레스에 관한 설명으로 옳은 것은?

① 급하고 의욕이 강한 A유형 성격의 사람들은 스트레스 조절능력이 강해서 느긋하고 이완된 B유형의 사람들과 비교하여 심장질환에 걸릴 확률이 절반 정도로 낮다.
② 스트레스 출처에 대한 이해가능성, 예측가능성, 통제가능성 중에서 스트레스 완화효과가 가장 큰 것은 예측가능성이다.
③ 내적 통제형의 사람들은 자신들의 스트레스 출처에 대해 직접적인 영향력을 행사하려고 하지 않고 그냥 견딘다.
④ 공항에서 근무하는 소방관의 경우 한 건의 화재도 없이 몇 주 동안 대기근무만 하였을 때 스트레스가 없다.
⑤ 작업스트레스는 역할 과부하에서 주로 발생하며, 역할들 간의 갈등으로는 발생하지 않는다.

18. 일과 가정 간의 관계를 설명하는 3가지 기본 모델을 모두 고른 것은?

ㄱ. 파급모델(spillover model)
ㄴ. 과학자-실무자 모델(scientist-practitioner model)
ㄷ. 보충모델(compensation model)
ㄹ. 유인-선발-이탈 모델(attraction-selection-attrition model)
ㅁ. 분리모델(segmentation model)

① ㄱ, ㄴ, ㄷ
② ㄱ, ㄷ, ㄹ
③ ㄱ, ㄷ, ㅁ
④ ㄴ, ㄷ, ㄹ
⑤ ㄴ, ㄹ, ㅁ

19. 산업혁명 전후의 산업보건 역사에 관한 설명으로 옳지 않은 것은?

① 산업혁명으로 공장이라는 형태의 밀집된 생산시스템이 시작되었다.
② 산업혁명 이전에도 금속의 채광 및 제련업에 종사하는 사람들의 직업병 문제가 제기되었다.
③ 증기기관이 발명되어 생산의 기계화가 진행되면서 화학물질 사용량이 크게 감소하였다.
④ 굴뚝청소부의 음낭암의 원인이 굴뚝의 검댕(soot)이라는 것이 밝혀졌고, 이것이 최초의 직업성 암의 사례이다.
⑤ 초기의 공장은 청소, 작업복의 세탁 불량, 작업장 내 식사 등 위생적인 문제 해결만으로도 작업환경이 개선되었기 때문에 산업위생이라는 이름이 붙었다.

 정답 17. ② 18. ③ 19. ③

20. 근로자 보호를 위한 작업환경 노출기준에 관한 설명으로 옳은 것은?

① 단시간 노출기준은 8시간 시간가중평균 노출기준보다 높게 설정된다.
② TLV란 미국 산업안전보건청(OSHA)에서 설정한 법적 노출기준을 말한다.
③ 단시간 노출기준은 주로 만성독성을 일으키는 물질을 대상으로 설정된다.
④ 노출기준은 직업병의 발생 여부를 판단하는 기준이다.
⑤ 두 가지 이상의 화학물질에 동시에 노출될 때는 기준이 낮은 화학물질을 기준으로 노출기준 여부를 판단한다.

21. 다음은 대표적인 직업병과 그 원인이 되는 물질을 연결한 것이다. 직업병의 원인이 되는 요인으로 옳지 않은 것은?

① 비중격천공 – 크롬
② 중피종 – 석면
③ 신장장해 – 수은
④ 진폐증 – 유리규산
⑤ 말초신경장애 – 메탄올

22. 작업환경측정에 관한 설명으로 옳은 것은?

① 비극성 유기용제는 주로 활성탄으로 채취한다.
② 작업환경측정에서 일반적으로 개인시료는 직독식 측정기기를, 지역시료는 시료채취용 펌프를 이용한다.
③ 최고노출기준(ceiling)이 설정되어 있는 화학물질은 15분 동안 측정하여야 한다.
④ 소음노출량계로 소음을 측정할 때에는 Threshold는 80dB, Criteria는 90dB, Exchange rate는 5dB로 설정한다.
⑤ 산업안전보건법에 의하여 실시하는 작업환경측정에서 8시간 시간가중평균(8hr – TWA)을 측정하기 위해서는 최소한 5시간 이상 측정하여야 한다.

23. 작업환경 중 물리적 요인에 관한 설명으로 옳지 않은 것은?

① 우리나라 8시간 소음기준은 85dB이다.
② 적외선에 과다하게 노출되면 백내장을 일으킨다.
③ 진동으로 인한 대표적인 건강장해는 레이노 증후군이다.
④ 해수면으로부터 20m를 잠수할 경우 잠수작업자가 받는 압력은 약 3기압이다.
⑤ 자외선 중 파장이 짧은 영역은 전리방사선이며, 피부에 노출될 경우 피부암을 일으킬 수 있다.

정답 20. ① 21. ⑤ 22. ①, ④ 23. ①, ⑤

24. 유해요인 노출로부터 근로자를 보호하기 위한 개인보호구에 관한 설명으로 옳은 것은?
① 산소농도가 18% 이하인 작업장에서는 방독마스크를 착용하여야 한다.
② 나노입자에 노출되는 경우 특급 방진마스크를 착용하도록 한다.
③ 발암성 유기용제에 노출되는 경우 특급 이상의 방진마스크를 착용하여야 한다.
④ 방진마스크는 여과효율이 낮을수록, 흡기저항이 높을수록 성능은 향상된다.
⑤ 방독마스크는 오래 사용하면 여과효율은 증가하지만 흡배기 저항은 감소한다.

25. 작업장에 설치되어 있는 기존의 국소배기시스템에 관한 설명으로 옳지 않은 것은?
① 덕트의 길이를 줄이면 후드에서의 풍량은 감소한다.
② 송풍기 날개의 회전수를 2배 늘리면 송풍기의 풍량은 2배 증가한다.
③ 송풍기의 배출구 뒤쪽에 있는 덕트 내의 압력은 대기압보다 높다.
④ 덕트 내에 분진이 퇴적되어 내경이 좁아지면 후드정압이 감소한다.
⑤ 송풍기의 앞쪽에 있는 덕트에 구멍이 생기면 후드에서 풍량이 감소한다.

 정답 24. ② 25. ①

산업안전지도사 2015년 기출문제

1. A기업에서는 평가등급을 5단계로 구분하고 가능한 정규분포를 이루도록 등급별 기준인원을 정하였으나, 평가자에 의하여 다음의 표와 같은 결과가 나타났다. 이와 같은 평가결과의 분포도상의 오류는?(단, 평가등급의 상위순서는 A, B, C, D, E등급의 순이다.)

평가등급	A등급	B등급	C등급	D등급	E등급
기준인원	1명	2명	4명	2명	1명
평가결과	5명	3명	2명	0명	0명

① 논리적 오류
② 대비오류
③ 관대화 경향
④ 중심화 경향
⑤ 가혹화 경향

2. 조직구조에 관한 설명으로 옳지 않은 것은?

① 가상네트워크 조직은 협력업체와의 갈등 해결 및 관계 유지에 상대적으로 적은 시간이 필요하다.
② 기능별 조직은 각 기능부서의 효율성이 중요할 때 적합하다.
③ 매트릭스 조직은 이중보고체계로 인하여 종업원들이 혼란을 느낄 수 있다.
④ 사업부제 조직은 2개 이상의 이질적인 제품으로 서로 다른 시장을 공략할 경우에 적합한 조직구조이다.
⑤ 라인스텝 조직은 명령 전달과 통제기능을 담당하는 라인과 관리자를 지원하는 스텝으로 구성된다.

3. 인적 자원 관리에서 이루어지는 기능 또는 활동에 관한 설명으로 옳은 것은?

① 직접보상은 유급휴가, 연금, 보험, 학자금지원 등이 있다.
② 직무평가는 구성원들의 목표치와 실적을 비교하여 기여도를 판단하는 활동이다.
③ 현장직무교육은 직무순환제, 도제제도, 멘토링 등이 있다.
④ 직무분석은 장래의 인적 자원 수요를 파악하여 인력의 확보와 배치, 활용을 위한 계획을 수립하는 것이다.
⑤ 직무기술서의 작성은 직무를 성공적으로 수행하는 데 필요한 작업자의 지식과 특성, 능력 등을 문서로 만드는 것이다.

정답 1. ③ 2. ① 3. ③

4. 조직문화에 관한 설명으로 옳은 것을 모두 고른 것은?

ㄱ. 조직문화는 일반적으로 빠르고 쉽게 변화한다.
ㄴ. 파스칼과 아토스(R. Pascale and A. Athos)는 조직문화의 구성요소로 7가지를 제시하고 그 가운데 공유가치가 가장 핵심적인 의미를 갖는다고 주장하였다.
ㄷ. 딜과 케네디(T. Deal and A. Kennedy)는 위험추구성향과 결과에 대한 피드백 기간이라는 2개의 기준에 의해 조직문화유형을 합의문화, 개발문화, 계층문화, 합리문화로 구분하고 있다.
ㄹ. 샤인(E. Schein)에 의하면 기업의 성장기에는 소집단 또는 부서별 하위문화가 형성되며, 조직문화의 여러 요소들이 제도화된다.
ㅁ. 홉스테드(G. Hofstede)에 의하면 불확실성 회피성향이 강한 사회의 구성원들은 미래에 대한 예측 불가능성을 줄이기 위해 더 많은 규칙과 규범을 제정하려는 노력을 기울인다.

① ㄱ, ㄴ, ㄹ
② ㄴ, ㄷ, ㄹ
③ ㄴ, ㄷ, ㅁ
④ ㄴ, ㄹ, ㅁ
⑤ ㄷ, ㄹ, ㅁ

5. 생산시스템에 관한 설명으로 옳지 않은 것은?

① VMI는 공급자주도형 재고관리를 뜻한다.
② MRP는 자재소요량계획으로 제품생산에 필요한 부품의 투입시점과 투입량을 관리하는 시스템이다.
③ ERP는 조직의 자금, 회계, 구매, 생산, 판매 등의 업무흐름을 통합관리하는 정보시스템이다.
④ SCM은 부품 공급업체와 생산업체 그리고 고객에 이르는 제반 거래 참여자들이 정보를 공유함으로써 고객의 요구에 민첩하게 대응하도록 지원하는 것이다.
⑤ BPR은 낭비나 비능률을 점진적이고 지속적으로 개선하는 기능 중심의 경영관리기법이다.

6. 인형을 판매하는 A사는 경제적 주문량(EOQ) 모형을 이용하여 재고정책을 수립하려고 한다. 다음과 같은 조건일 때 1회의 경제적 주문량은?

• 연간 수요량	20,000개
• 1회 주문비용	5,000원
• 연간 단위당 재고유지비용	50원
• 개당 제품가격	10,000원

① 1,000개
② 2,000개
③ 3,000개
④ 3,500개
⑤ 4,000개

 정답 4. ④ 5. ⑤ 6. ②

7. 동기부여이론에 관한 설명으로 옳지 않은 것은?

① 데시(E. Deci)의 인지평가이론에 의하면 외재적 보상이 주어지면 내재적 동기가 증가된다.
② 로크(E. Locke)의 목표설정이론에 의하면 목표가 종업원들의 동기유발에 영향을 미치며, 피드백이 주어지지 않을 때보다는 피드백이 주어질 때 성과가 높다.
③ 앨더퍼(C. Alderfer)의 ERG 이론은 매슬로(A. Maslow)의 욕구단계이론과 달리 좌절－퇴행 개념을 도입하였다.
④ 브룸(V. Vroom)의 기대이론에 의하면 종업원의 직무수행 성과를 정확하고 공정하게 측정하는 것은 수단성을 높이는 방법이다.
⑤ 아담스(J. Adams)의 공정성 이론에 의하면 종업원은 자신과 준거집단이나 준거인물의 투입과 산출 비율을 비교하여 불공정하다고 지각하게 될 때 공정성을 이루는 방향으로 동기유발된다.

8. 단체교섭의 방식에 관한 설명으로 옳지 않은 것은?

① 기업별 교섭은 특정 기업 또는 사업장 단위로 조직된 노동조합이 단체교섭의 당사자가 되어 기업주 또는 사용자와 교섭하는 방식이다.
② 공동교섭은 상부 단체인 산업별・직업별 노동조합이 하부 단체인 기업별 노조나 기업단위의 노조지부와 공동으로 지역적 사용자와 교섭하는 방식이다.
③ 대각선 교섭은 전국적 또는 지역적인 산업별 노동조합이 각각의 개별 기업과 교섭하는 방식이다.
④ 통일교섭은 전국적 또는 지역적인 산업별 또는 직업별 노동조합과 이에 대응하는 전국적 또는 지역적인 사용자와 교섭하는 방식이다.
⑤ 집단교섭은 여러 개의 노동조합 지부가 공동으로 이에 대응하는 여러 개의 기업들과 집단적으로 교섭하는 방식이다.

9. 제품생애주기(Product Life Cycle)에 관한 설명으로 옳지 않은 것은?

① 도입기는 고객의 요구에 따라 잦은 설계변경이 있을 수 있으므로 공정의 유연성이 필요하다.
② 쇠퇴기는 제품이 진부화되어 매출이 줄어든다.
③ 성장기는 수요가 증가하므로 공정 중심의 생산시스템에서 제품 중심으로 변경하여 생산능력을 크게 확장시켜야 한다.
④ 성숙기는 성장기에 비하여 이익 수준이 낮다.
⑤ 성장기는 도입기에 비하여 마케팅 역할이 크게 요구되는 시기이다.

정답 7. ① 8. ② 9. ④

10. 작업장에서 사고와 질병을 유발하는 위해요인에 관한 설명으로 옳은 것은?

① 5요인 성격 특질과 사고의 관계를 보면, 성실성이 낮은 사람이 높은 사람보다 사고를 일으킬 가능성이 더 낮다.

② 소리의 수준이 10dB까지 증가하면 소리의 크기는 10배 증가하며, 20dB까지 증가하면 20배 증가한다.

③ 컴퓨터 자판 작업이나 타이핑 작업을 많이 하는 사람들은 수근관 증후군(carpal tunnel syndrome)의 위험성이 높다.

④ 직장에서 소음에 대한 노출은 청각 손상에 영향을 주지만 심장혈관계 질병과는 관련이 없다.

⑤ 사회복지기관과 병원은 직장 폭력이 발생할 위험성이 가장 적은 장소이다.

11. 심리검사에 관한 설명으로 옳은 것을 모두 고른 것은?

ㄱ. 성격형 정직성 검사는 생산적 행동을 예측하는 것으로 밝혀진 성격 특성을 평가한다. ㄴ. 속도 검사는 시간제한이 있으며, 배정된 시간 내에 모든 문항을 끝낼 수 없도록 설계한다. ㄷ. 정신운동능력 검사는 물체를 조작하고 도구를 사용하는 능력을 평가한다. ㄹ. 정서지능 평가에는 특질 유형의 검사와 정보처리 유형의 검사 등이 있다. ㅁ. 생활사 검사는 직무수행을 예측하지만 응답자의 거짓반응은 예방하기 어렵다.

① ㄱ, ㄴ, ㄹ
② ㄱ, ㄷ, ㄹ
③ ㄱ, ㄹ, ㅁ
④ ㄴ, ㄷ, ㄹ
⑤ ㄴ, ㄷ, ㅁ

12. 직무스트레스 요인에 관한 설명으로 옳지 않은 것은?

① 역할 내 갈등은 직무상 요구가 여럿일 때 발생한다.

② 역할 모호성은 상사가 명확한 지침과 방향성을 제시하지 못하는 경우에 유발된다.

③ 작업부하는 업무 요구량에 관한 것으로 직접 유형과 간접 유형이 있다.

④ 요구-통제 모형에 의하면 통제력은 요구의 부정적 효과를 줄이거나 완충해 주는 역할을 한다.

⑤ 대인관계 갈등과 타인과의 소원한 관계는 다양한 스트레스 반응을 유발할 수 있다.

13. 인사선발에 관한 설명으로 옳은 것은?

① 선발검사의 효용성을 증가시키는 가장 중요한 요소는 검사 신뢰도이다.

② 인사선발에서 기초율이란 지원자들 중에서 우수한 지원자의 비율을 말한다.

③ 잘못된 불합격자(false negative)란 검사에서 불합격점을 받아서 떨어뜨렸고, 채용하였더라도 불만족스러운 직무수행을 나타냈을 사람이다.

정답 10. ③ 11. ④ 12. ③ 13. ⑤

④ 인사선발에서 예측변인의 합격점이란 선발된 사람들 중에서 우수와 비우수 수행자를 구분하는 기준이다.

⑤ 선발률과 예측변인의 가치 간의 관계는 선발률이 낮을수록 예측변인의 가치가 더 커진다.

14. 인간의 정보처리 능력에 관한 설명으로 옳지 않은 것은?

① 경로용량은 절대식별에 근거하여 정보를 신뢰성 있게 전달할 수 있는 최대용량이다.

② 단일 자극이 아니라 여러 차원을 조합하여 사용하는 경우에는 정보전달의 신뢰성이 감소한다.

③ 절대식별이란 특정 부류에 속하는 신호가 단독으로 제시되었을 때 이를 식별할 수 있는 능력이다.

④ 인간의 정보처리 능력은 단기기억에 대한 처리 능력을 의미하며, 절대식별 능력으로 조사한다.

⑤ 밀러(Miller)에 의하면 인간의 절대적 판단에 의한 단일 자극의 판별범위는 보통 5~9가지이다.

15. 소음의 영향에 관한 설명으로 옳지 않은 것은?

① 의미 있는 소음이 의미 없는 소음보다 작업능률 저해 효과가 더 크게 나타난다.

② 강력한 소음에 노출된 직후에 일시적으로 청력이 저하되는 것을 일시성 청력손실이라 하며, 휴식하면 회복된다.

③ 초기 소음성 청력손실은 대화 범주 이상의 주파수에서 생겨 대화에 장애를 느끼지 못하다가 이후에 다른 주파수까지 진행된다.

④ 소음 작업장에서 전화벨 소리가 잘 안 들리고, 작업지시 내용 등을 알아듣기 어려운 현상을 은폐효과(masking effect)라고 한다.

⑤ 일시적 청력 손실은 300~3,000Hz 사이에서 가장 많이 발생하며, 3,000Hz 부근의 음에 대한 청력 저하가 가장 심하다.

16. 집단 의사결정에 관한 설명으로 옳지 않은 것은?

① 팀의 혁신을 촉진할 수 있는 최적의 상황은 과업에 대한 구성원 간의 갈등이 중간 정도일 때다.

② 집단극화는 집단 구성원의 소수가 모험적인 선택을 할 때 이를 따르는 상황에서 발생한다.

③ 집단사고는 개별 구성원의 생각으로는 좋지 않다고 생각하는 결정을 집단이 선택할 때 나타나는 현상이다.

④ 집단사고는 집단 응집성, 강력한 리더, 집단의 고립, 순응에 대한 압력 때문에 나타난다.

⑤ 집단사고를 예방하기 위해서 다양한 사회적 배경을 가진 집단 구성원이 있는 것이 좋다.

정답 14. ② 15. ⑤ 16. ②

17. 행위적 관점에서 분류한 휴먼에러의 유형에 해당하는 것은?

① 순서 오류(sequence error)
② 피드백 오류(feedback error)
③ 입력 오류(input error)
④ 의사결정 오류(decision making error)
⑤ 출력 오류(output error)

18. 직무분석을 위한 정보를 수집하는 방법의 장점과 한계에 관한 설명으로 옳은 것을 모두 고른 것은?

ㄱ. 관찰의 장점은 동일한 직무를 수행하는 재직자 간의 차이를 보여준다는 것이다.
ㄴ. 면접의 장점은 직무에 대해 다양한 관점을 얻는다는 것이다.
ㄷ. 질문지의 장점은 직무에 대해 매우 세부적인 내용을 얻을 수 있다는 것이다.
ㄹ. 질문지의 한계는 직무가 수행되는 상황을 무시한다는 것이다.
ㅁ. 직접수행의 한계는 분석가에게 폭넓은 훈련이 필요하다는 것이다.

① ㄱ, ㄷ, ㄹ
② ㄴ, ㄷ, ㄹ
③ ㄴ, ㄷ, ㅁ
④ ㄴ, ㄹ, ㅁ
⑤ ㄷ, ㄹ, ㅁ

19. 직무 배치 후 유해인자에 대한 첫 번째 특수건강진단의 시기 및 주기로 옳지 않은 것은?

	유해인자	첫 번째 진단 시기	주기
①	나무 분진	6개월 이내	12개월
②	N, N－디메틸아세트아미드	1개월 이내	6개월
③	벤젠	2개월 이내	6개월
④	면 분진	12개월 이내	12개월
⑤	충격소음	12개월 이내	24개월

20. 다음 중 노출기준(occupational exposure limits)에 관한 설명으로 옳은 것은?

① 고용노동부 노출기준은 작업환경측정 결과의 평가와 작업환경 개선 기준으로 사용할 수 있다.
② 일반 대기오염의 평가 또는 관리상의 기준으로는 사용할 수 없으나, 실내공기오염의 관리 기준으로는 사용할 수 있다.
③ MSDS에서 아세톤의 노출기준은 500ppm, 폭발하한한계(LEL)는 2.5%로 표시되었다면, LEL은 노출기준보다 500배 높은 수준이다.

정답 17. ① 18. ④ 19. ① 20. ①

④ 우리나라는 작업자가 노출되는 소음을 누적노출량계로 측정할 때 Threshold 80dB, Criteria 90dB, Exchange rate 5dB 기준을 적용하므로, 만일 78dBA에 8시간 동안 노출되었다면 누적소음량은 10~50% 사이에 있을 것이다.
⑤ 최고노출기준(C)은 1일 작업시간 중 잠시라도 넘어서는 안 되는 농도이므로, 만일 15분 동안 측정했다면 측정치를 15로 보정하여 노출기준과 비교한다.

21. CHARM(Chemical Hazard Risk Management) 시스템에 따른 사업장의 화학물질에 대한 위험성 평가에 있어서 작업환경측정 결과를 활용한 노출수준 등급구분으로 옳지 않은 것은?
① 4등급 - 화학물질 노출기준 초과
② 3등급 - 화학물질 노출기준의 50% 이상~100% 이하
③ 2등급 - 화학물질 노출기준의 10% 이상~50% 미만
④ 1등급 - 화학물질 노출기준의 10% 미만
⑤ 1등급 상향 조정 - 직업병 유소견자가 확인된 경우

22. 산업위생전문가가 수행한 활동으로 옳지 않은 것은?
① 트리클로로에틸렌을 사용하는 작업자가 하루 10시간 동안 이 물질에 노출되는 것을 발견하고, 노출기준을 보정하여 측정치를 평가하였다.
② 결정체 석영은 노출기준이 호흡성 분진으로 되어 있어 이에 노출되는 작업자에 대하여 은막여과지로 채취하였다.
③ 유성페인트를 여러 가지 유기용제가 포함된 시너로 희석하여 도장하는 작업장에서 노출평가 시 각각의 노출기준과 상호작용을 고려하여 평가하였다.
④ 발암성이 있는 목재 분진도 있으므로 원목의 재질을 조사하여 평가하였다.
⑤ 폭이 넓은 도금조에 측방형 후드가 설치되어 있는 작업장에서 적절한 제어속도가 나오지 않아 이를 푸시-풀 후드로 교체할 것을 제안하였다.

23. 다음 유해인자의 평가 및 인체영향에 관한 설명으로 옳은 것은?
① 호흡성 입자상 물질(a)과 흡입성 입자상 물질(b)의 농도비(a/b)는 일반적으로 용접작업장이 목재가공작업장보다 크다.
② 석면이 치명적인 이유는 폐포에 있는 대식세포가 석면에 전혀 접근하지 못하여 탐식작용을 못하기 때문이다.
③ 옥외 작업장에서 누출될 수 있는 불화수소를 관리하기 위하여 작업환경 노출기준인 0.5ppm을 3으로 나누어(24시간 노출) 0.17ppm을 기준으로 정하였다.
④ 석영, 크리스토발라이트, 트리디마이트는 모두 실리카가 주성분인 물질로 암을 유발한다.
⑤ 주성분이 카드뮴인 나노입자는 피부흡수를 우선적으로 고려하여야 한다.

정답 21. ⑤ 22. ② 23. ①

24. 다음 작업환경측정 및 평가에 관한 설명으로 옳은 것은?

① 가스상 물질을 시료 채취할 때 일반적으로 수동식 방법이 능동식 방법보다 정확성과 정밀도가 더 높다.

② 유기용제나 중금속의 검출한계는 시료를 반복 분석하여 구할 수 있지만, 중량분석을 하는 호흡성 분진은 검출한계를 구할 수 없다.

③ 월 30시간 미만인 임시 작업을 행하는 작업장의 경우 법적으로 작업환경측정 대상에서 제외될 수 있다.

④ 작업환경측정 자료에서 만일 기하표준편차가 1 미만이라면 이 통계치는 높은 신뢰성을 가졌다고 할 수 있다.

⑤ 콜타르피치, 코크스오븐 배출물질, 디젤 배출물질에 공통적으로 함유된 산업보건학적 유해인자 중 하나는 다핵방향족탄화수소이다.

25. 산업위생 분야에 관한 설명으로 옳지 않은 것은?

① 산업위생의 목적은 궁극적으로 근로환경 개선을 통한 근로자의 건강보호에 있다.

② 국내 사업장의 산업위생 분야를 관장하는 행정부처는 고용노동부이다.

③ B. Ramazzini는 직업병의 원인으로 작업환경 중 유해물질과 부자연스러운 작업 자세를 제안하였다.

④ 사업장에서는 산업보건 직무담당자를 보건관리자라고 한다.

⑤ 세계보건기구는 산업보건 관련 국제연합기구로서 근로조건의 개선 도모를 목적으로 1919년에 설치되었다.

 정답 24. ⑤ 25. ⑤

산업안전지도사 2016년 기출문제

1. 인간관계론의 호손실험에 관한 설명으로 옳지 않은 것은?

① 종업원의 작업능률에 영향을 미치는 요인을 연구하였다.
② 조명실험은 실험집단과 통제집단을 나누어 진행하였다.
③ 작업능률 향상을 위해서는 작업장에서 물리적 작업조건 변화가 가장 중요하다는 것을 확인하였다.
④ 면접조사를 통해 종업원의 감정이 작업에 어떻게 작용하는가를 파악하였다.
⑤ 작업능률은 비공식 조직과 밀접한 관련이 있다는 것을 발견하였다.

2. 노사관계에 관한 설명으로 옳은 것은?

① 숍(shop) 제도는 노동조합의 규모와 통제력을 좌우할 수 있다.
② 체크오프(check off) 제도는 노동조합비의 개별 납부제도를 의미한다.
③ 경영참가방법 중 종업원 지주제도는 의사결정 참가의 한 방법이다.
④ 준법투쟁은 사용자 측 쟁위행위의 한 방법이다.
⑤ 우리나라 노동조합의 주요 형태는 직종별 노동조합이다.

3. 조직문화에 관한 설명으로 옳지 않은 것은?

① 조직사회화란 신입사원이 회사에 대하여 학습하고 조직문화를 이해하기 위한 다양한 활동이다.
② 조직의 핵심가치가 더 강조되고 공유되고 있는 강한 문화(strong culture)가 조직에 끼치는 잠재적 역기능을 무시해서는 안 된다.
③ 조직문화는 하루아침에 갑자기 형성된 것이 아니고 한 번 생기면 쉽게 없어지지 않는다.
④ 창업자의 행동이 역할모델로 작용하여 구성원들이 그런 행동을 받아들이고 창업자의 신념, 가치를 외부화(externalization)한다.
⑤ 구성원 모두가 공동으로 소유하고 있는 가치관과 이념, 조직의 기본목적 등 조직체 전반에 관한 믿음과 신념을 공유가치라 한다.

정답 1. ③ 2. ① 3. ④

4. 기술과 조직구조에 관한 설명으로 옳은 것을 모두 고른 것은?

> ㄱ. 모든 조직은 한 가지 이상의 기술을 가지고 있다.
> ㄴ. 비일상적 활동에 관여하는 조직은 기계적 구조를, 일상적 활동에 관여하는 조직은 유기적 구조를 선호한다.
> ㄷ. 조직구조의 영향요인으로 기술에 대하여 최초로 관심을 가진 학자는 우드워드(J. Woodward)이다.
> ㄹ. 톰슨(J. Thompson)은 기술유형을 체계적으로 분류한 학자로 중개형 기술, 연속형 기술, 집중형 기술로 유형화했다.
> ㅁ. 여러 가지 기술을 구별하는 공통적인 주제는 일상성의 정도(degree of routineness)이다.

① ㄱ, ㄴ
② ㄷ, ㄹ
③ ㄴ, ㄷ, ㄹ
④ ㄷ, ㄹ, ㅁ
⑤ ㄱ, ㄷ, ㄹ, ㅁ

5. 생산시스템은 투입, 변환, 산출, 통제, 피드백의 5가지 구성요소로 설명할 수 있다. 생산시스템에 관한 설명으로 옳지 않은 것은?

① 변환은 제조공정의 경우 고정비와 관련성이 크다.
② 투입은 생산시스템에서 재화나 서비스를 창출하기 위해 여러 가지 요소를 입력하는 것이다.
③ 변환은 여러 생산자원들을 효용성 있는 제품 또는 서비스로 바꾸는 것이다.
④ 산출에서는 유형의 재화 또는 무형의 서비스가 창출된다.
⑤ 피드백은 산출의 결과가 초기에 설정한 목표와 차이가 있는지를 비교하고 또한 목표를 달성할 수 있도록 배려하는 것이다.

6. ERP 시스템의 특징에 관한 설명으로 옳지 않은 것은?

① 수주에서 출하까지의 공급망과 생산, 마케팅, 인사, 재무 등 기업의 모든 기간 업무를 지원하는 통합시스템이다.
② 하나의 시스템으로 하나의 생산 · 재고거점을 관리하므로 정보의 분석과 피드백 기능의 최적화를 실현한다.
③ EDI(Electronic Data Interchange), CALS(Commerce At Light Speed), 인터넷 등으로 연결시스템을 확립하여 기업 간 자원 활용의 최적화를 추구한다.
④ 대부분의 ERP 시스템은 특정 하드웨어 업체에 의존하지 않는 오픈 클라이언트 서버시스템 형태를 채택하고 있다.
⑤ 단위별 응용프로그램이 서로 통합, 연결되어 중복업무를 배제하고 실시간 정보 관리체계를 구축할 수 있다.

 정답 4. ⑤ 5. ⑤ 6. ②

7. 6시그마 품질혁신 활동에 관한 설명으로 옳지 않은 것은?

① 모토롤라사의 빌 스미스(Bill Smith)라는 경영간부의 착상으로 시작되었다.
② 6시그마 활동을 도입하는 조직은 규격 공차가 표준편차(시그마)의 6배라는 우수한 품질수준을 추구한다.
③ DPMO란 100만 기회당 부적합이 발생되는 건수를 뜻하는 용어로 시그마 수준과 1 대 1로 대응되는 값으로 변환될 수 있다.
④ 6시그마 수준의 공정이란 치우침이 없을 경우 부적합품률이 10억 개에 2개 정도로 추정되는 품질수준이란 뜻이다.
⑤ 6시그마 활동을 효과적으로 실행하기 위해 블랙벨트(BB) 등의 조직원을 육성하여 프로젝트 활동을 수행하게 한다.

8. JIT(Just In Time) 시스템의 특징에 관한 설명으로 옳은 것은?

① 수요 예측을 통해 생산의 평준화를 실현한다.
② 팔리는 만큼만 만드는 Push 생산방식이다.
③ 숙련공을 육성하기 위해 작업자의 전문화를 추구한다.
④ Fool proof 시스템을 활용하여 오류를 방지한다.
⑤ 설비 배치를 U라인으로 구성하여 준비교체 횟수를 최소화한다.

9. 카플란(R. Kaplan)과 노턴(D. Norton)이 주창한 BSC(Balance Score Card)에 관한 설명으로 옳은 것은?

① 균형성과표로 생산, 영업, 설계, 관리부문의 균형적 성장을 추구하기 위한 목적으로 활용된다.
② 객관적인 성과 측정이 중요하므로 정성적 지표는 사용하지 않는다.
③ 핵심성과지표(KPI)는 비재무적 요소를 배제하여 책임소재의 인과관계가 명확한 평가가 이루어지도록 한다.
④ 기업문화와 비전에 입각하여 BSC를 설정하므로 최고경영자가 교체되어도 지속적으로 유지된다.
⑤ BSC의 실행을 위해서는 관리자들이 조직에서 어느 개인, 어느 부서가 어떤 지표의 달성에 책임을 지는지 확인하여야 한다.

10. 심리평가에서 검사의 신뢰도와 타당도의 상호관계에 관한 설명으로 옳은 것은?

① 타당도가 높으면 신뢰도는 반드시 높다.
② 타당도가 낮으면 신뢰도는 반드시 낮다.
③ 신뢰도가 낮아도 타당도는 높을 수 있다.
④ 신뢰도가 높아야 타당도가 높게 나온다.
⑤ 신뢰도와 타당도는 직접적인 상호관계가 없다.

정답 7. ② 8. ④ 9. ⑤ 10. ①

11. 종업원은 흔히 투입과 이로부터 얻게 되는 성과를 다른 종업원과 비교하게 된다. 그 결과, 과소보상으로 인한 불형평 상태가 지각되었을 때, 아담스의 형평이론에서 예측하는 종업원의 후속 반응에 관한 설명으로 옳지 않은 것은?

① 현재의 상황을 형평 상태로 되돌리기 위하여 자신의 투입을 낮출 것이다.
② 자신의 성과를 높이기 위하여 조직의 원칙에 반하는 비윤리적 행동도 불사할 수 있다.
③ 자신과 타인의 투입-성과 간 불형평 상태에 어떤 요인이 영향을 주었을 거라는 등 해당 상황을 왜곡하여 해석하기도 한다.
④ 애초에 비교 대상이 되었던 타인을 다른 비교 대상으로 교체할 수 있다.
⑤ 개인의 '형평민감성'이 높고 낮음에 관계없이 형평 상태로 되돌리려는 행동에서 차이가 없다.

12. 조직 내 종업원들에게 요구되는 바람직한 특성이나 성공적인 수행을 예측해 주는 '인적 특성이나 자질'을 찾아내는 과정은?

① 작업자 지향 절차
② 기능적 직무분석
③ 역량모델링
④ 과업 지향적 절차
⑤ 연관분석

13. 영업 1팀의 A팀장은 팀원들의 직무수행을 긍정적으로 평가하는 것으로 유명하다. 영업 1팀의 팀원들은 실제 직무수행 수준보다 언제나 높은 평가를 받는다. 한편 영업 2팀의 B팀장은 대부분 팀원을 보통 수준으로 평가한다. 특히 B팀장 자신이 잘 모르는 영역 평가에서 이러한 현상이 두드러진다. 직무수행 평가 패턴에서 A팀장과 B팀장이 각각 범하고 있는 오류(또는 편향)를 순서대로(A, B) 옳게 나열한 것은?

ㄱ. 후광오류
ㄴ. 관대화 오류
ㄷ. 엄격화 오류
ㄹ. 중앙집중오류
ㅁ. 자기본위적 편향

① ㄱ, ㄷ
② ㄱ, ㄹ
③ ㄴ, ㄷ
④ ㄴ, ㄹ
⑤ ㄴ, ㅁ

14. 다음 설명에 해당하는 용어는?

대부분의 중요한 의사결정은 집단적 토의를 거치기 마련이다. 이 과정에서 구성원들은 타인의 영향을 받거나 상황, 압력 등에 따라 본인의 원래 태도에 비하여 더욱 모험적이거나 보수적인 방향으로 변화될 가능성이 있다.

 정답 11. ⑤ 12. ③ 13. ④ 14. ②

① 집단사고 ② 집단극화
③ 동조 ④ 사회적 촉진
⑤ 복종

15. 산업현장에서 운영되고 있는 팀(team)의 유형에 관한 설명으로 옳지 않은 것은?

① 전술적 팀(tactical team) : 수행절차가 명확히 정의된 계획을 수행할 목적으로 하며, 경찰 특공대 팀이 대표적임
② 문제해결 팀(problem-solving team) : 특별한 문제나 이슈를 해결할 목적으로 구성되며, 질병통제센터의 진단 팀이 대표적임
③ 창의적 팀(creative team) : 포괄적 목표를 가지고 가능성과 대안을 탐색할 목적으로 구성되며, IBM의 PC 설계 팀이 대표적임
④ 특수 팀(ad hoc team) : 조직에서 일상적이지 않고 비전형적인 문제를 해결할 목적으로 구성되며, 팀의 임무를 완수한 후 해체됨
⑤ 다중 팀(multi-team) : 개인과 조직시스템 사이를 조정(moderating)하는 메타(meta)적 성격을 갖고 있음

16. 인사선발에서 활발하게 사용되는 성격 측정 분야의 하나로 5요인(Big 5) 성격모델이 있다. 성격의 5요인에 해당되지 않는 것은?

① 성실성(conscientiousness)
② 외향성(extraversion)
③ 신경성(neuroticism)
④ 직관성(immediacy)
⑤ 경험에 대한 개방성(openness to experience)

17. 소음에 관한 설명으로 옳은 것을 모두 고른 것은?

ㄱ. 소음의 크기 지각은 소음의 주파수와 관련이 없다.
ㄴ. 8시간 근무를 기준으로 작업장 평균 소음 크기가 60dB이면 청력손실의 위험이 있다.
ㄷ. 큰 소음에 반복적으로 노출되면 일시적으로 청지각의 임계값이 변할 수 있다.
ㄹ. 소음원과 작업자 사이에 차단벽을 설치하는 것은 효과적인 소음 통제방법이다.
ㅁ. 한 여름에는 전동 공구 작업자에게 귀마개를 착용하지 않도록 한다.

① ㄱ, ㄴ ② ㄴ, ㄷ
③ ㄷ, ㄹ ④ ㄱ, ㄹ, ㅁ
⑤ ㄴ, ㄷ, ㄹ

정답 15. ⑤ 16. ④ 17. ③

18. 주의(attention)에 관한 설명으로 옳은 것은?

① 용량의 제한이 없기 때문에 한 번에 여러 과제를 동시에 수행할 수 있다.

② 많은 사람들 가운데 오직 한 사람의 목소리에만 주의를 기울일 수 있는 것은 선택주의(selective attention) 덕분이다.

③ 선택된 자극의 여러 속성을 통합하고 처리하기 위해 분할주의(divided attention)가 필요하다.

④ 운전하면서 친구와 대화하기처럼 두 과제 모두를 성공적으로 수행하기 위해서는 초점주의(focused attention)가 필요하다.

⑤ 무덤덤한 여러 얼굴 가운데 유일하게 화난 얼굴은 의식하지 않아도 쉽게 눈에 띄는데, 이는 무주의 맹시(inattentional blindness) 때문이다.

19. 공기 중 화학물질 농도(섬유 포함)를 표현하는 단위가 아닌 것은?

① ppm　② $\mu g/m^3$

③ CFU/m^3　④ 개수/cc

⑤ mg/m^3

20. 원형 덕트에서 반송속도가 10m/sec이고, 이곳을 흐르는 공기량은 $20m^3/min$이다. 이 덕트 직경의 크기(mm)는?

① 약 100　② 약 200

③ 약 300　④ 약 400

⑤ 약 500

21. 다음 중 유해인자별 건강영향을 연결한 것으로 옳은 것은?

① 디젤 배출물 - 폐암　② 수은 - 피부암

③ 벤젠 - 비강암　④ 에탄올 - 시각 손상

⑤ 황산 - 뇌암

22. 다음 중 특수건강진단 대상 유해인자가 아닌 것은?

① 염화비닐　② 트리클로로에틸렌

③ 니켈　④ 수산화나트륨

⑤ 자외선

 정답 18. ②　19. ③　20. ②　21. ①　22. ④

23. 유해인자 노출평가에서 고려할 사항이 아닌 것은?
① 흡수경로(침입경로) ② 노출시간
③ 노출빈도 ④ 작업강도
⑤ 작업숙련도

24. 유해인자 노출기준에 관한 설명으로 옳은 것은?
① ACGIH TLV는 미국에서 법적 구속력이 있다.
② 대부분의 노출기준은 인체 실험에 의한 결과에서 설정된 것이다.
③ 우리나라 노출기준은 미국 OSHA PEL을 준용하고 있다.
④ 노출기준을 초과하면 질병이 대부분 발생한다.
⑤ 일반적으로 노출기준 설정은 인체면역에 의한 보상 수준을 고려한 것이다.

25. 우리나라 산업보건 역사에 관한 설명으로 옳은 것은?
① 원진레이온 이황화탄소 중독을 계기로 산업안전보건법이 제정되었다.
② 1988년 문송면 씨 사망으로 수은 중독이 사회적 이슈가 되었다.
③ 2004년 외국인 근로자의 다발성 신경 손상에 의한 하지마비(앉은뱅이병)의 원인 인자는 벤젠이었다.
④ 2016년 메탄올 중독 사건은 특수건강진단에서 밝혀졌다.
⑤ 1995년 전자부품 제조 근로자의 생식독성의 원인 인자는 납이었다.

정답 23. ⑤ 24. ⑤ 25. ②

산업안전지도사 2017년 기출문제

1. 파스칼(R. Pascale)과 애토스(A. Athos)의 7S 조직문화 구성요소 중 가장 핵심적인 요소는?

① 전략
② 공유가치
③ 구성원
④ 제도·절차
⑤ 관리스타일

2. 상황적합적 조직구조이론에 관한 설명으로 옳지 않은 것은?

① 우드워드(J. Woodward)는 기술을 단위생산기술, 대량생산기술, 연속공정기술로 나누었는데, 대량생산에는 기계적 조직구조가 적합하고, 연속공정에는 유기적 조직구조가 적합하다고 주장하였다.
② 번즈(T. Burns)와 스탈커(G. Stalker)는 안정적인 환경에서는 기계적인 조직이, 불확실한 환경에서는 유기적인 조직이 효과적이라고 주장하였다.
③ 톰슨(J. Thompson)은 기술을 단위작업 간의 상호의존성에 따라 중개형, 장치형, 집약형으로 유형화하고, 이에 적합한 조직구조와 조정형태를 제시하였다.
④ 페로우(C. Perrow)는 기술을 다양성 차원과 분석 가능성 차원을 기준으로 일상적 기술, 공학적 기술, 장인기술, 비일상적 기술로 유형화하였다.
⑤ 블라우(P. Blau), 차일드(J. Child)는 환경의 불확실성을 상황변수로 연구하였다.

3. 인사고과에 관한 설명으로 옳은 것을 모두 고른 것은?

ㄱ. 캐플란(R. Kaplan)과 노턴(D. Norton)이 주장한 균형성과표(BSC)의 4가지 핵심 관점은 재무관점, 고객관점, 외부환경관점, 학습·성장관점이다.
ㄴ. 목표관리법(MBO)의 단점 중 하나는 권한위임이 이루어지기 어렵다는 것이다.
ㄷ. 체크리스트법(대조법)은 평가자로 하여금 피평가자의 성과, 능력, 태도 등을 구체적으로 기술한 단어나 문장을 선택하게 하는 인사고과법이다.
ㄹ. 대부분의 전통적인 인사고과법과는 달리, 종합평가법 혹은 평가센터법(ACM)은 미래의 잠재능력을 파악할 수 있는 인사고과법이다.
ㅁ. 행동기준평가법(BARS)은 척도설정 및 기준행동의 기술－중요과업의 선정－과업행동의 평가 순으로 이루어진다.

 정답 1. ② 2. ⑤ 3. ②

① ㄱ, ㅁ
② ㄷ, ㄹ
③ ㄱ, ㄴ, ㄷ
④ ㄷ, ㄹ, ㅁ
⑤ ㄱ, ㄷ, ㄹ, ㅁ

4. 프로젝트 활동의 단축비용이 단축일수에 따라 비례적으로 증가한다고 할 때, 정상활동으로 가능한 프로젝트 완료일을 최소의 비용으로 하루 앞당기기 위해 속성으로 진행되어야 할 활동은?

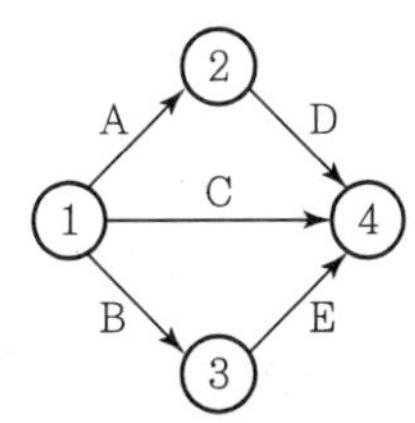

활동	직전 선행활동	활동시간(일)		활동비용(만 원)	
		정상	속성	정상	속성
A	–	7	5	100	130
B	–	5	4	100	130
C	–	12	10	100	140
D	A	6	5	100	150
E	B	9	7	100	150

① A
② B
③ C
④ D
⑤ E

5. 경력개발에 관한 설명으로 옳은 것은?

① 경력 정체기에 접어들은 종업원들이 보여주는 반응유형은 방어형, 절망형, 성과미달형, 이상형으로 구분된다.
② 샤인(E. Schein)은 개인의 경력욕구 유형을 관리지향, 기술-기능지향, 안전지향 등 세 가지로 구분하였다.
③ 홀(D. Hall)의 경력단계 모델에서 중년의 위기가 나타나는 단계는 확립단계이다.
④ 이중 경력경로(dual-career path)는 개인이 조직에서 경험하는 직무들이 수평적 뿐만 아니라 수직적으로 배열되어 있는 경우이다.
⑤ 경력욕구는 조직이 개인에게 기대하는 행동인 경력역할과 개인 자신이 추구하려고 하는 경력방향에 의해 결정된다.

정답 4. ⑤ 5. ①

6. 경영참가제도에 관한 설명으로 옳지 않은 것은?
① 경영참가제도는 단체교섭과 더불어 노사관계의 양대 축을 형성하고 있다.
② 독일은 노사공동결정제를 실시하고 있다.
③ 스캔론 플랜(Scanlon plan)은 경영참가제도 중 자본참가의 한 유형이다.
④ 종업원지주제(ESOP)는 원래 안정주주의 확보라는 기업방어적인 측면에서 시작되었다.
⑤ 정치적인 측면에서 볼 때 경영참가제도의 목적은 산업민주주의를 실현하는 데 있다.

7. 동기부여이론에 관한 설명으로 옳지 않은 것은?
① 동기부여이론을 내용이론과 과정이론으로 구분할 때 알더퍼(C. Alderfer)의 ERG이론은 내용이론이다.
② 맥클랜드(D. McClelland)의 성취동기이론에서 성취욕구를 측정하기에 가장 적합한 것은 TAT(주제통각검사)이다.
③ 허츠버그(F. Herzberg)의 이요인이론에 따르면, 동기유발이 되기 위해서는 동기요인은 충족시키고, 위생요인은 제거해 주어야 한다.
④ 브룸(V. Vroom)의 기대이론은 기대감, 수단성, 유의성에 의해 노력의 강도가 결정되는데 이들 중 하나라도 0이면 동기부여가 안 된다고 한다.
⑤ 아담스(J. Adams)는 페스팅거(L. Festinger)의 인지부조화 이론을 동기유발과 연관시켜서 공정성 이론을 체계화하였다.

8. 수요예측을 위한 시계열분석에 관한 설명으로 옳지 않은 것은?
① 시계열분석은 장래의 수요를 예측하는 방법으로, 종속변수인 수요의 과거 패턴이 미래에도 그대로 지속된다는 가정에 근거를 두고 있다.
② 전기수요법은 가장 최근의 수요로 다음 기간의 수요를 예측하는 기법으로, 수요가 안정적일 경우 효율적으로 사용할 수 있다.
③ 이동평균법은 우연변동만이 크게 작용하는 경우 유용한 기법으로, 가장 최근 n기간 데이터를 산술평균하거나 가중평균하여 다음 기간의 수요를 예측할 수 있다.
④ 추세분석법은 과거 자료에 뚜렷한 증가 또는 감소의 추세가 있는 경우, 과거 수요와 추세선상 예측치 간 오차의 합을 최소화하는 직선 추세선을 구하여 미래의 수요를 예측할 수 있다.
⑤ 지수평활법은 추세나 계절변동을 모두 포함하여 분석할 수 있으나, 평활상수를 작게 하여도 최근 수요 데이터의 가중치를 과거 수요 데이터의 가중치보다 작게 부과할 수 없다.

 정답 6. ③ 7. ③ 8. ④

9. 하우 리(H. Lee)가 제안한 공급사슬 전략 중 수요의 불확실성이 낮고 공급의 불확실성이 높은 경우 필요한 전략은?

① 효율적 공급사슬
② 반응적 공급사슬
③ 민첩한 공급사슬
④ 위험회피 공급사슬
⑤ 지속가능 공급사슬

10. 심리평가에서 신뢰도와 타당도에 관한 설명으로 옳은 것은?

① 내적일치 신뢰도(internal consistency reliability)를 알아보기 위해서는 동일한 속성을 측정하기 위한 검사를 두 가지 다른 형태로 만들어 사람들에게 두 가지형 모두를 실시한다.
② 다양한 신뢰도 측정방법들은 모두 유사한 의미를 지니고 있기 때문에 서로 바꾸어서 사용해도 된다.
③ 검사－재검사 신뢰도(test－retest reliability)는 두 번의 검사 시간간격이 길수록 높아진다.
④ 준거 관련 타당도 중 동시 타당도(concurrent validity)와 예측 타당도(predictive validity) 간의 중요한 차이는 예측변인과 준거자료를 수집하는 시점 간 시간간격이다.
⑤ 검사가 학문적으로 받아들여지기 위해 바람직한 신뢰도 계수와 타당도 계수는 .70～.80의 범위에 존재한다.

11. 개인의 수행을 판단하기 위해 사용되는 준거의 특성 중 실제준거가 개념준거 전체를 나타내지 못하는 정도를 의미하는 것은?

① 준거 결핍(criterion deficiency)
② 준거 오염(criterion contamination)
③ 준거 불일치(criterion discordance)
④ 준거 적절성(criterion relevance)
⑤ 준거 복잡성(criterion composite)

12. 직업 스트레스 모델 중 다양한 직무요구에 대해 종업원들의 외적 요인(조직의 지원, 의사결정 과정에 대한 참여)과 내적 요인(자신의 업무요구에 대한 종업원의 정신적 접근방법)이 개인적으로 직면하는 스트레스 요인에 완충 역할을 한다는 것은?

① 자원보존(Conservation of Resources, COR) 이론
② 요구－통제 모델(Demands－Control Model)
③ 요구－자원 모델(Demands－Resources Model)
④ 사람－환경 적합 모델(Person－Environment Fit Model)
⑤ 노력－보상 불균형 모델(Effort－Reward Imbalance Model)

정답 9. ④ 10. ④ 11. ① 12. ③

13. 작업동기이론에 관한 설명으로 옳지 않은 것은?

① 기대이론(expectancy theory)은 다른 사람들 간의 동기의 정도를 예측하는 것보다는 한 사람이 서로 다양한 과업에 기울이는 노력의 수준을 예측하는 데 유용하다.

② 형평이론(equity theory)에 따르면 개인마다 형평에 대한 선호도에 차이가 있으며, 이러한 형평 민감성은 사람들이 불형평에 직면하였을 때 어떤 행동을 취할지를 예측한다.

③ 목표설정이론(goal-setting theory)에 따르면 목표가 어려울수록 수행은 더욱 좋아질 가능성이 크지만, 직무가 복잡하고 목표의 수가 다수인 경우에는 수행이 낮아진다.

④ 자기조절이론(self-regulation theory)에서는 개인이 행위의 주체로서 목표를 달성하기 위하여 주도적인 역할을 한다고 주장한다.

⑤ 자기결정이론(self-determination theory)은 자기효능감이 긍정적인 결과를 초래할지 아니면 부정적인 결과를 초래할지에 대한 문제를 이해하는 데 도움을 주는 이론이다.

14. 조직 내 팀에 관한 설명으로 옳지 않은 것을 모두 고른 것은?

ㄱ. 터크만(B. Tuckman)의 팀 생애주기는 형성(forming)-규범형성(norming)-격동(storming)-수행(performing)-해체(adjourning)의 순이다.
ㄴ. 집단사고는 효과적인 팀 수행을 위하여 공유된 정신모델을 구축할 때 잠재적으로 나타나는 부정적인 면이다.
ㄷ. 집단극화는 개별구성원의 생각으로는 좋지 않다고 생각하는 결정을 집단이 선택할 때 나타나는 현상이다.
ㄹ. 무임승차(free riding)나 무용성 지각(felt dispensability)은 팀에서 개인에게 개별적인 인센티브를 주지 않음으로써 일어날 수 있는 사회적 태만이다.
ㅁ. 마크(M. Marks)가 제안한 팀 과정의 3요인 모형은 전환과정, 실행과정, 대인과정으로 구성되어 있다.

① ㄱ, ㄴ
② ㄱ, ㄷ
③ ㄱ, ㄷ, ㅁ
④ ㄷ, ㄹ, ㅁ
⑤ ㄱ, ㄴ, ㄷ, ㄹ

 정답 13. ⑤ 14. ②

15. 반생산적 업무행동(CWB)에 관한 설명으로 옳지 않은 것은?

① 반생산적 업무행동의 사람기반 원인에는 성실성(conscientiousness), 특성분노(trait anger), 자기통제력(self control), 자기애적 성향(narcissism) 등이 있다.

② 반생산적 업무행동의 주된 상황기반 원인에는 규범, 스트레스에 대한 정서적 반응, 외적 통제소재, 불공정성 등이 있다.

③ 조직의 재산이나 조직 성원의 일을 의도적으로 파괴하거나 손상을 입히는 반생산적 업무행동은 심각성, 반복 가능성, 가시성에 따라 구분된다.

④ 사회적 폄하(social undermining)는 버릇없거나 의욕을 떨어뜨리는 행동으로 직장에서 용수철 효과(spiraling effect)처럼 작용하는 반생산적 업무행동이다.

⑤ 직장폭력과 공격을 유발하는 중요한 예측치는 조직에서 일어난 일이 얼마나 중요하게 인식되는가를 의미하는 유발성 지각(perceived provocation)이다.

16. 인간지각 특성에 관한 설명으로 옳지 않은 것은?

① 평행한 직선들이 평행하게 보이지 않는 방향착시는 가현운동에 의한 착시의 일종이다.

② 선택, 조직, 해석의 세 가지 지각과정 중 게슈탈트 지각 원리들이 나타나는 것은 조직 과정이다.

③ 전체적인 맥락에서 문자나 그림 등의 빠진 부분을 채워서 보는 지각 원리는 폐쇄성(closure)이다.

④ 일반적으로 감시하는 대상이 많아지면 주의의 폭은 넓어지고 깊이는 얕아진다.

⑤ 주의력의 특성으로는 선택성, 방향성, 변동성이 있다.

17. 휴먼에러(human error)에 관한 설명으로 옳은 것은?

① 리즌(J. Reason)의 휴먼에러 분류는 행위의 결과만을 보고 분류하므로 에러 분류가 비교적 쉽고 빠른 장점이 있다.

② 지식기반 착오(knowledge based mistake)는 무의식적 행동 관례 및 저장된 행동 양상에 의해 제어되는 것이다.

③ 라스무센(J. Rasmussen)은 인간의 불완전한 행동을 의도적인 경우와 비의도적인 경우로 구분하여 에러 유형을 분류하였다.

④ 누락오류, 작위오류, 시간오류, 순서오류는 원인적 분류에 해당하는 휴먼에러이다.

⑤ 스웨인(A. Swain)은 휴먼에러를 작업 완수에 필요한 행동과 불필요한 행동을 하는 과정에서 나타나는 에러로 나누었다.

정답 15. ④ 16. ① 17. ⑤

18. 작업환경과 건강에 관한 설명으로 옳은 것을 모두 고른 것은?

ㄱ. 안전한 절차, 실행, 행동을 관리자가 장려하고 보상한다는 종업원의 공유된 지각을 조직지지 지각(perceived organizational support)이라 한다.
ㄴ. 레이노 증후군(Raynaud's syndrome)이란 진동이나 추위, 심리적 변화 등으로 인해 나타나는 말초혈관 운동의 장애로 손가락이 창백해지고 통증을 느끼는 증상을 말한다.
ㄷ. 눈부심의 불쾌감은 배경의 휘도가 클수록, 광원의 크기가 작을수록 감소하게 된다.
ㄹ. VDT(Visual Display Terminal) 증후군은 컴퓨터의 키보드나 마우스를 오래 사용하는 작업자에게 발생하는 반복긴장성 손상의 대표적인 질환이다.

① ㄱ, ㄴ
② ㄴ, ㄷ
③ ㄱ, ㄷ, ㄹ
④ ㄴ, ㄷ, ㄹ
⑤ ㄱ, ㄴ, ㄷ, ㄹ

19. 화학물질 및 물리적 인자의 노출기준에서 공기 중 석면 농도의 표시 단위는?

① ppm
② mg/m^3
③ mppcf
④ CFU/m^3
⑤ $개/cm^3$

20. 1900년 이전에 일어난 산업보건 역사에 해당하지 않는 것은?

① 영국에서 음낭암 발견
② 독일 뮌헨대학에서 위생학 개설
③ 영국에서 공장법 제정
④ 영국에서 황린 사용 금지
⑤ 독일에서 노동자질병보호법 제정

21. 산업위생전문가의 윤리강령 중 사업주에 대한 책임에 해당하지 않는 것은?

① 쾌적한 작업환경을 만들기 위하여 산업위생의 이론을 적용하고 책임있게 행동한다.
② 신뢰를 바탕으로 정직하게 권고하고 결과와 개선점은 정확히 보고한다.
③ 결과와 결론을 위해 사용된 모든 자료들을 정확히 기록 · 보관한다.
④ 업무 중 취득한 기밀에 대해 비밀을 보장한다.
⑤ 근로자의 건강에 대한 궁극적인 책임은 사업주에게 있음을 인식시킨다.

정답 18. 전항 정답 19. ⑤ 20. ④ 21. ④

22. 납 중독 시 나타나는 heme 합성 장해에 관한 설명으로 옳지 않은 것은?

① 혈중 유리철분 감소
② 혈청 중 δ-ALA 증가
③ δ-ALA 작용 억제
④ 적혈구 내 프로토폴피린 증가
⑤ heme 합성효소 작용 억제

23. 근로자 건강진단 실시기준에 따른 건강관리 구분 C_N의 내용은?

① 직업성 질병으로 진전될 우려가 있어 추적검사 등 관찰이 필요한 근로자
② 일반질병으로 진전될 우려가 있어 추적관찰이 필요한 근로자
③ 질병으로 진전될 우려가 있어 야간작업 시 추적관찰이 필요한 근로자
④ 질병의 소견을 보여 야간작업 시 사후관리가 필요한 근로자
⑤ 건강진단 1차 검사결과 건강수준의 평가가 곤란하거나 질병이 의심되는 근로자

24. 비누거품미터의 뷰렛 용량은 500mL이고, 거품이 지나가는 데 10초가 소요되었다면 공기시료채취기의 유량(L/min)은?

① 2.0
② 3.0
③ 4.0
④ 5.0
⑤ 6.0

25. 덕트 내 공기에 의한 마찰손실을 표시하는 레이놀즈 수(Reynolds No.)에 포함되지 않는 요소는?

① 공기 속도(velocity)
② 덕트 직경(diameter)
③ 덕트면 조도(roughness)
④ 공기 밀도(density)
⑤ 공기 점도(viscosity)

정답 22. ① 23. ③ 24. ② 25. ③

산업안전지도사 2018년 기출문제

1. 해크만(J. Hackman)과 올드햄(G. Oldham)이 제시한 직무특성모델(job characteristic model)에서 5가지 핵심직무차원(core job dimensions)에 포함되지 않는 것은?

① 기술다양성(skill variety)
② 성장욕구(growth need)
③ 과업정체성(task identity)
④ 자율성(autonomy)
⑤ 피드백(feedback)

2. 직무급(job-based pay)에 관한 설명으로 옳은 것을 모두 고른 것은?

> ㄱ. 동일 노동 동일 임금의 원칙(equal pay for equal work)이 적용된다.
> ㄴ. 직무를 평가하고 임금을 산정하는 절차가 간단하다.
> ㄷ. 유능한 인력을 확보하고 활용하는 것이 가능하다.
> ㄹ. 직무의 상대적 가치를 기준으로 하여 임금을 결정한다.
> ㅁ. 직무를 중심으로 한 합리적인 인적자원 관리가 가능하게 됨으로써 인건비의 효율성을 증대시킬 수 있다.

① ㄱ, ㄴ, ㄷ
② ㄷ, ㄹ, ㅁ
③ ㄱ, ㄴ, ㄹ, ㅁ
④ ㄱ, ㄷ, ㄹ, ㅁ
⑤ ㄱ, ㄴ, ㄷ, ㄹ, ㅁ

3. 홍길동이 A회사에 입사한 후 3년이 지났다. 홍길동이 그 동안 있었던 승진자들을 살펴보니 모두 뛰어난 업적을 보인 사람들이었다. 이에 홍길동은 자신도 뛰어난 성과를 보여 승진하겠다는 결심을 하고 지속적으로 열심히 노력하였다. 이 경우 홍길동과 관련된 학습이론은?

① 사회적 학습(social learning)
② 조직적 학습(organizational learning)
③ 고전적 조건화(classical conditioning)
④ 작동적 조건화(operant conditioning)
⑤ 액션 러닝(action learning)

정답 1. ② 2. ④ 3. ①

4. 허즈버그(F. Herzberg)가 제시한 2요인이론(two factor theory)에서 동기부여 요인(motivators)에 포함되지 않는 것은?

① 성취(achievement)
② 임금(wage)
③ 책임(responsibility)
④ 성장(growth)
⑤ 인정(recognition)

5. 사업부제 조직구조(divisional structure)에 관한 설명으로 옳지 않은 것은?

① 각 사업부는 사업영역에 대해 독자적인 권한과 책임을 보유하고 있어 독립적인 이익센터(profit center)로서 기능할 수 있다.
② 각 사업부들이 경영상의 책임단위가 됨으로써 본사의 최고경영층은 일상적인 업무로부터 벗어나 전사적인 차원의 문제에 집중할 수 있다.
③ 각 사업부 간에 기능의 중복현상이 발생하지 않는다.
④ 각 사업부마다 시장특성에 적합한 제품과 서비스를 생산하고 판매할 수 있게 됨으로써 시장세분화에 따른 제품차별화가 용이하다.
⑤ 각 사업부의 이해관계를 중시하는 사업부 이기주의로 인하여 사업부 간의 협조가 원활하지 못할 수 있다.

6. 6시그마 경영은 모토로라(Motorola)사에서 혁신적인 품질개선을 목적으로 시작된 기업경영 전략이다. 6시그마 경영과 과거의 품질경영을 비교 설명한 것으로 옳은 것은?

① 과거의 품질경영방식은 전체 최적화였으나 6시그마 경영은 부분 최적화라고 할 수 있다.
② 과거의 품질경영 계획대상은 공장 내 모든 프로세스였으나 6시그마 경영은 문제점이 발생한 곳 중심이라고 할 수 있다.
③ 과거의 품질경영 교육은 체계적이고 의무적이었으나 6시그마 경영은 자발적 참여를 중시한다.
④ 과거의 품질경영 관리단계는 DMAIC를 사용하였으나 6시그마 경영은 PDCA cycle을 사용한다.
⑤ 과거의 품질경영 방침결정은 하의상달방식이었으나 6시그마 경영은 상의하달방식으로 이루어진다.

7. ABC 재고관리에 관한 설명으로 옳지 않은 것은?

① 자재 및 재고자산의 차별관리방법이며, A등급, B등급, C등급으로 구분된다.
② 품목의 중요도를 결정하고, 품목의 상대적 중요도에 따라 통제를 달리하는 재고관리시스템이다.
③ 파레토 분석(Pareto Analysis) 결과에 따라 품목을 등급으로 나누어 분류한다.
④ 일반적으로 A등급에 속하는 품목의 수가 C등급에 속하는 품목의 수보다 많다.
⑤ 각 등급별 재고 통제수준은 A등급은 엄격하게, B등급은 중간 정도로, C등급은 느슨하게 한다.

정답 4. ② 5. ③ 6. ⑤ 7. ④

8. 수요예측을 위한 시계열 분석에서 변동에 해당하지 않는 것은?

① 추세변동(trend variation) : 자료의 추이가 점진적, 장기적으로 증가 또는 감소하는 변동
② 계절변동(seasonal variation) : 월, 계절에 따라 증가 또는 감소하는 변동
③ 위치변동(locational variation) : 지역의 차이에 따라 증가 또는 감소하는 변동
④ 순환변동(cyclical variation) : 경기순환과 같은 요인으로 인한 변동
⑤ 불규칙변동(irregular variation) : 돌발사건, 전쟁 등으로 인한 변동

9. 설비배치계획의 일반적 단계에 해당하지 않는 것은?

① 구성계획(construct plan)
② 세부배치계획(detailed layout plan)
③ 전반배치(general overall layout)
④ 설치(installation)
⑤ 위치(location) 결정

10. 심리평가에서 평가센터(assessment center)에 관한 설명으로 옳지 않은 것은?

① 신규채용을 위하여 입사 지원자들을 평가하거나 또는 승진 결정 등을 위하여 현재 종업원들을 평가하는 데 사용할 수 있다.
② 관리 직무에 요구되는 단일수행 차원에 대해 피평가자들을 평가한다.
③ 기본적인 평가방식은 집단 내 다른 사람들의 수행과 비교하여 개인의 수행을 평가하는 것이다.
④ 평가도구로는 구두발표, 서류함 기법, 역할수행 등이 있다.
⑤ 다수의 평가자들이 피평가자들을 평가한다.

11. 목표설정 이론(goal setting theory)에서 종업원의 직무수행을 향상시킬 수 있는 요인들을 모두 고른 것은?

ㄱ. 도전적인 목표	ㄴ. 구체적인 목표
ㄷ. 종업원의 목표 수용	ㄹ. 목표 달성 과정에 대한 피드백

① ㄱ, ㄹ
② ㄴ, ㄷ
③ ㄱ, ㄴ, ㄹ
④ ㄴ, ㄷ, ㄹ
⑤ ㄱ, ㄴ, ㄷ, ㄹ

 정답 8. ③ 9. ① 10. ② 11. ⑤

12. 인사선발에 관한 설명으로 옳은 것은?
① 올바른 합격자(true positive)란 검사에서 합격점을 받아서 채용되었지만 채용된 후에는 불만족스러운 직무수행을 나타내는 사람이다.
② 잘못된 합격자(false positive)란 검사에서 불합격점을 받아서 떨어뜨렸지만 채용하였다면 만족스러운 직무수행을 나타냈을 사람이다.
③ 올바른 불합격자(true negative)란 검사에서 불합격점을 받아서 떨어뜨렸고 채용하였더라도 불만족스러운 직무수행을 나타냈을 사람이다.
④ 잘못된 불합격자(false negative)란 검사에서 합격점을 받아서 채용되었고 채용된 후에도 만족스러운 직무수행을 나타내는 사람이다.
⑤ 인사선발 과정의 궁극적인 목적은 올바른 합격자와 잘못된 불합격자를 최대한 늘리고 올바른 불합격자와 잘못된 합격자를 줄이는 것이다.

13. 심리평가에서 타당도와 신뢰도에 관한 설명으로 옳지 않은 것은?
① 구성타당도(construct validity)는 검사문항들이 검사용도에 적절한지에 대하여 검사를 받는 사람들이 느끼는 정도다.
② 내용타당도(content validity)는 검사의 문항들이 측정해야 할 내용들을 충분히 반영한 정도다.
③ 검사-재검사 신뢰도(test-retest reliability)는 검사를 반복해서 실시했을 때 얻어지는 검사 점수의 안정성을 나타내는 정도다.
④ 평가자 간 신뢰도(inter-rater reliability)는 두 명 이상의 평가자들로부터의 평가가 일치하는 정도다.
⑤ 내적 일치 신뢰도(internal-consistency reliability)는 검사 내 문항들 간의 동질성을 나타내는 정도다.

14. 인사평가 시기가 되자 홍길동 부장은 매우 우수한 성과를 보인 이순신 사원을 평가하고, 다음 차례로 이몽룡 사원을 평가하였다. 이때 이몽룡 사원은 평균적인 성과를 보였음에도 불구하고, 평균 이하의 평가를 받았다. 홍길동 부장의 평가에서 발생한 오류는?
① 후광 오류
② 관대화 오류
③ 중앙집중화 오류
④ 대비 오류
⑤ 엄격화 오류

정답 12. ③ 13. ① 14. ④

15. 인간정보처리(human information processing) 이론에서 정보량과 관련된 설명이다. 다음 중 옳지 않은 것은?

① 인간정보처리이론에서 사용하는 정보 측정단위는 비트(bit)다.
② 힉 – 하이만 법칙(Hick – Hyman law)은 선택반응시간과 자극 정보량 사이의 선형함수 관계로 나타난다.
③ 자극 – 반응실험에서 인간에게 입력되는 정보량(자극 정보량)과 출력되는 정보량(반응 정보량)은 동일하다고 가정한다.
④ 정보란 불확실성을 감소시켜 주는 지식이나 소식을 의미한다.
⑤ 자극 – 반응실험에서 전달된(transmitted) 정보량을 계산하기 위해서는 소음(noise) 정보량과 손실(loss) 정보량도 고려해야 한다.

16. 하인리히(H. Heinrich)의 연쇄성 이론에 관한 설명으로 옳지 않은 것은?

① 연쇄성 이론은 도미노 이론이라고 불리기도 한다.
② 사고를 예방하는 방법은 연쇄적으로 발생하는 사고원인들 중에서 어떤 원인을 제거하여 연쇄적인 반응을 막는 것이다.
③ 연쇄성 이론에 의하면 5개의 도미노가 있다.
④ 사고 발생의 직접적인 원인은 불안전한 행동과 불안전한 상태다.
⑤ 연쇄성 이론에서 첫 번째 도미노는 개인적 결함이다.

17. 작업장의 적절한 조명수준을 결정하려고 한다. 다음 중 옳은 것을 모두 고른 것은?

ㄱ. 직접조명은 간접조명보다 조도는 높으나 눈부심이 일어나기 쉽다.
ㄴ. 정밀 조립작업을 수행할 경우에는 일반 사무작업을 할 때보다 권장조도가 높다.
ㄷ. 40세 이하의 작업자보다 55세 이상의 작업자가 작업할 때 권장조도가 높다.
ㄹ. 작업환경에서 조명의 색상은 작업자의 건강이나 생산성과 무관하다.
ㅁ. 표면 반사율이 높을수록 조도를 높여야 한다.

① ㄱ, ㄴ
② ㄱ, ㄴ, ㄷ
③ ㄱ, ㄷ, ㅁ
④ ㄴ, ㄷ, ㄹ
⑤ ㄱ, ㄴ, ㄷ, ㄹ, ㅁ

 정답 15. ③ 16. ⑤ 17. ②

18. 소리와 소음에 관한 설명으로 옳은 것은?

① 인간의 가청주파수 영역은 20,000Hz~30,000Hz이다.
② 인간이 지각한(perceived) 음의 크기는 음의 세기(dB)와 항상 정비례한다.
③ 강력한 소음에 노출된 직후에 발생하는 일시적 청력손실은 휴식을 취하더라도 회복되지 않는다.
④ 우리나라 소음노출기준은 소음강도 90dB(A)에 8시간 노출될 때를 허용기준선으로 정하고 있다.
⑤ 소음노출지수가 100% 이상이어야 소음으로부터 안전한 작업장이다.

19. 산업위생전문가(industrial hygienist)의 주요활동으로 옳지 않은 것은?

① 근로자 건강영향을 설문으로 묻고 진단한다.
② 근로자의 근무기간별 직무활동을 기록한다.
③ 근로자가 과거에 소속된 공정을 설문으로 조사한다.
④ 구매할 기계장비에서 발생될 수 있는 유해요인을 예측한다.
⑤ 유해인자 노출을 평가한다.

20. 화학물질 급성중독으로 인한 건강영향을 예방하기 위한 노출기준만으로 옳은 것은?

① TWA, STEL
② Excursion limit, TWA
③ STEL, Ceiling
④ STEL, TLV
⑤ Excursion limit, TLV

21. 특수건강진단 결과의 활용으로 옳지 않은 것은?

① 근로자가 소속된 공정별로 분석하여 직무관련성을 추정한다.
② 근로자의 근무시기별로 비교하여 직무관련성을 분석한다.
③ 특수건강진단 대상자가 걸린 질병의 직무 영향을 고찰한다.
④ 직업병 요관찰자 또는 유소견자는 작업을 전환하는 방안을 강구한다.
⑤ 유해인자 노출기준 초과 여부를 평가한다.

정답 18. ④ 19. ① 20. ③ 21. ⑤

22. 유해물질 측정과 분석에 관한 설명으로 옳은 것은?
① 공기 중 먼지 농도를 표현하는 단위는 ppm이다.
② 공기 채취 펌프와 화학물질 분석기기는 1차 표준기구이다.
③ 미세먼지에서 중금속은 크로마토그래피로 정량한다.
④ 개인시료(personal sample) 채취에 의한 농도는 종합적인 유해인자 노출을 나타낸다.
⑤ 공기 중 유기용제는 대부분 고체 흡착관으로 채취한다.

23. 작업장에서 기계를 이용한 환기(ventilation)에 관한 설명으로 옳은 것은?
① HVACs(공조시설)는 발암물질을 제거하기 위해 설치하는 환기장치이다.
② 국소배기장치의 덕트 크기(size)는 후드 유입 공기량(Q)과 반송속도(V)를 근거로 결정한다.
③ HVACs(공조시설) 공기 유입구와 국소배기장치 배기구는 서로 가까이 설치하는 것이 좋다.
④ HVACs(공조시설)에서 신선한 공기와 환류공기(returned air)의 비는 7:3이 적정하다.
⑤ 국소배기장치에서 송풍기는 공기정화장치 앞에 설치하는 것이 좋다.

24. 작업환경 측정(유해인자 노출평가) 과정에서 예비조사활동에 해당하지 않는 것은?
① 여러 유해인자 중 위험이 큰 측정대상 유해인자 선정
② 시료채취전략 수립
③ 노출기준 초과 여부 결정
④ 공정과 직무 파악
⑤ 노출 가능한 유해인자 파악

25. 나노먼지가 주로 발생되는 공정 또는 작업이 아닌 것은?
① 용접
② 유리 용융
③ 선철 용해
④ CNC 가공
⑤ 디젤 연소(diesel combustion)

 정답 22. ⑤ 23. ② 24. ③ 25. ④

산업안전지도사 2019년 기출문제

01. 직무관리에 관한 설명으로 옳지 않은 것은?
① 직무분석이란 직무의 내용을 체계적으로 분석하여 인사관리에 필요한 직무정보를 제공하는 과정이다.
② 직무설계는 직무 담당자의 업무 동기 및 생산성 향상 등을 목표로 한다.
③ 직무충실화는 작업자의 권한과 책임을 확대하는 직무설계방법이다.
④ 핵심직무특성 중 과업중요성은 직무담당자가 다양한 기술과 지식 등을 활용하도록 직무설계를 해야 한다는 것을 말한다.
⑤ 직무평가는 직무의 상대적 가치를 평가하는 활동이며, 직무평가 결과는 직무급의 산정에 활용된다.

02. 조직구조 유형에 관한 설명으로 옳지 않은 것은?
① 기능별 구조는 부서 간 협력과 조정이 용이하지 않고 환경변화에 대한 대응이 느리다.
② 사업별 구조는 기능 간 조정이 용이하다.
③ 사업별 구조는 전문적인 지식과 기술의 축적이 용이하다.
④ 매트릭스 구조에서는 보고체계의 혼선이 야기될 가능성이 높다.
⑤ 매트릭스 구조는 여러 제품라인에 걸쳐 인적자원을 유연하게 활용하거나 공유할 수 있다.

03. 노동조합에 관한 설명으로 옳지 않은 것은?
① 직종별 노동조합은 산업이나 기업에 관계없이 같은 직업이나 직종 종사자들에 의해 결성된다.
② 산업별 노동조합은 기업과 직종을 초월하여 산업을 중심으로 결성된다.
③ 산업별 노동조합은 직종 간, 회사 간 이해의 조정이 용이하지 않다.
④ 기업별 노동조합은 동일 기업에 근무하는 근로자들에 의해 결성된다.
⑤ 기업별 노동조합에서는 근로자의 직종이나 숙련 정도를 고려하여 가입이 결정된다.

정답 1. ④ 2. ③ 3. ⑤

04. JIT(just-in-time) 생산방식의 특징으로 옳지 않은 것은?

① 간판(kanban)을 이용한 푸시(push) 시스템
② 생산준비시간 단축과 소(小)로트 생산
③ U자형 라인 등 유연한 설비배치
④ 여러 설비를 다룰 수 있는 다기능 작업자 활용
⑤ 불필요한 재고와 과잉생산 배제

05. 품질개선 도구와 그 주된 용도의 연결로 옳지 않은 것은?

① 체크시트(check sheet) : 품질 데이터의 정리와 기록
② 히스토그램(histogram) : 중심위치 및 분포 파악
③ 파레토도(Pareto diagram) : 우연변동에 따른 공정의 관리상태 판단
④ 특성요인도(cause and effect diagram) : 결과에 영향을 미치는 다양한 원인들을 정리
⑤ 산점도(scatter plot) : 두 변수 간의 관계를 파악

06. 매슬로(A. Maslow)의 욕구단계이론 중 자아실현욕구를 조직행동에 적용한 것은?

① 도전적 과업 및 창의적 역할 부여
② 타인의 인정 및 칭찬
③ 화해와 친목분위기 조성 및 우호적인 작업팀 결성
④ 안전한 작업조건 조성 및 고용 보장
⑤ 냉난방 시설 및 사내식당 운영

07. 어떤 프로젝트의 PERT(Program Evaluation and Review Technique) 네트워크와 활동소요시간이 아래와 같을 때, 옳지 않은 설명은?

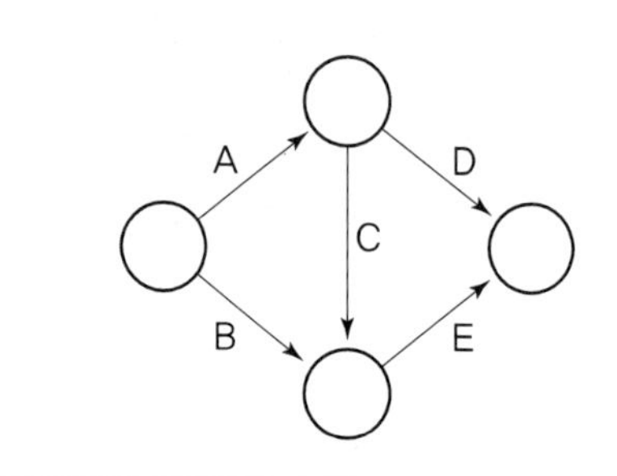

활동	소요시간(日)
A	10
B	17
C	10
D	7
E	8
계	52

 정답 4. ① 5. ③ 6. ① 7. ⑤

① 주경로(critical path)는 A－C－E이다.
② 프로젝트를 완료하는 데에는 적어도 28일이 필요하다.
③ 활동 D의 여유시간은 11일이다.
④ 활동 E의 소요시간이 증가해도 주경로는 변하지 않는다.
⑤ 활동 A의 소요시간을 5일만큼 단축시킨다면 프로젝트 완료시간도 5일만큼 단축된다.

08. 공장의 설비배치에 관한 설명으로 옳은 것을 모두 고른 것은?

ㄱ. 제품별 배치(product layout)는 연속, 대량 생산에 적합한 방식이다.
ㄴ. 제품별 배치를 적용하면 공정의 유연성이 높아진다는 장점이 있다.
ㄷ. 공정별 배치(process layout)는 범용 설비를 제품의 종류에 따라 배치한다.
ㄹ. 고정위치형 배치(fixed position layout)는 주로 항공기 제조, 조선, 토목건축 현장에서 찾아볼 수 있다.
ㅁ. 셀형 배치(cellular layout)는 다품종소량생산에서 유연성과 효율성을 동시에 추구할 수 있다.

① ㄱ, ㅁ
② ㄱ, ㄹ, ㅁ
③ ㄴ, ㄷ, ㄹ
④ ㄱ, ㄴ, ㄹ, ㅁ
⑤ ㄱ, ㄷ, ㄹ, ㅁ

09. 리더십 이론의 설명으로 옳은 것을 모두 고른 것은?

ㄱ. 블레이크(R. Blake)와 머튼 (J. Mouton)의 리더십 관리 격자모형에 의하면 일(생산)에 대한 관심과 사람에 대한 관심이 모두 높은 리더가 이상적 리더이다.
ㄴ. 피들러(F. Fiedler)의 리더십 상황 이론에 의하면 상황이 호의적일 때 인간중심형 리더가 과업지향형 리더보다 효과적인 리더이다.
ㄷ. 리더－부하 교환이론(leader－member exchange theory)에 의하면 효율적인 리더는 믿을 만한 부하들을 내집단(in－group)으로 구분하여, 그들에게 더 많은 정보를 제공하고, 경력개발 지원 등의 특별한 대우를 한다.
ㄹ. 변혁적 리더는 예외적인 사항에 대해 개입하고, 부하가 좋은 성과를 내도록 하기 위해 보상시스템을 잘 설계한다.
ㅁ. 카리스마리더는 강한 자기확신, 인상관리, 매력적인 비전 제시 등을 특징으로 한다.

① ㄱ, ㄴ, ㄹ
② ㄱ, ㄷ, ㅁ
③ ㄴ, ㄷ, ㄹ
④ ㄱ, ㄴ, ㄷ, ㅁ
⑤ ㄱ, ㄷ, ㄹ, ㅁ

정답 8. ② 9. ②

10. 산업심리학의 연구방법에 관한 설명으로 옳지 않은 것은?
① 관찰법 : 행동표본을 관찰하여 주요 현상들을 찾아 기술하는 방법이다.
② 사례연구법 : 한 개인이나 대상을 심층 조사하는 방법이다.
③ 설문조사법 : 설문지 혹은 질문지를 구성하여 연구하는 방법이다.
④ 실험법 : 원인이 되는 종속변인과 결과가 되는 독립변인의 인과관계를 살펴보는 방법이다.
⑤ 심리검사법 : 인간의 지능, 성격, 적성 및 성과를 측정하고 정보를 제공하는 방법이다.

11. 인간의 정보처리 방식 중 정보의 한 가지 측면에만 초점을 맞추고 다른 측면은 무시하는 것은?
① 선택적 주의(selective attention)
② 분할 주의(divided attention)
③ 도식(schema)
④ 기능적 고착(functional fixedness)
⑤ 분위기 가설(atmosphere hypothesis)

12. 일－가정 갈등(work－family conflict)에 관한 설명으로 옳지 않은 것은?
① 일과 가정의 요구가 서로 충돌하여 발생한다.
② 장시간 근무나 과도한 업무량은 일－가정 갈등을 유발하는 주요한 원인이 될 수 있다.
③ 적은 시간에 많은 것을 해내기를 원하는 경향이 강한 사람은 더 많은 일－가정 갈등을 경험한다.
④ 직장은 일－가정 갈등을 감소시키는 데 중요한 역할을 담당하지 않는다.
⑤ 돌봐 주어야 할 어린 자녀가 많을수록 더 많은 일－가정 갈등을 경험한다.

13. 다음에 해당하는 갈등 해결방식은?

근로자가 동료나 관리자와 같은 제3자에게 갈등에 대해 언급하여, 자신과 갈등하는 대상을 직접 만나지 않고 저절로 갈등이 해결되는 것을 희망한다.

① 순응하기 방식(accommodating style)
② 협력하기 방식(collaborating style)
③ 회피하기 방식(avoiding style)
④ 강요하기 방식(forcing style)
⑤ 타협하기 방식(compromising style)

 정답 10. ④ 11. ① 12. ④ 13. ③

14. 조명과 직무환경에 관한 설명으로 옳지 않은 것은?

① 조도는 어떤 물체나 표면에 도달하는 빛의 양을 말한다.
② 동일한 환경에서 직접조명은 간접조명보다 더 밝게 보이도록 하며, 눈부심과 눈의 피로도를 줄여준다.
③ 눈부심은 시각 정보 처리의 효율을 떨어트리고, 눈의 피로도를 증가시킨다.
④ 작업장에 조명을 설치할 때에는 빛의 밝기뿐만 아니라 빛의 배분도 고려해야 한다.
⑤ 최적의 밝기는 작업자의 연령에 따라서 달라진다.

15. 직무분석에 관한 설명으로 옳은 것을 모두 고른 것은?

ㄱ. 직무분석 접근 방법은 크게 과업중심(task-oriented)과 작업자중심(worker-oriented)으로 분류할 수 있다.
ㄴ. 기업에서 필요로 하는 업무의 특성과 근로자의 자질을 파악할 수 있다.
ㄷ. 해당 직무를 수행하는 근로자들에게 필요한 교육훈련을 계획하고 실시할 수 있다.
ㄹ. 근로자에게 유용하고 공정한 수행평가를 실시하기 위한 준거(criterion)를 획득할 수 있다.

① ㄱ, ㄴ
② ㄴ, ㄷ
③ ㄴ, ㄹ
④ ㄱ, ㄷ, ㄹ
⑤ ㄱ, ㄴ, ㄷ, ㄹ

16. 다음 중 인간의 정보처리와 표시장치의 양립성(compatibility)에 관한 내용으로 옳은 것을 모두 고른 것은?

ㄱ. 양립성은 인간의 인지기능과 기계의 표시장치가 어느 정도 일치하는가를 말한다.
ㄴ. 양립성이 향상되면 입력과 반응의 오류율이 감소한다.
ㄷ. 양립성이 감소하면 사용자의 학습시간은 줄어들지만, 위험은 증가한다.
ㄹ. 양립성이 향상되면 표시장치의 일관성은 감소한다.

① ㄱ, ㄴ
② ㄴ, ㄷ
③ ㄷ, ㄹ
④ ㄱ, ㄴ, ㄹ
⑤ ㄱ, ㄴ, ㄷ, ㄹ

정답 14. ② 15. ⑤ 16. ①

17. 아래 그림에서 평행한 두 선분은 동일한 길이임에도 불구하고 위의 선분이 더길어 보인다. 이러한 현상을 나타내는 용어는?

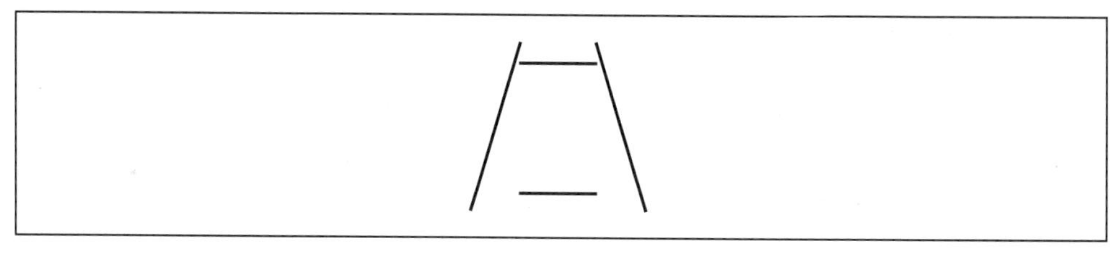

① 포겐도르프(Poggendorf) 착시현상
② 뮬러-라이어(Muller-Lyer) 착시현상
③ 폰조(Ponzo) 착시현상
④ 티체너(Titchener) 착시현상
⑤ 죌너(Zollner) 착시현상

18. 다음 중 산업재해이론과 그 내용의 연결로 옳지 않은 것은?
① 하인리히(H. Heinrich)의 도미노 이론 : 사고를 촉발시키는 도미노 중에서 불안전상태와 불안전행동을 가장 중요한 것으로 본다.
② 버드(F. Bird)의 수정된 도미노 이론 : 하인리히(H. Heinrich)의 도미노 이론을 수정한 이론으로, 사고 발생의 근본적 원인을 관리 부족이라고 본다.
③ 애덤스(E. Adams)의 사고연쇄반응 이론 : 불안전행동과 불안전상태를 유발하거나 방치하는 오류는 재해의 직접적인 원인이다.
④ 리전(J. Reason)의 스위스 치즈 모델 : 스위스 치즈 조각들에 뚫려 있는 구멍들이 모두 관통되는 것처럼 모든 요소의 불안전이 겹쳐져서 산업재해가 발생한다는 이론이다.
⑤ 하돈(W. Haddon)의 매트릭스 모델 : 작업자의 긴장 수준이 지나치게 높을 때, 사고가 일어나기 쉽고 작업수행의 질도 떨어지게 된다는 것이 핵심이다.

19. 국소배기장치의 환기효율을 위한 설계나 설치방법으로 옳지 않은 것은?
① 사각형관 닥트보다는 원형관 닥트를 사용한다.
② 공정에 방해를 주지 않는 한 포위형 후드로 설치한다.
③ 푸시-풀(push-pull) 후드의 배기량은 급기량보다 많아야 한다.
④ 공기보다 증기밀도가 큰 유기화합물 증기에 대한 후드는 발생원보다 낮은 위치에 설치한다.
⑤ 유기화합물 증기가 발생하는 개방처리조(open surface tank) 후드는 일반적인 사각형 후드 대신 슬롯형 후드를 사용한다.

 정답 17. ③ 18. ⑤ 19. ④

20. 화학물질 및 물리적 인자의 노출기준 중 2018년에 신설된 유해인자로 옳은 것은?

① 우라늄(가용성 및 불용성 화합물)
② 몰리브덴(불용성 화합물)
③ 이브롬화에틸렌
④ 이염화에틸렌
⑤ 라돈

21. 산업위생의 목적 달성을 위한 활동으로 옳지 않은 것은?

① 메탄올의 생물학적 노출지표를 검사하기 위하여 작업자의 혈액을 채취하여 분석한다.
② 노출기준과 작업환경측정결과를 이용하여 작업환경을 평가한다.
③ 피토관을 이용하여 국소배기장치 닥트의 속도압(동압)과 정압을 주기적으로 측정한다.
④ 금속 흄 등과 같이 열적으로 생기는 분진 등이 발생하는 작업장에서는 1급 이상의 방진마스크를 착용하게 한다.
⑤ 인간공학적 평가도구인 OWAS를 활용하여 작업자들에 대한 작업자세를 평가한다.

22. 공기시료채취 펌프를 무마찰 비누거품관을 이용하여 보정하고자 한다. 비누거품관의 부피는 500cm^{3}이었고 3회에 걸쳐 측정한 평균시간이 20초였다면, 펌프의 유량(L/min)은?

① 1.0
② 1.5
③ 2.0
④ 2.5
⑤ 3.0

23. 근로자 건강증진활동지침에 따라 건강증진활동계획을 수립할 때, 포함해야 하는 내용을 모두 고른 것은?

ㄱ. 건강진단 결과 사후관리조치
ㄴ. 작업환경측정결과에 대한 사후조치
ㄷ. 근골격계질환 징후가 나타난 근로자에 대한 사후조치
ㄹ. 직무스트레스에 의한 건강장해 예방조치

① ㄱ, ㄴ
② ㄱ, ㄹ
③ ㄱ, ㄷ, ㄹ
④ ㄴ, ㄷ, ㄹ
⑤ ㄱ, ㄴ, ㄷ, ㄹ

정답 20. ⑤ 21. ① 22. ② 23. ③

24. 작업장에서 휘발성 유기화합물(분자량 100, 비중 0.8) 1L가 완전히 증발하였을 때, 공기 중 이 물질이 차지하는 부피(L)는?(단, 25℃, 1기압)

① 179.2
② 192.8
③ 195.6
④ 241.0
⑤ 244.5

25. 다음에서 설명하는 화학물질은?

> • 2006년에 이 화학물질을 취급하던 중국 동포가 수개월 만에 급성 간독성을 일으켜 사망한 사례가 있었다.
> • 이 화학물질은 폴리우레탄을 이용해 아크릴 등의 섬유, 필름, 표면코팅, 합성가죽 등을 제조하는 과정에서 노출될 수 있다.

① 벤젠
② 메탄올
③ 노말헥산
④ 이황화탄소
⑤ 디메틸포름아미드

 정답 24. ③ 25. ⑤

산업안전지도사 2020년 기출문제

01. 인사평가 방법에 관한 설명으로 옳지 않은 것은?

① 서열(ranking)법은 등위를 부여해 평가하는 방법으로, 평가 비용과 시간을 절약할 수 있다.
② 평정척도(rating scale)법은 평가 항목에 대해 리커트(Likert) 척도 등을 이용해 평가한다.
③ BARS(Behaviorally Anchored Rating Scale) 평가법은 성과 관련 주요 행동에 대한 수행정도로 평가한다.
④ MBO(Management by Objectives) 평가법은 상급자와 합의하여 설정한 목표 대비 실적으로 평가한다.
⑤ BSC(Balanced Score Card) 평가법은 연간 재무적 성과 결과를 중심으로 평가한다.

02. 노사관계에 관한 설명으로 옳지 않은 것은?

① 우리나라에서 단체협약은 1년을 초과하는 유효기간을 정할 수 없다.
② 1935년 미국의 와그너법(Wagner Act)은 부당노동행위를 방지하기 위하여 제정되었다.
③ 유니온 숍제는 비조합원이 고용된 이후, 일정기간 이후에 조합에 가입하는 형태이다.
④ 우리나라에서 임금교섭은 조합 수 기준으로 기업별 교섭형태가 가장 많다.
⑤ 직장폐쇄는 사용자측의 대항행위에 해당한다.

03. 조직문화 중 안전문화에 관한 설명으로 옳은 것은?

① 안전문화 수준은 조직구성원이 느끼는 안전 분위기나 안전풍토(safety climate)에 대한 설문으로 평가할 수 있다.
② 안전문화는 TMI(Three Mile Island) 원자력발전소 사고 관련 국제원자력기구(IAEA) 보고서에 의해 그 중요성이 널리 알려졌다.
③ 브래들리 커브(Bradley Curve) 모델은 기업의 안전문화 수준을 병적－수동적－계산적－능동적－생산적 5단계로 구분하고 있다.
④ Mohamed가 제시한 안전풍토의 요인들은 재해율이나 보호구 착용률과 같이 구체적이어서 안전문화 수준을 계량화하기 쉽다.
⑤ Pascale의 7S모델은 안전문화의 구성요인으로 Safety, Strategy, Structure, System, Staff, Skill, Style을 제시하고 있다.

정답 1. ⑤ 2. ① 3. ①

04. 동기부여 이론에 관한 설명으로 옳은 것을 모두 고른 것은?

ㄱ. 매슬로우(A. Maslow)의 욕구 5단계이론에서 가장 상위계층의 욕구는 자기가 원하는 집단에 소속되어 우의와 애정을 갖고자 하는 사회적 욕구이다.
ㄴ. 허츠버그(F. Herzberg)의 2요인이론에서 급여와 복리후생은 동기요인에 해당한다.
ㄷ. 맥그리거(D. McGregor)의 X이론에 의하면 사람은 엄격한 지시 · 명령으로 통제되어야 조직목표를 달성할 수 있다.
ㄹ. 맥클랜드(D. McClelland)는 주제통각시험(TAT)을 이용하여 사람의 욕구를 성취욕구, 권력욕구, 친교욕구로 구분하였다.

① ㄱ, ㄴ
② ㄱ, ㄹ
③ ㄷ, ㄹ
④ ㄱ, ㄴ, ㄷ
⑤ ㄴ, ㄷ, ㄹ

05. 리더십(leadership)에 관한 설명으로 옳은 것은?

① 리더십 행동이론에서 리더의 행동은 상황이나 조건에 의해 결정된다고 본다.
② 리더십 특성이론에서 좋은 리더는 리더십 행동에 대한 훈련에 의해 육성될 수 있다고 본다.
③ 리더십 상황이론에서 리더십은 리더와 부하 직원들 간의 상호작용에 따라 달라질 수 있다고 본다.
④ 헤드십(headship)은 조직 구성원에 의해 선출된 관리자가 발휘하기 쉬운 리더십을 의미한다.
⑤ 헤드십은 최고경영자의 민주적인 리더십을 의미한다.

06. 수요예측 방법에 관한 설명으로 옳은 것은?

① 델파이 방법은 일반 소비자를 대상으로 하는 정량적 수요예측 방법이다.
② 이동평균법은 과거 수요예측치의 평균으로 예측한다.
③ 시계열분석법의 변동요인에 추세(trend)는 포함되지 않는다.
④ 단순회귀분석법에서 수요량 예측은 최대자승법을 이용한다.
⑤ 지수평활법은 과거 실제 수요량과 예측치 간의 오차에 대해 지수적 가중치를 반영해 예측한다.

 정답 4. ③ 5. ③ 6. ⑤

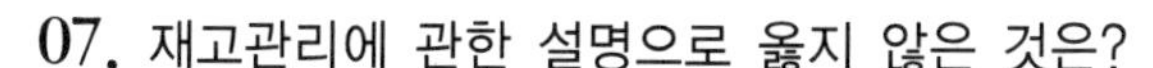

07. 재고관리에 관한 설명으로 옳지 않은 것은?

① 경제적주문량(EOQ) 모형에서 재고유지비용은 주문량에 비례한다.
② 신문판매원 문제(newsboy problem)는 확정적 재고모형에 해당한다.
③ 고정주문량모형은 재고수준이 미리 정해진 재주문점에 도달할 경우 일정량을 주문하는 방식이다.
④ ABC 재고관리는 재고의 품목 수와 재고 금액에 따라 중요도를 결정하고 재고관리를 차별적으로 적용하는 기법이다.
⑤ 재고로 인한 금융비용, 창고 보관료, 자재 취급비용, 보험료는 재고유지비용에 해당한다.

08. 품질경영기법에 관한 설명으로 옳지 않은 것은?

① SERVQUAL 모형은 서비스 품질수준을 측정하고 평가하는데 이용될 수 있다.
② TQM은 고객의 입장에서 품질을 정의하고 조직 내의 모든 구성원이 참여하여 품질을 향상하고자 하는 기법이다.
③ HACCP은 식품의 품질 및 위생을 생산부터 유통단계를 거쳐 최종 소비될 때까지 합리적이고 철저하게 관리하기 위하여 도입되었다.
④ 6시그마 기법에서는 품질특성치가 허용한계에서 멀어질수록 품질비용이 증가하는 손실함수 개념을 도입하고 있다.
⑤ ISO 9000 시리즈는 표준화된 품질의 필요성을 인식하여 제정되었으며 제3자(인증기관)가 심사하여 인증하는 제도이다.

09. 식음료 제조업체의 공급망관리팀 팀장인 홍길동은 유통단계에서 최종 소비자의 주문량 변동이 소매상, 도매상, 제조업체로 갈수록 증폭되는 현상을 발견하였다. 이에 관한 설명으로 옳지 않은 것은?

① 공급사슬 상류로 갈수록 주문의 변동이 증폭되는 현상을 채찍효과(bullwhip effect)라고 한다.
② 유통업체의 할인 이벤트 등으로 가격 변동이 클 경우 주문량 변동이 감소할 것이다.
③ 제조업체와 유통업체의 협력적 수요예측시스템은 주문량 변동이 감소하는데 기여할 것이다.
④ 공급사슬의 정보공유가 지연될수록 주문량 변동은 증가할 것이다.
⑤ 공급사슬의 리드타임(lead time)이 길수록 주문량 변동은 증가할 것이다.

10. 스트레스의 작용과 대응에 관한 설명으로 옳지 않은 것은?

① A유형이 B유형 성격의 사람에 비해 스트레스에 더 취약하다.
② Selye가 구분한 스트레스 3단계 중에서 2단계는 저항단계이다.
③ 스트레스 관련 정보수집, 시간관리, 구체적 목표의 수립은 문제중심적 대처 방법이다.
④ 자신의 사건을 예측할 수 있고, 통제 가능하다고 지각하면 스트레스를 덜 받는다.
⑤ 긴장(각성) 수준이 높을수록 수행 수준은 선형적으로 감소한다.

11. 김부장은 직원의 직무수행을 평가하기 위해 평정척도를 이용하였다. 금년부터는 평정오류를 줄이기 위한 방법으로 '종업원 비교법'을 도입하고자 한다. 이때 제거 가능한 오류(a)와 여전히 존재하는 오류(b)를 옳게 짝지은 것은?

① a : 후광오류, b : 중앙집중오류
② a : 후광오류, b : 관대화오류
③ a : 중앙집중오류, b : 관대화오류
④ a : 관대화오류, b : 중앙집중오류
⑤ a : 중앙집중오류, b : 후광오류

12. 인사 담당자인 김부장은 신입사원 채용을 위해 적절한 심리검사를 활용하고자 한다. 심리검사에 관한 설명으로 옳지 않은 것은?

① 다른 조건이 모두 동일하다면 검사의 문항 수는 내적 일관성의 정도에 영향을 미치지 않는다.
② 반분 신뢰도(split-half reliability)는 검사의 내적 일관성 정도를 보여주는 지표이다.
③ 안면 타당도(face validity)는 검사문항들이 외관상 특정 검사의 문항으로 적절하게 보이는 정도를 의미한다.
④ 준거 타당도(criterion validity)에는 동시 타당도(concurrent validity)와 예측타당도(predictive validity)가 있다.
⑤ 동형 검사 신뢰도(equivalent-form reliability)는 동일한 구성개념을 측정하는 두 독립적인 검사를 하나의 집단에 실시하여 측정한다.

13. 다음에 설명하는 용어는?

> 응집력이 높은 조직에서 모든 구성원들이 하나의 의견에 동의하려는 욕구가 매우 강해, 대안적인 행동방식을 객관적이고 타당하게 평가하지 못함으로써 궁극적으로 비합리적이고 비현실적인 의사결정을 하게 되는 현상이다.

① 집단사고(groupthink)
② 사회적 태만(social loafing)
③ 집단극화(group polarization)
④ 사회적 촉진(social facilitation)
⑤ 남만큼만 하기 효과(sucker effect)

정답 10. ⑤ 11. ⑤ 12. ① 13. ①

14. 용접공이 작업 중에 보호안경을 쓰지 않으면 시력손상을 입는 산업재해가 발생한다. 용접공의 행동특성을 ABC행동이론(선행사건, 행동, 결과)에 근거하여 기술한 내용으로 옳은 것을 모두 고른 것은?

> ㄱ. 보호안경을 착용하지 않으면 편리하다는 확실한 결과를 얻을 수 있다.
> ㄴ. 보호안경 착용으로 나타나는 예방효과는 안전행동에 결정적인 영향을 미친다.
> ㄷ. 미래의 불확실한 이득(시력보호)으로 보호안경의 착용 행위를 증가시키는 것은 어렵다.
> ㄹ. 모범적인 보호안경 착용자에게 공개적인 인센티브를 제공하여 위험행동을 감소하도록 유도한다.

① ㄱ, ㄷ
② ㄴ, ㄹ
③ ㄱ, ㄷ, ㄹ
④ ㄴ, ㄷ, ㄹ
⑤ ㄱ, ㄴ, ㄷ, ㄹ

15. 휴먼에러 발생 원인을 설명하는 모델 중, 주로 익숙하지 않은 문제를 해결할 때 사용하는 모델이며 지름길을 사용하지 않고 상황파악, 정보수집, 의사결정, 실행의 모든 단계를 순차적으로 실행하는 방법은?

① 위반행동 모델(violation behavior model)
② 숙련기반행동 모델(skill-based behavior model)
③ 규칙기반행동 모델(rule-based behavior model)
④ 지식기반행동 모델(knowledge-based behavior model)
⑤ 일반화 에러 모형(generic error modeling system)

16. 소음의 특성과 청력손실에 관한 설명으로 옳지 않은 것은?

① 0 dB 청력수준은 20대 정상 청력을 근거로 산출된 최소역치수준이다.
② 소음성 난청은 달팽이관의 유모세포 손상에 따른 영구적 청력손실이다.
③ 소음성 난청은 주로 1,000 Hz 주변의 청력손실로부터 시작된다.
④ 소음작업이란 1일 8시간 작업을 기준으로 85 dBA 이상의 소음이 발생하는 작업이다.
⑤ 중이염 등으로 고막이나 이소골이 손상된 경우 기도와 골도 청력에 차이가 발생할 수 있다.

정답 14. ①②③④⑤ 15. ④ 16. ③

17. 인간의 정보처리과정에 관한 설명으로 옳은 것을 모두 고른 것은?

> ㄱ. 단기기억의 용량은 덩이 만들기(chunking)를 통해 확장할 수 있다.
> ㄴ. 감각기억에 있는 정보를 단기기억으로 이전하기 위해서는 주의가 필요하다.
> ㄷ. 신호검출이론(signal-detection theory)에서 누락(miss)은 신호가 없는데도 있다고 잘못 판단하는 경우이다.
> ㄹ. Weber의 법칙에 따르면 10 kg의 물체에 대한 무게 변화감지역(JND)이 1 kg의 물체에 대한 무게 변화감지역보다 더 크다.

① ㄴ, ㄷ
② ㄱ, ㄴ, ㄹ
③ ㄱ, ㄷ, ㄹ
④ ㄴ, ㄷ, ㄹ
⑤ ㄱ, ㄴ, ㄷ, ㄹ

18. 어떤 가설을 받아들이고 나면 다른 가능성은 검토하지도 않고 그 가설을 지지하는 증거만을 탐색해서 받아들이는 현상에 해당하는 것은?

① 대표성 어림법(representativeness heuristic)
② 가용성 어림법(availability heuristic)
③ 과잉확신(overconfidence)
④ 확증 편향(confirmation bias)
⑤ 사후확신 편향(hindsight bias)

19. 근로자 건강진단에 관한 설명으로 옳지 않은 것은?

① 납땜후 기판에 묻어 있는 이물질을 제거하기 위하여 아세톤을 취급하는 근로자는 특수건강진단 대상자이다.
② 우레탄수지 코팅공정에 디메틸포름아미드 취급 근로자의 배치후 첫 번째 특수건강진단 시기는 3개월 이내이다.
③ 6개월간 오후 10시부터 다음날 오전 6시 사이의 시간 중 작업을 월 평균 60시간 이상 수행하는 근로자는 야간작업 특수건강진단 대상자이다.
④ 직업성 천식 및 직업성 피부염이 의심되는 근로자에 대한 수시건강진단의 검사항목이 있다.
⑤ 정밀기계 가공작업에서 금속가공유 취급시 노출되는 근로자는 배치전 · 특수건강진단 대상자이다.

정답 17. ② 18. ④ 19. ②

20. 관리대상 유해물질 관련 국소배기장치 후드의 제어풍속에 관한 설명으로 옳지 않은 것은?
① 가스 상태 물질 포위식 포위형 후드는 제어풍속이 0.4 m/s 이상이다.
② 가스 상태 물질 외부식 측방흡인형 후드는 제어풍속이 0.5 m/s 이상이다.
③ 가스 상태 물질 외부식 상방흡인형 후드는 제어풍속이 1.0 m/s 이상이다.
④ 입자 상태 물질 포위식 포위형 후드는 제어풍속이 1.0 m/s 이상이다.
⑤ 입자 상태 물질 외부식 상방흡인형 후드는 제어풍속이 1.2 m/s 이상이다.

21. 산업위생의 범위에 관한 설명으로 옳지 않은 것은?
① 새로운 화학물질을 공정에 도입하려고 계획할 때, 알려진 참고자료를 바탕으로 노출 위험성을 예측한다.
② 화학물질 관리를 위해 국소배기장치를 직접 제작 및 설치한다.
③ 작업환경에서 발생할 수 있는 감염성질환을 포함한 생물학적 유해인자에 대한 위험성 평가를 실시한다.
④ 노출기준이 설정되지 않은 물질에 대하여 노출수준을 측정하고 참고자료와 비교하여 평가한다.
⑤ 동일한 직무를 수행하는 노동자 그룹별로 직무특성을 상세하게 기술하고 유사노출그룹을 분류한다.

22. 미국산업위생학회에서 산업위생의 정의에 관한 설명으로 옳지 않은 것은?
① 인지란 현재 상황의 유해인자를 파악하는 것으로 위험성 평가(Risk Assessment)를 통해 실행할 수 있다.
② 측정은 유해인자의 노출 정도를 정량적으로 계측하는 것이며 정성적 계측도 포함한다.
③ 평가의 대표적인 활동은 측정된 결과를 참고자료 혹은 노출기준과 비교하는 것이다.
④ 관리에서 개인보호구의 사용은 최후의 수단이며 공학적, 행정적인 관리와 병행해야 한다.
⑤ 예측은 산업위생 활동에서 마지막으로 요구되는 활동으로 앞 단계들에서 축적된 자료를 활용하는 것이다.

23. 국가별 노출기준 중 법적 제재력이 없는 것은?
① 독일 GCIHHCC의 MAK
② 영국 HSE의 WEL
③ 일본 노동성의 CL
④ 우리나라 고용노동부의 허용기준
⑤ 미국 OSHA의 PEL

정답 20. ④ 21. ② 22. ⑤ 23. ①

24. 산업위생관리의 기본원리 중 작업관리에 해당하는 것은?

① 유해물질의 대체
② 국소배기 시설
③ 설비의 자동화
④ 작업방법 개선
⑤ 생산공정의 변경

25. 유기용제의 일반적인 특성 및 독성에 관한 설명으로 옳은 것을 모두 고른 것은?

ㄱ. 탄소사슬의 길이가 길수록 유기화학물질의 중추신경 억제효과는 증가한다.
ㄴ. 염화메틸렌이 사염화탄소보다 더 강력한 마취특성을 가지고 있다.
ㄷ. 불포화탄화수소는 포화탄화수소보다 자극성이 작다.
ㄹ. 유기분자에 아민이 첨가되면 피부에 대한 부식성이 증가한다.

① ㄱ, ㄴ
② ㄱ, ㄷ
③ ㄱ, ㄹ
④ ㄴ, ㄷ
⑤ ㄴ, ㄹ

산업안전지도사 2021년 기출문제

01. 조직구조 설계의 상황요인에 해당하는 것을 모두 고른 것은?

ㄱ. 조직의 규모	ㄴ. 표준화
ㄷ. 전략	ㄹ. 환경
ㅁ. 기술	

① ㄱ, ㄴ, ㄷ
② ㄱ, ㄴ, ㄹ
③ ㄴ ,ㄷ, ㅁ
④ ㄱ, ㄴ, ㄷ, ㄹ
⑤ ㄱ, ㄷ, ㄹ, ㅁ

02. 프렌치(J. French)와 레이븐(B. Raven)의 권력의 원천에 관한 설명으로 옳지 않은 것은?

① 공식적 권력은 특정역할과 지위에 따른 계층구조에서 나온다.
② 공식적 권력은 해당지위에서 떠나면 유지되기 어렵다.
③ 공식적 권력은 합법적 권력, 보상적 권력, 강압적 권력이 있다.
④ 개인적 권력은 전문적 권력과 정보적 권력이 있다.
⑤ 개인적 권력은 자신의 능력과 인격을 다른 사람으로부터 인정받아 생긴다.

03. 직무분석과 직무평가에 관한 설명으로 옳지 않은 것은?

① 직무분석은 인력확보와 인력개발을 위해 필요하다.
② 직무분석은 교육훈련 내용과 안전사고 예방에 관한 정보를 제공한다.
③ 직무명세서는 직무수행자가 갖추어야 할 자격요건인 인적특성을 파악하기 위한 것이다.
④ 직무평가 요소비교법은 평가대상 개별직무의 가치를 점수화하여 평가하는 기법이다.
⑤ 직무평가는 조직의 목표달성에 더 많이 공헌하는 직무를 다른 직무에 비해 더 가치가 있다고 본다.

정답 1. ⑤ 2. ④ 3. ④

04. 협상에 관한 설명으로 옳지 않은 것은?

① 협상은 둘 이상의 당사자가 희소한 자원을 어떻게 분배할지 결정하는 과정이다.
② 협상에 관한 접근방법으로 분배적 교섭과 통합적 교섭이 있다.
③ 분배적 교섭은 내가 이익을 보면 상대방은 손해를 보는 구조이다.
④ 통합적 교섭은 윈-윈 해결책을 창출하는 타결점이 있다는 것을 전제로 한다.
⑤ 분배적 교섭은 협상당사자가 전체자원(pie)이 유동적이라는 전제하에 협상을 진행한다.

05. 노동쟁의와 관련하여 성격이 다른 하나는?

① 파업
② 준법투쟁
③ 불매운동
④ 생산통제
⑤ 대체고용

06. 대량고객화(mass customization)에 관한 설명으로 옳지 않은 것은?

① 높은 가격과 다양한 제품 및 서비스를 제공하는 개념이다.
② 대량고객화 달성 전략의 하나로 모듈화 설계와 생산이 사용된다.
③ 대량고객화 관련 프로세스는 주로 주문조립생산과 관련이 있다.
④ 정유, 가스 산업처럼 대량고객화를 적용하기 어렵고 효과 달성이 어려운 제품이나 산업이 존재한다.
⑤ 주문접수 시 까지 제품 및 서비스를 연기(postpone)하는 활동은 대량고객화 기법중의 하나이다.

07. 품질경영에 관한 설명으로 옳지 않은 것은?

① 쥬란(J. Juran)은 품질삼각축(quality trilogy)으로 품질 계획, 관리, 개선을 주장했다.
② 데밍(W. Deming)은 최고경영진의 장기적 관점 품질관리와 종업원 교육훈련 등을 포함한 14가지 품질경영 철학을 주장했다.
③ 종합적 품질경영(TQM)의 과제 해결 단계는 DICA(Define, Implement, Check, Act)이다.
④ 종합적 품질경영(TQM)은 프로세스 향상을 위해 지속적 개선을 지향한다.
⑤ 종합적 품질경영(TQM)은 외부 고객만족 뿐만 아니라 내부 고객만족을 위해 노력한다.

 정답 4. ⑤ 5. ⑤ 6. ① 7. ③

08. 6시그마와 린을 비교 설명한 것으로 옳은 것은?

① 6시그마는 낭비 제거나 감소에, 린은 결점 감소나 제거에 집중한다.
② 6시그마는 부가가치 활동 분석을 위해 모든 형태의 흐름도를, 린은 가치흐름도를 주로 사용한다.
③ 6시그마는 임원급 챔피언의 역할이 없지만, 린은 임원급 챔피언의 역할이 중요하다.
④ 6시그마는 개선활동에 파트타임(겸임) 리더가, 린은 풀타임(전담) 리더가 담당한다.
⑤ 6시그마의 개선 과제는 전략적 관점에서 선정하지 않지만, 린은 전략적 관점에서 선정한다.

09. 생산운영관리의 최신 경향 중 기업의 사회적 책임과 환경경영에 관한 설명으로 옳은 것을 모두 고른 것은?

ㄱ. ISO 29000은 기업의 사회적 책임에 관한 국제 인증제도이다.
ㄴ. 포터(M. Porter)와 크래머(M. Kramer)가 제안한 공유가치창출(CSV : Creating Shared Value)은 기업의 경쟁력 강화 보다 사회적 책임을 우선시 한다.
ㄷ. 지속가능성이란 미래 세대의 니즈(needs)와 상충되지 않도록 현 사회의 니즈(needs)를 충족시키는 정책과 전략이다.
ㄹ. 청정생산(cleaner production) 방법으로는 친환경원자재의 사용, 청정 프로세스의 활용과 친환경생산 프로세스 관리 등이 있다.
ㅁ. 환경경영시스템인 ISO 14000은 결과 중심 경영시스템이다.

① ㄱ, ㄴ
② ㄷ, ㄹ
③ ㄹ, ㅁ
④ ㄷ, ㄹ, ㅁ
⑤ ㄱ, ㄷ, ㄹ, ㅁ

10. 직무분석을 위해 사용되는 방법들 중 정보입력, 정신적 과정, 작업의 결과, 타인과의 관계, 직무맥락, 기타 직무특성 등의 범주로 조직화되어 있는 것은?

① 과업질문지(Task Inventory : TI)
② 기능적 직무분석(Functional Job Analysis : FJA)
③ 직위분석질문지(Position Analysis Questionnaire : PAQ)
④ 직무요소질문지(Job Components Inventory : JCI)
⑤ 직무분석 시스템(Job Analysis System : JAS)

정답 8. ② 9. ② 10. ③

11. 직업 스트레스 모델 중 종단 설계를 사용하여 업무량과 이외의 다양한 직무요구가 종업원의 안녕과 동기에 미치는 영향을 살펴보기 위한 것은?

① 요구-통제 모델(Demands-Control model)
② 자원보존이론(Conservation of Resources theory)
③ 사람-환경 적합 모델(Person-Environment Fit model)
④ 직무 요구-자원 모델(Job Demands-Resources model)
⑤ 노력-보상 불균형 모델(Effort-Reward Imbalance model)

12. 자기결정이론(self-determination theory)에서 내적동기에 영향을 미치는 세 가지 기본욕구를 모두 고른 것은?

ㄱ. 자율성
ㄴ. 관계성
ㄷ. 통제성
ㄹ. 유능성
ㅁ. 소속성

① ㄱ, ㄴ, ㄷ
② ㄱ, ㄴ, ㄹ
③ ㄱ, ㄷ, ㅁ
④ ㄴ, ㄷ, ㅁ
⑤ ㄷ, ㄹ, ㅁ

13. 터크맨(B. Tuckman)이 제안한 팀 발달의 단계 모형에서 '개별적 사람의 집합'이 '의미 있는 팀'이 되는 단계는?

① 형성기(forming)
② 격동기(storming)
③ 규범기(norming)
④ 수행기(performing)
⑤ 휴회기(adjourning)

14. 반생산적 업무행동(CWB) 중 직 · 간접적으로 조직 내에서 행해지는 일을 방해하려는 의도적 시도를 의미하며 다음과 같은 사례에 해당하는 것은?

- 고의적으로 조직의 장비나 재산의 일부를 손상시키기
- 의도적으로 재료나 공급물품을 낭비하기
- 자신의 업무영역을 더럽히거나 지저분하게 만들기

① 철회(withdrawal)
② 사보타주(sabotage)
③ 직장무례(workplace incivility)
④ 생산일탈(production deviance)
⑤ 타인학대(abuse toward others)

정답 11. ④ 12. ② 13. ③ 14. ②

15. 스웨인(A. Swain)과 커트맨(H. Cuttmann)이 구분한 인간오류(human error)의 유형에 관한 설명으로 옳지 않은 것은?

① 생략오류(omission error) : 부분으로는 옳으나 전체로는 틀린 것을 옳다고 주장하는 오류
② 시간오류(timing error) : 업무를 정해진 시간보다 너무 빠르게 혹은 늦게 수행했을 때 발생하는 오류
③ 순서오류(sequence error) : 업무의 순서를 잘못 이해했을 때 발생하는 오류
④ 실행오류(commission error) : 수행해야 할 업무를 부정확하게 수행하기 때문에 생겨나는 오류
⑤ 부가오류(extraneous error) : 불필요한 절차를 수행하는 경우에 생기는 오류

16. 아래 그림에서 (a)와 (c)가 일직선으로 보이지만 실제로는 (a)와 (b)가 일직선이다. 이러한 현상을 나타내는 용어는?

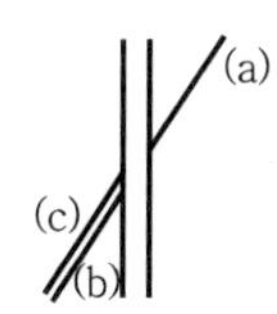

① 뮬러-라이어(Müller-Lyer) 착시현상
② 티체너(Titchener) 착시현상
③ 폰조(Ponzo) 착시현상
④ 포겐도르프(Poggendorf) 착시현상
⑤ 죌너(Zöllner) 착시현상

17. 산업재해이론 중 하인리히(H. Heinrich)가 제시한 이론에 관한 설명으로 옳은 것은?

① 매트릭스 모델(Matrix model)을 제안하였으며, 작업자의 긴장수준이 사고를 유발한다고 보았다.
② 사고의 원인이 어떻게 연쇄반응을 일으키는지 도미노(domino)를 이용하여 설명하였다.
③ 재해는 관리부족, 기본원인, 직접원인, 사고가 연쇄적으로 발생하면서 일어나는 것으로 보았다.
④ 재해의 직접적인 원인은 불안전행동과 불안전상태를 유발하거나 방치한 전술적 오류에서 비롯된다고 보았다.
⑤ 스위스 치즈 모델(Swiss cheese model)을 제시하였으며, 모든 요소의 불안전이 겹쳐져서 사고가 발생한다고 주장하였다.

정답 15. ① 16. ④ 17. ②

18. 조직 스트레스원 자체의 수준을 감소시키기 위한 방법으로 옳은 것을 모두 고른 것은?

ㄱ. 더 많은 자율성을 가지도록 직무를 설계하는 것 ㄴ. 조직의 의사결정에 대한 참여기회를 더 많이 제공하는 것 ㄷ. 직원들과 더 효과적으로 의사소통할 수 있도록 관리자를 훈련하는 것 ㄹ. 갈등해결기법을 효과적으로 사용할 수 있도록 종업원을 훈련하는 것

① ㄱ, ㄴ
② ㄷ, ㄹ
③ ㄱ, ㄴ, ㄹ
④ ㄴ, ㄷ, ㄹ
⑤ ㄱ, ㄴ, ㄷ, ㄹ

19. 산업위생의 목적에 해당하는 것을 모두 고른 것은?

ㄱ. 유해인자 예측 및 관리 ㄴ. 작업조건의 인간공학적 개선 ㄷ. 작업환경 개선 및 직업병 예방 ㄹ. 작업자의 건강보호 및 생산성 향상

① ㄱ, ㄴ, ㄷ
② ㄱ, ㄴ, ㄹ
③ ㄱ, ㄷ, ㄹ
④ ㄴ, ㄷ, ㄹ
⑤ ㄱ, ㄴ, ㄷ, ㄹ

20. 노출기준 설정방법 등에 관한 설명으로 옳지 않은 것은?

① 노동으로 인한 외부로부터 노출량(dose)과 반응(response)의 관계를 정립한 사람은 Pearson Norman(1972)이다.
② 노출에 따른 활동능력의 상실과 조절능력의 상실 관계는 지수형 곡선으로 나타난다.
③ 항상성(homeostasis)이란 노출에 대해 적응할 수 있는 단계로 정상조절이 가능한 단계이다.
④ 정상기능 유지단계는 노출에 대해 방어기능을 동원하여 기능장해를 방어할 수 있는 대상성(compensation) 조절기능 단계이다.
⑤ 대상성(compensation) 조절기능 단계를 벗어나면 회복이 불가능하여 질병이 야기된다.

21. 우리나라 작업환경측정에서 화학적 인자와 시료채취 매체의 연결이 옳은 것은?

① 2-브로모프로판-실리카겔관
② 디메틸포름아미드-활성탄관
③ 시클로헥산-실리카겔관
④ 트리클로로에틸렌-활성탄관
⑤ 니켈-활성탄관

정답 18. ⑤ 19. ⑤ 20. ① 21. ④

22. 공기정화장치 중 집진(먼지제거) 장치에 사용되는 방법 또는 원리에 해당하지 않는 것은?

① 세정
② 여과(여포)
③ 흡착
④ 원심력
⑤ 전기 전하

23. 산업안전보건법 시행규칙 별지 제85호 서식(특수 · 배치전 · 수시 · 임시 건강진단 결과표)의 작성 사항이 아닌 것은?

① 작업공정별 유해요인 분포 실태
② 유해인자별 건강진단을 받은 근로자 현황
③ 질병코드별 질병유소견자 현황
④ 질병별 조치 현황
⑤ 건강진단 결과표 작성일, 송부일, 검진기관명

24. 산업안전보건기준에 관한 규칙상 사업주가 근로자에게 송기마스크나 방독마스크를 지급하여 착용하도록 하여야 하는 업무에 해당하지 않는 것은?

① 국소배기장치의 설비 특례에 따라 밀폐설비나 국소배기장치가 설치되지 아니한 장소에서의 유기화합물 취급업무
② 임시작업인 경우의 설비 특례에 따라 밀폐설비나 국소배기장치가 설치되지 아니한 장소에서의 유기화합물 취급업무
③ 단시간작업인 경우의 설비 특례에 따라 밀폐설비나 국소배기장치가 설치되지 아니한 장소에서의 유기화합물 취급업무
④ 유기화합물 취급 장소에 설치된 환기장치 내의 기류가 확산될 우려가 있는 물체를 다루는 유기화합물 취급업무
⑤ 유기화합물 취급 장소에서 청소 등으로 유기화합물이 제거된 설비를 개방하는 업무

25. 화학물질 및 물리적 인자의 노출기준에서 유해물질별 그 표시 내용의 연결이 옳은 것은?

① 인듐 및 그 화합물 – 흡입성
② 크롬산 아연 – 발암성 1A
③ 일산화탄소 – 호흡성
④ 불화수소 – 생식세포 변이원성 2
⑤ 트리클로로에틸렌 – 생식독성 1A

정답 22. ③ 23. ① 24. ⑤ 25. ②

참고문헌

1. 강성두 외 「산업안전기사」(예문사, 2012)
2. 강성두 외 「건설안전기사」(예문사, 2012)
3. 강성두 「산업기계설비기술사」(예문사, 2011)
4. 강성두 외 「기계제작기술사」(예문사, 2010)
5. 강성두 외 「산업안전보건법령집」(예문사, 2012)
6. 강성두 외 「기계안전기술사」(예문사, 2012)
7. 김두현 외 「최신전기안전공학」(신광문화사, 2008)
8. 김두현 외 「정전기안전」(동화기술, 2001)
9. 송길영 「최신송배전공학」(동일출판사, 2007)
10. 한경보 「최신 건설안전기술사」(예문사, 2007)
11. 이호행 「건설안전공학 특론」(서초수도건축토목학원, 2005)
12. 한국산업안전보건공단 「거푸집동바리 안전작업 매뉴얼」(대한인쇄사, 2009)
13. 한국산업안전보건공단 「만화로 보는 산업안전 · 보건기준에 관한 규칙」(안전신문사, 2005)
14. 유철진 「화공안전공학」(경록, 1999)
15. DANIEL A. CROWL 외 「화공안전공학」(대영사, 1997)
16. 조성철 「소방기계시설론」(신광문화사, 2008)
17. 현성호 외 「위험물질론」(동화기술, 2008)
18. Charles H. Corwin 「기초일반화학」(탐구당, 2000)
19. 김병석 「산업안전관리」(형설출판사, 2005)
20. 이진식 「산업안전관리공학론」(형설출판사, 1996)
21. 김병석 · 성호경 · 남재수 「산업안전보건 현장실무」(형설출판사, 2000)
22. 정국삼 「산업안전공학개론」(동화기술, 1985)
23. 김병석 「산업안전교육론」(형설출판사, 1999)
24. 기도형 「(산업안전보건관리자를 위한)인간공학」(한경사, 2006)
25. 박경수 「인간공학, 작업경제학」(영지문화사, 2006)
26. 양성환 「인간공학」(형설출판사, 2006)
27. 정병용 · 이동경 「(현대)인간공학」(민영사, 2005)
28. 김병석 · 나승훈 「시스템안전공학」(형설출판사, 2006)
29. 갈원모 외 「시스템안전공학」(태성, 2000)
30. 김광종 등 7 「산업위생관리」(신광출판사, 2000)
31. 백남원 「산업위생학개론」(신광출판사, 1966)
32. 이종태 등 4 「알기쉬운 산업보건학」(고려의학, 2004)
33. 고용노동부 「화학물질 및 물리적 인자의 노출기준」(2011)
34. 고용노동부 「작업환측정 및 측정기관 평가 등에 관한 고시」(2011)
35. 김태형, 김현욱, 박동욱 「산업환기」(신광출판사, 1999)
36. 백남원, 박동욱, 윤충식 「작업환경측정 및 평가」(신광출판사, 1997)
37. 역자 노재훈 등 11 「작업장 노출평가와 관리」(군자출판사, 2001)
38. 조영일 「인간공학(제 7판)」(대영사, 1998)
39. 한돈희, 정춘화 「산업보건위생」(신광문화사, 2011)
40. 신유근 「경영학원론」(다산출판사, 2011)
41. 최용식 「경영학원론」(창민사, 2013)
42. 전수환 「에센스경영학」(세경북스, 2013)
43. 민진 「조직관리론」(대영문화사, 2013)
44. 송교석 · 김경희 「조직관리론」(두남, 2013)
45. 이상범 · 류춘호 「현대 생산 · 운영관리」(명경사, 2012)
46. 이순룡 「생산관리론」(법문사, 2012)
47. 이진규 「전략적 윤리적 인사관리」(박영사, 2009)
48. 박홍배 · 채규옥 「인사관리론」(두남, 2013)
49. 최중락 「경영학 기본강의」(상경사, 2015)

저자소개

에듀인컴

홈페이지 www.eduincom.co.kr

E-mail eduincom@eduincom.co.kr

산업안전지도사

Ⅲ 기업진단 · 지도

발행일 | 2012. 3. 10 초판 발행
2014. 3. 20 개정 1판1쇄
2017. 1. 15 개정 2판1쇄
2017. 6. 30 개정 3판1쇄
2019. 2. 20 개정 4판1쇄
2020. 6. 10 개정 5판1쇄
2021. 4. 30 개정 6판1쇄

저 자 | 에듀인컴
감 수 | 임경범·이용택·윤영노
발행인 | 정용수
발행처 | 예문사

주 소 | 경기도 파주시 직지길 460(출판도시) 도서출판 예문사
TEL | 031) 955－0550
FAX | 031) 955－0660
등록번호 | 11－76호

정가 : 45,000원

ISBN 978-89-274-4011-6 13530